기분파
제과제빵기능사

KB192571

제과제빵기능사 추가모의고사 다운로드 방법

1. 아래 기입란에 카페 가입 닉네임 및 이메일 주소를
   볼펜(또는 유성 네임펜)으로 기입합니다. (연필 기입 안됨)

2. 본 출판사 카페(eduway.net)에 가입합니다.

3. 스마트폰으로 이 페이지를 촬영한 후 본 출판사 카페의
   '(필기)도서-인증하기'에 게시합니다.

4. 카페매니저가 확인 후 등업을 해드립니다.

올바른 예

카페 닉네임 및 이메일 주소 기입란

GIBOONPA

Craftsman Confectionary·Breads Making

기출문제만 분석하고 **파악**해도 반드시 **합격**한다!

제과제빵기능사

필기

㈜에듀웨이 R&D 연구소 지음

EDUWAY
에듀웨이

Edu way

a qualifying examination professional publishers

(주)에듀웨이는 자격시험 전문출판사입니다.
에듀웨이는 독자 여러분의 자격시험 합격을 기원하는 마음으로 노력하고 있습니다.

제과제빵 분야는 손작업을 위주로 하는 소규모 빵집이나 제과점부터 식빵·과자빵류를 제조하는 제빵 전문업체, 비스킷류, 케이크류 등을 제조하는 제과 전문생산업체, 빵·과자 생산업체, 관광업에 납품하는 대기업의 제과·제빵부서, 기업체 및 공공기관의 단체 급식소, 장기간 여행하는 해외 유람선이나 해외로의 취업 등 매우 다양하다. 또한 제빵·제과업체에 따라 취업 시 필수 자격 또는 자격수당 지급, 인사고과 시 유리한 혜택을 받을 수 있다.

이 책은 NCS 기반으로 새롭게 변경된 출제기준에 맞추고, 최근에 출제된 문제를 분석하여 수험생들이 쉽게 합격할 수 있도록 교재를 편집하였습니다. 제과와 제빵기능사 시험을 준비하는 수험생이 합격할 수 있는 가장 좋은 해법이 될 것입니다.

※ NCS(국가직무능력표준) : 산업현장의 직무를 수행하기 위해 필요한 능력을 국가적 차원에서 표준화한 것을 의미합니다.

이 책의 특징

❶ 최근 **15년간의 기출문제**를 분석하여 새 출제기준에 맞춰 핵심이론을 재구성하였습니다.

❷ 각 섹션별 핵심이론 뒤에 바로 기출문제를 풀며 실력을 향상시킬 수 있도록 구성하였습니다.

❸ 최근 기출문제를 토대로 **상시대비 실전모의고사**를 자세한 해설과 함께 수록하였습니다.

❹ 최근 **개정된 법령**을 반영하였습니다.

이 책으로 공부하신 여러분 모두에게 합격의 영광이 있기를 기원하며 책을 출판하는데 도움을 주신 ㈜에듀웨이 출판사의 임직원 및 편집 담당자, 디자인 실장님에게 지면을 빌어 감사드립니다.

㈜에듀웨이 R&D연구소(조리부문) 드림

이 책의 구성 및 특징
This book's Layout & feature

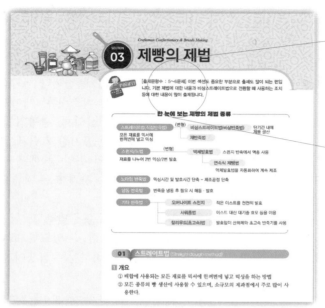

[출제문항수 : 5~6문제] 이번 섹션도 중요...
니다. 기본 제법에 대한 내용과 비상스트레...
등에 대한 내용이 많이 출제됩니다.

— 한 눈에 보는 제빵의

(변형)

출제포인트
각 섹션별로 기출문제를 분석 · 흐름을 파악하여 학습 방향을 제시하고, 중점적으로 학습해야 할 내용을 기술하여 수험생들이 학습의 강약을 조절할 수 있도록 하였습니다.

주요 내용을 요약한 다이어그램
이 장의 전체 내용을 장 앞부분에 정리하여 한 눈에 쉽게 익힐 수 있도록 하였습니다.

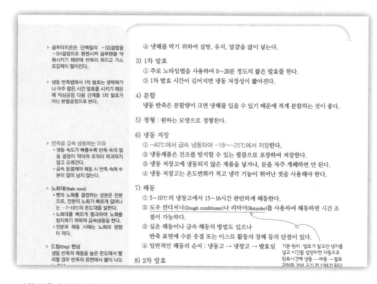

이해를 돕는 삽화 수록
필요에 따라 본문 내용의 이해를 돕는 이미지를 수록하여 학습에 도움이 되도록 하였습니다.

가독성을 높인 2단 구성
새롭게 개정된 출제기준에 맞춰 꼼꼼히 분석하여 시험에 출제된 부분만 중점으로 정리하여 필요 이상의 책 분량을 줄였습니다. 또한, 외곽 단에는 본문에서 다루지 않은 내용정리, 용어해설, 본문내용의 보충설명 등 수험에 유용한 내용을 별도로 수록하였습니다.

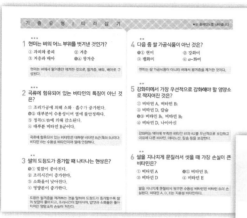

출제예상문제

기존 15년간 기출문제 중 각 섹션 바로 뒤에 연계된 출제예상 문제를 정리하여 예상가능한 출제동향을 파악할 수 있도록 하였습니다. 또한 문제 상단에 별표(★)의 갯수를 표시하여 해당 문제의 출제빈도 또는 중요성을 나타냈습니다.

상시대비 실전모의고사

에듀웨이 전문위원들이 최근 출제경향을 분석하여 출제 비율에 맞춰 시험에 출제될 문제를 엄선하여 각각 모의 고사 5회분을 수록하여 수험생 스스로 실력을 테스트할 수 있도록 구성하였습니다.

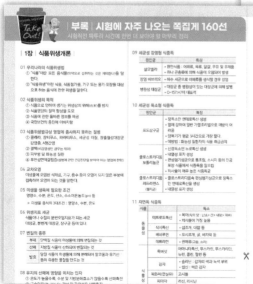

시험에 자주 나오는 쪽집게 160선

시험 직전 한번 더 체크해야 할 부분을 따로 엄선하여 시험대비에 만전을 기하였습니다.

01
시험일정 확인

기능사검정 시행일정은 큐넷 홈페이지를 참조하거나
에듀웨이 카페에 공지합니다.

원서접수기간, 필기시험일 등…
큐넷 홈페이지에서 해당 종목의
시험일정을 확인합니다.

02
원서접수

1 큐넷 홈페이지(**www.q-net.or.kr**)에서 상단 오른쪽에 로그인 을 클릭합니다.

2 '로그인 대화상자가 나타나면 아이디/비밀번호를 입력
합니다.

※ 회원가입 : 만약 q-net에 가입되지 않았으면 회원가입을 합니다.
(이때 반명함판 크기의 사진(200kb 미만)을 반드시 등록합니다.)

3 메인 화면의 원서접수를 클릭하면 [자격선택] 창이 나타납니다. 접수하기 를 클릭합니다.

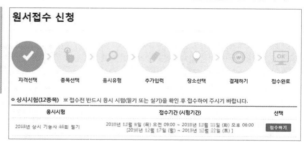

※ 원서접수기간이 아닌 기간에 원서접수를 하면
현재 접수중인 시험이 없습니다. 이라고 나타납니다.

4 [종목선택] 창이 나타나면 응시종목을 응시하고자 하는 해당 종목을 선택하고 화면 아래 "※수
수료 환불 관련 안내사항을 확인하였습니다."를 체크합니다. 그리고 [다음] 버튼을 클릭합니다.
간단한 설문 창이 나타나고 다음을 클릭하면 [응시유형] 창에서 [장애여부]를 선택하고 [다음]
버튼을 클릭합니다.

원서접수는 PC 또는
모바일(큐넷 앱)로
접수할 수 있습니다.

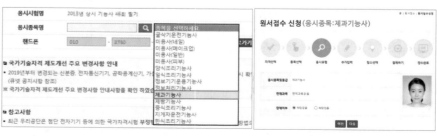

기능사 시험은 1년에 4번 시험 볼 수 있어요. 그리고 필기 합격발표 후 2년 동안 실기시험을 볼 수 있어요.

5 [장소선택] 창에서 원하는 지역, 시/군구/구를 선택하고 조회 🔍 를 클릭합니다. 그리고 시험일자, 입실시간, 시험장소, 그리고 접수가능인원을 확인한 후 선택 을 클릭합니다. 결제하기 전에 마지막으로 다시 한 번 종목, 시험일자, 입실시간, 시험장소를 꼼꼼히 확인한 후 접수하기 를 클릭합니다.

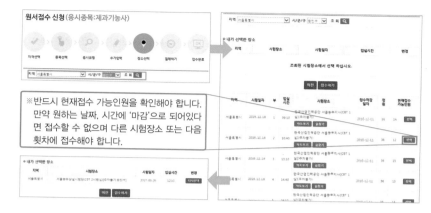

※반드시 현재접수 가능인원을 확인해야 합니다. 만약 원하는 날짜, 시간에 '마감'으로 되어있다면 접수할 수 없으며 다른 시험장소 또는 다음 횟차에 접수해야 합니다.

6 [결제하기] 창에서 검정수수료를 확인한 후 원하는 결제수단을 선택하고 결제를 진행합니다.

마지막 수험표 확인! 시험장에 지참할 필요는 없어요.

※ **제과기능사 시험 응시료** – •필기 : 14,500원 •실기 : 29,500원
※ **제빵기능사 시험 응시료** – •필기 : 14,500원 •실기 : 33,000원

03 필기시험 응시

필기시험 당일 유의사항
1 신분증은 **반드시 지참**해야 하며(미지참 시 시험응시 불가), 필기구도 지참합니다(선택).
2 대부분의 시험장에 주차장 시설이 없으므로 가급적 대중교통을 이용합니다.
3 고사장에 고시된 시험시간 20분 전부터 입실이 가능합니다(지각 시 시험응시 불가).
4 CBT 방식(컴퓨터 시험 – 마우스로 정답을 클릭)으로 시행합니다.
5 문제풀이용 연습지는 해당 시험장에서 제공하므로 시험 전 감독관에 요청합니다. (연습지는 시험 종료 후 가지고 나갈 수 없습니다)

04 합격자 발표

• 합격자 발표 : 합격 여부는 필기시험 후 바로 알 수 있으며 큐넷 홈페이지의 '합격자발표 조회하기'에서 조회 가능
• 실기시험 접수 : 필기시험 합격자에 한하여 실기시험 접수기간에 Q-net 홈페이지에서 접수

※ 기타 사항은 큐넷 홈페이지(www.q-net.or.kr)를 방문하거나 또는 전화 1644-8000에 문의하시기 바랍니다.

출제
Examination Question's Standard
기준표

- 시 행 처 | 한국산업인력공단
- 자격종목 | 제과기능사 및 제빵기능사
- 직무내용 | 제과 · 제빵제품을 제공하기 위한 체계적인 기술과 생산계획을 수립하여 생산, 판매, 위생 및 관련 업무를 실행
- 필기검정방법 | 객관식(전과목 혼합, 60문항)
- 시험시간 | 1시간
- 합격기준(필기) | 각각 100점을 만점으로 하여 60점 이상

 제과기능사

주요항목	세부항목	세세항목	
1 재료 준비	1. 재료 준비 및 계량	1. 배합표 작성 및 점검 3. 재료의 성분 및 특징 5. 재료의 영양학적 특성	2. 재료 준비 및 계량방법 4. 기초재료과학
2 과자류제품 제조	1. 반죽 및 반죽 관리	1. 반죽법의 종류 및 특징 3. 반죽의 비중	2. 반죽의 결과 온도
	2. 충전물 · 토핑물 제조	1. 재료의 특성 및 전처리 2. 충전물 · 토핑물 제조 방법 및 특징	
	3. 팬닝	1. 분할 팬닝 방법	
	4. 성형	1. 제품별 성형 방법 및 특징	
	5. 반죽 익히기	1. 반죽 익히기 방법의 종류 및 특징 2. 익히기 중 성분 변화의 특징	
3 제품저장관리	1. 제품의 냉각 및 포장	1. 제품의 냉각방법 및 특징 3. 불량제품 관리	2. 포장재별 특성
	2. 제품의 저장 및 유통	1. 저장방법의 종류 및 특징 3. 제품의 저장 · 유통 중의 변질 및 오염원 관리 방법	2. 제품의 유통 · 보관방법
4 위생안전관리	1. 식품위생 관련 법규 및 규정	1. 식품위생법 관련 법규 2. HACCP 등의 개념 및 의의 3. 공정별 위해요소 파악 및 예방 4. 식품첨가물	
	2. 개인위생관리	1. 개인 위생 관리 2. 식중독의 종류, 특성 및 예방방법 3. 감염병의 종류, 특징 및 예방방법	
	3. 환경위생관리	1. 작업환경 위생관리 3. 미생물의 종류와 특징 및 예방방법	2. 소독제 4. 방충 · 방서 관리
	4. 공정 점검 및 관리	1. 공정의 이해 및 관리	2. 설비 및 기기

▶ 제빵기능사

주요항목	세부항목	세세항목	
1 재료 준비	1. 재료 준비 및 계량	1. 배합표 작성 및 점검	2. 재료 준비 및 계량방법
		3. 재료의 성분 및 특징	4. 기초재료과학
		5. 재료의 영양학적 특성	
2 빵류 제품 제조	1. 반죽 및 반죽 관리	1. 반죽법의 종류 및 특징	2. 반죽의 결과 온도
		3. 반죽의 비용적	
	2. 충전물 · 토핑물 제조	1. 재료의 특성 및 전처리	
		2. 충전물 · 토핑물 제조 방법 및 특징	
	3. 반죽 발효 관리	1. 발효 조건 및 상태 관리	
	4. 분할하기	1. 반죽 분할하기	
	5. 둥글리기	1. 반죽 둥글리기	
	6. 중간발효	1. 발효 조건 및 상태 관리	
	7. 성형	1. 성형하기	
	8. 팬닝	1. 팬닝 방법	
	9. 반죽 익히기	1. 반죽 익히기 방법의 종류 및 특징	
		2. 익히기 중 성분 변화의 특징	
5 제품저장관리	1. 제품의 냉각 및 포장	1. 제품의 냉각 방법 및 특징	2. 포장재별 특성
		3. 불량제품 관리	
	2. 제품의 저장 및 유통	1. 저장 방법의 종류 및 특징	2. 제품의 유통 · 보관 방법
		3. 제품의 저장 · 유통 중의 변질 및 오염원 관리 방법	
4 위생안전관리	1. 식품위생 관련 법규 및 규정	1. 식품위생법 관련 법규	
		2. HACCP 등의 개념 및 의의	
		3. 공정별 위해요소 파악 및 예방	
		4. 식품첨가물	
	2. 개인위생관리	1. 개인 위생 관리	
		2. 식중독의 종류, 특성 및 예방방법	
		3. 감염병의 종류, 특징 및 예방방법	
	3. 환경위생관리	1. 작업환경 위생관리	2. 소독제
		3. 미생물의 종류와 특징 및 예방방법	4. 방충 · 방서 관리
	4. 공정 점검 및 관리	1. 공정의 이해 및 관리	2. 설비 및 기기

이 책의 차례 및 출제비율
This book's Contents & Examination Ratio

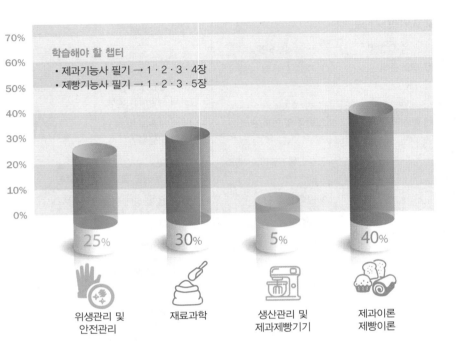

학습해야 할 챕터
- 제과기능사 필기 → 1 · 2 · 3 · 4장
- 제빵기능사 필기 → 1 · 2 · 3 · 5장

위생관리 및 안전관리	재료과학	생산관리 및 제과제빵기기	제과이론 제빵이론
25%	30%	5%	40%

보다 효율적으로 공략하려면 과목별 출제비율을 먼저 체크한 후 출제비율이 높은 과목을 중점으로 공부하시기 바랍니다.

- ▣ 머리말
- ▣ 출제기준표
- ▣ 한 눈에 살펴보는 자격취득과정

Chapter 01 **위생관리 및 안전관리**	예상 출제문항수	학습목표 정하기
01 위생관리 및 안전관리 · 18	2~4	☑
02 미생물과 식품의 변질 · 23	1~2	☑
03 식중독 · 30	3~4	☑
04 감염병 · 43	2~3	☑
05 식품첨가물 · 54	1~2	☑
06 살균 및 소독 · 61	2~3	☑
07 식품위생관련법규 · 65	2~3	☑

※ 60문항 중 14~16문항 출제 (출제율 약 25%)

제과 · 제빵기능사 공통

Craftsman Confectionary · Breads Making

CBT 수검요령
computer-based testing

수시로 현재 [안 푼 문제 수]와 [남은 시간]를 확인하여 시간 분배합니다. 또한 답안 제출 전에 [수험번호], [수험자명], [안 푼 문제 수]를 다시 한번 더 확인합니다.

글자 크기 및 화면 배치 조정
시험을 보기 편한 글자 크기로 변경할 수 있으며, 한 화면에 문제 배열 방식을 2문제/2단/1문제로 조정할 수 있습니다.

정답 체크
문제의 번호에 정답을 클릭하거나 [답안 표기란]의 각 문제 번호에 정답을 클릭합니다.

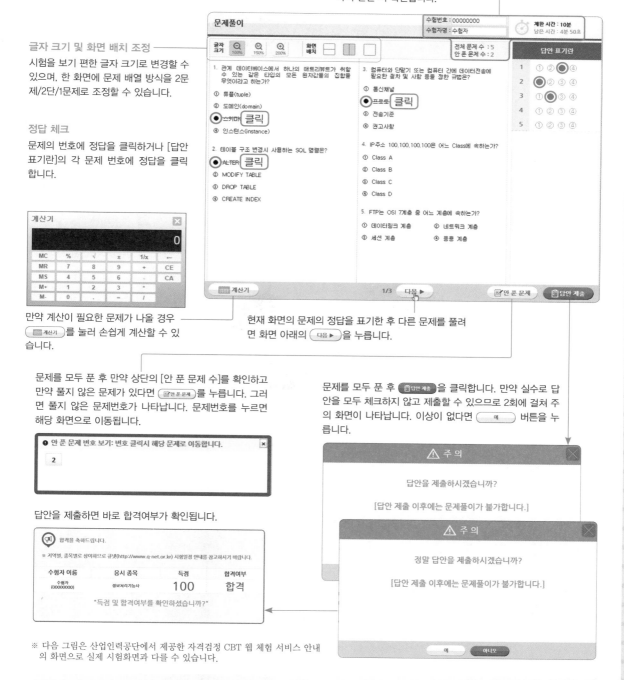

만약 계산이 필요한 문제가 나올 경우 〔 📟 계산기 〕를 눌러 손쉽게 계산할 수 있습니다.

현재 화면의 문제의 정답을 표기한 후 다른 문제를 풀려면 화면 아래의 〔 다음 ▶ 〕을 누릅니다.

문제를 모두 푼 후 만약 상단의 [안 푼 문제 수]를 확인하고 만약 풀지 않은 문제가 있다면 〔 📄안 푼 문제 〕를 누릅니다. 그러면 풀지 않은 문제번호가 나타납니다. 문제번호를 누르면 해당 화면으로 이동됩니다.

> ❶ 안 푼 문제 번호 보기: 번호 클릭시 해당 문제로 이동합니다.   ✕
>
> 〔 2 〕

답안을 제출하면 바로 합격여부가 확인됩니다.

> 🔔 합격을 축하드립니다.
>
> ※ 지역별, 종목별로 상이하므로 큐넷(http://www.q-net.or.kr) 시험일정 안내를 참고하시기 바랍니다.
>
> | 수험자 이름 | 응시 종목 | 득점 | 합격여부 |
> |---|---|---|---|
> | 수험자
(00000000) | 정보처리기능사 | 100 | 합격 |
>
> "득점 및 합격여부를 확인하셨습니까?"

문제를 모두 푼 후 〔 📄답안 제출 〕을 클릭합니다. 만약 실수로 답안을 모두 체크하지 않고 제출할 수 있으므로 2회에 걸쳐 주의 화면이 나타납니다. 이상이 없다면 〔 예 〕 버튼을 누릅니다.

> ⚠ 주 의   ✕
>
> 답안을 제출하시겠습니까?
>
> [답안 제출 이후에는 문제풀이가 불가합니다.]

> ⚠ 주 의   ✕
>
> 정말 답안을 제출하시겠습니까?
>
> [답안 제출 이후에는 문제풀이가 불가합니다.]
>
> 〔 예 〕 〔 아니오 〕

※ 다음 그림은 산업인력공단에서 제공한 자격검정 CBT 웹 체험 서비스 안내의 화면으로 실제 시험화면과 다를 수 있습니다.

자격검정 CBT 웹 체험 서비스 안내
스마트폰의 인터넷 어플에서 검색사이트(네이버, 다음 등)를 입력하고 검색창 옆에 📷(또는 🎤)을 클릭하고 QR 바코드 아이콘(◉)을 선택합니다. 그러면 QR코드 인식창이 나타나며, 스마트폰 화면 정중앙에 좌측의 QR 바코드를 맞추면 해당 페이지로 자동으로 이동합니다.

GIBOONPA

Craftsman Confectionary·Breads Making

위생관리 및 안전관리

이 과목은 제과제빵 공통과목으로 15문항 정도가 출제됩니다. 상식적인 부분과 단순 암기사항이 많아 공부하는 시간만큼 점수를 확보할 수 있는 과목입니다. 섹션별로 출제문항수 및 학습 방향을 간략히 요약하였으니 참고하여 학습하면 어렵지 않게 학습하실 수 있습니다.

Craftsman Confectionary & Breads Making

SECTION 01 위생관리 및 안전관리

[출제문항수 : 1~2문제] 식품위생의 의의 및 목적, 식품위생법규상 영업에 종사하지 못하는 질병 및 교차오염 등에 관한 내용에서 많이 출제됩니다. 그 외에는 상식적으로 접근하셔도 어렵지 않은 부분입니다.

01 식품위생의 의의 및 목적

1 세계보건기구(WHO)의 정의

식품위생이란 식품원료의 재배와 식품의 생산 및 제조로부터 유통과정을 거쳐 최종적으로 사람에게 섭취될 때까지의 모든 단계에 있어서 식품의 안전성과 건전성을 확보하기 위한 모든 수단을 말한다.

2 우리나라의 식품위생법

① "식품"이란 모든 음식물(의약으로 섭취하는 것은 제외한다)을 말한다.
② "식품위생"이란 식품, 식품첨가물, 기구 또는 용기 · 포장을 대상으로 하는 음식에 관한 위생을 말한다.

3 식품위생의 목적

① 식품으로 인하여 생기는 위생상의 위해(危害)를 방지
② 식품영양의 질적 향상을 도모
③ 식품에 관한 올바른 정보를 제공
④ 국민보건의 증진에 이바지함

02 개인위생관리

1 개인위생 수칙

① 위생복 · 위생모 · 위생화 등을 항시 착용하여야 한다.
② 앞치마, 고무장갑 등을 구분하여 사용하고, 매 작업 종료 시 세척 · 소독을 하여야 한다.
③ 개인용 장신구 등을 착용하여서는 아니 된다.
④ 영업자 및 종업원에 대한 건강 진단을 하여야 한다.
⑤ 전염성 상처나 피부병, 염증, 설사 등의 증상을 가진 식품 매개 질병 보균자는 식품을 직접 제조 · 가공 또는 취급하는 작업을 금지하여야 한다.
⑥ 작업 중 오염 가능성이 있는 물품과 접촉하였을 경우 세척 또는 소독 등의 필요한 조치를 한 후 작업을 한다.
⑦ 작업장 내에서 비위생적인 행동을 하지 않아야 한다.

2 식품위생법규상 영업에 종사하지 못하는 질병

① 콜레라, 장티푸스, 파라티푸스, 세균성 이질, 장출혈성대장균감염증, A형간염
② 결핵(비감염성인 경우는 제외)
③ 피부병 및 화농성 질환
④ 후천성면역결핍증(성병에 관한 건강진단을 받아야 하는 영업에 한함)

3 건강진단

① 식품 또는 식품첨가물을 채취 · 제조 · 가공 · 조리 · 저장 · 운반 또는 판매하는 일에 직접 종사하는 영업자 및 종업원은 건강진단을 받아야 한다.
② 완전히 포장된 식품 또는 식품첨가물을 운반하거나 판매하는 일에 종사하는 사람은 제외한다.
③ 식품 영업에 종사하지 못하는 질병이 있다고 인정된 자는 그 영업에 종사하지 못한다.
④ 영업주는 영업 시작 전, 종업원은 영업에 종사하기 전에 미리 검진을 받아야 한다.
⑤ 건강검진의 검진 주기는 검진일을 기준으로 1년이다.

03 작업환경 관리

1 생산 공장

1) 생산 공장의 입지
① 환경 및 주위가 깨끗한 곳이어야 한다.
② 양질의 물을 충분히 얻을 수 있어야 한다.
③ 폐수 및 폐기물 처리에 편리한 곳이어야 한다.

2) 공장 시설의 효율적 배치
① 작업용 바닥면적은 그 장소를 이용하는 사람들의 수에 따라 달라진다.
② 공장의 소요면적은 주방설비의 설치면적과 기술자의 작업을 위한 공간면적으로 이루어진다.
③ 공장의 모든 업무가 효과적으로 진행되기 위한 기본은 주방의 위치와 규모에 대한 설계이다.
④ 판매장소와 공장의 면적은 1 : 1이 이상적이다.

3) 주방의 설계
① 작업의 동선을 고려하여 설계 · 시공한다.
② 작업 테이블은 작업의 효율성을 높이기 위하여 주방의 중앙부에 설치하는 것이 좋다.
③ 주방 내의 여유 공간을 확보하여야 한다.
④ 종업원의 출입구와 손님용 출입구는 별도로 하여 재료의 반입은 종업원 출입구로 한다.
⑤ 가스를 사용하는 장소에는 환기시설을 갖춘다.

▶ 적정 작업실의 온도 및 습도
  • 온도 : 25~28℃
  • 습도 : 70~75%

⑥ 환기장치는 대형의 1개보다 소형의 여러 개가 효과적이다.
⑦ 냉장고와 발열 기구는 가능한 한 멀리 배치한다.
⑧ 방충 · 방서용 금속망은 30메시(mesh)가 적당하다.
⑨ 창의 면적은 바닥면적을 기준으로 30% 정도가 좋다.
⑩ 벽면은 매끄럽고 청소하기 편리하여야 한다.
⑪ 바닥은 미끄럽지 않고 배수가 잘 되어야 한다.

4) 공장의 조도
① 작업장의 조도는 작업 내용에 따라 다르지만 75Lux(룩스) 이상이어야 한다.
② 장식작업 및 마무리 작업의 조도를 가장 높게 하여야 한다. (500~700Lux)

▶ 작업장 내의 한계 조도(Lux)

작업내용	한계 조도
포장, 장식(수작업) 등	500~700
계량, 반죽, 조리, 정형	150~300
굽기, 포장, 장식(기계)	70~150
발효	30~70

2 교차오염

교차오염은 식재료, 기구, 용수 등에 오염되어 있는 미생물이 오염되어 있지 않은 식재료, 기구, 종사자 등과의 접촉 또는 작업과정 중 혼입으로 오염되는 것을 말한다.

1) 교차 오염의 예방
① 위생적인 곳과 비위생적인 곳이 교차하지 않도록 한다.
    • 작업 흐름을 일정한 방향으로 배치함
    • 위생품목과 비위생품목의 별도 보관
② 칼, 도마를 식품별로 구분하여 사용한다.
③ 조리 전 육류와 채소류는 접촉되지 않도록 구분한다.
④ 위생복을 식품용과 청소용으로 구분하여 사용한다.
⑤ 원재료와 완성품을 구분하여 보관한다.
⑥ 바닥과 벽으로부터 일정 거리를 띄워 보관한다.
⑦ 뚜껑이 있는 청결한 용기에 덮개를 덮어서 보관한다.
⑧ 고무장갑은 오염물질이 묻으면 수시로 교환한다.

▶ 같은 조리기구를 사용할 경우, 가공된 식품을 먼저 처리하고 원재료를 처리한다.

기 출 유 형 | 따 라 잡 기

★는 출제빈도를 나타냅니다

1 ★★★★
식품위생법상 "식품"의 정의로 옳은 것은?

① 화학적 합성품을 제외한 모든 음식물
② 의약으로 섭취하는 것을 제외한 모든 음식물
③ 음식물과 식품첨가물
④ 모든 음식물

식품위생법상 "식품"이란 모든 음식물(의약으로 섭취하는 것은 제외한다)을 말한다.

2 ★★★
식품위생법상의 식품위생의 대상이 아닌 것은?

① 식품
② 식품첨가물
③ 조리방법
④ 기구와 용기, 포장

식품위생은 식품, 식품첨가물, 기구 또는 용기·포장을 대상으로 하는 음식에 관한 위생을 말한다.

정답 1 ② 2 ③

3 영업자 및 종사자의 개인위생안전관리 내용에 적합하지 않은 것은?

① 종사자는 장신구를 착용하면 안 된다.
② 영업자는 위생교육을 반드시 이수해야 한다.
③ 종사자는 청결한 위생복을 착용해야 한다.
④ 종사자의 건강진단은 2년에 1회 이상 실시해야 한다.

식품 또는 식품첨가물을 채취, 제조, 가공, 조리, 저장, 운반 또는 판매하는 직접 종사자들은 1년 1회의 정기건강진단을 받아야 한다.

4 식중독 발생의 주요 경로인 배설물 → 구강 오염경로(fecal-oral route)를 차단하기 위한 방법으로 가장 적합한 것은?

① 손 씻기 등 개인위생 지키기
② 음식물 철저히 가열하기
③ 조리 후 빨리 섭취하기
④ 남은 음식물 냉장 보관하기

식중독균이나 경구 감염병은 오염물질과 접촉한 손을 통하여 입으로 경구감염되므로 손 씻기 등의 개인위생을 철저히 하는 것이 가장 좋은 방법이다.

5 작업자의 개인위생관리 준수사항으로 옳지 않은 것은?

① 위생복을 착용하고 작업장 외부에 나가지 않는다.
② 작업 중 껌을 씹지 않는다.
③ 앞치마를 이용하여 손을 닦는다.
④ 규정된 세면대에서 손을 씻는다.

앞치마에 손을 닦으면 앞치마를 매개로 식품이 오염될 수 있다.

6 개인위생 관리내용으로 옳은 것은?

① 시간 관리를 위해 시계를 착용할 수 있다.
② 재질이 좋은 일회용 장갑은 여러 번 사용할 수 있다.
③ 위생복 착용지침서에 따라 위생복을 착용할 수 있다.
④ 꼼꼼한 메모를 위해 필기구를 소지할 수 있다.

①, ④ 작업 시 시계, 반지 등의 장신구 및 필기구 등을 착용하거나 소지하지 않는다.
② 일회용 장갑은 재사용하지 않는다.

7 식품의 처리, 가공, 저장 과정에서의 오염에 대한 설명으로 틀린 것은?

① 농산물의 재배, 축산물의 성장 과정 중에서 1차 오염이 있을 수 있다.
② 양질의 원료와 용수로 1차 오염을 방지할 수 있다.
③ 농수축산물의 수확, 채취, 어획, 도살 등의 처리 과정에서 2차 오염이 있을 수 있다.
④ 종업원의 철저한 위생관리만으로 2차 오염을 방지할 수 있다.

2차 오염은 살균한 식품이 다시 미생물에 의해 오염되는 것을 말하며 2차 오염을 방지하기 위해서는 종업원의 철저한 위생관리뿐만 아니라 작업장 전체의 청정화가 필요하다.

8 생산공장시설의 효율적 배치에 대한 설명 중 적합하지 않은 것은?

① 작업용 바닥면적은 그 장소를 이용하는 사람들의 수에 따라 달라진다.
② 판매장소와 공장의 면적 배분(판매 3 : 공장 1)의 비율로 구성되는 것이 바람직하다.
③ 공장의 소요면적은 주방설비의 설치면적과 기술자의 작업을 위한 공간면적으로 이루어진다.
④ 공장의 모든 업무가 효과적으로 진행되기 위한 기본은 주방의 위치와 규모에 대한 설계이다.

판매장소와 공장의 면적 배분은 이용하는 사람, 생산 능력, 주방 설비 등을 고려하여 배분하는 것이 좋으며, 일반적으로 1 : 1 정도가 이상적이다.

정답 3④ 4① 5③ 6③ 7④ 8②

9 ★★★★
소규모 주방설비 중 작업의 효율성을 높이기 위한 작업 테이블의 위치로 가장 적당한 것은?

① 오븐 옆에 설치한다.
② 냉장고 옆에 설치한다.
③ 발효실 옆에 설치한다.
④ 주방의 중앙부에 설치한다.

> 작업 테이블은 작업의 효율성을 높이기 위하여 주방의 중앙부에 설치하는 것이 좋다.

10 ★★★★
주방 설계에 있어 주의할 점이 아닌 것은?

① 가스를 사용하는 장소에는 환기시설을 갖춘다.
② 주방 내의 여유 공간을 확보한다.
③ 종업원의 출입구와 손님용 출입구는 별도로 하여 재료의 반입은 종업원 출입구로 한다.
④ 주방의 환기는 소형의 것을 여러 개 설치하는 것보다 대형의 환기장치 1개를 설치하는 것이 좋다.

> 주방의 환기는 주방의 크기, 설비 등을 고려하여 설치해야 하며 대형의 1개를 설치하는 것보다 소형의 여러 개를 설치하면 주방의 상태에 따라 가동률을 조정할 수 있다.

11 ★★★★
일반적인 제과작업장의 시설 설명으로 잘못된 것은?

① 조명은 50Lux 이하가 좋다.
② 방충·방서용 금속망은 30메쉬(mesh)가 적당하다.
③ 벽면은 매끄럽고 청소하기 편리하여야 한다.
④ 창의 면적은 바닥면적을 기준으로 30% 정도가 좋다.

> 조명은 작업 내용에 따라 다르지만 50Lux 이상이 좋다.

12 ★★★
일반 제빵 제품의 성형과정 중 작업실의 온도 및 습도로 가장 바람직한 것은?

① 온도 25~28℃, 습도 70~75%
② 온도 10~18℃, 습도 65~70%

③ 온도 25~28℃, 습도 90~95%
④ 온도 10~18℃, 습도 80~85%

> 적정 온도 : 25~28℃, 적정 습도 : 70~75%

13 ★★★
식자재의 교차오염을 예방하기 위한 보관방법으로 잘못된 것은?

① 원재료와 완성품을 구분하여 보관
② 바닥과 벽으로부터 일정거리를 띄워 보관
③ 뚜껑이 있는 청결한 용기에 덮개를 덮어서 보관
④ 식자재와 비식자재를 함께 식품 창고에 보관

> 식자재와 비식자재(청소용품 등)는 교차하지 않아야 미생물의 감염을 예방할 수 있다.

14 ★★★★
교차오염을 예방하는 방법이 아닌 것은?

① 깨끗하고 위생적인 설비와 도구를 사용한다.
② 철저한 개인위생과 손 씻기를 한다.
③ 도마와 칼 사용 시 가공된 식품보다 원재료를 먼저 처리한다.
④ 원재료와 가공된 식품은 각각 다른 기구를 사용한다.

> 교차오염을 예방하기 위해서 원재료와 가공된 식품은 각각 다른 도마나 칼, 기구 등을 사용하는 것이 좋으며, 같은 기구를 사용할 경우에는 가공된 식품을 먼저 처리하고 원재료를 처리한다.

15 ★★★★
식품제조·가공 및 취급과정 중 교차오염이 발생하는 경우와 거리가 먼 것은?

① 반죽을 자른 칼로 구운 식빵 자르기
② 반죽을 성형하고 씻지 않은 손으로 샌드위치 만들기
③ 반죽에 생고구마 조각을 얹어 쿠키 굽기
④ 생새우를 다루던 도마로 샐러드용 채소 썰기

> 보기 ③은 굽는 조리과정을 거치므로 교차 오염이 아니다.
> 교차오염은 바로 섭취 가능한 식품과 소독과 세정 되지 않은 물질을 사용할 경우 미생물의 오염으로 발생한다.

정답 **9** ④ **10** ④ **11** ① **12** ① **13** ④ **14** ③ **15** ③

SECTION 02 미생물과 식품의 변질

Craftsman Confectionary & Breads Making

[출제문항수 : 1~2문제] 변질에 관한 사항이 가장 많이 출제되며, 미생물 생육에 필요한 조건, 위생지표세균에 대한 사항에서 자주 출제됩니다.

01 식품과 미생물

1 미생물의 종류

종류	설명
진균류	곰팡이, 효모, 버섯을 포함한 균종으로 구성되는 미생물군
스피로헤타	단세포 식물과 다세포 식물의 중간단계의 미생물이다.
세균	단세포의 미생물이며 2분법으로 증식한다.
리케차	세균과 바이러스의 중간에 속하며 살아있는 세포 속에서만 증식한다.
바이러스	미생물 가운데 가장 작은 미생물로, 살아있는 세포에 기생하여 증식한다.
원충류	'원생동물류'라고도 하며, 단세포로 생활할 수 있는 동물이다.

2 미생물 생육에 필요한 조건

구분	설명
영양소	탄소원(당질), 질소원(아미노산, 무기질소), 무기질, 비타민 등이 필요
수분	미생물이 발육·증식하는데 필요한 수분량 : 약 40% 이상 • 수분량을 40% 미만으로 유지하면 미생물의 증식 억제가 가능하다. • 생육에 필요한 수분량 : 세균(0.95) > 효모(0.88) > 곰팡이(0.80) • 곰팡이의 생육 억제 수분량은 13% 이하로, 건조식품에서도 생육이 가능하다.
온도	일반적으로 0℃ 이하 또는 80℃ 이상에서는 잘 발육하지 못한다. • 저온균 : 증식 최적 온도가 15~20℃인 균 • 중온균 : 증식 최적 온도가 25~37℃인 균 (병원균을 비롯한 대부분의 세균) • 고온균 : 증식 최적 온도가 50~60℃인 균

▶ 진균류
• 효모(Yeast) : 단세포의 진균으로, 주로 출아법으로 번식하며 무운동성이다.
• 곰팡이(Mold) : 균사체를 발육기관으로 하는 것으로 포자를 형성하여 증식하는 진균이다.

▶ 세균(박테리아)의 분류

구균류	• 둥근 공 모양의 세균 • 단구균, 쌍구균, 포도상구균등
간균류	• 막대 모양 또는 긴 타원 모양의 세균 • 결핵균, 대장균, 장티푸스균 등
나선균류	• 나사 모양의 세균 • 콜레라 등

▶ 미생물의 크기
곰팡이 > 효모 > 스피로헤타 > 세균 > 리케차 > 바이러스

▶ 미생물 증식의 3대 조건
영양소, 수분, 온도

chapter 01

好 氣 호기성균 :
좋아할 호 공기 기 공기를 좋아하는 균

嫌 氣 혐기성균 :
싫어할 혐 공기 기 공기를 싫어하는 균

• 통성(通性) : 선택적인, 있어도/없어도 되는
• 편성(偏性) : 반드시, 꼭 필요한

▶ 효모는 통성혐기성균이나 산소가 있을 때 더 많은 활성을 하여 호기성균으로 보기도 한다.

구분	설명	
산소	미생물은 산소의 필요도에 따라 호기성균, 혐기성균으로 나누어진다.	
	호기성균	산소가 있어야 생육이 가능한 균(예 곰팡이, 효모, 식초산균 등)
	혐기성균	생육에 산소를 필요로 하지 않는 균 • 통성 혐기성균 : 산소의 유무와 관계없이 생육이 가능한 균(예 효모, 대부분의 세균 등) • 편성 혐기성균 : 산소를 절대적으로 기피하는 균 (예 보툴리누스균, 웰치균 등)
수소이온 농도(pH)	• 곰팡이와 효모 : 산성에서 잘 자란다.(pH 4.0~6.0) • 세균 및 미생물 : 보통 중성 내지 약알칼리성에서 잘 자란다. (pH 6.5~7.5)	

3 위생지표 세균

① 모든 병원성 세균을 검사한다는 것은 현실적으로 어려우므로 위생적으로 지표가 되는 균을 정하여 식품의 안정성을 간접적으로 평가할 수 있다. 이러한 지표가 되는 세균을 위생지표 세균이라고 한다.

② 보통 대장균*을 사용하며, 분변계 대장균, 장구균 등이 있다.

* 대장균군의 특징
• 그람음성의 무포자 간균이다.
• 유당을 분해하여 산과 가스를 생산한다.
• 병원성을 띠기도 한다.

▶ 단백질의 부패 진행 과정
① 호기성 세균이 표면에 오염되어 증식하며 식품의 광택 소실, 변색, 퇴색을 일으킨다.
② 호기성 세균이 증식하면서 분비하는 효소에 의해 식품 성분의 변화를 가져온다.
③ 혐기성 세균이 식품 내부 깊이 침입하여 부패가 완성된다.
④ 식품의 부패에는 여러 종류의 세균이 관계한다.
※ 단백질 → 펩톤 → 펩타이드 → 아미노산 → 아민류, 황화수소, 암모니아 등
※ 함황 단백질의 부패로 생성되는 황화수소는 식품을 흑변시키는 원인이 된다.

▶ 육류의 부패 시 pH의 변화
• 초기에는 호기성균들이 산을 생성하여 pH가 낮아진다.
• 시간이 경과하면 곰팡이 및 혐기성 세균 등이 산을 분해하고 단백질을 분해하여 암모니아 등의 염기성 물질을 생성하므로 pH가 상승하여 알칼리성이 된다.

02 식품의 변질

1 식품의 변패(변질)

① 변질은 식품의 성질이 변하여 원래의 특성을 잃게 되는 것으로 형태, 맛, 냄새, 색 등이 달라진다.

② 식품의 변질은 수분, 온도, 산소, pH, 광선, 금속 등의 영향을 받는다.

2 변질의 종류

부패	• 단백질 식품이 미생물에 의해 변질되는 것 • 악취와 유해물질을 생성 - 페놀, 황화수소, 아민류, 메르캅탄, 암모니아 등
산패	• 지방질 식품이 산화되어 변질되는 것 • 주로 유지의 불포화지방산이 산소와 결합하여 산화되는 것 ※ 미생물의 분해 작용에 의한 것이 아님
발효	• 당질 식품이 미생물에 의해 분해되어 알코올과 유기산 등의 유용한 물질을 만드는 것 • 주로 혐기성 상태에서 분해 • 예 빵, 술, 간장, 된장, 김치 등

3 식품의 부패 판정

식품의 부패를 판정하는 방법에는 관능검사, 생균 수 검사, 화학적 검사 등이 있다.

① 관능검사 : 시각, 촉각, 미각, 후각 등을 이용하여 식품의 부패를 판정하는 방법이다.

② 물리적 검사 : 부패할 때 나타나는 경도, 탄성, 점성, 색 및 전기저항 등 물리적인 변화를 측정하는 방법이다.

③ 생균 수 검사 : 식품 1g당 $10^7 \sim 10^8$개면 초기부패로 판정한다.

④ 화학적 검사 : 수소이온농도(pH), 휘발성염기질소(VBN), 트리메틸아민(TMA)*, 암모니아, ATP 측정 등

4 유지*의 산패

유지는 산화되기 쉽다

1) 유지의 산패에 영향을 미치는 인자

① 온도가 높을수록, 수분 및 지방분해효소가 많을수록 산패가 촉진된다.

② 금속이온(철, 구리 등), 광선 및 자외선은 산패를 촉진시킨다.

③ 불포화도가 높을수록 산패가 활발하게 일어난다.

5 식품 변패의 억제와 방지법

식품 내의 수분을 감소시키는 방법	건조, 농축, 탈수
식품을 저온에서 저장하는 방법	냉장, 냉동
식품 내의 미생물을 살균하는 방법	가열, 자외선, 방사선에 의한 살균
식품의 pH를 조절하는 방법	산 저장
식품에 소금이나 설탕을 첨가하여 삼투압을 높이는 방법	염장, 당장
미생물 증식을 억제하는 저해물질을 첨가하는 방법	보존료 등 식품첨가물의 이용
가스를 주입하여 채소나 과일의 호흡작용을 억제하는 방법	가스 저장법(CA 저장법)*

* **트리메틸아민**(Trimethylamine, TMA)
생선의 비린내 성분으로 살아있는 생선에서 트리메틸아민 옥사이드(Trimethylamine Oxide, TMAO)로 존재하다가 생선이 죽고 시간이 경과하면 미생물의 활동으로 환원되어 생성된다. 부패 시 트리메틸아민의 양이 증가하여 어류의 신선도 검사에 이용된다.

* **유지**(油脂)
동물 또는 식물에서 채취한 기름을 통틀어 이르는 말로 식용유, 마가린·버터·쇼트닝·라드, 마요네즈 등이 해당된다.

▶ **유지의 산패도 측정 도구**
카르보닐가, 산가, 과산화물가, 아세틸가 등

Controlled Atmosphere storage
저장고의 대기가스를 조절하여 저장

* **가스 저장법(CA 저장법)**
① 채소나 과일은 수확 후 호흡작용으로 숙성되므로 가스를 주입하여 호흡작용을 억제함으로써 저장 기간을 늘리는 것
② 주로 이산화탄소(CO_2)를 이용하며, 질소(N_2)나 오존(O_3)도 이용

▶ **질소가스 치환 포장**
밀봉 포장 용기에서 공기를 탈기하고, 불활성 가스인 질소를 넣어 유통기한을 연장하고, 변질을 방지한다.
(예) 과자봉지

1 ★★★
미생물의 일반적 성질에 대한 설명으로 옳은 것은?

① 세균은 주로 출아법으로 그 수를 늘리며 술 제조에 많이 사용된다.
② 효모는 주로 분열법으로 그 수를 늘리며 식품 부패에 가장 많이 관여하는 미생물이다.
③ 곰팡이는 주로 포자에 의하여 그 수를 늘리며 빵, 밥 등의 부패에 관여하는 미생물이다.
④ 바이러스는 주로 출아법으로 그 수를 늘리며 스스로 필요한 영양분을 합성한다.

① 세균은 단세포의 미생물로 이분법으로 증식한다.
② 효모는 출아에 의한 무성 생식법으로 증식하며 발효에 의한 유용한 물질을 만들어낸다.
④ 바이러스는 주로 복제에 의하여 증식하며 자체 대사기관이 없어 스스로 영양분을 합성하지 못한다.

2 ★★★
미생물의 증식에 대한 설명으로 틀린 것은?

① 70℃에서도 생육이 가능한 미생물이 있다.
② 냉장 온도에서는 유해 미생물이 전혀 증식할 수 없다.
③ 수분 함량이 낮은 저장 곡류에서도 미생물은 증식할 수 있다.
④ 한 종류의 미생물이 많이 번식하면 다른 미생물의 번식이 억제될 수 있다.

냉장 온도에서 증식하는 저온균이 있어 냉장 보관은 장기보관 대책이 안된다.

3 ★★★
세균의 대표적인 3가지 형태 분류에 포함되지 않는 것은?

① 구균   ② 나선균
③ 간균   ④ 페니실린균

세균은 생긴 형태에 따라 둥근 모양의 구균, 막대 모양의 간균, 나사 모양의 나선균으로 나누어진다.

4 ★★
절대적으로 공기와의 접촉이 차단된 상태에서만 생존할 수 있어 산소가 있으면 사멸되는 균은?

① 호기성균
② 편성 호기성균
③ 통성혐기성균
④ 편성 혐기성균

생육에 산소를 필요로 하지 않는 균을 혐기성균으로 분류하며 혐기성균 중에서도 산소를 절대적으로 기피하는 균은 편성 혐기성균이다.

5 ★★★★
미생물의 감염을 감소시키기 위한 작업장 위생의 내용과 거리가 먼 것은?

① 소독액으로 벽, 바닥, 천정을 세척한다.
② 빵 상자, 수송 차량, 매장 진열대는 항상 온도를 높게 관리한다.
③ 깨끗하고 뚜껑이 있는 재료통을 사용한다.
④ 적절한 환기와 조명시설이 된 저장실에 재료를 보관한다.

대부분의 병원미생물은 증식 최적 온도가 25~37℃인 중온균이기 때문에 빵 상자, 수송 차량, 매장의 진열대 등은 냉장 온도로 보관하는 것이 좋다.

6 ★★★★★
대장균군이 식품위생학적으로 중요한 이유는?

① 식중독을 일으키는 원인균이기 때문
② 분변 오염의 지표 세균이기 때문
③ 부패균이기 때문
④ 대장염을 일으키기 때문

대장균은 식품을 오염시키는 다른 균들의 오염 정도를 측정하는 지표로 사용한다.

정답 1③ 2② 3④ 4④ 5② 6②

★★★★★

7 식품의 변질에 관여하는 요인과 거리가 먼 것은?

① 압력 ② pH
③ 수분 ④ 산소

★★★★

8 단백질 식품이 미생물의 분해 작용에 의하여 형태, 색택, 경도, 맛 등의 본래의 성질을 잃고 악취를 발생하거나 유해물질을 생성하여 먹을 수 없게 되는 현상은?

① 변패
② 산패
③ 부패
④ 발효

★★★★★

9 발효가 부패와 다른 점은?

① 미생물이 작용한다.
② 성분의 변화가 일어난다.
③ 단백질의 변화반응이다.
④ 생산물을 식용으로 한다.

★★★

10 부패에 영향을 미치는 요인에 대한 설명으로 맞는 것은?

① 중온균의 발육 적온은 46~60℃
② 효모의 생육 최적 pH는 10 이상
③ 결합수의 함량이 많을수록 부패가 촉진
④ 식품 성분의 조직상태 및 식품의 저장환경

★★★★

11 부패의 진행에 수반하여 생기는 부패 산물이 아닌 것은?

① 일산화탄소
② 황화수소
③ 메르캅탄
④ 암모니아

★★★

12 미생물이 작용하여 식품을 흑변시켰다. 다음 중 흑변 물질과 가장 관계 깊은 것은?

① 암모니아
② 메탄
③ 황화수소
④ 아민

★★★★

13 부패를 판정하는 방법으로 사람에 의한 관능검사를 실시할 때 검사하는 항목이 아닌 것은?

① 색
② 맛
③ 냄새
④ 균수

14 부패가 진행됨에 따라 어류의 체내에 존재하는 트리메틸아민 옥사이드가 생성하는 부패취의 원인이 되는 물질로 미생물로 환원효소에 의해 생성되는 것은? ★★★

① 인돌
② 스카톨
③ 암모니아
④ 트리메틸아민

트리메틸아민(Trimethylamine, TMA)
• 생선의 비린내 성분으로 살아있는 생선에서 트리메틸아민 옥사이드(Trimethylamine Oxide, TMAO)로 존재하다가 생선이 죽고 시간이 경과하면 미생물의 활동으로 환원되어 생성된다.
• 트리메틸아민은 수용성으로 물에 씻으면 어취를 감소시킬 수 있다.
• 트리메틸아민은 염기성으로 식초나 레몬즙으로 중화시키면 비린내를 감소시킬 수 있다.
• 산화가 아니고 환원인 점에 주의하도록 한다.

15 식품의 부패를 판정할 때 화학적 판정 방법이 아닌 것은? ★★★

① TMA 측정
② ATP 측정
③ LD50 측정
④ VBN 측정

LD50은 어떤 조건 하에서 실험동물의 50%가 사망하는 독성물질의 양을 말하며 반수치사량이라고도 한다.

16 지방의 산패를 촉진하는 인자와 거리가 먼 것은? ★★★★

① 질소
② 산소
③ 구리
④ 자외선

지방의 산패를 촉진하는 요인
온도, 수분, 금속이온(철, 구리 등), 산소, 빛 등

17 유지가 산패되는 경우가 아닌 것은? ★★★

① 실온에 가까운 온도 범위에서 온도를 상승시킬 때
② 햇빛이 잘 드는 곳에 보관할 때
③ 토코페롤을 첨가할 때
④ 수분이 많은 식품을 넣고 튀길 때

토코페롤(비타민 E)은 천연항산화제로 산화 방지 및 유지의 안정성을 위하여 첨가한다. 높은 온도, 햇빛, 수분 등은 산패를 촉진한다.

18 식품의 냉장 보관에 대한 설명으로 틀린 것은? ★★★

① 세균의 증식을 억제할 수 있다.
② 미생물의 사멸이 가능하다.
③ 식품의 보존 기간을 연장할 수 있다.
④ 냉장고 용량의 70% 이하로 보관한다.

식품을 냉장 보관한다고 해서 모든 미생물을 사멸시킬 수는 없다. (→냉장·냉동 시에도 부패가 일어남)

19 냉장의 목적과 가장 관계가 먼 것은? ★★★★

① 식품의 보존 기간 연장
② 미생물의 멸균
③ 세균의 증식 억제
④ 식품의 자기 호흡 지연

냉장 보관으로 미생물을 멸균할 수 없으며 저온균인 여시니아, 리스테리아균 등은 냉장식품에서도 번식하여 식중독을 일으킨다.

20 ★★★ 식품의 부패와 미생물에 대한 설명이 옳은 것은?

① 일단 냉동시켰던 식품은 해동하여도 세균이 증식될 수 없다.

② 식품을 냉장 저장하면 미생물이 사멸되므로 부패를 완전히 막을 수 있다.

③ 부패하기 쉬운 식품에는 수분과 영양원이 충분하므로 온도관리가 중요하다.

④ 어패류의 부패에 관계하는 세균은 주로 고온균이다.

① 냉동시켰던 식품이라도 세균이 사멸된 것이 아니기 때문에 해동하였을 때 세균이 증식될 수 있다.
② 식품을 냉장하여도 저온균을 비롯한 미생물이 사멸되지 않는다.
④ 어패류의 부패에 관계하는 세균은 주로 중온균이다.

21 ★★ 식품의 부패방지와 관계가 있는 처리로만 나열된 것은?

① 방사선 조사, 조미료 첨가, 농축

② 실온 보관, 설탕 첨가, 훈연

③ 수분 첨가, 식염 첨가, 외관 검사

④ 냉동법, 보존료 첨가, 자외선 살균

식품의 부패방지법
냉동법, 보존료 첨가, 방사선 조사, 자외선 살균, 훈연법, 식염 첨가(염장법), 설탕 첨가(당장법) 등

22 ★★★★ 제품의 유통기간 연장을 위해서 포장에 이용되는 불활성 가스는?

① 산소　　　　② 질소

③ 수소　　　　④ 염소

질소가스 치환 포장
밀봉 포장 용기에서 공기를 흡인하여 탈기하고, 대신에 불활성 가스인 질소로 치환하여 물품의 변질 등을 방지하고, 유통기한의 연장을 목적으로 하는 포장 방법이다

정답 **20** ③ **21** ④ **22** ②

SECTION 03 식중독

[출제문항수 : 3~4문제] 식중독의 출제비중은 비교적 높으므로 꼼꼼하게 학습하시는 편이 좋습니다. 세균성 식중독, 자연독, 곰팡이독, 중금속 및 유해식품첨가물 등 거의 모든 부분에서 골고루 출제되고 있습니다.

01 식중독 일반

1 식중독의 개요

식중독이란 식품 섭취로 인하여 인체에 유해한 미생물 또는 유독물질에 의하여 발생하였거나 발생한 것으로 판단되는 감염성 질환 또는 독소형 질환이다.

▶ 식중독에 관한 조사 보고
- 식중독 환자나 식중독이 의심되는 증세를 보이는 자를 진단·검안·발견한 의사, 한의사, 집단급식소의 설치·운영자는 지체없이 관할 시장·군수·구청장에게 보고하여야 한다.
- 환자의 가검물과 원인 식품은 원인 조사 시까지 보관하여야 한다.

식중독의 분류

- 세균성
  - 감염형 → 살모넬라균, 장염 비브리오균, 병원성 대장균 등
  - 독소형 → 황색포도상구균, 클로스트리디움 보툴리늄, 클로스트리디움 퍼프린젠스(웰치균) 등
- 자연독
  - 동물성 → 복어(테트로도톡신), 섭조개(삭시톡신), 모시조개, 굴(베네루핀) 등
  - 식물성 → 버섯독(무스카린), 감자(솔라닌, 셉신) 등
  - 기타 → 알레르기성 식중독(히스타민), 노로바이러스 식중독 등
- 곰팡이독 → 아플라톡신(간장독), 맥각독, 황변미중독 등
- 화학물질
  - 유해금속, 농약, 불량식품첨가물 등에 의한 식중독
  - 기구·포장·용기에서 용출되는 유독 성분에 의한 중독
  - 식품제조 및 소독 과정에서 생성되는 식중독
  - 환경오염에 의한 식중독

02 세균성 식중독

1 세균성 식중독의 주요 특징

① 발병하는 식중독의 대부분을 차지한다.
② 두통, 구역질, 구토, 복통(급성위장염), 설사 등의 증상을 나타내며, 가장 대표적인 증상은 급성위장염이다.
③ 감염 후 면역성이 획득되지 않는다.
④ 전염성이 거의 없으며, 잠복기가 짧다.
⑤ 많은 양의 균으로 발병한다.

▶ 세균성 식중독의 예방법
- 먹기 전에 가열처리 한다.
- 일단 조리한 식품은 빠른시간 내에 섭취한다.
- 냉장·냉동 보관하여 오염균의 발육·증식을 방지한다.
- 식기, 도마 등은 세척과 소독을 철저히 한다.
- 설사 환자나 화농성 질환자의 식품 취급을 금지한다.

2 감염형 세균성 식중독

원인균 자체가 식중독의 원인으로, 세균이 증식한 식품을 섭취하여 발병한다.

1) 살모넬라 식중독

원인균	살모넬라균
특징	• 가장 심한 발열을 일으키는 식중독 • 쥐, 파리, 바퀴벌레 등에 의해 식품이 오염되어 발생 • 발육에 적당한 온도는 37℃이며, 10℃ 이하에서는 거의 발육하지 않음 (냉장보관) • 10만 이상 다량의 살모넬라균을 섭취 시 발병 • 증상발현 후 1주일 이내에 회복됨
원인식품	어패류, 육류, 달걀, 우유 및 유제품 등
예방대책	• 섭취 전 60℃에서 20분 동안 가열처리(열에 약함) • 유해동물과 해충을 방제 및 개인위생을 철저

▶ 감염형과 독소형의 원인
• 감염형 : 세균 자체가 식중독의 원인
• 독소형 : 세균이 식품 안에서 증식할 때 산출되는 독소가 원인

2) 장염비브리오 식중독

원인균	비브리오균
특징	• 3~4%의 염분에서도 생육이 가능한 호염성* 세균 • 해산 어패류 생식이 주요 발생 원인 • 수양성 설사, 복통 등의 급성 위장염
원인식품	어패류의 생식 및 조리 기구 등을 통한 2차 감염
예방대책	• 비브리오 유행기(7~8월)에 어패류의 생식금지 • 냉장 보관(저온에서 증식하지 못함) 및 가열(60℃에서 5분 정도) • 행주 및 조리 기구 등의 소독 및 청결관리

* **호염성** : 소금(鹽)을 좋아(好)하는 성질

3) 병원성 대장균 식중독

병원성 대장균은 주로 인체의 장내에 서식하는 대장균 중에서 병원성이 있는 것을 말한다.

원인균	병원성 대장균(O-157:H7* 등)
특징	• 무아포 간균*으로 호기성 또는 통성 혐기성이다. • 그람(Gram) 음성으로 독소를 생산하는 것도 있다.
원인식품	우유, 가정에서 만든 마요네즈
예방대책	개인위생 철저 및 분뇨의 위생적 처리

* O-157:H7
  • 장출혈성 대장균으로 생성하는 독소는 베로톡신(Verotoxin)이다.
  • 햄버거용 쇠고기 등의 육류에서 주로 기생한다.
  • 소량의 균량으로도 식중독을 일으킨다.
  • 열에 약해 65℃ 이상으로 가열하면 사멸한다.

* • **무아포** : 포자를 형성하지 않는
  • **간균** : 막대 모양의 세균

4) 기타 세균성 식중독균

여시니아균	냉장 온도와 진공 포장에서도 증식이 가능
리스테리아균	• 냉장 온도에서 증식이 가능한 저온균 • 육류, 가금류, 열처리하지 않은 아이스크림, 채소 등을 통해 감염 • 태아나 임신부에게 치명적인 식중독균
캄필로박터 제주니	• 미호기성(3~6%의 산소에서 생장) 세균 • 오염된 식육 및 식육 가공품, 우유 등이 원인 • 소아에게 이질과 같은 설사 증세
로프균(고초균)	• 제과 · 제빵 작업 중 100℃ 이상의 제품 내부온도에서도 생존 가능 • 빵에 로프균이 번식하면 악취가 나고 어두운 색으로 변한다.
아리조나균	살모넬라균의 아속으로 거의 유사

3 독소형 세균성 식중독

독소형 식중독의 원인은 식품 안에서 세균이 증식할 때 생기는 독소에 의해 발병이다.

1) 포도상구균(Staphylococcus) 식중독

포도상구균은 화농성 질환의 대표적인 식품균으로, 특히 황색포도상구균이 사람에 대한 병원성을 나타낸다.

원인균	포도상구균
특징	• 그람양성, 타원형 모양의 구균 • 평균 3시간 정도로 잠복기가 가장 짧고, 회복이 빠르며 치사율은 낮다. • 장독소인 엔테로톡신(Enterotoxin) 생산 • 포도상구균은 열에 약하나 엔테로톡신은 열에 강하여 일반 가열 조리법으로 예방이 어렵다. • 구토, 복통, 설사 등의 급성위장염 • 가장 주요한 오염원은 식품취급자의 화농증이다.
원인식품	크림빵, 김밥, 도시락, 찹쌀떡 등
예방대책	화농성질환자의 식품 취급 금지

2) 클로스트리디움 보툴리늄균(Clostridium botulinum) 식중독

내열성(열에 강한) 포자를 형성하는 포자형성균이며, 편성혐기성균(산소를 기피)으로 통조림 · 병조림 · 소시지 등의 진공포장식품에서 식중독을 일으키는 균이다.

▶ 참고) 그람 염색법
(세균을 구분하는 검사법)

그람 음성	• 주로 감염형 식중독균 • 살모넬라균, 비브리오균, 병원성 대장균
그람 양성	• 주로 독소형 식중독균 • 포도상구균, 클로스트리디움 보툴리늄균, 웰치균

그람 양성은 세포벽이 두꺼워 보라색으로 염색되고, 그람 음성은 얇아 탈색되어 분홍빛으로 염색됨

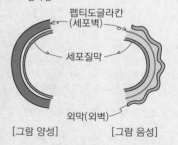

펩티도글라칸
(세포벽)

세포질막

외막(외벽)

[그람 양성]　　　[그람 음성]

【그람 양 · 음성의 구조】

원인균	보툴리누스균(A~G형이 있으며 이 중 A, B, E, F형이 식중독을 일으킴)
특징	• 그람양성, 편성혐기성간균 • 신경독소인 뉴로톡신(Neurotoxin) 생성 • 독소인 뉴로톡신은 열에 약하나, 형성된 포자(아포)는 열에 강함 • 구토 및 설사, 시력저하, 동공확대, 언어장애 등 신경마비 증상 • 치사율이 매우 높다.
원인식품	햄, 소시지, 통조림 등의 진공포장식품
예방대책	음식물의 가열처리 및 통조림 등 원인식품의 철저한 살균

▶ 참고) Clostridium속
편성혐기성의 아포(芽胞)를 형성하는 그람양성의 간균군이다. 포자 형태로 자연계나 사람, 동물의 장관에 널리 분포되어 식중독의 원인이 된다. 병원성이 있는 것은 파상풍균, 보툴리누스균, 웰치균 등이 있다. 파상풍균과 보툴리누스균은 신경독(뉴로톡신), 웰치균은 장독소(엔테로톡신)를 생성한다.

3) 웰치균(Clostridium perfringens)

홀씨, 포자

웰치균은 아포를 형성하는 클로스트리디움속의 편성혐기성균으로 아포 형성 시 생성되는 내열성 장독소(엔테로톡신)의 존재가 확인되기 전까지 감염형으로 구분되었다.

└ 열에 견디는, 열에 강한 성질

원인균	웰치균(A~E형 중 A형이 식중독을 일으킨다.)
특징	• 그람양성간균, 편성혐기성균 • 장독소(엔테로톡신) 생성 • 100℃ 이상에서 4~5시간 가열해야 살균이 가능하다.
원인식품	육류, 통조림, 족발, 국 등의 재가열 식품
예방대책	10℃ 이하 또는 60℃ 이상에서 보존

03 자연독 식중독

자연독 식중독은 동·식물체 중에서 자연적으로 생산되는 독소를 섭취했을 때 발병한다.

1 동물성 자연독

독소	특징
테트로도톡신 (Tetrodotoxine)	• 복어의 난소 > 간 > 내장 > 피부의 순으로 많이 들어있다. • 독성이 강하여 치사율이 가장 높다. • 전문 복어요리전문가가 만든 요리를 섭취해야 한다. • 중독 시 최토제와 호흡 촉진제를 투여하고 위세척을 해야 한다.
삭시톡신(Saxitoxin)	• 섭조개, 대합 등 • 적조해역에서 채취한 조개류 섭취 금지
베네루핀(Venerupin)	• 모시조개, 굴, 바지락 등
테트라민(Tetramine)	• 권패류(고동, 소라)

▶ 식품 중에 자연적으로 생성되는 천연 유독 성분은 일반적으로 고열에 끓여도 중독을 예방하기 어렵다.

2 식물성 자연독

식물	독소
독버섯	아마니타톡신, 무스카린, 무스카리딘, 뉴린, 콜린, 팔린 등
감자	• 솔라닌 : 감자의 싹과 녹색부위 • 셉신 : 썩은 감자
목화씨	고시폴(Gossypol)
피마자씨	리신(Ricin), 리시닌(Ricinin)
청매, 은행, 살구씨	아미그달린(Amygdalin)*
독미나리	시큐톡신(Cicutoxin)
독보리	테물린(Temuline)

* 아미그달린(Amygdalin)
• 청매, 은행, 살구씨 등에 들어있는 독소
• 시안(cyan) 배당체가 함유되어 인체 내에서 청산(HCN)을 생성하여 청색증(cyanosis) 등의 중독 증상을 나타낸다.

04 곰팡이독 식중독 (마이코톡신, mycotoxin)

1 곰팡이의 특징
① 진핵세포를 가진 다세포 미생물로 분류상 진균류에 속한다.
② 주로 무성 포자에 의해 번식한다.
③ 엽록소가 없어 광합성을 하지 못한다.
④ 대부분 곰팡이류의 생육 최적 온도는 30℃ 정도로 다습한 환경을 좋아한다.
    (고온다습한 여름에 많이 발생)
⑤ 곰팡이의 생육억제 수분량은 13% 이하로, 그 이상이면 곰팡이가 발생할 수 있다.

2 곰팡이독 (진균독, Mycotoxin)
① 곰팡이독에 의한 식중독은 곰팡이가 생산하는 2차 대사산물이 사람과 가축에 질병이나 이상 생리작용을 유발하는 것이다.
② 곡류, 견과류 등 탄수화물이 풍부한 식품에서 많이 발생한다.
③ 종류 및 독소

종류	독소	원인 식품
곰팡이독	아플라톡신(간장독)	쌀, 보리, 옥수수
황변미독	시트리닌(신장독)	쌀
맥각독	에르고타민, 에르고톡신	호밀, 보리
기타	파툴린(신경독)	사과의 부패 곰팡이

▶ 천연의 유독 성분들은 일반적으로 열에 강하여 높은 온도로 가열하여도 독성이 분해되지 않는다.

05 화학물질에 의한 식중독

1 중금속

중금속에 의한 식중독은 주로 기구, 용기, 포장에서 유해물질이 용출되어 식중독을 일으킨다.

중금속	특징
납(Pb)	• 도료, 안료, 농약 등에 사용되는 납 화합물을 통해 오염된다. • 적혈구의 혈색소 감소, 체중감소 및 신장 장애, 칼슘대사 이상과 호흡 장애를 유발한다. • 소변에서 코프로포르피린이 검출된다.
수은(Hg)	• 유기수은에 중독된 어패류를 먹거나 농약, 보존료 등으로 처리한 음식을 섭취하였을 때 중독된다. • 미나마타병*을 일으킨다. • 갈증, 구토, 복통, 설사, 위장장애, 전신경련 등을 일으킨다.
카드뮴(Cd)	• 각종 식기, 기구, 용기에 도금되어 있는 카드뮴이 용출되어 중독을 일으킨다. • 이타이이타이병*을 일으킨다. • 구토, 설사, 신장기능 장애, 골연화증 등을 일으킨다.
주석(Sn)	• 주석 도금한 통조림에서 주석이 용출되어 중독을 일으킨다. • 구역질, 구토, 설사, 복통, 권태감 등을 일으킨다.
비소(As)	• 밀가루 등으로 오인되어 식중독을 유발한 사례가 있다. • 습진성 피부질환과 위장형 중독으로 구토, 위통, 설사, 출혈, 혼수 등을 일으킨다.
기타	구리, 아연, 안티몬 등

2 유해 식품첨가물

구분	유해 식품첨가물
감미료	둘신*, 사이클라메이트, 에틸렌 글리콜, 메타니트로아닐린, 페릴라틴
보존제	붕산, 포름알데히드*(포르말린), 불소화합물, 승홍
착색제	• 아우라민(노란색) : 단무지, 카레분 등에 사용되었으나 독성이 강하여 사용이 금지되었다. • 로다민 B(분홍색) : 과자나 붉은 생강, 어묵 등에 부정으로 사용되는 일이 있다.
표백제	롱가릿, 형광표백제, 니트로겐 트리클로라이드
발색제	삼염화질소, 아질산칼륨
기타	메틸알코올*, 4-에틸납, PCB* 등

▶ **폴리비닐화합물**
기구, 용기, 포장재로 다양하게 사용되며, 생산과정에서 첨가하는 화학물질 및 첨가제가 고착되지 않고 서서히 용출되어 독성을 나타낸다.

* **미타마타병 : 수은의 만성중독**
  • 수은중독으로 인한 신경학적 증상과 징후
  • 손의 지각이상, 언어장애, 반사 신경 마비 등

* **이타이이타이병**
  • 칼슘과 인의 대사 이상을 초래하여 골연화증을 유발
  • 신장의 재흡수 장애를 일으켜 칼슘 배설을 증가

* **둘신**
백색의 결정으로 감미도는 설탕의 250배이며, 청량음료수, 과자류, 절임류 등에 사용되었으나 만성중독인 혈액독을 일으켜 우리나라에서 사용이 금지되었다.

* **포름알데히드(포르말린)**
유해 보존료이며 페놀수지·요소수지의 원료가 된다. 따라서 요소수지의 용기에서 이행될 수 있는 유해물질이다.

* **메틸알코올(메탄올, Methanol)**
  • 주류의 대용으로 사용하여 많은 중독사고를 낸다.
  • 두통, 현기증, 구토, 설사 등과 시신경 염증을 유발시켜 실명의 원인이 된다.

* **PCB(폴리염화바이페닐)**
내열성이 있어 전기 절연체로 사용되는 물질로, 1970년 일본 가네미에서 미강유(쌀겨기름)를 사료로 먹은 닭 40만 마리가 폐사한 사건의 원인물질이다.

06 기타 식중독

1 알레르기성 식중독

* **모르가넬라 모르가니**
  (Morganella morganii)
  모르가니균은 어육에 많이 들어있는
  히스티딘을 탈탄산하여 알레르기성
  물질인 히스타민을 생산, 축적하여 알
  레르기 증상을 일으킨다.

* **히스타민**(histamine)
  아미노산인 히스티딘이 탈탄산 효소
  활성이 강한 모르가니균에 의해 생성
  되어 두통, 두드러기 등의 알레르기성
  식중독을 일으키는 활성 아민류이다.

원인물질	어육에 다량 함유된 히스티딘에 모르가니균*이 침투하여 생성된 히스타민*
특징	부패되지 않은 식품을 섭취해도 발생
잠복기	5분~1시간(보통 30분)
원인식품	꽁치, 고등어, 가다랑어 등 등푸른생선에 많음
증상	안면홍조, 발진(두드러기)
치료	항히스타민제 투여

2 노로바이러스(norovirus)

원인균	노로바이러스
특징	• 바이러스에 의한 식중독이다. • 크기가 작고 구형이다. • 식품이나 음료수에 쉽게 오염되고, 적은 수로도 사람에게 식중독을 일으킬 수 있다. • 대부분 1~2일이면 자연치유된다. • 항생제로 치료되지 않으며 노로바이러스에 대한 항바이러스제는 없다.
잠복기	24~48시간
증상	설사, 복통, 구토 등의 급성위장염
예방	• 오염지역에서 채취한 어패류는 85℃에서 1분 이상 가열하여 섭취한다. • 오염이 의심되는 지하수의 사용을 자제한다. • 가열 조리한 음식물은 맨 손으로 만지지 않도록 한다.

3 농약에서 나오는 유해물질

유기인제	• 독성이 강하지만 빨리 분해되어 만성중독을 일으키지는 않음 • 말라티온, 파라티온 등
유기염소제	• 식물체 내에서는 거의 분해되지 않고 동물의 지방층이나 뇌신경 등에 만성중독을 일으킴 • DDT, DDD 등
유기수은제	• 살균제로 종자 소독, 도열병 방제 등에 사용됨 • 메틸염화수은, 메틸요오드화수은 등
비소화합물	• 살충제, 쥐약 등으로 사용

1 ★★★
여름철에 세균성 식중독이 많이 발생하는데 이에 미치는 영향이 가장 큰 것은?

① 세균의 생육 Aw
② 세균의 생육 pH
③ 세균의 생육 영양원
④ 세균의 생육 온도

> 식중독에 관여하는 대부분의 세균이 중온균(25~37℃)이므로 여름철에 식중독이 가장 많이 발생한다.
> • Aw : water activity, 수분활성도
> • pH : 수소농도이온

2 ★★★
세균성 식중독의 일반적인 특징으로 옳은 것은?

① 전염성이 거의 없다.
② 2차 감염이 빈번하다.
③ 경구 감염병보다 잠복기가 길다.
④ 극소량의 균으로도 발생이 가능하다.

> 세균성 식중독은 2차 감염이 거의 없으며, 잠복기가 짧고 발병을 위해서 다량의 균이 필요하다.

3 ★★★
식중독 발생 시의 조치 사항 중 잘못된 것은?

① 환자의 상태를 메모한다.
② 보건소에 신고한다.
③ 식중독 의심이 있는 환자는 의사의 진단을 받게 한다.
④ 환자가 먹던 음식물은 발견 즉시 전부 버린다.

> 식중독의 발생 시 환자가 먹던 음식물은 즉시 검사기관에 의뢰하여 검사를 받도록 해야 한다.

4 ★★★★★
다음 중 감염형 세균성 식중독을 일으키는 것은?

① 살모넬라균
② 고초균

③ 보툴리누스균
④ 포도상구균

> • 세균성 감염형 식중독을 일으키는 식중독균은 살모넬라, 장염 비브리오, 병원성 대장균 등이 있다.
> • 고초균은 바실러스속 세균이며 비병원성인 호기성 간균으로 자연계에 널리 존재한다.

5 ★★★★
쥐나 곤충류에 의해서 발생될 수 있는 식중독은?

① 살모넬라 식중독
② 클로스트리디움 보툴리늄 식중독
③ 포도상구균 식중독
④ 장염 비브리오 식중독

> 살모넬라 식중독은 쥐, 파리, 바퀴 등에 의해 식품이 오염되어 발생한다.

6 ★★★★
다음 중 식중독을 일으키는 주요 원인식품이 해산 어패류로 호염성 세균은?

① 황색포도상구균(Staphylococcus aureus)
② 장염비브리오균(Vibrio parahaemolyticus)
③ 장티푸스균(Salmonella typhi)
④ 보툴리누스균(Clostridium botulinum)

> 장염 비브리오균은 3~4%의 염분에서 생육이 가능한 호염성 세균으로 오염된 어패류의 생식이 식중독 발생의 주요 원인이다.

7 ★★★★
대장균에 대한 설명으로 틀린 것은?

① 유당을 분해한다.
② 그램(Gram) 양성이다.
③ 호기성 또는 통성 혐기성이다.
④ 무아포 간균이다.

> 대장균은 그람음성의 무포자 간균으로 호기성 또는 통성 혐기성이다. 유당을 분해하여 산과 가스(이산화탄소)를 생산한다.

정답 1④ 2① 3④ 4① 5① 6② 7②

8 ★★★★
해수(海水) 세균의 일종으로 식염농도 3%에서 잘 생육하며 어패류를 생식할 경우 중독 발생이 쉬운 균은?

① 보툴리누스(Botulinus)균
② 장염 비브리오(Vibrio)균
③ 웰치(Welchii)균
④ 살모넬라(Salmonella)균

식중독 원인 식품
• 장염 비브리오균 : 어패류의 생식
• 보툴리누스균 : 통조림, 병조림 등의 진공포장 식품
• 웰치균 : 식육류·어패류와 그 가공품 등
• 살모넬라균 : 어패류, 육류, 달걀, 우유 및 유제품 등

9 ★★★★
대장균 O-157이 내는 독성물질은?

① 베로톡신
② 테트로도톡신
③ 삭시톡신
④ 베네루핀

O-157:H7
• 장관출혈성 대장균으로 생성하는 독소는 베로톡신이다.
• 햄버거용 쇠고기 등의 육류에서 주로 기생한다.
• 소량의 균량으로도 식중독을 일으킨다.
• 열에 약해 65℃ 이상으로 가열하면 사멸한다.

10 ★★★★★
세균이 분비한 독소에 의해 감염을 일으키는 것은?

① 감염형 세균성 식중독
② 독소형 세균성 식중독
③ 화학성 식중독
④ 진균독 식중독

독소형 세균성 식중독은 식품 안에서 세균이 증식할 때 생성하는 독소에 의하여 발생하는 식중독을 말한다.

11 ★★★★★
다음 중 대표적인 독소형 세균성 식중독은?

① 살모넬라(Salmonella) 식중독
② 아리조나(Arizona) 식중독
③ 포도상구균(Staphylococcus) 식중독
④ 장염비브리오(Vibrio) 식중독

대표적인 독소형 세균성 식중독균
포도상구균, 보툴리누스균(클로스트리디움 보툴리늄균), 웰치균 등

12 ★★★★★
화농성 질병이 있는 사람이 만든 제품을 먹고 식중독을 일으켰다면 가장 관계가 깊은 원인균은?

① 장염비브리오균
② 살모넬라균
③ 보툴리누스균
④ 황색포도상구균

포도상구균은 화농성 질환의 대표적인 식품균으로 특히 황색포도상구균이 사람에게 병원성을 나타낸다. 화농성 질병이 있는 사람은 식품 취급을 하지 않아야 한다.

13 ★★★★★
황색포도상구균이 내는 독소 물질은?

① 뉴로톡신　　　② 솔라닌
③ 엔테로톡신　　④ 테트로도톡신

황색포도상구균이 내는 독소는 장독소인 엔테로톡신이다.
뉴로톡신(보툴리누스균), 솔라닌(감자), 테트로도톡신(복어)

14 ★★★
다음 세균성 식중독 중 섭취 전에 가열하여도 예방하기가 가장 어려운 것은?

① 살모넬라 식중독
② 포도상구균 식중독
③ 클로스트리디움 보툴리늄 식중독
④ 장염 비브리오 식중독

포도상구균이 생산하는 독소인 엔테로톡신은 열에 강하여 섭취 전에 가열하여도 예방이 어렵다.

15 세균성 식중독 중 일반적으로 잠복기가 가장 짧은 것은?

① 살모넬라 식중독
② 포도상구균 식중독
③ 장염 비브리오 식중독
④ 클로스트리디움 보툴리눔 식중독

세균성 식중독 중에서 잠복기가 가장 짧은 것은 포도상구균 식중독으로 평균 3시간 정도이다.

16 균체의 독소 중 뉴로톡신(Neurotoxin)을 생산하는 식중독균은?

① 포도상구균
② 클로스트리디움 보툴리눔균
③ 장염 비브리오균
④ 병원성 대장균

클로스트리디움 보툴리눔균은 보툴리누스 식중독의 원인균으로 신경독인 뉴로톡신(Neurotoxin)을 생산하여 신경 마비 증상 등을 일으키는 치사율이 매우 높은 식중독균이다.

17 클로스트리디움 보툴리눔 식중독과 관련 있는 것은?

① 화농성 질환의 대표균
② 저온살균 처리로 예방
③ 내열성 포자 형성
④ 감염형 식중독

클로스트리디움 보툴리눔균이 생산하는 뉴로톡신은 독소 자체는 열에 약하지만 내열성이 강한 포자를 형성하여 100℃에서 6시간 이상 가열해야 살균할 수 있다.

18 살균이 불충분한 육류 통조림으로 인해 식중독이 발생했을 경우, 가장 관련이 깊은 식중독균은?

① 살모넬라균
② 시겔라균
③ 황색 포도상구균
④ 보툴리누스균

보툴리누스균(클로스트리디움 보툴리눔균)은 불충분하게 살균된 통조림 등의 진공포장 식품에서 발생하며 보툴리누스균 A, B, E, F형의 4가지가 식중독을 일으킨다.

19 다음 세균성 식중독 중 일반적으로 치사율이 가장 높은 것은?

① 살모넬라균에 의한 식중독
② 보툴리누스균에 의한 식중독
③ 장염 비브리오균에 의한 식중독
④ 포도상구균에 의한 식중독

세균성 식중독 중 가장 치사율이 높은 것은 보툴리누스균에 의한 식중독으로 특히 보툴리누스 A, B형에 의한 식중독은 치사율이 70% 정도나 된다.

20 복어의 독소 성분은?

① 엔테로톡신(Enterotoxin)
② 테트로도톡신(Tetrodotoxin)
③ 무스카린(Muscarine)
④ 솔라닌(Solanine)

• 엔테로톡신 – 포도상구균
• 무스카린 – 독버섯
• 솔라닌 – 감자

21 다음 중 청색증(cyanosis) 현상과 관계있는 독소로 인체 내 흡수와 배설이 빠른 것은?

① 베네루핀(venerupin)
② 아미그달린(amygdaline)
③ 솔라닌(solanine)
④ 테트로도톡신(tetrodotoxin)

청매, 은행, 살구씨 등에 있는 아미그달린은 시안(cyan)배당체가 함유되어 인체 내에서 청산을 생성하여 청색증 등의 중독 증상을 나타낸다.

22 ★★★★★ 정제가 불충분한 기름 중에 남아 식중독을 일으키는 고시폴(Gossypol)은 어느 기름에서 유래하는가?

① 피마자유
② 콩기름
③ 면실유
④ 미강유

면실유는 목화씨를 압착하여 얻는다.
※ 미강유 : 쌀겨에서 추출한 기름이다.

23 ★★★★ 감자의 싹이 튼 부분에 들어 있는 독소는?

① 엔테로톡신
② 사카린나트륨
③ 솔라닌
④ 아미그달린

- 엔테로톡신 : 포도상구균이 생산하는 장독소
- 사카린나트륨 : 감미료로 사용되는 식품첨가물
- 아미그달린 : 매실, 살구씨, 은행 등에 함유된 자연독

24 ★★★★ 식물성 자연독의 관계가 틀린 것은?

① 독버섯 : 무스카린(muscarine)
② 청매 : 리신(ricin)
③ 목화씨 : 고시폴(gossypol)
④ 감자 : 솔라닌(solanine)

청매에 들어있는 독성분은 아미그달린이다.

25 ★★★★ 식품 중에 자연적으로 생성되는 천연 유독 성분에 대한 설명으로 틀린 것은?

① 아몬드, 살구씨, 복숭아씨 등에는 아미그달린이라는 천연의 유독 성분이 존재한다.
② 천연의 유독 성분들은 모두 열에 불안정하여 100℃로 가열하면 독성이 분해되므로 인체에 무해하다.
③ 천연 유독 성분 중에는 사람에게 발암성, 돌연변이, 기형 유발성, 알레르기성, 영양장해 및 급성중독을 일으키는 것들이 있다.
④ 유독 성분의 생성량은 동·식물체가 생육하는 계절과 환경 등에 따라 영향을 받는다.

식품 중에 들어있는 천연 유독성분은 보통 열에 강하여 끓여도 중독을 예방하기 어렵다.

26 ★★★★ 다음 중 아플라톡신을 생산하는 미생물은?

① 효모
② 세균
③ 바이러스
④ 곰팡이

아플라톡신은 아스퍼질러스 플라버스(Aspergillus flavus) 곰팡이의 2차 대사산물로 쌀, 보리, 땅콩 등의 곡물류에서 간장독을 생성하여 간암을 일으킨다.

27 ★★★★ 다음 중 곰팡이 독이 아닌 것은?

① 아플라톡신
② 시트리닌
③ 삭시톡신
④ 파툴린

삭시톡신은 섭조개, 대합 등에 들어있는 동물성 자연독이다.

28 ★★★ 마이코톡신(Mycotoxin)의 설명으로 틀린 것은?

① 진균독이라고 한다.
② 탄수화물이 풍부한 곡류에서 많이 발생한다.
③ 원인 식품의 세균이 분비하는 독성분이다.
④ 중독의 발생은 계절과 관계가 깊다.

마이코톡신(진균독)은 곰팡이가 생산하는 2차 대사산물이다. 곰팡이는 탄수화물이 풍부한 곡류에서 많이 발생하며 고온다습한 환경을 좋아하여 여름철에 특히 많이 발생한다.

정답 ▶ 22 ③ 23 ③ 24 ② 25 ② 26 ④ 27 ③ 28 ③

29 화학적 식중독에 대한 설명으로 잘못된 것은?

① 유해성 보존료인 포름알데히드는 식품에 첨가할 수 없으며 플라스틱 용기로부터 식품 중에 용출되는 것도 규제하고 있다.

② 유해색소의 경우 급성독성은 문제가 되나 소량을 연속적으로 섭취할 경우 만성 독성의 문제는 없다.

③ 인공감미료 중 싸이클라메이트는 발암성이 문제 되어 사용이 금지되어 있다.

④ 유해성 표백제인 롱가릿 사용 시 포르말린이 오래도록 식품에 잔류할 가능성이 있으므로 위험하다.

화학적 유해물질을 섭취하였을 경우 급성독성뿐만 아니라 지속해서 섭취할 경우 만성 독성의 문제가 발생한다.

30 다음 중 기구·용기·포장재에서 용출될 가능성이 가장 높은 유독 성분은?

① 아질산염
② 테트라에틸납
③ 폴리비닐 화합물
④ 시안 화합물

폴리염화비닐 화합물은 기구, 용기, 포장재로 다양하게 사용되며, 생산과정에서 첨가하는 화학물질 및 첨가제가 고착되지 않고 서서히 용출되어 독성을 나타낸다.

31 밀가루 등으로 오인되어 식중독이 유발된 사례가 있으며 습진성 피부질환 등의 증상을 보이는 것은?

① 납
② 비소
③ 아연
④ 수은

비소는 회색의 부서지기 쉬운 준금속의 고체로 밀가루로 오인되어 비소중독을 일으킨 사례가 있다. 습진성 피부질환, 구토, 위통, 설사, 출혈, 혼수 등의 중독 증상을 나타낸다.

32 미나마타병은 어떤 중금속에 오염된 어패류의 섭취 시 발생되는가?

① 수은
② 카드뮴
③ 납
④ 아연

미나마타병은 수은에 오염된 어패류를 섭취하여 발생한다.

33 식기나 기구의 오용으로 구토, 경련, 설사, 골연화증의 증상을 일으키며, '이타이이타이병'의 원인이 되는 유해성 금속 물질은?

① 비소(As)
② 아연(Zn)
③ 카드뮴(Cd)
④ 수은(Hg)

카드뮴 중독은 식기나 기구, 용기에 도금되어있는 카드뮴이 용출되어 이타이이타이병, 골연화증 등을 일으킨다.

34 중독 시 두통, 현기증, 구토, 설사 등과 시신경 염증을 유발하여 실명의 원인이 되는 화학물질은?

① 카드뮴(Cd)
② P.C.B
③ 메탄올
④ 유기수은제

메탄올(메틸알코올)은 주류의 대용으로 사용하여 많은 중독사고를 일으키며 중독 시 두통, 현기증 등을 일으키며 특히 시신경 염증을 유발하여 실명의 원인이 되는 화학물질이다.

35 화학물질에 의한 식중독의 원인이 아닌 것은?

① 불량 첨가물
② 농약
③ 엔테로톡신
④ 메탄올

엔테로톡신은 포도상구균이나 웰치균이 생성하는 장독소이다.

36 독성이 강하여 사용 금지된 식품첨가물의 종류가 바르게 연결된 것은?

① 아우라민 – 감미료

② 승홍 – 보존료

③ 둘신 – 착색료

④ 붕산 – 표백제

승홍은 유해 보존료이다.
• 아우라민 – 유해 착색료
• 둘신 – 유해 감미료
• 붕산 – 유해 보존제

37 백색의 결정으로 감미도는 설탕의 250배이며 청량음료수, 과자류, 절임류 등에 사용되었으나 만성 중독인 혈액독을 일으켜 우리나라에서는 사용이 금지된 인공감미료는?

① 둘신

② 사이클라메이트

③ 에틸렌글리콜

④ 파라–니트로–오르토–톨루이딘

둘신(Dulcin)은 설탕의 250배의 감미를 가지며 동물실험 결과 간종양을 일으키고 적혈구의 생산을 억제하여 사용이 금지된 유해 감미료이다.

38 다음 중 유해 표백제는?

① 페릴라틴   ② 롱가릿

③ 아우라민   ④ 둘신

• 페릴라틴 – 유해 감미료
• 아우라민 – 유해 착색제
• 둘신 – 유해 감미료

39 유해한 합성 착색료는?

① 수용성 안나트   ② 베타카로틴

③ 이산화티타늄   ④ 아우라민

유해 합성 착색료
• 아우라민(노란색) : 단무지, 카레 등에 사용
• 로다민 B(분홍색) : 과자나 붉은 생강, 어묵 등에 사용

40 핑크색 합성 색소로서 유해한 것은?

① 아우라민(Auramine)

② P–니트로아닐린(Nitroaniline)

③ 로다민(Rhodamine) B

④ 둘신(Dulcin)

41 알레르기(Allergy)성 식중독의 원인이 될 수 있는 가능성이 가장 높은 식품은?

① 오징어   ② 꽁치

③ 갈치   ④ 광어

알레르기성 식중독을 일으키는 원인물질은 히스타민으로 꽁치, 고등어, 가다랑어 등 등푸른생선에 많이 들어있다.

42 노로바이러스에 대한 설명으로 틀린 것은?

① 이중나선구조 RNA 바이러스이다.

② 사람에게 급성장염을 일으킨다.

③ 오염음식물을 섭취하거나 감염자와 접촉하면 전염된다.

④ 환자가 접촉한 타월이나 구토물 등은 바로 세탁하거나 제거하여야 한다.

노로바이러스는 단일 나선 구조 RNA 바이러스이다.

SECTION 04 감염병

[출제문항수 : 2~3문제] 전반적으로 교재에 있는 부분은 모두 학습 및 암기해야 합니다. 다만 법정감염병의 분류 부분은 0~1문제 출제되는 것에 비하여 학습량이 너무 많습니다. 그냥 넘기시고 다른 부분에 중점을 두는 것도 방법입니다.

01 감염병의 개요

1 감염병의 정의

세균, 리케차, 바이러스, 진균, 원충 등의 병원체가 인간이나 동물에 침입하여 증식함으로써 일어나는 질병이다.

2 질병 발생의 3요소

병인(병원체, 병원소), 환경(감염경로), 숙주(감수성* 숙주)

감염원 (병인)	감염병의 병원체를 내포하고 있어 감수성 숙주에게 병원체를 전파시킬 수 있는 근원이 되는 모든 것
감염경로 (환경)	전염원(감염원)이 감수성 숙주에게 도달할 때까지의 경로
숙주	• 생물이 기생하는 대상으로 삼는 생명체를 말한다. (인간, 동식물 등) • 감수성 숙주는 면역력이 약하여 질병이 발병되기 쉽다.

* 감수성
면역의 반대로 의미로, 숙주에 침입한 병원체에 대항하여 감염이나 발병을 저지할 수 없는 상태를 말한다. 감수성이 높을수록 감염이 잘된다.

▶ 감수성지수(접촉감염지수)
• 지수가 높을수록 전염성이 강하다.
• 두창, 홍역(95%) > 백일해(60~80%)
> 성홍열(40%) > 디프테리아(10%)
> 폴리오(0.1%)

3 감염병의 생성과정

1 병원체 ─── 질병의 직접적인 원인이 되는 미생물을 뜻한다.
예 바이러스, 리케차, 세균, 진균, 스피로헤타, 원충, 기생충 등

감염원

2 병원소 ─── 병원체가 증식하면서 생존을 계속하여 다른 숙주에게 전파시킬 수 있는 상태로 저장되는 곳 예 사람, 동물, 토양 등

3 병원소로부터 병원체의 탈출 ─── 예 호흡기계 탈출, 장관 탈출, 비뇨기관 탈출, 개방병소로 직접 탈출 등

4 병원체 전파 ─── 직접전파, 간접전파, 공기전파

5 숙주로 침입(병원체의 침입) ─── 호흡기계 침입, 소화기계 침입, 피부 점막 침입

6 감수성 숙주의 감염 ─── 병원체가 침입해도 면역력이 강하면 감염되지 않는다.

▶ 감염병 생성과정 중 어느 하나라도 결여, 방해, 차단된다면 감염병의 전파를 막을 수 있다.

02 감염병의 분류

1 병원체에 따른 분류

세균	장티푸스, 파라티푸스, 콜레라, 세균성 이질, 성홍열, 디프테리아 등
바이러스	급성회백수염(소아마비, 폴리오), 유행성 간염, 전염성 설사증, 홍역 등
리케차	발진티푸스, 발진열 등
원충류	말라리아, 아메바성 이질 등

2 감염 경로에 따른 분류

호흡기계	결핵, 폐렴, 백일해, 홍역, 수두, 천연두 등
소화기계	세균성 이질, 콜레라, 장티푸스, 파라티푸스, 폴리오, 전염성 설사증 등

03 경구 감염병

* 경구(經口) 감염
주로 입을 통한 감염

1 경구* 감염병의 특징
① 원인 미생물은 세균, 바이러스 등이다.
② 미량의 균량에서도 감염을 일으킨다.
③ 2차 감염이 빈번하게 일어난다.
④ 감염환*이 성립된다.
⑤ 비교적 잠복기가 길다.

* 감염환(Infection cycle)
균이 번식을 하고 번식된 균에 의해 새로운 감염이 이루어지는 일련의 과정이 하나의 주기로 되어 되풀이되는 양식이다.

2 경구 감염병과 세균성 식중독의 비교

구분	경구 감염병	세균성 식중독
균의 양	미량의 균으로도 감염	대량의 균과 독소가 필요
2차 감염	빈번하다.	거의 없다.
잠복 기간	비교적 길다.	비교적 짧다.
음용수	음용수로 인한 감염이 많다.	비교적 음용수와 관련이 적다.
독성	강하다.	약하다.
면역 형성	비교적 잘 된다.	면역성이 거의 없다.

3 주요 경구 감염병의 종류와 특징
1) 세균성 경구 감염병

장티푸스	• 급성 전신성 열성 질환 • 우리나라에서 가장 많이 발생하는 급성전염병 • 잠복기가 비교적 길다. (7~14일) • 감염 이후에 강한 면역력 생성(백신과 치료제 있음)

콜레라	• 쌀뜨물과 같은 수양성 설사와 구토로 인한 탈수 증상 등 • 항구와 공항에서의 철저한 검역이 필요하다. • 잠복기가 짧다. (수 시간~5일)

2) 바이러스성 경구 감염병

폴리오	• 급성회백수염(소아마비) • 예방접종이 가장 유효한 예방법이다.
유행성간염	• 비소화계 감염병이지만 경구 감염된다. • 잠복기가 평균 25일 정도로 경구 감염병 중 가장 길다.
전염성 설사증	• 면역성이 없으므로 예방접종이 필요 없다.

▶ 감염병의 병원체를 묻는 문제는 자주 출제되며, 특히 바이러스와 세균에 의한 감염병을 묻는 문제가 많이 출제됩니다.

chapter 01

04 인수(人獸) 공통 감염병

인수공통감염병은 동물과 사람 간에 서로 전파되는 병원체에 의하여 발생되는 감염병을 말한다.

■ 병원체에 따른 분류

1 **세균성** 결핵, 탄저, 살모넬라증, 브루셀라증, 리스테리아증, 야토병, Q열, 돈단독, 렙토스피라증 등

2 **바이러스성** 공수병(광견병), 일본뇌염, 뉴캐슬병, 황열, 중증급성호흡기증후군(SARS) 등

■ 인수공통감염병의 종류와 특징

감염병	특징
결핵	• 병원체를 보유한 소의 우유나 유제품을 통해 사람에게 감염된다. • 정기적인 투베르쿨린(Tuberculin) 반응 검사를 실시하여 감염된 소를 조기에 발견하여 치료한다. • 사람이 음성인 경우 BCG 접종을 한다. • 식품을 충분히 가열하여 섭취한다.
탄저	• 수육을 조리하지 않고 섭취하거나 피부의 상처 부위로 감염된다. • 탄저균은 내열성 포자를 형성하기 때문에 병든 가축의 사체는 반드시 소각처리 하여야 한다. • 탄저균은 급성감염병을 일으키는 병원체로 생물학전이나 생물테러에 이용될 위험성이 높다.
브루셀라 (파상열)	• 산양, 양, 돼지, 소에게 감염되면 유산을 일으킨다. • 인체에 감염 시 고열(38~40℃)이 2~3주 주기적으로 나타나 파상열이라고도 한다. • 병에 걸린 동물의 젖이나 유제품으로 감염된다.
야토병	• 동물은 이, 진드기, 벼룩에 의해 전파된다. • 사람은 병에 걸린 토끼고기, 모피에 의해 경구 · 경피 감염된다.

▶ 참고) 질병관리청 지정 인수공통감염병(11종)
• 1급 : 탄저, 중증급성호흡기증후군, 동물인플루엔자인체감염증
• 2급 : 결핵, 장출혈성대장균감염증
• 3급 : 일본뇌염, 브루셀라증, 공수병, 변종 크로이츠펠트-야콥병, 큐열, 중증열성혈소판감소증후군(SFTS)

▶ 브루셀라증
• 소, 돼지와 같은 가축의 분비물이나 태반 등에 의하여 피부 상처나 결막이 노출되어 감염
• 저온 살균되지 않은 유제품이나 감염 가축 섭취를 통해 감염
• 증상 : 발열, 발한, 피로감, 식욕부진, 체중감소, 두통 등
• 치료하지 않으면 열, 피로감 등의 증상이 몇 년씩 지속될 수 있으며 중추신경계나 심장을 침범하는 심각한 감염증을 일으키기도 한다.

감염병	특징
돈단독	• 돼지 등 가축의 장기나 고기를 다룰 때 피부의 창상으로 균이 침입하거나 경구 감염된다.
Q열	• 병원균이 존재하는 동물의 생젖을 마시거나 병에 걸린 동물의 조직이나 배설물에 접촉하여 감염된다.
리스테리아	• 병에 감염된 동물과 접촉하거나 오염된 식육, 유제품 등을 섭취하여 감염된다.

▶ 조언) 법정감염병 부분은 학습해야 할 양에 비하여 출제빈도는 높지 않은 부분입니다.

▶ 법정감염병(1~4급)

1) 제1급 감염병
에볼라바이러스병, 마버그열, 라싸열, 크리미안콩고출혈열, 남아메리카출혈열, 리프트밸리열, 두창, 페스트, 탄저, 보툴리눔독소증, 야토병, 신종감염병증후군, 중증급성호흡기증후군(SARS), 중동호흡기증후군(MERS), 동물인플루엔자인체감염증, 신종인플루엔자, 디프테리아

2) 제2급 감염병
결핵, 수두, 홍역, 콜레라, 장티푸스, 파라티푸스, 세균성이질, 장출혈성대장균감염증, A형간염, 백일해, 유행성이하선염, 풍진, 폴리오, 수막구균 감염증, b형헤모필루스인플루엔자, 폐렴구균 감염증, 한센병, 성홍열, 반코마이신내성황색포도알균(VRSA)감염증, 카바페넴내성장내세균속균종(CRE)감염증, E형간염

3) 제3급 감염병
파상풍, B형간염, 일본뇌염, C형간염, 말라리아, 레지오넬라증, 비브리오패혈증, 발진티푸스, 발진열, 쯔쯔가무시증, 렙토스피라증, 브루셀라증, 공수병, 신증후군출혈열, 후천성면역결핍증(AIDS), 크로이츠펠트-야콥병(CJD) 및 변종크로이츠펠트-야콥병(vCJD), 황열, 뎅기열, 큐열, 웨스트나일열, 라임병, 진드기매개뇌염, 유비저, 치쿤구니야열, 중증열성혈소판감소증후군(SFTS), 지카바이러스감염증, 매독, 엠폭스(MPOX)

4) 제4급 감염병
인플루엔자, 회충증, 편충증, 요충증, 간흡충증, 폐흡충증, 장흡충증, 수족구병, 임질, 클라미디아감염증, 연성하감, 성기단순포진, 첨규콘딜롬, 반코마이신내성장알균(VRE) 감염증, 메티실린내성황색포도알균(MRSA) 감염증, 다제내성녹농균(MRPA) 감염증, 다제내성아시네토박터바우마니균(MRAB) 감염증, 장관감염증, 급성호흡기감염증, 해외유입기생충감염증, 엔테로바이러스감염증, 사람유두종바이러스 감염증, 코로나바이러스감염증-19

05 주요 법정 감염병

1 제1급 감염병
생물테러감염병 또는 치명률이 높거나 집단 발생의 우려가 커서 발생 또는 유행 즉시 신고하여야 하고, 음압격리와 같은 높은 수준의 격리가 필요한 감염병

> 에볼라바이러스병, 두창, 페스트, 탄저, 보툴리눔독소증, 야토병, SARS, MERS, 신종인플루엔자, 디프테리아 등

2 제2급 감염병
전파가능성을 고려하여 발생 또는 유행 시 24시간 이내에 신고하여야 하고, 격리가 필요한 감염병

> 결핵, 수두, 홍역, 콜레라, 장티푸스, 파라티푸스, 세균성 이질, 장출혈성대장균감염증, A형간염, E형간염, 백일해, 유행성이하선염, 풍진, 폴리오, 한센병, 성홍열 등

3 제3급 감염병
발생을 계속 감시할 필요가 있어 발생 또는 유행 시 24시간 이내에 신고하여야 하는 감염병

> 파상풍, B형간염, C형간염, 일본뇌염, 말라리아, 레지오넬라증, 비브리오패혈증, 발진티푸스, 발진열, 쯔쯔가무시증, 렙토스피라증, 브루셀라증, 공수병, 신증후군출혈열, 후천성면역결핍증(AIDS) 등

4 제4급 감염병
제1급 감염병부터 제3급 감염병까지의 감염병 외에 유행 여부를 조사하기 위하여 표본감시 활동이 필요한 감염병

> 인플루엔자, 회충증, 편충증, 요충증, 간흡충증, 폐흡충증, 장흡충증, 수족구병, 임질 등

1 기생충의 종류 및 특징

1) 채소류로부터 감염되는 기생충

종류	감염경로
회충	• 소장에 기생, 경구 감염
요충	• 대장에 기생, 경구 감염 • 항문 주위에 산란하므로 항문 주위에 소양증(가려움증)이 생기며, 집단감염이 잘된다.
편충	• 대장에 기생, 경구 감염, 토양매개성 기생충
구충 (십이지장충)	• 소장에 기생, 경피/경구 감염 • 오염된 논이나 밭에서 맨발로 작업하면 감염될 수 있다.
동양모양선충	• 소장에 기생, 경구 감염

▶ 용어해설
• 경구 : 입을 통한 감염
• 경피 : 피부를 뚫고 감염

經　　皮
통과할 경　가죽 피

가죽(피부)를 통과하는

2) 수육으로부터 감염되는 기생충

종류	매개체
무구조충(민촌충)	소
유구조충(갈고리촌충)	돼지
선모충	돼지, 개
톡소플라스마*	고양이, 돼지, 개

3) 어패류로부터 감염되는 기생충

종류	제1중간숙주	제2중간숙주
간흡충(간디스토마)	왜우렁이	담수어(붕어, 잉어)
폐흡충(폐디스토마)	다슬기	가재, 민물 게
요코가와흡충	다슬기	담수어, 은어, 잉어
광절열두조충(긴촌충)	물벼룩	연어, 송어
아니사키스	크릴새우	연안 어류

* **톡소플라스마**
• 개나 고양이 등과 같은 애완동물의 침을 통해서 사람에게 감염되는 인수공통감염병
• 원생동물에 속하는 기생충으로 경구 또는 경피감염된다.
• 여성이 임신 중에 감염될 경우 유산과 불임을 포함하여 태아에 이상을 유발할 수 있다.

2 기생충 예방법

① 육류나 어패류를 날것으로 먹지 않는다.
② 야채류는 희석시킨 중성세제로 세척 후 흐르는 물에 5회 이상 씻는다.
③ 조리 기구를 잘 소독한다.
④ 개인위생관리를 철저히 한다.
⑤ 인분뇨를 사용하지 않고 화학비료를 사용하여 재배한다.

1 위생동물의 특성

① 식성 범위가 넓다.
② 음식물과 농작물에 피해를 준다.
③ 병원미생물을 식품에 감염시키는 것도 있다.
④ 일반적으로 발육 기간이 짧고 번식이 왕성하다.
⑤ 쥐, 진드기, 파리, 바퀴 등이 속한다.

2 위생동물이 매개하는 질병

위생동물	매개 질병
모기	말라리아, 일본뇌염, 황열, 사상충증
파리	장티푸스, 파라티푸스, 콜레라, 이질
쥐	신증후군출혈열(유행성출혈열), 페스트, 렙토스피라증, 쯔쯔가무시병
바퀴벌레	장티푸스
벼룩	발진열, 페스트
이	재귀열, 발진티푸스
진드기	유행성출혈열, 쯔쯔가무시병

* 구충 · 구서
  해충이나 쥐를 없애는 일

3 구충 · 구서*의 일반적 원칙

① 가장 효과적인 방법은 발생원 및 서식처를 제거하는 것이다.
② 발생 초기에 실시하는 것이 성충 구제보다 효과가 높다.
③ 생태 습성을 정확히 파악하여 생태 습성에 따라 구제한다.
④ 다른 곳으로 옮겨갈 수 있으므로 동시에 광범위하게 실시한다.

08 감염병의 예방대책

1 감염원에 대한 대책

① 환자를 조기 발견하여 격리 치료한다.
② 환자가 발생하면 접촉자의 대변을 검사하고 보균자를 관리한다.
③ 일반 및 유흥음식점에서 일하는 사람들은 정기적인 건강진단이 필요하다.
④ 보균자의 식품 취급을 금한다.
⑤ 오염이 의심되는 식품은 수거하여 검사기관에 보낸다.

2 감염경로에 대한 대책

① 음료수의 위생 유지(우물이나 상수도의 관리)
② 하수도 시설을 완비하고, 수세식 화장실을 설치한다.
③ 식기, 용기, 행주 등은 철저히 소독한다.

④ 감염원이나 오염물을 소독한다.

⑤ 식품취급자의 개인위생관리를 철저히 한다.

⑥ 주위환경을 청결히 한다.

3 숙주의 감수성 대책

① 건강유지와 저항력의 향상에 노력한다.

② 의식전환 운동, 계몽 활동, 위생교육 등을 정기적으로 실시한다.

③ 백신이 개발된 감염병은 반드시 예방접종을 실시한다.(일반적으로 1회, 간염은 3회 예방접종 한다.)

기 출 유 형 │ 따 라 잡 기

★는 출제빈도를 나타냅니다

1 ★★★★★
질병 발생의 3대 요소가 아닌 것은?

① 병인　　　　　② 환경

③ 숙주　　　　　④ 항생제

> • 질병 발생의 3요소 : 병인(전염원), 환경(전염경로), 숙주
> ※ 항생제는 질병에 대한 치료제이다.

2 ★★★
감염병의 병원소가 아닌 것은?

① 감염된 가축　　② 오염된 음식물

③ 건강보균자　　④ 토양

> 병원소는 병원체가 생존·증식을 계속하여 인간에게 전파 될 수 있는 상태로 저장되는 곳이며 사람, 동물, 토양 등이 있다.

3 ★★★★
감염병의 감염과정에서 (　) 안에 가장 적합한 것은?

> 병원체 → 병원소 → 병원소에서 병원체 탈출 →
> (　) → 숙주에로의 침입 → 숙주의 감염

① 합성　　　　　② 전파

③ 분열　　　　　④ 성숙

> 병원체의 전파 방법에는 직접전파, 간접전파, 공기전파가 있다.

4 ★★★
다음 경구 감염병 중 원인균이 세균이 아닌 것은?

① 이질　　　　　② 폴리오

③ 장티푸스　　　④ 콜레라

> 폴리오(급성회백수염, 소아마비)의 병원체는 바이러스이다.

5 ★★★★★
다음 중 병원체가 바이러스(Virus)인 질병은?

① 유행성 간염　　② 결핵

③ 발진티푸스　　④ 말라리아

> 유행성 간염(바이러스), 결핵(세균), 발진티푸스(리케차), 말라리아(원충)

6 ★★★
경구 감염병 중 바이러스에 의해 전염되어 발병되는 것은?

① 성홍열　　　　② 장티푸스

③ 홍역　　　　　④ 아메바성 이질

> • 성홍열, 장티푸스 – 세균
> • 홍역 – 바이러스
> • 아메바성 이질 – 원충

정답 1④ 2② 3② 4② 5① 6③

7 ★★★★★ 경구 감염병과 거리가 먼 것은?

① 유행성 간염   ② 콜레라
③ 세균성 이질   ④ 일본뇌염

일본뇌염은 일본뇌염 바이러스에 감염된 모기가 사람을 무는 과정에서 발생하는 급성 바이러스성 감염병이다.

8 ★★★★ 경구 감염병에 관한 설명 중 틀린 것은?

① 미량의 균으로 감염이 가능하다.
② 식품은 증식 매체이다.
③ 감염환이 성립된다.
④ 잠복기가 길다.

경구 감염병은 식품이 증식의 매체가 아니라 식품이 오염되어 감염을 유발하는 것이다.

9 ★★★ 세균성 식중독과 비교하여 경구 감염병의 특징이 아닌 것은?

① 적은 양의 균으로도 질병을 일으킬 수 있다.
② 2차 감염이 된다.
③ 잠복기가 비교적 짧다.
④ 감염 후 면역형성이 잘된다.

경구 감염병과 세균성 식중독의 비교

구분	경구 감염병	세균성 식중독
균의 양	미량의 균으로 감염	대량의 균과 독소가 필요
2차 감염	빈번하다.	거의 없다.
잠복기간	비교적 길다.	비교적 짧다.
음용수	대부분 음용수가 원인	음용수와 관련이 적다.
독성	강하다.	약하다.
면역형성	비교적 잘된다.	면역성이 거의 없다.

10 ★★★ 경구 감염병과 비교할 때 세균성 식중독의 특징은?

① 2차 감염이 잘 일어난다.
② 경구 감염병보다 잠복기가 길다.
③ 발병 후 면역이 매우 잘 생긴다.
④ 많은 양의 균으로 발병한다.

세균성 식중독은 경구 감염병에 비하여 다량의 균과 독소가 있어야 발병한다.

11 ★★★ 장티푸스 질환을 가장 올바르게 설명한 것은?

① 급성 전신성 열성 질환
② 급성 이완성 마비 질환
③ 급성 간염 질환
④ 만성 간염 질환

장티푸스는 온몸에 열이 급속하게 나는 급성 전신성 열성 질환이다.

12 ★★ 장티푸스에 대한 일반적인 설명으로 잘못된 것은?

① 잠복 기간은 7~14일이다.
② 사망률은 10~20%이다.
③ 앓고 난 뒤 강한 면역이 생긴다.
④ 예방할 수 있는 백신은 개발되어 있지 않다.

장티푸스는 세균성 경구 감염병으로 우리나라에서 가장 많이 발생하는 급성감염병이다. 잠복기가 비교적 길며(7~14일), 발병한 후 강한 면역력이 생기며 예방백신과 치료제가 있다.

13 ★★★ 다음 감염병 중 잠복기가 가장 짧은 것은?

① 후천성 면역결핍증
② 광견병
③ 콜레라
④ 매독

콜레라의 잠복기는 수 시간~5일 정도로, 보기의 경구 감염병 중 잠복기가 가장 짧은 감염병이다.

14 ★★★ 다음 중 일반적으로 잠복기가 가장 긴 것은?

① 유행성 간염
② 디프테리아
③ 페스트
④ 세균성 이질

유행성 간염의 잠복기는 20~25일로, 보기의 경구 감염병 중에서 가장 길다.

15 탄저, 브루셀라증과 같이 사람과 가축의 양쪽에 이환되는 감염병은?

① 법정 감염병
② 경구 감염병
③ 인수공통감염병
④ 급성감염병

> 인수공통감염병은 사람과 가축의 양쪽에 자연적으로 이환되는 질병으로 병원체가 존재하는 식육 및 우유의 섭취, 감염동물이나 분비물의 접촉, 2차 오염된 음식물 섭취 등으로 감염된다.

16 다음 중 인수공통감염병으로 바이러스성 질병인 것은?

① 결핵(Tuberculosis)
② 광우병(BSE)
③ 사스(SARS)
④ 탄저병(Anthrax)

> • 결핵·탄저병 – 세균
> • 광우병 – 프리온(변성 단백질)

17 다음 중 인수공통감염병이 아닌 것은?

① 렙토스피라, Q열
② 결핵, 탄저
③ 성홍열, 이질
④ 돈단독, 야토병

> 성홍열과 이질은 인수공통감염병이 아니다.

18 인수공통 감염병으로만 짝지어진 것은?

① 폴리오, 장티푸스
② 탄저, 리스테리아증
③ 결핵, 유행성 간염
④ 홍역, 브루셀라증

> 탄저, 리스테리아, 결핵, 브루셀라는 인수공통감염병이다.

19 원인균이 내열성포자를 형성하기 때문에 병든 가축의 사체를 처리할 경우 반드시 소각처리 하여야 하는 인수공통감염병은?

① 돈단독
② 결핵
③ 파상열
④ 탄저병

> 탄저균은 내열성 포자를 형성하기 때문에 병든 가축의 사체는 반드시 소각 처리하여야 한다.

20 급성감염병을 일으키는 병원체로 포자는 내열성이 강하며 생물학전이나 생물테러에 사용될 수 있는 위험성이 높은 병원체는?

① 브루셀라균
② 탄저균
③ 결핵균
④ 리스테리아균

> 탄저균은 급성감염병을 일으키는 병원체로 생물학전이나 생물테러에 이용될 위험성이 높다. 침입 부위에 홍반점이 생기고 종창, 수포, 가피가 생기며 폐탄저는 급성폐렴을 일으켜 패혈증을 일으킨다.

21 사람에게 영향을 미치는 결핵균의 병원체를 보유하고 있는 동물은?

① 쥐
② 소
③ 말
④ 돼지

> 병원체를 보유한 소의 우유나 유제품을 불완전하게 살균하여 섭취할 경우 감염된다.

22 오염된 우유를 먹었을 때 발생할 수 있는 인수공통감염병이 아닌 것은?

① 파상열
② 결핵
③ Q-열
④ 야토병

> 우유 또는 동물의 젖으로 감염되는 인수공통감염병
> • 결핵 : 오염된 우유의 불완전한 살균
> • 브루셀라(파상열) : 병에 걸린 동물의 젖이나 유제품
> • Q열 : 병원균이 존재하는 동물의 생젖

★★★★★

23 산양, 양, 돼지, 소에게 감염되면 유산을 일으키고 주 증상은 발열로 고열이 2~3주 주기적으로 일어나는 인축공통감염병은?

① 광우병
② 공수병
③ 파상열
④ 신증후군출혈열

브루셀라증은 병에 걸린 동물의 젖, 유제품이나 고기를 거쳐 경구감염되며 산양, 양, 돼지, 소에 감염되면 유산을 일으키고, 사람이 감염되면 고열이 주기적으로 나타나 파상열이라고 한다.

★★★

24 인수공통 감염병의 예방조치로 바람직하지 않은 것은?

① 우유의 멸균처리를 철저히 한다.
② 이환된 동물의 고기는 익혀서 먹는다.
③ 가축의 예방접종을 한다.
④ 외국으로부터 유입되는 가축은 항구나 공항 등에서 검역을 철저히 한다.

이환된(병에 걸린) 동물의 고기는 폐기하여야 한다.

★★★

25 감염병예방법의 제 1급, 2급, 3급 감염병의 순서가 바르게 연결된 것은?

① 페스트 – 장티푸스 – 파상풍
② 디프테리아 – 말라리아 – 홍역
③ 콜레라 – 홍역 – 백일해
④ 백일해 – 파라티푸스 – 일본뇌염

페스트(1급) – 장티푸스(2급) – 파상풍(3급)
• 1급 – 페스트, 디프테리아
• 2급 – 콜레라, 홍역, 백일해, 파라티푸스
• 3급 – 말라리아, 일본뇌염, 파상풍

★★★★

26 다음 중 채소를 통해 감염되는 기생충은?

① 광절열두조충
② 선모충
③ 회충
④ 폐흡충

• 채소류로부터 감염되는 기생충은 회충, 요충, 구충(십이지장충), 편충, 동양모양선충 등이 있다.
• 선모충 – 돼지·개, 광절열두조충 –연어·송어
폐흡충 – 가재·민물게

★★★★★

27 폐디스토마의 제1중간 숙주는?

① 쇠고기
② 배추
③ 다슬기
④ 붕어

기생충과 중간숙주		
기생충	제1중간숙주	제2중간숙주
간흡충(간디스토마)	왜우렁이	붕어, 잉어
폐흡충(폐디스토마)	다슬기	가재, 게
요코가와흡충	다슬기	담수어, 은어, 잉어
광절열두조충(긴촌충)	물벼룩	연어, 송어

★★

28 기생충과 숙주와의 연결이 틀린 것은?

① 유구조충(갈고리촌충) – 돼지
② 아니사키스 – 해산어류
③ 간흡충 – 소
④ 폐디스토마 – 다슬기

간흡충(간디스토마)의 제1중간숙주는 왜우렁이이고, 제2중간숙주는 붕어, 잉어 등의 담수어이다.

★★★

29 위생 동물의 일반적인 특성이 아닌 것은?

① 식성 범위가 넓다.
② 음식물과 농작물에 피해를 준다.
③ 병원미생물을 식품에 감염시키는 것도 있다.
④ 발육 기간이 길다.

위생 동물은 식성의 범위가 넓고, 발육 기간이 짧으며, 번식이 왕성하고, 병원 미생물을 식품에 감염시키거나 농작물에 많은 피해를 주는 쥐, 진드기, 파리, 바퀴 등을 말한다.

정답 **23** ③ **24** ② **25** ① **26** ③ **27** ③ **28** ③ **29** ④

30 ★★★★★ 쥐를 매개체로 감염되는 질병이 아닌 것은?

① 렙토스피라증
② 돈단독증
③ 쯔쯔가무시병
④ 신증후군출혈열(유행성출혈열)

> 돈단독증은 돼지 등 가축의 장기나 고기를 다룰 때 피부의 창상으로 균이 침입하거나 경구감염되는 인수공통감염병이다.

31 ★★★ 파리에 의한 전파와 관계가 먼 질병은?

① 장티푸스
② 콜레라
③ 이질
④ 진균독증

> 파리가 매개하는 질병은 장티푸스, 파라티푸스, 콜레라, 이질 등이며 진균독증은 곰팡이로 인한 식중독이다.

32 ★★★ 파리 및 모기 구제의 가장 이상적인 방법은?

① 살충제를 뿌린다.
② 발생원을 제거한다.
③ 음식물을 잘 보관한다.
④ 유충을 구제한다.

> 위생 동물 구제의 원칙
> • 발생원 및 서식처를 제거한다.
> • 발생 초기에 실시하는 것이 효과가 좋다.
> • 생태 습성에 따라 구제한다.
> • 동시에 광범위하게 실시한다.

33 ★★★★ 경구 감염병의 예방법으로 부적합한 것은?

① 모든 식품을 일광 소독한다.
② 감염원이나 오염물을 소독한다.
③ 주위 환경을 청결히 한다.
④ 보균자의 식품 취급을 금한다.

> 식품에 따라 자외선에 변질되는 식품도 있으므로 모든 식품을 일광 소독할 수는 없다.

34 ★★★★ 경구 감염병의 예방대책으로 잘못된 것은?

① 환자 및 보균자의 발견과 격리
② 음료수의 위생 유지
③ 식품취급자의 개인위생관리
④ 숙주 감수성 유지

> 숙주 감수성이란 병에 걸리기 쉽다는 의미이다.

35 ★★★ 경구 감염병의 예방대책 중 전염원에 대한 대책으로 바람직하지 않은 것은?

① 환자를 조기 발견하여 격리 치료한다.
② 환자가 발생하면 접촉자의 대변을 검사하고 보균자를 관리한다.
③ 일반 및 유흥음식점에서 일하는 사람들은 정기적인 건강진단이 필요하다.
④ 오염이 의심되는 물건은 어둡고 손이 닿지 않는 곳에 모아둔다.

> 오염이 의심되는 식품은 수거하여 검사기관에 보내야 한다.

Craftsman Confectionary & Breads Making

SECTION 05 식품첨가물

[출제문항수 : 1~2문제] 식품첨가물의 정의 및 구비조건과 제과제빵에서 자주 사용되는 식품첨가물 위주로 학습하시기 바랍니다.

01 식품첨가물의 개요

1 식품첨가물의 정의

① 식품을 제조 · 가공 · 조리 또는 보존하는 과정에서 감미, 착색, 표백 또는 산화 방지 등을 목적으로 식품에 사용되는 물질을 말한다. 이 경우 기구 · 용기 · 포장을 살균 · 소독하는 데에 사용되어 간접적으로 식품으로 옮아갈 수 있는 물질을 포함한다.

② 식품첨가물의 규격과 사용기준은 식품의약품안전처장이 정한다.

2 식품첨가물의 사용 목적

① 식품의 부패와 변질을 방지
② 식품의 상품가치 향상
③ 식품의 영양강화
④ 식품의 기호 및 관능의 만족
⑤ 식품의 제조 및 품질개량

3 식품첨가물의 구비조건

① 인체에 유해한 영향을 끼치지 않을 것
② 미량으로 효과가 클 것
③ 독성이 없거나 극히 적을 것
④ 식품에 나쁜 변화를 주지 않을 것
⑤ 식품의 상품 가치를 향상시킬 것
⑥ 식품의 영양가를 유지해야 할 것
⑦ 식품 성분 등에 의해서 그 첨가물을 확인할 수 있을 것
⑧ 사용법이 간편하고 값이 쌀 것

▶ 식품첨가물의 안정성 시험

만성독성 시험	소량의 시험물질을 장기간에 걸쳐 투여하여 독성을 밝히는 시험
급성독성 시험	다량의 시험물질을 1회 투여하여 독성을 밝히는 시험
아급성독성시험	시험물질을 3개월 이상 연속적으로 투여하여, 그 독성을 밝히는 시험

▶ ADI(Aceptable Daily Intake)
잔류농약이나 식품첨가물 등의 화학물질에 대하여 평생 섭취하여도 무해하다고 허용한 1일 섭취량을 말한다.

▶ TDI(Tolerable Daily Intake) :
내용일일섭취량
환경오염물질 등 비의도적으로 혼입하는 물질에 대해 평생 섭취해도 건강상 유해한 영향이 나타나지 않는다고 판단되는 일일섭취량을 말한다.

▶ LD50(반수 치사량)
일정한 조건하에서 실험동물의 50%를 사망시키는 물질의 양을 말하며 독성을 나타내는 지표로 사용된다.

chapter 01

1 식품의 변질을 방지하는 식품첨가물

1) 보존료(방부제)

미생물에 의한 부패나 변질을 방지하고 화학적인 변화를 억제하며 보존성을 높이고 영양가 및 신선도를 유지하는 목적으로 첨가하는 것이다.

데히드로초산	치즈, 버터, 마가린 등
소르빈산칼륨(칼슘)	식육 · 어육 연제품, 잼, 케찹, 팥앙금류 등
안식향산나트륨(칼륨, 칼슘)	간장, 청량음료, 알로에즙 등
프로피온산나트륨(칼슘)	빵, 과자 및 케이크류

▶ **소르빈산칼륨**(칼슘)은 소르빈산칼륨, 소르빈산칼슘을 의미한다. 다음 내용도 같은 방식이다. → 안식향산나트륨, 안식향산칼륨, 안식향산칼슘 등

2) 살균제

① 역할 : 식품의 부패원인균 등을 사멸시키기 위해 사용한다.

② 종류 : 차아염소산나트륨, 과산화수소 등

▶ **유해 보존제**
붕산, 포름알데히드, 불소화합물, 승홍

3) 산화방지제(항산화제)

① 유지의 산패 및 식품의 산화로 인한 품질 저하를 방지하는 식품첨가물로 항산화제라고도 한다.

② 종류 : BHA(부틸히드록시아니졸), BHT(디부틸히드록시톨루엔), 몰식자산프로필, 천연항산화제 등

▶ **천연항산화제**
비타민 C(아스코르빈산), 비타민 E(토코페롤), 세사몰, 플라본 유도체, 고시폴 등

2 품질개량 · 유지에 사용되는 식품첨가물

1) 밀가루 개량제

① 역할 : 밀가루의 표백과 숙성시간을 단축시키고, 제빵 효과의 저해물질을 파괴시켜 분질을 개량한다.

② 종류 : 과산화벤조일, 과황산암모늄, 브롬산칼륨, 이산화염소, 염소 등

2) 유화제(계면활성제)

① 역할 : 기름과 물처럼 식품에서 잘 혼합되지 않는 두 종류의 액체를 혼합하고 분산시키며, 분산된 입자가 다시 응집하지 않도록 안정화시킴

② 종류 : 글리세린지방산에스테르, 레시틴* 등

* 레시틴(Lecithin)
대표적인 인지질로 난황이나 대두유에 많이 함유된 천연유화제이다.

3) 호료(증점제 및 안정제)

① 역할 : 식품의 점착성 증가, 유화 안정성 향상, 가열이나 보존 중 선도유지, 식품의 형체보존 등을 위하여 사용한다.

② 종류 : 알긴산나트륨, 카제인, 카제인나트륨, 젤라틴 등

4) 이형제

① 역할 : 빵의 제조과정에서 반죽을 분할 할 때 또는 구울 때 달라붙지 않게 하고, 모양을 그대로 유지하기 위하여 사용한다.

② 유동 파라핀 1종만 허용

5) 피막제
① 역할 : 식품의 외형에 보호막을 만들거나 광택을 부여하기 위해 사용한다.
② 종류 : 몰포린지방산염, 초산비닐수지 등

3 관능을 만족시키는 식품첨가물
1) 감미료 : 식품에 단맛을 주기 위해 사용되는 인공 감미료

사카린나트륨	식빵, 이유식, 설탕, 물엿, 벌꿀 등에는 사용하지 못한다.
아스파탐	• 흰색의 결정성 분말이며 냄새는 없고, 일반적으로 단맛이 설탕의 200배 정도 되는 아미노산계 식품 감미료이다. • 청량음료, 식탁용 감미료, 아이스크림, 주류 등에 사용된다.

▶ **인공 감미료**
• 인공 감미료는 당질을 제외한 감미를 지닌 화학적 합성품을 총칭하는 것으로 칼로리가 없다.
• 인공(합성) 감미료는 일반적으로 설탕보다 감미도가 높다.

2) 조미료
① 역할 : 식품 본래의 맛을 돋우거나 조절하여 풍미를 좋게 한다.
② 종류 : 이노신산나트륨, 구아닐산나트륨, 글루탐산나트륨, 주석산나트륨, 호박산 등

3) 산미료
① 역할 : 산미(신맛)를 부여하고 미각에 청량감과 상쾌한 자극을 준다.
② 종류 : 주석산, 사과산, 구연산, 젖산 등

4) 표백제
① 역할 : 식품의 제조과정 중 식품의 색을 아름답게 하기 위하여 사용한다.
② 종류 : 환원계(메타중아황산칼륨, 무수아황산 등), 산화계(과산화수소 등)

5) 착색료
식품에 색을 부여하거나 본래의 색을 다시 복원시키기 위해 사용한다.

타르계	에리쓰로신(식용색소적색 제3호), 타트라진*(식용색소황색 제4호) 등
비타르계	삼이산화철, 이산화티타늄, 동(철)클로로필린나트륨 등

* **타트라진**(식용색소 황색4호)
• 식용색소 중 가장 많이 사용한다.
• 버터, 카스텔라, 레토르트식품, 면류, 단무지, 카레, 식빵 등에 사용하면 안 된다.

6) 발색제(색소 고정제)
식품 중에 존재하는 색소 단백질과 결합함으로써 식품의 색을 보다 선명하게 하거나 안정화시킨다.

육류 발색제	아질산나트륨, 질산나트륨, 질산칼륨
식물성 식품 발색제	황산제1철(과일, 야채 등의 발색제)

▶ **타르색소의 변색**
• 온도가 상승하면 용해도가 증가하여 변색(퇴색)된다.
• 광선이나 금속용기에 반응하여 변색된다.
• 공기 중 자연산화, 산화효소의 영향 등으로 변색된다.

7) 착향료
① 역할 : 식품 특유의 향을 첨가하거나 제조공정 중 손실된 향을 첨가한다.
② 종류 : 합성착향료, 천연착향료

4 식품제조에 필요한 첨가물

1) 팽창제
① 역할 : 빵, 과자를 부풀게 하여 조직을 연하게 하고 기호성을 높인다.
② 종류 : 탄산수소나트륨, 암모늄명반, 염화암모늄, 탄산암모늄, 효모 등

2) 소포제
① 역할 : 식품제조 시 거품 생성을 방지하거나 감소시킨다.
② 허용된 것은 규소수지(실리콘수지)의 1종뿐이다.

3) 추출제
① 역할 : 유지의 추출을 용이하게 한다.
② n-hexane(헥산)

▶ 탄산수소나트륨
- 베이킹소다 또는 중조라고도 한다.
- 베이킹파우더의 주성분이다.
- 베이킹파우더 = 탄산수소나트륨 + 산염+부형제(전분, 밀가루 등)

기 출 유 형 | 따 라 잡 기

★는 출제빈도를 나타냅니다

1 ★★★★
식품을 제조·가공·조리 또는 보존하는 과정에서 감미, 착색, 표백 또는 산화 방지 등을 목적으로 식품에 사용되는 물질에 해당하는 용어는?

① 식품가공약품
② 식품보조제
③ 식품영양제
④ 식품첨가물

지문은 식품위생법상 식품첨가물에 대한 정의이다.

2 ★★
식품첨가물의 구비조건이 아닌 것은?

① 인체에 유해한 영향을 미치지 않을 것
② 식품의 영양가를 유지할 것
③ 식품에 나쁜 이화학적 변화를 주지 않을 것
④ 소량으로는 충분한 효과가 나타나지 않을 것

식품첨가물의 구비조건
- 인체에 무해하고 체내에 축적되지 않을 것
- 미량으로 효과가 클 것
- 독성이 없거나 극히 적을 것
- 이화학적 변화에 안정할 것
- 식품에 나쁜 변화를 주지 않을 것
- 사용법이 간편하고 값이 저렴할 것

3 ★★★★
화학적 합성품을 식품첨가물로 지정 심사할 때 검토사항이 아닌 것은?

① 인체에 대한 충분한 안전성이 확보될 것
② 식품첨가물의 화학명과 제조 방법이 확실할 것
③ 식품에 충분한 효과가 있을 것
④ 식품첨가물의 생산 경쟁이 억제될 것

화학적 합성품을 식품첨가물로 지정 심사할 때 식품첨가물 구비조건에 충족하는지에 대한 검토가 필요하다. 생산에 관한 사항은 필수적인 검토사항이라 보기 어렵다.

4 ★★★
식품첨가물의 규격과 사용기준을 정하는 자는?

① 식품의약품안전처장
② 국립보건원장
③ 시, 도 보건연구소장
④ 시, 군 보건소장

식품첨가물의 규격과 사용기준을 정하는 자는 식품의약품안전처장이다.

정답 ▶ 1 ④ 2 ④ 3 ④ 4 ①

5 ★★★ 어떤 첨가물의 LD50의 값이 작을 때의 의미로 옳은 것은?

① 독성이 크다.
② 독성이 적다.
③ 저장성이 나쁘다.
④ 저장성이 좋다.

> **LD50(반수 치사량)**
> 일정한 조건하에서 실험동물의 50%를 사망시키는 물질의 양을 말하며 독성을 나타내는 지표로 사용된다. LD값과 독성은 반비례하여 LD값이 작을수록 독성이 높은 것을 의미한다.

6 ★★★★ 미생물에 의한 부패나 변질을 방지하고 화학적인 변화를 억제하며 보존성을 높이고 영양가 및 신선도를 유지하는 목적으로 첨가하는 것은?

① 감미료
② 보존료
③ 산미료
④ 조미료

> 지문은 보존료(방부제)의 사용 목적에 대한 설명이다.

7 ★★★★ 보존료의 조건으로 적합하지 않은 것은?

① 독성이 없거나 장기적으로 사용해도 인체에 해를 주지 않아야 한다.
② 무미, 무취로 식품에 변화를 주지 않아야 한다.
③ 사용방법이 용이하고 값이 싸야 한다.
④ 단기간 동안만 강력한 효력을 나타내야 한다.

> **보존료의 조건**
> • 변패를 일으키는 각종 미생물의 증식을 억제할 것
> • 독성이 없거나 매우 적어 인체에 해가 없을 것
> • 무미, 무취하고 자극성이 없을 것
> • 공기, 광선, 열에 안정할 것
> • 사용이 간편하고 저렴할 것
> • 미량으로 효과가 클 것
> • 식품의 성분과 반응하거나 성분을 변화시키지 않을 것
> • 장기간 효력을 나타낼 것

8 ★★★★★ 빵이나 케이크에 허용되어 있는 보존료는?

① 프로피온산나트륨
② 안식향산
③ 데히드로초산
④ 소르비톨

> **보존료와 사용 용도**
> • 데히드로초산 : 치즈, 버터, 마가린 등
> • 소르빈산   : 식육·어육 연제품, 잼, 케첩, 팥앙금류 등
> • 안식향산   : 간장, 청량음료, 알로에즙 등
> • 프로피온산 : 빵, 과자 및 케이크류

9 ★★★★ 산화방지제와 거리가 먼 것은?

① 소르브산(sorbic acid)
② 부틸히드록시아니솔(BHA)
③ 디부틸히드록시톨루엔(BHT)
④ 몰식자산프로필(propyl gallate)

> 산화방지제는 BHA, BHT, 몰식자산프로필, 비타민 C, 비타민 E, 세사몰, 플라본 유도체, 고시폴 등이 있다. 소르브산(소르빈산)은 보존제로 사용되는 첨가제이다.

10 ★★★★★ 밀가루의 표백과 숙성에 사용되는 첨가물의 종류는?

① 개량제
② 발색제
③ 피막제
④ 소포제

> 밀가루의 표백과 숙성에 사용되는 첨가물은 밀가루 개량제이다.

11 ★★★★ 다음 중 밀가루 개량제가 아닌 것은?

① 과산화벤조일
② 과황산암모늄
③ 염화칼슘
④ 이산화염소

> 밀가루 개량제의 종류 : 과산화벤조일, 과황산암모늄, 브롬산칼륨, 이산화염소 및 염소 등

정답 5 ① 6 ② 7 ④ 8 ① 9 ① 10 ① 11 ③

12 표면장력을 변화시켜 빵과 과자의 부피와 조직을 개선하고 노화를 지연시키기 위해 사용하는 것은?

① 계면활성제
② 팽창제
③ 산화방지제
④ 감미료

> 계면활성제(유화제)는 표면장력을 변화시켜 빵 속을 부드럽게 하고 수분 보유도를 높여 노화를 지연시키는 기능을 한다.

13 물과 기름같이 서로 잘 혼합하지 않는 두 종류의 액체를 혼합, 분산시켜 주는 식품첨가물은?

① 유화제   ② 증점제
③ 발색제   ④ 살균제

> 유화제 : 기름과 물처럼 식품에서 잘 혼합되지 않는 두 종류의 액체를 혼합하고 분산시키며, 분산된 입자가 다시 응집하지 않도록 안정화시킨다.

14 다음 중 허가된 천연유화제는?

① 구연산   ② 고시폴
③ 레시틴   ④ 세사몰

> 레시틴은 대두나 난황에 많이 들어있는 인지질로서 천연유화제로 사용된다.
> • 구연산 : 산미료
> • 고시폴 : 면실유의 독성분, 항산화제
> • 세사몰 : 항산화제

15 일명 점착제로서 식품의 점착성을 증가시켜 교질상의 미각을 증진시키는 효과를 갖는 첨가물은?

① 팽창제
② 호료
③ 용제
④ 유화제

> 호료(증점제 및 안정제)는 식품의 점착성을 증가시켜 교질상의 미각을 증진시키는 효과를 갖는 식품첨가물로 분산안정제, 결착보수제 등의 역할을 한다.

16 다음 중 이형제의 용도는?

① 가수분해에 사용된 산제의 중화제로 사용된다.
② 제과 · 제빵을 구울 때 형틀에서 제품의 분리를 용이하게 한다.
③ 거품을 소멸 · 억제하기 위해 사용하는 첨가물이다.
④ 원료가 덩어리지는 것을 방지하기 위해 사용한다.

> 이형제는 반죽을 분할기로부터 분할할 때나 구울 때 달라붙지 않게 할 목적으로 사용하는 식품첨가물이다.

17 빵을 제조하는 과정에서 반죽 후 분할기로부터 분할할 때나 구울 때 달라붙지 않게 할 목적으로 허용되어 있는 첨가물은?

① 글리세린   ② 프로필렌글리콜
③ 초산 비닐수지   ④ 유동 파라핀

> 이형제로 사용할 수 있는 식품첨가물은 유동 파라핀 1종만 허용되어 있다.

18 합성 감미료와 관련이 없는 것은?

① 화합적 합성품이다.
② 아스파탐이 이에 해당한다.
③ 일반적으로 설탕보다 감미 강도가 낮다.
④ 인체 내에서 영양가를 제공하지 않는 합성 감미료도 있다.

> 합성(인공) 감미료는 당질을 제외한 감미를 지닌 화학적 합성품을 총칭하는 것으로 일반적으로 설탕보다 감미 강도가 높고 칼로리는 거의 없다.

19 다음 식품첨가물 중 표백제가 아닌 것은?

① 소르빈산   ② 과산화수소
③ 아황산나트륨   ④ 차아황산나트륨

> 표백제는 식품의 색소가 퇴색 또는 변색될 경우 색을 아름답게 하기 위하여 사용하는 첨가물로 ②, ③, ④ 외에 무수아황산, 메타중아황산칼륨 등이 있다. 소르빈산은 보존료이다.

정 답   **12** ①   **13** ①   **14** ③   **15** ②   **16** ②   **17** ④   **18** ③   **19** ①

20 ★★★ 과자, 비스킷, 카스테라 등을 부풀게 하기 위한 팽창제로 사용되는 식품첨가물이 아닌 것은?

① 탄산수소나트륨
② 탄산암모늄
③ 중조
④ 안식향산

팽창제 : 탄산수소나트륨, 탄산암모늄, 중조
※ 안식향산은 보존료이다.

21 ★★ 빵이나 카스텔라 등을 부풀게 하기 위하여 첨가하는 합성 팽창제(Baking Powder)의 주성분은?

① 염화나트륨
② 탄산나트륨
③ 탄산수소나트륨
④ 탄산칼슘

베이킹파우더는 탄산수소나트륨(베이킹소다)에 산염과 전분 밀가루 등을 첨가하여 만든 것으로 팽창제에 해당한다.

22 ★★★ 빵, 과자 제조 시에 첨가하는 팽창제가 아닌 것은?

① 암모늄명반
② 프로피온산나트륨
③ 탄산수소나트륨
④ 염화암모늄

빵이나 과자 제조 시 첨가하는 팽창제
암모늄명반, 탄산수소나트륨, 염화암모늄, 탄산암모늄, 효모 등
※ 프로피온산나트륨 : 빵이나 과자 제조 시에 첨가하는 보존료

23 ★ 식품제조 공정 중에서 거품을 없애는 용도로 사용되는 첨가물은?

① 글리세린(Glycerin)
② 실리콘수지(Silicon Resin)
③ 피페로닐 부톡사이드(Piperonyl Butoxide)
④ 프로필렌 글리콜(Propylene Glycol)

식품제조 공정 시 거품을 없애는 용도로 사용하는 첨가물은 소포제이며 허용된 소포제는 규소수지(실리콘수지)의 1종뿐이다.

SECTION 06 살균 및 소독

[출제문항수 : 1~2문제] 교재의 모든 부분에서 출제가 되지만 특히, 소독의 종류와 화학적 소독제에 관한 내용에서 출제가 많이 됩니다.

01 살균과 소독

1 소독의 종류

멸균	강한 살균력을 작용시켜 모든 미생물의 영양세포 및 포자를 사멸시켜 무균상태로 만드는 것
살균	세균, 효모, 곰팡이 등 미생물의 영양세포를 사멸시키는 것
소독	물리·화학적 방법으로 병원미생물을 사멸 또는 병원력을 약화시키는 것
방부	미생물의 발육과 생활 작용을 저지 또는 정지시켜 부패나 발효를 방지하는 것

02 물리적 소독법

1 열처리법

건열멸균법	• 건열멸균기(Dry Oven)를 이용하여 170℃에서 1~2시간 가열하는 방법 • 유리 기구, 주사침 등을 소독
자비소독 (열탕소독)	• 끓는 물(100℃)에서 15~20분간 처리하는 방법 • 식기류 등을 소독하는데 사용(아포 형성균은 완전히 사멸되지 않음)
고압증기 멸균법	• 고압증기멸균기를 이용하여 121℃에서 15~20분간 살균하는 방법 • 멸균 효과가 좋아 미생물과 아포(포자) 형성균의 멸균에 가장 좋은 방법 • 통조림, 거즈 등을 소독
우유 살균법	• 저온장시간살균법, 고온단시간살균법, 초고온순간살균법
기타	• 화염멸균법, 유통증기멸균법, 간헐멸균법 등

소독방법의 분류

물리적
- 열처리법
  - **건열멸균법**
    - 화염멸균법
    - 건열멸균법
  - **습열멸균법**
    - 자비소독법
    - 고압증기멸균법
    - 유통증기멸균법
    - 간헐멸균법
    - 저온소독법
    - 초고온순간멸균법
- 비열처리법
  - 자외선멸균법
  - 초음파멸균법
  - 냉동법 등

화학적
- 중금속류
- 할로겐화합물
- 산화제
- 페놀 및 유도체 등

▶ 우유 살균법
- 저온장시간살균법(LTLT법) : 61~65℃에서 30분간 가열하는 방법
- 고온단시간살균법(HTST법) : 70~75℃에서 15~30초간 살균하는 방법
- 초고온순간살균법(UHT법) : 130~140℃에서 0.5~5초간 살균하는 방법

▶ 일광(햇빛)의 자외선은 회충란을 사멸시키는 능력이 강하다.

2 비가열처리법

1) 자외선 조사(자외선 살균법)

① 살균력이 높은 250~280nm의 자외선을 사용하여 미생물을 제거하는 방법
② 사용법이 간단하며 물과 공기의 살균에 적합하다.
③ 유기물(특히 단백질)이 공존하는 경우 효과가 현저히 감소한다.
④ 피조물에 조사하는 동안만 살균 효과가 있으며, 조사대상에 거의 변화를 주지 않는다.

2) 방사선 조사(방사선 살균법)

① Co^{60}(코발트 60) 등에서 발생하는 방사능을 이용하여 미생물을 제거하는 방법
② 감자, 고구마 및 양파와 같은 식품에 뿌리가 나고 싹이 트는 것을 억제하는 효과가 있다.

03 화학적 소독법

1) 석탄산(Phenol)

① 소독제의 살균력 지표로 사용된다.
② 평균 3% 수용액으로 사용한다.
③ 세균에는 살균력이 강하지만 바이러스나 아포 형성균에는 효과가 떨어진다.
④ 염산이나 식염을 첨가하면 소독 효과가 높아진다.
⑤ 사용 용도 : 화장실, 의류, 손 소독 등

2) 역성비누(양성비누)

① 양이온 계면활성제로 양성비누라고 한다.
② 살균력이 강하고 무색, 무취, 무미하고 자극성이 없어 피부소독에 사용된다.
③ 유기물이 존재하면 살균 효과가 떨어지므로 일반 비누와 함께 사용할 경우 깨끗이 씻어낸 후 역성비누를 사용한다.
④ 사용 용도 : 과일, 야채, 식기, 손 소독

3) 에틸알코올

① 70%의 용액이 침투력이 강하여 살균력이 좋다.
② 아포 형성균에는 거의 효과가 없다.
③ 사용 용도 : 손과 피부의 소독, 기구 소독에 이용된다.

4) 크레졸

┌ 액체 등에 녹지 않는

① 석탄산보다 소독력이 2배 강하고, 불용성이므로 비누액으로 만들어 사용한다.
② 피부에 저자극성이지만, 냄새가 강하다.
③ 사용 용도 : 화장실, 의류, 손 소독

5) 승홍

① 염화제이수은($HgCl_2$)으로, 살균력이 강하다.
② 금속을 부식시키며, 단백질과 결합하면 침전이 생긴다.
③ 사용 용도 : 손, 피부소독

6) 생석회

① 산화칼슘(CaO)으로, 물에 넣으면 발열하면서 수산화칼슘($Ca(OH)_2$)으로 변한다.
② 공기에 오래 노출되면 살균력이 떨어진다.
③ 사용 용도 : 습기가 있는 분변 소독

7) 차아염소산나트륨

① 차아염소산나트륨의 수용액을 일명 락스라고 한다.
② 100ppm 농도로 희석 후 pH 8~9에서 가장 살균력이 높다.
③ 사용 용도 : 음료수, 채소 및 과일, 식기, 물수건 등의 소독(참깨에는 사용금지)

8) 기타

① 염소 : 상하수도, 수영장, 폐수 등의 소독에 이용된다.
② 제4암모늄 화합물, 산-음이온 계면활성제 등

※ 주요 소독제의 비교

분류	소독처	사용 농도	특이사항
석탄산(페놀)	변소, 의류, 손	3~5%	살균력의 측정지표, 금속 부식성
크레졸	변소, 의류, 손	3~5%	
승홍수	손, 피부	0.1%	금속 부식성, 맹독성
과산화수소	피부, 상처	3%	
에틸알코올	손	70%	
생석회	습기있는 분변, 하수	석회(2):물(8)	분변소독
차아염소산나트륨	과일, 식기, 물수건	100ppm	pH 8~9에서 살균력 강함
역성비누 (양성비누)	과일, 야채	0.01~0.1%	유기물이 존재하면 살균력이 떨어짐
	식기, 손	10%	

▶ **ppm과 %의 변환** (자주 출제됨***)
　① %는 백분율, ppm은 백만분율이다.
　② %에 10,000을 곱하면 ppm을 구할 수 있다.

　예　1% = 1×10,000 　　= 10,000ppm
　　　0.1% = 0.1×10,000 = 1,000ppm
　　　0.01% = 0.01×10,000 = 100ppm

　참고) %에 10,000을 곱하는 이유
　$1(\%) : 100 = x(ppm) : 1,000,000$
　$100x = 1,000,000$
　$\therefore x = \dfrac{1,000,000}{100} = 10,000$

▶ **소독약의 구비조건**
　① 살균력 · 침투력이 강할 것
　② 용해성이 높을 것
　③ 표백성 · 금속 부식성이 없을 것
　④ 사용하기 간편하고, 저렴할 것

기 출 유 형 | 따 라 잡 기　　　　　　　★는 출제빈도를 나타냅니다

1 ★★
소독(Disinfection)을 가장 올바르게 설명한 것은?

① 병원미생물을 죽이거나 병원성을 약화시켜 감염력을 없애는 것
② 미생물의 사멸로 무균상태를 만드는 것
③ 오염된 물질을 깨끗이 닦아 내는 것
④ 모든 생물을 전부 사멸시키는 것

> 소독 : 병원균을 사멸시키거나 병원성을 약화시켜 감염의 위험을 제거하는 것

2 ★★
우유를 살균할 때 고온단시간살균법(HTST)으로서 가장 적합한 조건은?

① 72℃에서 15초 처리
② 75℃ 이상에서 15분 처리
③ 130℃에서 2~3초 이내 처리
④ 62~65℃에서 30분 처리

> **우유의 살균법**
> • 저온 장시간살균법(LTLT법) : 61~65℃에서 30분간 처리
> • 고온 단시간살균법(HTST법) : 70~75℃에서 15~30초간 처리
> • 초고온 순간살균법(UHT법) : 130℃에서 0.5~5초간 처리

정답　**1** ① **2** ①

3 멸균의 설명으로 옳은 것은? ★★★★

① 오염된 물질을 세척하는 것
② 미생물의 생육을 저지시키는 것
③ 모든 미생물을 완전히 사멸시키는 것
④ 물리적 방법으로 병원체를 감소시키는 것

> 멸균은 모든 미생물을 사멸시켜 완전 무균상태로 만드는 것이다.

4 다음 중 저온 장시간 살균법으로 가장 일반적인 조건은? ★★★

① 72~75℃ 15초간 가열
② 60~65℃ 30분간 가열
③ 130~150℃ 1초 이하 가열
④ 95~120℃ 30~60분간 가열

> 저온장시간살균법(LTLT법) : 61~65℃에서 30분간 가열하는 방법으로, 고온처리가 부적합한 유제품, 건조과실 등을 소독하는 데 사용한다. 영양소의 파괴가 가장 적다.

5 다음 중 식품 공장이나 단체급식소에서 기계·기구의 살균·소독제로 사용되지 않는 것은? ★★★

① 산-음이온 계면활성제
② 제4암모늄 화합물
③ 차아염소산나트륨
④ 포름알데히드

> 포름알데히드는 보존료 및 살균제로 사용되나 인체에 대한 독성이 강하여 식품 공장이나 기계·기구의 살균에 사용되지 않는다.

6 물수건의 소독방법으로 가장 적합한 것은? ★★★

① 비누로 세척한 후 건조한다.
② 삶거나 차아염소산 소독 후 일광 건조한다.
③ 3% 과산화수소로 살균 후 일광 건조한다.
④ 크레졸(Cresol) 비누액으로 소독하고 일광 건조한다.

> 물수건의 소독은 삶거나 차아염소산으로 소독한 후 일광 건조한다.

7 소독력이 강한 양이온 계면활성제로서 종업원의 손 소독 및 용기 및 기구의 소독제로 알맞은 것은? ★★★

① 석탄산
② 과산화수소
③ 역성비누
④ 크레졸

> **역성비누**
> • 양이온 계면활성제로 양성비누라고 한다.
> • 살균력이 강하고 무색, 무취, 무미하고 자극성이 없어 손·피부 소독, 식기·용기·기구 소독에 널리 사용된다.
> • 유기물이 존재하면 살균 효과가 떨어지므로 보통비누와 함께 사용할 경우 깨끗이 씻어낸 후 역성비누를 사용한다.

8 소독제로 가장 많이 사용되는 알코올의 농도는? ★★★

① 30%　② 50%　③ 70%　④ 100%

> 알코올은 70% 수용액이 침투력이 강하여 살균력이 가장 좋다. 손과 피부, 기구 소독에 이용된다.

9 차아염소산나트륨의 살균 효과가 가장 높은 pH는? ★★★★

① 4.0　② 9.0　③ 6.0　④ 7.0

> 차아염소산나트륨은 일명 락스라고 불리우며, 과일류, 채소류 등 식품의 살균에 사용된다(참깨에는 사용금지).
> 100ppm 농도로 희석 후 pH 8~9에서 가장 살균력이 높다.

10 차아염소산나트륨 100PPM은 몇 %인가? ★★★★★

① 0.1%
② 0.01%
③ 10%
④ 1%

> ppm은 백만분의 일을 나타내고, 백분율의 만분의 일이다.
> $\frac{100}{10,000} = 0.01\%$
> %에 1만을 곱하면 간단하게 ppm을 구할 수 있다.
> 　　0.1%×1만 = 1천 ppm
> 　　0.01%×1만 = 100 ppm
> 　　10%×1만 = 10만 ppm
> 　　1%×1만 = 1만 ppm

SECTION 07 식품위생관련법규

[출제문항수 : 1~2문제] 용어정리 및 식품등의 공전, 식품위생교육 등에서 주로 출제되며, 특히 HACCP 부분은 빈번하게 출제되는 부분이니 꼼꼼하게 학습하시기 바랍니다. .

chapter 01

01 식품위생법상의 용어

용어	법규상 용어 의미
식품	모든 음식물을 말한다.(의약으로 섭취하는 것은 제외)
식품위생	식품, 식품첨가물, 기구 또는 용기·포장을 대상으로 하는 음식에 관한 위생을 말한다.
식품첨가물	식품을 제조·가공·조리 또는 보존하는 과정에서 감미(甘味), 착색(着色), 표백(漂白) 또는 산화 방지 등을 목적으로 식품에 사용되는 물질을 말한다. 이 경우 기구(器具)·용기·포장을 살균·소독하는 데에 사용되어 간접적으로 식품으로 옮아갈 수 있는 물질을 포함한다.
기구	식품 또는 식품첨가물에 직접 닿는 기계·기구나 그 밖의 물건 (농수산업에서 식품을 채취하는 데에 쓰는 기계·기구나 그 밖의 물건은 제외)
용기·포장	식품 또는 식품첨가물을 넣거나 싸는 것으로서 식품 또는 식품첨가물을 주고받을 때 함께 건네는 물품
식중독	식품 섭취로 인하여 인체에 유해한 미생물 또는 유독물질에 의하여 발생하였거나 발생한 것으로 판단되는 감염성 질환 또는 독소형 질환을 말한다.
유통기한	제품의 제조일로부터 소비자에게 판매가 허용되는 기간

* **공전** : 식품의 제조, 검사, 관리, 규격, 판매유통 등에 관한 기준 및 규격을 정하여 고시하는 것

▶ **식품의약품안전처의 주요 업무**
 ① 식품, 식품첨가물, 건강기능식품, 의약품 등의 위해 예방 및 안전관리
 ② 식품, 식품첨가물, 기구 또는 용기, 포장의 위생적 취급에 관한 기준 설정
 ③ 판매나 영업을 목적으로 하는 식품의 조리에 사용하는 기구, 용기의 기준과 규격의 설정
 ④ 식품에 사용되는 원료의 기준과 규격을 설정
 ⑤ 식품 및 식품첨가물의 규격 기준의 설정
 ⑥ 농축수산물 위생·안전관리에 관한 정책 및 안전관리
 ⑦ 의약품, 의료기기 및 마약류에 대한 종합정책 및 범죄행위 수사 등

02 식품등의 공전(公典)

1 식품등의 공전* 작성 및 보급

식품의약품안전처장은 아래의 기준 등을 실은 식품등의 공전을 작성·보급하여야 한다.
① 식품 또는 식품첨가물의 기준과 규격
② 기구 및 용기·포장의 기준과 규격

2 일반원칙 (별도의 규정이 없을 때)

구분	공전 상 일반원칙
온도	• 표준온도 : 20℃ • 상온 : 15~25℃ • 실온 : 1~35℃ • 미온 : 30~40℃
물의 구분	• 찬물 : 15℃ 이하 • 온탕 : 60~70℃ • 열탕 : 약 100℃
pH	• 강산성 : pH 3.0 이하 • 중성 : pH 6.5~7.5 • 강알칼리성 : pH 11.0 이상
냉암소(찬 곳)	0~15℃의 빛이 차단된 장소
냉동 · 냉장	냉동 : -18℃ 이하, 냉장 : 0~10℃ (따로 정하여진 것을 제외)

03 영업

1 식품접객업

휴게음식점영업	패스트 푸드점, 분식점 형태의 영업
일반음식점영업	음식류를 조리 · 판매하는 영업
단란주점영업	주로 주류를 조리 · 판매하는 영업
유흥주점영업	유흥종사자를 두거나 유흥시설을 설치할 수 있는 영업
위탁급식영업	집단급식소에서 음식류를 조리하여 제공하는 영업
제과점영업	주로 빵, 떡, 과자 등을 제조 · 판매하는 영업

2 영업자

1) 영업에 종사하지 못하는 질병
① 결핵(비감염성인 경우는 제외한다)
② 콜레라, 장티푸스, 파라티푸스, 세균성 이질, 장출혈성대장균감염증, A형간염
③ 피부병 또는 그 밖의 화농성 질환
④ 후천성면역결핍증(성병에 관한 건강진단을 받아야 하는 영업에 종사하는 사람만 해당)

2) 영업자의 건강진단
① 식품 또는 식품첨가물을 채취 · 제조 · 가공 · 조리 · 저장 · 운반 또는 판매하는 일에 직접 종사하는 영업자 및 종업원은 건강진단을 받아야 한다.
② 영업주는 영업 시작 전, 종업원은 영업에 종사하기 전에 미리 검진을 받아야 한다.
③ 건강검진은 검진일을 기준으로 연 1회 실시한다.

3) 식품위생교육

식품접객업 영업자의 종업원은 매년 식품위생에 관한 교육을 받아야 한다.

구분	업종	교육시간
영업자	유흥주점영업을 제외한 대부분의 영업*	3시간
	유흥주점영업	2시간
영업을 하려는 자	식품접객업	6시간

* 유흥주점영업을 제외한 대부분의 영업
  - 식품제조가공업
  - 즉석판매제조 · 가공업
  - 식품첨가물제조업
  - 식품운반업
  - 식품소분 · 판매업
  - 식품보존업
  - 용기 · 포장류제조업
  - 식품접객업(휴게음식점영업, 일반음식점영업, 단란주점영업)

04 위해요소중점관리기준

1 위해요소중점관리기준(HACCP, 해썹)

식품의 원료관리, 제조 · 가공 · 조리 · 소분 · 유통의 모든 과정에서 위해한 물질이 식품에 섞이거나 식품이 오염되는 것을 방지하기 위하여 각 과정의 위해요소를 확인 · 평가하여 중점적으로 관리하는 기준

2 HACCP 적용절차

HACCP 12절차 : 준비단계 5절차와 HACCP 7원칙을 포함한 총 12단계로 구성된다.

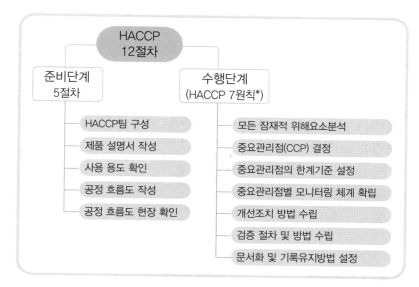

HA | Hazard Analysis
위해요소분석

식품 안전에 영향을 줄 수 있는 위해요소와 이를 유발할 수 있는 조건이 존재하는지 여부를 판별하기 위하여 필요한 정보를 수집하고 평가하는 일련의 과정

CCP | Critical Control Points
중요관리점

위해요소중점관리기준을 적용하여 식품의 위해요소를 예방 · 제거하거나 허용수준 이하로 감소시켜 당해 식품의 안전성을 확보할 수 있는 중요한 단계 · 과정 또는 공정

* HACCP 7원칙
  HACCP 관리계획을 수립하기 위해 단계별로 적용되는 주요 원칙

1 식품위생법상 용어의 정의가 틀린 것은?

① 식품위생이란 식품, 식품첨가물, 기구 또는 용기 포장을 대상으로 하는 음식에 관한 위생을 말한다.
② 식품이란 모든 음식물을 말한다. 그러므로 의약으로 섭취하는 것도 포함된다.
③ 식중독이란 식품 섭취로 인하여 인체에 유해한 미생물 또는 유독물질에 의하여 발생하였거나 발생한 것으로 판단되는 감염성 질환 또는 독소형 질환을 말한다.
④ 용기 · 포장이란 식품 또는 식품첨가물을 넣거나 싸는 것으로서 식품 또는 식품첨가물을 주고받을 때 함께 건네는 물품을 말한다.

식품위생법상 식품은 의약으로 섭취하는 것을 제외한 모든 음식물을 말한다.

2 제품의 유통기한에 대한 설명으로 틀린 것은?

① 냉장 유통제품은 냉장 온도까지 표시해야 한다.
② 소비자가 섭취할 수 있는 최대기간이다.
③ 식품위생법규에 따라 유통기한을 설정해야 한다.
④ 통조림 식품은 유통기한 또는 품질유지기한을 표시할 수 있다.

유통기한은 제품의 제조일로부터 소비자에게 판매가 허용되는 기한을 말한다.

3 식품 및 축산물 안전관리인증기준을 재·개정하여 고시하는 자는?

① 식품의약품안전처장
② 시장, 군수 또는 구청장
③ 한국식품안전관리인증원장
④ 보건복지부장관

식품 및 축산물 안전관리인증기준은 식품의약품안전처장이 재·개정하여 고시한다.

4 식품위생법에서 식품 등의 공전은 누가 작성, 보급하는가?

① 보건복지부장관
② 식품의약품안전처장
③ 국립보건원장
④ 시, 도지사

식품의약품안전처장은 식품 또는 식품첨가물의 기준과 규격, 기구 및 용기·포장의 기준과 규격, 식품 등의 표시기준에 대한 공전을 작성하여 보급하여야 한다.

5 식품첨가물 공전상 표준온도는?

① 20℃
② 25℃
③ 30℃
④ 35℃

식품첨가물 공전 상 표준온도는 20℃이다.
(상온 : 15~25℃, 실온 : 1~35℃, 미온 : 30~40℃)

6 다음 중 식품접객업에 해당되지 않는 것은?

① 제과점영업
② 위탁급식영업
③ 식품냉동냉장업
④ 일반음식점영업

식품접객업에는 휴게음식점, 일반음식점, 단란주점, 유흥주점, 위탁급식, 제과점영업이 있다.

정답 1② 2② 3① 4② 5① 6③

7 다음 중 식품위생법에서 정하는 식품접객업에 속하지 않는 것은?

① 식품소분업 ② 유흥주점
③ 제과점 ④ 휴게음식점

> 식품소분업은 영업의 종류에서 식품소분·판매업으로 분류된다.

8 식품 또는 식품첨가물을 채취, 제조, 가공, 조리, 저장, 운반 또는 판매하는 직접 종사자들이 정기건강진단을 받아야 하는 주기는?

① 1회/월 ② 1회/3개월
③ 1회/6개월 ④ 1회/년

> 식품 또는 식품첨가물을 채취, 제조, 가공, 조리, 저장, 운반 또는 판매하는 직접 종사자들은 1년 1회의 정기건강진단을 받아야 한다.

9 HACCP의 7원칙에 해당하지 않는 것은?

① 위해요소분석
② 한계기준 설정
③ HACCP 팀 구성
④ 문서화 및 기록유지방법 설정

> HACCP은 준비단계의 5절차와 적용단계의 7단계가 있으며 HACCP 팀 구성은 준비단계의 5절차 중에서 첫 번째이다.

10 HACCP에 대한 설명 중 틀린 것은?

① 종합적인 위생관리체계이다.
② 식품위생의 수준을 향상시킬 수 있다.
③ 사후처리의 완벽을 추구한다.
④ 원료부터 유통의 전 과정에 대한 관리이다.

> 위해요소중점관리기준(HACCP)은 모든 잠재적 위해요소를 분석하여 사후적이 아닌 사전적으로 위해요소를 제거하고 개선할 수 있는 방법을 찾는 것이다.

11 위해요소중점관리기준(HACCP)을 식품별로 정하여 고시하는 자는?

① 보건복지부장관
② 식품의약품안전처장
③ 시장, 군수, 또는 구청장
④ 환경부장관

> 식품의약품안전처장은 식품의 원료관리 및 제조·가공·조리·소분·유통의 모든 과정에서 위해한 물질이 식품에 섞이거나 식품이 오염되는 것을 방지하기 위하여 위해요소중점관리기준을 식품별로 정하여 고시할 수 있다.

정답 7 ① 8 ④ 9 ③ 10 ③ 11 ②

GIBOONPA

Craftsman Confectionary·Breads Making

CHAPTER

02

재료과학

 이 과목은 제과제빵 공통과목으로 17~18문항이 출제됩니다. 재료의 영양적 특성보다는 재료과학에서 더 많이 출제되는 만큼 학습 시간을 잘 분배하여 학습하시기 바랍니다.

SECTION 01 재료의 영양적 특성

01 영양과 영양소 개요

영양 ── 생명체가 생명의 유지·성장·발육을 위하여 필요한 에너지와 몸을 구성하는 성분을 음식물을 통하여 섭취, 소화, 흡수, 배설 등의 생리적 기능을 하는 과정을 말한다.

영양소 ── 생명체가 영양을 유지할 수 있도록 하여주는 식품에 들어있는 양분의 요소를 말한다.

    1 구성 영양소 ── 몸의 조직을 구성하는 성분을 공급한다.
        ⑩ 단백질, 칼슘

    2 열량 영양소 ── 인체 활동에 필요한 열량을 공급한다.
        ⑩ 탄수화물, 지방, 단백질

    3 조절 영양소 ── 인체의 생리작용을 조절한다.
        ⑩ 무기질, 비타민

02 탄수화물(당질)

1 탄수화물의 특성과 기능

1) 탄수화물의 특성

① 구성 : 탄소(C), 수소(H), 산소(O)
② 식물의 광합성으로 합성되어 전분과 당류의 형태로 존재한다.
③ 많이 섭취하면 근육이나 간에 글리코겐으로 저장된다.
④ 탄수화물은 1일 총열량의 55~65%를 섭취하는 것이 가장 적절하다.

2) 탄수화물의 기능

① 에너지 공급원 : 인체의 대사나 근육운동에 필요한 에너지를 공급(1g당 4kcal의 에너지를 낸다.)
② 단백질의 절약작용 : 탄수화물이 부족하면 지방과 단백질이 에너지원으로 사용
③ 지방 대사에 관여 : 지방의 완전연소에 필요하며, 지방합성과 지방 대사를 조절
④ 장운동에 관여 : 식이섬유는 장운동을 촉진시켜 변비를 예방
⑤ 기호성의 증진 : 당류의 감미는 기호성을 증진시키며, 재결정성이나 촉감 등은 식품의 물성 개선에 활용
⑥ 혈당의 유지 : 정상적인 활동을 위한 혈당 유지

▶ 탄수화물의 급원 식품
• 식물성 급원 : 곡류, 감자류, 과실류
• 동물성 급원 : 우유 및 유제품류

▶ 인슐린(insulin)
췌장(이자)에서 분비되는 호르몬으로 당의 이용을 촉진하여 혈당을 낮춰준다.

2 탄수화물의 분류

1) 단당류

단당류는 탄수화물로서의 물리·화학적 성질을 나타내는 가장 간단한 구성단위로, 더 이상 가수분해되지 않는 당이다.

① 오탄당 : 리보스, 아라비노스, 자일로스

리보스 (Ribose)	• 동물의 세포에 존재하는 리보핵산(RNA), 데옥시리보핵산 (DNA) 및 핵산 조미료 등의 구성성분 • 여러 가지 보조효소의 구성성분으로 생리상 중요한 당이다.
아라비노스 (Arabinose)	펙틴(Pectin), 헤미셀룰로스(Hemicellulose) 등의 구성성분
자일로스 (Xylose)	초목류(볏짚, 목질부)에 존재하는 저에너지 감미료

② 육탄당

포도당 (Glucose)	• 포도에 많이 들어있어 붙여진 이름이다. • 탄수화물의 최종분해 산물로, 몸의 가장 기본적인 에너지 공급원이다. • 혈액에 있는 당은 주로 포도당이며, 이를 혈당이라고 한다.
과당 (Fructose)	• 과일과 꿀에 많이 들어있다. • 단당류 중 감미도가 가장 높아 감미료로 사용되며 물에 쉽 게 녹는다. ※ 포도당과 과당은 이성체* 관계이다.
갈락토스 (Galactose)	• 유당(Lactose)의 구성성분 • 우유, 유제품에 들어있으며, 단당류 중 단맛이 가장 약하다. • 뇌나 신경조직에 다량 포함되어있어 성장기 어린이의 뇌신 경을 형성하는 데 아주 중요한 영양소이다. • 당지질인 cerebroside(세레브로시드)의 주요 구성성분이다.
만노스 (Mannose)	곤약, 감자, 백합 뿌리에 만난(Mannan)의 형태로 존재한다.

2) 이당류

① 이당류는 두 개의 당으로 이루어진 당이다.

② 종류 : 설탕, 맥아당, 유당

설탕 (Sucrose)	• 구성성분 : 포도당 + 과당 • 사탕수수와 사탕무 등에 함유되어 있다. 상대적 감미도의 측정기준이다. • 전분의 노화를 지연시키고, 농도가 높아지면 방부성을 가 진다. ※ 설탕은 환원성이 없는 비환원당이다.

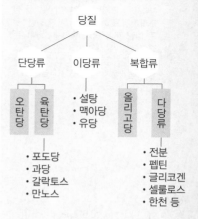

탄수화물의 분류

▶ **감미도의 순서**
과당(170) > 전화당(135) > 설탕(100) >
포도당(74) > 맥아당(60) > 갈락토스(33) >
유당(16)

＊ **이성체**
분자식은 동일하지만 구조가 달라 물리·
화학적인 성질을 달리하는 물질이 2종 이
상 존재할 경우 이들 화합물을 이성체
(isomer)라 한다.

▶ **당류의 가수분해효소**
• 설탕(Sucrose) : 수크라아제(sucrase)
또는 인버타아제(invertase)
• 맥아당(Maltose) : 말타아제(maltase)
• 유당(Lactose) : 락타아제(lactase)

▶ **전화당**(Invert Sugar)
• 설탕을 가수분해하여 생긴 포도당과 과
당의 등량혼합물(1:1)
• 설탕의 1.3배 정도의 감미를 갖는다.
(130~135)

▶ **이성화당**(Isomerose)
• 포도당액을 효소나 알칼리 처리로 포
도당의 일부를 과당으로 이성화한 당
액을 말한다.
• 포도당과 과당이 혼합된 액상의 감미
료로, 감미도는 설탕의 1.5배 정도이다.

▶ **환원당**
• 당분자 중에 알데히드기(-CHO)와 케
톤기(=CO)를 가지고 환원성을 나타내
는 당이다.
• 마이야르 반응(Maillard reaction) 등에서
환원제로서 작용한다.
• 모든 단당류와 말토스, 락토스 등은 환
원당이다.
• 설탕과 전분은 비환원당이다.

▶ 유당불내증(유당분해효소결핍증)
사람에 따라 유당을 분해하는 효소(락타아제)가 없거나 부족하여 유당을 잘 소화하지 못하고 설사, 복부 경련, 구토, 메스꺼움 등의 증세를 나타내는 질환으로, 유산균이나 유당분해효소가 함유된 요구르트로 섭취하거나 유당을 섭취하지 않는 것이 치료법이다.

맥아당 (Maltose)	• 2분자의 포도당(포도당+포도당) • 발아 중인 곡류(엿기름) 속에 다량 함유되어 있다.
유당 (Lactose)	• 포도당+갈락토스 • 우유(젖)에 함유되어 있고, 칼슘과 단백질의 흡수를 돕는다. • 유용한 장내세균의 발육을 촉진하여 정장작용을 한다.

3) 올리고당류

① 단당류 2~10개로 이루어진 탄수화물로, 소당류 또는 과당류라고도 한다.
② 기능상 소화가 잘되지 않아 에너지로 이용되지 않는 저칼로리 당이다.
③ 장내 비피더스균의 증식을 활발하게 하는 당이다.
④ 충치의 방지, 장내 유익세균 총의 개선 효과 및 변비의 개선 효과 등이 있다.

▶ 외래어 표기에 따라 다음과 같이 표기하기도 한다.
• 오탄당 : 리보스(리보오스), 아라비노스(아라비노오스), 자일로스(자일로오스)
• 육탄당 : 글루코스(글루코오스), 프럭토스(프럭토오스), 갈락토스(갈락토오스), 만노스(만노오스)
• 이당류 : 수크로스(수크로오스), 말토스(말토오스), 락토스(락토오스)
• 소당류 : 라피노스(라피노오스)
• 다당류 : 셀룰로스(셀룰로오스)

라피노스 (Raffinose)	• 포도당, 과당, 갈락토스로 이루어진 삼당류 • 두류에 많이 존재 • 소화효소로 소화되지 않으며, 장내세균의 발효에 의해 장내 가스를 발생시킴
스타키오스 (Stachyose)	• 포도당, 과당, 갈락토스(2분자)가 결합된 사당류 • 두류에 많이 존재 • 소화효소로 소화되지 않으며, 장내에 가스를 발생시킴

4) 다당류

다당류는 다수의 단당류들이 결합된 분자량이 큰 탄수화물을 말한다.

전분 (Starch)	• 포도당으로부터 만들어진 다당류 • 식물의 대표적인 저장 탄수화물로 중요한 에너지원이다. • 아밀로오스와 아밀로펙틴으로 구성되어 있다.
글리코겐 (Glycogen)	• 동물의 에너지 저장 형태로 동물 전분이라고도 한다. • 간과 근육에 저장되어 필요할 때 포도당으로 분해되어 에너지로 사용한다. └ 동물성 탄수화물
셀룰로스 (Cellulose)	• 모든 식물의 세포벽의 구성성분으로 섬유소라고도 한다. • 식이섬유로 영양 가치는 없으나 배설을 도와 변비를 예방
펙틴 (Pectin)	• 식물 조직을 구성하는 세포벽의 구성 물질 • 식이섬유로 영양소를 공급하지 않으나 중요한 생리적 기능을 한다. • 당과 산이 존재하면 함께 젤(Gel)을 형성하는 성질이 있어 잼을 만드는 데 이용한다.
한천 (agar)	• 우뭇가사리에서 추출하여 젤리, 양갱 등의 응고제로 사용 • 식이섬유로 체내에서 소화되지 않으며, 변비를 예방한다. • 산을 첨가하여 가열하면 분해된다.

03 지방(지질)

1 지방의 특성과 기능

1) 지방의 특성

① 탄소(C), 수소(H), 산소(O)로 이루어진 유기화합물

→ 지방산(3분자)과 글리세린(1분자)이 에스테르 결합한 트리글리세라이드

(Triglyceride)이다.

② 물에 녹지 않고, 유기용매에 녹는다.

③ 상온에서 고체 형태인 지방(脂, fat)과 액체 형태인 기름(油, oil)으로 존재한다.

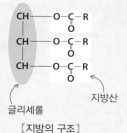

【지방의 구조】

▶ 지질을 녹이는 유기용매
에테르, 클로로포름, 벤젠, 톨루엔 등

2) 지방의 기능

① 에너지 공급 : 지방은 1g당 9kcal의 열량을 내는 열량 영양소이다.

② 지용성 비타민의 용매 : 지방은 지용성 비타민(A, D, E, K)의 흡수와 운반을 도와준다.

③ 주요장기의 보호 및 체온 조절 : 피하지방으로 몸 속의 여러 장기를 보호하고, 일정한 체온을 유지시켜 준다.

④ 비타민 B_1의 절약작용 : 지질의 체내 산화 시 탄수화물보다 비타민 B_1의 필요량이 적다.

⑤ 세포막의 구성 및 특수한 생리작용에 관여한다.

⑥ 맛과 향미를 제공하고 소화 시간이 느려 오랫동안 포만감을 준다.

3) 지방의 대사와 영양

① 지질은 에너지 대사에 의하여 9kcal의 에너지를 내고 이산화탄소와 물로 분해된다.

② 지방의 연소와 합성은 간에서 이루어진다.

③ 지방은 하루 총열량의 15~25%를 섭취하여야 한다.

④ 과잉 섭취 시 고지혈증, 비만, 동맥경화, 심장병, 당뇨병 등이 발생할 수 있다.

▶ **지방의 가수분해**
지방(트리글리세라이드)은 가수분해 과정을 통해 ❶ 디글리세라이드, ❷ 모노글리세라이드와 같은 중간 산물을 만들고 최종적으로 지방산과 ❸ 글리세린이 된다.

트리글리세라이드(지방) → 디글리세라이드+지방산 → 모노글리세라이드+지방산 → 지방산+글리세린

---

❶ 디글리세라이드(Diglyceride)
글리세린의 3개의 수산기(-OH) 중에서 2개가 지방산과 에스테르 결합한 것

❷ 모노글리세라이드(Monoglyceride)
글리세린의 3개의 수산기(-OH) 중에서 1개가 지방산과 에스테르 결합한 것

❸ 글리세린(Glycerine)
• 3개의 수산기(-OH)를 가지고 있는 3가의 알코올로 '글리세롤(Glycerol)'이라고도 한다.
• 무색, 무취의 감미를 가진 시럽과 같은 액체이다.(설탕 감미도의 1/3 정도)
• 지방의 가수분해 과정을 통해 얻어진다.
• 보습성이 뛰어나 빵류, 케이크류, 소프트 쿠키류의 저장성을 연장시킨다.

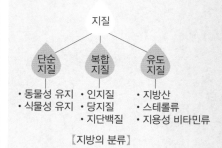

【지방의 분류】

2 지방(지질)의 분류

1) 단순지질(중성지방)

▶ 단순지질(중성지방) 개요
- 한 종류의 지방산으로 구성되어 있다.
- 글리세롤 1분자에 지방산 3분자가 에스테르 결합을 한 것이다.
- 왁스(Wax)는 글리세롤과 고급 알코올류가 에스테르 결합한 단순지질이다.

① 동물성 유지
- 동물성 지방(脂肪, 고체) : 우지, 돈지, 버터 등
- 동물성 유(油, 액체) : 어유, 경유, 간유 등

☞ 일반적으로 어류의 지방은 불포화지방산의 함량이 높아 상온에서 액체 상태로 존재한다.

② 식물성 유지

▶ 요오드가(Iodine value)
- 유지 100g 중에 첨가되는 요오드(I_2)의 g수이다.
- 요오드가가 높다는 것은 유지를 구성하는 지방산 중 불포화지방산이 많음을 나타낸다.
- 불포화도가 높을수록 상온에서 액체로 존재한다.(융점이 낮다.)

구분	요오드가	특징
건성유	130 이상	• 상온에 방치하면 건조되는 유지 • 불포화지방산 함량이 높은 유지 예 아마인유, 들기름, 잣기름, 호두기름 등
반건성유	100~130	건성유와 불건성유의 중간 성질의 유지 예 옥수수유, 대두유, 채종유, 면실유, 참기름 등
불건성유	100 이하	상온에 방치해도 건조되지 않는 유지 예 올리브유, 팜야자유, 피마자유, 낙화생유(땅콩기름) 등

2) 지방산(fatty acid)

▶ 지방산
자연계에 존재하는 지방산은 짝수의 탄소 원자가 직쇄상으로 결합된 화합물로서, R-COOH로 표시한다.

① 포화지방산과 불포화지방산
탄소의 결합구조에 따라 포화지방산과 불포화지방산으로 구분한다.

포화 지방산	• 대부분 동물성 지방 • 대부분 상온에서 고체 상태로 존재(융점이 높음) ← 액체로 변하는 온도 • 이중결합이 없는 지방산 • 종류 : 부티르산, 팔미트산, 라우르산, 스테아르산, 카프르산 등
불포화 지방산	• 대부분 식물성 지방 • 대부분 상온에서 액체 상태로 존재(융점이 낮음) • 이중결합이 있는 지방산(이중결합이 많을수록 불포화도가 높아짐) • 불포화도가 높아질수록 산패가 잘 일어난다.(항산화성이 없다.) • 종류 : 리놀레산, 리놀렌산, 아라키돈산, 올레산, 에루스산, DHA 등

포화 지방산은 그림과 같이 탄소(C)가 수소(H)에 의해 둘러싸인 구조로 다른 결합이 불가능하여 고체상태로 존재

불포화 지방산은 탄소의 일부에 다른 결합이 가능한 구조로 액체상태로 존재하며, 산소침입이 가능하여 산패가 잘 일어남

② 필수지방산
- 신체의 정상적인 발육과 유지에 필수적이지만 체내에서 합성할 수 없거나 그 양이 부족하여 반드시 음식으로 섭취해야 하는 불포화지방산을 말한다.
- 불포화도가 높아 요오드가(iodine value)가 높다.
- 필수지방산이 높은 식품은 땅콩, 대두, 잣, 아몬드, 호두, 참깨, 호박씨 등이다.
- 리놀레산, 리놀렌산, 아라키돈산이 있다.

리놀레산 (linoleic acid)	• 식물성 기름에 많이 포함된 고도 불포화지방산 • 18 : 2 지방산(탄소수 18개, 이중결합 2개)

리놀렌산 (linolenic acid)	• 식물성 기름에 많이 포함된 고도 불포화지방산 • 18 : 3 지방산(탄소수 18개, 이중결합 3개)
아라키돈산 (arachidonic acid)	• 동물계에 널리 분포하며, 체내에서 리놀레산으로부터 생합성된다. • 20 : 4 지방산(탄소수 20, 이중결합 4개)

3) 복합지질

① 단순지질에 질소, 인, 당 등이 결합된 지질이다.

② 인지질, 당지질, 단백질, 황지질 등

인지질	• 지질+인산 • 레시틴*, 세팔린, 스핑고미엘린 등
당지질	• 지질+당 • 뇌, 신경조직 등에 존재(세레브로시드* 등)
지단백질	• 지질+단백질 • 수용성으로 혈액 내에서 지방을 운반한다.

4) 유도지질

① 단순지질이나 복합지질이 가수분해되어 생성되는 지용성 물질들이다.

② 지방산, 고급 알코올류, 스테롤, 지용성 비타민류 등

③ 대표적인 유도지질 : 콜레스테롤*, 에르고스테롤*

04 단백질

1 단백질의 특성과 기능

1) 단백질의 특성

① 탄소(C), 수소(H), 산소(O), 질소(N), 황(S), 인(P) 등으로 이루어져 있으며, 이 중 질소는 평균 16%를 포함하고 있다.

② 약 20여 종의 아미노산이 펩티드 결합으로 연결된 고분자 유기화합물이다.

③ 열·산·알칼리 등에 응고되는 성질이 있다.

④ 뷰렛에 의한 정색반응으로 보라색을 나타낸다.

⑤ 급원 식품 : 육류, 달걀, 우유, 생선류 등의 동물성 식품과 두류, 곡류, 견과류 등의 식물성 식품이 있다.

▶ **아미노산**
- 단백질의 기본 단위로 탄소(C), 수소(H), 산소(O), 질소(N), 황(S), 인(P) 등으로 구성
- 염기성인 아미노 그룹(– NH₂)과 산성인 카르복실기(–COOH)를 모두 가지고 있는 유기화합물
- 광학활성에 따라 L형과 D형으로 나눌 수 있으며, 대부분의 아미노산은 L형이다.
- 아미노산의 등전점*은 약 pH 4~6인 값으로 아미노산의 종류에 따라 다르다.
- 보습성이 뛰어나 빵류, 케이크류, 소프트 쿠키류의 저장성을 연장시킨다.

---

* **레시틴**(Lecithin)
  - 대표적인 인지질로 난황이나 대두유에 많이 함유된 천연유화제이다.
  - 글리세롤 1분자에 지방산, 인산, 콜린이 결합한 인지질이다.
  - 지질의 대사에 관여하고 뇌신경 등에 존재한다.

* **세레브로시드**(Cerebroside)
  뇌와 신경조직에 다량 함유된 당지질로 세포막의 구성성분이다.

* **콜레스테롤**(cholesterol)
  - 뇌, 신경조직, 혈액, 담즙 등 동물의 체세포 내에 들어있는 동물성 스테롤
  - 해독작용, 적혈구 보호 작용, 지질의 운반 등 중요한 생리작용을 한다.
  - 생체 내에서 자외선에 의하여 비타민 D로 전환되는 프로비타민 D이다.
  - 혈중 농도가 높으면 고혈압이나 동맥경화를 유발하는 원인이 된다.

* **에르고스테롤**(ergosterol)
  - 맥각, 곰팡이, 효모, 버섯 등에 많이 함유된 식물성 스테롤
  - 자외선에 의하여 비타민 D로 변하는 프로비타민 D이다.

等電點 : pH의 이온상태가 같아지는 지점, 즉 전기적으로 중성인 지점

* **등전점**
  아미노산은 물에 녹아 양이온과 음이온의 양전하를 가지며, 용매의 pH에 따라 이동하는데, 이온이 이동하지 않을 때의 pH 수치를 '등전점'이라 한다.

2) 단백질의 기능

체조직 구성성분	• 인체를 구성하는 세포의 주성분으로 인체조직 및 혈액을 구성 • 성장기에 더 많은 단백질이 요구되며, 성장 후에도 계속적인 단백질 공급이 필요
효소 · 호르몬 · 항체 합성	• 효소의 주성분은 단백질 • 호르몬 생성 : 체내 생리 기능을 조절 • 항체 생성 : 외부에서 침입한 균에 대한 대항 작용
체액 평행 유지	삼투압을 유지시켜 수분을 혈관에 머무르게 함으로써 우리 몸의 수분 균형 조절

산 · 알칼리
균형 유지
	• 아미노산은 알칼리성인 아미노기($-NH_2$)와 산성인 카르복실기
	  ($-COOH$)를 모두 가지고 있다.
	• 아미노산은 산과 알칼리의 균형을 조절하여 체액의 pH를
	  항상 일정한 상태로 유지시킴

에너지원	• 1g당 4kcal의 에너지를 공급 • 탄수화물이나 지방을 충분히 섭취하지 못할 경우 단백질을 에 너지원으로 이용
나이아신 합성	필수아미노산인 트립토판으로부터 나이아신(비타민 B_3)을 합성

2 단백질의 영양학적 분류

완전 단백질	필수아미노산이 충분하여 정상적인 성장을 할 수 있는 단백질 ⑩ 우유의 카제인, 달걀의 알부민, 콩의 글리시닌 등
부분적 불완전 단백질	일부 아미노산의 함량이 충분하지 못하여 성장을 돕지 못하는 단백질 ⑩ 밀의 글리아딘, 보리의 호르데인 등
불완전 단백질	필수아미노산이 충분하지 않아 성장지연, 체중감소, 몸의 쇠약 을 가져오는 단백질 ⑩ 옥수수의 제인(Zein) 등

3 단백질의 화학적 분류

단순 단백질	아미노산들로만 이루어진 단백질 ⑩ 알부민, 글로불린, 글루텔린, 프로라민, 히스톤, 알부미노이드
복합 단백질	단순단백질에 핵산, 당질, 지질, 인산, 색소, 금속 등이 결합한 단백질 ⑩ 핵단백질(핵산), 인단백질(인산), 당단백질(당질), 지단백질(지질), 색소단백질(색소)

▶ 불완전 단백질에 부족한 필수아미노
산을 첨가하여 완전단백질 식품을 만
들 수 있다.
⑩ 밀가루 제품 + 라이신
　옥수수 제인 + 라이신 · 트립토판

▶ 복합 단백질
· 인단백질 : 우유의 카제인, 난황의 오
보비텔린 등
· 당단백질 : 소화액의 뮤신, 난백의 오
보뮤코이드 등
· 지단백질 : 난황의 리보비텔린 등
· 색소단백질 : 헤모글로빈, 미오글로
빈 등

유도 단백질	천연단백질이 물리적 혹은 화학적 방법으로 변성 또는 분해하여 생성된 화합물 • 1차 유도단백질 : 천연단백질이 효소, 산, 알칼리, 열 등의 작용을 받아 응고된 단백질 • 2차 유도단백질 : 단백질을 가수분해하여 얻어지는 단백질

4 필수아미노산

체내에서 합성되지 않아 반드시 음식으로 섭취해야 하는 아미노산을 말한다.

성인	류신, 이소류신, 라이신(리신), 발린, 메티오닌, 트레오닌, 페닐알라닌, 트립토판, 히스티딘(9종)
성장기 어린이	성인의 필수아미노산 + 아르기닌(10종)

5 제한 아미노산

필수아미노산의 표준 필요량에 비해 상대적으로 부족한 필수아미노산을 말한다.

① 식품에 들어있는 제한 아미노산의 종류

식품	제한 아미노산
쌀, 밀가루	라이신, 트레오닌
옥수수	트립토판, 라이신
두류, 채소류, 우유	메티오닌

▶ 옥수수의 부족한 필수아미노산은 트립토판과 라이신이며, 그중 가장 부족한 제1제한 아미노산은 트립토판이다.

② 단백질의 상호 보조 : 부족한 제한 아미노산을 서로 보완할 수 있는 2가지 이상의 식품을 함께 섭취하여 영양을 보완할 수 있다.
  예 쌀과 콩, 빵과 우유, 시리얼과 우유 등

6 소맥(밀가루)의 단백질

1) -SH 결합과 -S-S- 결합

① 밀가루 단백질에는 황을 함유한 아미노산이 있다.

② 빵 반죽의 -SH 집단이 산화제에 의해 다른 폴리펩티드 결합을 공격하여 -S-S- 결합을 형성한다.

③ -S-S- 결합은 단백질이 서로 얽힌 망상구조를 만들어 반죽의 유동성을 감소시키고, 교질성과 탄력성을 증가시킨다.

④ 밀가루의 숙성은 -SH 결합을 산화시켜 -S-S 결합으로 바꾸는 것이다.

▶ 함황 아미노산
메티오닌, 시스테인, 시스틴

$$시스테인(Cysteine) \underset{환원}{\overset{산화}{\rightleftarrows}} 시스틴(Cystine)$$
$$(-SH \; 결합) \qquad\qquad (-S-S \; 결합)$$

① 비타민은 성장과 생명유지에 필수적인 물질로 대부분 생리작용의 조절제 역할을 한다.

② 에너지를 공급하는 열량소로 작용하지 않는다.

③ 비타민은 어느 용매에 녹는지에 따라 수용성 비타민과 지용성 비타민으로 나누어진다.

1 수용성 비타민

수용성 비타민은 물에 녹는 비타민으로 비타민 B군, 비타민 C 등이 대표적이다.

구분	특징	결핍증	급원식품
비타민 B$_1$ (티아민)	• 탄수화물의 대사를 촉진하여 체내에서 에너지를 발생시키는 보조효소의 역할 • 쌀을 주식으로 하는 한국인에게 꼭 필요한 비타민이다.	각기병 피로, 권태 식욕부진, 신경염	돼지고기, 간, 도정하지 않은 곡류
비타민 B$_2$ (리보플라빈)	• 발육 촉진, 입안의 점막 보호	구순구각염 설염	우유, 생선, 달걀, 시금치 등
비타민 B$_3$ (나이아신)	• 비타민 B$_1$, B$_2$와 함께 에너지 대사의 보조효소로 작용 • 체내에서 필수아미노산인 트립토판으로부터 나이아신이 합성	펠라그라*	• 동물성(우유, 생선 등) • 식물성(땅콩 등)
비타민 B$_6$ (피리독신)	• 단백질 대사 과정에서 보조효소로 작용	피부염, 습진 기관지염	배아, 대두, 땅콩 등
비타민 B$_9$ (엽산)	• 적혈구를 비롯한 세포의 생성을 보조	빈혈	도정하지 않은 곡류, 간, 달걀
비타민 B$_{12}$ (시아노코발라민)	• 적혈구의 정상적인 발달을 도움 • 코발트(Co) 함유	악성빈혈 간장질환	우유, 고기, 생선 등의 동물성 식품
비타민 C (아스코르빈산)	• 강한 환원력이 있어 육류의 색 안정제, 밀가루의 품질개량제, 과채류의 갈변과 변색방지제 등의 산화방지제(항산화제)로 사용 • 콜라겐 합성, 철분 흡수 작용 • 비타민 C는 열에 약하므로, 신선한 상태로 섭취하는 것이 좋다.	괴혈병, 잇몸출혈, 저항력 약화	과일, 채소

* 펠라그라 : 나이아신 결핍증으로 피부 홍반, 신경 장애, 위장장애 등을 일으키는 병

2 지용성 비타민

지용성 비타민은 지방이나 지방을 녹이는 유기용매에 녹는 비타민으로 비타민 A, D, E, K가 있다.

구분	특징	전구체*	결핍증
비타민 A (레티놀)	• 눈의 망막 세포를 구성하고 시력의 정상유지에 관여 • 피부의 상피세포를 유지시켜 주며, 면역 기능을 높여준다. • 급원식품 : 동물성(간, 우유, 난황 등), 식물성(당근, 귤, 시금치 등)	카로틴*	야맹증, 결막염, 안구 건조증
비타민 D (칼시페롤)	• 칼슘(Ca)과 인(P)의 흡수를 도와 뼈를 튼튼하게 유지시켜 준다. • 햇빛(자외선)을 쬐면 체내의 에르고스테롤이나 콜레스테롤로부터 비타민 D가 합성	에르고스테롤* 콜레스테롤*	구루병, 골다공증
비타민 E (토코페롤)	• 항산화제, 생식기능의 유지, 노화 방지 효과 • 알파 토코페롤(α-tocopherol)이 가장 효력이 강하다. • 급원식품 : 식물성 기름, 견과류, 곡류의 배아, 달걀, 상추 등	—	불임증, 근육위축증
비타민 K (필로퀴논)	• 혈액의 응고에 관여하여 지혈작용을 한다. • 장내 세균이 작용하여 인체 내에서 합성된다. • 급원식품 : 시금치, 콩류, 당근, 감자 등	—	혈액 응고 지연

* **전구체와 프로비타민**
  • 전구체(전구물질) : 생체 내에서 생성되는 어떤 대사산물에 대하여, 그것에 도달하기 전의 물질
  • 프로비타민 : 식품 중에서는 비타민의 형태가 아니지만 체내로 들어간 후 효소의 활동으로 비타민으로 전환되는 것을 말한다.

* **카로틴(carotin)**
  비타민 A의 전구물질로 식물성 식품(당근, 호박, 고구마, 시금치 등)에 많이 들어 있으며, 특히 β-카로틴이 비타민 A로서의 활성을 가장 많이 한다.

* **에르고스테롤(Ergosterol)**
  비타민 D_2의 전구물질로 햇빛에 노출시키면 자외선의 작용으로 비타민 D_2(에르고칼시페롤)가 된다.

* **콜레스테롤(cholesterol)**
  비타민 D_3의 전구물질로 자외선의 작용으로 비타민 D_3(콜레칼시페롤)가 된다.

지용성 비타민과 수용성 비타민의 비교

특성	지용성 비타민	수용성 비타민
종류	비타민 A, D, E, K	비타민 B군, C
용매	지방, 유기용매	물
흡수	지방과 함께 흡수	수용성 상태로 흡수
저장	간 또는 지방조직	저장하지 않음
방출	담즙을 통해 천천히 방출	소변을 통하여 방출
결핍증	결핍증이 서서히 나타남	결핍증이 빠르게 나타남
과잉증	체내에 저장되어 과잉증 또는 독성이 나타남	필요 이상으로 많이 먹으면 배설되므로 과잉증이 거의 없음
전구체	있음	없음
조리 손실	적음	열, 알칼리에서 쉽게 파괴

1 무기질(회분)의 특성

① 무기질은 인체를 구성하는 유기물이 연소한 후에도 남아있는 회분(재, ash)이다.
② 인체를 구성하는 구성영양소이다. (칼슘과 인 등)
③ 인체의 생리작용을 조절하는 조절영양소이다.
④ 무기질은 열량을 공급하지 않는다.
⑤ 인체의 약 4%를 차지한다.
⑥ 무기질은 인체 내 함량에 따라 다량원소와 미량원소로 나누어진다.

다량원소	칼슘(Ca), 인(P), 칼륨(K), 황(S), 나트륨(Na), 염소(Cl), 마그네슘(Mg)
미량원소	철(Fe), 아연(Zn), 구리(Cu), 망간(Mn), 요오드(I), 코발트(Co), 불소(F) 등

2 무기질의 기능

1) 체조직 구성 성분

단단한 조직을 구성	골격과 치아의 구성성분(칼슘, 인, 마그네슘)
연한 조직을 구성	근육, 피부, 장기, 혈액 등 유기물의 고형질 (칼륨, 나트륨, 칼슘, 마그네슘, 인, 황, 염소)

▶ 호르몬과 비타민의 구성 무기질
• 갑상선 호르몬 – 요오드(I)
• 인슐린 호르몬 – 아연(Zn)
• 비타민 B_{12} – 코발트(Co)
• 비타민 B_1 – 황(S)

2) 생체기능의 조절

① 생체 내에서 체액의 삼투압 조절한다.
② 체액의 pH를 조절하여 산-염기의 평형을 유지한다.
③ 효소의 활성을 촉진한다.
④ 생리적 작용에 대한 촉매작용을 한다.
⑤ 신경의 자극을 전달한다.
⑥ 호르몬과 비타민의 구성요소이다.

3 산성 식품과 알칼리성 식품

식품을 연소시켰을 때 최종적으로 남는 무기질에 따라 식품의 산성과 알칼리성이 결정된다.

산성 식품	황(S), 인(P), 염소(Cl)와 같은 산성 원소가 많이 포함된 식품 예 곡류, 육류, 어류, 두류(대두 제외) 등
알칼리성 식품	나트륨(Na), 칼륨(K), 칼슘(Ca), 마그네슘(Mg)과 같은 알칼리성 원소가 많이 포함된 식품 예 우유, 채소, 과일, 대두, 버섯, 해조류 등

4 무기질의 종류

1) 다량원소

무기질	특징	결핍증	급원식품
칼슘(Ca)	• 골격 및 치아 형성, 혈액 응고, 근육의 수축과 이완, 신경 전달, 세포대사에 관여 • 칼슘의 흡수 촉진 : 비타민 D, 아미노산, 유당(젖당)과 젖산, 비타민 C 등 • 칼슘의 흡수 방해 : 수산(옥살산), 철분 등	골격과 치아의 발육부진, 구루병*, 골다공증, 골연화증, 근육경련	멸치, 우유 및 유제품, 뱅어포, 해조류, 녹색채소 등
인(P)	• 골격과 치아의 구성성분, 에너지 대사, 산과 알칼리 균형 유지, 인지질의 성분 • 신체를 구성하는 무기질 중 1/4을 차지	골격 손상	우유, 유제품, 육류, 생선, 난황
나트륨(Na)	• 체액의 산·알칼리 평형유지, 삼투압 조절, 신경전달 등 • 과잉 섭취 시 고혈압이나 부종의 발생 우려	근육경련, 식욕감퇴	피클, 김치, 가공 치즈 등
칼륨(K)	• 체액 삼투압 및 수분평형유지, 산과 염기의 평형유지, 근육의 수축 및 이완작용, 나트륨과 길항작용 등	피부염, 습진, 기관지염	육류, 우유, 시금치, 양배추, 감자, 바나나 등
염소(Cl)	• 삼투압 조절, 위산 생성, 타액 아밀라아제 활성화	식욕감퇴, 소화불량, 허약, 성장부진	소금
황(S)	• 함황 아미노산, 비타민 B_1(티아민) 및 체조직의 구성성분 • 해독작용, 산과 염기의 균형 조절	손톱, 발톱, 모발의 발육부진	단백질 식품
마그네슘(Mg)	• 골격과 치아의 구성성분, 에너지 대사 • 엽록소(클로로필)의 구성성분	신경 및 근육경련, 구토, 설사	녹색채소

▶ **구루병** : 칼슘과 인의 대사를 좌우하는 비타민 D의 결핍으로 발생하는 병으로, 머리, 가슴, 팔다리 뼈의 변형과 성장 장애를 일으킨다.

2) 미량원소

무기질	특징	결핍증	급원식품
철분(Fe)	• 헤모글로빈의 구성성분으로 신체의 각 조직에 산소 운반 • 근육색소인 미오글로빈의 구성성분 • 적혈구를 형성하는 필수 무기질 • 영양소를 산화시키는 산화효소의 구성성분	빈혈, 피로, 허약 등	• 동물성 : 육류, 간, 어패류, 가금류, 난황 등 • 식물성 : 녹황색 채소, 도정하지 않은 곡류 등
요오드(I)	• 갑상선 호르몬(티록신)의 구성성분	갑상선종, 크레틴병* 등	미역, 다시마, 김 등의 해조류
아연(Zn)	• 상처회복, 면역기능 • 인슐린의 성분으로 인슐린의 합성과 작용 활성화	면역기능 저하, 상처 회복 지연	해산물(굴, 새우, 조개 등), 육류, 달걀, 우유
구리(Cu)	• 철분 흡수 및 이용을 도움	빈혈, 심장질환	간, 조개류, 해조류, 채소류
코발트(Co)	• 비타민 B_{12}의 구성성분, 적혈구 생성에 관여	빈혈, 성장 부진	쌀, 콩
불소(F)	• 충치예방, 골다공증 방지	충치 발생	해조류, 차

▶ **크레틴병** : 선천성 갑상선 기능 저하증으로 태아기부터 갑상선의 기능이 저하되어 심각한 지능저하 및 성장 지연 등을 일으키는 병

07 물(수분)

1 물(수분)의 특징과 기능

인체의 2/3는 수분으로 구성되어 생명 유지에 절대적인 기능을 한다.

① 영양소와 노폐물을 운반한다.
② 영양소의 용매로 대사과정을 촉매한다.
③ 피부와 폐로 수분을 증발시켜 체온을 조절한다.
④ 침, 땀, 소화액 등의 분비액의 주성분이다.
⑤ 외부의 충격으로부터 내장기관 및 중추신경조직을 보호하며, 관절의 마찰을 방지한다.
⑥ 세포 내의 화학적, 물리적 반응을 조절한다.

08 효소(enzyme)

1 효소의 특징

① 효소의 주된 성분은 단백질이다.
② 생체 내에서 일어나는 화학반응을 잘 일어나도록 하는 촉매의 역할을 한다.
③ 기질특이성이 있다 – 열쇠와 자물쇠처럼 반응을 일으키는 효소와 기질이 선택적이다.
④ 고분자 물질로서 열이나 중금속에 의하여 변성, 응고한다.
⑤ 효소 반응은 온도, pH, 기질 농도 등에 의하여 기능이 크게 영향을 받는다.
⑥ 대개의 효소는 30~40℃에서 활성이 가장 크다.
⑦ 최적 pH는 효소마다 다르다.

2 주요 효소의 종류

구분	효소	작용
당질	아밀라아제(amylase)	전분(녹말) → 맥아당
	수크라아제(sucrase) 인버타아제(invertase)	설탕(sucrose) → 포도당, 과당
	말타아제(maltase)	맥아당(maltose) → 2분자의 포도당
	락타아제(lactase)	유당(lactose) → 포도당, 갈락토스
	찌마아제(Zymase)*	포도당, 과당, 갈락토스 → 알코올+이산화탄소
	기타	셀룰라아제, 이눌라아제 등
지질	리파아제(lipase)	지방(lipid) → 지방산, 글리세롤
단백질	프로테아제(protease)	단백질(protein) → 아미노산, 펩타이드 혼합물
	레닌(rennin)	우유의 카제인을 응고
	기타	펩신, 트립신, 키모트립신, 펩티다제 등

▶ **효소와 온도**
• 적정 온도 범위에서 온도가 낮아질수록 반응속도는 느려진다.
• 적정 온도 범위에서 온도가 10℃ 증가하면 효소 활성은 약 2배 증가한다.
• 적정 온도 범위를 벗어나면 활성이 감소 또는 불활성화된다.

▶ 외래어 표기에 따라 다음과 같이 표기하기도 합니다.
• 아밀라아제(아밀레이스)
• 수크라아제(수크레이스)
• 인버타아제(인버테이스)
• 말타아제(말테이스)
• 락타아제(락테이스)
• 리파아제(라이페이스)
• 프로테아제(프로테이스)

＊ 찌마아제
• 포도당, 과당, 갈락토스와 같은 단당류를 알코올과 이산화탄소를 만든다.
• 제빵용 이스트에 존재하여 빵 발효에 관여한다.

▶ **천연단백질 분해효소**
• 파인애플 : 브로멜린(Bromelin)
• 파파야 : 파파인(Papain)
• 무화과 : 피신(Ficin)
• 배 : 프로테아제(Proteases)
• 키위 : 액티니딘(actinidin)

09 기초대사량과 열량의 계산

1 기초대사량

① 생명을 유지하기 위해 필요한 최소한의 에너지 대사량

② 무의식적 활동(호흡, 심장박동, 혈액운반, 소화 등)에 필요한 열량이고, 수면 시에는 10% 감소한다.

③ 성인 남녀의 기초대사량
 • 성인 남자 : 1,400~1,800kcal
 • 성인 여자 : 1,200~1,400kcal

④ 일반적인 영양소 권장량 : 탄수화물(당질) 65%, 지방 20%, 단백질 15%

2 칼로리(열량)의 계산

① 열량 영양소(1g당)

탄수화물	단백질	지방	알코올
4 kcal	4 kcal	9 kcal	7 kcal

② 칼로리(열량)의 계산식

$$(단백질\ 양 + 탄수화물\ 양) \times 4kcal + (지방의\ 양) \times 9kcal$$

▶ **한국인 영양섭취기준**(한국영양협회)
 • 탄수화물 55~65%
 • 지방 15~30%
 • 단백질 7~20%

▶ **영양소 소화율**
 • 탄수화물 98%
 • 단백질 92%
 • 지방 95%

chapter 02

탄수화물

1 ★★★ 생리기능의 조절작용을 하는 영양소는?

① 탄수화물, 지방질
② 탄수화물, 단백질
③ 지방질, 단백질
④ 무기질, 비타민

인체에서 생리작용을 조절하는 영양소를 조절영양소라 하며 무기질과 비타민이 있다.

2 ★★★★ 혈당의 저하와 가장 관계가 깊은 것은?

① 인슐린
② 리파아제
③ 프로테아제
④ 펩신

인슐린은 췌장(이자)에서 분비되는 호르몬으로 당의 이용을 촉진하여 혈당을 낮춰준다.
• 리파아제(지방 분해효소), 프로테아제, 펩신(단백질 분해효소)

3 ★★★★ 다음 중 단당류가 아닌 것은?

① 갈락토스　　　　② 포도당
③ 과당　　　　　　④ 맥아당

맥아당은 2분자의 포도당으로 이루어진 환원성 이당류이다.

4 ★★★★ 다음 중 이당류(Disaccharides)에 속하는 것은?

① 포도당(Glucose)
② 과당(Fructose)
③ 갈락토스(Galactose)
④ 설탕(Sucrose)

포도당, 과당, 갈락토스는 단당류이다.

5 ★★★ 설탕의 구성성분은?

① 포도당과 과당
② 포도당과 갈락토스
③ 포도당 2분자
④ 포도당과 맥아당

설탕(Sucrose)은 포도당과 과당이 결합한 이당류이다.

6 ★★★ 설탕을 포도당과 과당으로 분해하는 효소는?

① 인버타아제(Invertase)
② 찌마아제(Zymase)
③ 말타아제(Maltase)
④ 알파 아밀라아제(α-Amylase)

설탕을 포도당과 과당으로 분해하는 효소는 수크라아제이며, 인버타아제라고도 한다.

7 ★★★★ 맥아당은 이스트의 발효과정 중 효소에 의해 어떻게 분해되는가?

① 포도당 + 포도당　　② 포도당 + 과당
③ 포도당 + 유당　　　④ 과당 + 과당

맥아당은 이스트에 들어있는 말타아제에 의하여 포도당과 포도당으로 분해된다.

8 ★★★ 맥아당을 분해하는 효소는?

① 말타아제　　　　② 락타아제
③ 리파아제　　　　④ 프로테아제

맥아당을 분해하는 효소는 말타아제로 이스트에 많이 함유되어 있다.
• 락타아제 : 유당 분해효소
• 리파아제 : 지방 분해효소
• 프로테아제 : 단백질 분해효소

정답　1 ④　2 ①　3 ④　4 ④　5 ①　6 ①　7 ①　8 ①

9 다음 유당(Lactose)의 설명 중 틀린 것은? ★★

① 포유동물의 젖에 많이 함유되어 있다.
② 사람에 따라서 유당을 분해하는 효소가 부족하여 잘 소화시키지 못하는 경우가 있다.
③ 비환원당이다.
④ 유산균에 의하여 유산을 생성한다.

> 유당은 포도당과 갈락토스가 결합한 이당류로 포유동물의 젖에 많이 함유되어있는 환원당이다.

10 유용한 장내세균의 발육을 촉진하여 정장작용을 하는 당은? ★★★★

① 설탕　　　　　② 유당
③ 맥아당　　　　④ 셀로비오스

> 유당은 장내세균의 발육을 촉진시켜 장에 좋은 영향을 미치는 이당류이다.

11 유당불내증의 원인은? ★★★

① 대사과정 중 비타민 B군의 부족
② 변질된 유당의 섭취
③ 우유 섭취량의 절대적인 부족
④ 소화액 중 락타아제의 결여

> 유당불내증은 사람에 따라 유당을 분해하는 효소(락타아제)가 없거나 부족하여 유당을 잘 소화시키지 못하고 설사, 복부 경련, 구토, 메스꺼움 등의 증세를 나타내는 질환이다.

12 다음 중 감미도가 가장 높은 당은? ★★★★★

① 유당(Lactose)
② 포도당(Glucose)
③ 설탕(Sucrose)
④ 과당(Fructose)

> 감미도의 순서
> 과당(175) > 전화당(135) > 설탕(100) > 포도당(75) > 맥아당 (32~60) > 갈락토스(32) > 유당(16)

13 다음 중 환원당이 아닌 당은? ★★★

① 포도당
② 과당
③ 설탕
④ 맥아당

> 모든 단당류와 맥아당, 유당은 환원당이고, 설탕(자당)과 전분은 비환원당이다.

14 단당류 2 ~ 10개로 구성된 당으로, 장내 비피더스균의 증식을 활발하게 하는 당은? ★★★★

① 고과당
② 올리고당
③ 이성화당
④ 물엿

> 올리고당은 단당류 2~10개로 구성된 당으로 장내의 비피더스균의 증식을 활발하게 하고 항충치성, 청량감, 저칼로리, 변색방지 등의 효과가 있어 널리 이용된다.

15 다당류 중 포도당(글루코오스)으로만 구성되어 있는 탄수화물이 아닌 것은? ★★★★

① 셀룰로스
② 전분
③ 펙틴
④ 글리코겐

> 펙틴은 갈락투론산이 기본구조인 다당류에 유리산, 암모늄, 칼륨, 나트륨 등과 결합한 복합다당류이다. 과일류의 껍질에 많이 존재하며, 잼이나 젤리를 만드는 데 이용된다.

지방

1 ★★★
지방은 무엇이 축합되어 만들어지는가?

① 지방산과 글리세롤
② 지방산과 올레인산
③ 지방산과 리놀레인산
④ 지방산과 팔미틴산

> 지방은 3분자의 지방산과 1분자의 글리세린(글리세롤)이 에스테르 결합으로 이루어져 있다.

2 ★★★
유지의 분해 산물인 글리세린에 대한 설명으로 틀린 것은?

① 자당보다 감미가 크다.
② 향미제의 용매로 식품의 색택을 좋게 하는 독성이 없는 극소수 용매 중의 하나이다.
③ 보습성이 뛰어나 빵류, 케이크류, 소프트 쿠키류의 저장성을 연장시킨다.
④ 물-기름의 유탁액에 대한 안정기능이 있다.

> 글리세린의 감미는 자당(설탕)의 1/3 정도 작다.

3 ★★★
지방의 기능이 아닌 것은?

① 지용성 비타민의 흡수를 돕는다.
② 외부의 충격으로부터 장기를 보호한다.
③ 높은 열량을 제공한다.
④ 변의 크기를 증대시켜 장관 내 체류 시간을 단축시킨다.

> 변의 크기를 증대시켜 장관 내 체류 시간을 단축시켜 변비를 예방하는 영양소는 섬유소(셀룰로스)이다.

4 ★★★
순수한 지방 20g이 내는 열량은?

① 80kcal   ② 140kcal
③ 180kcal   ④ 200kcal

> 지방은 1g당 9kcal의 열량을 낸다.
> 20g×9kcal = 180kcal

5 ★★★★
생체 내에서 지방의 기능으로 틀린 것은?

① 생체기관을 보호한다.
② 체온을 유지한다.
③ 효소의 주요 구성성분이다.
④ 주요한 에너지원이다.

> 단백질은 각종 효소의 주성분이며, 호르몬을 생성하고 항체를 형성한다.

6 ★★★
지질의 대사산물이 아닌 것은?

① 물
② 수소
③ 이산화탄소
④ 에너지

> 지방은 에너지 대사에 의하여 9kcal의 에너지를 내고 이산화탄소와 물로 분해된다.

7 ★★★★★
세계보건기구(WHO)는 성인의 경우 하루 섭취 열량 중 트랜스 지방의 섭취를 몇 % 이하로 권고하고 있는가?

① 1%   ② 3%
③ 2%   ④ 0.5%

> 트랜스 지방을 과다 섭취하면 몸에 해로운 콜레스테롤인 저밀도지단백질(LDL)이 많아져서 심장병이나 혈관질환의 주요 원인이 되기 때문에 세계보건기구에서는 하루 1% 이하의 섭취를 권고하고 있다.

8 ★★
다음 중 불포화지방산과 포화지방산에 대한 설명으로 옳은 것은?

① 불포화지방산은 포화지방산에 비해 녹는점이 높다.
② 쇼트닝은 포화지방산에 수소를 첨가하여 가공한다.
③ 필수지방산은 모두 불포화지방산이다.
④ 포화지방산은 이중결합구조를 갖는다.

> ① 포화지방산이 불포화지방산보다 녹는점(융점)이 높다.
> ② 쇼트닝은 불포화지방산에 수소를 첨가하여 가공한다.
> ④ 포화지방산은 단일결합구조를 갖는 지방산이다.

9 지방의 불포화도를 측정하는 요오드값이 다음과 같을 때 불포화도가 가장 큰 건성유는?

① 50 미만
② 50~100 미만
③ 100~130 미만
④ 130 이상

요오드가가 높으면 불포화도가 높다.

구분	요오드가	특징
건성유	130 이상	상온에 방치하면 건조되는 유지 ⑩ 들기름, 잣기름, 호두기름 등
반건성유	100~130	중간 성질의 유지 ⑩ 옥수수기름, 대두유, 참기름 등
불건성유	100 이하	상온에 방치해도 건조되지 않는 유지 ⑩ 올리브유, 피마자유, 동백기름 등

10 다음 중 포화지방산을 가장 많이 함유하고 있는 식품은?

① 올리브유
② 버터
③ 콩기름
④ 홍화유

포화지방산은 동물성 지방인 버터 등의 유제품, 우유, 우지, 돈지 등에 많이 포함되어 있다.

11 정상적인 건강유지를 위해 반드시 필요한 지방산으로 체내에서 합성되지 않아 식사로 공급해야 하는 것은?

① 포화지방산
② 불포화지방산
③ 필수지방산
④ 고급지방산

필수지방산은 신체의 발육과 유지에 필수적이지만 체내에서 합성되지 않아 반드시 음식으로 섭취해야 하는 지방산으로 리놀레산, 리놀렌산, 아라키돈산이 있다.

12 다음 중 필수지방산이 아닌 것은?

① 리놀렌산(Linolenic Acid)
② 리놀레산(Linoleic Acid)
③ 아라키돈산(Arachidonic Acid)
④ 스테아르산(Stearic Acid)

필수지방산에는 리놀레산, 리놀렌산, 아라키돈산이 있으며 스테아르산은 탄소수 18에 이중결합이 없는 포화지방산이다.

13 리놀렌산(Linolenic Acid)의 급원식품으로 가장 적합한 것은?

① 라드
② 들기름
③ 면실유
④ 해바라기씨유

들기름은 90%가 불포화지방산으로 이루어져 있으며 그중 60%가 리놀렌산(18:3 지방산)으로 이루어져 있다.

14 지질의 대사에 관여하고 뇌신경 등에 존재하며 유화제로 작용하는 것은?

① 글리시닌(glycinin)
② 레시틴(lecithin)
③ 스쿠알렌(squalene)
④ 에르고스테롤(ergosterol)

레시틴은 지질과 인이 결합한 대표적인 인지질로 뇌신경, 대두, 달걀노른자 등에 존재하며 지질의 대사에 관여하고, 유화제의 역할을 한다.

15 글리세롤 1분자에 지방산, 인산, 콜린이 결합한 지질은?

① 레시틴
② 에르고스테롤
③ 콜레스테롤
④ 세파

레시틴은 글리세롤 1분자에 지방산, 인산, 콜린 등이 결합한 인지질로 뇌신경, 대두, 난황 등에 존재한다.

16 신경조직의 주요 물질인 당지질은?

① 세레브로시드(Cerebroside)

② 스핑고미엘린(Sphingomyelin)

③ 레시틴(Lecithin)

④ 이노시톨(Inositol)

세레브로시드(Cerebroside)는 뇌와 신경조직에 다량 함유된 당지질로 세포막의 구성성분이다.

17 콜레스테롤에 관한 설명 중 잘못된 것은?

① 담즙의 성분이다.

② 비타민 D_3의 전구체가 된다.

③ 탄수화물 중 다당류에 속한다.

④ 다량 섭취 시 동맥경화의 원인물질이 된다.

콜레스테롤은 유도지질로 담즙이나 성호르몬의 생합성에 필요하고, 자외선을 받아 비타민 D_3를 생성하며, 다량 섭취 시 동맥경화를 일으킨다.

단백질

1 단백질을 구성하는 기본 단위는?

① 아미노산   ② 지방산

③ 글리세린   ④ 포도당

단백질을 구성하는 기본 단위는 염기를 나타내는 아미노 그룹($-NH_2$)과 산을 나타내는 카르복실 그룹($-COOH$)을 함께 가지고 있는 아미노산이다.

2 질병에 대한 저항력을 지닌 항체를 만드는 데 꼭 필요한 영양소는?

① 탄수화물   ② 지방

③ 칼슘   ④ 단백질

단백질은 질병에 대한 저항력을 지닌 항체를 생성하고, 체내 생리 기능을 조절하는 호르몬을 생성한다.

3 다음 중 질 좋은 단백질을 많이 함유하고 있는 식품은?

① 쌀

② 고기류

③ 버섯류

④ 감자류

단백질의 급원 식품은 육류, 달걀, 우유 등이다.

4 다음 중 아미노산을 구성하는 주된 원소가 아닌 것은?

① 탄소(C)

② 수소(H)

③ 질소(N)

④ 규소(Si)

아미노산은 단백질을 구성하는 기본 단위로 탄소, 수소, 산소, 질소, 인, 황 등으로 구성되어 있다.

5 아미노산의 성질에 대한 설명 중 옳은 것은?

① 모든 아미노산은 선광성을 갖는다.

② 아미노산은 융점이 낮아서 액상이 많다.

③ 아미노산은 종류에 따라 등전점이 다르다.

④ 천연단백질을 구성하는 아미노산은 주로 D형이다.

아미노산은 물에 녹아 양전하와 음전하를 가지고 용매의 pH에 따라 이동하고, 적당한 pH 값에서 이동도가 영(0)이 되는데 이 점을 등전점이라 한다. 아미노산의 등전점은 pH4~6으로 아미노산의 종류에 따라 다르다.

6 아미노산과 아미노산과의 결합은?

① 글리코사이드 결합

② 펩타이드 결합

③ α-1,4 결합

④ 에스테르 결합

단백질은 약 20여 종의 아미노산이 펩티드(펩타이드) 결합으로 이루어진 유기화합물이다.

정답   16 ①   17 ③ | 1 ①   2 ④   3 ②   4 ④   5 ③   6 ②

7 필수아미노산이 아닌 것은? ★★★★

① 라이신(Lysine)
② 메티오닌(Methionine)
③ 페닐알라닌(Phenylalanine)
④ 아라키돈산(Arachidonic Acid)

아라키돈산은 동물성 오일에서 나오는 필수지방산이다.

8 아래의 쌀과 콩에 대한 설명 중 ( )에 알맞은 것은? ★★

쌀에는 라이신(Lysine)이 부족하고 콩에는 메티오닌
(Methionine)이 부족하다. 이것을 쌀과 콩단백질의
(   )이라 한다.

① 제한 아미노산
② 필수아미노산
③ 불필수아미노산
④ 아미노산 불균형

제한 아미노산이란 식품에 함유된 필수아미노산 중에서 표준 필
요량보다 적은 양의 필수아미노산을 말한다.

9 옥수수 단백질(zein)에서 부족하기 쉬운 아미노산은? ★★★★

① 라이신   ② 트립토판
③ 트레오닌   ④ 메치오닌

옥수수 단백질 제인(Zein)에는 필수아미노산인 트립토판과 라
이신이 부족하며, 그중 트립토판이 더 부족하다.

10 다음 중 단순단백질이 아닌 것은? ★★★★

① 알부민
② 글리코프로테인
③ 글로불린
④ 히스톤

글리코프로테인(Glycoprotein)은 당단백질로 복합단백질이
다.

11 카제인(Casein)은 다음 중 어디에 속하는가? ★★★

① 단순단백질
② 당단백질
③ 인단백질
④ 색소 단백질

카제인은 우유에 들어있는 단백질이며, 단백질과 유기 인이 결
합한 인단백질이다.

12 산화제를 사용하면 -SH기가 S-S 결합으로 바뀌게 되는데 다음 중 이 반응과 관계가 깊은 것은? ★★★

① 밀가루의 단백질
② 밀가루의 전분
③ 고구마의 수분
④ 감자의 지방

밀가루의 단백질에는 황을 함유한 아미노산이 있으며, -SH에
산화제를 첨가하면 S-S 결합으로 바뀌어 교질성과 탄력성이
증가한다.

13 유황을 함유한 아미노산으로 -S-S-결합을 가진 것은? ★★★★

① 라이신(Lysine)
② 류신(Leucine)
③ 시스틴 (Cystine)
④ 글루탐산(Glutamic Acid)

시스틴은 유황을 함유한 함황 아미노산으로 S-S- 결합을 가
지고 있다.

정답 7 ④ 8 ① 9 ② 10 ② 11 ③ 12 ① 13 ③

비타민

★★★

1 괴혈병을 예방하기 위해 어떤 영양소가 많은 식품을 섭취해야 하는가?

① 비타민 A
② 비타민 C
③ 비타민 D
④ 비타민 B₁

> **비타민 결핍증**
> • 비타민 A : 야맹증, 안구건조증, 피부 상피조직의 각질화
> • 비타민 C : 괴혈병, 상처회복지연, 면역체계손상
> • 비타민 D : 구루병, 골다공증
> • 비타민 B₁ : 각기병, 식욕감퇴, 피로

★★

2 당질의 대사과정에 필요한 비타민으로서 쌀을 주식으로 하는 우리나라 사람에게 더욱 중요한 것은?

① 비타민 A
② 비타민 B₁
③ 비타민 B₁₂
④ 비타민 D

> 비타민 B₁(티아민)은 탄수화물 대사과정에서 중요한 보조효소로 작용하기 때문에 쌀을 주식으로 하는 우리나라 사람에게 중요한 영양소이다.

★★★

3 비타민 B₁의 특징으로 옳은 것은?

① 단백질의 연소에 필요하다.
② 탄수화물 대사에서 보조효소로 작용한다.
③ 결핍증은 펠라그라(Pellagra)이다.
④ 인체의 성장인자이며 항 빈혈작용을 한다.

> 비타민 B₁은 탄수화물 대사에서 보조효소로 작용하며 결핍증은 각기병이다.
> ① 단백질의 대사에 관여하는 비타민은 B₆(피리독신)이다.
> ③ 펠라그라는 비타민 B₃(나이아신)의 결핍증이다.
> ④ 비타민 B₁₂(시아노코발라민)에 대한 설명이다.

★★★

4 성장촉진 작용을 하며 피부나 점막을 보호하고 부족하면 구각염이나 설염을 유발시키는 비타민은?

① 비타민 A
② 비타민 B₁
③ 비타민 B₂
④ 비타민 B₁₂

> • 비타민 A : 야맹증, 안구 건조증, 피부조직 각질화
> • 비타민 B₁ : 각기병, 식욕부진, 피로
> • 비타민 B₁₂ : 악성빈혈

★★★

5 유지의 도움으로 흡수, 운반되는 비타민으로만 구성된 것은?

① 비타민 A, B, C, D
② 비타민 B, C, E, K
③ 비타민 A, B, C, K
④ 비타민 A, D, E, K

> 유지의 도움으로 흡수·운반되는 비타민은 지용성 비타민을 말하며, 지용성 비타민은 비타민 A, E, D, K가 있다. (에이디크)

★★★

6 칼슘은 구성 영양소로 뼈, 치아 같은 단단한 신체조직을 구성하고, 조절 영양소로 체액을 중성으로 유지하여 심장의 고동을 규칙적으로 유지한다. 이런 중요한 기능을 하는 무기질인 칼슘의 흡수에 관계하는 비타민은 무엇인가?

① 비타민 A
② 비타민 B₁
③ 비타민 D
④ 비타민 E

> 비타민 D는 칼슘(Ca)과 인(P)의 흡수를 도와 뼈를 튼튼하게 유지시켜 준다.

정답 1 ② 2 ② 3 ② 4 ③ 5 ④ 6 ③

7 "태양광선 비타민"이라고도 불리며 자외선에 의해 체내에서 합성되는 비타민은?

① 비타민 A
② 비타민 B
③ 비타민 C
④ 비타민 D

> 비타민 D(칼시페롤)는 자외선에 의해 인체 내에서 합성되기 때문에 '태양광선 비타민'이라고 불린다.

8 다음 중 비타민 K와 관계가 있는 것은?

① 근육 긴장
② 혈액 응고
③ 자극 전달
④ 노화 방지

> 비타민 K(필로퀴논)는 혈액 응고에 관여하여 지혈작용을 한다.

9 비타민의 결핍 증상이 잘못 짝지어진 것은?

① 비타민 B_1 – 각기병
② 비타민 C – 괴혈병
③ 비타민 B_2 – 야맹증
④ 나이아신 – 펠라그라

> • 비타민 B_2(리보플라빈) : 구순구각염, 설염 등
> • 비타민 A(레티놀) : 야맹증

10 나이아신(Niacin)의 결핍증은?

① 야맹증
② 신장병
③ 펠라그라
④ 괴혈병

> 비타민 B_3(나이아신)가 결핍되면 피부병, 식욕부진, 설사, 우울 등의 증세를 나타내는 펠라그라증을 유발한다.
> 야맹증은 비타민 A, 괴혈병은 비타민 C의 결핍증이고, 신장병은 비타민 D의 과잉증이다.

무기질

1 무기질의 기능이 아닌 것은?

① 우리 몸의 경조직 구성성분이다.
② 열량을 내는 열량 급원이다.
③ 효소의 기능을 촉진시킨다.
④ 세포의 삼투압 평형 유지 작용을 한다.

> 무기질은 인체를 구성하고 생리작용을 조절하는 역할을 하며, 에너지를 생산하는 열량 영양소는 아니다.

2 식품을 태웠을 때 재로 남는 성분은?

① 유기질
② 무기질
③ 단백질
④ 비타민

> 무기질은 식품을 태웠을 때 남는 회분(재)을 말하며, 이때 남는 물질에 따라 산성(황, 인, 염소 등)과 알칼리성(나트륨, 칼륨, 칼슘, 마그네슘 등)을 구분한다.

3 무기질에 대한 설명으로 틀린 것은?

① 황(S)은 당질 대사에 중요하며, 혈액을 알칼리성으로 유지시킨다.
② 칼슘(Ca)은 주로 골격과 치아를 구성하고 혈액 응고 작용을 돕는다.
③ 나트륨(Na)은 주로 세포외액에 들어있고 삼투압 유지에 관여한다.
④ 요오드(I)는 갑상선 호르몬의 주성분으로 결핍되면 갑상선종을 일으킨다.

> 황(S)은 피부, 손톱, 모발 등에 많이 들어있는 함황 아미노산에 많이 들어있는 무기질로 당질 대사와 혈액의 알칼리성 유지와는 관련이 없다.

4 시금치에 들어있으며 칼슘의 흡수를 방해하는 유기 ★★★
산은?

① 초산
② 호박산
③ 수산
④ 구연산

시금치, 근대, 무청에 함유되어 있는 옥살산(수산)은 칼슘을 불용성 염으로 만들어 칼슘의 흡수를 방해한다.

5 성장기 어린이, 빈혈 환자, 임산부 등 생리적 요구가 ★★
높을 때 흡수율이 높아지는 영양소는?

① 철분
② 나트륨
③ 칼륨
④ 아연

철분은 혈색소인 헤모글로빈의 구성 요소로 적혈구의 형성, 산소의 운반, 세포의 호흡 등의 생리 과정에 꼭 필요한 원소로 성장기, 빈혈, 임신기와 수유기 등 생리적 요구가 높을 때 흡수율이 높아진다.

6 뼈를 구성하는 무기질 중 그 비율이 가장 중요한 것 ★★
은?

① P : Cu
② Fe : Mg
③ Ca : P
④ K : Mg

칼슘-인 비(Ca/P ratio)
칼슘과 인의 섭취량의 비를 말하며, 칼슘과 인은 인체의 골격을 구성하고 유지하는 중요한 무기질로 서로 대사가 밀접하게 관계하고 있어 섭취의 비율이 중요하다. 보통 적정 섭취량은 Ca/P = 1이 바람직하다.

7 체내에서 물의 역할을 설명한 것으로 틀린 것은? ★★

① 물은 영양소와 대사산물을 운반한다.
② 땀이나 소변으로 배설되며 체온 조절을 한다.
③ 영양소 흡수로 세포막에 농도 차가 생기면 물이 바로 이동한다.
④ 변으로 배설될 때는 물의 영향을 받지 않는다.

물은 신체의 기관에서 많은 부분을 차지하며 여러 가지 역할을 한다.

효소

1 효소를 구성하는 주요 구성 물질은? ★★★★★

① 탄수화물
② 지질
③ 단백질
④ 비타민

효소를 구성하는 주요 구성 물질은 단백질이다.

2 다음 중 효소의 특성이 아닌 것은? ★★★★

① 효소는 그 작용에 알맞은 최적 온도와 최적 pH를 갖는다.
② 생체 촉매로서 주요 구성성분은 당질이다.
③ 한 효소가 모든 기질과 모든 반응을 촉매할 수 없다.
④ 고분자 물질로서 열이나 중금속에 의하여 변성, 응고한다.

효소는 생체내의 화학반응을 촉진하는 생체 촉매로, 그 주성분은 단백질이다.

3 효소를 구성하는 주성분에 대한 설명으로 틀린 것 ★★★
은?

① 탄소, 수소, 산소, 질소 등의 원소로 구성되어 있다.
② 아미노산이 펩티드 결합을 하는 구조이다.
③ 열에 안정하여 가열하여도 변성되지 않는다.
④ 섭취 시 4kcal의 열량을 낸다.

효소를 구성하는 주성분은 단백질이며, 단백질은 열에 의하여 변성되는 성질을 가지고 있다.

4 맥아당을 2분자의 포도당으로 분해하는 효소는? ★★

① 알파 아밀라아제
② 베타 아밀라아제
③ 디아스타아제
④ 말타아제

맥아당을 포도당과 포도당의 2분자로 분해하는 효소는 말타아제이다.

정답 ▶ 4 ③ 5 ① 6 ③ 7 ④ | 1 ③ 2 ② 3 ③ 4 ④

5 ★★ 다음 중 효소와 온도에 대한 설명으로 틀린 것은?

① 효소는 일종의 단백질이기 때문에 열에 의해 변성된다.
② 최적 온도 수준이 지나도 반응속도는 증가한다.
③ 적정온도 범위에서 온도가 낮아질수록 반응속도는 낮아진다.
④ 적정온도 범위 내에서 온도 10℃ 상승에 따라 효소 활성은 약 2배로 증가한다.

대개의 효소는 30~40℃에서 활성이 가장 크며, 온도가 일정 범위를 넘으면 효소의 단백질이 변성을 일으켜 활성이 떨어진다.

6 ★★★★ 과당이나 포도당을 분해하여 CO_2 가스와 알코올을 만드는 효소는?

① 말타아제(Maltase)　② 인버타아제(Invertase)
③ 프로테아제(Protease)　④ 찌마아제(Zymase)

찌마아제는 과당, 포도당, 갈락토스 같은 단당류를 분해하여 알코올과 탄산가스를 만든다.

7 ★★★ 지방을 분해하는 효소는?

① 인버타아제(Invertase)
② 리파아제(Lipase)
③ 펩티다아제(Peptidase)
④ 아밀라아제(Amylase)

① 인버타아제 : 설탕의 분해효소
② 리파아제 : 지방의 분해효소
③ 펩티디아제 : 단백질의 펩티드 분해효소
④ 아밀라아제 : 전분의 분해효소

8 ★★★ 다음 중 단백질 분해효소가 아닌 것은?

① 리파아제(Lipase)　② 브로멜린(Bromelin)
③ 파파인(Papain)　④ 피신(Ficin)

리파아제는 지방 분해효소이다.
• 브로멜린 – 파인애플
• 파파인 – 파파야
• 피신 – 무화과

9 ★★★★★ 단백질을 분해하는 효소는?

① 아밀라아제(Amylase)
② 리파아제(Lipase)
③ 프로테아제(Protease)
④ 찌마아제(Zymase)

프로테아제는 단백질과 펩티드 결합을 가수분해하는 효소로 펩신, 트립신, 펩티다제 등이 있다.

10 ★★★★ 식품체에 함유된 단백질분해효소는?

① 레닌(rennin)
② 브로멜린(bromelin)
③ 펩신(pepsin)
④ 트립신(trypsin)

식품에 함유된 단백질 분해효소는 배-프로테아제, 파인애플-브로멜린, 파파야-파파인, 무화과-피신, 키위-액티니딘 등이 있다.

11 ★★★★ 케이크 위에 파인애플, 키위 등을 사용한 후 젤라틴 액을 씌울 때는 쉽게 굳지 않는데 그 이유는?

① 특별한 향기 때문에
② 과일 내의 효소 때문에
③ 색이 진해서
④ 설탕이 부족하므로

파인애플의 브로멜린, 키위의 액티니딘 등은 단백질의 분해효소로 단백질인 젤라틴의 응고를 방해한다.

12 ★★★ 밀가루의 단백질에 작용하는 효소는?

① 말타아제
② 아밀라아제
③ 리파아제
④ 프로테아제

단백질을 가수분해하는 효소는 프로테아제이다.
• 말타아제 – 맥아당
• 아밀라아제 – 전분
• 리파아제 – 지방

정답　5 ② 　6 ④ 　7 ② 　8 ① 　9 ③ 　10 ② 　11 ② 　12 ④

기초대사량과 열량의 계산

★★★★
1 20대 한 남성의 하루 열량 섭취량을 2,500kcal로 했을 때 가장 이상적인 1일 지방 섭취량은?

① 약 10~40g
② 약 40~80g
③ 약 70~100g
④ 약 100~130g

> 한국인의 권장 영양섭취량은 탄수화물은 55~65%, 단백질은 7~20%, 지방은 15~30%이며, 지방은 1g당 9kcal의 열량을 발생한다.
> • 2,500×15% = 375kcal, 375kcal/9kcal = 41.6g
> • 2,500×30% = 750kcal, 750kcal/9kcal = 83.3g
> ∴ 약 40~80g이다.

★★★★
2 1일 2,000kcal를 섭취하는 성인의 경우 탄수화물의 적절한 섭취량은?

① 1,100~1,400g
② 850~1,050g
③ 500~125g
④ 275~325g

> 탄수화물의 적절한 섭취량은 1일 총섭취량의 55~65%정도이며 탄수화물이 발생시키는 열량은 1g당 4kcal이다.
> • 2,000kcal×55% = 1,100kcal, $\dfrac{1,100kcal}{4kcal/g}$ = 275g
> • 2,000kcal×65% = 1,300kcal, $\dfrac{1,300kcal}{4kcal/g}$ = 325g

★★★
3 열량 영양소의 단위 g당 칼로리의 설명으로 옳은 것은?

① 단백질은 지방보다 칼로리가 많다.
② 탄수화물은 지방보다 칼로리가 적다.
③ 탄수화물은 단백질보다 칼로리가 적다.
④ 탄수화물은 단백질보다 칼로리가 많다.

> 탄수화물은 1g당 4kcal, 단백질은 1g당 4kcal, 지방은 1g당 9kcal의 열량을 낸다.

★★★★
4 식품의 열량(kcal) 계산공식으로 맞는 것은?
(단, 각 영양소 양의 기준은 g 단위로 한다.)

① (탄수화물의 양+단백질의 양)×4+(지방의 양×9)
② (탄수화물의 양+지방의 양)×4+(단백질의 양×9)
③ (지방의 양+단백질의 양)×4+(탄수화물의 양×9)
④ (탄수화물의 양+지방의 양)×9+(단백질의`양×4)

> 탄수화물과 단백질은 1g당 4kcal, 지방은 1g당 9kcal의 열량을 발생한다.

★★★★
5 건조된 아몬드 100g에 탄수화물 16g, 단백질 18g, 지방 54g, 무기질 3g, 수분 6g, 기타성분 등을 함유하고 있다면 이 건조된 아몬드 100g의 열량은?

① 약 200kcal
② 약 364kcal
③ 약 622kcal
④ 약 751kcal

> 아몬드의 열량
> = ((탄수화물+단백질)×4kcal) + (지방×9kcal)
> = ((16+18)×4) + (54×9) = 622kcal

★★★★
6 밀가루가 75%의 탄수화물, 10%의 단백질, 1%의 지방을 함유하고 있다면 100g의 밀가루를 섭취하였을 때 얻을 수 있는 열량은?

① 386kcal
② 349kcal
③ 317kcal
④ 307kcal

> 탄수화물과 단백질은 4kcal/g, 지방은 9kcal/g의 열량을 낸다.
> • 탄수화물 : 100×75% = 75g
> • 단백질 : 100×10% = 10g
> • 지방 : 100×1% = 1g
> ∴ (75+10)×4+(1×9) = 349kcal

정 답 ▶ 1② 2④ 3② 4① 5③ 6②

SECTION 02 재료과학

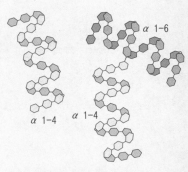

[출제문항수 : 13~14문제] 제과나 제빵 부분을 제외하면 가장 많이 출제되는 부분입니다. 많이 출제되는 만큼 학습해야 할 양도 많고, 또 과목 전체에서 골고루 출제되는 편이라 꼼꼼하게 학습해야 합니다. 교재 위주로 충분히 학습하시면 어렵지 않게 점수를 확보할 수 있습니다.

01 전분

1 전분의 특성

① 전분은 식물 조직에 함유된 대표적인 저장 다당류로, 아밀로오스와 아밀로펙틴으로 이루어져 있다.
② 달지는 않지만 온화한 맛을 준다.
③ 찬물에 쉽게 녹지 않으며, 더운물에서는 부풀어 호화된다.
④ 가열하면 팽윤 되어 점성을 갖는다.
⑤ 식혜, 엿 등은 전분의 효소작용을 이용한 식품이다.

【아밀로오스와 아밀로펙틴 구조】

▶ 찹쌀과 멥쌀의 전분 구성
  • 멥쌀, 일반 곡물 : 아밀로오스 약 20%, 아밀로펙틴 약 80%
  • 찹쌀, 찰옥수수 : 아밀로펙틴 100%

2 전분의 구성

구분	아밀로오스(Amylose)	아밀로펙틴(Amylopectin)
구성성분	포도당	
결합구조	• 직쇄상 구조 • α-1, 4 결합	• 직쇄상의 기본구조에 포도당이 가지를 친 측쇄(곁사슬)를 가진 구조 • α-1, 4 결합과 α-1, 6 결합
요오드 반응	청색	보라색
호화/노화	빠르다	느리다

3 전분의 호화 (糊化, Gelatinization, α-화)

① 전분에 물을 넣고 가열하면 전분층을 형성하고 있는 미셀(micelle) 구조에 물이 침투하여 팽윤되고, 70~75℃ 정도에서 미셀 구조가 파괴되어 전분입자의 형태는 없어지고 점성이 높은 반투명의 콜로이드* 상태로 되는 현상이다.
예 생쌀에 물을 넣고 가열하여 밥이 되는 현상
② 물과 가열에 의하여 β-전분(생 전분)이 α-전분(익은 전분)으로 변화하는 현상이다.

$$\beta \text{ 전분}(\text{생 전분}) + \text{물} \xrightarrow{\text{가열}} \alpha\text{전분}(\text{익은 전분})$$

③ 호화된 전분은 소화 효소의 작용을 받기 쉬워 소화가 잘 된다.

▶ 용어해설

糊 化 풀 또는 죽처럼 되다
풀칠할, 죽 호 될 화

미셀 구조

▶ 콜로이드
보통 현미경으로 관찰할 수 없는 크기의 입자가 어느 정도 균일하게 분산되어 있는 상태
예 우유, 된장국, 수프 등

chapter 03

④ 전분의 호화에 영향을 주는 요인

호화속도	조건
빠르다 (호화 촉진)	• 온도가 높을수록 • 전분의 입자가 클수록 (전분의 입자가 큰 감자류가 곡류보다 빨리 호화) • 아밀로오스 함량이 많을수록 • 수분함량 많을수록 • 알칼리, 소금(적정량일 경우)
느리다 (호화 지연)	• 빠른 호화조건의 반대인 경우 • 아밀로펙틴 함량이 많을수록 • 설탕, 산, 과량의 소금

4 전분의 노화 (Retrogradation, β-화)

① 호화된 전분이 실온에서 오랫동안 방치되면 원래의 결정 상태로 되돌아가 부분적으로 결정화되는 현상

　예 밥, 떡 등이 실온이나 냉장 온도에서 딱딱하게 굳어진다.

② 익은 전분(α-전분)이 날 전분(β-전분)으로 변화되는 현상

③ 노화된 전분은 맛과 질감이 저하된다.

④ 전분의 노화에 영향을 주는 요인

　• 아밀로오스 함량이 많을수록 노화되기 쉽고, 아밀로펙틴 함량이 많을수록
　　(예 찹쌀) 노화되기 어렵다.

　• 수분 함량 30~60%, 온도 0~5℃에서 가장 잘 일어난다.

　• pH가 산성일 때 노화가 촉진된다. (산은 노화를 촉진시킨다.)

⑤ 전분의 노화 억제 방법

　• 수분 함량 감소 : 수분 함량을 10~15% 이하로 감소시킨다.(굽기, 튀기기)
　　예 라면, 건빵 등

　• 탈수제의 역할을 하는 설탕 첨가　예 양갱, 케이크 등

　• 온도 조절 : 0℃ 미만(급속냉동) 또는 60℃ 이상(보온)에서 저장
　　예 냉동 떡, 보온밥통에 보관된 밥 등

　• 유화제를 사용하면 노화가 억제된다.

호화와 노화의 과정

생 전분 ─물+가열→ 익은 전분 ─실온, 냉장→ 생 전분
(β전분)　호화　(α전분)　노화　(β전분)
쌀　　　　　　　밥　　　　　딱딱해진 밥

5 전분의 호정화

① 전분에 물을 가하지 않고 160~170℃ 이상의 고온으로 가열하면 가용성 전분이 된 다음 호정(덱스트린*)으로 변화되는데, 이 과정을 호정화(dextrinization)라고 한다.

② 물리적 변화만을 일으키는 호화와 다르게, 가수분해와 같은 화학적 변화가 일어난다.

③ 전분보다 분자량이 적은 덱스트린으로 분해되기 때문에 용해성이 증가하고 점성은 낮아지며, 소화효소의 작용을 받기 쉬워진다.

④ 색과 풍미가 바뀌어 비효소적 갈변이 일어난다.

⑤ 호정화는 곡류를 볶을 때, 토스트를 만들 때, 쌀이나 옥수수 등을 튀긴 팽화 식품에서 볼 수 있다.

  ⑩ 미숫가루, 누룽지, 토스트, 뻥튀기, 팝콘 등

* 덱스트린(Dextrin)
  포도당과 맥아당을 제외한 전분의 가수분해물을 총칭하여 '덱스트린' 또는 '호정'이라 한다.

6 전분의 당화

① 전분에 산 또는 효소를 작용시켜 포도당, 맥아당 및 각종 덱스트린으로 가수분해하는 과정을 당화라 한다.

② 당화를 통하여 생성된 분해물들은 물에 녹고 단맛을 가지고 있어 전분당이라 하며 물엿, 결정 포도당, 이성화당 등이 있다.

③ 주로 효소에 의한 가수분해법이 많이 사용된다.

④ 식혜, 물엿, 조청 등의 제조에 당화가 사용된다.

⑤ 가수분해에 이용되는 효소에는 α-amylase(액화 효소)와 β-amylase(당화 효소)가 있다.

α-amylase (액화 효소)	• 전분을 무작위적으로 가수분해하여 덱스트린, 맥아당, 포도당을 생성하는 효소이다. • 전분의 α-1, 4 결합을 가수분해한다. (α-1, 6 결합은 가수분해하지 못한다.) • 발아 중인 곡류의 종자에 많이 들어있다. • 최적 온도 : 48~51℃
β-amylase (당화 효소)	• 전분 분자를 맥아당(말토스) 단위로 가수분해하여 덱스트린, 맥아당 등을 생성하는 효소 • 엿기름, 감자류, 콩류 등에 들어있다. • 최적 온도 : 50~60℃

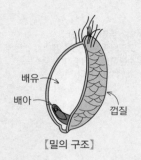

배유
배아
껍질

[밀의 구조]

▶ 춘맥과 동맥

구분	특징	단백질 함량
춘맥 (春麥)	봄에 파종하여 가을에 수확하는 소맥	춘맥 > 동맥
동맥 (冬麥)	가을에 파종하여 봄에 수확하는 소맥	

▶ 밀의 제분공정
① 정선(精選)
밀에서 불순물을 기계적으로 분리하는 작업
② 조질(가수공정)
• 제분공정에서 외피(겨)와 배유를 깨끗하게 분리시키기 위하여 수분을 고루 분포시키는 가수 작업
• 외피와 배유의 분리촉진, 배유의 분쇄촉진, 적절한 손상전분을 생성하여 밀가루의 품질을 향상시키는 과정
③ 파쇄 → 체질 → 분쇄 → 숙성과 표백

02 밀가루

1 밀의 구조

배아 (약 2~3%)	• 씨앗의 싹이 트는 부분 • 지방이 10% 정도 들어있어 밀가루의 저장성을 나쁘게 하므로 제분 시 제거
배유 (약 83%)	• 밀가루가 되는 부분 • 단백질, 탄수화물, 철분, 비타민 B군, 섬유소(셀룰로스) 등을 많이 함유
껍질 (약 14%)	• 일반적으로 제분 과정에서 제거

2 밀가루의 분류

1) 소맥(밀)의 기분 분류

구분	성질	단백질 함량
경질	깨뜨릴 때 강한 힘이 필요한 딱딱한 소맥으로, 절단면이 반투명의 초자질이다.	경질 > 연질
연질	입자가 가루와 같아서 부서지기 쉬운 소맥으로, 절단면이 불투명한 분질이다.	

2) 단백질 함량에 따른 분류

밀가루는 밀가루의 탄력성과 점성을 좌우하는 글루텐의 생성 정도에 따라 강력분(글루텐 형성이 가장 큼), 중력분, 박력분으로 분류한다.

종류	단백질 함량	성질	용도
강력분 (경질춘맥)	11~13%	탄력성, 점성, 수분 흡착력이 강하다.	식빵, 마카로니, 스파게티 등
중력분	9~11%	중간 정도의 특성을 가진 다목 적용	칼국수면, 만두피 등
박력분 (연질동맥)	7~9%	탄력성, 점성, 수분 흡착력이 약하다.	튀김옷, 케이크, 과자류 등

3 밀가루의 성분

1) 단백질

① 글루텐(Gluten)

- 밀가루 반죽 단백질의 주성분
- 밀가루 단백질인 글리아딘(Gliadin)과 글루테닌(Glutenin)에 물을 넣고 반죽하면 점탄성을 가진 글루텐이 형성된다.
- 글루텐은 빵의 발효과정에서 탄산가스의 보호막 역할을 한다.
- 글루텐의 함유량에 따라 밀가루 제품의 품질은 크게 영향을 받는다.

② 글루텐 형성 단백질

글리아딘	• 약 36% 차지하여 글루텐 형성 단백질 중 함량이 가장 많다. • 물에 녹지 않고 70% 알코올에 녹는다. • 반죽의 신장성과 점성을 높여준다.
글루테닌	• 약 20% 차지 • 중성용매에 불용성 • 반죽을 질기고 탄력성 있게 해준다.
기타	메소닌, 알부민, 글로불린 등

③ 건조 글루텐과 젖은 글루텐

건조 글루텐	자기 중량의 3배 정도에 해당하는 물을 흡수한다.
젖은 글루텐	• 밀가루에 물을 50~60% 정도 넣고 반죽한 후 전분을 씻어 낸 글루텐 덩어리 • 젖은 글루텐 = 건조 글루텐×3

2) 손상 전분

① 발아 또는 기계적 손상을 받은 전분립을 말한다.

② α-아밀라아제가 작용하기 쉬워 발효하는 동안 적절한 가스 생산을 지원해 주는 발효성 탄수화물과 덱스트린을 생성한다.

③ 건전한 전분이 손상된 전분으로 대체되면 흡수율이 약 2배로 향상된다.

④ 제빵용 밀가루는 적정량의 손상 전분이 필요하며, 적정 권장량은 4.5~8% 정도이다.

3) 회분

① 회분을 구성하는 성분은 무기질로 주로 껍질(밀기울) 부분에 많이 존재한다.

② 회분 함량은 밀가루의 등급을 나누는 기준이 된다.

→ 회분 함량이 적을수록 고급 밀가루이다.

4) 수분

밀가루 수분 1% 감소 시	흡수율 1.3~1.6% 증가
밀가루 단백질 1% 증가 시	흡수율 1~2% 증가

4 밀가루의 표백과 숙성

1) 표백

① 밀가루에는 카로티노이드계 색소인 카로틴과 크산토필, 플라보노이드(플라본) 색소 등이 들어있다.

② 제분 직후의 미성숙 밀가루가 어둡고 노란색을 띠는 것은 주로 지용성 색소인 크산토필(Xanthophyll)이 원인이다.

③ 플라본 색소는 알칼리와 결합하면 황색으로 변한다.
    → 빵에 식용소다(NaHCO₃)를 넣으면 누런색으로 변함

④ 크산토필, 카로틴 색소는 공기 중의 산소에 의하여 산화되어 무색의 화합물이 된다.

⑤ 표백제는 밀가루의 표백과 숙성의 기간을 단축한다.

⑥ 산소, 염소가스, 과산화벤조일, 이산화염소 등이 있다.

2) 숙성

① 숙성은 −SH 결합을 산화시켜 −S−S− 결합으로 바꾸어준다.

② 반죽의 장력 증가, 부피 증대, 기공과 조직 및 속 색을 개선함으로 반죽의 기계적 적성 및 제빵 적성을 좋게 한다.

숙성 전	• 밀가루의 pH는 6.1~6.2 정도이다. • 효소작용이 활발하여 반죽 글루텐을 파괴한다. • 밀가루의 색소(크산토필) 때문에 어두운 노란색을 띤다. • 제분 직후의 미숙성 밀가루는 제빵적성이 좋지 않다.
숙성 후	• 밀가루의 pH가 낮아져 발효가 촉진된다. • 환원성 물질이 산화되어 글루텐의 파괴가 줄어든다. • 황색의 색소(크산토필)는 산화되어 무색이 되므로, 밀가루는 흰색을 띤다. • 글루텐의 질이 개선되고 흡수성을 좋게 한다.

5 반죽 개량제

반죽 개량제는 빵의 품질과 기계성을 증가시킬 목적으로 첨가하는 것으로 산화제, 환원제, 반죽 강화제, 노화 지연제, 효소 등이 있다.

산화제*	• 글루텐을 강하게 만들어주어 반죽의 구조를 강화시키고, 제품의 부피를 증가시킴 • 반죽 강도 증가, 가스 포집력 증가, 기계성 개선 등
환원제*	• 반죽의 구조를 연화시켜 반죽 시간을 단축시킴
효소	• 아밀라아제(전분 분해), 프로테아제(단백질 분해) 등 • 반죽을 숙성시키고 글루텐 조직을 연화시킴
기타	• 소금, 산화제, 탈지분유 등은 글루텐에 탄성을 부여하여 반죽을 강화시킴

* 산화제, 환원제
    산화 환원 반응에서 자신은 환원되면서 다른 물질을 산화(산소를 얻음)시키는 물질을 산화제라고 하며, 반대로 자신은 산화되면서 다른 물질을 환원(산소를 잃음)시키는 물질을 환원제라고 한다.

▶ 산(레몬즙 등)은 반죽의 탄성을 약하게 만든다. → 반죽에 탄성을 부여하는 글루테닌이 산에 용해되기 때문

03 기타 가루

1 호밀 가루

① 호밀은 글루텐을 형성하는 글리아딘과 글루테닌의 성분이 적어(밀 90%, 호밀 : 25%) 탄력성과 신장성이 떨어진다. → 보통 밀가루와 섞어 사용한다.

② 펜토산의 함량이 높아 글루텐 형성을 방해하고, 반죽이 끈적이게 된다.

③ 제분율에 따라 백색, 중간색, 흑색 호밀 가루로 분류하며, 색이 밝을수록 껍질을 많이 제거한 것이다.
→ 단백질과 회분의 양 : 흑색 > 중간색 > 백색

④ 호밀빵을 만들 때 사워(Sour) 반죽법*을 사용하면 발효에 의하여 생성된 유기산이 글루텐 형성방해를 완화한다.

⑤ 빵 제조 시 호밀을 사용하면 독특한 맛과 조직의 특성을 부여하고, 색상을 향상시킬 수 있다.

> 신맛이 나는
> 산성 반죽
>
> * **사워(Sour) 반죽법**
> 일반 식빵에서 주로 사용하는 이스트(yeast)에 의한 발효반죽이 아닌 호밀 가루 등에 자생하는 천연발효미생물과 공기 중의 효모균을 이용하여 발효 반죽하는 방법

2 활성 글루텐

밀가루에서 단백질(글루텐)을 추출하여 분말로 만든 것으로 글루텐 형성 능력이 약한 밀가루 및 기타 가루의 개량제로 사용된다.

3 프리믹스

밀가루, 설탕, 분유, 달걀 분말, 향료 등의 건조 재료와 이스트, 베이킹파우더와 같은 팽창제, 유지 등의 재료를 제품에 알맞은 배합률로 균일하게 혼합한 원료를 말한다.

4 기타 가루

옥수수 가루	옥수수 단백질(제인)은 트립토판이 부족하고, 일반 곡류에 부족한 트레오닌과 함황 아미노산인 메티오닌이 많기 때문에 다른 곡류와 함께 사용하면 영양학적으로 보완할 수 있다.
감자 가루	감자를 갈아서 만든 가루로 이스트의 성장을 촉진시키는 광물질을 많이 함유하여 이스트의 영양제, 노화 지연제 등으로 사용한다.
대두분	• 콩을 갈아 만든 가루로 필수아미노산인 라이신이 많이 들어있어 밀가루의 영양 보강제로 사용된다. • 제빵에 많이 쓰이는 대두분은 탈지 대두분이다.
보리 가루	• 비타민 B군, 무기질 및 섬유질의 함량이 많아 건강 기능성 빵을 만들 때 사용 • 보리의 싹인 맥아는 술, 물엿, 식혜를 만드는 부원료로 사용되며, 제빵 발효를 촉진하는 효소의 공급원으로 사용된다. • 보리의 단백질(호르데인)은 글루텐 형성 능력이 작기 때문에 분할 무게를 증가시켜야 한다.

1 제과 · 제빵에서 감미제의 기능

① 단맛을 부여하고, 감미제의 종류(꿀, 당밀 등)에 따라 독특한 향미를 부여한다.

② 수분의 보습제로 제품 노화를 지연시키고, 신선도를 지속시킨다.

③ 캐러멜화* 및 마이야르 반응*으로 껍질색을 진하게 한다.

④ 글루텐을 연화시켜 제품의 속결과 기공을 부드럽게 한다.

⑤ 제과 반죽에서 윤활작용을 하여 흐름성과 퍼짐성을 조절한다.

⑥ 이스트(Yeast, 효모)를 사용하는 제빵에서 이스트의 먹이(영양원)이다.

2 감미제의 종류

1) 설탕(자당, Sucrose)

사탕수수, 사탕무의 즙액을 농축하고 결정화시켜 원심분리하면 원당과 제1당밀이 되는데 원당으로 만드는 당류

정제당	당밀과 불순물을 제거하여 만든 순수한 설탕 • 입상형 당 : 설탕이 알갱이 형태를 이룬 것으로 용도에 따라 입자의 크기가 다양 • 분당 : 거친 설탕 입자를 잘게 부수어 고운 체를 통과시킨 후 덩어리 방지제를 첨가한 제품 • 액당 : 고도로 정제된 자당이나 전화당을 물에 녹인 시럽 형태 $$액당의\ 당도(\%) = \frac{용질}{용매+용질} \times 100$$
함밀당	불순물만 제거하고 당밀이 함유된 당으로 순도가 낮고, 색소 · 단백질 · 회분 등이 포함되어 독특한 풍미를 낸다. (예 흑설탕)
전화당	설탕을 포도당과 과당으로 분해하여 만든 당

2) 포도당(Dextrose)

① 전분을 가수분해하여 만든다.

② 설탕의 감미도 100에 대하여 75 정도이다.

③ 결정이 되는 속도가 느리고, 냉각 효과가 크다.

④ 이스트에 의해 제일 먼저 발효에 사용된다.

⑤ 설탕보다 낮은 pH와 온도에서 캐러멜화가 일어난다.

3) 맥아당(maltose)

① 주로 보리를 발아시켜 만들며, 맥아를 건조시켜 제분한 것이 맥아분이다.

② 탄수화물 분해효소인 아밀라아제가 전분을 맥아당으로 가수분해한다.

③ 맥아당은 이스트의 먹이로 이용되어 이스트의 활성을 촉진시킨다.

④ 가스 생산의 증가, 껍질색의 개선, 제품의 수분보유능력 향상, 부가적인 향의 발생 등의 이유로 제빵에서 많이 사용

＊ 캐러멜화 반응(Caramelization)
• 당류를 고온으로 가열시켰을 때 산화 및 분해 산물에 의해 갈색 물질을 형성하는 반응이다.
• 알칼리성에서 잘 일어난다.
• 캐러멜화가 일어나는 온도(℃) : 과당(110) < 포도당, 갈락토스(160) < 설탕(160~180) < 맥아당(180)

＊ 마이야르(Mailard) 반응
• 아미노산과 환원당 사이의 화학반응으로, 음식의 조리과정 중 갈색으로 변하면서 특별한 풍미가 나타난다.
• 아미노기(–NH₂)와 카르보닐기(=CO)가 공존할 때 일어나는 반응으로, 갈색의 중합체인 멜라노이딘을 만든다.

▶ **과립상당(Frost sugar)**
용해도가 높아 청량음료, 각설탕, 얼음사탕 등의 원료로 사용된다.

▶ **전화당의 특징**
• 설탕의 1.3배 정도의 감미를 갖는다. (130~135)
• 수분 보유력이 높아 제품의 보존 기간을 지속시킬 수 있어, 보습이 필요한 제품에 사용된다.
• 보통 시럽 형태로 존재하며, 고체로 만들기 어렵다.
• 갈색화 반응이 빠르므로 껍질 색의 형성을 빠르게 한다.
• 제품에 신선한 향을 부여한다.
• 10~15%의 전화당 사용 시 제과의 설탕 결정 석출이 방지된다.

▶ **당류의 용해도**
• 분자량이 작은 당류가 더 쉽게 용해된다.
• 흡습성이 높을수록 용해도가 높다.
• 일반적인 조건에서 용해도 비교 과당 > 설탕 > 포도당 > 유당

※ 포도당은 55℃ 이상에서는 설탕보다 용해도가 높다.

4) 물엿(Corn syrups)

① 전분을 산이나 효소로 가수분해하여 만드는 제품이다.

② 포도당, 맥아당, 다당류, 텍스트린과 물이 섞인 점성이 있는 액체이다.

5) 당밀(Molasses)

① 사탕수수의 정제 과정에서 원당을 분리하고 남는 1차 산물, 또는 부산물로 특유한 향을 가진 감미제이다.

② 당 함량, 회분 함량, 색상을 기준으로 등급을 나누며, 고급 당밀(오픈 케틀), 1차 당밀, 2차 당밀, 저급 당밀이 있다.

③ 럼주는 당밀을 발효시켜 만든 술이다.

6) 유당(젖당, Lactose)

① 동물성 당류로 포도당과 갈락토스가 결합한 이당류이다.

② 감미도(16)와 용해도가 낮고 결정이 잘 생긴다.

③ 이스트에는 유당을 분해하는 효소 락타아제가 없어 분해되지 않는다.

④ 조제분유, 유산균 식품, 유제품의 원료로 널리 쓰인다.

7) 기타 감미제

아스파탐	아스파르산과 페닐알라닌의 2개의 아미노산으로 이루어진 감미료로 설탕의 약 200배의 감미도를 가지며, 칼로리가 거의 없다.
올리고당	1개의 포도당에 2~4개의 과당이 결합된 3~5당류를 말하며 설탕의 30% 정도의 감미도를 가지며, 장내 비피더스균의 증식인자이다.
이성화당*	포도당의 일부를 효소나 알칼리 처리하여 과당으로 이성화(異性化)한 것으로 포도당과 과당이 혼합된 시럽 상태의 감미제이다. 감미도는 설탕의 1.5배 정도이다.
꿀	감미가 높고, 독특한 향미가 있으며, 수분 보유력이 좋아 제과 제품에 많이 사용된다.
기타	단풍당, 스테비오사이드, 글리실리틴, 소미린, 감초 등

3 감미제의 상호 대체

상대적 감미도에 따라 감미제의 상호 대체가 가능하다.

$$\text{대체 감미제의 양} = \frac{\text{원래 감미제의 양} \times \text{원래 감미제의 감미도}}{\text{대체 감미제의 감미도}}$$

* **이성화당**
주스나 과자, 조미료, 가공식품 등에 사용하며 설탕 대신 옥수수, 감자 등에서 당을 추출하여 설탕 대용으로 사용하며, 단맛이 강한 특징이 있다.

▶ **상대적 감미도**
과당(175) > 전화당(135) > 설탕(100) > 포도당(75) > 맥아당(32~60) > 갈락토스(32) > 유당(16)

전분

1 ★★★
전분에 물을 가하고 가열하면 팽윤되고 전분 입자의 미셀구조가 파괴되는데 이 현상을 무엇이라 하는가?

① 노화　② 호정화　③ 호화　④ 당화

전분의 호화는 전분에 물을 넣고 가열하면 전분 입자가 물을 흡수하여 크게 팽윤되고 전분 입자의 미셀구조가 파괴되어 반투명의 콜로이드 상태로 되는 현상이다.

2 ★★★★
전분의 호화 현상에 대한 설명으로 틀린 것은?

① 전분의 종류에 따라 호화 특성이 달라진다.
② 전분 현탁액에 적당량의 수산화나트륨(NaOH)을 가하면 가열하지 않아도 호화될 수 있다.
③ 수분이 적을수록 호화가 촉진된다.
④ 알칼리성일 때 호화가 촉진된다.

전분의 호화는 수분이 많을수록, 아밀로오스의 함량이 높을수록, 전분의 입자가 클수록 호화가 촉진되며, 알칼리와 유화제도 호화를 촉진시킨다.

3 ★★★
전분의 노화에 대한 설명 중 틀린 것은?

① -18℃ 이하의 온도에서는 잘 일어나지 않는다.
② 노화된 전분은 소화가 잘된다.
③ 노화란 α-전분이 β-전분으로 되는 것을 말한다.
④ 노화된 전분은 향이 손실된다.

노화된 전분은 소화가 잘되지 않으며, 맛·향·질감이 저하된다.

4 ★★★★
밀가루 성분 중 함량이 많을수록 노화가 촉진되는 것은?

① 아밀로오스　② 비수용성 펜토산
③ 수분　④ 단백질

밀가루의 전분 중 아밀로오스의 함량이 많을수록 노화가 빨라진다.

5 ★★★
전분을 덱스트린(Dextrin)으로 변화시키는 효소는?

① β-아밀라아제(Amylase)
② α-아밀라아제(Amylase)
③ 말타아제(Maltase)
④ 찌마아제(Zymase)

전분은 α-아밀라아제에 의하여 가용성의 덱스트린으로 가수분해된다.

6 ★★★
알파 아밀라아제(α-Amylase)에 대한 설명으로 틀린 것은?

① 베타 아밀라아제(β-Amylase)에 비하여 열 안정성이 크다.
② 당화 효소라고도 한다.
③ 전분의 내부 결합을 가수분해할 수 있어 내부 아밀라아제라고도 한다.
④ 액화 효소라고도 한다.

α-Amylase는 전분을 가용성의 덱스트린으로 가수분해하여 액화 효소라고 한다.

7 ★★
β-아밀라아제의 설명으로 틀린 것은?

① 전분이나 덱스트린을 맥아당으로 만든다.
② 아밀로오스의 말단에서 시작하여 포도당 2분자씩을 끊어가면서 분해한다.
③ 전분의 구조가 아밀로펙틴인 경우 약 52%까지만 가수분해한다.
④ 액화 효소 또는 내부 아밀라아제라고도 한다.

- β-아밀라아제는 α-1,4결합을 가수분해하고 α-1,6결합은 분해하지 못하여 외부 아밀라아제라고 한다.
- β-아밀라아제는 전분이나 덱스트린을 맥아당으로 가수분해하는 당화효소이다.

정답　1③　2③　3②　4①　5②　6②　7④

밀가루와 기타 가루

1 밀알의 구조 중 약 83%를 차지하고 밀가루를 구성하는 주체가 되는 부위는? ★★★★★

① 껍질　　　　　　② 배아
③ 내배유　　　　　④ 세포

> 밀알의 구조는 배아 2~3%, 배유 83%, 껍질 14% 정도로 이루어져 있으며, 배아와 껍질은 제분 과정에서 보통 분리시킨다.

2 다음 중 밀가루에 대한 설명으로 틀린 것은? ★★

① 밀가루는 회분 함량에 따라 강력분, 중력분, 박력분으로 구분한다.
② 전체 밀알에 대해 껍질은 13~14%, 배아는 2~3%, 내배유는 83~85% 정도 차지한다.
③ 제분 직후의 밀가루는 제빵적성이 좋지 않다.
④ 숙성한 밀가루는 글루텐의 질이 개선되고 흡수성을 좋게 한다.

> 밀가루는 단백질의 함량(글루텐의 함량)에 따라 강력분, 중력분, 박력분으로 구분한다.

3 다음 밀가루 중 빵을 만드는데 사용되는 것은? ★★★

① 박력분　　　　　② 중력분
③ 강력분　　　　　④ 대두분

> 강력분은 주로 빵을 만드는데 사용되고, 박력분은 주로 제과에서 많이 사용된다.

4 강력분의 특성으로 틀린 것은? ★★★

① 중력분에 비해 단백질 함량이 높다.
② 박력분에 비해 글루텐 함량이 적다.
③ 박력분에 비해 점탄성이 크다.
④ 경질소맥을 원료로 한다.

> 강력분은 박력분보다 글루텐의 함량이 많기 때문에 점탄성 및 수분 흡착력이 강하다.

5 일반적으로 제빵에 사용하는 밀가루의 단백질 함량은? ★★

① 7~9%　　　　　　② 9~10%
③ 11~13%　　　　　④ 14~16%

> 제빵에 사용하는 밀가루는 강력분으로 단백질 함량은 11~13%이다.

6 박력분의 설명으로 옳은 것은? ★★★★★

① 경질소맥을 제분한다.
② 글루텐의 함량은 13~14%이다.
③ 식빵이나 마카로니를 만들 때 사용한다.
④ 연질소맥을 제분한다.

> 박력분은 연질소맥을 제분한 것으로 단백질 함량 7~9% 정도를 가지며, 주로 제과 및 튀김옷 등에 사용된다.

7 박력분에 대한 설명으로 맞지 않는 것은? ★★★

① 단백질 함량이 20% 정도이다.
② 글루텐의 안정성이 약하다.
③ 튀김용 가루로 많이 사용된다.
④ 쿠키, 비스킷을 만드는데 사용된다.

> 박력분은 단백질의 함량이 7~9% 정도의 밀가루로 강력분에 비하여 단백질 함량이 높지 않아 점탄성 및 수분 흡착력이 약하기 때문에 제과나 튀김옷 등에 사용된다.

8 글루텐을 형성하는 단백질은? ★★★★

① 알부민, 글리아딘
② 알부민, 글로불린
③ 글루테닌, 글리아딘
④ 글루테닌, 글로불린

> 글루텐을 형성하는 단백질에는 글리아딘과 글루테닌, 메소닌, 알부민, 글로불린이 있으나 일반적으로는 글루테닌과 글리아딘을 글루텐 형성 단백질로 본다.

정답 1 ③　2 ①　3 ③　4 ②　5 ③　6 ④　7 ①　8 ③

9 ★★ 제과용 밀가루 제조에 사용되는 밀로 가장 좋은 것은?

① 경질동맥 　　　② 경질춘맥
③ 연질동맥 　　　④ 연질춘맥

제과용으로 박력분을 사용하며 박력분은 분상질의 연질동맥으로 만든다.

10 ★★★ 밀가루 중에 가장 많이 함유된 물질은?

① 단백질 　　　② 지방
③ 전분 　　　④ 회분

밀가루에는 탄수화물이 밀 중량의 70% 정도를 차지하고, 그 중 대부분은 전분으로 구성되어 있다.

11 ★★★★ 글루텐의 구성 물질 중 반죽을 질기고 탄력성 있게 하는 물질은?

① 글리아딘 　　　② 글루테닌
③ 메소닌 　　　④ 알부민

글루텐을 형성하는 단백질은 글리아딘과 글루테닌이며, 글리아딘은 반죽에 신장성과 점성을 부여하고, 글루테닌은 글루텐에 탄력성을 부여한다.

12 ★★ 밀가루 단백질 중 알코올에 녹고 주로 점성이 높아지는 성질을 가진 것은?

① 글루테닌 　　　② 글로불린
③ 알부민 　　　④ 글리아딘

글리아딘은 글루테닌과 더불어 글루텐을 형성하는 주요 단백질로 물에 불용성이고, 알코올에 녹으며, 반죽에 신장성과 점성을 부여한다.

13 ★★★★ 건조 글루텐(Dry Gluten) 중에 가장 많은 성분은?

① 단백질 　　　② 전분
③ 지방 　　　④ 회분

글루텐의 성분은 글리아딘, 글루테닌, 메소닌, 알부민, 글로불린 등의 단백질이다.

14 ★★ 밀가루 25g에서 젖은 글루텐 6g을 얻었다면 이 밀가루는 다음 어디에 속하는가?

① 박력분 　　　② 중력분
③ 강력분 　　　④ 제빵용 밀가루

- 젖은 글루텐(%) = $\dfrac{\text{젖은 글루텐 반죽의 중량}}{\text{밀가루 중량}} \times 100$
  $= \dfrac{6}{25} \times 100 = 24\%$
- 건조 글루텐(%) = $\dfrac{\text{젖은 글루텐(\%)}}{3} = \dfrac{24}{3} = 8\%$

∴ 글루텐 함량이 7~9%인 것은 박력분이다.

15 ★★★ 50g의 밀가루에서 15g의 젖은 글루텐을 재취했다면 이 밀가루의 건조 글루텐 함량은?

① 10% 　　　② 20%
③ 30% 　　　④ 40%

- 젖은 글루텐(%) = $\dfrac{\text{젖은 글루텐 반죽의 중량}}{\text{밀가루 중량}} \times 100$
  $= \dfrac{15}{50} \times 100 = 30\%$
- 건조 글루텐(%) = $\dfrac{\text{젖은 글루텐(\%)}}{3} = \dfrac{30}{3} = 10\%$

16 ★★★★★ 제빵용 밀가루의 적정 손상 전분의 함량은?

① 1.5~3% 　　　② 4.5~8%
③ 11.5~14% 　　　④ 15.5~17%

제빵용 밀가루의 적정 손상 전분의 함량은 4.5~8% 정도이며, 손상된 전분은 흡수율을 높여주고, 발효 동안 적절한 가스 생산을 지원하여 발효성 탄수화물과 적정 수준의 덱스트린을 생성한다.

17 ★★ 밀 단백질 1% 증가에 대한 흡수율 증가는?

① 0~1% 　　　② 1~2%
③ 3~4% 　　　④ 5~6%

- 밀가루 단백질 1% 증가 시 : 흡수율 1~2% 증가
- 밀가루 수분 1% 감소 시 : 흡수율 1.3~1.6% 증가

정답　9 ③　10 ③　11 ②　12 ④　13 ①　14 ①　15 ①　16 ②　17 ②

18 ★★ 밀가루 중에 손상 전분이 제빵 시에 미치는 영향으로 옳은 것은?

① 반죽 시 흡수가 늦고 흡수량이 많다.
② 반죽 시 흡수가 빠르고 흡수량이 적다.
③ 발효가 빠르게 진행된다.
④ 제빵과 아무 관계가 없다.

손상 전분이 많아지면 흡수가 빠르고 많아진다. 또한 손상 전분은 α-아밀라아제가 작용하기 쉬워 발효를 빠르게 만든다.

19 ★★★ 밀가루의 등급은 무엇을 기준으로 하는가?

① 회분   ② 단백질
③ 유지방   ④ 탄수화물

밀가루의 등급은 밀가루에 포함된 회분의 함량으로 정한다. 회분은 껍질(밀기울)에 많이 있으며, 제분율이 높다는 것은 제분 시 밀기울이 많이 포함되었다는 것으로 회분 함량이 높아 낮은 등급의 밀가루가 된다.

20 ★★★★ 밀가루의 색상에 대한 설명 중 틀린 것은?

① 같은 조건일 경우 입자가 작을수록 밝은색이 된다.
② 밀가루는 카로티노이드계의 황색 색소가 환원되어 색상이 희게 된다.
③ 내배유 부위의 카로틴 색소는 공기 중의 산소에 의해 탈색된다.
④ 껍질 입자가 많을수록 어두운색이 된다.

밀가루의 카로티노이드계의 황색 색소는 공기 중의 산소에 의하여 산화되어 무색의 화합물이 되고, 따라서 밀가루의 색상은 흰색을 띤다.

21 ★★ 다음 중 밀가루에 함유되어 있지 않은 색소는?

① 카로틴   ② 멜라닌
③ 크산토필   ④ 플라본

밀가루에는 카로티노이드계 색소인 카로틴과 크산토필, 플라보노이드계 색소인 플라본이 있으며, 이 중 미숙성 밀가루가 황색을 띠는 것은 크산토필 때문이다.

22 ★★ 제분 직후의 숙성하지 않은 밀가루에 대한 설명으로 틀린 것은?

① 밀가루의 pH는 6.1~6.2 정도이다.
② 효소작용이 활발하다.
③ 밀가루 내의 지용성 색소인 크산토필 때문에 노란색을 띤다.
④ 효소류의 작용으로 환원성 물질이 산화되어 반죽 글루텐의 파괴를 막아준다.

숙성되지 않은 밀가루는 효소작용이 활발하여 반죽 글루텐을 파괴시킨다.

23 ★★★★ 제빵에서 글루텐을 강하게 하는 것은?

① 전분   ② 우유   ③ 맥아   ④ 산화제

산화제는 −SH 결합을 산화시켜 반죽의 장력을 증가시키고, 부피 증대, 기공과 조직 및 속 색을 개선하여 준다.

24 ★★★★ 일반적으로 반죽을 강화시키는 재료는?

① 유지, 탈지분유, 달걀
② 소금, 산화제, 탈지분유
③ 유지, 환원제, 설탕
④ 소금, 산화제, 설탕

소금, 산화제, 탈지분유 등은 글루텐에 탄성을 부여하여 반죽을 강화시키는 역할을 한다.

25 ★★★ 반죽 개량제에 대한 설명 중 틀린 것은?

① 반죽 개량제는 빵의 품질과 기계성을 증가시킬 목적으로 첨가한다.
② 반죽 개량제에는 산화제, 환원제, 반죽 강화제, 노화 지연제, 효소 등이 있다.
③ 산화제는 반죽의 구조를 강화시켜 제품의 부피를 증가시킨다.
④ 환원제는 반죽의 구조를 강화시켜 반죽 시간을 증가시킨다.

환원제는 반죽의 구조를 연화시켜 반죽 시간을 단축시킨다.

정답 ▶ **18** ③   **19** ①   **20** ②   **21** ②   **22** ④   **23** ④   **24** ②   **25** ④

26 호밀에 관한 설명으로 틀린 것은?

① 호밀 단백질은 밀가루 단백질에 비하여 글루텐을 형성하는 능력이 떨어진다.
② 밀가루에 비하여 펜토산 함량이 낮아 반죽이 끈적거린다.
③ 제분율에 따라 백색, 중간색, 흑색 호밀 가루로 분류한다.
④ 호밀분에 지방함량이 높으면 저장성이 나쁘다.

> 호밀은 펜토산의 함량이 높아 글루텐의 형성을 방해하여, 반죽이 끈적거리게 된다.

27 호밀빵 제조 시 호밀을 사용하는 이유 및 기능과 거리가 먼 것은?

① 독특한 맛 부여   ② 조직의 특성 부여
③ 색상 향상   ④ 구조력 향상

> 호밀은 펜토산의 함량이 높아 글루텐의 형성을 방해하므로 빵의 구조형성을 어렵게 한다. 따라서 밀가루와 섞어 쓰며, 사워종이나 발효종을 사용하면 글루텐 형성방해를 완화할 수 있다.

28 제과·제빵용 건조 재료와 팽창제 및 유지 재료를 알맞은 배합률로 균일하게 혼합한 원료는?

① 프리믹스   ② 팽창제
③ 향신료   ④ 밀가루 개량제

> 프리믹스는 제품에 따라 알맞은 배합률로 밀가루, 팽창제, 유지 등의 재료를 미리 혼합해 놓은 것으로, 제품의 균일성을 필요로 하는 사업자에게는 절대적으로 중요한 요소이다.

감미제

1 제빵 중 설탕을 사용하는 주목적과 가장 거리가 먼 것은?

① 노화 방지   ② 빵 표피의 착색
③ 유해균의 발효억제   ④ 효모의 번식

> 제빵에서의 설탕은 제품에 단맛 부여, 수분 보유력에 의한 노화 방지, 껍질 색의 형성, 이스트(효모)의 먹이 등의 역할을 한다.

2 제빵에서 설탕의 기능으로 틀린 것은?

① 이스트의 영양분이 됨
② 껍질색을 나게 함
③ 향을 향상시킴
④ 노화를 촉진시킴

> 설탕은 수분 보유력이 높아 제품에 수분을 많이 남기는 보습제의 역할을 하며, 보습제 기능은 제품의 노화를 지연시켜 저장 수명을 증가시켜준다.

3 케이크에서 설탕의 역할과 거리가 먼 것은?

① 감미를 준다.
② 껍질 색을 진하게 한다.
③ 수분 보유력이 있어 노화가 지연된다.
④ 제품의 형태를 유지시킨다.

> 제품의 형태를 유지시켜 주는 재료는 밀가루, 달걀, 분유 등이 있다.

4 케이크 굽기 시의 캐러멜화 반응은 어느 성분의 변화로 일어나는가?

① 당류   ② 단백질
③ 지방   ④ 비타민

> 캐러멜화는 당류를 100~200℃의 고온으로 가열시켰을 때 산화 및 분해 산물에 의한 중합·축합으로 갈색 물질을 형성하는 반응이다.

5 다음 중 캐러멜화가 가장 높은 온도에서 일어나는 당은?

① 과당   ② 벌꿀
③ 설탕   ④ 전화당

> 캐러멜화가 일어나는 온도(℃)
> 과당(110) < 포도당·갈락토스(160) < 설탕(160~180) < 맥아당(180)

6 직접반죽법에 의한 발효 시 가장 먼저 발효되는 당은?

① 맥아당(Maltose)　　② 포도당(Glucose)
③ 과당(Fructose)　　④ 갈락토스(Galactose)

> 포도당은 이스트에 의해 가장 먼저 발효에 사용된다.

7 분당은 저장 중 응고되기 쉬운데 이를 방지하기 위하여 어떤 재료를 첨가하는가?

① 소금　　　　　　② 설탕
③ 글리세린　　　　④ 전분

> 분당의 응고를 방지하기 위하여 옥수수 전분을 3% 정도 혼합하여 주며, 설탕, 소금, 글리세린 등을 첨가하면 수분을 흡수하여 응고되기 쉽다.

8 분당이 저장 중 덩어리가 되는 것을 방지하기 위하여 옥수수 전분을 몇 % 정도 혼합하는가?

① 3%　　　　　　② 7%
③ 12%　　　　　④ 15%

> 분당의 고형화를 방지하기 위하여 옥수수 전분을 3% 정도 혼합하여 준다.

9 물 100g에 설탕 25g을 녹이면 당도는?

① 20%　　　　　② 30%
③ 40%　　　　　④ 50%

> 당도 $= \dfrac{\text{용질}}{\text{용매+용질}} \times 100 = \dfrac{25}{100+25} \times 100 = 20\%$

10 다음 중 설탕을 포도당과 과당으로 분해하여 만든 당으로 감미도와 수분 보유력이 높은 당은?

① 정백당　　　　② 빙당
③ 전화당　　　　④ 황설탕

> 전화당은 설탕을 가수분해하여 만든 포도당과 과당을 1:1로 혼합한 것으로 설탕에 비하여 감미도는 1.3배 높고, 수분 보유력이 높아 제품의 저장성을 높일 수 있다.

11 다음 중 전화당에 대한 설명으로 틀린 것은?

① 전화당의 상대적 감미도는 80 정도이다.
② 수분 보유력이 높아 신선도를 유지한다.
③ 포도당과 과당이 동량으로 혼합되어 있는 혼합물이다.
④ 케이크와 쿠키의 저장성을 연장시킨다.

> 전화당의 설탕에 대한 상대적 감미도는 135 정도로 감미도가 높다.

12 전화당을 설명한 것 중 옳지 않은 것은?

① 설탕의 1.3배의 감미를 갖는다.
② 설탕을 가수분해시켜 생긴 포도당과 과당의 혼합물이다.
③ 10~15%의 전화당 사용 시 제과의 설탕 결정 석출이 방지된다.
④ 상대적인 감미도는 맥아당보다 낮으나 쿠키의 광택과 촉감을 위해 사용한다.

> 감미도의 순서
> 과당(175) > 전화당(135) > 설탕(100) > 포도당(75) > 맥아당(32~60) > 갈락토스(32) > 유당(16)

13 아스파탐은 새로운 감미료로 칼로리가 매우 낮고 감미도는 높다. 아스파탐의 구성성분은?

① 아미노산　　　　② 전분
③ 지방　　　　　　④ 포도당

> 아스파팜은 아스파르산과 페닐알라닌의 2개의 아미노산으로 이루어진 설탕의 약 200배의 감미를 가진 저칼로리의 감미제이다.

14 감미만을 고려할 때 설탕 100g을 포도당으로 대치한다면 약 얼마를 사용하는 것이 좋은가?

① 75g　　② 100g　　③ 130g　　④ 170g

> 대체 감미제의 양 $= \dfrac{\text{원래 감미제의 양} \times \text{원래 감미제의 감미도}}{\text{대체 감미제의 감미도}}$
> $= \dfrac{100g \times 100}{75} = 133.3 ≒ 130g$

정답　6 ②　7 ④　8 ①　9 ①　10 ③　11 ①　12 ④　13 ①　14 ③

1 유지의 기능 및 특성

1) 쇼트닝 기능

연화기능	글루텐 형성을 방해하여 빵에는 부드러움을, 제과에는 바삭거리는 식감을 제공한다.
윤활기능	믹싱 중에 얇은 막을 형성하여 글루텐의 층과 층이 부착되는 것을 방지하고, 반죽이 발효될 때 글루텐 층이 원활히 미끌어지도록 하는 작용(신장성 향상)을 한다.
팽창기능	믹싱 중에 공기를 포집하여 굽기 과정을 통해 팽창하면서 적정한 부피와 조직을 만든다.

▶ 반죽에서 유지의 가장 큰 역할은 **윤활 작용**이다.

▶ **쇼트닝가**(價)
빵이나 과자 제품의 부드러운 정도를 측정하는 단위로 유지의 양이나 종류에 따라 부드러운 정도가 달라진다.

2) 가소성

① 유지가 상온에서 고체 모양을 유지하는 성질로, 빵 반죽의 신장성을 좋게 한다.
② 가소성 유지란 상온에서 형태를 가지는 쇼트닝, 버터, 마가린 등의 제품이다.
③ 일반적으로 동물성 지방은 포화지방산이 많아 상온에서 고체 형태를 지닌다.
　(버터, 라드, 양기름 등)
④ 유지의 가소성은 트리글리세라이드의 종류와 양에 의해 결정된다.
⑤ 가소성을 이용한 제품 : 유지가 층상구조를 이루는 파이, 크로와상, 데니시 페이스트리, 퍼프 페이스트리 등

▶ 유지는 지방산 3분자와 글리세린이 결합한 트리글리세라이드이다.

3) 크림성

① 유지가 믹싱할 때 공기를 포집하여 크림이 되는 성질로, 크림이 되면 부드러워지고 부피가 커진다.
② 크림성이 가장 중요한 제품 : 케이크 제품(파운드 케이크, 레이어 케이크 등)

▶ 액상 기름은 크림성이 없다.

4) 유화성

유화(emulsion)는 서로 녹지 않는 두 가지 액체가 어느 한쪽에 작은 입자 상태로 분산되어있는 상태를 말한다.

수중유적형 (O/W, oil in water)	물 속에 기름이 산포되어 있다. 예 우유, 마요네즈, 아이스크림, 생크림, 크림 수프, 잣죽 등
유중수적형 (W/O, water in oil)	기름 속에 물이 산포되어 있다. 예 버터, 마가린

5) 안정성

① 지방의 산화와 산패를 억제하는 성질로서, 수소를 첨가하여 불포화도를 줄이거나 항산화제를 사용
② 고온에서 작업을 하는 튀김기름, 장기간의 저장성을 가져야 하는 건과자류 등에 가장 중요한 성질

6) 식감과 저장성

① 유지는 부드러운 식감과 특정한 향을 제공한다.

② 지방이 많은 제품은 노화가 느리고, 부드러움이 오래 남아 저장성을 좋게 한다.

2 가공유지(유지의 경화)

① 불포화지방산의 이중결합에 니켈을 촉매로 수소를 첨가하여 실온에서 고체가 되게 가공한 경화유(硬化油)이다. 예 쇼트닝, 마가린 등

② 유지가 경화되면 지방산의 포화도가 높아지므로 융점이 높아지고 단단해진다.

③ 유지를 경화시키기 위해 수소를 첨가하는 과정에서 트랜스 지방*이 생성된다.

④ 반고체 유지 또는 지방의 각 온도에서 고체성분비율을 그 온도에서의 고체지방지수*(SFI)라고 한다.

3 유지 제품

1) 쇼트닝(shortening)

① 동·식물성 유지의 불포화지방산에 수소를 첨가한 경화유의 대표적 제품이다.

② 라드의 대용품으로 개발되었으며 무색, 무미, 무취의 수분 함량 0%의 제품이다.

③ 빵 제품에는 부드러움을 주고, 제과 제품에는 바삭함을 준다. (식빵, 크래커 등)

④ 쇼트닝성과 공기 포집 능력이 있어 반죽의 유동성, 기공과 조직, 부피, 저장성 등을 개선한다.

⑤ 쇼트닝을 3~4% 첨가하였을 때 가스 보유력이 좋아 빵 제품의 최대부피를 얻을 수 있다.

⑥ 쇼트닝의 종류 : 유화 쇼트닝*, 안정성 쇼트닝, 제빵용 쇼트닝, 다목적 쇼트닝 등이 있다.

2) 버터(Butter)

① 유중수적형(W/O)으로 빵이나 과자에 많이 사용된다.

② 구성 : 우유 지방 80%, 수분 18% 이하, 소금 0~3%, 단백질, 광물질, 유당 약 1%

③ 디아세틸(Diacetyl)은 버터의 독특한 향미를 낸다.

④ 포화지방산 중 탄소수가 가장 적은 뷰티르산으로 이루어져 있다.

⑤ 버터는 융점이 낮고 크림성이 부족하여 가소성의 범위가 좁다.

⑥ 콜레스테롤의 함량이 높아 과잉 섭취 시 동맥경화 등이 생길 수 있다.

3) 마가린(Margarine)

① 버터의 대용품으로 개발된 마가린은 주로 식물성 유지로 만들지만, 동물성이나 동·식물성의 혼합 유지로도 만든다.

② 마가린의 지방은 스테아르산으로 이루어져 뷰티르산으로 이루어진 버터와 가장 큰 차이점을 나타낸다.

③ 지방함량이 80% 이상이며, 동·식물성 유지를 이용하여 만든다. (※ 버터는 유지방으로만 만듦)

④ 식탁용 마가린은 입안에서 쉽게 녹아야 하는 구용성을 필요로 하기 때문에 융점이 낮고, 가소성이 적다.

* 트랜스 지방
· 섭취 시 인체 내 저밀도지단백질(LDL)이 많아진다.
· 세계보건기구(WHO)는 성인의 경우 하루 섭취 열량 중 트랜스 지방의 섭취를 1% 이하로 권고하고 있다.

* 고체지방지수(SFI, solid fat index)
· 고체지방지수는 실온에서 15~20% 일 때 가장 사용하기 좋다.
· 5% 이하는 너무 연해서, 40~50% 이상이 되면 너무 단단해서 사용하기 어렵다.

* 유화 쇼트닝
· 액체 재료와 설탕을 많이 사용하여 부드럽고 촉촉한 케이크를 만들기 위하여 사용
· 기본적인 유화 쇼트닝은 유화제인 모노-디 글리세라이드 역가를 기준으로 6~8%를 첨가하여 혼합

4) 라드(Lard)

① 돼지의 지방조직을 분리해서 정제한 것으로 품질이 일정하지 못하고, 보존성도 떨어진다.

② 주로 쇼트닝가(부드럽고 바삭한 식감)를 높이기 위하여 빵, 파이, 쿠키, 크래커 등에 사용한다.

4 튀김기름(Flying fat)

1) 튀김기름의 특징

① 온도(열), 수분, 공기(산소), 이물질은 튀김기름의 가수분해나 산패를 가져와 품질을 저하시킨다.

② 기름은 비열이 낮아 온도가 쉽게 상승하고 쉽게 저하된다.

→ 기름 온도를 일정하게 유지하기 위하여 가능한 한 많은 양의 기름을 사용한다.

③ 천연 동물성 지방은 융점이 높아 식으면 기름이 굳어 질감이 저하되므로 튀김기름으로 적당하지 않다.

④ 튀김기름을 반복해서 사용할 경우 유리지방산이 많아져 발연점이 낮아지며, 중합도, 산가, 과산화물가, 점도 등은 증가한다.

⑤ 여름철에는 융점이 높은 기름, 겨울철에는 융점이 낮은 기름을 사용한다.

> 이해) 여름철에는 기온이 높으므로 쉽게 녹지 않도록 융점(녹점)을 높여야 하고, 반대로 겨울철에는 기온이 낮아 잘 녹지 않으므로 융점을 낮춰 쉽게 녹도록 한다.

2) 튀김기름의 조건

① 발연점*이 높아야 한다.

② 산패에 대한 안정성이 있어야 한다.

③ 수분이 없어야 한다.

④ 자극적인 냄새가 나지 않아야 한다.

⑤ 거품이 일어나지 않고 점성의 변화가 적어야 한다.

⑥ 부드러운 맛과 옅은 색깔을 가져야 한다.

⑦ 산가, 과산화물가, 카르보닐가가 낮아야 한다.

⑧ 형태나 포장 면에서 사용이 쉬워야 한다.

3) 산패의 방지

① 공기 중의 산소를 차단하고 어두운 장소에서 불투명한 용기에 보관한다.

→ 기름을 철제용기나 철제 팬에 보관하면 금속에 의한 산화가 촉진된다.

② 서늘한 곳에서 보관한다.

→ 유지를 냉장 또는 냉동 보관한다고 해서 산패를 완전히 방지할 수 있는 것은 아니다.

③ 일단 사용한 기름은 식힌 후 이물질을 걸러내고 보관하며, 단시일 내에 사용한다.

④ 산패를 억제하는 물질(항산화 물질) : 토코페롤(비타민 E), 참기름(세사몰), 면실유(고시폴), 콩기름(레시틴) 등

▶ 튀김기름의 4대 품질 저하 요인
열, 수분, 산소, 이물질

* 발연점
• 유지를 가열할 때 표면에서 푸른 연기가 발생할 때의 온도를 말하며, 이때 만들어지는 아크롤레인 및 저급지방산은 악취, 맛에 양향을 주어 품질을 저하시킨다.
• 발연점이 높을수록 튀김용으로 적합하다.

▶ 유지의 발연점이 낮아지는 요인
• 가열 시간 및 사용 횟수가 늘어날수록
• 유리지방산의 함량이 많을수록
• 기름에 이물질이 많을수록
• 노출된 유지의 표면적이 넓을수록

▶ 유지의 산패도 측정
산패란 공기 중에 방치할 경우 산화되어 맛이나 색이 변하고 냄새가 나는 것을 말한다. 산가, 과산화물가, 카르보닐가 등은 유지의 산패도를 측정하는 값으로 산패가 진행될수록 이 값들은 올라간다.

▶ 유지의 산패를 촉진시키는 요인
• 온도가 높을수록
• 산소 및 자외선
• 금속류
• 수분이 많을수록
• 지방분해효소가 많을수록
• 불포화도가 높을수록

06 우유와 유제품

1 제과제빵에서 우유와 유제품의 기능

① 글루텐 강화 : 우유의 단백질은 반죽의 믹싱 내구력 향상
② 껍질색 개선 : 우유의 유당은 껍질색을 개선하여 진하게 해줌
③ pH 변화에 대한 완충 작용 : 발효 중 빵 반죽의 pH 변화에 대한 완충 역할
④ 노화 지연 : 보수력을 가지고 있어 노화 지연
⑤ 영양 강화 : 밀가루에 부족한 라이신(필수아미노산)과 칼슘을 보충하여 영양 강화
⑥ 착향 작용 : 이스트에 의해 생성된 향을 착향

2 우유

1) 우유의 특징

① 신선한 우유의 pH : pH 6.5~6.8
② 신선한 우유의 비중 : 1.030~1.032
③ 우유의 구성 : 수분 88%, 고형질 12%
④ 우유 단백질의 약 80%는 카제인이고, 나머지 약 20%는 대부분 락토알부민과 락토글로불린이다.
⑤ 카제인은 산과 레닌 효소에 의해 응고되고, 락토알부민과 락토글로불린은 열에 응고된다.
⑥ 우유의 pH가 정상(pH 6.6)에서 산성(pH 4.6)으로 내려가면 카제인은 칼슘과 화합물 형태로 응고한다.

2) 우유의 성분

지방		• 3.65% 정도 함유 • 유지방의 비중 : 0.91~0.94
단백질	카제인	• 3% 정도 함유(우유 단백질의 80%) • 산에 응고(우유의 산가 0.5~0.7%에서 응고) – 요구르트 • 레닌 효소에 응고 – 치즈 • 열에는 응고되지 않는다.
	락토알부민 락토글로불린	• 0.5% 정도 함유(우유 단백질의 20%) • 열에 쉽게 응고된다.
	아미노산	필수아미노산을 비롯한 여러 종류의 아미노산이 포함
유당		• 4.8% 정도 함유 • 이스트에 의해서 발효되지 않고 유산균에 의해 발효되어 유산을 생성한다. • 제품의 껍질색을 개선시킨다.
무기질		• 0.6~0.9% 정도 함유 • 칼슘과 인이 1/4을 차지한다.

▶ 우유의 오염
• 사료나 환경으로부터의 유해성 화학물질이 우유를 통하여 전달될 수 있다.
• 오염된 우유의 섭취로 발생할 수 있는 인수공통감염병은 파상열(브루셀라증), 결핵, Q열 등이 있다.

▶ 우유의 살균법

저온 장시간 살균법 (LTLT법)	61~65℃에서 30분 간 가열하는 살균
고온 단시간 살균법 (HTST법)	70~75℃에서 15~30초간 가열하 는 살균
초고온 순간 살균법 (UHT법)	130℃에서 2~3초 간 가열하여 살균

❸ 유제품

1) 유제품의 종류

① 생유(生乳) : 젖소에서 생산하여 가공이나 살균작업을 거치지 않은 생우유로 병원성 박테리아가 있어 전염병의 위험이 있고 소화가 잘되지 않는다.

② 시유(市乳) : 음용하기 위하여 가공한 액상 우유로 시장에서 판매되는 우유 (Market milk)

③ 농축 우유 : 우유의 수분을 증발시키고, 고형질의 함량을 높인 것으로 연유나 생크림도 농축 우유이다.

④ 분유 : 우유의 수분을 제거하여 가루로 만든 분말 우유

종류	특징
전지분유	• 우유에서 수분을 제거하여 분말화 • 다른 첨가물은 넣지 않는다.
탈지분유	• 지방을 거의 제거한 탈지유의 수분을 제거하여 분말화 • 유당이 50% 정도 함유되어 있다.
가당분유	원유에 당류를 가하여 분말화
혼합분유	전지분유나 탈지분유에 곡류 가공품, 코코아 가공품 등의 식품을 첨가
대용분유	유장*에 탈지분유, 밀가루, 대두분 등을 혼합하여 탈지분유의 기능과 유사하게 한 제품

⑤ 버터
- 우유에서 우유 지방을 함유하는 크림을 분리하여 숙성, 응고시켜 만든다.
- 젖산균을 넣어 발효시킨 발효 버터, 넣지 않고 숙성시킨 스위트 버터 등이 있다.

⑥ 치즈
- 우유의 주 단백질인 카제인이 산이나 응유효소(레닌)에 응고되는 성질을 이용하여 만드는 것
- 우유에 젖산균이나 레닌을 투입하여 카제인을 응고시킨 후 이를 발효·숙성시켜 만든다.

⑦ 요구르트 : 우유나 탈지유에 젖산균을 넣어 발효시킨 것으로 우유의 영양 외에 유산균의 건강증진 효과를 얻을 수 있다.

> ▶ **젖산균(유산균)**
> ① 젖산균은 기능성적인 측면에서 볼 때 프리바이오틱스(prebiotics)*에 속한다.
> ② 젖산균은 포도당을 발효하여 다량의 젖산을 생성한다.
> ③ 젖산균 중 비피도 박테리아은 포도당을 발효하여 젖산과 초산을 생성한다.
>
> >   참고) **프리바이오틱스**(prebiotics)
> >   • 장내 유익한 미생물의 생장을 촉진하거나 활성화하는 식품 속의 성분
> >   • 프리바이오틱스를 선택적으로 섭취하는 박테리아를 프로바이오틱스(probiotics)라고 한다.
> >   • 비피더스균(bifidobacteria)과 젖산균(lactobacillus)이 대표적

▶ 지방함량에 따른 분류

전유	유지방 함량 3% 이상
저지방 우유	유지방 2% 이내
탈지 우유	유지방 0.1% 이내

▶ 탈지분유 1% 증가 시 흡수율은 0.75~1% 증가한다.

▶ 분유의 용해도에 영향을 미치는 요인
원유의 신선도, 건조 방법, 분말 입자, 저장기간, 저장온도 등
- 신선도가 높을수록, 저장기간이 짧을수록, 입자가 고울수록, 저온 저장 및 분무 건조 방법이 용해도가 높다.
- 오래된 분유는 용해도가 떨어진다.

* 유장 : 우유에서 유지방과 카제인을 분리하고 남은 제품으로 유당이 주성분이며, 건조하면 유장 분말이 된다.

▶ 치즈의 종류

크림 치즈	크림과 우유를 섞어서 만든 치즈로 숙성하지 않아 맛이 부드럽고 매끄럽다.
까망베르 치즈	곰팡이와 세균으로 숙성시킨 연질 치즈로 흰 곰팡이 치즈라고도 한다.
로마노 치즈	우유나 산양유로 만드는 이탈리아 원산의 초경질 치즈이다.
파머산 치즈	우유로 만드는 초경질의 치즈로 보통 분말 치즈로 만들어 사용한다.

■ 달걀의 구조 및 특징

1) 달걀의 구조

① 달걀의 구성 비율 – 껍질(10%) : 노른자(30%) : 흰자(60%)

② 달걀의 고형분과 수분의 비교

	전란	노른자	흰자
고형분	25%	50%	12%
수분	75%	50%	88%

2) 부위별 특징

① 껍질(난각) : 대부분 탄산칼슘으로 구성되어 있고, 세균 침입을 막는 큐티클로 싸여 있다.

② 노른자(난황)

- 단백질과 지방이 풍부하고, 레시틴과 같은 인지질, 각종 비타민(특히 비타민 A), 무기질 등이 풍부하게 들어있다.
- 레시틴(lecithin)은 유화작용을 하는 천연유화제이다.(마요네즈 제조에 이용)

③ 흰자(난백)

- 약 90%가 수분이며, 나머지는 거의 단백질로 오브알부민이 대부분이다.
- 난백은 기포성에 영향을 준다.

난백 단백질	특징
오브알부민 (Ovalbumin)	• 흰자의 약 54% • 필수아미노산을 고루 함유하고 있다.
콘알부민 (Conalbumin)	• 흰자의 약 13% • 철과의 결합력이 강하여 미생물이 이용하지 못하는 항세균 물질
오보뮤코이드 (Ovomucoid)	• 흰자의 약 11% • 효소인 트립신의 활동 저해제로 작용
기타	아비딘, 라이소자임 등

▶ 난백의 함황아미노산
난백의 함황아미노산(메티오닌)은 달걀제품을 은(silver) 제품에 담았을 때 은 제품이 검은색으로 변하게 만든다.

3) 달걀의 사용량

① 달걀은 껍질 10%, 노른자 30%, 흰자 60%로 구성

- 노른자의 양 = 달걀 중량×30%
- 흰자의 양 = 달걀 중량×60%
- 전란의 가식량 = 달걀 중량×90%

② 계란의 필요량

$$달걀의\ 필요\ 갯수 = \frac{필요한\ 달걀의\ 전체중량}{달걀\ 1개의\ 필요\ 부분량}$$

▶ 예제) 껍질 포함 60g짜리 달걀은 몇 개 필요한가?

① 전란 1,000g이 필요할 때

- 달걀의 가식량 = 60g×0.9 = 54g
- 필요한 달걀 수 = $\frac{1,000g}{54g}$ = 18.52(19개)

② 흰자 1,000g이 필요할 때

- 달걀의 흰자량 = 60g×0.6 = 36g
- 필요한 달걀개수 = $\frac{1,000g}{36g}$ = 27.8개(28개)

2 달걀의 기능

열응고성	결합제	달걀의 점성과 단백질의 응고성을 이용한다. ⑩ 크로켓(빵가루 무침), 한식의 전, 만두소 등
	농후화제	달걀의 단백질이 열에 의해 응고되어 유동성이 줄고 형태를 지탱할 구성체를 이룬다. ⑩ 커스터드 크림, 푸딩 등
유화성	유화제	• 노른자의 레시틴은 천연유화제로 사용되며, 빵의 노화를 지연시킨다. • 노른자의 지방은 제품을 부드럽게 한다. ⑩ 마요네즈 등
기포성	팽창제	• 흰자의 단백질이 피막을 형성하여 믹싱 중에 공기를 포집하고, 이 공기는 열 팽창하여 케이크 제품의 부피를 크게 만든다. • 달걀은 30℃ 정도에서 기포성과 포집성이 가장 좋다. ⑩ 스펀지케이크, 엔젤푸드 케이크 등
기타		• 수분 공급 • 난황의 카로티노이드(황색) 색소는 제품의 속 색을 식욕이 나는 색상으로 만든다.

3 달걀의 신선도

외관법	달걀 껍질이 거칠고, 광택이 없으며, 흔들었을 때 소리가 나지 않는 것이 신선한 달걀이다.
투시법	빛을 통해 볼 때 맑고 기실의 크기가 크지 않은 것이 신선한 달걀이다.
비중법	6~10%의 소금물에 달걀을 넣어 가라앉으면 신선한 달걀이고, 위로 뜨면 오래된 달걀이다.
난황계수 측정법	• 달걀을 깨뜨려 측정하는 방법 • 난황계수 = $\dfrac{난황의 높이}{난황의 직경}$
기타	• 달걀을 깨뜨렸을 때 흰자가 퍼지지 않고 노른자가 깨지지 않아야 신선한 달걀이다. • 농후난백이 수양난백보다 많은 것이 신선하다. • 달걀이 오래되면 점도가 감소하고, pH가 떨어져 부패된다.

▶ 달걀이 오래되면 기실이 커져 비중이 작아지므로 물에 뜬다.

▶ 신선한 달걀의 난황계수는 0.36~0.44 정도로 신선도가 떨어질수록 수치가 낮아진다.

▶ 달걀의 보관 : 0~5℃ 냉장보관

유지 제품

1 ★★★
제빵에서의 유지의 기능과 가장 거리가 먼 것은?

① 연화 작용   ② 안정성 향상
③ 저장성 증대   ④ 껍질색 개선

제빵에서 껍질색의 개선은 당류의 캐러멜화와 마이야르 반응의 갈변 반응을 통하여 이루어진다.

2 ★★★
제과에서 유지의 기능이 아닌 것은?

① 연화 작용
② 공기 포집 기능
③ 보존성 개선 기능
④ 노화 촉진 기능

유지가 많은 제품은 노화 지연 및 저장성을 좋게 해준다.

3 ★★
케이크의 제조에서 쇼트닝의 기본적인 3가지 기능에 해당하지 않는 것은?

① 팽창 기능   ② 윤활 기능
③ 유화 기능   ④ 안정 기능

제과나 제빵에서 쇼트닝의 기본적인 기능은 윤활 기능, 팽창 기능, 연화 기능이다.
안정성은 지방의 산화와 산패를 장기간 억제하는 성질로 유지의 특성 중 하나이다.

4 ★★
제빵에서 쇼트닝의 가장 중요한 기능은?

① 자당, 포도당 분해
② 유단백질의 완충 작용
③ 윤활작용
④ 글루텐 강화

쇼트닝에서 윤활 작용은 믹싱 중에 얇은 막을 형성하여 글루텐의 층과 층이 부착되는 것을 방지하고, 반죽이 발효될 때 글루텐 층이 원활히 미끄러지도록 하는 작용(신전성 향상)을 한다. 윤활 작용은 유지의 가장 중요한 기능으로 볼 수 있다.

5 ★★★
유지의 기능 중 크림성의 기능은?

① 제품을 부드럽게 한다.
② 산패를 방지한다.
③ 밀어 펴지는 성질을 부여한다.
④ 공기를 포집하여 부피를 좋게 한다.

크림성은 유지가 믹싱에 의하여 공기를 끌어들여 크림이 되는 것으로 부피를 좋게 해 준다.
① 제품을 부드럽게 한다 : 쇼트닝성
② 산패를 방지한다 : 안정성
③ 밀어 펴지는 성질을 부여한다 : 윤활 기능(신장성)

6 ★★★★★
유지의 가소성은 그 구성성분 중 주로 어떤 물질의 종류와 양에 의해 결정되는가?

① 토코페롤   ② 스테롤
③ 트리글리세라이드   ④ 유리지방산

유지는 지방산 3분자와 글리세린이 결합한 트리글리세라이드로 유지의 가소성은 이 트리글리세라이드의 종류와 양에 의해 결정된다.

7 ★★
유지의 크림성이 가장 중요한 제품은?

① 케이크   ② 쿠키
③ 식빵   ④ 단과자빵

파운드 케이크, 레이어 케이크는 크림법으로 제조하는 케이크로 유지의 크림성이 가장 중요하다.

8 ★★★
유지가 층상구조를 이루는 파이, 크로와상, 데니시 페이스트리 등의 제품은 유지의 어떤 성질을 이용한 것인가?

① 쇼트닝성   ② 가소성
③ 안정성   ④ 크림성

가소성은 외부의 힘에 의해 형태가 변한 물체가 외부의 힘이 없어져도 원래의 형태로 돌아가지 않는 성질로 파이, 크로와상, 데니시 페이스트리 등은 유지의 가소성을 이용하는 제품이다.

chapter 02

정답 1④ 2④ 3④ 4③ 5④ 6③ 7① 8②

9 수중유적형(O/W) 식품이 아닌 것은?

① 우유   ② 마가린
③ 마요네즈   ④ 아이스크림

> 수중유적형(O/W) 유지 제품은 물에 기름이 분산되어 있는 형태로 우유, 마요네즈, 아이스크림 등이 있다.

10 장기간의 저장성을 지녀야 하는 건과자용 쇼트닝에서 가장 중요한 제품 특성은?

① 가소성   ② 안정성
③ 신장성   ④ 크림가

> 유지의 안정성은 지방의 산화와 산패를 억제하는 성질로서, 장기간의 저장성을 지녀야 하는 건과자나 고온에서 작업을 해야 하는 튀김기름 등에 가장 필요한 성질이다.

11 유지의 경화란 무엇인가?

① 경유를 정제하는 것
② 지방산가를 계산하는 것
③ 우유를 분해하는 것
④ 불포화지방산에 수소를 첨가하여 고체화시키는 것

> 유지의 경화란 불포화지방산의 이중결합에 니켈을 촉매로 수소를 첨가하여 고체화시키는 것으로, 불포화도는 감소하고 포화도가 높아져 융점이 높아지고 단단해진다.

12 다음 설명 중 옳은 것은?

① 액체유에는 대체로 포화 지방산이 많다.
② 기름의 경화는 보통 니켈을 촉매로 하여 수소를 첨가하는 것이다.
③ 불포화도가 높을수록 기름의 저장 기간이 길어진다.
④ 요오드가가 높을수록 불포화도는 낮다.

> ① 액체유에는 대체적으로 불포화지방산이 많다.
> ③ 불포화도가 높으면 산패가 쉽게 일어난다.
> ④ 요오드가가 높을수록 유지의 불포화도가 높다는 것이다.

13 다음 중 유지의 경화 공정과 관계가 없는 물질은?

① 불포화지방산   ② 수소
③ 콜레스테롤   ④ 촉매제

> 유지의 경화란 불포화지방산에 니켈을 촉매로 수소를 첨가시켜 지방의 불포화도를 감소시킨 것을 말한다.

14 불포화 지방의 안정성을 높이는 물질은?

① 수소 첨가   ② 물 첨가
③ 산소 첨가   ④ 유화제 첨가

> 불포화지방산에 수소를 첨가하면 불포화도가 감소하여 융점이 높아지고 단단해지는 유지의 경화현상이 일어난다.

15 트랜스 지방에 대한 설명으로 틀린 것은?

① 부분경화유 생산 시 많게는 40% 정도가 생산된다.
② 섭취 시 인체 내 고밀도지단백질(HDL)이 많아진다.
③ 엑스트라 버진 올리브유나 참기름과 같이 압착하는 유지에는 트랜스 지방이 없다.
④ 버터는 천연적으로 트랜스 지방이 5% 정도 들어 있다.

> 트랜스 지방은 유지를 경화시키기 위해 수소를 첨가하는 과정(부분경화라 한다)에서 생성되는 지방으로 섭취 시 인체 내에 저밀도지단백질(LDL)이 많아진다.

16 세계보건기구(WHO)는 성인의 경우 하루 섭취 열량 중 트랜스 지방의 섭취를 몇 % 이하로 권고하고 있는가?

① 0.5%   ② 1%
③ 2%   ④ 3%

> 트랜스 지방을 과다섭취하면 몸에 해로운 콜레스테롤인 저밀도지단백질(LDL)이 많아져서 심장병이나 혈관질환의 주요 원인이 되기 때문에 세계보건기구에서는 하루 1% 이하의 섭취를 권고하고 있다.

정답   **9** ②   **10** ②   **11** ④   **12** ②   **13** ③   **14** ①   **15** ②   **16** ②

17 ★★★★ 반고체 유지 또는 지방의 각 온도에서 고체 성분비율을 나타내는 것은?

① 고체지방지수(SFI)
② 용해성(Solubility)
③ 가소성(Plasticity)
④ 결정구조(Crystal structure)

> 반고체 유지 또는 지방의 각 온도에서 고체 성분비율을 그 온도에서의 고체지방지수(고체지지수)라고 하며, 유지는 고체지지수 15~20%일 때 가장 사용하기가 좋다.

18 ★★★ 다음 중 수소를 첨가하여 얻는 유지류는?

① 쇼트닝
② 버터
③ 라드
④ 양기름

> 유지의 경화는 불포화지방산에 수소를 첨가하여 얻는 유지류로 쇼트닝과 마가린 등이 있다. 버터, 라드, 양기름은 동물성 지방으로 포화지방산이 많아 상온에서 고체 형태를 가진다.

19 ★★ 다음 중 제과제빵 재료로 사용되는 쇼트닝(Shortening)에 대한 설명으로 틀린 것은?

① 쇼트닝을 경화유라고 말한다.
② 쇼트닝은 불포화지방산의 이중결합에 촉매 존재 하에 수소를 첨가하여 제조한다.
③ 쇼트닝성과 공기 포집 능력을 갖는다.
④ 쇼트닝은 융점(melting point)이 매우 낮다.

> 쇼트닝은 유지에 수소를 첨가하여 경화시킨 제품으로 지방산의 포화도가 높아져 융점이 높아지고 단단해진다.

20 ★★★ 다음 유지의 성질 중 크래커에서 가장 중요한 것은?

① 크림가
② 쇼트닝가
③ 가소성
④ 발연점

> 쇼트닝가는 빵이나 과자 제품의 부드러운 정도를 측정하는 단위로 크래커는 바삭거리는 식감이 중요하기 때문에 쇼트닝가가 높아야 한다.

21 ★★ 다음 중 쇼트닝을 몇 % 정도 사용했을 때 빵 제품의 최대부피를 얻을 수 있는가?

① 2%
② 4%
③ 8%
④ 12%

> 쇼트닝을 3~4% 첨가 시 가스 보유력은 좋아 빵 제품의 최대부피를 얻을 수 있다. 쇼트닝의 양이 너무 많으면 반죽의 윤활성이 너무 커져서 미끄럼 현상을 일으키고 결과적으로 제품의 부피를 작게 만든다.

22 ★★★★ 기본적인 유화 쇼트닝은 모노-디 글리세라이드 역가를 기준으로 유지에 대하여 얼마를 첨가하는 것이 가장 적당한가?

① 1~2%
② 3~4%
③ 6~8%
④ 10~12%

> 기본적인 유화 쇼트닝은 유화제인 모노-디 글리세라이드 역가를 기준으로 6~8%를 첨가하여 혼합한다.

23 ★★ 버터에는 우유 지방이 약 얼마나 들어있는가?

① 20%
② 40%
③ 60%
④ 80%

> 버터에는 우유 지방이 80%, 수분 18% 이하, 소금 0~3%, 단백질, 유당, 광물질 등을 포함하여 1% 정도로 구성되어 있다.

24 ★★ 일반적인 버터의 수분 함량은?

① 18% 이하
② 25% 이하
③ 30% 이하
④ 45% 이하

> 일반적인 버터의 수분 함량은 18% 이하이다.

25 ★ 버터의 독특한 향미와 관계가 있는 물질은?

① 모노글리세라이드(Monoglyceride)
② 지방산(Fatty Acid)
③ 디아세틸(Diacetyl)
④ 캡사이신(Capsaicin)

> 디아세틸은 2개의 아세틸 분자가 결합되어 있는 것으로 버터나 마가린 등에서 독특한 향미를 내는 물질이다.

정답 17 ① 18 ① 19 ④ 20 ② 21 ② 22 ③ 23 ④ 24 ① 25 ③

26 ★ 천연 버터와 마가린의 가장 큰 차이는?

① 수분   ② 지방산
③ 산가   ④ 과산화물가

> 버터의 지방은 뷰티르산이라는 지방산으로 이루어져 있고, 마가린의 지방은 스테아르산이라는 지방산으로 이루어져 있다.

27 ★★ 마가린에 대한 설명 중 틀린 것은?

① 지방함량이 80% 이상이다.
② 유지원료는 동물성과 식물성이 있다.
③ 버터 대용품으로 사용된다.
④ 순수 유지방(乳脂肪)만을 사용했다.

> 마가린은 버터의 조성과 흡사하며, 버터의 유지는 꼭 유지방이어야 하지만, 마가린은 동·식물성 유지 또는 이들의 혼합된 유지로 만들 수 있다.

28 ★★★ 제빵에 있어 일반적으로 껍질을 부드럽게 하는 재료는?

① 소금
② 밀가루
③ 마가린
④ 이스트 푸드

> 유지는 글루텐의 형성을 방해하여 빵에는 부드러움을 주고 과자에는 바삭거리는 식감을 준다. 보기 중 유지는 마가린뿐이다.

29 ★★★ 다음 마가린 중에서 가소성이 가장 적은 것은?

① 식탁용 마가린
② 케이크용 마가린
③ 롤-인용 마가린
④ 퍼프 페이스트리용 마가린

> 식탁용 마가린은 입안에서 순간적으로 녹을 수 있는 구용성이 필요하므로 융점이 높아야 하는 가소성은 적어야 한다.

30 ★★★★ 튀김용 기름의 조건으로 알맞지 않은 것은?

① 발연점이 높은 기름이 유리하다.
② 도넛에 기름기가 적게 남는 것이 유리하다.
③ 장시간 튀김에 유리지방산 생성이 적고 산패가 되지 않아야 한다.
④ 과산화물가가 높을수록 기름의 흡유율이 적어 담백한 맛이 나고 건강에 도움이 된다.

> 과산화물가는 유지의 자동산화 정도를 나타내는 지표로, 과산화물가가 높다는 것은 유지가 산패되었다는 의미이다. 따라서 유지의 과산화물가가 높으면 튀김용 기름으로 좋지 않다.

31 ★★★ 가수분해나 산화에 의하여 튀김기름을 나쁘게 만드는 요인이 아닌 것은?

① 온도
② 물
③ 산소
④ 비타민 E(토코페롤)

> 튀김기름의 산패를 막기 위하여 항산화제를 사용하며, 주로 비타민 E(토코페롤)가 항산화제로 사용된다.

32 ★★★ 튀김기름을 해치는 4대 적이 아닌 것은?

① 온도   ② 수분
③ 공기   ④ 항산화제

> 튀김기름의 4대 적은 공기(산소), 이물질, 온도(반복가열), 수분이며, 유지의 산화와 산패를 막기 위하여 항산화제를 사용한다.

33 ★★★ 튀김기름의 품질을 저하시키는 요인으로만 나열된 것은?

① 수분, 탄소, 질소
② 수분, 공기, 반복가열
③ 공기, 금속, 토코페롤
④ 공기, 탄소, 세사몰

> 튀김기름의 4대 적이라 불리는 것은 공기(산소), 수분, 이물질, 온도(반복가열) 이며, 자외선 및 금속도 산패를 촉진시킨다. 질소, 토코페롤, 세사몰 등은 항산화제로 사용된다.

34 유지의 산화방지에 주로 사용되는 방법은?

① 수분 첨가
② 비타민 E 첨가
③ 단백질 제거
④ 가열 후 냉각

> 비타민 E(토코페롤)는 항산화 기능이 있어 유지의 산화 방지에 주로 사용되는 항산화제이다.

35 튀김기름의 조건으로 틀린 것은?

① 발연점(Smoking Point)이 높아야 한다.
② 산패에 대한 안정성이 있어야 한다.
③ 여름철에 융점이 낮은 기름을 사용한다.
④ 산가(Acid Value)가 낮아야 한다.

> 튀김용 기름이 갖추어야 할 요건
> • 발연점이 높은 것
> • 산패에 대한 안전성과 저장성이 좋을 것
> • 산가가 낮은 것
> • 거품이나 점도 형성에 대한 저항성이 좋을 것
> • 여름은 높은 융점, 겨울은 낮은 융점의 기름을 사용할 것

36 좋은 튀김기름의 조건이 아닌 것은?

① 천연의 항산화제가 있다.
② 발연점이 높다.
③ 수분이 10% 정도이다.
④ 저장성과 안정성이 높다.

> 튀김기름에는 수분이 거의 없어야 한다.

37 식용유지로 튀김 요리를 반복할 때 발생하는 현상이 아닌 것은?

① 발연점 상승
② 유리지방산 생성
③ 카르보닐화합물 생성
④ 점도 증가

> 튀김 요리를 고열에서 반복 사용하게 되면 유리지방산과 카르보닐화합물이 생성되어 발연점이 낮아지고 점도가 증가한다.

38 유지의 발연점에 영향을 주는 요인과 거리가 먼 것은?

① 유리지방산의 함량
② 외부에서 들어온 미세한 입자상의 물질들
③ 노출된 유지의 표면적
④ 이중결합의 위치

> 유지의 발연점은 유리지방산의 함량, 외부에서 들어온 이물질, 노출된 유지의 표면적, 가열시간 및 사용 횟수 등에 영향을 받는다. 이중결합의 위치가 아니라 개수가 유지의 융점에 관여한다.

39 도넛 튀김용 유지로 가장 적당한 것은?

① 라드
② 유화 쇼트닝
③ 면실유
④ 버터

> 면실유는 목화씨에서 짜내는 반건성유로 발연점이 높아 튀김용으로 적당하다.

우유와 유제품

1 과자와 빵에 우유가 미치는 영향이 아닌 것은?

① 영양을 강화시킨다.
② 보수력이 없어서 노화를 촉진시킨다.
③ 겉껍질 색깔을 강하게 한다.
④ 이스트에 의해 생성된 향을 착향시킨다.

> 보수력은 수분을 보유하는 능력으로 우유는 보수력이 좋아 과자나 빵의 노화를 지연시킨다.

2 우유 성분 중 산에 의해 응고되는 물질은?

① 단백질
② 유당
③ 유지방
④ 회분

> 우유의 단백질인 카제인은 산과 레닌에 의해서 응고되고, 락토알부민과 락토글로불린은 열에 응고된다.

chapter 02

3 우유에 대한 일반적인 설명으로 옳은 것은?
★★★★

① 유방염 유는 알코올 테스트 시 음성반응을 보인다.
② 신선한 우유의 pH는 3.0 정도이다.
③ 신선하지 못한 우유의 비중(15℃ 기준)은 평균 1.032 정도이다.
④ 우유의 산가 0.5~0.7%에서 단백질 카제인이 응고한다.

> 우유의 카제인은 pH 4.6(산가 0.5~0.7%)에서 칼슘과의 화합물 형태로 응고한다.
> ① 우유의 알코올 테스트는 원유의 신선도를 검사하는 가장 일반적인 방법으로 유방염 유는 양성반응을 보인다.
> ② 신선한 우유의 pH는 6.5~6.8 정도이다.
> ③ 신선한 우유의 비중은 1.030~1.032 정도이다.

4 우유에 대한 설명으로 옳은 것은?
★★

① 시유의 비중은 1.3 정도이다.
② 우유 단백질 중 가장 많은 것은 카제인이다.
③ 우유의 유당은 이스트에 의해 쉽게 분해된다.
④ 시유의 현탁액은 비타민 B_2에 의한 것이다.

> 우유의 단백질은 3.4% 정도를 함유하고 있으며, 이 중 카제인이 80% 정도를 차지하고 있다.
> ① 우유의 비중은 1.030~1.032 정도이다.
> ③ 이스트에는 유당을 분해하는 효소인 락타아제가 없어 유당을 분해하지 못한다. 유당은 젖산균(유산균)에 의해 발효된다.
> ④ 시유의 현탁액은 콜로이드상의 현탁액으로 분산되어 있는 단백질에 의한 것이다.

5 다음 중 우유 단백질이 아닌 것은?
★★★

① 카제인(Casein)
② 락토알부민(Lactalbumin)
③ 락토글로불린(Lactoglobulin)
④ 락토스(Lactose)

> 우유에는 단백질이 3.4~3.5% 정도 함유되어 있으며 이 중 카제인이 80%, 나머지는 락토알부민과 락토글로불린이다.
> ※ 락토스(유당)는 우유에 함유되어 있는 탄수화물이다.

6 일반적으로 신선한 우유의 pH는?
★★

① 4.0~4.5
② 3.0~4.0
③ 5.5~6.0
④ 6.5~6.7

7 우유의 단백질 중에서 열에 응고되기 쉬운 단백질은?
★★★

① 카제인
② 락토알부민
③ 리포프로테인
④ 글리아딘

> 우유 단백질 중 20% 정도를 차지하는 락토알부민과 락토글로불린은 열에 쉽게 응고된다.

8 우유 중 제품의 껍질색을 개선시켜 주는 성분은?
★★★★★

① 유당
② 칼슘
③ 유지방
④ 광물질

> 유당은 캐러멜화나 마이야르 반응과 같은 갈변 반응을 일으켜 껍질색을 개선해준다.

9 시유의 탄수화물 중 함량이 가장 많은 것은?
★★★

① 포도당
② 과당
③ 맥아당
④ 유당

> 우유에 함유된 당질은 평균 4.8%이며, 그 중 유당이 대부분(99.8%)이다.

10 다음 중 우유 가공품과 거리가 먼 것은?
★★★

① 치즈
② 마요네즈
③ 연유
④ 생크림

> 마요네즈는 달걀의 노른자에 소금, 식초, 식용유 등을 넣으면서 휘핑하여 만드는 제품이다.

정답 **3** ④ **4** ② **5** ④ **6** ④ **7** ② **8** ① **9** ④ **10** ②

11 시유의 일반적인 수분과 고형질 함량은?

① 물 68%, 고형질 38%
② 물 75%, 고형질 25%
③ 물 88%, 고형질 12%
④ 물 95%, 고형질 5%

시유는 일반적으로 물 88%, 고형질 12% 정도로 구성되어 있다.

12 분유의 종류에 대한 설명으로 틀린 것은?

① 혼합분유 : 연유에 유청을 가하여 분말화한 것
② 전지분유 : 원유에서 수분을 제거하여 분말화한 것
③ 탈지분유 : 탈지유에서 수분을 제거하여 분말화한 것
④ 가당분유 : 원유에 당류를 가하여 분말화한 것

혼합분유는 전지분유나 탈지분유에 곡류 가공품, 코코아 가공품 등의 식품을 첨가하여 만든 것이다.

13 다음 중 우유에 관한 설명이 아닌 것은?

① 우유에 함유된 주 단백질은 카제인이다.
② 연유나 생크림은 농축 우유의 일종이다.
③ 전지분유는 우유 중의 수분을 증발시키고 고형질 함량을 높인 것이다.
④ 우유 교반 시 비중의 차이로 지방 입자가 뭉쳐 크림이 된다.

전지분유는 우유의 수분을 제거하고 다른 첨가물을 넣지 않고 그대로 분말화한 것이다. 우유의 수분을 증발시키고 고형질 함량을 높인 우유는 농축 우유이다.

14 빵에서 탈지분유의 역할이 아닌 것은?

① 흡수율 감소
② 조직 개선
③ 완충제 역할
④ 껍질색 개선

빵에 탈지분유를 첨가하면 글루텐을 강화하여 조직이 개선되고, 발효 시 pH 변화에 대한 완충제 역할을 하고, 탈지분유 속의 유당은 껍질색을 개선하는 효과가 있다.
※ 탈지분유 1% 증가 시 수분 흡수율은 1.75~1% 증가된다.

15 다음 설명 중 제빵에 분유를 사용하여야 하는 경우로 가장 적당한 것은?

① 라이신과 칼슘이 부족할 때
② 표피 색깔이 너무 빨리 날 때
③ 디아스타제 대신 사용하고자 할 때
④ 이스트 푸드 대신 사용하고자 할 때

우유에는 밀가루에 부족한 필수아미노산(라이신)과 칼슘이 많이 들어있어 제빵 시 영양 강화를 위해 사용한다.

16 소맥분의 패리노그래프를 그려 보니 믹싱타임 (Mixing Time)이 매우 짧은 것으로 나타났다. 이 소맥분을 빵에 사용할 때 보완법으로 옳은 것은?

① 소금양을 줄인다.
② 탈지분유를 첨가한다.
③ 이스트 양을 증가시킨다.
④ pH를 낮춘다.

분유에 포함된 단백질은 반죽의 믹싱 내구력을 높여준다. 따라서 분유의 양이 많아지면 믹싱 시간이 길어지고, 양이 적으면 믹싱 시간이 짧아진다.

17 카제인이 산이나 효소에 의하여 응고되는 성질은 어떤 식품의 제조에 이용되는가?

① 아이스크림   ② 생크림
③ 버터   ④ 치즈

치즈는 우유에 젖산균이나 레닌을 투입하여 카제인을 응고시킨 후 이를 발효, 숙성시켜 만든다.

18 치즈 제조에 관계되는 효소는?

① 레닌   ② 찌마아제
③ 펩신   ④ 팬크리아틴

우유 단백질인 카제인을 응고시키는 응유효소는 레닌이다.

chapter 02

19 다음 유제품 중 일반적으로 100g당 열량을 가장 많이 내는 것은?

① 요구르트   ② 탈지분유
③ 가공치즈   ④ 시유

> 가공치즈는 자연 치즈를 갈아 유화제를 섞어 가열한 후 식혀서 굳힌 것으로 발효가 더 이상 진행되지 않아 저장성이 좋으며, 단백질을 응고시켜 만들었기 때문에 열량이 높다.
> ※ 요구르트나 시유는 수분 함량이 높아서, 탈지분유는 지방을 제거한 것이므로 열량이 낮다.

20 젖산균에 대한 설명으로 틀린 것은?

① 젖산균은 기능성적인 측면에서 볼 때 프리바이오틱스(prebiotics)에 속한다.
② 젖산균은 포도당을 발효하여 다량의 젖산을 생성한다.
③ 젖산균 중 비피도 박테리아균은 포도당을 발효하여 젖산과 초산을 생성한다.
④ 사워 도우에서 이스트와 함께 발효에 관여한다.

> 젖산균(유산균)은 포도당 등을 분해하여 젖산을 생성하는 유익균이다. 사워 도우는 이스트를 사용하지 않는 사워종법을 사용하여 발효시킨다.

달걀

1 달걀 껍질을 제외한 전란의 고형질 함량은 일반적으로 약 몇 %인가?

① 7%   ② 12%
③ 25%   ④ 50%

> 달걀의 부위별 고형분과 수분의 비교
>
> | 부위명 | 전란 | 노른자 | 흰자 |
> |---|---|---|---|
> | 고형분 | 25% | 50% | 12% |
> | 수분 | 75% | 50% | 88% |

2 달걀의 일반적인 수분 함량은?

① 50%   ② 75%
③ 88%   ④ 90%

3 달걀에 대한 설명 중 옳은 것은?

① 노른자에 가장 많은 것은 단백질이다.
② 흰자는 대부분이 물이고 그 다음 많은 성분은 지방질이다.
③ 껍질은 대부분 탄산칼슘으로 이루어져 있다.
④ 흰자보다 노른자 중량이 더 크다.

> ① 노른자의 70%를 차지하는 성분은 지방이다.
> ② 흰자는 88%의 수분과 11.2%의 단백질로 이루어져 있다.
> ④ 달걀은 30%의 노른자, 60%의 흰자, 10%의 껍질로 이루어진다.

4 껍질을 포함하여 60g인 달걀 1개의 가식 부분은 몇 g 정도인가?

① 35g   ② 42g
③ 49g   ④ 54g

> 달걀은 껍질 10%, 흰자 60%, 노른자 30%로 이루어져 있다. 가식부분은 폐기되는 껍질을 제외한 부분을 말한다.
> 60g×90% = 54g

5 달걀흰자가 360g 필요하다고 할 때 전란 60g짜리 달걀은 몇 개 정도 필요한가? (단, 달걀 중 난백의 함량은 60%)

① 6개   ② 8개
③ 10개   ④ 13개

> • 60g짜리 달걀의 난백 무게 : 60g×0.6 = 36g
> • 필요한 달걀의 개수 : 360g / 36g = 10개

6 달걀의 흰자 540g을 얻으려고 한다. 달걀 한 개의 평균 무게가 60g이라면 몇 개의 달걀이 필요한가?

① 10개   ② 15개
③ 20개   ④ 25개

> • 달걀의 비율 : 껍질 10%, 노른자 30%, 흰자 60%
> • 60g짜리 달걀의 난백 무게 : 60g×0.6 = 36g
> • 필요한 달걀의 개수 : 540g / 36g = 15개

정답   19 ③   20 ④ | 1 ③   2 ②   3 ③   4 ④   5 ③   6 ②

7 ★★★★
달걀의 특징적 성분으로 지방의 유화력이 강한 성분은?

① 레시틴(Lecithin)
② 스테롤(Sterol)
③ 세팔린(Cephalin)
④ 아비딘(Avidin)

레시틴은 지방과 인이 결합한 복합지질로서 지방의 유화력이 강하여 천연유화제로 사용된다.

8 ★★
달걀 성분 중 마요네즈 제조에 이용되는 것은?

① 글루텐(Gluten)
② 레시틴(Lecithin)
③ 카제인(Casein)
④ 모노글리세라이드(Monoglyceride)

마요네즈를 만들 때 난황의 레시틴이 유화제 역할을 한다.

9 ★★★★★
달걀흰자의 약 13%를 차지하며 철과의 결합 능력이 강해서 미생물이 이용하지 못하는 항세균 물질은?

① 오브알부민(Ovalbumin)
② 콘알부민(Conalbumin)
③ 오보뮤코이드(Ovomucoid)
④ 아비딘(Avidin)

콘알부민은 흰자의 약 13%를 차지하는 단백질로 철과의 결합 능력이 강하여 미생물이 이용하지 못하는 항세균 물질이다.

10 ★★★
어느 성분이 달걀흰자에 있어 달걀 제품을 은(silver) 제품에 담았을 때 검은색으로 변하는가?

① 요오드
② 아연
③ 유황
④ 인

달걀흰자에는 황을 함유하고 있는 함황아미노산(메티오닌)이 들어있어 은 제품과 접촉하면 은 제품이 검은색으로 변한다.

11 ★★★★
케이크 제조에 있어 달걀의 기능으로 가장 거리가 먼 것은?

① 유화작용
② 착색작용
③ 팽창작용
④ 결합작용

달걀은 케이크 제조에서 결합제, 유화제, 팽창제 등으로 사용된다. 달걀노른자의 카로티노이드 색소로 약간의 착색작용도 있으나 보기 중에서는 가장 거리가 멀다.

12 ★★★★
제과에서 달걀의 기능이 아닌 것은?

① 천연유화제의 기능이 있다.
② 제품 껍질의 갈색화를 일으킨다.
③ 수분공급의 역할을 한다.
④ 팽창제의 역할을 한다.

제과 껍질의 갈색화는 캐러멜반응과 마이야르 반응이 동시에 일어나기 때문이다.

13 ★★★★
케이크 제조에 사용되는 달걀의 역할이 아닌 것은?

① 결합제 역할
② 글루텐 형성 작용
③ 유화력 보유
④ 팽창작용

밀가루 반죽의 주성분인 글루텐을 형성하는 것은 밀가루 단백질인 글리아딘과 글루테닌이다.

14 ★★★★
케이크 제품에서 달걀의 기능이 아닌 것은?

① 영양가 증대
② 결합제 역할
③ 유화작용 저해
④ 수분 증발 감소

달걀노른자의 레시틴은 유화작용을 한다.

chapter 02

15 커스타드 크림에서 달걀의 주요 역할은? ★★★★

① 영양가를 높이는 역할
② 결합제의 역할
③ 팽창제의 역할
④ 저장성을 높이는 역할

달걀은 커스타드 크림에서 형태를 지탱하는 구성체를 이루도록 하는 결합제(농후화제)의 역할을 한다.

16 달걀의 기포성과 포집성이 가장 좋은 온도는? ★★★

① 0℃   ② 5℃
③ 30℃   ④ 50℃

달걀만을 휘핑할 경우 30℃ 정도에서 기포성과 포집성이 가장 좋다.

17 다음 중 신선한 달걀의 특징은? ★★★

① 8% 식염수에 뜬다.
② 흔들었을 때 소리가 난다.
③ 난황 계수가 0.1 이하이다.
④ 껍질에 광택이 없고 거칠다.

① 6~10%의 식염수에 가라앉아야 신선하다.
② 흔들었을 때 소리가 안 나는 것이 신선하다.
③ 신선한 달걀은 난황 계수가 0.4 정도이고 신선도가 떨어질수록 수치가 낮아진다.

18 다음 중 달걀에 대한 설명이 틀린 것은? ★★

① 노른자의 수분 함량은 약 50% 정도이다.
② 전란(흰자와 노른자)의 수분 함량은 75% 정도이다,
③ 노른자에는 유화 기능을 갖는 레시틴이 함유되어 있다.
④ 달걀은 -5~-10℃로 냉동 저장하여야 품질을 보장할 수 있다.

달걀은 0~5℃ 정도에서 냉장 보관하여야 품질을 보장할 수 있다.

19 달걀이 오래되면 어떠한 현상이 나타나는가? ★★

① 비중이 무거워진다.
② 점도가 감소한다.
③ pH가 떨어져 산패된다.
④ 기실이 없어진다.

·달걀이 오래되면 기실이 커져 비중이 작아지며, 달걀의 점도는 떨어진다. pH가 떨어지면 산패가 아니라 부패가 일어난다.

1 이스트(효모)의 특징 및 기능

1) 이스트의 특징

① 주로 출아법(Budding)*으로 증식하는 단세포 생물이다.

② 엽록소가 없어 광합성을 하지 못한다.

③ 호기성으로 산소의 유무에 따라 증식과 발효가 달라진다.

→ 산소가 없어도 활성이 멈추지는 않는다.

④ 이스트 발육의 최적 온도 28~32℃, 최적 pH 4.5~4.8이다.

→ 이스트의 세포는 48℃에서 파괴가 시작되고, 63℃ 정도에서 사멸한다.

2) 이스트의 기능

① 반죽이 발효되는 동안 포도당을 분해하여 탄산가스(이산화탄소)와 알코올* 생성

② 발효 중 생산되는 탄산가스를 적당히 보유할 수 있도록 글루텐을 조절

③ 2당류 · 3당류보다 단당류를 더 잘 분해한다.

④ 유당분해효소(락타제)가 없어 유당은 분해하지 못한다.

3) 이스트의 효소

효소	특징
말타아제	맥아당을 2분자의 포도당으로 분해
인버타아제	자당(설탕)을 포도당과 과당으로 분해
찌마아제	단당류(포도당, 과당)를 분해시켜 탄산가스(이산화탄소)와 알코올 생성
프로테아제	단백질을 분해시켜 펩티드와 아미노산 생성
리파아제	지방을 지방산과 글리세린으로 분해

2 이스트의 종류

1) 생이스트(Fresh yeast)

① '압착 효모'라고도 하며, 일반적으로 수분 65~75%, 고형분 30~35% 함유한다.

② 가장 현실적인 보관온도는 −1~5℃의 냉장 보관이다.

→ 생이스트는 −18℃ 이하에서 1년 이상 보존이 가능하다.

2) 활성 건조 이스트(Active dry yeast)

① 생이스트를 건조시켜 수분 함량을 7.5~9.0% 정도로 만든 이스트이다.

② 저온에서 건조하여 이스트 내 효소의 활성을 그대로 가지고 있다.

③ 생이스트를 대체하여 활성 건조 이스트를 사용할 경우 생이스트의 40~50% 정도를 사용한다.

④ 반죽에 고루 분산시키기 위하여 수화하여 사용한다.

⑤ 활성 건조 이스트의 4배 정도의 물(40~45℃)에서 5~10분간 수화시킨다.

⑥ 활성 건조 이스트를 수화할 때 밀가루를 기준으로 1~3%의 설탕을 물에 풀어주면 발효력이 증가된다.

⑦ 찬물에 수화시키면 이스트로부터 글루타치온*이 침출되어 반죽이 끈적거리고 약한 반죽이 된다.

---

* **출아법** : 세포 일부에서 싹이 자라 성장하며 모체에서 분리하는 증식법

▶ **제빵용 효모의 학명**
Saccharomyces cerevisiae

▶ **이스트의 3대 기능**
• 팽창 기능
• 향의 형성과 개발
• 반죽 발전(숙성)

* **이스트에서 탄산가스와 알코올의 역할**
• 이산화탄소 : 반죽을 팽창시킨다.
• 에틸알코올 : 반죽의 pH를 낮추고 향미를 발달시킨다.

* **글루타치온(Glutathion)**
효모에 함유된 성분으로 특히 오래된 효모에 많고 환원제로 작용하여 반죽을 약화시키고 빵의 맛과 품질을 떨어뜨린다.

chapter **02**

3) 불활성 건조 이스트(Inactive dry yeast)

① 높은 건조 온도에서 수분을 증발시켜 이스트 내의 효소를 파괴한 효모이다.

② 이스트에는 단백질이 풍부하고 특히 필수아미노산인 라이신이 풍부하여 **빵·**
과자 제품의 영양 보강제로 사용한다.

3 이스트의 취급과 저장

① 고온의 물과 직접 닿지 않도록 해야 한다. → 48℃에서 이스트의 세포가 파괴되기 시작

② 소금과 이스트는 직접 닿지 않도록 한다.

③ 온도가 높고 습기가 많은 날에는 이스트의 활성이 증가하므로 작은 규모의 공
장에서는 날씨를 고려한다.

④ 먼저 배달된 이스트를 먼저 사용한다. (선입선출)

4 이스트 푸드

1) 이스트 푸드의 개요

① 이스트의 먹이로 이스트의 발효를 조절

② **빵** 반죽 및 품질을 개선하는 첨가제로 사용

③ 밀가루 중량에 대하여 약 0.1~0.2%를 사용

2) 이스트 푸드의 기능

반죽의 성질 조절	• 반죽의 pH 조절 : 효모의 활성이 가장 좋은 pH 4~6으로 조절한 다. • 효소제, 산성인산칼슘
이스트 조절제	• 이스트의 먹이인 질소 등의 영양을 공급하여 발효를 조절한다. • 염화암모늄, 황산암모늄, 인산암모늄
물 조절제	• 물의 경도를 조절하여 제빵성을 향상시킨다. • 칼슘염(황산칼슘, 인산칼슘, 과산화칼슘)은 연수를 경수로 고정하여 반죽의 수축력을 향상시켜 이산화탄소의 포집력을 크게 만든다.
반죽 조절제	• 반죽의 물리적 성질을 조절 • 효소제, 산화제, 환원제

5 이스트 푸드의 구성

칼슘염	• 물 조절제로 물의 경도를 조절 • 황산칼슘, 인산칼슘, 과산화칼슘
인산염	• 생지의 pH를 효모의 발육에 가장 알맞은 미산성의 상태로 조절. • 인산칼슘
암모늄염	• 이스트에 질소 등의 영양을 공급 • 염화암모늄, 황산암모늄, 인산암모늄
전분	이스트 푸드의 충전제로 사용

▶ 이스트의 사용량을 증가시키는 경우

① 반죽 온도가 낮을 때
② 물이 알칼리성일 때
③ 미숙한 밀가루를 사용할 때
④ 소금과 설탕의 사용량이 많을 때
⑤ 우유(분유)의 사용량이 많을 때
⑥ 발효 시간을 감소시키고자 할 때

▶ 반죽 조절제

효소제	• 반죽의 신장성 향상 • 프로테아제, 아밀라아제 등

산화제	• 글루텐을 강화시켜 제품
	  의 부피 확대
	• 아조디카본아마이드
	  (ADA), 과산화칼슘

환원제	• 글루텐을 약화시켜 반죽 시간을 단축 • 글루타치온, 시스테인

1 팽창제의 개요

① 팽창제는 반죽 중에 가스를 발생시켜 제품에 독특한 다공성의 세포구조를 부여한다.

② 팽창제는 반죽을 부풀게 하여 부드러운 조직을 부여해준다.

③ 팽창제의 종류

| 천연팽창제 (이스트) | 이스트는 발효 조건이 까다롭고, 발효 시간도 오래 걸려 화학 팽창제가 개발되었다. |

| 화학적 팽창제 | • 가열에 의하여 발생하는 유리 탄산가스나 암모니아 가스만으로 팽창
• 천연팽창제(효모)에 비하여 가스 생산이 빠름
• 종류 : 베이킹파우더, 중조(탄산수소나트륨), 암모늄염 등 |

2 베이킹파우더(Baking powder)

1) 베이킹파우더의 구성

탄산수소나트륨	• 중조 또는 베이킹소다라고도 한다. • 탄산가스(CO_2)를 발생시키고 물과 탄산나트륨으로 분해된다.
산염	• 베이킹파우더에 사용하는 산의 종류에 따라 가스 발생 속도를 조절할 수 있다. • 주석산(주석산염) → 인산(인산염) → 알루미늄 물질의 순서로 가스 발생 속도가 빠르다.
부형제 (중량제)	• 전분이나 밀가루 사용 • 탄산수소나트륨과 산염을 격리 • 흡수제 역할 및 계량을 용이하게 해줌

▶ 탄산수소나트륨(중조)의 화학적 반응식

$$2NaHCO_3 \text{(탄산수소나트륨)}$$
$$\downarrow$$
$$CO_2 \text{(이산화탄소)} + H_2O \text{(물)} + Na_2CO_3 \text{(탄산나트륨)}$$

2) 베이킹파우더의 특징

① 탄산수소나트륨이 기본이 되고 여기에 산을 첨가하여 중화가를 맞추어 놓은 것이다.

② 베이킹파우더의 팽창력은 이산화탄소에 의한 것이다.

③ 베이킹파우더 무게에 대하여 12% 이상의 유효 가스를 발생시켜야 한다.

④ 과량의 산은 반죽의 pH를 낮게, 과량의 중조는 pH를 높게 만든다.

⑤ 베이킹소다를 베이킹파우더로 대체할 경우 베이킹소다의 3배를 사용한다.

> **베이킹파우더의 사용량** = 베이킹소다 사용량×3

⑥ 케이크나 쿠키를 만들 때 많이 사용

▶ 베이킹파우더의 사용량이 과다할 경우
• 밀도가 낮고 부피가 크다.
• 기공과 조직이 조밀하지 못하여 속 결이 거칠다.
• 오븐 스프링이 커서 찌그러지거나 주저앉기 쉽다.
• 속 색이 어둡다.
• 같은 조건일 때 건조가 빠르다.

3) 중화가

산에 대한 탄산수소나트륨의 백분비로 유효 가스를 발생시키고 중성이 되는 양을 조절할 때 사용한다.

$$중화가(\%) = \frac{중조(탄산수소나트륨)의\ 양}{산성제의\ 양} \times 100$$

3 기타 팽창제

1) **탄산수소나트륨**(중조, Baking soda, $NaHCO_3$)

① 베이킹파우더의 주성분이다.

② 베이킹파우더 형태나 단독으로 사용되어 이산화탄소를 발생시킨다.

③ 알칼리성으로 반죽의 pH를 높인다.

④ 사용하는 재료에 들어있는 천연산(레몬즙 등)에 의해 중화된다.

⑤ 사용량이 과다하면 색상이 어두워지고, 비누 맛·소다 맛을 낸다.

2) 암모늄염

① 물이 있으면 단독으로 작용하여 이산화탄소와 암모니아 가스를 발생시킨다.

② 밀가루 단백질을 부드럽게 하는 효과가 있다.

③ 쿠키 등의 제품이 잘 퍼지도록 한다.

④ 탄산암모늄, 탄산수소암모늄 등

3) **이스트 파우더**(이스파타)

① 암모늄계 팽창제로 팽창력이 강하다.

② 제품의 색을 희게 한다.

③ 많이 사용할 경우 암모니아 냄새가 날 수 있다.

④ 속효성이 좋아 찜케이크나 찜만쥬 등에 사용한다.

10 물

1 제과제빵에서 물의 기능

① 반죽에서 글루텐의 형성을 돕는다.

② 소금 등의 재료를 분산시킨다.

③ 반죽 온도·농도·점도를 조절한다.

④ 효모와 효소의 활성을 제공한다.

2 물의 경도에 따른 분류

1) 물의 경도

① 물의 경도는 주로 칼슘염과 마그네슘염이 얼마나 물에 녹아있는지의 정도를 나타내는 것

② 그 양을 탄산칼슘의 양으로 환산하여 ppm 단위로 표시

③ 빵을 만들 때 칼슘은 반죽 개량 효과가 있으며, 마그네슘은 반죽의 글루텐을 견고하게 한다.

2) 물의 경도에 따른 분류

연수 (60ppm 이하)	• 단물이라고 하며 빗물, 증류수 등 • 반죽에 사용하면 글루텐을 약화시켜 반죽이 연하고 끈적거림 • 가스 보유력이 떨어져 굽기 시 오븐 스프링이 나쁨 • 발효 속도가 빠름
경수 (180ppm 이상)	• 센물이라고도 하며, 광천수, 온천수, 바닷물 등 • 반죽에 사용하면 글루텐을 경화시켜 반죽이 질겨지고 탄력성이 강해짐 • 발효 시간이 오래 걸림
아경수 (120~180ppm 미만)	중성이나 약산성의 아경수가 제빵용 물로 가장 적합함

3 물의 pH에 따른 제빵 특성
① 물의 pH는 반죽의 효소작용과 글루텐의 형성에 영향을 준다.
② 제빵용 물은 pH 5.2~5.6 정도의 약산성의 아경수가 가장 적합하다.

알칼리성이 강한 물	① 알칼리성의 경수는 정상적인 발효가 어렵다. • 이스트와 효소가 작용하기에 적정한 pH 4~5로 내려가는 것을 방해하므로 발효가 지연 • 맥아와 유산을 첨가하여 발효를 촉진시킨다. • 황산칼슘을 함유한 산성 이스트 푸드의 양을 늘린다. ② 반죽의 탄력성을 떨어뜨리고, 반죽의 부피가 작아진다.
산성이 강한 물	① 발효가 촉진된다. ② 산성도가 너무 강하면 반죽의 글루텐을 용해시켜 반죽의 점탄성을 저하시킨다.

4 반죽에 경수 또는 연수 사용 시 조치사항
1) 경수 사용 시 조치사항
① 반죽이 되어지므로 가수량을 늘린다.
② 발효 시간이 길어지므로 이스트의 사용량을 늘린다.
③ 효소공급을 늘려(맥아 등 첨가) 발효를 촉진시킨다.
④ 이스트 푸드, 소금, 무기질의 사용량을 줄인다.

2) 연수 사용 시 조치사항
① 반죽이 질어지므로 가수량을 2% 정도 감소시킨다.
② 가스 보유력이 떨어지므로 발효 시간을 짧게 한다.
③ 이스트 푸드와 소금의 양을 늘려 경도를 조절한다.

▶ 61~120ppm 미만을 '아연수'라 한다.

▶ 일시적 경수
• 탄산수소칼슘과 탄산수소마그네슘에 의하여 일시적으로 경수가 되는 것을 말한다.
• 가열하면 불용성 탄산염으로 침전하여 더 이상 물의 경도에 영향을 주지 않는다.

chapter 02

이스트(효모) 및 이스트 푸드

1 ★★★
효모에 대한 설명으로 틀린 것은?

① 당을 분해하여 산과 가스를 생성한다.
② 출아법(Budding)으로 증식한다.
③ 제빵용 효모의 학명은 *Saccharomyces cerevisiae*이다.
④ 산소의 유무에 따라 증식과 발효가 달라진다.

> 효모(이스트)는 당을 분해하여 탄산가스(이산화탄소)와 알코올을 생성한다.

2 ★★★★
빵 반죽이 발효되는 동안 이스트는 무엇을 생성하는가?

① 물, 초산　　　　　② 산소, 알데하이드
③ 수소, 젖산　　　　④ 탄산가스, 알코올

> 이스트는 빵 반죽의 발효 중에 탄산가스와 알코올을 생성한다.

3 ★★★★
이스트에 관한 설명으로 틀린 것은?

① 생이스트 65~70%가 수분으로 되어 있다.
② 알코올 발효를 일으키는 빵효모이다.
③ 생이스트는 열에 의한 세포의 파괴가 일어나지 않는다.
④ 이산화탄소 가스를 발생시킨다.

> 생이스트는 48℃에서 세포의 파괴가 일어나고 63℃ 정도에서 사멸한다.

4 ★★★★
다음 중 빵 반죽 발효 주체인 효모에 대한 설명으로 옳은 것은?

① 단당류보다는 2당류, 3당류를 잘 분해한다.
② 모세포가 분열하여 증식한다.
③ 주 생산물은 알코올과 이산화탄소(CO_2)이다.
④ 효모는 발효 시 산소가 있어야 한다.

> 이스트(효모)는 발효되는 동안에 주로 포도당을 분해하여 알코올과 이산화탄소를 생성한다.
> ① 단당류를 더 잘 분해하며, 유당은 효소가 없어 분해하지 못한다.
> ② 주로 출아법으로 증식한다.
> ④ 효모는 호기성으로 산소가 있으면 활성이 더 좋지만, 산소가 없어도 활성이 멈추지는 않는다.

5 ★★★★★
제빵용 이스트에 의해 발효가 이루어지지 않는 당은?

① 과당(Fructose)　　　② 포도당(Glucose)
③ 유당(Lactose)　　　④ 맥아당(Maltose)

6 ★★★★★
다음 중 제빵용 효모에 함유되어 있지 않은 효소는?

① 락타아제　　　② 프로테아제
③ 말타아제　　　④ 인버타아제

> 이스트에는 유당(락토스)을 분해하는 효소(락타아제)가 없으므로 유당을 분해하지 못한다.
> 제빵용 효모에는 말타아제, 인버타아제, 찌마아제, 프로테아제, 리파아제 등의 효소가 들어있다.

7 ★★★★
이스트에 함유되어 있지 않은 효소는?

① 인버타아제
② 말타아제
③ 찌마아제
④ 아밀라아제

> 아밀라아제는 녹말을 가수분해하는 효소로 이스트에 함유되어 있지 않다.
> • 인버타아제 : 설탕을 포도당과 과당으로 분해
> • 말타아제 : 맥아당을 2분자의 포도당으로 분해
> • 찌마아제 : 단당류를 분해시켜 탄산가스와 알코올을 생성

정답 1 ① 　2 ④ 　3 ③ 　4 ③ 　5 ③ 　6 ① 　7 ④

8 ★★ 이스트에 존재하는 효소로 포도당을 분해하여 알코올과 이산화탄소를 발생시키는 것은?

① 말타아제(Maltase)
② 리파아제(Lipase)
③ 찌마아제(Zymase)
④ 인버타아제(Invertase)

> 찌마아제는 단당류인 포도당과 과당을 분해하여 알코올과 이산화탄소를 생성하는 효소이다.
> ※ 말타아제(맥아당), 리파아제(지방), 인버타아제(설탕)

9 ★★ 생이스트(Fresh Yeast)에 대한 설명으로 틀린 것은?

① 중량의 65~70%가 수분이다.
② 20℃ 정도의 상온에서 보관해야 한다.
③ 자기소화를 일으키기 쉽다.
④ 곰팡이 등의 배지 역할을 할 수 있다.

> 생이스트는 −18℃ 이하에서 1년 이상 보존이 가능하지만, 저장 공간 및 해동 등의 조건을 감안하면 −1~5℃에서 냉장 보관하는 것이 가장 현실적이다.

10 ★★★★ 압착효모(생이스트)의 일반적인 고형분 함량은?

① 10%
② 30%
③ 50%
④ 60%

> 압착효모(생이스트)는 고형분 30~35%와 65~75%의 수분을 함유하고 있다.

11 ★★★ 제조현장에서 제빵용 이스트를 저장하는 현실적인 온도로 적당한 것은?

① −18℃ 이하
② −1~5℃
③ 20℃
④ 35℃ 이상

> 이스트는 20℃ 이상에서는 1주일을 넘기기 힘들며, −18℃에서는 1년 이상 보존이 가능하지만, 저장공간, 해동 등의 조건을 생각하면 −1~5℃에서 저장하는 것이 가장 현실적이다.

12 ★★ 다음 중 건조 이스트 사용 시 균주 활력 배양을 위한 물의 최적 온도는?

① 0℃
② 10℃
③ 40℃
④ 60℃

> 활성 건조 이스트는 수화시켜 사용하며, 수화시키는 물의 온도는 40~45℃가 적당하다.

13 ★★★ 건조 이스트는 같은 중량을 사용할 생이스트보다 활성이 약 몇 배 더 강한가?

① 2배
② 5배
③ 7배
④ 10배

> 생이스트는 고형질이 30%, 건조 이스트는 고형질이 90%이므로 이론적인 사용량은 1/3 정도이지만, 건조, 유통, 수화과정 중에 죽은 세포가 생기므로 실제로는 생이스트의 40~50%를 사용한다. 따라서 건조 이스트가 생이스트에 비하여 약 2배 정도의 활성을 한다.

14 ★★★★ 효모에 함유된 성분으로 특히 오래된 효모에 많고 환원제로 작용하여 반죽을 약화시키고 빵의 맛과 품질을 떨어뜨린다. 이것은 무엇인가?

① 글루타치온
② 글리세린
③ 글리아딘
④ 글리코겐

> • 글리세린 : 지방산과 결합하여 지방을 이룬다.
> • 글리아딘 : 밀 단백질로 글루테닌과 함께 글루텐을 형성한다.
> • 글리코겐은 포도당으로 이루어진 다당류로 동물성 저장 탄수화물이다.

15 ★★★ 이스트를 다소 감소하여 사용하는 경우는?

① 우유 사용량이 많을 때
② 수작업 공정과 작업량이 많을 때
③ 물이 알칼리성일 때
④ 미숙한 밀가루를 사용할 때

> 빵의 제조 시간이 길어지면 이스트에 의한 발효 시간이 길어지기 때문에 이스트를 다소 감소하여 사용한다.

정답 ▶ 8 ③ 9 ② 10 ② 11 ② 12 ③ 13 ① 14 ① 15 ②

16 ★★★ 이스트 푸드에 대한 설명으로 틀린 것은?

① 발효를 조절한다.
② 밀가루 중량 대비 1~5%를 사용한다.
③ 이스트의 영양을 보급한다.
④ 반죽 조절제로 사용한다.

> 이스트 푸드는 밀가루 중량에 대하여 0.1~0.2% 사용한다.

17 ★ 이스트 푸드의 기능과 거리가 먼 것은?

① 물 조절제(Water Conditioner)
② 이스트 조절제(Yeast Conditioner)
③ 껍질 조절제(Crust Conditioner)
④ 반죽 조절제(Dough Conditioner)

> 이스트 푸드는 반죽의 개량제로 주로 사용되는 것으로, 반죽 조절·물 조절·이스트 조절 등으로 사용된다.

유화제, 안정제

1 ★★★★ 이스트 푸드의 구성성분이 아닌 것은?

① 암모늄염   ② 질산염
③ 칼슘염   ④ 전분

> 이스트 푸드는 칼슘염, 인산염, 암모늄염, 전분 등으로 구성되어 있으며, 질산염은 강산으로 밀가루에 넣으면 단백질을 완전히 용해시키므로 빵을 만들 수 없다.

2 ★★★★ 이스트 푸드의 구성성분 중 칼슘염의 주요 기능은?

① 이스트 성장에 필요하다.
② 반죽에 탄성을 준다.
③ 오븐 팽창이 커진다.
④ 물 조절제 역할을 한다.

> 이스트 푸드에서 칼슘염은 물 조절제로 연수를 제빵적성에 알맞은 경수로 고정시켜 주는 역할을 한다.

3 ★★ 이스트 푸드의 구성 물질 중 생지의 pH를 효모의 발육에 가장 알맞은 미산성의 상태로 조절하는 것은?

① 황산암모늄
② 브롬산칼륨
③ 요오드화칼륨
④ 인산칼슘

> 효모의 발육에 가장 알맞은 pH는 4~6으로 인산칼슘을 사용하여 조절한다.

4 ★★★★ 이스트에 질소 등의 영양을 공급하는 제빵용 이스트 푸드의 성분은?

① 칼슘염   ② 암모늄염
③ 브롬염   ④ 요오드염

> 이스트는 질소, 인산, 칼륨의 3대 영양소를 필요로 한다. 암모늄염은 이 중 부족한 질소를 공급하는 것으로 염화암모늄, 황산암모늄, 인산암모늄 등이 있다.

5 ★★ 이스트 푸드에 관한 사항 중 틀린 것은?

① 물 조절제 - 칼슘염
② 이스트 영양분 - 암모늄염
③ 반죽 조절제 - 산화제
④ 이스트 조절제 - 글루텐

> 이스트 조절제의 역할은 이스트의 먹이인 질소 등을 공급하여 발효를 조절하는 역할로 암모늄염이 사용된다.
> 반죽 조절제로 산화제를 사용하면 글루텐이 강화되고, 환원제를 사용하면 글루텐이 연화된다.

6 ★★★ 이스트 푸드의 성분 중 산화제로 작용하는 것은?

① 아조디카본아마이드
② 염화암모늄
③ 황산칼슘
④ 전분

> 이스트 푸드는 반죽 조절제의 역할을 하며, 아조디카본아마이드는 산화제로 작용하여 글루텐을 강화함으로 제품의 부피를 크게 한다.

화학 팽창제

1 팽창제에 대한 설명으로 틀린 것은? ★★

① 반죽 중에 가스가 발생하여 제품에 독특한 다공성의 세포구조를 부여한다.
② 팽창제로 암모늄명반이 지정되어 있다.
③ 화학적 팽창제는 가열에 의해서 발생되는 유리 탄산가스나 암모니아 가스만으로 팽창하는 것이다.
④ 천연팽창제로는 효모가 대표적이다.

> 암모늄명반은 팽창제, 물의 정수, 절임류의 보색제 등으로 사용되며, 우리나라에서는 식품첨가물로 지정되어 있지 않다.

2 팽창제에 대한 설명 중 틀린 것은? ★★★

① 가스를 발생시키는 물질이다.
② 반죽을 부풀게 한다.
③ 제품에 부드러운 조직을 부여해 준다.
④ 제품에 질긴 성질을 준다.

> 팽창제는 탄산가스를 발생시킴으로 반죽을 부풀리고, 제품에 부드러운 조직을 부여한다.

3 화학적 팽창에 대한 설명으로 잘못된 것은? ★★

① 효모보다 가스 생산이 느리다.
② 가스를 생산하는 것은 탄산수소나트륨이다.
③ 중량제로 전분이나 밀가루를 사용한다.
④ 산의 종류에 따라 작용 속도가 달라진다.

> 화학적 팽창제는 이스트(효모)보다 가스 생산이 빠르다.

4 베이킹파우더가 반응을 일으키면 주로 어떤 가스가 발생하는가? ★★★

① 질소가스
② 암모니아가스
③ 탄산가스
④ 산소가스

> 베이킹파우더의 주성분은 탄산수소나트륨으로 탄산가스(이산화탄소)를 발생시킨다.

5 베이킹파우더(Baking Powder)에 대한 설명으로 틀린 것은? ★★

① 소다가 기본이 되고 여기에 산을 첨가하여 중화가를 맞추어 놓은 것이다.
② 베이킹파우더의 팽창력은 이산화탄소에 의한 것이다.
③ 케이크나 쿠키를 만드는 데 많이 사용된다.
④ 과량의 산은 반죽의 pH를 높게, 과량의 중조는 pH를 낮게 만든다.

> 산은 반죽의 pH를 낮게 만들고, 중조(탄산수소나트륨)는 알칼리성(중조)으로 반죽의 pH를 높게 만들어준다.

6 정상조건 하의 베이킹파우더 100g에서 얼마 이상의 유효 이산화탄소 가스가 발생되어야 하는가? ★★

① 6%
② 12%
③ 18%
④ 24%

> 베이킹파우더의 유효 가스 발생 기준은 정상조건 하에서 베이킹파우더 무게의 12% 이상의 탄산가스를 발생시켜야 한다.

7 베이킹파우더의 산-반응물질(Acid-Reacting Material)이 아닌 것은? ★★

① 주석산과 주석산염
② 인산과 인산염
③ 알루미늄 물질
④ 중탄산과 중탄산염

> 베이킹파우더의 산-반응물질은 탄산수소나트륨을 중화시키는 물질을 말하며, 가스 발생의 속도를 조절할 수 있다.
> 주석산과 주석산염, 인산과 인산염, 알루미늄 물질의 순으로 가스 발생속도가 빠르다.

정답 1② 2④ 3① 4③ 5④ 6② 7④

8 ★★ 소다 1.5%를 사용하는 배합 비율에서 팽창제를 베이킹파우더로 대체하고자 할 때 사용량은?

① 4% ② 4.5%
③ 5% ④ 5.5%

> • 중조, 탄산수소나트륨, 베이킹소다, 소다는 모두 같은 의미로 사용된다.
> • 소다를 베이킹파우더로 대체할 경우에는 소다의 3배를 사용해야 한다. 1.5%×3 = 4.5%

9 ★★ 베이킹파우더 사용량이 과다할 때의 현상이 아닌 것은?

① 기공과 조직이 조밀하다.
② 주저앉는다.
③ 같은 조건일 때 건조가 빠르다.
④ 속결이 거칠다.

> 베이킹파우더를 과다 사용하면 건조가 빠르며, 과다한 팽창으로 인해 기공과 조직이 조밀하지 못하고, 속결이 거칠고 속 색이 어두우며, 오븐 스프링이 커서 찌그러지거나 주저앉기 쉽다.

10 ★★★ 베이킹파우더를 많이 사용한 제품의 결과와 거리가 먼 것은?

① 밀도가 크고 부피가 작다.
② 속결이 거칠다.
③ 오븐 스프링이 커서 찌그러들기 쉽다.
④ 속 색이 어둡다.

> 베이킹파우더를 많이 사용하면 밀도가 작고 부피가 크다.

11 ★★★ 다음 중 중화가를 구하는 식은?

① $\dfrac{중조의 양}{산성제의 양} \times 100$ ② $\dfrac{중조의 양}{산성제의 양}$

③ $\dfrac{산성제의 양 \times 중조의 양}{100}$ ④ 산성제의 양 × 중조의 양

> 중화가는 산에 대한 중조의 백분비로, 가스를 발생시키고 중성이 되는 양을 조절할 때 활용된다.

12 ★★★ 찜케이크 또는 만쥬 등의 제품에 알맞은 팽창제는?

① 베이킹파우더 ② 소다
③ 이스파타 ④ 이스트

> 찜에 사용되는 팽창제는 속효성이 좋은 암모늄계 팽창제인 이스파타를 사용한다.

13 ★★★★ 찜류 또는 찜만쥬 등에 사용하는 팽창제인 이스트 파우더의 특성이 아닌 것은?

① 팽창력이 강하다.
② 제품의 색을 희게 한다.
③ 암모니아 냄새가 날 수 있다.
④ 중조와 산제를 이용한 팽창제이다.

> 찜류나 찜 만쥬 등에 사용하는 팽창제는 이스파타이며, 중조에 염화암모늄을 혼합한 팽창제이다.
> 중조와 산제를 이용한 팽창제는 베이킹파우더이다.

물

1 ★★★★ 제빵 제조 시 물의 기능이 아닌 것은?

① 글루텐 형성을 돕는다.
② 반죽 온도를 조절한다.
③ 이스트 먹이 역할을 한다.
④ 효소 활성화에 도움을 준다.

> 이스트의 먹이 : 발효성 탄수화물, 질소, 인산, 칼륨 등

2 ★★★ 빵 반죽에 사용되는 물의 경도에 가장 큰 영향을 미치는 성분은?

① 비타민 ② 무기질
③ 단백질 ④ 지방

> 물의 경도는 무기질(주로 칼슘염과 마그네슘염)이 얼마나 물에 녹아있는지의 정도를 탄산칼슘의 양으로 환산하여 ppm 단위로 표시한 것이다.

정답 ▶ 8 ② 9 ① 10 ① 11 ① 12 ③ 13 ④ | 1 ③ 2 ②

3 연수의 광물질 함량 범위는? ★★★

① 280~340ppm

② 200~260ppm

③ 120~180ppm

④ 0~60ppm

> • 연수 : 60ppm 이하　　• 아연수 : 60~120ppm
> • 아경수 : 120~180ppm　• 경수 : 180ppm 이상

4 제빵 시 경수를 사용할 때 조치사항이 아닌 것은? ★★★★

① 이스트 사용량 증가

② 맥아 첨가

③ 이스트 푸드양 감소

④ 급수량 감소

> ①, ② 제빵 시 경수를 사용하면 발효가 늦어지기 때문에 이스트의 사용량을 늘리고, 맥아를 첨가하여 발효를 촉진시킨다.
> ③ 이스트 푸드는 물의 경도를 올려주는 역할을 하므로 사용량을 감소시켜야 한다.
> ④ 경수로 반죽하면 반죽이 되므로 급수량을 늘려야 한다.

5 연수를 사용했을 때 나타나는 현상이 아닌 것은? ★★★★

① 반죽의 점착성이 증가한다.

② 가수량이 감소한다.

③ 오븐 스프링이 나쁘다.

④ 반죽의 탄력성이 강하다.

> 경수를 사용할 경우 반죽의 탄력성이 강해진다.

6 빵 제조 시 연수를 사용할 경우 적절한 조치는? ★★★★

① 끓여서 여과

② 약산 처리

③ 이스트 푸드량 증가

④ 소금양 감소

> 빵 제조에 연수 사용 시 조치사항
> • 반죽이 질어지므로 가수량을 2% 정도 감소시킨다.
> • 가스 보유력이 떨어지므로 발효시간을 짧게 한다.
> • 이스트 푸드와 소금의 양을 늘려 경도를 조절한다.

7 다음 중 발효 시간을 단축시키는 물은? ★★★

① 연수　　　　　② 경수

③ 염수　　　　　④ 알칼리수

> 연수로 반죽을 배합하면 발효 시간이 단축되고, 글루텐을 약화시켜 연하고 끈적거리는 반죽을 만든다.
> ※ 경수, 염수, 알칼리수는 반죽의 글루텐을 강화시켜 글루텐을 단단하게 한다.

8 정상적인 빵 발효를 위하여 맥아(麥芽)와 유산(乳酸)을 첨가하는 것이 좋은 물은? ★★★

① 산성인 연수

② 중성인 아경수

③ 중성인 경수

④ 알칼리성인 경수

> 경수를 사용하면 발효가 늦어지므로 이스트의 사용량을 늘리거나 맥아를 첨가하고, 알칼리성 물은 이스트나 효소의 적정 pH 4~5로 내려가는 것을 방해하기 때문에 유산을 첨가하여 pH를 낮춰준다.

9 영구적 경수(센물)를 사용할 때의 조치로 잘못된 것은? ★★★

① 소금 증가

② 효소 강화

③ 이스트 증가

④ 광물질 감소

> 이스트 푸드, 소금, 무기질 등은 물의 경도를 높인다.

10 일시적 경수에 대한 설명으로 맞는 것은? ★★★

① 가열 시 탄산염으로 되어 침전된다.

② 끓여도 경도가 제거되지 않는다.

③ 황산염에 기인한다.

④ 제빵에 사용하기에 가장 좋다.

> 일시적 경수는 탄산수소칼슘과 탄산수소마그네슘에 의하여 일시적으로 경수가 되는 물로, 가열하면 불용성 탄산염으로 침전하여 물이 부드러워진다.

정 답　**3** ④　**4** ④　**5** ④　**6** ③　**7** ①　**8** ④　**9** ①　**10** ①

11 물과 반죽의 관계에 대한 설명 중 옳은 것은? ★★★

① 경수로 배합할 경우 발효 속도가 빠르다.
② 연수로 배합할 경우 글루텐을 더욱 단단하게 한다.
③ 연수 배합 시 이스트 푸드를 약간 늘이는 게 좋다
④ 경수로 배합을 하면 글루텐이 부드럽게 되고 기계에
   잘 붙는 반죽이 된다.

① 경수로 배합하면 발효 속도가 늦어진다.
② 연수로 배합하면 글루텐이 연해지고 끈적거린다.
④ 경수로 배합하면 글루텐이 강해져 탄력성이 커진다.

12 제빵에 적합한 물의 경도는? ★★★★★

① 0~60ppm
② 60~120ppm
③ 120~180ppm
④ 180ppm 이상

제빵에 가장 적합한 물은 약산성(pH 5.2~5.6)의 아경수(120~
180ppm)이다.

13 제빵에 사용하는 물로 가장 적합한 형태는? ★★★★★

① 아경수
② 알칼리수
③ 증류수
④ 염수

제빵에 가장 적합한 물은 약산성(pH 5.2~5.6)의 아경수
(120~180ppm)이다.

11 초콜릿 (Chocolate)

① 초콜릿의 원료

초콜릿은 카카오 콩이라 불리는 카카오나무의 열매를 주원료로 설탕, 우유, 유화제, 향 등의 여러 가지 재료를 첨가하여 만들어진다.

카카오 매스	• 카카오 페이스트 또는 비터 초콜릿(Bitter chocolate)이라 한다. • 카카오 콩의 속 부분(배유)을 마쇄하면서 가열하면 생성되는 페이스트(Paste) 상태를 말한다. • 카카오 매스 자체의 풍미와 껍질의 혼입량, 지방의 함량에 따라 품질이 달라진다.
코코아	• 카카오버터를 만들고 남은 카카오 박을 분쇄하여 고운 분말로 만든 것 • 천연 코코아와 더치 코코아가 있다.
카카오버터	• 초콜릿의 용해성과 풍미를 결정하는 가장 중요한 원료 • 글리세린 1개에 지방산 3개(올레인산, 팔미트산, 스테아린산)가 결합한 단순 지방 • 융점은 34℃ 정도로 상온에서 고체 형태지만, 입 안에 넣는 순간 녹게 만든다. • 고체로부터 액체로 변하는 온도 범위(가소성)는 2~3℃로 매우 좁다.
기타	당류(설탕), 우유, 유화제, 향료 등

② 초콜릿의 종류

다크 초콜릿	• 제과에서 가장 많이 쓰는 초콜릿 • 카카오 매스에 카카오버터, 설탕, 유화제, 바닐라 향 등을 섞어 만든다. • 코코아 30~80%, 카카오버터가 15~35% 이상 함유되어 강한 향을 낸다.
밀크 초콜릿	• 다크 초콜릿에 우유의 고형분(분유)을 더해 부드러운 맛을 내는 초콜릿 • 우유 15~25%, 카카오버터 7~17% 함유
화이트 초콜릿	• 코코아 성분이 없는 흰색의 초콜릿 • 카카오버터에 설탕, 분유, 레시틴, 향을 넣어 만든다. • 카카오버터의 함유량은 20% 이상

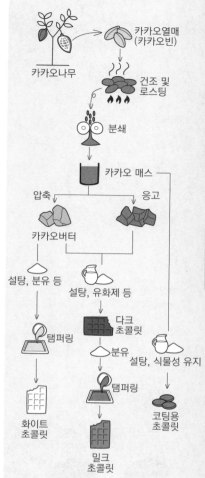

▶ 초콜릿의 구성성분
- 코코아 : 5/8 (62.5%)
- 카카오버터 : 3/8 (37.5%)

▶ 천연 코코아와 더치 코코아

천연 코코아	알칼리 처리를 하지 않은 코코아(산성을 나타냄)
더치 코코아	• 천연 코코아에 알칼리 처리를 한 것(중성을 나타냄) • 폴리페놀류의 중합으로 색상이 진해진다. • 물이나 우유에 잘 분산되어 코코아 입자가 침전되지 않는다. • 산미를 감소시켜 풍미를 향상시킨다.

▶ 카카오버터와 코코아버터
코코아는 카카오에서 얻은 가공품으로 카카오버터가 맞는 표기이지만 일반적으로 카카오버터와 코코아버터는 같은 의미로 사용된다.

코팅용 초콜릿 (파타글라세)	• 카카오 매스에서 카카오버터를 제거하고 식물성 유지와 설탕을 섞어 만든 초콜릿 • 템퍼링 작업 없이 손쉽게 사용 가능 • 겨울에는 융점이 낮은 것을 사용하고, 여름에는 융점이 높은 것 을 사용
커버추어 초콜릿	• 카카오버터 함유량이 30% 이상인 초콜릿 • 주로 수제 초콜릿을 만드는 재료로 사용

결정을 '완화시키다, 균일하게 하다'는 의미

3 템퍼링(tempering)

1) 템퍼링의 의의
초콜릿의 제조 공정에서 카카오버터가 가장 안정한 상태로 굳을 수 있도록 만드
는 사전 온도 조절 공정이다.

2) 초콜릿의 템퍼링 효과
① 광택이 좋고 내부 조직이 조밀하다.
② 팻 블룸(Fat Bloom)이 일어나지 않는다.
③ 안정한 결정이 많고 결정형이 일정하다.
④ 입안에서의 용해성(구용성)이 좋아진다.

3) 템퍼링 작업
① 초콜릿을 최초로 녹이는 공정 온도는 40~50℃가 적당하다.
② 중탕으로 템퍼링할 때 물의 온도는 60℃로 맞춘다.
③ 용해된 초콜릿 온도는 40~45℃로 맞춘다.
④ 초콜릿에 물이나 수증기가 들어가지 않도록 중탕 그릇은 초콜릿 그릇보다 작
은 것을 사용한다.

4 블룸(Bloom) 현상
① 블룸 현상의 종류

지방 블룸 (Fat bloom)	• 초콜릿을 높은 온도에 보관하거나 직사광선에 노출된 경우 지방이 분리되었다가 다시 굳어지면서 흰 얼룩이 생기는 현상 • 초콜릿 제조 시 온도 조절(템퍼링)이 부적합할 때 생기는 현상
설탕 블룸 (Sugar bloom)	• 초콜릿을 습도가 높은 곳에서 보관할 때 초콜릿 중의 설탕이 공기 중의 수분을 흡수하여 녹았다가 재결정이 되어 표면에 하얗게 피는 현상

▶ 초콜릿을 템퍼링 없이 제조하면
  • 불안정한 결정이 형성되어 윤기가 없다.
  • 풍미와 용해성이 떨어진다.
  • 팻 블룸(Fat bloom)의 원인이 된다.

▶ 코코아버터를 템퍼링 할 때
  결정형과 용해 온도
  • 결정형 : β'(베타 프라임)
  • 용해 온도 : 31~33℃
    (β'의 결정형의 융점 : 27~29℃)

고온 보관 등으로 인해
표면 일부에 흰 얼룩이 나타남

템퍼링한   템퍼링하지 않은
초콜릿   초콜릿

▶ 블룸 현상의 방지
  초콜릿은 18℃의 온도와 상대 습도 50%
  이하의 저장실에서 7~10일간 숙성하면
  조직이 안정되어 블룸 현상을 줄일 수
  있다.

12 기타 제과 · 제빵의 재료

1 소금

1) 소금의 개요

① 소금은 빵이나 과자에 사용하는 다른 재료의 맛과 향을 내기 위한 필수적이다.

② 제빵용 식염은 염소(Cl)와 나트륨(Na)의 화합물이며, 이 외에 탄산칼슘, 탄산마그네슘 등의 혼합물이 1% 정도 차지한다.

▶ 제빵의 4대 기본재료
밀가루, 이스트, 물, 소금

2) 제과제빵에서 소금의 역할

감미의 조절과 향미의 제공	• 당이 많은 경우에는 감미를 낮추고, 당이 적은 경우에는 감미를 높여주는 기능을 한다. • 다른 재료들에 향미를 제공하고, 나쁜 향을 상쇄시킨다. • 소금을 넣지 않으면 제품의 맛과 향이 제대로 나지 않는다.
껍질색의 조절	• 빵이나 과자를 구울 때 캐러멜화의 온도를 낮추기 때문에 껍질색 형성이 빠르게 되어 색이 진해진다.
발효의 지연과 유해균 번식 억제	• 소금을 첨가하면 삼투압이 높아져 탈수 현상이 일어난다. • 삼투압에 의한 탈수는 수분량을 감소시켜 각종 유해균 등의 번식을 억제한다. • 이스트의 활성도 억제시켜 발효를 지연시킨다.
글루텐의 강화	• 글루텐을 강화시켜 반죽의 물성을 단단하고 탄력있게 만든다. • 글루텐이 강화되어 반죽 시간이 길어진다.
기타	• 소금은 반죽의 물 흡수율을 감소시킨다. • 소금은 빵의 내부를 누렇게 만든다.

3) 소금의 사용량

① 일반적으로 밀가루 대비 2% 정도 사용

② 글루텐이 적은 밀가루 사용 시 약간 증가하여 사용

③ 여름철에는 소금의 사용량을 늘리고, 겨울철에는 감소시켜 사용

④ 연수 사용 시 사용량을 증가하여 사용

2 향료(Flavors)

1) 성분에 따른 분류

천연향료	천연의 재료에서 추출하여 정제, 농축, 분리 과정을 거쳐 얻는 향료
합성향료	천연향료에서 향을 내는 성분과 같은 성분의 화학물질을 합성하여 만든 향료 → 석유 및 석탄류에 포함되어있는 방향성 유기물질로부터 합성하여 만든다.
조합향료	천연향료와 합성향료를 조합한 향료

▶ 향료와 향신료
• 향료(香料)는 향을 내는 물질을 통칭하고, 향신료(香辛料)는 향기와 매운 맛을 가진 재료라는 의미로 구분하면 된다.
• 향료＞향신료의 개념이며, 제과제빵에서 특별히 구분하여 사용하지 않아도 된다.

▶ 식품에 사용하는 향료(향신료)는 식품첨가물로 품질 · 규격 및 사용법이 규정되어 있으며 이를 준수하여야 한다.

2) 향료의 종류

수용성 향료 (Essence)	• 에틸알코올에 향 물질을 용해시킨 향료 • 물에 잘 용해되기 때문에 유화제는 필요 없다. • 고농도의 제품을 만들기 어렵다. • 휘발성이 높고, 내열성이 약하여 굽기보다 아이싱이나 충전물의 제조에 사용
유성향료 (Essential oil)	• 글리세린, 식물성 기름 등의 유지에 향을 용해시킨 향료 • 휘발성이 낮고, 내열성이 강함(굽는 과정에서 향의 손실이 적음)
유화향료 (Emulsified Flavor)	• 유성향료가 물에 잘 분산되도록 유화제를 사용한 향료 • 휘발성이 낮고, 내열성이 강하여 굽는 과정에서 안정하다.
분말향료 (Powdered Flavor)	• 유화 향료를 분무 건조하여 분말화한 향료 • 내열성이 강하고, 향료의 휘발 및 변질을 방지하기 쉽다.

3 향신료(Spices)

1) 향신료의 사용 목적

직접 향을 내기보다는 주재료와 어울려 풍미를 향상시키고, 보존성을 높여주기 위하여 사용한다.

① 맛과 향을 부여하여 식욕을 증진시킨다.
② 육류나 생선의 냄새를 제거하거나 완화시킨다.
③ 제품에 식욕을 불러일으키는 색을 부여한다.
④ 강한 향과 매운맛이 나는 향신료는 적당한 양을 사용하여야 한다.

2) 향신료의 종류

계피(시나몬)	열대성 상록수의 나무껍질로 만들며, 자극적이고 독특한 향을 낸다.
넛메그	육두구과(인도네시아 원산)의 상록활엽교목의 열매(종자)를 말린 것
메이스	넛메그의 종자를 싸고 있는 빨간 껍질을 말린 것
생강	열대성 다년초의 다육질 뿌리로, 매운맛과 특유의 방향을 가지고 있는 향신료이다.
정향(클로브)	열대성 정향나무의 꽃봉오리를 말린 것으로, 모양이 못과 비슷하다.
올스파이스	복숭아과의 올스파이스 나무의 열매에서 얻어지며, 계피와 넛메그의 혼합향을 낸다.
카다몬	생강과의 다년초 열매 속의 작은 씨앗을 말린 것이다.
박하	박하의 잎을 말린 것으로 상쾌하고 시원한 향을 낸다.
오레가노	• 꿀풀과의 오레가노 잎을 건조시켜 만들며 박하와 비슷한 향을 낸다. • 대부분의 피자 소스에 필수적으로 사용되는 향신료이다.

4 주류

주류는 제과·제빵에서 바람직하지 못한 냄새를 없애거나, 풍미와 향을 부여하기 위하여 사용된다.

① 양조주 : 곡물이나 과실을 원료로 하여 효모를 발효시킨 것으로 알코올 농도가 낮다.
② 증류주 : 발효시킨 양조주를 증류한 것으로 알코올 농도가 높다.
③ 혼성주 : 증류주를 기본으로 정제당을 넣고 과실 등의 추출물로 향미를 낸 것으로 대부분 알코올 농도가 높다.

13 계면활성제 (유화제)

물 중의 기름을 분산시키고 또 분산된 입자가 응집하지 않도록 안정화하는 작용을 한다.

1 계면활성제의 기능

① 물과 기름이 잘 혼합되도록 해준다. (유화성, 분산성, 기포성을 개량하여 준다.)
② 반죽의 기계적 내성을 향상시켜 반죽의 찢어짐을 방지한다.
③ 빵이나 케이크의 노화를 지연시킨다.
④ 빵이나 케이크의 조직을 부드럽게 하고, 부피를 증가시킨다.

2 계면활성제의 종류

레시틴	• 옥수수유, 대두유, 난황 등에서 얻어지는 인지질 • 쇼트닝이나 마가린의 유화제로 사용
모노-디 글리세라이드	• 제과에서 가장 널리 사용되는 유화제 • 지방을 가수분해하여 만든 모노 글리세라이드 50%, 디-글리세라이드 30~40%의 혼합물
기타	• 아실락틸레이트(Acyl Lactylate) • SSL(Sodium Stearoyl-2-Lactylate) 등

14 안정제

1 안정제의 개요

① 유동성이 있는 혼합물의 불안정한 상태를 액체의 점도를 증가시켜 안정적인 상태의 구조로 바꾸는 역할을 한다.
② 안정제, 겔화제, 농후화제라고도 한다.

▶ 럼(Rum)주
당밀이나 사탕수수의 즙을 발효시켜 증류한 증류주로 설탕의 감미를 높이고, 달걀의 비린내를 완화시켜 제과에서 많이 사용된다.

▶ 혼성주의 종류

오렌지 혼성주	• 그랑 마르니에(Grand Marnier) • 쿠앵트로(Cointreau) • 큐라소(Curacao)
체리 혼성주	• 마라스키노(Maraschino)
커피 혼성주	• 칼루아(Kahulua)

chapter 02

2 안정제의 기능

점도를 증가시키는 물질

① 파이 충전물의 증점제(농후화제) 역할을 한다.
② 아이싱의 끈적거림과 부스러짐을 방지한다.
③ 크림 토핑의 거품을 안정시키고, 부드럽게 만든다.
④ 제품의 수분 흡수력과 수분 보유력을 증가시켜 노화와 건조를 방지한다.
⑤ 도넛의 광택제 코팅이 부스러지는 것을 방지한다.
⑥ 포장성을 개선한다.
⑦ 이외에 내용물의 침전 방지, 제품 표면의 갈라짐 방지, 젤리나 무스의 제조 등의 기능을 한다.

3 안정제의 종류

1) 한천

① 해조류인 우뭇가사리에서 추출하여 건조시킨 안정제이다.
② 끓는 물(80~100℃)에만 용해되며 냉각하면 단단하게 굳는 성질이 있다.
③ 한천의 젤 형성과정은 비가역적 과정이다. → 젤에서 한천으로 다시 변할 수 없음
④ 양갱 제조, 응고제, 미생물 배양의 배지 등으로 사용된다.
⑤ 물에 대하여 1~1.5% 정도 사용한다.

2) 젤라틴

① 동물의 껍질이나 연골 속에 있는 콜라겐에서 추출하는 동물성 단백질이다.
② 콜라겐을 가열하여 만들어진 유도 단백질이다.
③ 물과 함께 가열하면 대략 30℃ 이상에서 녹아 친수 콜로이드를 형성하고, 냉각되면 단단한 젤을 형성한다.
④ 콜로이드 용액의 젤 형성과정은 가역적 과정이다. → 가열하면 녹고 냉각하면 다시 굳는다.
⑤ 설탕량이 많을수록 젤 상태는 부드러워지고, 산성 용액 중에서 가열하면 젤 능력이 줄거나 없어진다.
⑥ 순수한 젤라틴은 무취, 무미, 무색이다.
⑦ 품질이 나쁜 젤라틴은 아교로서 접착제로 사용한다.
⑧ 주로 젤리, 아이스크림, 마시멜로우, 푸딩 등의 응고제, 안정제, 유화제 등으로 널리 사용된다.
⑨ 물에 대하여 1% 정도 사용한다.

3) 펙틴

① 과실이나 채소류 등의 세포막이나 세포막 사이의 엷은 층에 존재하는 다당류이다.
② 펙틴은 산과 당의 존재하에서 젤리나 잼을 만든다.
   (펙틴 1~1.5%, 당 50% 이상, pH 2.8~3.4의 조건)
③ 젤화제, 증점제, 안정제, 유화제 등으로 사용한다.

▶ 이해하기) 가역, 비가역

가역 : B에서 A로 다시 변환 가능

비가역 : B에서 A로 다시 변환 불가능

▶ 젤라틴의 응고력

구분	응고력 높임 (단단해짐)	응고력 낮춤 (부드러워짐)
농도	높을수록	낮을수록
온도	낮을수록	높을수록
설탕	적을수록	많을수록
물	경수	연수
pH	알칼리성	산성

4) 검류

① 식물이나 종자에서 추출한 다당류이다.

② 냉수에 용해되는 친수성 물질이다.

③ 낮은 온도에서도 높은 점성을 나타낸다.

④ 유화제, 안정제, 점착제 등으로 사용한다.

⑤ 구아 검, 로커스트 빈 검, 카라야 검, 아라비아 검, 크산탄 검 등이 있다.(한천, 펙틴, 알긴산 등도 검류이다.)

5) 기타 안정제

① 씨엠씨(Carboxy Methyl Cellulose, C.M.C) : 식물의 뿌리에 있는 셀룰로스로부터 만든 안정제로 찬물에 잘 용해되고, 산에는 약하다.

② 알기네이트(알긴산) : 태평양의 해초로부터 추출하며, 냉수 용해성이지만 뜨거운 물에서도 잘 녹는다.

③ 밀 전분, 옥수수 전분, 타피오카 등은 제과의 아이싱에서 안정제로 사용된다.

④ 밀가루, 전분, 달걀 등은 커스터드 크림이나 파이용 크림의 농후화제로 사용된다.

15 밀가루 반죽의 적성시험 기계

1 개요

① 밀가루 반죽의 점성과 탄성은 반죽의 물리적 특성에 크게 영향을 주어 최종제품의 품질에 결정적인 영향을 준다.

② 밀가루의 흡수, 발효 및 산화 특성을 기록할 수 있도록 고안된 많은 기기가 반죽의 물리적 성질을 객관적으로 측정한다.

③ 패리노그래프, 아밀로그래프, 익스텐소그래프가 가장 널리 쓰인다.

[패리노그래프]

2 기기의 종류

1) 패리노그래프(Farinograph)

① 믹서 내에서 일어나는 반죽의 물리적 성질을 파동 곡선 기록기로 기록하여 밀가루의 흡수율, 믹싱 시간, 믹싱 내구성 및 점탄성 등의 글루텐 질을 측정한다.

• 밀가루 반죽이 일정한 점도에 도달하는 데 필요한 흡수율과 반죽 특성을 측정한다.

• 제빵 시 가수량, 믹싱 내구성, 믹싱 시간, 믹싱의 최적시기 등을 판단하는 데 유용하게 이용된다.

② 그래프의 곡선이 500 B.U.에 도달하는 시간 등으로 밀가루의 특성을 알 수 있다.

▶ **패리노그래프의 도달시간(Arrival Time)**
패리노그래프 커브의 윗부분이 500 B.U.에 닿는 시간을 말한다.

참고) 측정 단위 B.U.
• 아밀로그래프와 패리노그래프를 만들어낸 브라벤더사에서 임의로 만들어낸 단위
• Brabender Unit의 약자이며, 읽을 때는 비유(BU)라고 읽는다.

2) 아밀로그래프(Amylograph)

① 밀가루와 물의 현탁액을 일정한 온도로 균일하게 상승시킬 때 일어나는 점도의 변화를 계속적으로 자동 기록하는 장치

② 효소(α-아밀라아제)의 활성도를 측정하여 밀가루의 호화온도, 호화정도, 점도의 변화를 알 수 있게 해준다.

③ 일반적으로 양질의 **빵** 속을 만들기 위한 아밀로그래프 수치의 범위는 400~600 B.U.가 적당하다.

3) 익스텐소그래프(Extensograph)
① 반죽의 신장성과 신장에 대한 저항성을 측정
② 밀가루 반죽을 끊어질 때까지 늘려서 끊음으로써 그때의 힘과 반죽의 신장성을 자동으로 기록
③ 반죽의 점탄성 및 밀가루 중의 효소나 산화제·환원제의 영향을 파악

4) 믹소그래프(Mixograph)
① 온도와 습도 조절 장치가 부착된 고속 기록 장치가 있는 믹서(Mixer)
② 반죽의 형성과 글루텐 발달 정도를 기록한다.

5) 기타 반죽 측정 기구
① 레오그래프 : 반죽이 기계적 발달을 할 때 일어나는 변화를 측정하는 기구이다.
② 믹사트론 : 믹서 모터에 전력계를 연결하여 반죽의 상태를 전력으로 환산하여 곡선으로 표시하는 장치이다.
③ 맥미카엘(MacMichael) 점도계 : 케이크, 쿠키, 파이, 페이스트리용 밀가루의 제과 적성 및 점성을 측정하는 기구

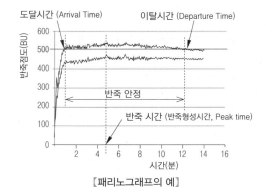

【패리노그래프의 예】

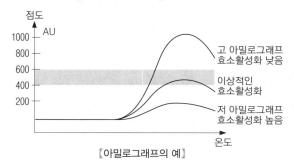

【아밀로그래프의 예】

초콜릿

★★★

1 코코아(Cocoa)에 대한 설명 중 옳은 것은?

① 초콜릿 리쿠어(Chocolate Liquor)를 압착 · 건조한 것이다.

② 카카오버터(Cocoa Butter)를 만들고 남은 박(Press Cake)을 분쇄한 것이다.

③ 카카오 니브스(Cacao Nibs)를 건조한 것이다.

④ 비터 초콜릿(Butter Chocolate)을 건조 분쇄한 것이다.

> 코코아는 카카오 매스를 압착하여 카카오버터를 만들고 남은 카카오 박을 분쇄하여 200메시 정도의 고운 분말로 만든 것이다.

★★

2 다음 중 코코아에 대한 설명으로 잘못된 것은?

① 코코아에는 천연 코코아와 더치 코코아가 있다.

② 더치 코코아는 천연 코코아를 알칼리 처리하여 만든다.

③ 더치 코코아는 색상이 진하고 물에 잘 분산된다.

④ 천연 코코아는 중성을, 더치 코코아는 산성을 나타낸다.

> 천연 코코아를 알칼리 처리하여 만든 것이 더치 코코아이며, 천연 코코아는 산성을, 더치 코코아는 중성을 나타낸다.

★★

3 다음의 초콜릿 성분이 설명하는 것은?

> • 글리세린 1개에 지방산 3개가 결합한 구조이다.
> • 실온에서는 단단한 상태이지만, 입 안에 넣는 순간 녹게 만든다.
> • 고체로부터 액체로 변하는 온도 범위(가소성)가 겨우 2~3℃로 매우 좁다.

① 카카오 매스   ② 카카오 기름

③ 카카오버터   ④ 코코아 파우더

> 카카오 매스를 압착하여 얻어지는 카카오버터는 글리세린 1분자에 지방산 3분자가 결합한 단순 지방으로, 융점이 낮아 구용성이 좋고 가소성이 매우 좁은 특성이 있다.

★★★

4 초콜릿의 코코아와 카카오버터 함량으로 옳은 것은?

① 코코아 3/8, 카카오버터 5/8

② 코코아 2/8, 카카오버터 6/8

③ 코코아 5/8, 카카오버터 3/8

④ 코코아 4/8, 카카오버터 4/8

> 초콜릿(카카오 매스)은 코코아 5/8, 카카오버터 3/8으로 구성되어 있다.

★★

5 화이트 초콜릿에 들어있는 카카오버터의 함량은?

① 70% 이상   ② 20% 이상

③ 10% 이하   ④ 5% 이하

> 화이트 초콜릿에 들어있는 카카오버터 함유량은 20% 이상이다.

★★★★★

6 비터 초콜릿(Bitter Chocolate) 32% 중에서 코코아가 약 얼마 정도 함유되어 있는가?

① 8%   ② 16%

③ 20%   ④ 24%

> 초콜릿에 함유된 코코아의 양은 5/8이므로
> 32%×5/8 = 20%이다.

★★

7 코코아 20%에 해당하는 초콜릿을 사용하여 케이크를 만들려고 할 때 초콜릿 사용량은?

① 16%   ② 20%

③ 28%   ④ 32%

> 초콜릿은 5/8의 코코아와 3/8의 카카오버터로 이루어져 있다.
> 초콜릿(x)×5/8 = 20% 이므로
> 초콜릿(x) $= \dfrac{20}{(5/8)} = \dfrac{160}{5} = 32\%$

chapter 02

8 ★★★ 다음 중 코팅용 초콜릿이 갖추어야 하는 성질은?

① 융점이 항상 낮은 것
② 융점이 항상 높은 것
③ 융점이 겨울에는 높고, 여름에는 낮은 것
④ 융점이 겨울에는 낮고, 여름에는 높은 것

> 파타글라세라고도 하는 코팅용 초콜릿은 템퍼링 작업 없이 손쉽게 사용할 수 있다. 겨울에는 융점이 낮은 것, 여름에는 융점이 높은 것을 사용한다.

9 ★★★★ 템퍼링(tempering) 할 때 주의할 점이 아닌 것은?

① 균일하게 녹일 수 있도록 비슷한 크기로 자른다.
② 물에 수분이 없도록 한다.
③ 27℃로 초콜릿을 녹인다.
④ 공기가 들어가지 않도록 저어준다.

> 초콜릿의 처음 녹이는 작업은 40~50℃가 가장 적합하다. 코코아 버터의 완전 용해 및 광택 유지, 우유 성분의 변성방지를 위하여 50℃를 넘지 않도록 한다.

10 ★★★★ 초콜릿을 템퍼링한 효과에 대한 설명 중 틀린 것은?

① 입안에서의 용해성이 나쁘다.
② 광택이 좋고 내부 조직이 조밀하다.
③ 팻 블룸(Fat Bloom)이 일어나지 않는다.
④ 안정한 결정이 많고 결정형이 일정하다.

> 템퍼링을 하면 입안에서 녹는 구용성(용해성)이 좋아진다.

11 ★★★ 다크 초콜릿을 템퍼링(Tempering)할 때 맨 처음 녹이는 공정의 온도 범위로 가장 적합한 것은?

① 10~20℃
② 20~30℃
③ 30~40℃
④ 40~50℃

> 초콜릿의 처음 녹이는 작업은 40~50℃가 가장 적합하다. 코코아 버터의 완전 용해 및 광택 유지, 우유 성분의 변성방지를 위하여 50℃를 넘지 않도록 한다.

12 ★★★★★ 초콜릿에 대한 설명 중 틀린 것은?

① 밀크 초콜릿은 다크 초콜릿에 우유를 첨가하여 만든다.
② 커버추어 초콜릿은 초콜릿 리쿼 50%, 코코아버터 10% 및 설탕 40%로 구성되어 있다.
③ 다크 초콜릿은 코코아 함량이 30~80% 정도이다.
④ 화이트 초콜릿은 코코아 고형분을 제외한 코코아버터와 설탕, 분유, 레시틴, 바닐라를 첨가하여 만든다.

> 커버추어 초콜릿은 카카오버터 함유량이 30% 이상인 초콜릿을 말한다.

13 ★★★ 초콜릿의 블룸(Bloom) 현상에 대한 설명 중 틀린 것은?

① 초콜릿 표면에 나타난 흰 반점이나 무늬 같은 것을 블룸(Bloom) 현상이라고 한다.
② 설탕이 재결정화 된 것을 슈가 블룸(Sugar Bloom)이라고 한다.
③ 지방이 유출된 것을 팻 블룸(Fat Bloom)이라고 한다.
④ 템퍼링이 부족하면 설탕의 재결정화가 일어난다.

> 템퍼링이 부족하면 팻 블룸(지방 블룸)이 일어나며, 설탕의 재결정화가 일어나는 설탕 블룸은 템퍼링과 관계없다.

14 ★★ 초콜릿의 팻 블룸(Fat Bloom) 현상에 대한 설명으로 틀린 것은?

① 초콜릿 제조 시 온도 조절이 부적합할 때 생기는 현상이다.
② 초콜릿 표면에 수분이 응축하며 나타나는 현상이다.
③ 보관 중 온도관리가 나쁜 경우 발생되는 현상이다.
④ 초콜릿의 균열을 통해서 표면에 침출하는 현상이다.

> 팻 블룸 현상은 초콜릿의 지방이 분리되었다가 굳어지면서 얼룩이 생기는 현상으로 보관 중 높은 온도나 직사광선, 제조 시 템퍼링의 부적합 등으로 생기는 현상이다.
> ※ ②는 설탕 블룸에 대한 설명이다.

정답 8 ④ 9 ③ 10 ① 11 ④ 12 ② 13 ④ 14 ②

15 초콜릿 템퍼링의 방법으로 올바르지 않은 것은?

① 중탕 그릇이 초콜릿 그릇보다 넓어야 한다.
② 중탕 시 물의 온도는 60℃로 맞춘다.
③ 용해된 초콜릿의 온도는 40~45℃로 맞춘다.
④ 용해된 초콜릿에 물이 들어가지 않도록 주의한다.

16 다음과 같은 조건에서 나타나는 현상과 그와 관련한 물질을 바르게 연결한 것은?

> 초콜릿의 보관방법이 적절치 않아 공기 중의 수분이 표면에 부착한 뒤 그 수분이 증발해 버려 어떤 물질이 결정형태로 남아 흰색이 나타났다.

① 팻 블룸(Fat Bloom) - 카카오 매스
② 팻 블룸(Fat Bloom) - 글리세린
③ 슈가 블룸(Sugar Bloom) - 카카오버터
④ 슈가 블룸(Sugar Bloom) - 설탕

슈가 블룸(설탕 블룸)은 초콜릿을 습도가 높은 곳에 보관할 때 설탕이 공기 중의 수분을 흡수하여 녹았다가 재결정이 되면서 하얀 얼룩을 만드는 현상을 말한다.

기타 제과·제빵의 재료

1 제빵에서 밀가루, 이스트, 물과 함께 기본적인 필수 재료는?

① 분유   ② 유지
③ 소금   ④ 설탕

빵이란 밀가루에 이스트, 소금, 물 등을 넣고 반죽을 만든 후 이것을 발효시켜 구운 것을 말한다.

2 다음 중 일반 식염을 구성하는 대표적인 원소는?

① 나트륨, 염소   ② 칼슘, 탄소
③ 마그네슘, 염소   ④ 칼륨, 탄소

소금(염화나트륨, NaCl) = Na(나트륨) + Cl(염소)
식염은 99%의 나트륨과 염소, 1% 정도의 탄산칼슘과 탄산마그네슘의 혼합물로 구성되어 있다.

3 제빵에서 소금의 역할이 아닌 것은?

① 글루텐을 강화시킨다.
② 유해균의 번식을 억제시킨다.
③ 빵의 내상을 희게 한다.
④ 맛을 조절한다.

소금은 빵의 내상을 누렇게 만든다.

4 식품향료에 대한 설명 중 틀린 것은?

① 자연향료는 자연에서 채취한 후 추출, 정제, 농축, 분리 과정을 거쳐 얻는다.
② 합성향료는 석유 및 석탄류에 포함되어 있는 방향성 유기물질로부터 합성하여 만든다.
③ 조합향료는 천연향료와 합성향료를 조합하여 양자 간의 문제점을 보완한 것이다.
④ 식품에 사용하는 향료는 첨가물이지만, 품질·규격 및 사용법을 준수하지 않아도 된다.

식품에 사용하는 향료는 식품첨가물로 품질, 규격 및 사용법이 규정되어 있으며, 이를 준수하여야 한다.

5 소금이 제과에 미치는 영향이 아닌 것은?

① 향을 좋게 한다.
② 잡균의 번식을 억제한다.
③ 반죽의 물성을 좋게 한다.
④ pH를 조절한다.

소금은 향을 좋게 하고, 유해균의 번식을 억제하며, 글루텐을 강화시켜 반죽의 물성을 좋게 하는 등의 역할을 하지만 pH의 조절을 하지는 않는다.

6 식염이 반죽의 물성 및 발효에 미치는 영향에 대한 설명으로 틀린 것은?

① 흡수율이 감소한다.
② 반죽 시간이 길어진다.
③ 껍질 색상을 더 진하게 한다.
④ 프로테아제의 활성을 증가시킨다.

소금은 프로테아제의 활성과는 관계가 없다. 프로테아제는 단백질의 분해효소로, 글루텐을 약화시킨다.

7 ★★★★
식품향료에 관한 설명 중 틀린 것은?
① 수용성 향료(Essence)는 내열성이 약하다.
② 유성향료(Essential Oil)는 내열성이 강하다.
③ 유화향료(Emulsified Flavor)는 내열성이 좋지 않다.
④ 분말향료(Powdered Flavor)는 향료의 휘발 및 변질을 방지하기 쉽다.

유성향료, 유화향료, 분말향료는 내열성이 강하고 수용성 향료는 내열성이 약하다.

8 ★★★★
수용성 향료(Essence)의 특징으로 옳은 것은?
① 제조 시 계면활성제가 반드시 필요하다.
② 기름(Oil)에 쉽게 용해된다.
③ 내열성이 강하다.
④ 고농도의 제품을 만들기 어렵다.

① 수용성 향료는 물에 잘 녹기 때문에 유화제가 필요 없다.
② 수용성 향료는 기름에 녹지 않고 물에 잘 녹는다.
③ 수용성 향료는 내열성이 약하다.

9 ★★★
향신료(Spices)를 사용하는 목적 중 틀린 것은?
① 향기를 부여하여 식욕을 증진시킨다.
② 육류나 생선의 냄새를 완화시킨다.
③ 매운맛과 향기로 혀, 코, 위장을 자극하여 식욕을 억제시킨다.
④ 제품에 식욕을 불러일으키는 색을 부여한다.

향신료를 사용하는 목적은 식품의 풍미를 향상시켜 식욕을 증진시키는 것이다. 강한 향이나 매운맛이 나는 향신료는 적정량을 사용하여야 한다.

10 ★★
다음 중 향신료가 아닌 것은?
① 카다몬   ② 올스파이스
③ 카라야검   ④ 시나몬

카다몬, 올스파이스, 시나몬(계피)는 향신료이다.
카라야검을 비롯한 검류는 유화제, 안정제, 점착제 등으로 사용된다.

11 ★★★★★
피자 제조 시 많이 사용하는 향신료는?
① 넛메그   ② 오레가노
③ 박하   ④ 계피

오레가노는 꽃박하라고도 하는 박하 향기와 비슷한 향을 내는 향신료로 피자 소스에 필수적으로 사용된다.

12 ★★★★★
술에 대한 설명으로 틀린 것은?
① 제과, 제빵에서 술을 사용하면 바람직하지 못한 냄새를 없앨 수 있다.
② 양조주란 곡물이나 과실을 원료로 하여 효모를 발효시킨 것이다.
③ 증류주란 발효시킨 양조주를 증류한 것이다.
④ 혼성주란 증류주를 기본으로 정제당을 넣고 과실 등의 추출물로 향미를 낸 것으로 대부분 알코올 농도가 낮다.

혼성주는 증류주에 비하여는 알코올 농도가 낮지만 양조주에 비하여 알코올 농도가 높은 편이다.

13 ★★★★
잎을 건조시켜 만든 향신료는?
① 계피   ② 넛메그
③ 메이스   ④ 오레가노

오레가노는 꿀풀과의 식물로 잎을 건조하여 만드는 향신료이다.
계피 – 나무껍질, 넛메그와 메이스 – 넛메그의 열매

14 ★★
열대성 다년초의 다육질 뿌리로, 매운맛과 특유의 방향을 가지고 있는 향신료는?
① 넛메그   ② 계피
③ 올스파이스   ④ 생강

지문은 생강에 대한 설명이다.

15 ★★ 메이스(Mace)와 같은 나무에서 생산되는 것으로 단맛의 향기가 있는 향신료는?

① 넛메그   ② 시나몬
③ 클로브   ④ 오레가노

넛메그는 넛메그 나무의 열매로, 열매의 종자에서 넛메그를 얻고, 종자를 싸고 있는 껍질에서 메이스를 얻는다.

16 ★★★★★ 제과에 많이 쓰이는 럼주의 원료는?

① 옥수수 전분   ② 포도당
③ 당밀   ④ 타피오카

럼주는 당밀이나 사탕수수 즙을 발효시켜 증류한 증류주로 설탕의 감미를 높이고, 달걀의 비린내를 완화시켜 제과용에서 많이 사용된다.

17 ★★★★★ 다음 혼성주 중 오렌지 성분을 원료로 하여 만들지 않는 것은?

① 그랑 마르니에(Grand Marnier)
② 마라스키노(Maraschino)
③ 쿠앵트로(Cointreau)
④ 큐라소(Curacao)

마라스키노는 체리 혼성주이다.

유화제·안정제

1 ★★★ 유화제를 사용하는 목적이 아닌 것은?

① 물과 기름이 잘 혼합되게 한다.
② 빵이나 케이크를 부드럽게 한다.
③ 빵이나 케이크가 노화되는 것을 지연시킬 수 있다.
④ 달콤한 맛이 나게 하는데 사용한다.

유화제의 목적
• 물과 기름이 잘 혼합되게 한다.
• 반죽의 기계적 내성을 향상시켜 찢어짐을 방지
• 빵이나 케이크의 조직을 부드럽게 만듦
• 노화 지연
• 부피 증가

2 ★★★ 빵 제품이 단단하게 굳는 현상을 지연시키기 위하여 유지에 첨가하는 유화제가 아닌 것은?

① 모노-디 글리세라이드(Mono-Di-Glyceride)
② 레시틴(Lecithin)
③ 유리지방산
④ 에스에스엘(SSL : Sodium Stearoyl-2-Lactylate)

유화제의 종류에는 레시틴, 모노-디 글리세라이드, 아실 락틸레이트, SSL 등이 있다.
유리지방산은 유지를 수분의 존재 하에 가열하면 가수분해되어 생성되는 것으로 튀김기름의 품질에 좋지 않은 영향을 준다.

3 ★★★★ 모노글리세라이드(Monoglyceride)와 디글리세라이드(Diglyceride)는 제과에 있어 주로 어떤 역할을 하는가?

① 유화제   ② 항산화제
③ 감미제   ④ 필수영양제

모노글리세라이드와 디 글리세라이드는 제과에서 유화제로 사용되며, 모노 글리세라이드 50%, 디-글리세라이드 30~40%의 혼합물인 모노-디 글리세라이드는 유화제로 가장 많이 사용된다.

4 ★★★ 안정제를 사용하는 목적으로 적합하지 않은 것은?

① 아이싱의 끈적거림 방지
② 크림 토핑의 거품 안정
③ 머랭의 수분 배출 촉진
④ 포장성 개선

안정제는 머랭의 수분을 보유하는 역할을 한다.

5 ★★★ 젤라틴(Gelatin)에 대한 설명 중 틀린 것은?

① 동물성 단백질이다.
② 응고제로 주로 이용된다.
③ 물과 섞으면 용해된다.
④ 콜로이드 용액의 젤 형성과정은 비가역적인 과정이다.

젤라틴의 콜로이드 용액의 젤 형성과정은 가열하면 녹고 냉각하면 다시 굳는 가역적인 과정이다.

6 젤라틴에 대한 설명으로 틀린 것은? ★★

① 순수한 젤라틴은 무취, 무미, 무색이다.
② 해조류인 우뭇가사리에서 추출된다.
③ 끓은 물에 용해되며, 냉각되면 단단한 젤(gel) 상태가 된다.
④ 산성 용액 중에서 가열하면 젤 능력이 줄거나 없어진다.

> 해조류인 우뭇가사리에서 추출하는 안정제는 한천이다.

7 동물의 가죽이나 뼈 등에서 추출하며 안정제로 사용되는 것은? ★★★★★

① 젤라틴　　　　② 한천
③ 펙틴　　　　　④ 카라기난

> 젤라틴은 동물의 껍질이나 연골 속의 콜라겐을 가열하여 만들며, 젤리, 아이스크림, 푸딩 등의 응고제, 안정제, 유화제 등으로 널리 사용된다.

8 과일 잼 형성의 3가지 필수요건이 아닌 것은? ★★★

① 설탕　　　　　② 펙틴
③ 산(酸)　　　　④ 젤라틴

> 다당류인 펙틴은 당(설탕)과 산이 존재하면 젤을 형성하여 잼이나 젤리를 만든다.

9 당과 산에 의해서 젤을 형성하며 젤화제, 증점제, 안정제, 유화제 등으로 사용되는 것은? ★★

① 펙틴
② 한천
③ 젤라틴
④ 씨엠씨(C.M.C)

> 펙틴은 당과 산이 존재할 때 젤을 형성하기 때문에 젤화제, 증점제, 안정제, 유화제 등으로 사용된다.

10 검류에 대한 설명으로 틀린 것은? ★★★★

① 유화제, 안정제, 점착제 등으로 사용된다.
② 낮은 온도에서도 높은 점성을 나타낸다.
③ 무기질과 단백질로 구성되어 있다.
④ 친수성 물질이다.

> 검류는 탄수화물인 다당류로 구성되어 있다. 종류로는 아라비아 검, 구아 검, 로커스트 빈 검, 크산탄 검, 한천, 알긴산, 덱스트린 등이 있다.

11 식물성 안정제가 아닌 것은? ★★★★

① 펙틴　　　　　② 젤라틴
③ 한천　　　　　④ 로커스트빈 검

> 젤라틴은 동물의 껍질이나 연골 속에 있는 콜라겐에서 추출하는 동물성 단백질로 안정제, 젤화제로 사용된다.

12 다음 중 찬물에 잘 녹는 것은? ★★★

① 한천(Agar)　　　② 씨엠씨(CMC)
③ 젤라틴(Gelatin)　④ 일반 펙틴(Pectin)

> 씨엠씨는 식물의 뿌리에 있는 셀룰로스에서 추출한 안정제로 찬물에 잘 녹으나, 산에는 약한 성질을 가지고 있다.

밀가루 반죽의 적성시험 기계

1 밀가루의 물성을 전문적으로 시험하는 기기로 이루어진 것은? ★★★★★

① 패리노그래프, 가스크로마토그래피, 익스텐소그래프
② 패리노그래프, 아밀로그래프, 파이브로미터
③ 패리노그래프, 아밀로그래프, 익스텐소그래프
④ 아밀로그래프, 익스텐소그래프, 펑츄어 테스터

> 밀가루의 물리적 성질을 전문적으로 측정하는 시험 기기로 패리노그래프, 익스텐소그래프, 아밀로그래프, 믹소그래프 등이 널리 이용된다.

2 믹서 내에서 일어나는 물리적 성질을 파동 곡선 기록기로 기록하여 밀가루의 흡수율, 믹싱 시간, 믹싱 내구성 등을 측정하는 기계는?

① 패리노그래프(Farinograph)
② 익스텐소그래프(Extensograph)
③ 아밀로그래프(Amylograph)
④ 분광분석기(Spectrophometer)

> • 익스텐소그래프 : 반죽의 신장성과 신장에 대한 저항력을 측정한다.
> • 아밀로그래프 : α-아밀라아제의 활성도를 측정하여 밀가루의 호화온도와 호화정도를 측정하는 기기이다.
> • 분광 분석기 : 빛의 파장을 이용하여 색도를 측정·분석하는 기계이다.

3 밀가루 반죽의 점탄성을 측정하는 기구는?

① 페네트로미터
② 유니버셜미터
③ 오스왈드비스코미터
④ 패리노그래프

> 패리노그래프는 믹서 내에서 일어나는 물리적 성질을 파동 곡선 기록기로 기록하여 밀가루의 흡수율, 믹싱시간, 믹싱 내구성 및 점탄성 등을 측정하는 기계이다.

4 제빵 시 가수량, 믹싱 내구성, 믹싱 시간, 믹싱의 최적시기를 판단하는 데 유용한 기계는?

① 레오미터(Rheometer)
② 익스텐소그래프(Extensograph)
③ 패리노그래프(Farinograph)
④ 아밀로그래프(Amylograph)

5 밀가루 글루텐의 질을 측정하는 데 가장 널리 사용되는 것은?

① 아밀로그래프   ② 낙하시간법
③ 패리노그래프   ④ 맥미카엘 점도계

> 밀가루 글루텐의 질은 점탄성(찰떡과 같은 쫄깃함)과 관련이 있다.

6 패리노그래프에 대한 설명으로 틀린 것은?

① 고속 믹서 내에서 일어나는 물리적 성질을 파동 곡선 기록기로 기록하여 해석한다.
② 흡수율, 믹싱 내구성, 믹싱 시간 등을 판단할 수 있다.
③ 곡선이 500 B.U.에 도달하는 시간 등으로 밀가루의 특성을 알 수 있다.
④ 반죽의 신장도를 측정한다.

> 반죽의 신장도와 신장에 대한 저항력을 측정하는 기기는 익스텐소그래프이다.

7 패리노 그래프에 관한 설명 중 틀린 것은?

① 흡수율 측정
② 믹싱 시간 측정
③ 믹싱 내구성 측정
④ 전분의 점도 측정

> 전분의 점도를 측정하는 것은 아밀로그래프이다.

8 패리노그래프 커브의 윗부분이 500 B.U.에 닿는 시간을 무엇이라고 하는가?

① 반죽 시간(Peak Time)
② 도달시간(Arrival Time)
③ 반죽형성시간(Dough Development Time)
④ 이탈시간(Departure Time)

> 밀가루가 물을 흡수하는 초기 단계로 커브의 윗부분이 500 B.U.에 도달하는 시간을 도달시간(Arrival time)이라 한다.

9 아밀로그래프의 기능이 아닌 것은?

① 전분의 점도 측정
② 아밀라아제의 효소 능력 측정
③ 점도를 B.U 단위로 측정
④ 전분의 다소(多少) 측정

> 아밀로그래프는 전분의 점도를 측정하며, 양을 측정하는 기기가 아니다.

정 답 2① 3④ 4③ 5③ 6④ 7④ 8② 9④

10 ★★★ 밀가루와 물의 현탁액을 일정한 온도로 균일하게 상승시킬 때 일어나는 점도의 변화를 계속적으로 자동 기록하는 장치는?

① 아밀로그래프(Amylograph)
② 모세관 점도계(Capillary Viscometer)
③ 피셔 점도계 (Fisher Viscometer)
④ 브룩필드 점도계 (Brookfield Viscometer)

아밀로그래프는 온도 변화에 따른 점도 변화를 계속적으로 기록하는 기기로, 밀가루 효소(α-아밀라아제)의 활성도를 측정하여 전분의 호화온도, 호화시간, 점도의 변화 등을 알 수 있다.

11 ★★★ 일반적으로 양질의 빵 속을 만들기 위한 아밀로그래프의 범위는?

① 0~150 B.U.
② 200~300 B.U.
③ 400~600 B.U.
④ 800~1000 B.U.

제빵용 아밀로그래프의 범위는 400~600B.U.가 적당하다.

12 ★★★ 아밀로그래프에 관한 설명 중 틀린 것은?

① 반죽의 신장성 측정
② 맥아의 액화 효과 측정
③ 알파 아밀라아제의 활성 측정
④ 보통 제빵용 밀가루는 약 400~600 B.U.

반죽의 신장성을 측정하는 기기는 익스텐소그래프이다.

13 ★★★★ 밀가루 중에 포함된 α-Amylase의 활성도를 측정하는 것은?

① 아밀로그래프   ② 믹서트론
③ 익스텐소그래프   ④ 믹소그래프

아밀로그래프는 밀가루 중의 α-아밀라아제의 활성도를 측정하여 밀가루의 호화온도, 호화정도, 점도의 변화 등을 알 수 있는 기기이다.

14 ★★★★★ 밀가루 반죽을 끊어질 때까지 늘려서 반죽의 신장성을 알아보는 것은?

① 아밀로그래프   ② 패리노그래프
③ 익스텐소그래프   ④ 믹소그래프

익스텐소그래프(Extensograph)는 반죽의 산장성과 신장 저항성을 측정하는 기기이다.

15 ★★★★ 반죽의 신장성과 신장에 대한 저항성을 측정하는 기기는?

① 패리노그래프   ② 레오퍼멘토에터
③ 믹사트론   ④ 익스텐소그래프

반죽의 신장성과 신장에 대한 저항성을 측정하는 기기는 익스텐소그래프이다.

16 ★★ 일정한 굳기를 가진 반죽의 신장도 및 신장 저항력을 측정하여 자동 기록함으로써 반죽의 점탄성을 파악하고, 밀가루 중의 효소나 산화제·환원제의 영향을 자세히 알 수 있는 그래프는?

① 익스텐소그래프(Extensograph)
② 알베오그래프(Alveo-graph)
③ 스트럭토그래프(Structograph)
④ 믹서트론(Mixotron)

익스텐소그래프는 반죽의 신장성을 측정하는 기기로, 밀가루 중의 효소나 산화제·환원제의 영향을 파악할 수 있게 해준다.

17 ★★★ 케이크, 쿠키, 파이, 페이스트리용 밀가루의 제과 적성 및 점성을 측정하는 기구는?

① 아밀로그래프
② 패리노그래프
③ 애그트론
④ 맥미카엘 점도계

케이크, 쿠키, 파이, 페이스트리용 밀가루의 제과 적성 및 점도를 측정하는 기구는 맥미카엘 점도계이다.

생산관리 및 제과제빵기기

How To study

이 과목은 제과제빵 공통과목으로 3~4문항이 출제됩니다. 출제 비율이 높지 않은 만큼 학습량도 많지 않으므로 교재 위주로 학습하시면 쉽게 점수를 확보할 수 있습니다.

SECTION 01 생산관리 및 원가관리

[출제문항수 : 1~2문제] 많이 출제되는 부분은 아닙니다. 생산관리의 3대 요소 (3M)는 확실하게 암기하시고, 교재의 내용과 기출문제로 정리하시기 바랍니다.

01 생산관리

생산관리는 기업 경영의 3요소인 사람(Man), 재료(Material), 자본(Money)을 유효 적절하게 사용하여 좋은 제품을 저렴한 비용으로 만들고, 필요한 물건을 필요한 시기에 만들어내기 위한 관리(Control) 또는 경영(Management)을 말한다.

1 생산관리 일반

1) 기업 활동의 구성 요소(7M)

▶ 생산관리의 3대 요소 (3M) 1차 관리와 동일(사람, 재료, 자본)

1차 관리
- Man (사람, 질과 양)
- Material (재료, 품질)
- Money (자금, 원가)

2차 관리
- Method (방법)
- Minute (시간, 공정)
- Machine (기계, 시설)
- Market (시장)

2) 생산관리의 목표
① 원가관리 : 생산성을 향상시켜 원가를 낮춘다.
② 품질관리 : 최고의 품질을 위한 생산 시스템을 설계하고 감시한다.
③ 납기관리 : 고객의 요구에 따른 납기를 맞출 수 있는 생산 시스템을 갖춘다.
④ 유연성 : 수요에 따른 생산량을 조절, 소비자의 요구에 신속한 대응 등

3) 제과제빵 제조 공정의 4대 중요 관리항목
시간관리, 온도관리, 공정관리, 위생관리

2 생산 시스템

① 생산 시스템 : 원재료(밀가루, 설탕, 유지, 달걀 등)를 투입하여 제품을 생산하는 전 과정을 관리하는 것을 말한다.
② 생산가치 분석 : 생산가치는 생산금액에서 원가 및 제비용과 부대 경비를 제외하고 남는 것을 의미한다.

▶ **로트생산방식(Lot system)**
로트(Lot)는 1회에 생산되는 특정 수의 제품 단위를 말하는 것으로 공예과자, 웨딩케이크 등과 같은 소량의 단위를 1회 한정 생산하는 방식이다.

- 생산가치 = 생산금액 − (재료비, 제조경비, 인건비 등의 합)
- 생산가치율(%) = $\dfrac{생산가치}{생산금액} \times 100$, 1인당 생산가치 = $\dfrac{생산가치}{인원수}$

02 원가관리

기업은 이익을 창출하면서 제품의 가치를 높이기 위하여 원가를 절감하는 노력이 필요하다.

1 제품의 가치

① 사람의 욕망을 충족시키는 효용의 비율을 말한다.
② 객관적이고 절대적인 개념이 아닌 상대적인 개념이다.
③ 사용가치(use value), 귀중가치(esteem value), 코스트가치(cost value), 교환가치(exchange value)가 있다.

2 원가와 비용

① 원가 : 제품의 제조, 판매, 서비스의 제공을 위하여 소비된 경제적 가치
② 비용 : 일정 기간 내에 기업의 경영 활동으로 발생한 경제적 가치의 소비액

3 원가계산의 목적

① 생산원가의 관리
② 이익의 산출 및 계산
③ 판매가격의 결정

4 원가계산의 구조

	직접 원가	제조원가	총 원가	판매가격
직접비	직접 재료비 직접 노무비 직접 경비	직접 원가	제조 원가	총 원가
간접비		제조 간접비		
			판매비 일반관리비	
				이익

① 기초원가 = 직접 재료비 + 직접 노무비
② 직접원가 = 기초원가   + 직접 경비
③ 제조원가 = 직접원가   + 제조 간접비
④ 총원가   = 제조원가   + 일반 관리비 + 판매비
⑤ 판매가격 = 총원가   + 이익

5 손익분기점

① 손익분기점 : 매출액과 총비용(고정비+변동비)이 일치하여 이익도 손실도 발생하지 않는 지점을 말한다.
② 매출이 손익분기점 이상으로 늘어나면 이익이 발생하고 이하로 줄어들면 손실이 발생한다.

1 ★★★★★
생산관리의 3대 요소에 해당하지 않는 것은?

① 시장(Market)　　　　② 사람(Man)
③ 재료(Material)　　　④ 자금(Money)

> 생산관리의 3대 요소
> 사람(Man), 재료(Material), 자본(Money)

2 ★★★
다음 중 제과 생산관리에서 제1차 관리 3대 요소가
아닌 것은?

① 사람(Man)　　　　　② 재료(Material)
③ 방법(Method)　　　④ 자금(Money)

> 기업 활동의 구성 요소(7M)
> • 1차 관리 요소 : Man(사람, 질과 양), Material(재료, 품질),
>   Money(자금, 원가)
> • 2차 관리 요소 : Method(방법), Minute(시간, 공정),
>   Machine(기계, 시설), Market(시장)

3 ★★★
기업 활동의 구성 요소로서 2차 관리에 들지 않는
것은?

① 방법(Method)　　　② 기계(Machine)
③ 시장(Market)　　　④ 재료(Material)

4 ★★★★
제빵 제조 공정의 4대 중요 관리항목에 속하지 않
는 것은?

① 시간관리　　　　　② 온도관리
③ 공정관리　　　　　④ 영양관리

> 제빵 제조 공정의 4대 중요 관리항목
> 시간관리, 온도관리, 공정관리, 위생관리

5 ★★★★
제과·제빵공장에서 생산관리 시 매일 점검할 사항
이 아닌 것은?

① 제품당 평균 단가　　② 설비 가동률
③ 원재료율　　　　　　④ 출근율

> 생산관리는 설비 가동률, 직원의 출근율, 원재료율 등을 매일 점
> 검하여 손실을 방지하여야 한다. 제품당 평균단가는 원가관리에
> 서 점검할 사항이다.

6 ★★★★
1인당 생산가치는 생산가치를 무엇으로 나누어 계
산하는가?

① 인원수　　　　　　② 시간
③ 임금　　　　　　　④ 원재료비

> 생산가치는 생산금액에서 원가 및 제비용과 부대경비를 제외하
> 고 남는 것을 의미하며 생산가치를 인원수로 나누면 1인당 생
> 산가치가 된다.

7 ★★★
생산액이 2,000,000원, 외부가치가 1,000,000원,
생산가치가 500,000원, 인건비가 800,000원일 때
생산가치율은?

① 20%　　　　　　② 25%
③ 35%　　　　　　④ 40%

> $$생산가치율 = \frac{생산가치}{생산금액} \times 100 = \frac{500,000}{2,000,000} \times 100 = 25\%$$

8 ★★★★
쿠키를 분당 425개 생산하는 성형기를 사용하여
5000봉(25개/봉)을 생산하는데 소요되는 생산시간
은? (제조손실 2% 고려, 소수점 이하 반올림)

① 5시간　　　　　　② 5시간 10분
③ 4시간 40분　　　④ 4시간 50분

> 25개×5,000봉 = 125,000개
> 제조손실 125,000×0.02 = 2,500개
> 제조할 쿠키의 총량 125,000+2,500 = 127,500개
> 분당 425개를 제조하므로 $\frac{127,500개}{425(개/분)}$ = 300분 = 5시간
> ※ 실제 제조 쿠키의 총량은 목표 갯수에 손실로 인한 갯수를
>   합해야 한다.

정답 1 ① 2 ③ 3 ④ 4 ④ 5 ① 6 ① 7 ② 8 ①

9 모닝빵을 1,000개 만드는데 한 사람이 3시간 걸렸다. 1,500개 만드는데 30분 이내에 끝내려면 몇 사람이 작업해야 하는가?

① 2명 　　② 3명 　　③ 9명 　　④ 5명

$1,000 : 180분 = 1,500 : x$

$x = \dfrac{180 \times 1,500}{1,000} = 270분$

계산법　$A : B = C : D$
　　　　$\rightarrow A \times D = B \times C$
　　　　$\rightarrow D = \dfrac{B \times C}{A}$

1명이 빵 1,000개를 만들 때 3시간(180분)이 걸리면 1,500개를 만들 때는 270분이 걸린다. 따라서 30분안에 빵을 1,500개 만들려면 270/30 = 9명이 필요하다.

10 완제품 600g 짜리 파운드 케이크 1200개를 만들고자 할 때 완제품의 총 무게는?

① 400kg ② 500kg
③ 720kg ④ 600kg

총무게 = 개당 무게×갯수 = 600g×1,200개
　　　 = 720,000g = 720kg

11 다음 중 제품의 가치에 속하지 않는 것은?

① 교환가치 ② 귀중가치
③ 사용가치 ④ 재고가치

제품의 가치의 4 분류
사용가치, 귀중가치, 코스트가치, 교환가치

12 원가에 대한 설명 중 틀린 것은?

① 기초원가는 직접노무비, 직접재료비를 말한다.
② 직접원가는 기초원가에 직접경비를 더한 것이다.
③ 제조원가는 간접비를 포함한 것으로 보통 제품의 원가라고 한다.
④ 총원가는 제조원가에서 판매비용을 뺀 것이다.

• 기초원가 = 직접재료비+직접노무비
• 직접원가 = 기초원가+직접경비
• 제조원가 = 직접원가+제조간접비
• 총원가　 = 제조원가+일반관리비+판매비
• 판매가격 = 총원가+이익

13 제빵 생산의 원가를 계산하는 목적으로만 연결된 것은?

① 순이익과 총매출의 계산
② 이익계산, 가격 결정, 원가관리
③ 노무비, 재료비, 경비산출
④ 생산량 관리, 재고관리, 판매관리

14 원가의 구성에서 직접원가에 해당하지 않는 것은?

① 직접재료비 ② 직접노무비
③ 직접경비 ④ 직접판매비

판매비는 간접비에 속하기 때문에 직접판매비라 부르지 않으며, 판매에 필요한 경비를 말한다.

15 총원가는 어떻게 구성되는가?

① 제조원가+판매비+일반관리비
② 직접재료비+직접노무비+판매비
③ 제조원가+이익
④ 직접원가+일반관리비

총원가는 제조원가(직접원가+제조간접비)에 판매비와 일반관리비를 더하여 구성된다.

16 제품의 판매가격은 어떻게 결정하는가?

① 총원가+이익 ② 제조원가+이익
③ 직접재료비+직접경비 ④ 직접경비+이익

17 제빵 공장에서 5인이 8시간 동안 옥수수식빵 500개, 바게트빵 550개를 만들었다. 개당 제품의 노무비는 얼마인가? (단, 시간당 노무비는 4,000원이다.)

① 132원 ② 142원
③ 152원 ④ 162원

노무비 총액을 제품 수로 나누면 된다.

$\dfrac{노무비 \times 시간 \times 인원}{제품 수} = \dfrac{4,000 \times 8 \times 5}{1,050} = 152원$

SECTION
02

Craftsman Confectionary & Breads Making

제과제빵 기기 및 도구

[출제문항수 : 1~2문제] 많이 출제되는 부분은 아닙니다. 믹서, 오븐의 종류와 파이 롤러에 대한 문제가 많이 출제되며, 제과와 제빵 주요 도구도 자주 출제됩니다.

01 믹서기

1 개요

① 재료를 혼합하여 반죽을 만들 때 사용하는 기기
② 혼합, 이김, 두드림 등의 동작을 통하여 밀가루 반죽의 글루텐을 발전시키고, 공기를 포집하는 기능을 한다.
③ 단순히 재료들을 균일하게 혼합하기 위하여 사용되기도 한다.
④ 일반적인 믹서의 반죽량은 반죽통(믹서 볼) 용량의 50~60%가 적당하다.
⑤ 믹서의 청소 시 금속제 스크레이퍼를 사용하여 반죽을 긁어내면 안 된다.

2 믹서의 종류

종류	설명
수직 믹서 (Vertical mixer)	• 주로 소규모 제과점에서 케이크 반죽이나 소량의 **빵** 반죽을 만들 때 사용 • 수시로 반죽 상태를 확인할 수 있음
수평 믹서 (Horizontal mixer)	• 주로 다량의 **빵** 반죽을 만들 때 사용 • 반죽의 양은 믹서볼 용적의 30~60%가 적당
스파이럴 믹서 (Spiral mixer)	• 나선형 훅이 내장되어 나선형 믹서라고도 하며, 주로 제빵용 믹서로 사용 • 독일빵이나 프랑스빵 같이 된 반죽을 치거나, 글루텐 형성 능력이 다소 떨어지는 밀가루로 **빵**을 만들 때 적합
에어 믹서 (Air mixer)	• 주로 제과의 대량 생산에 적합 • 반죽에 사용되는 모든 재료를 한꺼번에 넣어 반죽
연속식 믹서 (Continuous mixer)	• 주로 제과용으로 사용 • 한쪽에서는 재료를 연속적으로 공급, 다른 쪽에서는 반죽이 인출되는 믹서

본체

반죽날개

❶ 믹서 볼(Mixer Bowl) : 반죽을 하기 위해 재료들을 섞는 원통형의 그릇(보통 스테인리스 재질)
❷ 비터(Beater) : 반죽을 교반 · 혼합하여 유연한 크림으로 만들 때 사용
❸ 훅(Hook) : 주로 빵 반죽용으로, 밀가루 반죽 시 글루텐을 형성, 발전시키는데 사용
❹ 휘퍼(Whipper) : 달걀이나 생크림을 믹서 볼에 넣어 거품을 만들 때 사용

[수직믹서의 구성]

▶ 용도별 믹서의 구분
• 제과용 믹서 : 수직(버티컬) 믹서, 에어 믹서, 연속식 믹서
• 제빵용 믹서 : 수평 믹서, 스파이럴 믹서

02 오븐(Oven)

1 개요
① 오븐은 공장 설비 중 제품의 생산 능력을 나타내는 중요한 기준이 된다.
② 오븐의 생산 능력은 오븐 내 매입 철판 수로 계산한다.

2 오븐의 종류

1) 데크 오븐(Deck oven)
① 소규모 제과점에서 많이 사용하는 오븐으로, 반죽을 넣는 입구와 출구가 같다.
② 손으로 넣고 꺼내기가 편리하며, 굽는 과정을 눈으로 볼 수 있다.
③ 입구 쪽과 뒤쪽의 온도 차가 있는 결점이 있다.
④ 가스나 전기를 사용하여 발생한 전도열을 이용한다.
⑤ 데크 오븐에 프랑스빵을 구울 때 캔버스를 사용하여 직접 화덕에 올려 구울 수 있다.

2) 터널 오븐(Tunnel oven)
① 정형된 반죽이 들어가는 입구와 제품이 나오는 출구가 다른 오븐으로 대량 생산 공장에서 많이 사용된다.
② 터널을 통과하는 동안 몇 개의 다른 온도 구역을 지나면서 굽기가 끝난다.
③ 빵틀의 크기에 거의 제한을 받지 않고, 온도 조절이 쉽지만 넓은 면적이 필요하고, 열 손실이 크다.

3) 컨벡션 오븐(Convection oven)
① 내부에 팬이 부착되어 열풍을 강제 순환시키면서 굽는 타입으로 대류식 오븐이라고도 한다.
② 스팀 장치가 설치되어 스팀 분사가 가능하다.
③ 굽기의 편차가 극히 적으며, 제품의 껍질을 바삭하게 구울 수 있다.
④ 컨벡션 오븐은 열풍을 이용하므로 윗불, 아랫불의 조절이 불가능하다.

4) 기타 오븐

로터리 래크 오븐 (Rotary rack oven)	• 구울 팬을 래크의 선반에 끼워 래크 채로 오븐에 넣어 구우면 래크가 시계 방향으로 회전을 하면서 구워지기 때문에 열전달이 고르게 된다. • 동시에 많은 양을 구울 수 있어 대량 생산에 적합하다.
릴 오븐 (Reel oven)	뒤에서 앞으로 원운동을 하면서 회전하며, 로터리 래크 오븐과 같은 장점을 가진다.
하스 브레드 오븐	바닥을 하스형으로 만들고 증기를 분무하도록 하여 프랑스빵 등의 하스형 빵을 굽기에 적당
적외선 오븐	굽기에 사용되는 열원이 적외선인 오븐으로, 주로 냉동제품의 해동이나 재가열을 목적으로 사용된다.

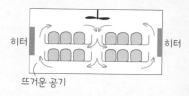

【컨벡션 오븐의 원리】

▶ 열의 전달 방법

대류	• 액체나 기체가 가열될 때 데워진 것은 위로 올라가고 차가운 것은 아래로 내려오면서 전체적으로 데워지는 현상 • 컨벡션 오븐은 대류열을 이용한다.
전도	• 주로 고체에서 분자들의 접촉에 의해 열이 전달되는 현상 • 오븐에서 전도열을 최대한 이용하기 위하여 빵틀을 파형으로 만들어 열에 대한 표면적을 크게 만든다.
복사	• 열전달이 매개체 없이 고온 물체에서 저온의 물체로 직접 전달되는 현상 • 적외선 오븐은 복사열을 이용한다.

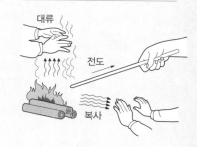

▶ 하스(hearth)는 빵 등을 구울 때 밑에서부터 열을 전달하는 오븐의 구움대를 말한다.

03 파이 롤러(Pie roller)

1 개요

① 반죽을 일정한 두께로 밀어 펼 때 사용하는 기계로 롤러의 간격을 점차 좁게 조절하여 반죽(도우, dough)을 얇게 밀어 편다.

② 파이나 페이스트리 반죽을 성형할 때 주로 사용되는 자동 밀대로 페이스트리 성형 자동 밀대라고도 한다.

③ 파이나 페이스트리는 휴지와 성형을 할 때 냉장, 냉동처리를 해야 하므로 냉장고나 냉동고 옆에 위치하는 것이 좋다.

④ 스위트 롤, 데니시 페이스트리, 퍼프 페이스트리, 크로와상, 케이크 도넛, 빵 도넛 등의 제조에 사용된다.

2 파이롤러 사용 시 주의사항

① 기계를 사용하므로 밀어 펴기의 반죽과 유지와의 경도는 가급적 같은 것이 좋다.

② 기계에 반죽이 달라붙는 것을 막기 위한 덧가루는 너무 많이 사용하지 않도록 해야 한다.

③ 일반적으로 손 밀대를 사용하여 반죽과 유지를 따로따로 밀어서 편 뒤 반죽에 유지를 넣고 감싸서 기계를 사용하여 밀어펴기를 한다.

④ 냉동휴지* 후 밀어 펴면 유지가 굳어 갈라지므로 냉장휴지를 하는 것이 좋다.

> * 휴지(休止)
> 제빵의 중간발효과 같은 역할로, 밀어 펴기가 계속되면 글루텐이 과도해져 밀어지지 않게 되므로 수십분에서 수 시간동안 냉동·냉장보관하여 글루텐을 안정시켜 작업성을 좋게한다.

04 제빵 전용기기

1 개요

① 분할기(Divider) : 1차 발효가 끝난 반죽을 정해진 용량의 반죽 크기로 분할하는 기기

② 라운더(Rounder) : 분할된 반죽을 둥그렇게 말아 하나의 피막을 형성되도록 하는 기기

③ 정형기(Moulder) : 중간발효를 마친 반죽을 밀어 펴서 가스를 빼고 다시 말아서 원하는 모양으로 만드는 기기

④ 발효기 : 온도와 습도를 조절하여 발효가 원활하게 이루어 질 수 있도록 하는 기기이다.

⑤ 도우 컨디셔너(Dough conditioner) : 냉장, 냉동, 해동, 2차 발효를 프로그래밍에 의해 자동적으로 조절하는 기기

05 주요 제과 도구

① 팬(Pan) : 다양한 형태의 과자를 만들기 위한 틀, 냄비, 철판 등
② 스파튤라(Spatula) : 케이크에 장식용 크림을 바르거나 오븐 철판에 넣은 반죽을 평평하게 할 때 사용하는 칼 모양의 주걱
③ 모양깍지(Piping tubes) : 짤주머니 끝에 달아 장식용 크림이나 머랭을 짜서 모양을 만들 때 사용
④ 회전대(Turn table) : 케이크나 파이를 올려놓고 돌리면서 아이싱 작업을 할 때 사용
⑤ 짤주머니(Pastry bag) : 슈 반죽, 생크림, 아이싱 등을 넣고 짜낼 때 사용
⑥ 데포지터(Depositor) : 크림이나 과자 반죽을 자동으로 모양짜기 하는 기계(쿠키 자동 성형 기계)
⑦ 디핑 포크(Dipping Forks) : 초콜릿 용액에 담갔다 건질 때 사용하는 기구
⑧ 이 외에 도르래 칼, 붓, 저울, 밀대 등이 있음

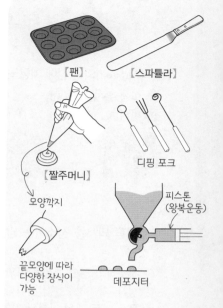

【팬】　【스파튤라】

【짤주머니】

디핑 포크

모양깍지

끝모양에 따라 다양한 장식이 가능

피스톤 (왕복운동)

데포지터

06 주요 제빵 도구

① 스크레이퍼(Scraper) : 반죽을 분할하거나 한 곳으로 모으고, 작업대에 들러붙은 반죽을 떼어낼 때 사용
  • 믹서나 믹서 볼 등 금속 부분의 반죽을 제거할 때는 반드시 플라스틱 제품을 사용한다.
  • 스크레이퍼에 흠집이 있으면 교체하여 사용한다.
② 밀대 : 반죽을 밀어펴기 하거나 정형을 위하여 사용하는 둥근 모양의 막대
  → 밀대의 청소는 상처가 나지 않도록 부드러운 솔이나 헝겊을 이용한다.
③ 각종 틀 : 빵의 종류에 따라 모양을 만드는 각종 틀이 있음
④ 저울 : 재료나 제품의 무게를 잰다.
⑤ 온도계 : 재료나 반죽 등의 온도를 측정
⑥ 기타 : 도커터, 가루채, 냉각망 등

▶ 저울의 종류

전자 저울	용기를 저울에 올려놓고 영점을 맞출 수 있어 재료를 용기에 담아 무게를 계량할 수 있다.
부등비 저울	한쪽에는 추가, 다른 쪽에는 접시가 달려 저울대와 수평이 되도록 무게를 계량한다.
접시 저울	피측정체를 올려놓을 수 있는 접시를 단 저울로 중력에 의한 무게를 측정한다. 가정이나 시장 등에서 가장 널리 사용되는 저울이다.

【빵틀】　【밀대】

【스크레이퍼】

1 믹서(Mixer)의 구성에 해당되지 않는 것은?

① 믹서 볼(Mixer Bowl)　② 휘퍼(Whipper)
③ 비터(Beater)　④ 배터(Batter)

믹서의 구성
• 믹서 본체
• 부속 기구 – 믹서 볼, 반죽 날개(휘퍼, 비터, 훅)

2 수평형 믹서를 청소하는 방법으로 올바르지 않은 것은?

① 청소하기 전에 전원을 차단한다.
② 생산 직후 청소를 실시한다
③ 물을 가득 채워 회전시킨다.
④ 금속으로 된 스크레이퍼를 이용하여 반죽을 긁어 낸다.

믹서를 비롯한 제과·제빵용 기기의 청소는 플라스틱 스크레이퍼를 사용하여야 한다. 금속으로 된 스크레이퍼를 이용하면 금속 간의 마찰로 인해 금속 가루가 떨어져 나올 수 있다.

3 주로 소매점에서 자주 사용하는 믹서로써 거품형 케이크 및 빵 반죽이 모두 가능한 믹서는?

① 수직 믹서(Vertical Mixer)
② 스파이럴 믹서(Spiral Mixer)
③ 수평 믹서(Horizontal Mixer)
④ 핀 믹서(Pin Mixer)

회전하는 축이 수직인 수직 믹서는 소규모 제과점에서 케이크의 반죽이나 소량의 빵 반죽을 만들 때 사용된다.

4 주로 독일빵, 프랑스빵 등 유럽빵이나 토스트 브레드(Toast Bread) 등 된 반죽을 치는데 사용하는 믹서는?

① 수평형 믹서　② 수직형 믹서
③ 나선형 믹서　④ 혼합형 믹서

나선형(스파이럴) 믹서는 된 반죽을 치거나, 글루텐 형성 능력이 떨어지는 밀가루로 빵을 만들 때 적합한 믹서이다.

5 한 번에 많은 반죽을 혼합하며, 단백질 함량이 높은 밀가루에 적합한 믹서는?

① 수직형 믹서　② 수평형 믹서
③ 스파이럴 믹서　④ 트위디 믹서

수평형 믹서는 주로 다량의 반죽을 만들 때 사용하며 단백질 함량이 높은 밀가루를 반죽할 때 적합하다.
※ 트위디 믹서는 양산용의 초고속 믹서이다.

6 공장 설비 중 제품의 생산 능력은 어떤 설비가 가장 중요한 기준이 되는가?

① 오븐　② 발효기
③ 믹서　④ 작업 테이블

오븐의 제품 생산 능력보다 믹서와 발효실에서 만들어지는 반죽이 많으면 반죽이 지치게 되기 때문에 오븐을 제품 생산 능력의 기준으로 삼는다.

7 오븐의 생산 능력은 무엇으로 계산하는가?

① 소모되는 전력량
② 오븐의 높이
③ 오븐의 단열 정도
④ 오븐 내 매입 철판 수

오븐의 생산 능력은 오븐 내에 있는 매입 철판 수로 나타낸다.

8 소규모 제과점용으로 가장 많이 사용되며 반죽을 넣는 입구와 제품을 꺼내는 출구가 같은 오븐은?

① 컨벡션 오븐　② 터널 오븐
③ 릴 오븐　④ 데크 오븐

데크 오븐은 일반 오븐이라고도 하며, 주로 소규모 제과점에서 가장 많이 사용하는 오븐이다. 반죽을 넣는 입구와 출구가 같아 넣고 꺼내기가 편리하며, 굽는 과정을 육안으로 확인할 수 있으나 오븐 내부에 온도 차이가 있는 단점이 있다.

정답 1④ 2④ 3① 4③ 5② 6① 7④ 8④

9 빵 굽기에 사용되는 오븐에 대한 설명 중 틀린 것은? ★★★

① 데크 오븐의 열원은 열풍이며 색을 곱게 구울 수 있는 장점이 있다.
② 컨벡션 오븐은 제품의 껍질을 바삭바삭하게 구울 수 있으며 스팀을 사용한다.
③ 데크 오븐에 프랑스빵을 구울 때 캔버스를 사용하여 직접 화덕에 올려 구울 수 있다.
④ 컨벡션 오븐은 윗불, 아랫불의 조절이 불가능하다.

> 데크 오븐은 열원으로 가스나 전기를 이용하여 발생한 전도열을 이용한다. 열풍을 이용한 오븐은 컨벡션 오븐이다.

10 오븐 내에서 뜨거워진 공기를 강제 순환시키는 열 전달 방식은? ★★★

① 대류   ② 전도
③ 복사   ④ 전자파

> 대류는 액체나 기체의 열 전달방식으로 뜨거워진 것은 위로 올라가고 차가워진 것은 아래로 내려가면서 전체적으로 데워지는 것을 말한다. 컨벡션 오븐에서 열풍을 강제로 순환시키는 방식은 이 대류열을 이용한 것이다.

11 주로 대류열을 이용하여 반죽에 열이 고르게 전달되며, 소규모의 작업장에서 사용할 수 있는 오븐은? ★★★★

① 데크 오븐   ② 래크 오븐
③ 터널 오븐   ④ 컨벡션 오븐

> 컨벡션 오븐은 내부에 팬이 있어 열풍을 강제 순환시키는 대류식 오븐으로 오븐 내부의 온도 차가 적어 반죽에 열이 고르게 전달된다.

12 내부에 팬이 부착되어 열풍을 강제 순환시키면서 굽는 타입으로 굽기의 편차가 극히 적은 오븐은? ★★★

① 터널 오븐   ② 컨벡션 오븐
③ 밴드 오븐   ④ 래크 오븐

> 컨벡션 오븐은 내부에 팬이 있어 열풍을 강제순환시켜 굽는 오븐으로 '대류식 오븐'이라고도 한다. 오븐의 내부에서의 온도 차가 크지 않기 때문에 굽기의 편차가 극히 적다.

13 대량 생산 공장에서 많이 사용하는 오븐으로 정형된 반죽이 들어가는 입구와 제품이 나오는 출구가 서로 다른 오븐은? ★★★★★

① 데크 오븐(Deck Oven)
② 터널 오븐(Tunnel Oven)
③ 컨벡션 오븐(Convection Oven)
④ 로터리 래크 오븐(Rotary Rack Oven)

> 터널 오븐은 정형된 반죽이 들어가는 입구와 제품이 나오는 출구가 서로 다른 오븐으로 대형공장에서 많이 사용하는 오븐이다.

14 대형공장에서 사용되고, 온도 조절이 쉽다는 장점이 있는 반면에 넓은 면적이 필요하고 열 손실이 큰 결점인 오븐은? ★★★

① 회전식 오븐(Rack Oven)
② 데크 오븐(Deck Oven)
③ 터널식 오븐(Tunnel Oven)
④ 릴 오븐(Reel Oven)

> 터널 오븐은 빵틀의 크기에 제한을 거의 받지 않고, 온도 조절이 쉬우나 넓은 면적이 필요하고 열 손실이 크다.

15 다음 중 파이롤러를 사용하기에 부적합한 제품은? ★★★★

① 스위트 롤   ② 데니시 페이스트리
③ 크로와상   ④ 브리오슈

> 파이 롤러(Pie Roller)는 Reverse Sheeter라고도 하며 반죽을 접기 및 밀어펴기 할 때 사용한다. 스위트 롤, 페이스트리류, 파이류, 크로와상, 도넛류 등에 사용한다.

16 페이스트리 성형 자동밀대(파이롤러)에 대한 설명 중 맞는 것은? ★★★★

① 기계를 사용하므로 밀어 펴기의 반죽과 유지와의 경도는 가급적 다른 것이 좋다.
② 기계에 반죽이 달라붙는 것을 막기 위해 덧가루를 많이 사용한다.
③ 기계를 사용하여 반죽과 유지는 따로따로 밀어서 편 뒤 감싸서 밀어 펴기를 한다.

④ 냉동휴지 후 밀어 펴면 유지가 굳어 갈라지므로 냉장휴지를 하는 것이 좋다.

> ① 밀어펴기 반죽과 유지의 경도는 같은 것이 좋다.
> ② 덧가루는 가급적 적게 사용하는 것이 좋다.
> ③ 손밀대를 사용하여 반죽과 유지를 따로 밀어서 편 뒤 반죽에 유지를 감싸서 넣고 기계로 밀어펴기를 한다.

17 ★★★★ 다음 중 파이롤러를 사용하지 않는 제품은?

① 롤 케이크
② 케이크 도넛
③ 데니시 페이스트리
④ 퍼프 페이스트리

> 롤 케이크는 말기를 해야하는 제품으로 밀어펴는 파이롤러로 작업하기에 적합하지 않다. 파이롤러는 스위트 롤, 페이스트리류, 파이류, 크로와상, 도넛류 등에 사용한다.

18 ★★★ 분할된 반죽을 둥그렇게 말아 하나의 피막이 형성되도록 하는 기계는?

① 믹서(Mixer)
② 오버헤드 프루퍼(Overhead Proofer)
③ 정형기(Moulder)
④ 라운더(Rounder)

> ① 믹서 : 재료를 혼합하여 반죽을 만들 때 사용하는 기기
> ② 오버헤드 프루퍼 : 둥글리기를 한 반죽을 정형하기 전까지 발효시키는 기계로 중간 발효기라고 한다.
> ③ 정형기 : 중간발효를 마친 반죽을 밀어펴서 가스를 빼고 다시 말아서 원하는 모양으로 만드는 기기로 성형기라고도 한다.

19 ★★★ 다음 중 냉동, 냉장, 해동, 2차 발효를 프로그래밍에 의해 자동적으로 조절하는 기계는?

① 스파이럴 믹서
② 도우 컨디셔너
③ 로타리 래크오븐
④ 모레르식 락크 발효실

> 도우 컨디셔너는 냉동, 냉장, 해동, 2차 발효를 프로그래밍에 의해 자동적으로 조절하는 기계로, 심야나 조조 작업을 하지 않아도 원하는 시간에 빵을 구워낼 수 있다.

20 ★★★★ 초콜릿 제품을 생산하는데 필요한 도구는?

① 디핑 포크(Dipping Forks)
② 오븐(Oven)
③ 파이 롤러(Pie Roller)
④ 워터 스프레이(Water Spray)

> 디핑 포크는 초콜릿 제품을 만들 때 제품을 초콜릿 용액에 담갔다 건질 때 사용하는 포크를 말한다.

21 ★★★ 식빵 반죽의 제조 공정에서 사용하지 않는 기계는?

① 분할기(Divider)
② 라운더(Rounder)
③ 성형기(Moulder)
④ 데포지터(Depositor)

> 데포지터는 크림이나 과자 반죽을 자동으로 모양짜기 하는 쿠키의 자동 성형 기계이다.

22 ★★★ 제빵용으로 주로 사용되는 도구는?

① 모양깍지
② 돌림판(회전판)
③ 짤주머니
④ 스크레이퍼

> 모양깍지, 돌림판, 짤주머니는 제과용으로 사용되는 도구이며, 스크레이퍼는 주로 제빵에서 빵 반죽을 분할하거나 다시 모으거나 작업대에 붙은 반죽을 제거할 때도 사용한다.

23 ★★★★ 제과 기기 및 도구 관리가 옳지 않은 것은?

① 채는 물로 세척하여 건조시킨 후 사용한다.
② 스크레이퍼에 흠집이 있으면 교체한다.
③ 밀대의 이물질은 철수세미를 사용하여 제거한다.
④ 붓은 용도별로 구분하여 사용해야 된다.

> 밀대는 상처가 나지 않도록 부드러운 솔이나 헝겊을 이용하여 청소한다.

제과이론

이 과목은 제과기능사 단독 과목으로 23~24문항이 출제됩니다. 제과기능사에서 가장 중요한 부분으로 학습량도 많습니다. 주로 제과 순서와 제품별 제과법에서 많이 출제되고 있으니 학습시간을 잘 배분하여 학습하시기 바랍니다.

Craftsman Confectionary & Breads Making

SECTION 01

제과 개요

[출제문항수 : 0~1문제] 거의 출제되지 않는 부분입니다. 가볍게 읽어보시고 넘어가시면 됩니다.

01 과자의 정의

1 과자의 정의
과자는 곡물가루를 위주로 하여 달걀, 유지, 설탕, 우유 등의 여러 가지 재료를 섞어서 만든 기호식품을 말한다.

2 빵과 과자의 구분
① 일반적으로 **빵**은 밀가루 등의 곡물가루에 이스트, 소금, 물 등의 재료를 사용하여 반죽을 만든 후 이를 발효시켜 구운 것으로 주로 주식으로 이용된다.
② 현재 **빵**의 제법으로 만든 과자나 과자의 제법으로 만든 **빵**들이 개발되어 **빵**과 과자의 구분은 큰 의미가 없다.
③ 일반적인 **빵**과 과자의 구분

구분요소	빵	과자
이스트(팽창제)	사용함	사용하지 않음
밀가루 종류	강력분(글루텐 함량이 많음)	박력분(글루텐 함량이 적음)
설탕의 양	적음	많음
반죽 상태	글루텐의 생성, 발전 비유) 점토같은 반죽	글루텐의 생성 억제 비유) 다소 액체같은 반죽

02 과자류의 분류

▶ 공기 팽창의 매개체 및 팽창 방법
• 달걀을 휘핑하여 만들어진 거품이 반죽 속에 공기방울을 형성
  예) 스펀지케이크, 엔젤푸드 케이크, 시폰 케이크, 머랭, 마카롱, 거품형 쿠키 등
• 유지는 밀가루 반죽 속의 유지층이 공기를 포집
  예) 파이, 데니시 페이스트리, 퍼프 페이스트리 등

1 팽창 형태에 따른 분류

구분	과자
화학적 팽창	화학적 팽창제(베이킹파우더 등)를 이용하여 제품을 팽창 예) 레이어 케이크, 반죽형 케이크, 과일 케이크, 케이크 도넛 등
이스트 팽창	이스트의 발효에 의하여 생성되는 이산화탄소가 팽창을 주도하는 형태 예) 식빵류, 과자빵류, 빵 도넛, 프랑스빵, 잉글리시 머핀 등 대부분의 빵류
공기 팽창	믹싱 중 포집된 공기 방울이 굽기 공정 중 열 팽창하여 부피를 이루는 제품 예) 스펀지케이크, 시폰 케이크, 파이, 데니시 페이스트리 등

구분	과자
무無 팽창	수분의 수증기압으로 인한 아주 조금의 팽창을 한다. 예 우리나라의 병과류, 일부 파이 껍질 등
복합형 팽창	두 가지 이상의 기본 팽창 형태를 복합적으로 이용하는 방법 예 냉동 생지(이스트와 베이킹파우더), 데니시 페이스트리(이스트와 유지), 스펀지케이크, 파운드 케이크 등

2 과자 반죽에 따른 분류

프랑스어로 '비단'을 뜻하는 용어이다.
즉, 비단과 같이 부드럽고 우아하고
미묘한 맛이 난다고 붙여진 명칭이다.

구분	반죽형(Batter type)	거품형(Foam type)	시폰형(Chiffon type)
특징	밀가루, 달걀, 우유 등에 상당량의 유지를 함유시킨 반죽이다.	달걀 단백질의 기포성, 유화성, 열응고성 등을 이용한다.	반죽형과 거품형을 혼합하여 만드는 방법
팽창 형태	대부분 화학 팽창제를 사용	물리적인 팽창법(공기 팽창)	
유지의 양	유지의 양이 많아 조직이 부드럽지만 구조가 약하다.	원칙적으로 유지는 함유되지 않는다.	
제품	각종 레이어 케이크, 파운드 케이크, 과일 케이크 등	전란을 사용하는 스펀지케이크, 흰자만 사용하는 머랭 등	시폰 케이크

기 출 유 형 | 따 라 잡 기   ★는 출제빈도를 나타냅니다

1 ★★★
다음 중 화학적 팽창 제품이 아닌 것은?

① 과일 케이크   ② 팬케이크
③ 파운드 케이크   ④ 시폰 케이크

화학적 팽창은 화학적 팽창제를 사용하여 제품을 팽창시키는 것으로 대부분의 반죽형 반죽이 이에 속한다. 시폰 케이크는 달걀을 이용한 공기 팽창과 반죽형의 화학적 팽창 방법을 함께 사용한 제품이다.

2 ★★
제품의 팽창 형태가 화학적 팽창에 해당하지 않는 것은?

① 와플   ② 팬케이크
③ 비스킷   ④ 잉글리시 머핀

잉글리시 머핀은 이스트를 사용한 생물학적 팽창 방법을 사용한다.

3 ★★
케이크를 부풀게 하는 증기압의 주재료는?

① 달걀   ② 쇼트닝
③ 밀가루   ④ 베이킹파우더

공기 팽창에 이용되는 대표적인 매개체로 달걀과 유지가 있으며, 이 중 케이크류는 달걀을 매개체로 한 팽창을 이용한다.

4 ★★★★
파이나 퍼프 페이스트리는 무엇에 의하여 팽창되는가?

① 화학적인 팽창   ② 중조에 의한 팽창
③ 유지에 의한 팽창   ④ 이스트에 의한 팽창

파이, 퍼프 페이스트리, 데니시 페이스트리 등은 밀가루 반죽 속의 유지층이 공기를 포집하여 굽기 공정 중에 증기압에 의해 팽창하여 부피를 이루는 제품이다.

정답 ▶ 1 ④ 2 ④ 3 ① 4 ③

Craftsman Confectionary & Breads Making

과자의 반죽법

[출제문항수 : 3~4문제] 제과에서 차지하는 중요도에 비하여 출제빈도가 높진 않지만 제과법에서 가장 기초가 되는 부분으로 꼼꼼하게 학습하시기 바랍니다.

─── 한 눈에 보는 제과반죽의 분류 ───

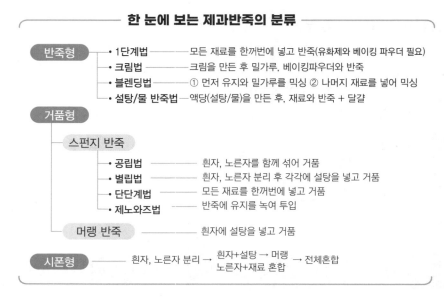

반죽형
- 1단계법 ──── 모든 재료를 한꺼번에 넣고 반죽(유화제와 베이킹 파우더 필요)
- 크림법 ──── 크림을 만든 후 밀가루, 베이킹파우더와 반죽
- 블렌딩법 ──── ① 먼저 유지와 밀가루를 믹싱 ② 나머지 재료를 넣어 믹싱
- 설탕/물 반죽법 ── 액당(설탕/물)을 만든 후, 재료와 반죽 + 달걀

거품형

　스펀지 반죽
- 공립법 ──── 흰자, 노른자를 함께 섞어 거품
- 별립법 ──── 흰자, 노른자 분리 후 각각에 설탕을 넣고 거품
- 단단계법 ──── 모든 재료를 한꺼번에 넣고 거품
- 제노와즈법 ──── 반죽에 유지를 녹여 투입

　머랭 반죽 ──────── 흰자에 설탕을 넣고 거품

시폰형 ──── 흰자, 노른자 분리 → 흰자+설탕 → 머랭 → 전체혼합
　　　　　　　　　　　　　　노른자+재료 혼합

01 반죽형 반죽 (Batter type dough)

1 개요

① 밀가루, 달걀, 우유, 설탕을 구성 재료로 하여 상당량의 유지를 함유시킨 반죽
② 대부분 화학 팽창제를 사용하여 적정한 부피를 얻는다.
③ 일반적으로 달걀보다 밀가루를 더 많이 사용하는 반죽으로 비중이 높다.
④ 유지 사용량이 많아 제품이 부드러우나, 구조가 약해지기 쉬워 달걀을 많이 사용한다.
⑤ 레이어 케이크, 파운드 케이크, 과일 케이크, 마들렌 등

2 반죽형 반죽의 종류

1) 1단계법(Single stage method)
　① 모든 재료를 한꺼번에 넣고 반죽하는 방법으로 유화제와 베이킹파우더가 필요하다.
　② 크림화와 거품 올리기 공정 중 공기 혼입이 적어질 수 있어 믹서의 성능이 좋거나 화학적 팽창제를 사용하는 제품에 적용한다.
　③ 노동력과 시간을 절약할 수 있어 대량 생산에 적합하다.

▶ 반죽 속도
- 저속 : 분산과 혼합을 위한 것으로 재료를 균일하게 혼합하기 위하여 사용한다.
- 중 · 고속 : 공기를 포집하여 거품을 만든다.
- 일반적인 믹싱 순서 : 저속 → 중속 → 고속 → 중 · 저속

2) 크림법(Creaming method)

① 유지와 설탕을 믹싱하여 가벼운 크림을 만든 후 달걀을 서서히 넣으며 믹싱하여 부드러운 크림을 만들고, 여기에 밀가루와 베이킹파우더를 채로 쳐서 넣고 고르게 혼합한다.

② 반죽형 반죽의 가장 대표적인 방법으로 부피를 크게 하는데 적당한 방법이다.

③ 믹서 볼의 옆면과 바닥을 긁어주는 스크래핑을 자주 해줘야 한다.

3) 블렌딩법(Blending method)

① 밀가루가 유지에 의해 피복되도록 유지와 밀가루를 먼저 믹싱한 후 건조 및 액체 재료를 넣어 덩어리가 생기지 않도록 혼합한다.

② 21℃ 정도의 품온을 갖는 유지를 사용하여 배합한다.

③ 제품의 속(내상)이 부드럽고 유연한 제품을 만들 수 있다.

4) 설탕/물 반죽법(Sugar/Water method)

① 액당(설탕+물)을 만든 후 건조·액체 재료를 넣어 혼합한 다음 달걀을 넣어 반죽한다.

② 설탕과 물의 비율은 2 : 1이다. (액당의 당도 66.7%)

③ 계량의 정확성, 운반의 편리성, 공정시간의 단축 등의 장점이 있다.

④ 액당을 사용하기 때문에 반죽에 설탕 입자가 고르게 분산되어 껍질색이 균일하며, 반죽 중에 스크래핑을 할 필요가 없다.

⑤ 액당을 저장 및 운반하기 위한 시설비가 높아 대량 생산에 적합하다.

02 거품형 반죽 (Foam type dough)

1 개요

① 달걀 단백질의 공기 포집성, 유화성, 응고성을 이용하여 반죽을 부풀린다. (기포성)

② 밀가루보다 달걀을 많이 사용하여 반죽의 비중이 낮고, 식감이 가볍다.

③ 유지는 사용하지 않거나 적게 사용하는 케이크로, 해면성*이 크고 가벼운 특징이 있다.

④ 전란을 사용하는 스펀지케이크와 흰자만을 사용하는 머랭이 있다.

⑤ 스펀지케이크, 롤 케이크, 카스텔라, 엔젤푸드 케이크 등

2 스펀지 반죽

1) 공립법(Sponge or Foam method)

흰자와 노른자를 함께 섞어 거품을 내는 방법

* **해면성(海綿性)**
스펀지처럼 다공성의 구조를 갖는 것을 말하며, 거품형 케이크의 특징이다.

더운 믹싱법 (가온법)	• 달걀과 설탕을 중탕하여 37~43℃까지 데운 후 거품을 내는 방법 • 설탕의 용해도가 좋아 껍질색이 균일하게 된다. • 기포성이 좋고, 휘핑 시간이 단축된다. • 달걀의 비린내가 감소한다.
찬 믹싱법	• 달걀과 설탕을 중탕 없이 거품을 내는 방법 • 베이킹파우더를 사용할 수 있다. • 반죽의 온도는 22~24℃이다.

2) **별립법**(Two stage foam method)
　① 달걀을 흰자와 노른자로 분리하여 각각에 설탕을 넣고 거품을 형성한 후 다른 재료와 섞는 방법
　② 공립법에 비해 과자가 부드럽다.

3) **단단계법**(Single stage method)
　모든 재료를 한꺼번에 넣고 거품을 내는 방법으로, 기포제 또는 기포 유화제를 사용한다.

4) **제노와즈법**(Genoise method)
　① 스펀지케이크 반죽에 유지를 녹여 넣어 만드는 방법
　② 부드러운 제품을 만들 수 있다.
　③ 스펀지케이크 반죽에 버터를 넣을 때 중탕하여 50~70℃로 녹여 반죽의 최종 단계에 넣어준다.

3 머랭 반죽
　① 달걀흰자에 설탕을 넣고 휘핑하여 거품을 낸 반죽이다.
　② 제법에 관계없이 설탕과 흰자의 비율은 2 : 1이다.
　③ 냉제 머랭, 온제 머랭, 이탈리안 머랭, 스위스 머랭 등이 있다.

03　**시폰형 반죽**(Chiffon type dough)

　① 별립법처럼 흰자와 노른자를 나누어 사용한다.
　② 흰자와 설탕을 섞어 거품형의 머랭을 만들고, 노른자는 다른 재료와 혼합하여 반죽형 반죽을 만든 후 두 가지 반죽을 혼합하여 제품을 만든다.
　③ 거품형의 기공과 조직에 가까우면서 반죽형의 부드러움을 가진다.
　④ 시폰 케이크가 대표적인 제품이다.

▶ 달걀흰자에 주석산 크림 등의 산을 첨가하면
　• 흰자의 알칼리성을 중화하여 pH를 낮추어 준다.
　• 흰자의 거품성을 좋게 하고, 거품을 강하게 만들어준다.
　• 색상을 희게 만들어준다.

▶ 시폰형 반죽에서 노른자는 거품을 내지 않는다.

▶ 시폰 케이크 제조 시 냉각 전에 팬에서 분리되는 원인
　• 굽기 시간이 짧은 경우
　• 반죽에 수분이 많은 경우
　• 오븐 온도가 낮은 경우
　• 밀가루 양이 적은 경우

★★★
1 반죽형 케이크의 특징으로 틀린 것은?

① 반죽의 비중이 낮다.
② 주로 화학 팽창제를 사용한다.
③ 유지의 사용량이 많다.
④ 식감이 부드럽다.

반죽형 케이크는 달걀보다 밀가루를 더 많이 사용하여 반죽의 비중이 높다.

★★
2 다음 중 반죽형 케이크에 대한 설명으로 틀린 것은?

① 밀가루, 달걀, 분유 등과 같은 재료에 의해 케이크의 구조가 형성된다.
② 유지의 공기 포집력, 화학적 팽창제에 의해 부피가 팽창하기 때문에 부드럽다.
③ 레이어 케이크, 파운드 케이크, 마들렌 등이 반죽형 케이크에 해당된다.
④ 제품의 특징은 해면성(海綿性)이 크고 가볍다.

해면성(海綿性)이란 스펀지처럼 다공성의 구조를 갖는 것을 말하며, 거품형 케이크의 특징이다.

★★★★
3 다음 중 반죽형 케이크가 아닌 것은?

① 엘로 레이어 케이크
② 데블스 푸드 케이크
③ 화이트 레이어 케이크
④ 소프트 롤 케이크

소프트 롤 케이크는 거품형 반죽으로 만드는 제품이다.

★★★★
4 반죽형 반죽에서 모든 재료를 일시에 넣고 믹싱하는 방법은?

① 크림법　　　　　② 블렌딩법
③ 설탕/물법　　　　④ 1단계법

반죽형 반죽에서 모든 재료를 한꺼번에 넣고 반죽하는 방법은 1단계법(단단계법)이다.

★★★
5 다음 중 크림법을 사용하여 만들 수 있는 제품은?

① 슈
② 마블 파운드 케이크
③ 버터 스펀지케이크
④ 엔젤푸드 케이크

크림법은 반죽형 반죽의 대표적인 제법으로 파운드 케이크의 가장 일반적인 제법이다.

★★★★
6 다음 중 크림법에서 가장 먼저 배합하는 재료의 조합은?

① 유지와 설탕
② 달걀과 설탕
③ 밀가루와 설탕
④ 밀가루와 달걀

크림법은 유지와 설탕을 균일하게 혼합한 후 달걀을 넣으면서 부드러운 크림을 만들고, 여기에 체로 친 밀가루와 베이킹파우더를 섞어서 반죽하는 방법이다.

★★
7 다음 중 비교적 스크래핑을 가장 많이 해야 하는 제법은?

① 공립법　　　　　② 별립법
③ 설탕/물법　　　　④ 크림법

스크래핑은 믹서 볼의 바닥이나 옆면을 긁어줘야 하는 작업을 말하며, 크림법은 스크래핑을 자주 해줘야 한다.

★★★★★
8 먼저 밀가루와 유지를 넣고 믹싱하여 유지에 의해 밀가루가 피복되도록 한 후 나머지 재료를 투입하는 방법으로 유연감을 우선으로 하는 제품에 사용되는 반죽법은?

① 1단계법　　　　　② 별립법
③ 블렌딩법　　　　　④ 크림법

반죽형 반죽의 블렌딩법에 대한 설명이다.

정답　1 ① 　2 ④ 　3 ④ 　4 ④ 　5 ② 　6 ① 　7 ④ 　8 ③

chapter 04

9 블렌딩법에 대한 설명으로 옳은 것은?

① 건조 재료와 달걀, 물을 가볍게 믹싱 하다가 유지를 넣어 반죽하는 방법이다

② 설탕 입자가 고와 스크래핑이 필요 없고 대규모 생산 회사에서 이용하는 방법이다

③ 부피를 우선으로 하는 제품에 이용하는 방법이다.

④ 유지와 밀가루를 먼저 믹싱하는 방법이며, 제품의 유연성이 좋다.

> ① : 제빵의 스트레이트법
> ② : 설탕/물 반죽법
> ③ : 크림법

10 반죽형 케이크의 반죽 믹싱법에 대한 설명으로 틀린 것은?

① 크림법은 유지, 설탕, 달걀로 크림을 만든다.

② 블렌딩법은 유지와 밀가루를 먼저 혼합한다.

③ 단단계법은 모든 재료를 한 번에 넣고 혼합한다.

④ 설탕물법은 설탕 1을 물 2의 비율로 용해하여 액당을 만든다.

> 설탕/물법은 설탕과 물의 비율을 2:1로 하여 액당을 만들어 사용한다.

11 반죽형 과자 반죽의 믹싱법과 장점이 잘못 짝지어진 것은?

① 크림법 - 제품의 부피를 크게 함

② 블렌딩법 - 제품의 내상이 부드러움

③ 설탕/물법 - 계량의 정확성과 운반의 편리성

④ 1단계법 - 사용 재료의 절약

> 1단계법(단단계법)은 모든 재료를 한꺼번에 넣고 반죽하므로 노동력과 제조 시간을 절약할 수 있어 대량 생산에 이용되는 방법이다.

12 스펀지케이크를 부풀리는 방법은?

① 달걀의 기포성에 의한 방법

② 이스트에 의한 방법

③ 화학 팽창제에 의한 방법

④ 수증기 팽창에 의한 방법

> 스펀지케이크는 거품형 반죽의 대표적인 제품으로 달걀 단백질의 변성에 의한 기포성, 유화성, 응고성을 이용하여 반죽을 부풀린다.

13 다음 제품 중 거품형 케이크는?

① 스펀지케이크

② 파운드 케이크

③ 데블스 푸드 케이크

④ 화이트 레이어 케이크

> 거품형 반죽으로 만드는 제품으로는 스펀지케이크, 롤 케이크, 카스텔라, 엔젤푸드 케이크 등이 있다.
> ※ 파운드 케이크, 데블스 푸드 케이크, 화이트 레이어 케이크는 반죽형 케이크이다.

14 거품형 케이크의 특징에 대한 설명으로 틀린 것은?

① 달걀 단백질 변성에 의한 공기 포집성을 이용한다.

② 밀가루 사용량보다 달걀 사용량이 많다.

③ 달걀노른자가 제품의 부피를 형성한다.

④ 유지는 사용하지 않거나 적게 사용한다.

> 달걀 단백질은 밀가루 단백질을 보완하여 구조를 튼튼하게 형성한다. 따라서 밀가루와 달걀 단백질이 부피를 형성한다.

15 거품형 제품 제조 시 가온법의 장점이 아닌 것은?

① 껍질색이 균일하다.

② 기포 시간이 단축된다.

③ 기공이 조밀하다.

④ 달걀의 비린내가 감소된다.

> 거품형 반죽의 더운 믹싱법은 기포성이 좋으므로 기공이 조밀하지 않다.

16 스펀지케이크 제조 시 더운 믹싱 방법(Hot Method)을 사용할 때 달걀과 설탕의 중탕 온도로 가장 적합한 것은?

① 23℃　　　　　② 43℃
③ 63℃　　　　　④ 83℃

더운 믹싱법은 달걀과 설탕을 중탕하여 37~43℃까지 데운 후 거품을 내는 방법이다.

17 거품형 케이크를 만들 때 녹인 버터는 언제 넣어야 하는가?

① 처음부터 다른 재료와 함께 넣는다.
② 밀가루와 섞어 넣는다.
③ 설탕과 섞어 넣는다.
④ 반죽의 최종단계에 넣는다.

거품형 케이크에 버터를 넣을 때는 중탕하여 50~70℃로 녹여 반죽의 최종단계에 넣어준다.

18 거품형 케이크 반죽을 믹싱할 때 가장 적당한 믹싱법은?

① 중속 → 저속 → 고속
② 저속 → 고속 → 중속
③ 저속 → 중속 → 고속 → 저속
④ 고속 → 중속 → 저속 → 고속

일반적인 반죽기의 반죽 속도는 저속 → 중속 → 고속 → 중·저속으로 진행한다.

19 흰자를 사용하는 제품에 주석산 크림과 같은 산을 넣는 이유가 아닌 것은?

① 흰자의 알칼리성을 중화한다.
② 흰자의 거품을 강하게 만든다.
③ 머랭의 색상을 희게 한다.
④ 전체 흡수율을 높여 노화를 지연시킨다.

주석산 크림, 식초 등의 산은 달걀흰자의 단백질을 강화시키고, 알칼리성인 흰자의 pH를 낮추어 중화시킴으로써 색상을 희게 만들어준다.

20 과자의 반죽 방법 중 시폰형 반죽이란?

① 생물학 팽창제를 사용한다.
② 유지와 설탕을 믹싱한다.
③ 모든 재료를 한꺼번에 넣고 믹싱한다.
④ 달걀을 흰자와 노른자를 분리하여 믹싱한다.

시폰형 반죽은 별립법처럼 흰자와 노른자를 분리한 후 흰자는 설탕과 섞어 거품형의 머랭을 만들고, 노른자는 다른 반죽과 섞어 반죽형 반죽을 만든 다음 이 두 가지 반죽을 섞는 방법이다.

21 반죽형 반죽법과 거품형 반죽법을 혼합하여 제조한 제품은?

① 과일 케이크
② 파운드 케이크
③ 시폰 케이크
④ 스펀지케이크

시폰 케이크는 달걀흰자로 거품형의 머랭을 만들고, 노른자는 다른 재료와 섞어서 반죽형 반죽을 만들어 이 두 가지를 혼합하여 만드는 제품이다.

22 시폰 케이크 제조 시 냉각 전에 팬에서 분리되는 결점이 나타났을 때의 원인과 거리가 먼 것은?

① 굽기 시간이 짧다.
② 밀가루 양이 많다.
③ 반죽에 수분이 많다.
④ 오븐 온도가 낮다.

밀가루의 양이 많으면 시폰 케이크의 구조력이 강화되어 틀에 잘 붙어 있다.

Craftsman Confectionary & Breads Making

SECTION 03 제과 순서

 POINT

[출제문항수 : 11~13문제] 제과에서 가장 중요한 부분으로 학습해야 할 분량이 많습니다. 제과의 단계별로 정리하였으니 이 교재대로 학습하시면 어렵지 않게 점수를 확보할 수 있습니다.

제과 기본 제조공정

 ❶ 반죽법 결정

 ❷ 배합표 작성
• 재료의 양 계산

 ❸ 재료 계량 및 전처리
• 재료 양 등을 측정
• 체질, 분쇄 등

 ❹ 반죽
• 온도, 비중, pH 등에 맞춰 반죽

 ❺ 정형 및 팬닝
• 손 또는 틀을 이용한 모양 만들기

 ❻ 굽기 또는 튀기기
• 오븐에 굽기

 ❼ 충전 · 장식
• 광택제 바르기
• 크림, 머랭 등 얹기

 ❽ 포장

---

01 반죽법 결정

① 제품의 종류, 부여하고자 하는 식감이나 질감, 팽창 방법 등을 고려하여 반죽법을 결정한다.
② 제품의 생산량, 공장 기계 설비, 노동력, 판매 형태, 소비자의 기호 등도 고려해야 할 요소이다.

02 배합표 작성

1 개요

1) 배합표
① 제과를 만드는데 필요한 재료의 양을 숫자로 표시한 것이다.
② 재료의 종류, 비율과 무게를 표시한 것으로, 레시피(Recipy)라고도 한다.

2) 제과 백분율(Baker's percent)
① 밀가루의 양을 100%로 보고 각 재료가 차지하는 비율을 %로 나타낸 것으로, 제과의 배합표에 사용하는 단위
② 베이커스 퍼센트로 표시한 배합률과 밀가루의 사용량을 알면 나머지 재료들의 무게를 구할 수 있다.

> ▶ **제과백분율(Baker's %) 배합량 계산**
> • 각 재료의 무게(g) = 밀가루의 무게(g) × 각 재료의 비율(%)
> • 밀가루의 무게(g) = $\dfrac{\text{총반죽 무게(g)} \times \text{밀가루 비율(\%)}}{\text{총 배합률(\%)}}$
> • 총반죽 무게(g) = $\dfrac{\text{밀가루의 무게(g)} \times \text{총 배합률(\%)}}{\text{밀가루 비율(\%)}}$

3) True %(백분율)
① 전 재료의 합을 100%로 보고 각 재료가 차지하는 양을 %로 표시한다.
② 주문량을 생산하는데 필요한 정확한 재료의 양을 산출할 수 있어 대량 생산에 많이 쓰인다.

2 고율배합과 저율배합

1) 고율배합

① 설탕의 사용량이 밀가루의 사용량보다 많고, 전체 액체(달걀+우유)가 설탕량보다 많은 배합

② 제품에 수분이 많이 남아 과자의 신선도를 높이고 부드러움을 지속시킨다.

③ 상당량의 유지와 다량의 물을 사용하기 때문에 분리를 막기 위하여 유화제 또는 유화쇼트닝을 사용한다.

④ 같은 분할 무게일 때 굽는 온도를 낮추기 때문에 저온 장시간 굽는 오버 베이킹(Over baking)을 한다.

⑤ 반죽하는 동안 공기 혼입이 많아 반죽의 비중은 낮다.

⑥ 화학적 팽창제를 적게 사용한다.

2) 저율배합

① 설탕의 사용량이 밀가루의 사용량보다 적고, 전체 액체가 설탕량과 같은 배합

② 부피당 무게가 무거워 반죽의 비중이 높다.

③ 같은 분할 무게일 때 굽기 온도를 높이기 때문에 고온 단시간 굽는 언더 베이킹(Under baking)을 사용한다.

▶ 고율배합과 저율배합은 반죽형 반죽에만 적용되는 개념이다.

▶ 고율배합과 저율배합의 비교

구분	고율배합	저율배합
설탕/밀가루의 양	설탕 ≥ 밀가루	설탕 ≤ 밀가루
수분/설탕의 양	수분 > 설탕	수분 = 설탕
달걀/유지의 양	달걀 ≥ 유지	
공기 혼합 정도	많음	적음
화학 팽창제 사용량	적음	많음
비중*	낮다(가볍다)	높다(무겁다)
굽기 온도	저온에서 장시간 (오버 베이킹)	고온에서 단시간 (언더 베이킹)

* 비중 : 믹싱 중 공기 혼입이 많으면 비중이 낮아 반죽이 가볍고, 공기 혼입이 적으면 비중이 높아 반죽이 무겁다.

---

03 재료의 계량 및 전처리

1 재료의 계량

① 작성한 배합표에 따라 재료를 정확하고 청결하게 계량하여 준비한다.

② 가루나 덩어리 재료는 저울을 이용하여 무게를 측정하고, 액체 재료는 부피 측정기구를 이용하여 부피를 측정한다.

③ 물엿이나 꿀처럼 점성이 높은 식품은 분할된 컵으로 계량한다.

2 재료의 전처리

계량된 재료들은 반죽하기 전에 전처리를 한다.

① 가루 재료 : 가루 재료는 서로 섞어 체질하여 사용한다.

② 생이스트 : 밀가루에 잘게 부수어 넣고 혼합하여 사용하거나, 계량한 물의 일부분에 용해시켜 사용한다.

③ 이스트 푸드 : 이스트와 함께 녹여 사용하지 않고 따로 가루 재료에 혼합하여 사용한다.

④ 유지 : 사용 전에 냉장고에서 꺼내어 실온에서 보관하여 약간의 유연성을 회복한 후 사용한다.

⑤ 물 : 흡수율을 고려하여 양을 정하고, 반죽 온도에 맞도록 온도를 조절한다.

▶ 가루 재료를 체질하여 사용하는 이유
- 가루 속에 불순물이나 덩어리를 제거하기 위해
- 공기를 혼입시켜 이스트의 호흡을 돕고, 흡수율을 증가시키기 위해
- 재료들이 고르게 분산되게 하기 위해

1 반죽 온도

과자의 특성을 제대로 반영하는 반죽을 만들기 위해서는 적정한 반죽 온도를 맞추어야 한다.

1) 반죽 온도가 제과에 미치는 영향

반죽 온도	특성
높을 때	• 기공이 열리고 큰 공기 구멍이 생겨 조직이 거칠어지고 노화가 빨라진다. • 공기 혼입이 많아져 부피는 커진다.
낮을 때	• 공기 혼입이 적어 기공이 조밀하고 부피가 작아져 식감이 나빠진다. • 거품을 형성하는 시간이 길어진다. • 증기압을 발달시키는데 더 많은 굽기 시간이 필요하다. • 위 껍질이 먼저 형성된 후 증기압에 의한 팽창 작용이 일어나 표면이 터지고 거칠어지며, 색상은 진해진다.

2) 반죽 온도의 조절

반죽 온도는 반죽 물의 온도로 조절한다.

① 마찰계수 : 일정량의 반죽을 일정한 방법으로 믹싱할 때 반죽 온도에 영향을 미치는 마찰열을 실질적인 수치로 환산한 것이다.

> 마찰계수 = (결과 온도×6) − (실내 온도 + 밀가루 온도 + 설탕 온도 + 쇼트닝 온도 + 달걀 온도 + 수돗물 온도)

• 제빵의 주재료는 밀가루, 실내온도, 물이므로 '×3배',
• 제과는 그 외에 유지, 설탕, 달걀이 들어가므로 '×6배'

② 물 온도의 계산

• 희망하는 반죽 온도를 맞추기 위하여 다음 공식에 따라 사용할 물의 온도를 계산한다.
• 계산한 물 온도가 밀가루 호화온도인 56℃ 이상이 되면 뜨거운 물은 사용하지 않는다.

> 사용할 물 온도 = (희망반죽 온도×6) − (실내 온도 + 밀가루 온도 + 설탕 온도 + 쇼트닝 온도 + 달걀 온도 + 마찰계수)

▶ 용어해설
• 마찰계수 : 반죽을 만드는 동안 발생하는 발생열을 실질적 수치로 환산한 값으로 온도와 밀접한 영향이 있다.
• 결과 온도 : 반죽을 만든 후의 반죽 온도
• 희망 온도 : 만들려는 반죽의 결과 온도
• 호화 온도 : 호화(팽윤 및 점성 증가하여 콜로이드 물질이 되는)가 일어나기 시작하는 온도

③ 얼음 사용량

• 계산한 사용수의 온도가 수돗물 온도보다 높을 때 : 물을 데워서 사용
• 계산한 사용수의 온도가 수돗물 온도보다 낮을 때 : 얼음을 넣어 온도를 조절

$$얼음 사용량 = \frac{물\ 사용량 \times (수돗물\ 온도 - 사용수\ 온도)}{80 + 수돗물\ 온도}$$

⏵ 공식의 80은 얼음이 녹아 물이 되는 융해열을 나타낸 것이다.

▶ 예제) 어떤 반죽의 결과 온도가 25℃이고, 물 사용량은 10kg, 실내 온도, 밀가루 온도, 설탕 온도가 각각 24℃, 쇼트닝과 달걀 온도가 각각 20℃, 수돗물 온도가 23℃, 반죽 희망온도를 23℃로 하려고 할 때 사용수 온도, 얼음 사용량은?

① 마찰계수 = $(25 \times 6) - (24+24+24+20+20+23) = 15$

② 사용수 온도 = $(23 \times 6) - (24+24+24+20+20+15) = 11℃$

③ 얼음 사용량 = $\dfrac{10kg \times (23-11)}{80+23} = 1.17kg$

∴ 희망 반죽 온도를 맞추기 위해서는 수돗물 8.83kg과 얼음 1.17kg을 사용하면 된다.

▶ 물의 양
물 10kg - 얼음 1.17kg = 8.83kg

3) 제품별 적정 반죽 온도

제품명	적정 반죽 온도	비고
옐로/화이트 레이어 케이크	22~24℃	일반적인 과자 반죽 온도
파운드 케이크	20~24℃	
거품형 케이크(스펀지케이크)	22~25℃	
파이/퍼프 페이스트리	18~20℃	가장 낮은 반죽 온도
슈	40℃ 정도	가장 높은 반죽 온도

2 반죽의 비중

1) 과자 반죽의 비중*

① 같은 부피의 물 무게에 대한 반죽 무게를 소수로 나타낸 값이다.

② 반죽의 비중은 제품의 부피, 기공, 조직에 결정적인 영향을 준다.

③ 반죽의 비중으로 과자 반죽의 혼합 완료 정도를 알 수 있다.

구분	비중이 낮을수록	비중이 높을수록
공기혼입량	많이 함유	적게 함유
기공	크다	조밀하다
조직	거칠다	무겁다
부피	크다	작다

* 비중

• 비중 = $\dfrac{반죽의\ 밀도}{물의\ 밀도}$

• 밀도 = $\dfrac{질량(무게)}{체적(부피)}$ 이며,

물의 부피와 반죽의 부피가 동일하다고 할 때

비중 = $\dfrac{같은\ 부피의\ 반죽무게}{같은\ 부피의\ 물무게}$

즉, 반죽무게를 물무게로 나누면 반죽의 비중을 알 수 있다.

• 비중은 1을 기준으로, 0~1 사이의 값으로 나타낸다.

• 비중이 작을수록 가볍고 부피는 커지며, 비중이 클수록 무겁고 부피는 작아진다.

2) 비중의 측정

과자 반죽의 비중은 보통 비중컵을 사용하여 측정한다.

$$비중 = \frac{같은\ 부피의\ 반죽무게}{같은\ 부피의\ 물무게} = \frac{반죽무게 - 컵무게}{물무게 - 컵무게}$$

반죽이나 물 자체의 무게측정이 어려우므로 컵에 담아 측정한 후 컵무게를 뺀다.

▶ 예제) 비중컵의 무게 40g, 비중컵+물=240g, 비중컵+반죽=180g이라면 이때의 비중은?

비중 = $\dfrac{반죽무게 - 컵무게}{물무게 - 컵무게} = \dfrac{180-40}{240-40} = 0.7$

chapter 04

섹션 03 | 제과 순서 **181**

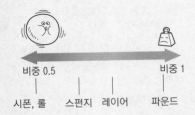

3) 제품별 적정 반죽 비중

제품명	적정 비중	비고
파운드 케이크	0.80~0.90	반죽형 케이크
레이어 케이크	0.75~0.85	
스펀지케이크	0.50~0.60	거품형 케이크
시폰 케이크 롤 케이크	0.45~0.50	

3 반죽의 pH

1) 반죽의 산도가 제품에 미치는 영향
  ① 산은 글루텐을 응고시켜 부피팽창을 방해하고, 당의 캐러멜화를 방해하여 껍질색을 연하게 한다.
  ② 알칼리는 글루텐을 용해시켜 부피팽창을 유도하고, 당의 캐러멜화를 촉진시켜 껍질색을 진하게 한다.

2) pH에 따른 특징

구분	산성	알칼리성
기공	작다	크다
조직	조밀하다	거칠다
껍질색	옅은 색	진한 색
향	연한 향	강한 향
맛	신맛	쓴맛(소다맛)
부피	작다	크다

3) pH의 조절
  ① 첨가제에 의한 조절 : 완제품의 향과 색을 진하게 하려면 알칼리성으로, 연하게 하려면 산성으로 조절한다.

구분	알칼리성
산도를 낮출 때	주석산 크림, 사과산, 구연산 등
산도를 높일 때	중조(탄산수소나트륨, NaHCO$_3$) 등

  ② 배합재료에 의한 조절
    • 배합재료의 산도를 이용하여 반죽의 산도를 조절한다.
    • 박력분 – 산성(pH 5.2)   달걀 – 알칼리성(pH 8.8~9)
      과일주스 – 강산성(pH 2.4~4)   우유 – 약산성(pH 6.6)

▶ pH(수소이온농도)
• 물질의 산성, 알칼리성의 정도를 나타내는 수치
• 순수한 물(pH 7, 중성)을 기준으로 pH 0~14로 표시

• pH 1만큼의 차이는 수소이온농도 10배의 차이를 말한다. 즉, pH 1을 상승시키려면 중성의 물을 10배 희석해야 한다는 뜻이다.
• 산성의 pH는 H$_3$O+(하이드로늄이온)의 로그값을 이용하여 구한다.

예) pH 2 : 10^{-2}mol/L
    pH 5 : 10^{-5}mol/L

4) 제품별 적정 pH

① 제품의 종류에 따라 적정한 pH가 있다.

② 산도가 높은(pH가 낮은) 제품은 엔젤푸드 케이크, 과일 케이크이다.

③ 알칼리도가 높은(pH가 높은) 제품은 데블스 푸드 케이크, 초콜릿 케이크이다.

제품	적정 pH
데블스 푸드 케이크	8.5 ~ 9.2
초콜릿 케이크	7.8 ~ 8.8
화이트 레이어 케이크	7.4 ~ 7.8
스펀지 케이크	7.3 ~ 7.6
옐로 레이어 케이크	7.2 ~ 7.6
파운드 케이크	6.6 ~ 7.1
엔젤푸드 케이크	5.2 ~ 6.0
과일 케이크	4.4 ~ 5.0

(↑ 알칼리도가 높음 / ↓ 산도가 높음)

▶ 반죽의 온도, 비중, 산도에 따른 비교

구분	낮을 때	높을 때
온도	• 작은 기공, 조밀한 조직 • 작은 부피 • 좋지 않은 식감	• 큰 기공, 거친 조직 • 큰 부피 • 노화가 빠르다.
비중	• 큰 기공 거친 조직 • 큰 부피, 가볍다	• 작은 기공, 조밀한 조직 • 작은 부피, 무겁다
pH	• 작은 기공, 조밀한 조직 • 작은 부피 • 여린 껍질색과 속 색 • 약한 향과 신맛	• 큰 기공, 거친 조직 • 큰 부피 • 진한 껍질색과 속 색 • 강한 향과 쓴맛(소다 맛)

05 정형 및 팬닝

1 정형(성형)

반죽을 일정한 형태의 과자 모양으로 만들어주는 과정을 정형(Moulding) 또는 성형
이라고 한다.

짜내기	• 짤 주머니와 모양 깍지를 이용하여 일정 크기와 모양으로 철판에 짜내는 방법 • 수분이 많아 짜내기 좋은 반죽에 사용
찍어내기	• 일정한 두께로 반죽을 밀어 편 후 원하는 성형틀을 사용하여 찍어내는 방법
접어밀기	• 반죽에 유지를 넣어 감싼 후 밀대를 이용하여 밀어펴기와 접기를 3~4회 되풀이하여 만드는 방법 • 페이스트리류를 만들 때 주로 이용

짜내기

찍어내기

접어밀기

2 팬닝(panning)

① 팬닝은 일정한 모양을 갖춘 틀에 적정량의 반죽을 넣고 굽기를 통하여 일정한
모양을 만들어내는 과정을 말한다.

② 과자 반죽은 제품의 종류나 상태에 따라 적정한 비중과 상태가 다르기 때문에
팬 용적에 따른 반죽량이 달라진다.

▶ 팬닝 시 주의사항

• 팬에 반죽량이 많으면 윗면이 터지거나
흘러넘친다.
• 팬에 반죽량이 적으면 모양 형성이 잘
안 된다.
• 종이 깔개를 사용한다.
• 철판에 넣은 반죽은 두께가 일정하게
되도록 펴준다.
• 팬 기름은 0.1~0.2% 정도 바르는 것이
적당하다.
• 팬닝 후 마르는 것을 방지하기 위하여
즉시 굽는다.

▶ 제품별 비용적

제품	비용적[cm³/g]
파운드 케이크	2.40
레이어 케이크	2.96
엔젤푸드 케이크	4.71
스펀지케이크	5.08

반지름
높이

세로　　가로
높이

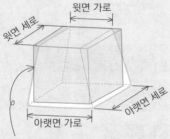

윗면 가로
윗면 세로
아랫면 세로
아랫면 가로
평균 가로×평균 세로

▶ 팬 용적을 구하기 어려운 경우에는 유채씨나 물을 담은 후 메스실린더로 옮겨 담아 부피를 구한다.

1) 반죽량과 팬의 용적

① 반죽 무게를 구하는 식 : 팬 용적에 따른 적정량의 반죽은 틀 부피를 비용적으로 나누어 산출한다.

$$\text{반죽무게[g]} = \frac{\text{틀 부피[cm}^3]}{\text{비용적}}$$

② 비용적

- 반죽 1g당 굽는 데 필요한 팬의 부피를 말한다.
- 비용적의 단위는 cm³/g이며, 비용적이 클수록 가벼운 제품이 된다.
- 비용적이 클수록 같은 용기에 같은 무게를 넣었을 때 가장 많이 부풀어 오른다.

$\frac{cm^3}{9}$
분모(무게)가 작아지면 비용적이 커진다.

2) 틀 부피의 계산법

① 원형 팬(옆면이 똑바른 원통)의 용적

$\pi = 3.14$

$$\text{부피 [cm}^3] = \text{단면적} \times \text{높이} = (\text{반지름}^2 \times \pi) \times \text{높이}$$

② 직육면체의 모양 팬의 용적

$$\text{부피 [cm}^3] = \text{단면적} \times \text{높이} = (\text{가로} \times \text{세로}) \times \text{높이}$$

③ 경사면 옆면의 직육면체

$$\text{부피 [cm}^3] = \text{평균가로길이} \times \text{평균세로길이} \times \text{높이}$$

- $\text{평균가로(세로)길이} = \dfrac{\text{윗면 가로(세로)길이} + \text{아랫면 가로(세로)길이}}{2}$

3) 각 제품의 팬닝비

① 파운드 케이크 : 팬 높이의 70%
② 스펀지케이크 : 팬 높이의 50~60%
③ 엔젤푸드 케이크 : 팬 높이의 60~70%
④ 커스터드 푸딩 : 팬 높이의 95%
⑤ 초콜릿 케이크 : 55~60%

06 굽기(Baking)

1 굽기

① 반죽을 오븐에 넣고 전도, 대류, 복사의 방법으로 열을 가하여 반죽을 익히고, 색을 내주는 과정

② 굽기과정에서 나타나는 현상 : 전분의 호화, 단백질의 응고, 공기의 팽창(오븐 스프링), 갈변반응(캐러멜화 반응, 마이야르 반응) 등

③ 오버 베이킹과 언더 베이킹

오버 베이킹 (Over baking)	• 낮은 온도에서 장시간 굽는 방법 • 고율배합, 다량의 반죽일 때 사용 • 윗면이 평평하고, 제품이 부드럽다. • 수분의 손실이 커서 노화가 빨리 진행된다.
언더 베이킹 (Under baking)	• 높은 온도에서 단시간 굽는 방법 • 저율배합, 소량의 반죽일 때 사용 • 윗면이 볼록 튀어나오고 갈라진다. • 중심 부분이 익지 않으면 주저앉기 쉽다. • 수분이 빠지지 않아 껍질이 쭈글쭈글하다. • 속이 거칠어지기 쉽다.

④ 굽기 손실률과 손실 계산

$$\text{굽기 손실률} = \frac{\text{굽기 전 중량} - \text{굽기 후 중량}}{\text{굽기 전 중량}} \times 100\,(\%)$$

$$\text{전체반죽의 무게(굽기 전 중량)} = \frac{\text{완제품의 무게(굽기 후 중량)}}{1 - \text{굽기 손실률}}$$

> ▶ 예제) 완제품의 무게가 400g이고, 굽기 손실이 20%일 때 분할 반죽의 무게는?
>
> $$\text{반죽의 무게} = \frac{\text{완제품 무게}}{1 - \text{손실률}} = \frac{400g}{1 - 0.2} = \frac{400g}{0.8} = 500g$$
>
> ∴ 400g의 완제품을 만들기 위해서 20%의 손실율을 감안하였을 때 준비해야 할 전체 반죽량은 500g이다.

2 찌기

① 찌기는 수증기의 열이 대류 현상으로 전달되는 현상을 이용하여 조리하는 방법이다.

② 가압하지 않은 찜기의 내부온도는 99℃ 정도이다.

③ 찜류 제품으로는 찜 케이크, 만두, 찐빵, 만쥬, 푸딩, 치즈케이크 등이 있다.

3 튀기기

기름(식용유)을 열전달의 매개체로 하여 반죽을 기름에 넣어 튀기는 방법으로 주로 도넛을 만들 때 사용

▶ 전도, 대류, 복사는 163페이지 참조할 것

▶ 잠열
• 물질의 온도 변화 없이 상태 변화만 일어나는 경우의 열을 말한다.
• 찌기는 수증기의 기화열(잠열)을 이용한 조리법이다.

즉시 반응하는 성질

▶ 이스파타
• 속효성이 좋아 찜 케이크, 만쥬 등의 찜류에 적합한 팽창제이다.
• 탄산수소나트륨(중조)에 염화암모늄을 혼합한 암모니아계 합성 팽창제이다.
• 팽창력이 강하고, 제품의 색을 희게 만든다.
• 흡습성이 강하여 흡습 시 효과가 떨어지며, 암모니아 냄새가 날 수도 있다.

chapter 04

1) 튀김 기름

① 튀김 기름의 적정온도 : 180~195℃

② 튀김기에 붓는 기름의 적당한 평균 깊이는 12~15cm 정도

③ 튀김 기름의 4대 적 : 온도(열), 수분, 공기(산소), 이물질

④ 튀김기름의 온도에 따른 변화

온도가 낮으면	• 반죽이 부풀어 껍질이 거칠어짐 • 기름이 많이 흡수됨 • 익는 시간이 오래 걸림
온도가 높으면	• 껍질색이 진해짐 • 겉은 타고 속은 익지 않음 • 기름의 흡유량은 줄어듦

▶ **튀김 시 과도한 흡유의 원인**
 • 반죽의 수분이 과다할 때
 • 글루텐 형성이 부족할 때
 • 반죽 시간이 짧았을 때
 • 튀김 기름의 온도가 낮을 때
 • 팽창제를 과다 사용할 때

---

07 마무리(충전 및 장식)

제품에 맛을 더하고 시각적인 멋을 살리며, 보관 중에 표면이 마르지 않도록 장식을 하거나 광택제를 바르는 과정이다.

1 피복 – 아이싱(Icing)과 글레이즈(Glaze)

1) 아이싱(Icing)

① 빵 · 과자 제품을 피복물로 덮거나 피복시키는 것이다.

② 피복물은 설탕과 유지 제품이 주요 재료이다.

③ 아이싱의 분류

▶ **굳어진 아이싱을 풀어주는 방법**
 • 소량의 물을 넣고 중탕으로 가온하여 43℃로 만들어 준다.
 • 가온하는 것만으로 풀어지지 않으면, 설탕 시럽을 더 넣어 연하게 만든다.
 (설탕 : 물 = 2 : 1)

▶ **아이싱의 끈적거림을 방지하는 방법**
 • 아이싱에 최소의 액체를 사용
 • 40℃ 정도로 가온한 아이싱 크림을 사용
 • 아이싱을 하기 전에 케이크를 충분히 냉각시킴
 • 안정제 사용
  – 동물성 : 젤라틴
  – 식물성 : 한천, 카라비야 검, 로커스트 검
 • 흡수제 사용(전분이나 밀가루)

▶ 설탕 시럽(당액) 제조 시 주석산 크림은 시럽이 냉각되는 동안 결정화되는 현상을 막기 위하여 사용한다.

단순 아이싱	• 분당, 물, 물엿, 향을 섞어 43℃로 가온하여 만든 되직한 페이스트 형태로 사용 • 실온으로 내려가면 굳어진다.
크림 아이싱	• 지방, 분당, 달걀, 분유, 우유, 소금, 향, 안정제 등의 재료를 크림 상태로 만들어 사용 • 종류 – 퍼지(fudge) 아이싱 : 설탕, 버터, 초콜릿, 우유를 주재료로 만든다. – 퐁당(fondant) 아이싱 : 설탕 시럽을 기포하여 만든다. – 마시멜로 아이싱 : 거품을 올린 흰자에 뜨거운 시럽을 첨가하면서 고속으로 믹싱하여 만든다.
조합형 아이싱	• 단순 아이싱과 크림 형태의 아이싱을 섞어서 만든다. • 코코아, 초콜릿, 과일, 견과류 등을 섞어 넣는다.

2) 글레이즈(Glaze)

   ① 과자의 표면에 광택을 내거나 표면이 마르지 않도록 젤라틴, 설탕 시럽, 젤리, 풍당, 초콜릿 등을 바르는 과정과 이런 모든 재료를 말한다.

   ② 도넛과 케이크의 글레이즈 사용온도는 43~50℃가 적합하다.

2 크림(Cream)

1) 버터크림(Butter cream)

   ① 버터, 마가린, 쇼트닝과 같은 유지에 당액을 넣어 크림 상태로 만든 장식용 재료이다.

   ② 빵이나 과자의 샌드나 아이싱, 데코레이션에 가장 많이 사용된다.

   ③ 유지의 크림성을 이용한 제조법이다.

   ④ 버터크림을 만들 때 흡수율이 가장 좋은 유지는 유화쇼트닝이다.

   ⑤ 겨울철 버터크림이 굳어버리면 식용유를 첨가하여 농도를 조절한다.

2) 휘핑크림(Whipped cream)   '거품을 낸다'는 의미

   ① 우유 지방이나 식물성 지방을 거품 내어 크림으로 만든 것으로 케이크의 아이싱에 주로 이용된다.

   ② 유지방 함량 18%의 연한(light) 크림부터 40%의 진한(heavy) 크림까지 종류가 다양하다.

3) 생크림

   ① 식품 공전에는 순수한 우유 지방으로만 만든 것을 '생크림'이라 규정하고 있으나 용도에 따라 가공 크림도 생크림이라 하여 사용된다.

   ② 유사 생크림인 가공 크림은 팜, 코코넛유 등의 식물성 기름을 사용하여 만든다.

   ③ 케이크를 장식할 때 유지방 함량 35~45% 정도의 진한 생크림을 쓰는 것이 좋다.

   ④ 생크림은 0~10℃의 냉장 온도에서 보관하여야 한다.

   ⑤ 생크림 제조 시 주의할 점

      • 생크림을 휘핑할 때 적정한 품온은 3~7℃ 정도이며, 거품기와 믹서 볼도 차갑게 해서 사용한다.

      • 크림 100에 대하여 10~15%의 분설탕을 사용하여 단맛을 낸다.

      • 휘핑 시간이 적정시간보다 짧으면 기포의 안정성이 약해진다.

   ⑥ 크림 제조에서 오버 런(Over run)

      • 최초 부피에 대한 최종 부피의 증가분에 대한 백분율을 말하며 증량률이라고도 한다.

      • 교반에 의해 크림의 체적이 몇 % 증가하는가를 나타내는 수치이다.

$$오버\ 런(증량률) = \frac{휘핑\ 후\ 부피 - 휘핑\ 전\ 부피}{휘핑\ 전\ 부피} \times 100(\%)$$

▶ 버터크림의 제조
  ① 설탕, 물, 물엿, 주석산 크림을 114~118℃로 끓여서 당액을 만든다.
  ② 설탕에 대한 물의 사용량은 20~30% 정도이다.
  ③ 유지에 이 당액(시럽)을 넣으면서 저어주어 크림을 만든다.
  ④ 최종단계에 연유, 술, 향을 넣어 고르게 섞는다.

▶ 생크림의 제조
  ① 휘핑크림과 설탕을 거품기로 믹싱한다.
  ② 오버런 80~90%로 기포한다.
  ③ 양주를 넣고 혼합한다.

chapter 04

4) 커스터드 크림(Custard Cream)

① 달걀의 노른자와 설탕을 균일하게 섞고, 안정제로 옥수수 전분이나 박력분을 첨가한 후 비등(끓기) 직전까지 데운 우유를 넣어 만든다.

② 달걀이 농후화제(결합제) 역할을 하며, 농후화 능력이 전분의 1/4 정도로 전분으로 대체한 배합표를 사용하기도 한다.

③ 슈크림의 충전물로 사용된다.

5) 가나슈 크림(Ganache cream)

① 끓인 생크림에 초콜릿을 섞어 만든 초콜릿 크림의 하나이다.

② 초콜릿과 생크림의 기본 배합은 1 : 1이지만 6 : 4 정도의 부드러운 가나슈도 많이 사용된다.

6) 디플로매트 크림(Diplomat cream)

우유로 만든 커스터드 크림에 무가당 휘핑 크림을 1 : 1의 비율로 혼합한 조합형 크림이다.

③ 머랭(Meringue)

① 달걀 흰자에 설탕을 넣고 거품을 내어 만든 것

② 동물이나 꽃 등의 여러 가지 모양을 만들거나 샌드, 아이싱 크림으로 사용

▶ 머랭 제조 시 주석산 크림을 넣어주면
 • 흰자의 거품을 강하게 한다.
 • 색상을 희게 만든다.
 • 머랭의 pH를 낮게 한다.
   (머랭의 최적 pH 5.5~6.0)

▶ 머랭 제조 시 주의사항
 • 유지는 거품 형성을 방해하기 때문에 노른자가 섞이거나 믹싱 용기에 기름기가 있으면 거품 형성이 안된다.
 • 신선한 달걀을 사용해야 거품이 튼튼하게 나온다.

1) 냉제 머랭(일반법, Cold Meringue)

① 흰자 100에 대하여 설탕 200의 비율로 만든다.

② 실온에서 흰자의 거품을 내다가 설탕을 서서히 넣으면서 튼튼한 거품을 만드는 방법이다.

③ 거품의 안정을 위하여 소금 0.5%와 주석산 0.5%를 넣기도 한다.

2) 온제 머랭(가온법, Hot Meringue)

① 흰자 100에 대하여 설탕 200의 비율로 만든다.

② 흰자와 설탕을 섞어 43℃로 가온한 후 휘핑하여 거품을 형성시킨다.

③ 거품을 안정시키기 위하여 레몬즙을 첨가한다.

3) 스위스 머랭(가온법, Swiss Meringue)

① 흰자 100에 대하여 설탕 180의 비율로 만든다.

② 흰자 1/3과 설탕 2/3를 섞어 43℃로 가온하여 휘핑하면서 레몬즙을 첨가하고, 남은 흰자와 설탕으로는 냉제 머랭을 만들어 이 두 가지를 혼합하는 방법이다.

③ 이렇게 만든 머랭은 구웠을 때 광택이 나고, 하루가 지나도 사용에 문제가 없다.

4) 이탈리안 머랭(시럽법, Italian Meringue)

① 흰자로 거품을 올리면서 뜨거운 시럽을 실같이 흘려 넣으면서 필요한 정도의 거품을 만드는 방법이다.

② 시럽은 물에 설탕을 넣고 114~118℃로 끓여서 만든다.

③ 흰자를 거품으로 치대어 30% 정도의 거품을 만들고 설탕을 넣으면서 50% 정도의 머랭을 만든다.

④ 무스나 냉과를 만들 때 사용하거나 강한 불에 구워 착색하는 제품을 만드는데
알맞다.

4 퐁당(Fondant)
설탕 100에 대하여 물 30을 넣고 114~118℃로 끓여서 시럽을 만든 후 38~48℃
로 냉각시켜서 교반하여 새하얗게 만든 것(설탕의 재결정성을 이용)이다.

1) 첨가물
① 퐁당 크림을 부드럽게 하고 수분 보유력을 높이기 위하여 물엿, 전화당 시럽
을 첨가
② 고급 아이싱을 위해서 유지, 달걀, 향, 색소 등을 첨가
③ 퐁당은 설탕을 이용해서 만든 결정형 캔디로 설탕의 재결정화를 막기 위하여
물엿, 전화당, 주석산 등을 첨가한다.

08 포장

제품의 유통과정에서 제품 가치의 증진, 상품 상태의 보호, 상품 수명의 연장, 위
생적인 안전 등의 목적을 달성하기 위하여 적합한 용기나 포장재에 담는 과정을
말한다.

1 포장 용기의 선택 시 고려사항
① 용기 또는 포장 재료가 무해하여야 한다.
② 유해물질이 생성되거나 용출되지 않아야 한다.
③ 식품을 위생적으로 보존할 수 있어야 한다.
④ 제품의 색이나 향이 변하지 않아야 한다.
⑤ 방습성이 있고 통기성이 없어야 한다.
⑥ 상품의 가치를 높일 수 있어야 한다.
⑦ 상품이 변형되지 않도록 일정한 강도를 지녀야 한다.
⑧ 자외선 투과율, 내약품성, 내산성, 내열성, 투명성, 신축성 등을 고려해야 한다.

2 포장 시 유의사항
① 포장 시 일반적인 빵·과자 제품의 냉각온도는 35~40℃가 가장 적합하다.
② 적절하지 못한 냉각이나 포장은 제품의 흡습으로 인하여 변패되기 쉽다.

▶ 전화당
포도당과 과당의 등량 혼합물로 이 중
과당이 설탕의 재결정화를 방해한다.

▶ 아이싱 및 머랭 제조 시 주석산의
사용
① 설탕의 재결정화를 방지 : 이탈리안
머랭, 버터크림, 설탕 공예용 당액 등
설탕 시럽을 만들 때 주석산을 첨가
하여 설탕의 재결정화를 막는다.
② 흰자의 거품을 튼튼하게 만들고, 흰
자의 알칼리성을 중화시키며, 색상을
희게 만든다. (냉제 머랭, 화이트 레이어
케이크, 엔젤푸드 케이크 제조 등)

▶ 제과제빵의 포장재
포장재로 많이 쓰이는 합성수지로는 폴
리에틸렌(P.E), 오리엔티드 폴리프로필
렌(O.P.P.), 폴리프로필렌(P.P), 폴리스
틸렌 등이 있다.

배합표 작성, 재료 계량 및 전처리

1 ★★★★★
베이커스 퍼센트(Baker's Percent)에서 기준이 되는 재료는?

① 이스트　　　　　② 물
③ 밀가루　　　　　④ 달걀

> 베이커스 퍼센트는 밀가루의 양을 100%로 보고, 그 외의 각 재료가 차지하는 비율을 %로 나타내는 방법이다.

2 ★★
빵 90 g짜리 520개를 만들기 위해 필요한 밀가루 양은? (제품 배합율 180%, 발효 및 굽기 손실은 무시)

① 10kg　　　　　② 18kg
③ 26kg　　　　　④ 31kg

> • 분할 총반죽무게 = 90×520 = 46,800g
> • 밀가루 무게(g) = $\dfrac{밀가루 비율×총반죽 무게}{총 배합률}$
> = $\dfrac{100\%×46,800g}{180\%}$ = 26,000g = 26kg

3 ★★★
완제품 중량이 400g인 빵 200개를 만들고자 한다. 발효 손실이 2%이고 굽기 및 냉각손실이 12%라고 할 때 밀가루 중량은? (단, 총 배합률은 180%이며, 소수점 이하는 반올림한다.)

① 51,536g　　　　② 54,725g
③ 61,320g　　　　④ 61,940g

> • 완제품의 무게 400g×200개 = 80,000g
> • 발효 손실을 감안한 반죽량 $\dfrac{80,000g}{1-0.02}$ = 81,632g
> • 굽기 및 냉각손실을 감안한 반죽량 $\dfrac{81,632g}{1-0.12}$ = 92,764g
> ∴ 밀가루 무게(g) = $\dfrac{밀가루 비율×총반죽 무게}{총 배합률}$
> = $\dfrac{100\%×92,764g}{180\%}$ ≒ 51,536g

4 ★★★★
고율배합에 대한 설명으로 틀린 것은?

① 믹싱 중 공기 혼입이 많다.
② 설탕 사용량이 밀가루 사용량보다 많다.
③ 화학 팽창제를 많이 쓴다.
④ 촉촉한 상태를 오랫동안 유지시켜 신선도를 높이고 부드러움이 지속되는 특징이 있다.

> 고율배합에는 화학 팽창제를 적게 쓰고, 저율배합에 화학 팽창제를 많이 쓴다.

5 ★★★★
고율배합에 대한 설명으로 틀린 것은?

① 화학 팽창제를 적게 쓴다.
② 굽는 온도를 낮춘다.
③ 반죽 시 공기 혼입이 많다.
④ 비중이 높다.

> 고율배합은 반죽 시 공기 혼입량이 많아 비중이 낮다.

6 ★★★★
고율배합의 제품을 굽는 방법으로 알맞은 것은?

① 저온 단시간　　　② 고온 단시간
③ 저온 장시간　　　④ 고온 장시간

> 고율배합은 굽기 온도가 낮아져 저온 장시간의 오버 베이킹을 한다.

7 ★★★★
고율배합 케이크와 비교하여 저율배합 케이크의 특징은?

① 믹싱 중 공기 혼입량이 많다.
② 굽는 온도가 높다.
③ 반죽의 비중이 낮다.
④ 화학 팽창제 사용량이 적다.

> 저율배합은 믹싱 중 공기 혼입량이 적고, 반죽의 비중이 높으며, 화학 팽창제를 많이 사용한다.

정답　1 ③　2 ③　3 ①　4 ③　5 ④　6 ③　7 ②

8 고율배합 제품과 저율배합 제품 비중의 일반적인 비교 설명으로 맞는 것은? ★★

① 고율배합은 공기가 많이 혼입되어 제품의 비중이 높다.
② 저율배합은 부피당 무게가 무거워 제품의 비중이 높다.
③ 두 제품의 비중은 항상 같다.
④ 고율배합 제품은 수분함량이 낮아 비중이 낮다.

> ① 고율배합은 공기가 많이 혼입되어 제품의 비중이 낮다.
> ③ 고율배합의 비중은 낮고, 저율배합의 비중은 높다.
> ④ 고율배합은 수분 보유력이 있는 설탕과 유지를 많이 사용하기 때문에 수분함량이 높다.

9 고율배합과 저율배합 케이크의 물성적 차이점을 비교했을 때 옳지 않은 것은? ★★

① 혼합 중 공기 혼입 정도는 고율배합이 크다.
② 반죽의 비중은 고율배합이 낮다.
③ 제품의 저장성은 고율배합이 짧다.
④ 저율배합은 화학적 팽창제의 사용량이 더 많다.

> 고율배합은 수분 보유력이 있는 설탕과 유지를 많이 사용하므로 제품의 신선도를 높이고 부드러우며, 저장성을 높여준다.

10 밀가루를 체로 쳐서 사용하는 이유와 가장 거리가 먼 것은? ★★★★

① 불순물 제거 ② 공기의 혼입
③ 재료 분산 ④ 표피색 개선

> 껍질색의 개선은 배합율, 발효, 굽기 등에서 조절한다.

11 원료의 전처리 방법으로 올바르지 않은 것은? ★

① 유지는 냉장고에서 꺼내어 약간의 유연성을 갖도록 실온에 놓아둔다.
② 이스트는 계량한 물의 일부분에 용해시켜 사용한다.
③ 밀가루, 탈지분유 등은 계량한 후 체질하여 사용한다.
④ 이스트 푸드는 이스트와 함께 녹여 사용한다.

> 이스트 푸드는 밀가루에 균일하게 분산시키기 위해서 밀가루와 같이 체질을 하여 사용하며, 이스트와 함께 녹여서 사용하지 않는다.

12 물엿을 계량할 때 바람직하지 않은 방법은? ★★★

① 설탕 계량 후 그 위에 계량한다.
② 스테인리스 그릇 혹은 플라스틱 그릇을 사용하는 것이 좋다.
③ 살짝 데워서 계량하면 수월할 수 있다.
④ 일반 갱지를 잘 잘라서 그 위에 계량하는 것이 좋다.

> 일반 갱지(종이) 위에서 물엿을 계량하면 물엿이 달라붙어 재료의 손실이 커진다.

반죽

1 반죽 온도가 정상보다 낮을 때 나타나는 제품의 결과로 틀린 것은? ★★★★

① 부피가 작다.
② 큰 기포가 형성된다.
③ 기공이 조밀하다.
④ 오븐에 굽는 시간이 약간 길다.

> 반죽 온도가 정상보다 낮으면 : 공기 포집력이 떨어져 기공이 조밀하고 부피가 작아지며, 굽기 시간이 길어지면서 표피가 터지거나 거칠어지고 색상이 진해진다.

2 반죽 온도가 정상보다 높을 때, 예상되는 결과는? ★★★★

① 기공이 밀착된다.
② 노화가 촉진된다.
③ 표면이 터진다.
④ 부피가 작다.

> 반죽 온도가 정상보다 높으면
> • 기공이 열린다.
> • 큰 공기 구멍이 생겨 조직이 거칠다.
> • 노화가 촉진된다.
> • 부피가 커진다.

3 ★★
실내 온도 20℃, 밀가루 온도 20℃, 설탕 온도 20℃, 쇼트닝 온도 22℃, 달걀 온도 20℃, 물 온도 18℃의 조건에서 반죽의 결과 온도가 24℃가 나왔다면 마찰계수는?

① 18   ② 20
③ 22   ④ 24

> 마찰계수 = (결과 온도×6) − (실내 온도+밀가루 온도+설탕 온도+쇼트닝 온도+달걀 온도+수돗물 온도)
> = (24×6) − (20+20+20+22+20+18) = 144−120 = 24

4 ★★
실내 온도 25℃, 밀가루 온도 25℃, 설탕 온도 25℃, 유지 온도 20℃, 달걀 온도 20℃, 수돗물 온도 23℃, 마찰계수 21, 반죽 희망 온도가 22℃라면 사용할 물의 온도는?

① −4℃   ② −1℃
③ 0℃   ④ 8℃

> 사용할 물 온도 = (희망반죽온도×6)−(실내온도+밀가루온도+설탕온도+쇼트닝온도+달걀온도+마찰계수)
> = (22×6)−(25+25+25+20+20+21)= 132−136=−4℃

5 ★★★★
다음 중 반죽의 얼음 사용량 계산 공식으로 옳은 것은?

① 얼음 $= \dfrac{\text{물사용량}\times(\text{수돗물 온도} - \text{사용수 온도})}{80+\text{수돗물 온도}}$

② 얼음 $= \dfrac{\text{물사용량}\times(\text{수돗물 온도} + \text{사용수 온도})}{80+\text{수돗물 온도}}$

③ 얼음 $= \dfrac{\text{물사용량}\times(\text{수돗물 온도} \times \text{사용수 온도})}{80+\text{수돗물 온도}}$

④ 얼음 $= \dfrac{\text{물사용량}\times(\text{계산된 물온도} - \text{사용수 온도})}{80+\text{수돗물 온도}}$

6 ★★
총 물 사용량 500g, 수돗물 온도 20℃, 사용할 물 온도 14℃일 때, 얼음 사용량은?

① 30g   ② 32g
③ 34g   ④ 36g

> 얼음 $= \dfrac{\text{물사용량}\times(\text{수돗물 온도} - \text{사용수 온도})}{80+\text{수돗물 온도}}$
> $= \dfrac{500g\times(20-14)}{80+20} = 30g$

7 ★★★★★
다음 제품 중 반죽 희망 온도가 가장 낮은 것은?

① 슈
② 퍼프 페이스트리
③ 카스텔라
④ 파운드 케이크

> 희망 반죽 온도가 가장 낮은 제품은 파이나 퍼프 페이스트리로 18~20℃ 정도이다.

8 ★★★★
반죽 온도 조절에 대한 설명 중 틀린 것은?

① 파운드 케이크의 반죽 온도는 23℃가 적당하다.
② 버터 스펀지케이크(공립법)의 반죽 온도는 25℃가 적당하다.
③ 사과 파이 반죽의 반죽 온도는 38℃가 적당하다.
④ 퍼프 페이스트리의 반죽 온도는 20℃가 적당하다.

> 파이 반죽의 적정한 온도는 18~20℃ 정도이다.

9 ★★★
케이크 반죽의 혼합 완료 정도는 무엇으로 알 수 있는가?

① 반죽의 온도   ② 반죽의 점도
③ 반죽의 비중   ④ 반죽의 색상

> 반죽의 비중은 반죽에 혼입되어 있는 공기의 함유량을 나타내므로 반죽의 비중을 측정하여 믹싱의 완료 정도를 알 수 있다.

10 ★★★★★
반죽의 비중과 관계가 가장 적은 것은?

① 제품의 부피   ② 제품의 기공
③ 제품의 조직   ④ 제품의 점도

> 반죽의 비중은 제품의 부피, 기공, 조직에 결정적인 영향을 준다.

★★★★

11 반죽의 비중에 대한 설명이 틀린 것은?

① 비중이 낮을수록 공기 함유량이 많아서 제품이 가볍고 조직이 거칠다.
② 비중이 높을수록 공기 함유량이 적어서 제품의 기공이 조밀하다.
③ 비중이 같아도 제품의 식감은 다를 수 있다.
④ 비중은 같은 부피의 반죽 무게를 같은 부피의 달걀 무게로 나눈 것이다.

> 비중은 같은 부피의 반죽 무게를 같은 부피의 물 무게로 나눈 것이다.

★★★★★

12 다음 중 비중이 높은 제품의 특징이 아닌 것은?

① 기공이 조밀하다.
② 부피가 작다.
③ 껍질색이 진하다.
④ 제품이 단단하다.

> 반죽의 비중이 높은 제품은 공기의 혼입이 적어 조직이 조밀하고 부피가 작으며 조직이 무거운 특징을 가진다. 껍질색에는 영향을 주지 않는다.

★★★★★

13 데블스 푸드 케이크를 만들려고 한다. 반죽의 비중을 재기 위하여 필요한 무게가 아닌 것은?

① 비중컵의 무게
② 코코아를 담은 비중컵의 무게
③ 물을 담은 비중컵의 무게
④ 반죽을 담은 비중컵의 무게

> 반죽의 비중은 비중컵을 사용하여 측정한다.
> 비중 = $\dfrac{\text{반죽을 담은 비중컵 무게 − 비중컵 무게}}{\text{물을 담은 비중컵 무게 − 비중컵 무게}}$

★★★★★

14 반죽 무게를 이용하여 반죽의 비중 측정 시 필요한 것은?

① 밀가루 무게
② 물 무게
③ 용기 무게
④ 설탕 무게

> 비중은 같은 부피의 반죽 무게를 같은 부피의 물 무게로 나눈 값이다.

★★★

15 빈 컵의 무게가 120g이고, 이 컵에 물을 가득 넣었더니 250g이 되었다. 물을 빼고 우유를 넣었더니 254g 이 되었을 때 우유의 비중은 약 얼마인가?

① 1.03
② 1.07
③ 2.15
④ 3.05

> 비중 = $\dfrac{\text{(우유 + 비중컵) 무게 − 비중컵 무게}}{\text{(물 + 비중컵) 무게 − 비중컵 무게}}$
> = $\dfrac{254 − 120}{250 − 120}$ = 1.03

★★★

16 어떤 과자 반죽의 비중을 측정하기 위하여 다음과 같이 무게를 달았다면 이 반죽의 비중은?

(단, 비중컵 = 50g, 비중컵+물 = 250g, 비중컵+반죽 = 170g)

① 0.40
② 0.60
③ 0.68
④ 1.47

> 비중 = $\dfrac{170 − 50}{250 − 50}$ = $\dfrac{120}{200}$ = 0.6

★★★★

17 어떤 한 종류의 케이크를 만들기 위하여 믹싱을 끝내고 비중을 측정한 결과가 다음과 같을 때, 구운 후 기공이 조밀하고 부피가 가장 작아지는 비중의 수치는?

0.45	0.55	0.66	0.75

① 0.45
② 0.55
③ 0.66
④ 0.75

> 수치가 높을수록(1에 가까울수록) 비중이 높은 것이며, 비중이 높을수록 기공이 조밀하고 부피가 작아진다.

정답 11 ④ 12 ③ 13 ② 14 ② 15 ① 16 ② 17 ④

18 ***

다음 제품의 반죽 중에서 비중이 가장 낮은 것은?

① 레이어 케이크
② 파운드 케이크
③ 데블스 푸드 케이크
④ 스펀지케이크

반죽형 반죽으로 만드는 레이어 케이크나 파운드 케이크는 반죽 비중이 높으며, 거품형 반죽으로 만드는 스펀지케이크는 비중이 낮다. 데블스 푸드 케이크는 레이어 케이크이다.

19 ****

다음 제품 중 일반적으로 비중이 가장 낮은 것은?

① 파운드 케이크   ② 레이어 케이크
③ 스펀지케이크   ④ 과일 케이크

거품형 반죽으로 만드는 스펀지케이크의 비중이 가장 낮다.

제품 중 가장 가볍다는 의미

20 ***

화이트 레이어 케이크의 반죽 비중으로 가장 적합한 것은?

① 0.90 ~ 1.0   ② 0.45 ~ 0.55
③ 0.60 ~ 0.70   ④ 0.75 ~ 0.85

레이어 케이크 반죽의 비중은 0.80~0.85 전후이다.

21 ****

시폰 케이크의 적정 비중으로 옳은 것은?

① 0.60 ~ 0.70   ② 0.70 ~ 0.80
③ 0.50 ~ 0.60   ④ 0.40 ~ 0.50

시폰 케이크의 적정 비중은 0.4~0.5 정도이다.

22 **

다음 중 제품의 비중이 틀린 것은?

① 레이어 케이크 : 0.75~0.85
② 파운드 케이크 : 0.8~0.9
③ 젤리 롤 케이크 : 0.7~0.8
④ 시폰 케이크 : 0.45~0.5

롤 케이크의 반죽 비중은 0.45~0.5 정도이다.

23 ****

케이크 반죽의 pH가 적정 범위를 벗어나 알칼리일 경우 제품에서 나타나는 현상은?

① 부피가 작다.   ② 향이 약하다.
③ 껍질색이 여리다.   ④ 기공이 거칠다.

케이크 반죽이 적정 범위를 벗어나 알칼리성이면 글루텐을 용해시켜 부피팽창을 유도하기 때문에 기공이 크고 거칠며, 강한 향과 진한 색이 만들어지며, 부피가 커진다.

24 ***

제과 반죽이 너무 산성에 치우쳐 발생하는 현상과 거리가 먼 것은?

① 연한 향   ② 여린 껍질색
③ 빈약한 부피   ④ 거친 기공

반죽이 산성으로 치우치면 글루텐을 응고시켜 부피팽창을 방해하기 때문에 기공이 작고 조밀해지며, 부피가 작아진다.
또한, 당의 캐러멜화를 방해하여 연한 향과 연한 색을 만든다.

25 **

반죽에 레몬즙이나 식초를 첨가하여 굽기를 하였을 때 나타나는 현상은?

① 조직이 치밀하다.
② 껍질색이 진하다.
③ 향이 짙어진다.
④ 부피가 증가한다.

반죽에 레몬즙이나 식초를 첨가하여 반죽을 산성으로 조절하면 기공이 작고 조직이 조밀한 제품을 만들 수 있다.

26 ***

다음 중 반죽의 pH가 가장 낮아야 좋은 제품은?

① 화이트 레이어 케이크
② 스펀지케이크
③ 엔젤푸드 케이크
④ 파운드 케이크

• 화이트 레이어 케이크 : pH 7.4~7.8
• 스펀지케이크 : pH 7.3~7.6
• 엔젤푸드 케이크 : pH 5.2~6.0
• 파운드 케이크 : pH 6.6~7.1

27 다음 중 pH가 중성인 것은?

① 식초
② 수산화나트륨 용액
③ 중조
④ 증류수

> 수소이온농도는 순수한 물인 증류수를 기준으로 산성과 알칼리성을 나누며, 중성인 증류수의 pH는 7이다. 식초는 산성, 중조와 수산화나트륨 용액은 알칼리성이다.

28 $[H_3O^+]$의 농도가 다음과 같을 때 가장 강산인 것은?

① 10^{-2} mol/L
② 10^{-3} mol/L
③ 10^{-4} mol/L
④ 10^{-5} mol/L

> 하이드로늄이온(H_3O^+)의 로그값을 이용하여 pH값을 구한다.
> ① pH 2 ② pH 3 ③ pH 4 ④ pH 5 이므로 10^{-2}mol/L이 강산이다.

정형 및 팬닝

1 과자 반죽의 모양을 만드는 방법이 아닌 것은?

① 짤주머니로 짜기
② 밀대로 밀어펴기
③ 성형 틀로 찍어내기
④ 발효 후 가스빼기

> 과자 반죽의 성형 방법으로는 짜내기, 찍어내기, 접어밀기가 있으며 과자 반죽은 발효시키지 않는다.

2 일반적인 케이크 반죽의 팬닝 시 주의점이 아닌 것은?

① 종이 깔개를 사용한다.
② 철판에 넣은 반죽은 두께가 일정하게 되도록 펴준다.
③ 팬기름을 많이 바른다.
④ 팬닝 후 즉시 굽는다.

> 일반적인 케이크 반죽의 팬닝 시 팬기름은 0.1~0.2% 정도 바르는 것이 적당하다.

3 케이크 반죽의 팬닝에 대한 설명으로 틀린 것은?

① 케이크의 종류에 따라 반죽량을 다르게 팬닝한다.
② 새로운 팬은 비용적을 구하여 팬닝한다.
③ 팬 용적을 구하기 힘든 경우는 유채씨를 사용하여 측정할 수 있다.
④ 비중이 무거운 반죽은 분할량을 작게 한다.

> 비중이 무거운 반죽은 비용적이 작아 적게 부풀어 오르기 때문에 분할량을 크게 한다.

4 반죽 무게를 구하는 식은?

① 틀부피 × 비용적
② 틀부피 + 비용적
③ 틀부피 ÷ 비용적
④ 틀부피 − 비용적

> 반죽 무게는 틀 부피를 비용적으로 나누어 산출한다.
> $$반죽무게 = \frac{틀부피}{비용적}$$

5 용적 2,050cm³인 팬에 스펀지케이크 반죽을 400g으로 분할할 때 좋은 제품이 되었다면 용적 2,870cm³인 팬에 적당한 분할 무게는?

① 440g
② 480g
③ 560g
④ 600g

> $2,050cm^3 : 400g = 2,870cm^3 : x$
> $2,050 \times x = 400 \times 2,870$ → $x = \dfrac{400 \times 2,870}{2,050} = 560g$

6 다음 중 비용적이 가장 큰 케이크는?

① 파운드 케이크
② 화이트 레이어 케이크
③ 초콜릿 케이크
④ 스펀지케이크

동일한 무게에 대해 부피가 크다, 또는 동일 부피에 대해 가볍다는 의미

> 제품의 비용적 : 스펀지케이크(5.08), 파운드 케이크(2.40), 레이어 케이크(2.96)
> ※ 초콜릿 케이크는 레이어 케이크이다.

7 같은 용적의 팬에 같은 무게의 반죽을 팬닝하였을 경우 부피가 가장 작은 제품은?

① 시폰 케이크 ② 레이어 케이크
③ 파운드 케이크 ④ 스펀지케이크

파운드 케이크의 비용적(2.40 cm³/g)이 가장 작기 때문에 가장 작게 부풀어 오른다.

8 다음 중 일정한 용적 내에서 팽창이 가장 큰 제품은?

① 파운드 케이크 ② 스펀지 케이크
③ 레이어 케이크 ④ 엔젤푸드 케이크

각 제품의 비용적은 스펀지 케이크 5.08cm³/g, 파운드 케이크 2.40cm³/g, 레이어 케이크 2.96cm³/g, 엔젤푸드 케이크 4.71cm3/g이다. ※ 비용적이 클수록 팽창이 크다.

9 파운드 케이크 반죽을 가로 5cm, 세로 12cm, 높이 5cm의 소형 파운드 팬에 100개 팬닝하려고 한다. 총 반죽의 무게로 알맞은 것은? (단, 파운드 케이크의 비용적은 2.40 cm³/g이다)

① 11kg ② 11.5kg
③ 12kg ④ 12.5kg

직육면체의 틀부피 = 가로×세로×높이 = 5×12×5 = 300cm³

반죽무게 = $\frac{틀부피}{비용적}$ = $\frac{300}{2.4}$ = 125g

총 반죽무게 = 125g×100개 = 12,500g = 12.5kg

10 직경이 10cm, 높이가 4.5cm인 원형 팬에 부피 2.4cm³당 1g인 반죽을 70%로 팬닝한다면 채워야 할 반죽의 무게는 약 얼마인가?

① 147g ② 120g
③ 103g ④ 80g

원통형 팬의 부피 = 반지름²×3.14×높이
= 5²×3.14×4.5 = 353.25cm³

반죽무게 = $\frac{틀부피}{비용적}$ = $\frac{353.25}{2.4}$ = 147.19g

70%로 팬닝하면 147.19 × 0.7 = 103g

11 비용적이 2.5(cm³/g)인 제품을 다음과 같은 원형 팬을 이용하여 만들고자 한다. 필요한 반죽의 무게는? (단, 소수점 첫째 자리에서 반올림하시오.)

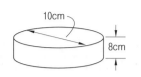

① 100g
② 251g
③ 628g
④ 1,570g

원통형 틀의 부피 = 반지름²×3.14×높이
반죽량 = 틀부피/비용적
(5×5×3.14×8) / 2.5 = 251.2g

12 파운드 케이크의 팬닝은 틀 높이의 몇 % 정도까지 반죽을 채우는 것이 가장 적당한가?

① 50% ② 70%
③ 90% ④ 100%

제품의 비용적에 따라 부풀기가 달라지므로 반죽의 팬닝비도 달라져야 한다. 파운드 케이크는 틀 높이의 70%까지 채운다.

13 다음 중 스펀지케이크 반죽을 팬에 담을 때 팬 용적의 어느 정도가 가장 적당한가?

① 약 10~20% ② 약 30~40%
③ 약 70~80% ④ 약 50~60%

스펀지케이크 반죽의 비용적은 5.08cm³/g으로 팽창이 크기 때문에 팬 용적의 약 50~60%를 채운다.

14 다음 제품 중 굽기 시 팬에 반죽을 채우는 팬닝 높이를 가장 높게 하는 것은?

① 파운드 케이크 ② 스펀지케이크
③ 엔젤푸드 케이크 ④ 커스터드 푸딩

제품별 팬닝량은 비용적에 따른 부풀기에 따라 정해진다.
• 파운드 케이크 : 팬 높이의 70%
• 스펀지케이크 : 팬 높이의 50~60%
• 엔젤푸드 케이크 : 팬 높이의 60~70%
• 커스터드 푸딩 : 팬 높이의 95%

정답 7 ③ 8 ② 9 ④ 10 ③ 11 ② 12 ② 13 ④ 14 ④

굽기

1 ★★★
스펀지케이크의 굽기 공정 중에 나타나는 현상이 아닌 것은?

① 공기의 팽창   ② 전분의 호화
③ 밀가루의 혼합   ④ 단백질의 응고

> 굽기 공정 중 밀가루 및 달걀의 단백질 응고, 밀가루에 함유되어 있는 전분의 호화, 가스의 팽창, 갈변 반응 등이 일어난다.
> ※ 밀가루의 혼합은 믹싱 과정에서 일어난다.

2 ★★
굽기에 대한 설명으로 가장 적합한 것은?

① 저율배합은 낮은 온도에서 장시간 굽는다.
② 저율배합은 높은 온도에서 단시간 굽는다.
③ 고율배합은 낮은 온도에서 단시간 굽는다.
④ 고율배합은 높은 온도에서 장시간 굽는다.

> • 고율배합 : 저온에서 장시간 굽는다.
> • 저율배합 : 고온에서 단시간 굽는다.

3 ★★★★
오버 베이킹(Over Baking)에 대한 설명으로 옳은 것은?

① 낮은 온도의 오븐에서 굽는다.
② 윗면 가운데가 올라오기 쉽다.
③ 제품에 남는 수분이 많아진다.
④ 중심 부분이 익지 않을 경우 주저앉기 쉽다.

> 오버 베이킹은 낮은 온도에서 장시간 굽는 방법으로 윗면이 평평하고, 제품이 부드럽고, 수분의 손실이 많아 노화가 빨리 진행되는 특징을 가진다.

4 ★★★
오버 베이킹에 대한 설명 중 옳은 것은?

① 높은 온도에서 짧은 시간 동안 구운 것이다.
② 노화가 빨리 진행된다.
③ 수분함량이 많다.
④ 가라앉기 쉽다.

> 오버 베이킹을 하면 수분의 손실이 커서 노화가 빨리 진행된다.

5 ★★
언더 베이킹(Under Baking)에 대한 설명으로 틀린 것은?

① 높은 온도에서 짧은 시간 굽는 것이다.
② 중앙 부분이 익지 않는 경우가 많다
③ 제품이 건조되어 바삭바삭하다.
④ 수분이 빠지지 않아 껍질이 쭈글쭈글하다.

> 언더 베이킹은 높은 온도에서 단시간 굽는 방법
> 언더 베이킹의 증상 : 윗면이 볼록 튀어나오고 갈라지기 쉬우며, 중심 부분이 익지 않는 경우가 많아 주저앉기 쉬우며, 수분이 많이 남아 껍질이 쭈글거리기 쉽다.

6 ★★
언더 베이킹(Under Baking)에 대한 설명 중 틀린 것은?

① 제품의 윗부분이 올라간다.
② 제품의 중앙 부분이 터지기 쉽다.
③ 케이크 속이 익지 않을 경우도 있다.
④ 제품의 윗부분이 평평하다.

> 언더 베이킹은 제품의 윗부분이 볼록 튀어나오고 갈라지기 쉽다.

7 ★★★★★
스펀지케이크 400g짜리 완제품을 만들 때 굽기 손실이 20%라면 분할 반죽의 무게는?

① 600g   ② 500g
③ 400g   ④ 300g

> 전체 반죽의 무게 $= \dfrac{\text{완제품의 무게}}{1 - \text{손실률}} = \dfrac{400g}{1 - 0.2} = 500g$
> ※손실률 = 20%/100% = 0.2

8 ★★★
완제품 440g인 스펀지케이크 500개를 주문받았다. 굽기 손실이 12%라면, 준비해야 할 전체 반죽량은?

① 125kg   ② 250kg
③ 300kg   ④ 600kg

> 전체 반죽의 무게 $= \dfrac{\text{완제품의 무게}}{1 - \text{손실률}} = \dfrac{440g}{1 - 0.12} = 500g$
> 총 반죽량 = 500g×500개 = 250,000g = 250kg

정답 ▶ 1 ③   2 ②   3 ①   4 ②   5 ③   6 ④   7 ②   8 ②

9 열원으로 찜(수증기)을 이용했을 때의 주 열전달 방식은?

① 대류
② 전도
③ 초음파
④ 복사

대류는 뜨거워진 액체나 기체가 위로 올라가고 차가워진 액체나 기체는 아래로 내려오는 순환 방식으로 열을 전달하는 방법으로 찜을 할 때 이용되는 방법이다.

10 다음 중 익히는 방법이 나머지 셋과 다른 것은?

① 찐빵
② 엔젤푸드 케이크
③ 스펀지케이크
④ 파운드 케이크

찐빵은 찌기를 이용한 제품이고 나머지는 굽기를 이용한 제품이다.

11 가압하지 않은 찜기의 내부온도로 가장 적합한 것은?

① 65℃
② 99℃
③ 150℃
④ 200℃

찜기는 수증기로 제품을 익히는 기계로 가압하지 않은 찜기의 내부온도는 100℃를 넘지 않는다.

12 찜을 이용한 제품에 사용되는 팽창제의 특성은?

① 지속성
② 속효성
③ 지효성
④ 이중팽창

찜류는 팽창의 효과가 빨리 일어나는 속효성이 필요하며, 찜류에 많이 사용되는 팽창제는 이스파타이다.

13 튀김용 기름의 온도로 가장 적합한 것은?

① 140~150℃
② 160~170℃
③ 180~190℃
④ 200~210℃

튀김용 기름의 온도는 180~190℃ 정도가 가장 적합하며, 200℃ 이상에서는 튀기지 않는다.

14 도넛을 튀길 때 사용하는 기름에 대한 설명으로 틀린 것은?

① 기름이 적으면 뒤집기가 쉽다.
② 발연점이 높은 기름이 좋다.
③ 기름이 너무 많으면 온도를 올리는 시간이 길어진다.
④ 튀김 기름의 평균 깊이는 12~15cm 정도가 좋다.

기름이 적으면 도넛을 뒤집기 어렵고, 과열되기 쉽다.

15 튀김 시 과도한 흡유현상이 나타나지 않는 경우는?

① 반죽 수분이 과다할 때
② 믹싱 시간이 짧을 때
③ 글루텐이 부족할 때
④ 튀김 기름 온도가 높을 때

튀김 기름의 온도가 낮을 때 과도한 흡유 현상이 나타난다.

마무리(충전 및 장식)

1 아이싱(Icing)이란 설탕 제품이 주요 재료인 피복물로 빵·과자 제품을 덮거나 피복하는 것을 말한다. 다음 중 크림 아이싱(Creamed Icing)이 아닌 것은?

① 퍼지 아이싱(Fudge Icing)
② 퐁당 아이싱(Fondant Icing)
③ 단순 아이싱(Flat Icing)
④ 마시멜로 아이싱(Marshmallow Icing)

아이싱에는 단순 아이싱, 크림 아이싱, 조합형 아이싱 등이 있으며, 이 중 크림 아이싱에는 퍼지 아이싱, 퐁당 아이싱, 마시멜로 아이싱 등이 있다.

★★★★
2 아이싱이나 토핑에 사용하는 재료의 설명으로 틀린 것은?

① 중성 쇼트닝은 첨가하는 재료에 따라 향과 맛을 살릴 수 있다.
② 분당은 아이싱 제조 시 끓이지 않고 사용할 수 있는 장점이 있다.
③ 생우유는 우유의 향을 살릴 수 있어 바람직하다.
④ 안정제는 수분을 흡수하여 끈적거림을 방지한다.

토핑(Topping)은 아이싱을 한 제품이나 아이싱을 하지 않은 제품에 얹거나 붙여서 맛을 좋게 하고 시각적 효과를 높이는 것이다. 생우유는 수분이 많아 토핑이나 아이싱의 재료로 적합하지 않기 때문에 주로 분유를 사용한다.

★★★★★
3 거품을 올린 흰자에 뜨거운 시럽을 첨가하면서 고속으로 믹싱하여 만드는 아이싱은?

① 마시멜로 아이싱
② 콤비네이션 아이싱
③ 초콜릿 아이싱
④ 로열 아이싱

• 콤비네이션 아이싱 : 단순 아이싱과 크림 형태의 아이싱을 섞어서 만든 조합형 아이싱이다.
• 초콜릿 아이싱 : 초콜릿을 녹여 물과 분당을 섞은 것이다.
• 로열 아이싱 : 흰자나 머랭 가루를 분당과 섞어 만든 순백색의 아이싱이다.
• 물(워터) 아이싱 : 물과 설탕으로 만든 투명한 아이싱이다.

★★★★
4 굳어진 단순 아이싱 크림을 여리게 하는 방법으로 부적합한 것은?

① 설탕 시럽을 더 넣는다.
② 중탕으로 가열한다.
③ 소량의 물을 넣고 중탕으로 가온한다.
④ 전분이나 밀가루를 넣는다.

전분이나 밀가루는 아이싱의 끈적거림을 방지하는 흡수제이다.
▶ 굳어진 아이싱을 풀어주는 방법
• 소량의 물을 넣고 중탕으로 가온하여 43℃로 만들어 준다.
• 가온하는 것만으로 풀어지지 않으면, 설탕 시럽을 더 넣어 연하게 만들어 준다.

★★★★
5 모카 아이싱(Mocha Icing)의 특징을 결정하는 재료는?

① 커피
② 코코아
③ 초콜릿
④ 분당

모카 아이싱은 커피를 시럽으로 만들어 사용한다.

★★★
6 아이싱에 사용하여 수분을 흡수하므로, 아이싱이 젖거나 묻어나는 것을 방지하는 흡수제로 적당하지 않은 것은?

① 밀 전분
② 옥수수 전분
③ 설탕
④ 타피오카 전분

아이싱이 젖거나 묻어나고 끈적거리는 것을 방지하기 위하여 전분, 밀가루 등을 흡수제로 사용한다. 설탕은 수분을 흡수하여 용해되는 성질이 있어 아이싱의 흡수제로 부적당하다.

★★★★
7 퐁당 아이싱이 끈적거리거나 포장지에 붙는 경향을 감소시키는 방법으로 옳지 않은 것은?

① 아이싱을 다소 덥게(40℃) 하여 사용한다.
② 아이싱에 최대의 액체를 사용한다.
③ 굳은 것은 설탕 시럽을 첨가하거나 데워서 사용한다.
④ 젤라틴, 한천 등과 같은 안정제를 적절하게 사용한다.

퐁당 아이싱의 끈적임을 방지할 때는 최소의 액체를 사용한다.

★★★★★
8 도넛 글레이즈의 사용온도로 가장 적합한 것은?

① 49℃
② 39℃
③ 29℃
④ 19℃

도넛 글레이즈의 사용온도는 43~50℃ 정도가 가장 적합하다.

정답 ▶ 2 ③ 3 ① 4 ④ 5 ① 6 ③ 7 ② 8 ①

9 버터크림을 만들 때 흡수율이 가장 높은 유지는?

① 라드
② 경화 라드
③ 경화 식물성 쇼트닝
④ 유화쇼트닝

유화쇼트닝은 버터 등의 유지와 수분이 잘 혼합되도록 하기 때문에 버터크림을 만들 때 많이 사용된다.

10 겨울철 굳어버린 버터크림의 농도를 조절하기 위한 첨가물은?

① 분당
② 초콜릿
③ 식용유
④ 캐러멜색소

겨울철에 버터크림이 굳어버리면 식용유를 첨가하여 농도를 조절함으로써 부드럽게 유지되도록 한다.

11 다음 중 버터크림 당액 제조 시 설탕에 대한 물 사용량으로 알맞은 것은?

① 25%
② 80%
③ 100%
④ 125%

버터크림의 당액 제조 시 설탕에 대한 물 사용량은 20~30% 정도이다.

12 버터크림 제조 시 당액의 온도로 가장 알맞은 것은?

① 80~90℃
② 98~104℃
③ 114~118℃
④ 150~155℃

버터크림은 설탕, 물, 물엿, 주석산 크림을 114~118℃로 끓여서 당액을 만든다.

13 아이싱에 사용되는 재료 중 다른 세 가지와 조성이 다른 것은?

① 이탈리안 머랭
② 퐁당
③ 버터크림
④ 스위스 머랭

버터크림은 버터, 마가린, 쇼트닝 등의 고체 유지에 당액을 넣어 크림 상태로 만든다.
※ 기본적으로 머랭이나 퐁당은 유지가 들어가지 않으며, 퐁당에 소량의 유지를 첨가하는 경우는 있다.

14 다음 중 케이크의 아이싱에 주로 사용되는 것은?

① 마지팬
② 프랄린
③ 글레이즈
④ 휘핑크림

케이크의 아이싱에 주로 사용되는 것은 휘핑크림이다.
• 마지팬 : 설탕과 아몬드를 갈아 만든 페이스트로 꽃이나 동물 등의 조형물을 만들 때 사용된다.
• 프랄린 : 견과류에 설탕을 입혀 만든 것으로 충전물로 사용
• 글레이즈 : 제품에 광택을 내거나 코팅을 하는 과정과 재료를 총칭

15 휘핑용 생크림에 대한 설명 중 틀린 것은?

① 유지방 40% 이상의 진한 생크림을 쓰는 것이 좋음
② 기포성을 이용하여 제조함
③ 유지방이 기포 형성의 주체임
④ 거품의 품질 유지를 위해 높은 온도에서 보관함

생크림을 휘핑하는 적정 품온은 3~7℃, 보관을 위한 적정한 품온은 0~10℃ 정도의 냉장 온도이다.

16 데커레이션 케이크 재료인 생크림에 대한 설명으로 틀린 것은?

① 크림 100에 대하여 1.0~1.5%의 분설탕을 사용하여 단맛을 낸다.
② 유지방 함량 35~45% 정도의 진한 생크림을 휘핑하여 사용한다.
③ 휘핑 시간이 적정시간보다 짧으면 기포의 안정성이 약해진다.
④ 생크림의 보관이나 작업 시 제품 온도는 3~7℃가 좋다.

생크림 100에 대하여 10~15%의 분설탕을 사용하여 단맛을 낸다.

17 생크림 원료를 가열하거나 냉동시키지 않고 직접 ★★★
사용할 수 있게 보존하는 적합한 온도는?

① -18℃ 이하　　　② 3~5℃
③ 15~18℃　　　　④ 21℃ 이상

> 생크림 원료의 휘핑이나 보존을 위한 적정온도는 3~7℃ 정도이
> 며, 거품기나 믹서 볼도 차갑게 해서 사용해야 한다.

18 아이스크림 제조에서 오버 런(Over run)이란? ★★★

① 교반에 의해 크림의 체적이 몇 % 증가하는가를 나
타내는 수치
② 생크림 안에 들어 있는 유지방이 응집해서 완전히
액체로부터 분리된 것
③ 살균 등의 가열 조작에 의해 불안정하게 된 유지의
결정을 적온으로 해서 안정화시킨 숙성 조작
④ 생유 안에 들어있는 큰 지방구를 미세하게 해서 안
정화하는 공정

> 오버 런은 최초 부피에 대한 최종 부피의 증가분에 대한 백분율
> 을 말하는 것으로 교반(휘핑)에 의해 크림의 체적이 몇 % 증가
> 하는 것을 나타내는 수치이다.

19 1,000mL의 생크림 원료로 거품을 올려 2,000mL의 ★★★
생크림을 만들었다면 증량률(Over run)은 얼마인가?

① 50%　　　　　　② 100%
③ 150%　　　　　④ 200%

> $$증량률 = \frac{휘핑\ 후\ 부피 - 휘핑\ 전\ 부피}{휘핑\ 전\ 부피}$$
> $$= \frac{2,000 - 1,000}{1,000} \times 100 = 100\%$$

20 커스터드 크림의 재료에 속하지 않은 것은? ★★★★★

① 우유　　　　　　② 달걀
③ 설탕　　　　　　④ 생크림

> 커스터드 크림은 난황과 설탕에 옥수수 전분이나 박력분을 첨
> 가하여 균일하게 섞고 데운 우유를 넣어 만드는 크림으로 슈의
> 충전물로 쓰인다.

21 커스터드 크림을 제조할 때 결합제의 역할을 하는 ★★
것은?

① 설탕　　　　　　② 소금
③ 달걀　　　　　　④ 밀가루

> 커스터드 크림은 달걀이 결합제(농후화제)의 역할을 한다.

22 가나슈 크림에 대한 설명으로 옳은 것은? ★★★★★

① 생크림은 절대 끓여서 사용하지 않는다.
② 초콜릿과 생크림의 배합 비율은 10:1이 원칙이다.
③ 초콜릿 종류는 달라도 카카오 성분은 같다.
④ 끓인 생크림에 초콜릿을 더한 크림이다.

> 가나슈 크림은 끓인 생크림에 초콜릿을 섞어 만든 초콜릿 크림
> 으로 초콜릿과 생크림의 배합 비율은 1 : 1이 원칙이며, 초콜릿
> 의 종류에 따라 카카오 성분은 차이가 있다.

23 머랭(Meringue)을 만드는 주요 재료는? ★★★

① 달걀 흰자　　　　② 전란
③ 달걀 노른자　　　④ 박력분

> 머랭은 달걀 흰자에 설탕을 첨가하여 거품을 내어 만든 제품
> 이다.

24 머랭(Meringue)을 제조할 때 주석산 크림의 사용 목 ★★
적이 아닌 것은?

① 흰자를 강하게 한다.
② 머랭의 pH를 낮춘다.
③ 맛을 좋게 한다.
④ 색을 희게 한다.

> 머랭의 제조 시 주석산 크림은 흰자의 거품을 튼튼하게 하고, 흰
> 자의 알칼리성을 중화시켜 주며, 색을 희게 해주는 기능을 한다.

chapter 04

정답 　17 ②　18 ①　19 ②　20 ④　21 ③　22 ④　23 ①　24 ③

25 ★★★ 꽃을 짜거나 조형물을 만들 머랭을 제조하려 할 때 흰자에 대한 설탕의 사용 비율로 가장 알맞은 것은?

① 50% 　　　　　② 100%
③ 200% 　　　　　④ 400%

> 머랭은 일반적으로 흰자 100에 대하여 설탕 200의 비율로 만든다. (※스위스 머랭은 흰자 100 : 설탕 180)

26 ★★★ 머랭 제조에 대한 설명으로 옳은 것은?

① 믹싱 용기에는 기름기가 없어야 한다.
② 기포가 클수록 좋은 머랭이 된다.
③ 믹싱은 저속을 위주로 작동한다.
④ 전란을 사용해도 무방하다.

> 유지는 거품 형성을 방해하기 때문에 믹싱 용기에 기름기가 있거나 노른자가 섞이면 튼튼한 거품이 형성되지 않는다.

27 ★★★★ 흰자 100에 대하여 설탕 180의 비율로 만든 머랭으로서 구웠을 때 표면에 광택이 나고 하루쯤 두었다가 사용해도 무방한 머랭은?

① 냉제 머랭(Cold Meringue)
② 온제 머랭(Hot Meringue)
③ 이탈리안 머랭(Italian Meringue)
④ 스위스 머랭(Swiss Meringue)

> 스위스 머랭은 흰자 100에 대하여 설탕 180의 비율로 만드는 것으로, 흰자 1/3과 설탕 2/3를 섞어 43℃로 가온하여 휘핑하면서 레몬즙을 첨가하고, 남은 흰자와 설탕으로 냉제 머랭을 만들어 이 두 가지를 혼합하여 만든다.

28 ★★★★★ 흰자를 거품 내면서 뜨겁게 끓인 시럽을 부어 만든 머랭은?

① 냉제 머랭
② 온제 머랭
③ 스위스 머랭
④ 이탈리안 머랭

> 이탈리안 머랭은 흰자로 거품을 올리면서 114~118℃로 끓여 만든 설탕 시럽을 실같이 흘려 넣으면서 만드는 것이다.

29 ★★★★ 무스 크림을 만들 때 가장 많이 이용되는 머랭의 종류는?

① 이탈리안 머랭 　　　② 스위스 머랭
③ 온제 머랭 　　　　　④ 냉제 머랭

> 무스나 냉과를 만들 때 사용하거나 강한 불에 구워 착색하는 제품을 만드는데 적당한 머랭은 이탈리안 머랭이다.

30 ★★★★ 이탈리안 머랭에 대한 설명 중 틀린 것은?

① 흰자를 거품으로 치대어 30% 정도의 거품을 만들고 설탕을 넣으면서 50% 정도의 머랭을 만든다.
② 흰자가 신선해야 거품이 튼튼하게 나온다.
③ 뜨거운 시럽에 머랭을 한꺼번에 넣고 거품을 올린다.
④ 강한 불에 구워 착색하는 제품을 만드는데 알맞다.

> 이탈리안 머랭은 흰자로 거품을 올리면서 114~118℃로 끓여서 만든 설탕 시럽을 실같이 서서히 흘려 넣으면서 만든다.

31 ★★★★ 아이싱에 이용되는 퐁당(Fondant)은 설탕의 어떤 성질을 이용하는가?

① 보습성
② 재결정성
③ 용해성
④ 전화당으로 변하는 성질

> 퐁당은 설탕의 재결정성을 이용하여 만드는 제품이다.

32 ★★★★ 아이싱 크림에 많이 쓰이는 퐁당(Fondant)을 만들 때 끓이는 온도로 가장 적합한 것은?

① 78~80℃
② 98~100℃
③ 114~116℃
④ 130~132℃

> 퐁당은 설탕 100에 대하여 물 30을 넣고 114~118℃로 끓여서 시럽을 만든 후 38~48℃로 냉각시켜서 만든다.

정답　25 ③　26 ①　27 ④　28 ④　29 ①　30 ③　31 ②　32 ③

33 퐁당에 대한 설명으로 가장 적합한 것은?

① 시럽을 214℃까지 끓인다.
② 20℃ 전후로 식혀서 휘젓는다.
③ 물엿, 전화당 시럽을 첨가하면 수분 보유력을 높일 수 있다.
④ 유화제를 사용하면 부드럽게 할 수 있다.

① 퐁당에 사용하는 설탕 시럽은 114~118℃로 끓인다.
② 38~48℃로 식혀서 휘젓는다.
④ 퐁당은 설탕과 물이 주재료로 유화제는 사용하지 않는다.

34 퐁당 크림을 부드럽게 하고 수분 보유력을 높이기 위해 일반적으로 첨가하는 것은?

① 한천, 젤라틴
② 물, 레몬
③ 소금, 크림
④ 물엿, 전화당 시럽

퐁당 크림을 부드럽게 하고 수분 보유력을 높이기 위하여 물엿, 전화당 시럽을 첨가한다.

35 설탕 공예용 당액 제조 시 설탕의 재결정을 막기 위해 첨가하는 재료는?

① 중조
② 주석산
③ 포도당
④ 베이킹파우더

설탕 시럽의 재결정을 막기 위해서 주석산, 물엿, 전화당 등을 첨가한다.

포장

1 포장된 제과 제품의 품질변화 현상이 아닌 것은?

① 전분의 호화
② 향의 변화
③ 촉감의 변화
④ 수분의 이동

전분의 호화는 굽기 공정에서 생전분이 익은 전분으로 변성이 되는 것이다. 포장된 제품에서 전분의 노화가 일어난다.

2 빵의 포장 재료가 갖추어야 할 조건이 아닌 것은?

① 방수성일 것
② 위생적일 것
③ 상품 가치를 높일 수 있을 것
④ 통기성일 것

포장재가 통기성이면 제품에 공기가 유입되어 제품의 노화 및 변패가 빠르게 일어난다.

3 쿠키 포장지의 특성으로 적합하지 않은 것은?

① 내용물의 색, 향이 변하지 않아야 한다.
② 독성물질이 생성되지 않아야 한다.
③ 통기성이 있어야 한다.
④ 방습성이 있어야 한다.

포장 재료에 통기성이 있으면 제품의 향이 날아가고 수분이 증발되며, 공기의 혼입에 따른 전분의 노화가 촉진된다.

4 다음 중 포장 시에 일반적인 빵, 과자 제품의 냉각온도로 가장 적합한 것은?

① 22℃
② 32℃
③ 38℃
④ 47℃

제품을 포장하기 위해 냉각시키는 온도는 35~40℃ 정도가 적합하다.

5 포장된 케이크류에서 변패의 가장 중요한 원인은?

① 흡수
② 고온
③ 저장 기간
④ 작업자

적절하게 냉각하지 않은 제품의 포장으로 인한 흡수 현상이 케이크 변패의 가장 중요한 원인이다.

정답 ▶ 33 ③ 34 ④ 35 ② | 1 ① 2 ④ 3 ③ 4 ③ 5 ①

Craftsman Confectionary & Breads Making

SECTION
04

제품별 제과법

[출제문항수 : 7~9문제] 제품별 특징을 학습하는 부분으로 꽤 많이 출제되는 부분입니다. 실제 실기시험에도 알아두어야 할 내용이며, 내용 전체에서 골고루 출제되므로 전체적으로 학습하시기 바랍니다.

01 파운드 케이크(Pound cake)

1 개요

① 반죽형 반죽의 대표적인 제품으로 저율배합을 한다.
② 기본재료인 밀가루, 설탕, 달걀, 버터를 각각 1파운드씩 같은 양을 넣어 만든 제품이라는 데서 이름이 유래되었다고 한다.
③ 파운드 케이크의 기본 배합
  밀가루(100) : 설탕(100) : 달걀(100) : 유지(100)
④ 파운드 케이크는 밀가루, 설탕, 달걀, 유지를 같은 비율로 사용하기 때문에 사용 재료의 증감에 따라 다른 재료의 사용량이 같은 비율로 달라진다.

▶ 특정 재료를 증가시킬 경우
(밀가루, 설탕 고정 시)

달걀 증가	유지 증가
유지 증가	달걀 증가, 우유 감소 (반죽 내 고형분의 균형을 맞추기 위해)
유지·달걀 증가	베이킹파우더 감소(유지와 달걀은 반죽 내 공기 포집 능력을 증가시키기 때문) 소금 사용량 소량 증가

▶ 반죽형 케이크 제조 시 유화쇼트닝을 사용하며, 일반 쇼트닝을 사용할 경우 유화제를 6~8% 첨가한다.

2 사용 재료의 특성

밀가루	• 부드러운 제품은 박력분을, 조직감이 강한 제품은 중력분 또는 강력분을 혼합하여 사용
설탕	• 설탕을 주로 사용하며, 물엿, 포도당, 액당, 꿀, 전화당 등으로 대치하여 사용할 수 있다. • 완전히 녹이지 않은 설탕을 사용하면 제품 표면에 반점이 생길 수 있다.
달걀	• 전란을 사용 – 옐로 파운드 케이크 • 흰자만 사용 – 화이트 파운드 케이크
유지	• 크림성과 유화성이 좋은 유지를 사용 • 유화성을 높이기 위하여 유화제를 사용

3 제조과정 (믹싱 → 팬닝 → 굽기 → 냉각)

1) 믹싱
① 반죽형 반죽의 제법을 모두 사용할 수 있으나, 크림법이 가장 일반적이다.
② 대량 생산의 경우에는 1단계법(단단계법)을 사용하기도 한다.
③ 유지의 품온은 18~20℃가 가장 좋다.

▶ 크림법
① 유지(버터, 마가린, 쇼트닝)에 설탕과 소금을 넣으며 중·고속으로 휘핑하여 크림을 만든다.
② 달걀을 서서히 넣으면서 부드러운 크림(수분을 많이 함유한 크림)을 만든다.
→ 달걀을 한꺼번에 많이 넣으면 달걀의 수분과 유지가 분리되어 크림화 과정에서 공기를 끌어들이기 어렵게 된다.
③ 박력분, 베이킹파우더 등 나머지 재료를 넣고 균일한 반죽을 만든다.
→ 밀가루 혼합 시 가볍게 하여 글루텐 발전을 최소화하여야 부드러운 조직이 된다.
④ 반죽 온도 20~24℃, 비중 0.8~0.9가 일반적이다.

2) 팬닝
① 일반 팬에 기름칠을 하거나 위생지를 깔고, 팬 높이의 70%가 되도록 반죽을 넣는다.
② 대량 생산에는 이중 팬*을 사용한다.

3) 굽기
① 반죽량이 많은 제품은 170~180℃, 적은 제품은 180~190℃에서 굽는다.
② 시각적 효과를 위하여 윗면을 자연적으로 터지게 하거나 인위적으로 칼집을 내어 터트리기도 한다.
③ 포장용으로 만드는 소형 파운드 케이크는 윗면이 터지지 않아야 좋다.
→ 굽기 전 증기를 분무하거나 처음부터 뚜껑을 덮으면 제품의 표피가 마르지 않고 껍질 형성이 늦어져 표면의 터짐을 방지한다.
④ 기름칠하여 터진 표면은 착색이 여리므로 구워낸 직후 뜨거울 때 노른자 물을 칠하거나 녹인 버터를 칠해준다.

4 파운드 케이크를 응용한 제품
1) 마블 케이크
파운드 케이크 반죽의 1/4을 덜어내 코코아를 섞어 반죽을 만든 후 나머지 흰 반죽과 섞어 마블(대리석) 무늬를 만드는 케이크

2) 과일 파운드 케이크
① 각종 과일을 첨가하여 만든 케이크
② 첨가하는 과일양은 일반적으로 전체 반죽의 25~50% 정도
③ 건조 과일이나 시럽에 담긴 과일을 사용하며, 시럽에 담긴 과일은 사용 전에 수분을 충분히 뺀 뒤 사용한다.
④ 견과류와 과실류는 믹싱 최종단계에 투입하여 가볍게 섞어준다.

3) 모카 파운드 케이크
파운드 케이크 반죽에 커피를 넣어 만든 케이크이다.

* 이중 팬을 사용하는 이유
  • 제품의 바닥과 옆면에 두꺼운 껍질 형성과 지나친 착색을 방지한다.
  • 제품의 조직과 맛을 좋게 한다.

▶ 반죽형 케이크를 구울 때 증기를 분무하는 목적
  • 윗면의 터짐을 방지한다.
  • 향과 수분의 손실을 방지한다.
  • 표피의 캐러멜화 반응을 연장한다.

▶ 파운드 케이크의 윗면이 터지는 이유
  • 반죽 내에 설탕 입자가 용해되지 않고 남아 있는 경우
  • 반죽 내에 수분이 불충분할 경우
  • 오븐 온도가 높아 껍질 형성이 너무 빠를 경우
  • 팬에 분할한 후 오븐에 넣을 때까지 장시간 방치하여 껍질이 마른 경우

▶ 여린 착색에 칠하는 노른자 물
노른자 100에 대하여 설탕 30의 비율로 만들며, 설탕은 광택제 효과, 맛의 개선, 보존 기간 개선의 역할을 한다.

▶ 과일 케이크에서 과일이 가라앉는 이유
  • 강도가 약한 밀가루를 사용한 경우
  • 믹싱이 지나치고 큰 공기 방울이 반죽에 남는 경우
  • 진한 속 색을 위해 팽창제를 과다로 사용한 경우
  • 시럽에 담긴 과일을 사용할 때 배수시키지 않은 경우
  • 과일이나 견과의 조각이 너무 크고 무거운 경우

▶ 과일의 가라앉힘 방지
  • 단백질 함량이 높은 밀가루를 사용한다.
  • 밀가루 투입 후 충분히 혼합한다.
  • 팽창제 사용량을 감소시킨다.
  • 과일을 반죽에 투입하기 전에 밀가루에 버무려 사용한다.

02 레이어 케이크 (Layer cake)

1 개요
반죽형 반죽의 대표적인 제품으로 설탕 사용량이 밀가루 사용량보다 많은 고율배합의 제품이다.

2 제조과정 (믹싱 → 팬닝 → 굽기 → 냉각)
1) 믹싱
반죽형 반죽을 만드는 모든 제법을 사용할 수 있으나 크림법이 가장 일반적으로 사용된다. ※ 적정 반죽 온도 : 24~26℃

2) 팬닝
팬의 55~60% 정도 반죽을 채운다. ※ 반죽의 비중 : 0.80~0.85

3) 굽기
180℃ 정도에서 25~35분간 굽는다.

3 제품별 특징
1) 옐로 레이어 케이크
레이어 케이크의 가장 기본이 되는 제품

2) 화이트 레이어 케이크
① 달걀의 흰자만 사용하여 내부가 흰색을 띠는 수분이 많은 제품
② 주석산 크림* 0.5% 사용

3) 데블스 푸드 케이크
① 15~30%의 코코아를 넣고 반죽한 케이크로 블렌딩법으로 제조
② 천연 코코아 사용 시 코코아의 7%에 해당하는 탄산수소나트륨(중조)*을 사용하고, 원래 사용하던 베이킹파우더는 감소시킨다.
③ 더치 코코아를 사용할 때는 탄산수소나트륨을 사용하지 않고, 원래 사용하던 베이킹파우더를 그대로 사용한다.

4) 초콜릿 케이크
① 기본 레이어 케이크에 초콜릿을 사용하여 맛과 향을 보강한 제품
② 코코아 함량 5/8, 카카오버터 함량 3/8인 비터(Bitter) 초콜릿이 가장 많이 사용된다.
③ 카카오버터는 유화쇼트닝 효과가 있어 카카오버터 함량의 1/2을 원래 사용하던 유화쇼트닝의 양에서 감소시킨다.

조절 유화쇼트닝 = 기존 유화쇼트닝 - (카카오버터×1/2)

4 배합률

구분	옐로 레이어 케이크	화이트 레이어 케이크	데블스 푸드 케이크	초콜릿 케이크
사용량 결정	설탕, 쇼트닝		설탕, 쇼트닝, 코코아	설탕, 쇼트닝, 초콜릿
달걀	전란 = 쇼트닝×1.1	흰자 = 전란×1.3 = 쇼트닝×1.43	전란 = 쇼트닝×1.1	
우유	설탕+25-전란	설탕+30-흰자	설탕+30+(코코아×1.5)-전란	
분유	우유×10%			
물	우유×90%			

▶ 레이어 케이크의 배합률을 조정하는 순서
① 설탕, 쇼트닝, 코코아, 초콜릿의 사용량을 결정한다.
② 달걀의 양을 산출한다.
③ 우유의 양을 산출한다.
④ 우유는 탈지분유 10%와 물 90%로 대치하여 사용할 수 있다.

---

03 스펀지케이크(Sponge cake)

1 개요
① 거품형 반죽의 대표적인 제품으로, 달걀 단백질의 신장성과 변성에 의해 거품을 형성하고 팽창하는 성질을 이용한 것이다.
② 스펀지케이크의 4대 재료 : 밀가루(박력분), 설탕, 달걀, 소금

2 사용 재료의 특성

밀가루	• 저회분, 저단백질의 특급 박력분이 권장된다. • 강력분이나 중력분을 사용할 경우 12% 이하의 범위에서 전분을 섞어서 사용한다.	
설탕	• 설탕은 기포성은 저하시키지만, 거품을 안정시키는 기능을 한다. • 스펀지 제조 시 설탕이 100% 이하로 적게 들어가면 제품의 껍질이 갈라진다.	
달걀	• 밀가루와 더불어 제품의 부피를 결정하고 제품의 구조를 형성한다. • 수분공급, 팽창작용, 유화작용 및 내상의 색을 낸다.	
소금	• 소량을 사용하지만, 맛을 내는 데 필수적인 기능을 한다.	
기타	• 우유 : 시유 또는 분유를 사용하며, 수분함량을 고려하여 배합한다. • 유지 : 버터를 녹여서 넣는 변형 스펀지케이크도 널리 만들어진다.	

▶ 재료의 기본 배합(%)

재료	기본 배합(%)
박력분	100
설탕	166
달걀	166
소금	2

▶ 달걀 사용량을 1% 감소시키려면
• 밀가루 사용량 0.25% 증가
• 물 사용량 0.75% 증가
• 베이킹파우더 0.03% 증가
• 유화제 0.03% 증가

* **공립법** : 달걀의 흰자와 노른자를 분리하지 않고 전란을 넣어 섞은 후 밀가루 등을 투입하여 반죽함

3 제조과정 (믹싱 → 팬닝 → 굽기 → 냉각)
스펀지 반죽에 사용되는 믹싱법은 공립법, 별립법, 1단계법이 사용되지만, 주로 공립법*이 널리 사용된다.

1) 믹싱
공립법의 더운 믹싱법과 찬 믹싱법을 주로 사용한다.

2) 팬닝
① 철판이나 원형 팬에 비중에 따라 용적의 50~60%를 담고 윗면을 평평히 고른다.
② 스펀지케이크는 비용적이 5.08cm³/g으로 일정한 용적 내에서 팽창이 큰 제품이다.

3) 굽기
180℃ 정도에서 25~35분간 굽는다.

4) 냉각
굽기 후 바로 철판에서 분리하여 냉각해야 제품의 과도한 수축을 방지한다.

4 스펀지케이크의 응용 제품

1) 카스텔라
① 굽기 시 반죽의 건조방지와 제품의 높이를 만들기 위하여 나무틀을 사용한다.
② 굽기 온도는 180~190℃가 적합하다.
③ 오븐에 굽기 직전에 충격을 가하여 기포를 안정되게 한다.

2) 스펀지케이크의 변형
① 점성이 낮은 메옥수수 분말을 넣으면 좋은 부피와 구수한 풍미를 얻을 수 있다.
② 유지의 함량이 높은 아몬드 분말을 넣으면 노화가 지연되고, 풍미가 좋아진다.

04 롤 케이크 (Roll cake)

1 개요
① 젤리 롤, 소프트 롤, 초콜릿 롤 케이크 등 말기(Roll)를 하는 제품
② 스펀지케이크의 배합을 기본으로 하여 만드는 제품
③ 스펀지케이크의 배합보다 수분함량이 많아야 제품을 말 때 표피가 터지지 않기 때문에 달걀의 사용량이 많다.
④ 달걀의 사용량이 많을수록 공기를 더 많이 포집하여 제품이 가벼워진다. 따라서 롤 케이크가 스펀지케이크보다 가볍다.

▶ 반죽상태에 따른 재료의 기본 배합(%)

반죽	밀가루	설탕	달걀	소금
가벼운 반죽			300	
기본 반죽	100	150	250	2
무거운 반죽			200	

2 제조과정공정 (반죽 → 팬닝 → 무늬내기 → 굽기 → 냉각 → 말기)

1) 믹싱
① 달걀이 익으면 조직이 나빠지고, 구운 후 찌그러지는 원인이 된다. (중탕법에서 달걀은 50℃ 이하)
② 믹싱이 지나치면 글루텐의 발달이 많아져 단단하고 질긴 제품이 된다.

2) 팬닝 및 무늬내기
① 철판에 종이를 깔고 반죽을 넣는다. 이때 종이는 팬의 높이보다 낮게 한다.
② 평평하게 팬닝하기 위해 고무 주걱 등으로 윗부분을 마무리한다.
③ 기포가 꺼지므로 팬닝은 가능한 빨리한다.
④ 철판에 팬닝하고 믹서볼에 남은 반죽을 캐러멜 색소와 섞어 무늬용 반죽을 만든 후 짤주머니를 이용하여 일정한 간격으로 지그재그로 무늬를 낸다.

3) 굽기
① 두껍게 편 반죽은 낮은 온도에서 굽고, 양이 적은 반죽은 높은 온도에서 굽는다.
② 구운 후 철판에서 바로 꺼내어 냉각시킨다.
③ 열이 식으면 압력을 가해 수평을 맞춘다.

4) 성형(말기)
① 너무 뜨겁지 않게 식혀주고, 뒤집어 말아준다.
② 롤을 마는 방법 : 종이 또는 천을 사용(김밥말이로 김밥을 마는 것과 유사)
③ 이음매 부분이 아래로 향하게 해준다.

▶ 롤 케이크를 구운 후 즉시 팬에서 꺼내는 이유
 • 제품이 찐득거리는 것을 방지한다.
 • 제품의 수축을 방지한다.
 • 말기 시에 표면이 터지는 것을 방지한다.

3 제조과정 공정 상 유의사항

1) 롤 케이크 말기 시 표면의 터짐 방지
① 설탕의 일부를 물엿이나 시럽으로 대치한다.(수분 공급 역할)
② 배합에 덱스트린을 사용하여 점착성을 증가시키면 터짐이 방지된다.
③ 팽창이 과도하게 발생할 경우 팽창제 사용을 감소하거나 믹싱 상태를 조절한다.
④ 노른자의 비율이 높은 경우 부서지기 쉬우므로 노른자를 줄이고 전란을 증가시킨다.
⑤ 굽기 중 너무 건조되면 말기를 할 때 부서지기 때문에 오버 베이킹(낮은 온도에서 오래 굽는 것)을 하지 않는다.
⑥ 오븐의 밑불이 너무 강하지 않도록 하여 굽는다.
⑦ 반죽의 비중이 너무 높지 않도록 믹싱한다. (비중이 높으면 기공이 조밀해져 터짐)
⑧ 반죽 온도가 낮으면 굽는 시간이 길어지므로 온도가 너무 낮지 않도록 한다.

2) 충전물 또는 젤리가 롤 케이크에 축축하게 스며드는 것을 막기 위해 조치해야 할 사항
① 굽기 온도를 낮추고 시간을 늘린다.
② 물 사용량을 줄인다.
③ 반죽 시간을 증가시킨다.
④ 밀가루나 가루 재료의 사용량을 늘린다.

▶ 반죽상태에 따른 재료의 기본 배합(%)

재료	Baker's %	True %
박력분	100	15
설탕	260	39
달걀흰자	300	45
소금	3.3	0.5
주석산 크림	3.3	0.5

* 백분율(True %)
• Baker's %와 함께 배합표를 작성하는 방법
• 전 재료의 합을 100%로 보고 각 재료가 차지하는 양을 %로 표시
• 주문량을 생산하는데 필요한 정확한 재료의 양을 산출할 수 있어 대량 생산에 많이 쓰인다.

▶ 엔젤푸드 케이크 제조 시 True %를 사용하는 이유
밀가루와 흰자의 사용량, 주석산 크림과 소금의 사용량을 교차 선택하여야 하기 때문이다.

엔젤 팬

* 이형제
반죽을 구울 때 엔젤 팬에 달라붙지 않고 모양을 그대로 유지하기 위하여 사용하는 재료

종류	이형제
거품형 케이크	물
반죽형 케이크	유지, 밀가루
시폰 케이크	물

1 개요
① 달걀의 거품을 이용한다는 측면에서 스펀지케이크와 유사한 거품형 제품
② 전란을 사용하지 않고 달걀흰자만 사용
③ 흰색의 속결이 마치 천사와 같다고 하여 엔젤푸드 케이크라 불린다.
④ 케이크류에서 반죽 비중이 제일 낮은 제품
⑤ 배합률은 베이커스 퍼센트 외에 백분율(true %)*을 사용하기도 한다.

2 사용 재료의 특성

밀가루	• 표백이 잘된 특급 박력분을 사용하며, 박력분이 없는 경우 전분을 30% 이하로 섞어서 사용한다.
설탕	• 설탕의 2/3는 1단계에 입상형(粒狀形)으로 머랭을 만들 때 첨가하고, 나머지 1/3은 2단계에 분당(粉糖)으로 밀가루와 혼합하여 사용한다.
달걀 흰자	• 고형물 함량이 높고 신선한 것이 좋고 기름과 노른자가 섞이지 말아야 한다. • 안정된 상태로 거품을 만들 수 있는 가장 적당한 흰자의 온도 : 20~24℃
산 작용제	• 주석산 크림이 주로 사용되며, 식초, 레몬즙, 과일즙 등의 산성 재료를 사용하기도 한다.

3 제조과정 (믹싱 → 팬닝 → 굽기 → 냉각)
1) 산을 먼저 넣는 법(산 전처리법)
   ① 흰자에 산(주석산 크림 등)을 넣어 머랭을 만든다.
   ② 설탕의 2/3를 머랭에 넣어 튼튼한 머랭을 만든다.
   ③ 밀가루와 나머지 설탕(분당)을 넣어 믹싱을 완료한다.
   ④ 튼튼하고 탄력성이 있는 제품을 만들 때 사용한다.

2) 산을 뒤에 넣는 법(산 후처리법)
   ① 흰자로 거품을 내어 머랭을 만든다.
   ② 설탕의 2/3를 넣는다.
   ③ 밀가루와 나머지 설탕, 주석산 크림, 소금을 넣고 머랭과 골고루 섞는다.
   ④ 부드러운 기공과 조직을 가진 제품을 만들 때 사용한다.

3) 팬닝 및 굽기
   ① 팬 용적의 60~70%를 채운다.
   ② 산 전처리나 산 후처리로 만들어진 반죽은 기름기가 없는 엔젤 팬에 이형제*로 물을 칠한 후 반죽을 담고 굽는다.
   ③ 분할량에 따라 다르지만 통상 204~219℃에서 굽는다.

1 개요

① 밀가루 반죽에 유지를 넣어 많은 결을 낸 유지층 반죽 과자의 대표적인 제품으로 바삭하고 고소한 맛을 낸다.

② 유지에 함유된 수분이 증기로 변하여 증기압으로 팽창하는 제품이다.

③ 이스트를 사용하지 않아 늘어지는 성질이 좋기 때문에 많은 결을 만들 수 있다.

④ 냉수나 얼음물을 사용하여 반죽 온도 조절이 편리하다.

▶ 재료의 사용범위

재료	사용범위(%)
강력분	100
유지	100
냉수	50
소금	1~3

※ 퍼프 페이스트리의 기본재료에 설탕은 포함되지 않는다.

2 사용 재료의 특성

밀가루	• 이스트를 사용하지 않는 제품이지만 강력분을 사용 → 박력분은 글루텐의 강도가 약해서 반죽이 잘 찢어지고 균일한 유지층을 만들기 어려움
유지	• 본 반죽용과 충전용 유지로 나눈다. • 충전용 유지가 많을수록 결이 분명해지고 부피가 커지나, 밀어펴기가 어려워진다. • 충전용 유지는 가소성의 범위가 넓은 파이용이 적당하다.
기타	• 소금 : 사용하는 유지에 함유된 소금의 양을 감안하여 사용한다. • 여러 가지 과일과 커스터드 크림 등 다양한 크림을 충전하여 다양한 제품을 만든다.

3 제조과정 (반죽 믹싱 → 접기 → 휴지 → 밀어펴기 → 정형 → 굽기)

1) 반죽법(일반법)

① 밀가루에 유지의 일부와 물을 넣고 빵 반죽의 발전 단계처럼 글루텐을 발전시키고, 여기에 충전용 유지를 싸서 접고 밀어펴는 방법

② 반죽 온도는 20℃로 배합에 사용하는 물의 온도로 맞춘다.

③ 공정이 어렵지만 결이 균일하고 부피가 커진다.

2) 접기(Folding)

① 반죽을 직사각형으로 밀어 펴고 2/3 부분에 충전용 유지를 바르고 반죽과 유지가 겹치도록 3등분 크기로 접는다.

② 밀어펴서 본래의 크기로 만들고 다시 3등분 접기를 한다.

③ 접는 모서리는 직각이 되어야 한다.

④ 접히는 부위는 동일하게 포개져야 한다.

⑤ 접기가 부적당하면 구워낸 제품의 한쪽이 터질 수 있다.

3) 휴지(Retarding)

① 일반적으로 0~4℃의 냉장 온도에서 30분 이상 휴지시킨다.

② 성형한 반죽이나 본 반죽을 장기간 보관하려면 -18℃ 이하에서 냉동하는 것이 좋다.

▶ 휴지의 목적
- 밀가루가 완전히 수화(水化)하여 글루텐을 안정시킨다.
- 반죽과 유지의 "되기"를 같게 하여 층을 분명하게 한다.
- 반죽을 연화시켜 밀어펴기를 쉽게 해준다.
- 반죽의 절단 시 수축을 방지해준다.
- 접기와 밀어펴기로 손상된 글루텐을 재정돈시킨다.

▶ 접기와 밀어펴기 때 사용하는 덧가루는 너무 많이 사용하면 결을 단단하게 하여 불규칙한 팽창이 될 수 있고, 제품이 부서지기 쉬우며, 생 밀가루 냄새가 날 수 있으니 과하지 않게 사용한다.

③ 보관 시 껍질이 마르지 않도록 기름을 칠하거나 포장지로 싸야 한다.
④ 반죽의 휴지가 종료되었을 때 손으로 살짝 누르면 누른 자국이 남는다.
⑤ 굽기 전 반죽이 건조하지 않도록 주의하면서 30~60분간 최종 휴지를 시킨다.

4) 밀어펴기(Sheeting)
① 전체적으로 균일한 두께로 밀어펴야 하며, 무리한 힘을 가하여 과도한 밀어펴기를 하면 정형할 때 반죽이 수축한다.
② 모서리는 가급적 직각이 되어야 층의 수가 같게 되고 파치도 줄일 수 있다.
③ 밀어펴기 후 접기 · 휴지를 반복하며, 접기와 밀어펴기의 수는 같아야 한다.
④ 수작업에는 밀대, 기계 작업은 파이롤러를 사용한다.

5) 정형(Moulding)
① 최종 밀어펴기가 끝난 반죽을 칼, 도르레칼, 절단기 등을 이용하여 재단하거나 찍어낸다.
② 둔한 칼을 사용하면 절단면이 눌려서 균일한 팽창을 방해한다.
③ 파치가 최소로 되도록 정형한다.
④ 정형 후 제품의 표면이 건조되지 않도록 한다.

6) 굽기
① 굽기 전 최종 휴지를 하고 달걀물로 칠을 하기도 한다.
② 굽는 도중에 오븐의 문을 열지 않는다. 오븐에 찬 공기가 유입되면 증기압이 식어 제품이 주저앉는 원인이 된다.
③ 배합에 설탕이 들어가지 않기 때문에 다른 제품에 비하여 굽는 온도를 높게 한다. (210℃)
④ 굽는 온도가 너무 높으면 껍질이 먼저 생기고 팽창이 일어나 제품이 갈라지는 원인이 된다.
⑤ 굽는 면적이 넓은 반죽이나, 충전물을 넣고 굽는 반죽은 구멍을 뚫고 굽는다.

4 퍼프 페이스트리의 주요 결점과 원인
1) 제품이 수축하는 현상
① 반죽이 너무 되어 단단한 경우
② 밀어펴기를 너무 과도하게 한 경우
③ 굽기 전 휴지가 불충분한 경우
④ 너무 높거나 낮은 오븐에서 구울 경우

2) 굽는 동안에 유지가 흘러나오는 현상
① 밀어펴기를 잘못 했거나 너무 과도하게 했을 경우
② 약한 밀가루(박력분)를 사용한 경우
③ 오래된 반죽을 사용한 경우
④ 충전물이 너무 많거나 봉합이 부적절한 경우
⑤ 너무 높거나 낮은 온도의 오븐에서 구울 경우

3) 팽창의 부족이나 불규칙한 팽창
    ① 밀어펴기가 부적절한 경우
    ② 본 반죽 또는 정형한 반죽의 휴지가 불충분한 경우
    ③ 수분이 없는 경화 쇼트닝을 충전용 유지로 사용한 경우
    ④ 파치를 많이 사용한 반죽으로 제조한 경우
    ⑤ 너무 높거나 낮은 온도의 오븐에서 굽는 경우
    ⑥ 덧가루를 과량으로 사용하였을 경우
    ⑦ 예리하지 못한 칼을 사용한 경우

4) 껍질에 수포가 생기고 결이 거친 경우
    ① 굽기 전 껍질에 구멍을 내지 않은 경우
    ② 껍질에 달걀물 칠을 너무 많이 한 경우

파운드 케이크

1 ★★
파운드 케이크를 만들 때 밀가루와 설탕을 고정하고 유화쇼트닝을 증가시킬 경우에 대한 설명으로 틀린 항목은?

① 달걀 사용량도 증가시킨다.
② 우유(시유) 사용량도 증가시킨다.
③ 베이킹파우더는 감소시킨다.
④ 소금 사용량도 다소 증가시킨다.

> 파운드 케이크는 유지를 증가시키면 달걀의 사용량을 증가시켜야 하며, 달걀은 수분이 75%를 차지하므로 수분과 고형분의 비율을 맞추려면 우유(시유)의 사용량을 감소시켜야 한다.

2 ★★★★
파운드 케이크 제조 시 유지 함량의 증가에 따른 조치가 옳은 것은?

① 달걀 증가, 우유 감소
② 소금과 베이킹파우더 증가
③ 달걀과 베이킹파우더 감소
④ 우유 증가, 소금 감소

> 파운드 케이크 제조 시 유지를 증가시키면 달걀의 사용은 증가시키고, 우유의 사용은 감소시켜야 한다.

3 ★★
반죽형 케이크 제조 시 일반적으로 유화제는 쇼트닝의 몇 %를 사용하는 것이 가장 적당한가?

① 6~8%   ② 10~12%
③ 3~4%   ④ 1~2%

> 반죽형 케이크 제조 시 유화쇼트닝을 사용하며, 일반 쇼트닝을 사용할 경우 유화제를 6~8% 첨가한다.

4 ★★★★★
파운드 케이크 제조 시 이중 팬을 사용하는 목적이 아닌 것은?

① 제품 바닥의 두꺼운 껍질 형성을 방지하기 위하여
② 제품 옆면의 두꺼운 껍질 형성을 방지하기 위하여
③ 제품의 조직과 맛을 좋게 하기 위하여
④ 오븐에서의 열전도 효율을 높이기 위하여

> 주로 대량생산에 이용되는 이중 팬은 제품의 바닥과 옆면에 두꺼운 껍질 형성과 지나친 착색을 방지하고 조직과 맛을 좋게 해준다. ※ 오븐에서의 열전도 효율은 떨어진다.

5 ★★★
파운드 케이크를 팬닝할 때 밑면의 껍질 형성을 방지하기 위한 팬으로 가장 적합한 것은?

① 일반 팬   ② 이중 팬
③ 은박 팬   ④ 종이 팬

> 이중 팬은 제품 바닥과 옆면에 두꺼운 껍질이 형성되는 것을 방지하고, 제품의 조직과 맛을 좋게 하기 위하여 사용한다.

6 ★★★★
과일 케이크를 구울 때 증기를 분사하는 목적과 거리가 먼 것은?

① 향의 손실을 막는다.
② 껍질을 두껍게 만든다.
③ 표피의 캐러멜화 반응을 연장한다.
④ 수분의 손실을 막는다.

> 파운드 케이크를 굽기 전에 증기를 분무하면 제품의 윗면이 터지는 것을 방지할 수 있고, 향과 수분의 손실을 방지하며, 표피의 캐러멜화 반응을 연장한다.
> ※ 껍질을 두껍게 만들려면 낮은 온도에서 오래 굽는다.

7 ★★★
파운드 케이크 제조 시 윗면이 터지는 경우가 아닌 것은?

① 굽기 중 껍질 형성이 느릴 때
② 반죽 내의 수분이 불충분할 때
③ 설탕 입자가 용해되지 않고 남아 있을 때
④ 반죽을 팬에 넣은 후 굽기까지 장시간 방치할 때

> 오븐 온도가 높아 껍질 형성이 너무 빠를 때 윗면이 터지게 된다. 낮은 온도에서 구워 껍질 형성이 느려지면 껍질이 두꺼워져 윗면이 잘 터지지 않는다.

정답 ▶ 1② 2① 3① 4④ 5② 6② 7①

8 파운드 케이크를 구울 때 윗면이 자연적으로 터지는 경우가 아닌 것은? ★★★

① 굽기 시작 전에 증기를 분무할 때
② 설탕 입자가 용해되지 않고 남아 있을 때
③ 반죽 내 수분이 불충분할 때
④ 오븐 온도가 높아 껍질 형성이 너무 빠를 때

> 윗면이 터지는 이유는 ②, ③, ④ 이외에 팬에 분할한 후 오븐에 넣을 때까지 장시간 방치하여 껍질이 마른 경우가 있다.
> ※ 굽기 전에 증기를 분무하는 것은 윗면의 터짐을 방지하기 위함이다.

9 파운드 케이크를 구운 직후 달걀노른자에 설탕을 넣어 칠할 때 설탕의 역할이 아닌 것은? ★★★★

① 광택제 효과
② 보존 기간 개선
③ 탈색 효과
④ 맛의 개선

> 파운드 케이크를 구운 직후 발라주는 노른자 물은 노른자 100에 설탕 30의 비율로 만들며, 이 중 설탕은 맛의 개선, 광택제 효과, 보존 기간 개선의 기능을 한다.

10 파운드 케이크 제조에 대한 설명으로 맞는 것은? ★★★

① 오븐 온도가 너무 높으면 케이크의 표피가 갈라진다.
② 너무 뜨거운 오븐에서는 표피에 비늘 모양이나 점이 형성된다.
③ 여름철에는 유지온도가 30℃ 이상이 되어야 크림성이 좋다
④ 윗면이 터지게 하려면 굽기 전후에 스팀을 분무한다.

> ② 너무 뜨거운 오븐에서는 표피가 갈라진다.
> ③ 유지는 여름철에 낮은 온도에서 보관해야 크림성이 좋다.
> ④ 굽기 전에 스팀을 분무하는 이유는 윗면이 터지지 않게 하기 위함이다.

11 과일 케이크를 만들 때 과일이 가라앉는 이유가 아닌 것은? ★★

① 강도가 약한 밀가루를 사용한 경우
② 믹싱이 지나치고 큰 공기 방울이 반죽에 남는 경우
③ 진한 속 색을 위한 탄산수소나트륨을 과다로 사용한 경우
④ 시럽에 담근 과일의 시럽을 배수시켜 사용한 경우

> 시럽에 담근 과일을 사용할 때 시럽을 배수시키지 않으면 시럽이 윤활제 역할을 하여 굽기 중에 밑으로 가라앉는다.

레이어 케이크

1 화이트 레이어 케이크를 만들 때 밀가루를 기준으로 가장 적합한 설탕의 양은? ★★

① 60~80%
② 80~100%
③ 110~160%
④ 180~230%

> 화이트 레이어 케이크의 설탕 사용량은 밀가루 100을 기준으로 110~160%이다.
> ※ 옐로 레이어 케이크 : 110~140%
> ※ 데블스 푸드·초콜릿 케이크 : 110~180%

2 일반적으로 옐로 레이어 케이크의 반죽 온도는 어느 정도가 가장 적당한가? ★★★

① 10℃ ② 16℃
③ 24℃ ④ 34℃

> 레이어 케이크의 반죽 온도는 24℃가 가장 적당하다.

3 옐로 레이어 케이크의 적당한 굽기 온도는? ★★

① 140℃ ② 150℃
③ 160℃ ④ 180℃

> 레이어 케이크의 굽기는 180℃에서 25~35분간 굽는다.

4 다음 케이크 중 달걀노른자를 사용하지 않는 것은? ★★

① 파운드 케이크
② 화이트 레이어 케이크
③ 데블스 푸드 케이크
④ 소프트 롤 케이크

> 화이트 레이어 케이크는 달걀의 흰자만 사용하여 내부의 속 색이 흰색을 띠는 케이크이다.

5 옐로 레이어 케이크에서 쇼트닝과 달걀의 사용량 관계를 바르게 나타낸 것은? ★★

① 쇼트닝×0.7 = 달걀
② 쇼트닝×0.9 = 달걀
③ 쇼트닝×1.1 = 달걀
④ 쇼트닝×1.3 = 달걀

> 전란을 사용하는 레이어 케이크의 달걀의 사용량은 쇼트닝의 1.1배이다.

6 화이트 레이어 케이크에서 설탕 130%, 유화쇼트닝 60%를 사용한 경우 흰자 사용량은? ★★

① 약 60%
② 약 66%
③ 약 78%
④ 약 86%

> 흰자 사용량 = 쇼트닝×1.43 = 60×1.43 = 85.8%

7 화이트 레이어 케이크 제조 시 주석산 크림을 사용하는 목적과 거리가 먼 것은? ★★★★

① 흰자를 강하게 하기 위하여
② 껍질색을 밝게 하기 위하여
③ 속 색을 하얗게 하기 위하여
④ 제품의 색깔을 진하게 하기 위하여

> 화이트 레이어 케이크는 주석산 크림을 0.5% 사용하며, 주석산 크림은 흰자의 구조를 강하게 하고 흰자의 알칼리성을 중화하여 껍질색을 밝게, 속 색을 하얗게 만들어준다.

8 데블스 푸드 케이크 제조 시 중조를 8g 사용했을 경우 가스 발생량으로 비교했을 때 베이킹파우더 몇 g과 효과가 같은가? ★★★

① 8g
② 16g
③ 24g
④ 32g

> 탄산수소나트륨(중조)는 베이킹파우더보다 3배 강한 가스 발생력을 가지고 있다. 중조 8g×3 = 24g

9 데블스 푸드 케이크(Devils Food Cake)에서 설탕 120%, 유화쇼트닝 54%, 천연 코코아 20%를 사용하였다면 물과 분유 사용량은? ★★

① 분유 12.6%, 물 113.4%
② 분유 113.4%, 물 12.6%
③ 분유 108.54%, 물 12.06%
④ 분유 12.06%, 물 108.54%

> • 달걀의 양 = 쇼트닝×1.1 = 54×1.1 = 59.4%
> • 우유의 양 = 설탕+30+(코코아×1.5) − 전란
>   = 120+30+(20×1.5)−59.4 = 120.6
> • 분유 사용량(우유의 10%) = 120.6×0.1 = 12.06%
> • 물 사용량(우유의 90%) = 120.6×0.9 = 108.54%

10 설탕 120%, 유화쇼트닝 60%, 초콜릿 32%를 사용하는 초콜릿 케이크에서 탈지분유 사용량은? ★★★★

① 10.4%
② 9.4%
③ 11.4%
④ 12.4%

> • 달걀의 양 = 쇼트닝×1.1 = 60×1.1 = 66%
> • 코코아의 양 = 32×(5/8) = 20%
> • 우유의 양 = 설탕+30+(코코아×1.5) − 전란
>   = 120+30+(20×1.5)−66 = 114
> • 분유 사용량(우유의 10%) = 114×0.1 = 11.4%

11 다음 제품 중 코코아를 사용하는 것은? ★★★

① 화이트 레이어 케이크
② 옐로 레이어 케이크
③ 파운드 케이크
④ 데블스 푸드 케이크

정답 ▶ 4 ② 5 ③ 6 ④ 7 ④ 8 ③ 9 ④ 10 ③ 11 ④

레이어 케이크 중에서 코코아를 사용하는 것은 데블스 푸드 케이크이다.

12 초콜릿 케이크에서 우유 사용량을 구하는 공식은?
★★

① 설탕 + 30 − (코코아×1.5) + 전란
② 설탕 − 30 − (코코아×1.5) − 전란
③ 설탕 + 30 + (코코아×1.5) − 전란
④ 설탕 − 30 + (코코아×1.5) + 전란

전체 액체량에서 달걀의 양을 빼면 우유의 사용량이다.
설탕+30+(코코아×1.5) − 전란

13 유화쇼트닝을 60% 사용해야 할 옐로 레이어 케이크 배합에 32%의 초콜릿을 넣어 초콜릿 케이크를 만든다면 원래의 쇼트닝 60%는 얼마로 조절해야 하는가?
★★

① 48%
② 54%
③ 60%
④ 72%

초콜릿을 구성하고 있는 카카오버터는 유화쇼트닝의 역할을 하므로 원래 유화쇼트닝의 양에서 카카오버터 양의 1/2만큼 감소시켜 주어야 한다.
카카오버터 = 초콜릿(32)×(3/8) = 12
조절 유화쇼트닝 = 기존 유화쇼트닝−(카카오버터×1/2)
= 60−(12×1/2) = 54%

스펀지 케이크

1 스펀지케이크에 사용되는 필수재료가 아닌 것은?
★★★★★

① 달걀
② 박력분
③ 설탕
④ 베이킹파우더

스펀지케이크는 달걀의 기포성을 이용한 팽창을 이용하는 제품으로 베이킹파우더를 거의 사용하지 않는다.

2 스펀지케이크를 제조하기 위한 필수적인 재료들만으로 짝지어진 것은?
★★

① 전분, 유지, 물엿, 달걀
② 설탕, 달걀, 소맥분, 소금
③ 소맥분, 면실유, 전분, 물
④ 달걀, 유지, 설탕, 우유

스펀지케이크의 4대 필수재료
밀가루(박력분), 설탕, 달걀, 소금

3 밀가루 100%, 달걀 166%, 설탕 166%, 소금 2%인 배합률은 어떤 케이크 제조에 적당한가?
★★

① 파운드 케이크
② 옐로 레이어 케이크
③ 스펀지케이크
④ 엔젤푸드 케이크

자주 출제되는 제품의 기본 배합비
• 스펀지케이크 : 밀가루(100), 설탕(166), 계란(166), 소금(2)
• 파운드 케이크 : 밀가루(100), 설탕(100), 유지(100), 계란(100)
• 퍼프 페이스트리 : 밀가루(100), 유지(100), 물(50), 소금(2)

4 스펀지케이크에서 달걀 사용량을 15% 감소시킬 때 고형분과 수분량을 고려한 밀가루와 물의 사용량은?
★★

① 밀가루 3.75% 증가, 물 11.25% 감소
② 밀가루 3.75% 감소, 물 11.25% 증가
③ 밀가루 3.75% 감소, 물 11.25% 감소
④ 밀가루 3.75% 증가, 물 11.25% 증가

스펀지케이크에서 달걀 1% 감소시킬 때 밀가루는 0.25%, 물 0.75% 증가시켜야 한다. 달걀 15%를 감소시키면
밀가루 15×0.25 = 3.75%, 물 15×0.75 = 11.25% 증가시킨다.

5 스펀지케이크 제조 시 강력분이나 중력분을 사용할 경우 전분으로 몇 %까지 대체 가능한가?

① 12%　　　　　② 19%
③ 25%　　　　　④ 30%

> 스펀지케이크는 부드러움을 주기 위해서 저회분, 저단백질의 특급 박력분을 사용하지만, 강력분이나 중력분을 사용할 때에는 전분을 12% 이하의 범위에서 섞어서 사용한다.

6 스펀지케이크를 만들 때 설탕이 적게 들어감으로써 생길 수 있는 현상은?

① 오븐에서 제품이 주저앉는다.
② 제품의 껍질이 두껍다.
③ 제품의 껍질이 갈라진다.
④ 제품의 부피가 증가한다.

> 스펀지케이크 제조 시 밀가루 100을 기준으로 설탕이 100 이하로 적게 들어가면 제품의 껍질이 갈라진다.

7 옥수수 가루를 이용하여 스펀지케이크를 만들 때 가장 좋은 제품의 부피를 얻을 수 있는 것은?

① 메옥수수 가루
② 찰옥수수 가루
③ 익힌 메옥수수 가루
④ 익힌 찰옥수수 가루

> 메옥수수 가루는 점성이 약하여 스펀지케이크를 만들 때 부피를 크게 해주고, 구수한 맛을 낸다.

8 스펀지케이크 제조 시 아몬드 분말을 사용할 경우의 장점인 것은?

① 노화가 지연되며 맛이 좋다.
② 식감이 단단하다.
③ 원가가 절감된다.
④ 반죽이 안정적이다.

> 아몬드는 지방이 50% 정도로 스펀지케이크에 사용하면 노화가 지연되고 풍미가 좋아진다.

9 스펀지케이크의 부피가 작아진 경우 그 원인에 해당하지 않는 것은?

① 낮은 온도의 오븐에 넣고 구운 경우
② 달걀을 기포할 때 기구에 기름기가 많은 경우
③ 급속한 냉각으로 수축이 일어난 경우
④ 최종 믹싱 속도가 너무 빠른 경우

> 높은 온도의 오븐에서 구웠을 때 스펀지케이크의 부피가 작아진다.

10 카스텔라의 굽기 온도로 가장 적합한 것은?

① 140~150℃
② 180~190℃
③ 220~240℃
④ 250~270℃

> 스펀지 반죽으로 만드는 카스텔라의 굽기 온도는 180~190℃가 가장 적합하다.

11 다음 제품 중 건조방지를 목적으로 나무틀을 사용하여 굽기를 하는 제품은?

① 슈
② 밀푀유
③ 카스텔라
④ 퍼프 페이스트리

> 카스텔라는 반죽의 건조방지와 제품의 높이를 유지하기 위하여 나무틀을 사용한다.

12 나가사끼 카스텔라 제조 시 굽기 과정에서 휘젓기를 하는 이유가 아닌 것은?

① 반죽 온도를 균일하게 한다.
② 껍질표면을 매끄럽게 한다.
③ 내상을 균일하게 한다.
④ 팽창을 원활하게 한다.

> 굽기 과정에서 휘젓기를 하면 포집된 공기가 터져 팽창이 잘 안되므로 빵이 주저앉을 수 있다.

롤 케이크

★★★

1 젤리 롤 케이크는 어떤 배합을 기본으로 하여 만드는 제품인가?

① 스펀지케이크 배합
② 파운드 케이크 배합
③ 하드롤 배합
④ 슈크림 배합

> 젤리 롤 케이크는 스펀지케이크의 배합을 기본으로 하여 만든 제품으로 스펀지 반죽보다 수분이 많아야 제품을 말 때 터지지 않기 때문에 달걀 사용량이 더 많다.

★★★

2 젤리 롤 케이크 반죽을 만들어 팬닝하는 방법으로 틀린 것은?

① 넘치는 것을 방지하기 위하여 팬 종이는 팬 높이보다 2cm 정도 높게 한다.
② 평평하게 팬닝하기 위해 고무 주걱 등으로 윗부분을 마무리한다.
③ 기포가 꺼지므로 팬닝은 가능한 빨리한다.
④ 철판에 팬닝하고 볼에 남은 반죽으로 무늬 반죽을 만든다.

> 팬 종이는 팬의 높이보다 낮게 한다. 팬 종이의 높이를 팬 높이보다 높게 하면 제품에 그림자가 생겨 가장자리가 여린 색을 띤다.

★★★★

3 젤리 롤 케이크 반죽 굽기에 대한 설명으로 틀린 것은?

① 두껍게 편 반죽은 낮은 온도에서 굽는다.
② 구운 후 철판에서 꺼내지 않고 냉각시킨다.
③ 양이 적은 반죽은 높은 온도에서 굽는다.
④ 열이 식으면 압력을 가해 수평을 맞춘다.

> 구운 후 철판에서 바로 꺼내어 냉각시켜야 제품의 수축, 찐득거림, 말기 시에 표면이 터지는 것을 방지할 수 있다.

★★★

4 젤리 롤(Jelly Roll)을 마는데 터지는 경우를 감소시키기 위한 다음의 조치 중 부적당한 것은?

① 설탕 일부를 물엿으로 대체한다.
② 팽창제 사용을 증가시킨다.
③ 덱스트린의 점착성을 이용한다.
④ 노른자를 감소하고 전란을 증가시킨다.

> 롤 케이크를 마는데 터지는 경우를 감소하려면 팽창제 사용은 감소시켜야 한다.

★★★★★

5 젤리 롤 케이크를 말 때 터지는 경우의 조치 사항이 아닌 것은?

① 달걀에 노른자를 추가시켜 사용한다.
② 설탕(자당)의 일부를 물엿으로 대치한다.
③ 덱스트린의 점착성을 이용한다.
④ 팽창이 과도한 경우에는 팽창제 사용량을 감소시킨다.

> 노른자 사용을 줄이고 전란의 사용을 늘려야 한다.

★★

6 롤 케이크를 말 때 표면이 터지는 결점을 방지하기 위한 조치 방법이 아닌 것은?

① 덱스트린을 적당량 첨가한다.
② 노른자를 줄이고 전란을 증가시킨다.
③ 오버 베이킹이 되도록 한다.
④ 설탕의 일부를 물엿으로 대체한다.

> 굽기 중 너무 건조시키면 말기 작업 시 부러지기 때문에 오버 베이킹(낮은 온도에서 오래 굽는 것)을 하지 않도록 한다.

★★★★

7 스펀지 젤리 롤을 만들 때 겉면이 터지는 결점에 대한 조치 사항으로 올바르지 않은 것은?

① 설탕의 일부를 물엿으로 대치한다.
② 팽창제 사용량을 감소시킨다.
③ 달걀노른자를 감소시킨다.
④ 반죽의 비중을 증가시킨다.

> 반죽의 비중은 너무 높지 않도록 믹싱해야 한다.

chapter 04

8 소프트 롤을 말 때 겉면이 터지는 경우 조치 사항이 아닌 것은? ★★

① 팽창이 과도한 경우 팽창제 사용량을 감소시킨다.
② 설탕의 일부를 물엿으로 대치한다.
③ 저온 처리하여 말기를 한다.
④ 덱스트린의 점착성을 이용한다.

> 롤 케이크의 겉면 터짐과 저온 처리는 관계가 없다.

9 충전물 또는 젤리가 롤 케이크에 축축하게 스며드는 것을 막기 위해 조치해야 할 사항으로 틀린 것은? ★★★

① 굽기 조정
② 물 사용량 감소
③ 반죽 시간 증가
④ 밀가루 사용량 감소

> 충전물이나 젤리가 롤 케이크에 축축하게 젖는 것을 방지하려면 밀가루나 가루 재료의 사용량을 늘려야 한다.

엔젤푸드 케이크

1 다음 중 달걀노른자를 사용하지 않는 케이크는? ★★★

① 파운드 케이크
② 엔젤푸드 케이크
③ 소프트 롤 케이크
④ 옐로 레이어 케이크

> 엔젤푸드 케이크는 흰자만을 사용하여 흰색의 속 결을 가져 엔젤푸드 케이크라 불린다.

2 엔젤푸드 케이크를 만들 때 제1단계에 넣는 설탕은 전체 설탕의 얼마 정도가 좋은가? ★

① 1/3   ② 2/3
③ 4/5   ④ 5/5

> 엔젤푸드 케이크는 1단계에 입상형의 설탕으로 2/3를 넣으며, 나머지 1/3은 2단계에 분당으로 밀가루와 섞어 사용한다.

3 엔젤푸드 케이크 배합율 조정 시, 밀가루를 15%, 달걀흰자를 45% 사용하면 분당 사용량은? ★★★★

① 39%   ② 13%
③ 61%   ④ 26%

> 엔젤푸드 케이크는 True %를 주로 사용하며, 소금+주석산 크림 = 1%를 사용하므로, 설탕 사용량은 = 100 − (15+45+1) = 39%이다. 이중 분당은 1/3을 사용하므로 39%×1/3=13%를 사용한다.

4 다음 제품 중 일반적으로 유지를 사용하지 않는 제품은? ★★

① 마블 케이크
② 파운드 케이크
③ 코코아 케이크
④ 엔젤푸드 케이크

> 거품형 반죽으로 만드는 제품(엔젤푸드 케이크를 포함)은 일반적으로 유지를 넣지 않으나, 변형 스펀지케이크는 유지를 사용하기도 한다.

5 엔젤푸드 케이크(Angel Food Cake)에서 안정된 상태로 거품을 만들 수 있는 가장 적당한 흰자의 온도는? ★

① 15~18℃   ② 20~24℃
③ 27~31℃   ④ 32~36℃

> 흰자가 안정된 상태로 거품을 만들 수 있는 가장 적정한 온도는 20~24℃이다.

6 엔젤푸드 케이크 제조 시 팬에 사용하는 이형제로 가장 적절한 것은? ★★★★★

① 쇼트닝   ② 밀가루
③ 라드   ④ 물

> 엔젤푸드 케이크는 물을 이형제로 사용한다.
> ※ 이형제 : 반죽을 구울 때 달라붙지 않게 하고 모양을 그대로 유지하기 위하여 사용하는 재료

7 다음 중 산 사전처리법에 의한 엔젤푸드 케이크 제조 공정에 대한 설명으로 틀린 것은?

① 흰자에 산을 넣어 머랭을 만든다.
② 설탕 일부를 머랭에 투입하여 튼튼한 머랭을 만든다.
③ 밀가루와 분당을 넣어 믹싱을 완료한다.
④ 기름칠이 균일하게 된 팬에 넣어 굽는다.

> 엔젤푸드 케이크는 기름기가 없는 엔젤 팬에 이형제로 물을 칠한 후 반죽을 담아 굽는다.
> ※ 산 전처리법은 산(주석산 크림 등)을 흰자와 섞어 머랭을 만들며, 산 후처리법은 만들어진 머랭에 밀가루와 산을 넣어 혼합하는 방법이다.

퍼프 페이스트리

1 퍼프 페이스트리(Puff Pastry)의 팽창은 주로 무엇에 기인하는가?

① 공기 팽창   ② 화학 팽창
③ 증기압 팽창   ④ 이스트 팽창

> 퍼프 페이스트리는 유지에 함유된 수분이 수증기로 변하여 증기압으로 팽창하는 제품이다.

2 퍼프 페이스트리 반죽을 만드는 데 꼭 들어가지 않아도 되는 재료는?

① 설탕   ② 소금
③ 쇼트닝   ④ 찬물

> 퍼프 페이스트리는 밀가루 반죽에 유지를 넣어 많은 결을 만드는 반죽형 과자로 밀가루(강력분), 유지(쇼트닝), 소금이 들어가며, 물은 냉수나 얼음물을 사용하여 반죽 온도를 조절한다.

3 직접 배합에 사용하는 물의 온도로 반죽 온도 조절이 편리한 제품은?

① 젤리 롤 케이크
② 과일 케이크
③ 퍼프 페이스트리
④ 버터 스펀지케이크

> 퍼프 페이스트리는 50%의 냉수나 얼음물을 사용하여 반죽 온도를 조절한다.

4 퍼프 페이스트리 제조 시 다른 조건이 같을 때 충전용 유지에 대한 설명으로 틀린 것은?

① 충전용 유지가 많을수록 결이 분명해진다.
② 충전용 유지가 많을수록 밀어 펴기가 쉬워진다.
③ 충전용 유지가 많을수록 부피가 커진다.
④ 충전용 유지는 가소성 범위가 넓은 파이용이 적당하다.

> 충전용 유지가 많을수록 결이 분명해지고 부피가 커지지만, 밀어펴기가 어렵고 반죽이 터질 확률이 높아져 주의해야 한다. 충전용 유지는 가소성의 범위가 넓은 파이용 마가린이 적당하다.

5 다음 제품 중 굽기 전 충분히 휴지를 한 후 굽는 제품은?

① 오믈렛
② 버터 스펀지케이크
③ 오렌지 쿠키
④ 퍼프 페이스트리

> 퍼프 페이스트리는 믹싱 후 접기를 하고 냉장 온도에서 30분 이상 휴지를 하여 정형을 하고, 굽기 전에 다시 30~60분 휴지를 시킨다.

6 퍼프 페이스트리 제조 시 휴지의 목적이 아닌 것은?

① 밀가루가 수화를 완전히 하여 글루텐을 안정시킨다.
② 밀어펴기를 쉽게 한다.
③ 저온 처리를 하여 향이 좋아진다.
④ 반죽과 유지의 되기를 같게 한다.

> 향을 좋게 하는 것은 반죽 휴지의 목적이 아니다.

정답 7 ④ | 1 ③ 2 ① 3 ③ 4 ② 5 ④ 6 ③

7 ★★★★★

퍼프 페이스트리 반죽의 휴지 효과에 대한 설명으로 틀린 것은?

① 글루텐을 재정돈시킨다.
② 밀어 펴기가 용이해진다.
③ CO_2 가스를 최대한 발생시킨다.
④ 절단 시 수축을 방지한다.

> 퍼프 페이스트리는 유지의 수분을 이용한 증기압 팽창을 하는 제품으로 이산화탄소(CO_2)를 발생시키지 않는다.
> ※ 이산화탄소를 발생시켜 팽창을 하는 것은 이스트나 화학 팽창제이다.

8 ★★★

퍼프 페이스트리의 휴지가 종료되었을 때 손으로 살짝 누르게 되면 다음 중 어떤 현상이 나타나는가?

① 누른 자국이 남아 있다.
② 누른 자국이 원상태로 올라온다.
③ 누른 자국이 유동성 있게 움직인다.
④ 내부의 유지가 흘러나온다.

> 휴지가 종료되면 글루텐이 안정되어 누른 자국이 남아 있게 된다.

9 ★★★

퍼프 페이스트리를 정형하는 방법으로 바람직하지 않은 것은?

① 정형 후 제품의 표면을 건조시킨다.
② 유지를 배합한 반죽을 30분 이상 냉장고에서 휴지시킨다.
③ 전체적으로 균일한 두께로 밀어 편다.
④ 굽기 전에 30~60분 동안 휴지시킨다.

> 정형 후 제품의 표면이 건조되지 않도록 주의하면서 30~60분 휴지시킨 후 굽기를 한다.

10 ★★

다음 중 가장 고온에서 굽는 제품은?

① 파운드 케이크　　② 시폰 케이크
③ 퍼프 페이스트리　④ 과일 케이크

> 퍼프 페이스트리는 배합에 설탕을 사용하지 않기 때문에 다른 제품에 비하여 굽는 온도를 높게 한다.

11 ★★

퍼프 페이스트리 제조 시 과도한 덧가루를 사용할 때의 영향이 아닌 것은?

① 산패취가 난다.
② 결을 단단하게 한다.
③ 제품이 부서지기 쉽다.
④ 생 밀가루 냄새가 나기 쉽다.

> 퍼프 페이스트리 제조 시 사용하는 덧가루는 산패와는 관계가 없다.

12 ★★★★

퍼프 페이스트리를 정형할 때 수축하는 경우는?

① 반죽이 질었을 경우
② 휴지 시간이 길었을 경우
③ 반죽 중 유지 사용량이 많았을 경우
④ 밀어펴기 중 무리한 힘을 가했을 경우

> 밀어펴기 중 무리한 힘을 가하거나 과도하게 하면 글루텐의 탄력성이 강해져 정형할 때 수축한다.

13 ★★★★

퍼프 페이스트리에서 불규칙한 팽창이 발생하는 원인이 아닌 것은?

① 덧가루를 과량으로 사용하였다.
② 밀어펴기 사이에 휴지 시간이 불충분하였다.
③ 예리하지 못한 칼을 사용하였다.
④ 쇼트닝이 너무 부드러웠다.

> 쇼트닝이 너무 부드러우면 정형 작업이나 굽기 시에 유지가 흘러나오는 현상이 일어나기 쉽다.

14 ★★★

퍼프 페이스트리 굽기 후 결점과 원인으로 틀린 것은?

① 수축 : 밀어펴기 과다, 너무 높은 오븐 온도
② 수포 생성 : 단백질 함량이 높은 밀가루로 반죽
③ 충전물 흘러나옴 : 충전물량 과다, 봉합 부적절
④ 작은 부피 : 수분이 없는 경화 쇼트닝을 충전용 유지로 사용

> 퍼프 페이스트리 껍질에 수포가 생기는 원인은 굽기 전 껍질에 구멍을 내지 않거나 달걀물 칠을 너무 많이 한 경우에 생긴다.

정답 7 ③　8 ①　9 ①　10 ③　11 ①　12 ④　13 ④　14 ②

07 애플파이 (Apple pie)

1 개요

① 설탕으로 조린 사과를 파이 반죽으로 감싸 구운 과자로 쇼트(바삭한) 페이스트리라고도 한다.

② 껍질을 위아래로 덮은 과일 파이(애플파이, 파인애플파이, 체리파이 등)와 밑면에만 껍질이 있는 파이(호박파이, 고구마 파이 등)가 있다.

2 사용 재료의 특성

밀가루	비표백 준강력분을 사용
유지	가소성이 높은 파이용 마가린을 많이 사용
파이 껍질의 착색제	설탕, 포도당, 물엿, 분유, 중조 등 녹인 버터나 달걀물을 굽기 전이나 후에 바르는 방법도 있다.
소금	다른 재료의 맛과 향을 살린다.

3 제조과정 (반죽 → 휴지 → 충전물 준비 → 성형 및 팬닝 → 굽기 → 냉각)

1) 유지와 밀가루 섞기

① 유지를 밀가루와 섞어 가면서 유지의 입자를 콩알만한 크기로 자른다.

② 파이 껍질의 결 크기는 유지(쇼트닝)의 입자 크기로 조절한다.

2) 반죽

① 가운데를 우물 모양으로 만들어 소금, 설탕, 분유 등을 찬물에 녹인 액체를 넣고 물기가 없어질 때까지 반죽한다.

② 반죽 온도는 18℃ 정도로 낮아야 끈적거림을 막고 휴지 공정으로 연결하기 쉽다.

③ 여름철(실온 30℃)에서 파이의 껍질을 제조할 때 물의 온도는 4℃ 정도가 적당하다.

3) 휴지

냉장고에서 껍질이 마르지 않도록 조치하고 최소 30분 이상 휴지시킨다.

4) 파이에 넣을 충전물 준비 (사과, 전분, 설탕, 계피가루, 소금)

① 충전물의 온도가 높으면 충전물이 끓어 넘치기 때문에 20℃ 이하로 충분히 냉각한다.

② 전분은 과일 파이의 충전물용 농후화제로 사용되며, 설탕을 함유한 시럽의 6~10%를 사용한다.

5) 성형

① 휴지가 완성된 반죽을 덧가루 뿌린 면포 위에서 반죽을 밀어 편다. (두께 : 아래 껍질 0.3cm, 위 껍질 0.2cm)

② 팬의 크기에 맞게 자른다.

▶ **재료의 기본 배합**(%)

재료	기본(%)	재료	기본(%)
준강력분	100	유지	60
냉수	30	소금	1.5
설탕	2	탈지분유	2
달걀	4		

▶ **밀가루**
- 글루텐이 너무 많으면 단단한 제품이 되고, 너무 적으면 끈적거리는 반죽을 만든다.
- 파이는 껍질의 속 색이 중요하지 않기 때문에 값이 싼 비표백 밀가루를 사용한다.

▶ **탄산수소나트륨**(중조)
가장 적은 양(0.1%)을 사용하여 진한 껍질색을 낸다.

▶ **파이 반죽 휴지의 목적**
- 전 재료의 수화 기회를 준다.
- 밀가루의 수분 흡수를 돕는다.
- 유지를 적정하게 굳혀 유지와 반죽의 굳은 정도를 같게 한다.
- 유지의 결 형성을 돕는다.
- 반점 형성을 방지한다.
- 반죽을 연화 및 이완시킨다.
- 끈적거림을 방지하여 작업성을 좋게 한다.

chapter 04

▶ 반죽의 위 껍질에 구멍을 뚫어 수증기를 빠져나가게 함으로써 제품에 기포나 수포가 생기는 것을 방지한다. 바닥 껍질이 넓은 경우에는 바닥에도 구멍 자국을 내준다.

③ 껍질 가장자리에 물칠을 한 뒤 20℃ 이하로 식힌 충전물을 넣고 위 껍질을 얹는다.

④ 위, 아래의 껍질을 잘 붙인 뒤 남은 반죽을 잘라낸다.

⑤ 굽기 전 위 껍질에 달걀물, 녹인 버터, 우유 중 한 가지를 바른다.

6) 굽기

230℃ 전후의 오븐에서 굽는다.

4 파이의 주요 결점과 원인

1) 파이 껍질이 질기고 단단한 원인

① 강한 밀가루(강력분) 사용

② 과도한 믹싱 또는 밀어펴기

③ 많은 파치 사용

④ 너무 된 반죽

2) 성형하고 굽기 중에 껍질이 찢어지는 원인

① 유지 사용량이 많았을 경우

② 약한 밀가루(박력분)를 사용하였을 경우

③ 밀어펴기가 고르지 못했을 경우

④ 지친 반죽과 자투리 반죽(파치)을 많이 사용한 경우

3) 굽기 중 과일 충전물이 끓어 넘치는 원인

① 과일 충전물 배합이 부정확하다.

② 파이 껍질의 수분이 너무 많거나 구멍을 뚫지 않았다.

③ 바닥 껍질이 너무 얇다.

④ 충전물량이 너무 많다.

⑤ 충전물의 온도가 높다.

⑥ 충전물에 설탕량이 너무 많다.

⑦ 오븐 온도가 낮아 굽는 시간이 길다.

⑧ 산이 많은 과일을 썼다.

08 슈 (Choux)

1 개요

① 슈는 구워진 상태가 흡사 양배추(Choux)와 같다 하여 프랑스어로 붙여진 이름으로 우리나라에서는 슈크림이라 부른다.

② 밀가루를 먼저 익힌 뒤 믹싱하여 굽는 것이 특징이다.

③ 밀가루, 달걀, 유지, 물을 기본재료로 만들며, 기본재료에 설탕이 들어가지 않는다.

④ 슈를 응용한 제품 : 에클레어, 파리 브레스트, 스웨덴 슈, 추로스 등

▶ **슈 반죽에 설탕**(당류)**이 들어가면**
① 껍질의 팽창이 좋지 않다.
② 상부가 둥글게 된다.
③ 내부에 구멍 형성이 좋지 않다.
④ 표면에 균열이 생기지 않는다.

2 제조과정 (반죽 → 팬닝 → 물분무 → 굽기 → 냉각 → 커스터드 크림 충전)

1) 반죽

① 물에 소금과 유지를 넣고 센 불에서 끓인다.

② 유지가 완전히 녹은 상태에서 밀가루를 넣어 완전히 호화가 될 때까지 젓는다.

③ 60~65℃로 냉각시킨 후 반죽 되기를 보면서 달걀을 소량씩 넣어 매끈한 반죽을 만든다.

④ 화학 팽창제를 사용하는 경우 달걀의 투입이 끝난 다음 베이킹파우더 등을 첨가한다.

2) 팬닝

① 기름칠한 평철판 위에 짠 후, 굽기 중에 껍질이 너무 빨리 형성되는 것을 막기 위해 물을 분무하거나 물에 침지시킨다.

② 평철판에는 기름칠을 하여 반죽이 잘 퍼지도록 한다.

③ 슈는 굽기 중 팽창이 매우 크므로 다른 제과류보다 팬닝 시 충분한 간격을 유지하여야 한다.

물 속에 담가 적시는 것
↙

▶ **슈를 굽기 전 분무**(침지)**하는 이유**
• 슈 껍질을 얇게 한다.
• 슈의 팽창을 크게 한다.
• 기형을 방지하여 균일한 모양을 얻을 수 있다.

3) 굽기 및 주의사항

① 210~220℃의 오븐에서 바삭하게 굽는다.

② 초기에는 아랫불을 높여 굽다가 표피가 거북이 등처럼 되고 밝은 색깔이 나면 아랫불을 줄이고 윗불을 높여 굽는다.

→ 처음부터 윗불을 강하게 하면 껍질 형성이 너무 빨리 되어 굽기 시 터질 수 있다.

③ 껍질 반죽은 액체 재료를 많이 사용하기 때문에 굽기 중 증기 발생으로 팽창한다.

④ 오븐의 열 분배가 고르지 않으면 껍질이 약하여 주저앉는다.

⑤ 오븐의 도어를 자주 여닫지 않는다.

→ 팽창 과정 중에 찬 공기가 들어가 슈의 팽창을 방해하고, 슈가 주저앉는 원인이 된다.

⑥ 너무 빨리 오븐에서 꺼내면 찌그러지거나 주저앉기 쉽다.

▶ **평철판에 기름칠이 적고 오븐의 온도가 낮으면** 밑면이 좁고 공과 같은 형태가 만들어진다.

▶ **평철판에 기름칠이 많으면** 껍질 밑부분이 접시 모양으로 올라오거나 위와 아래가 바뀐 모양이 된다.

1 개요

① 일반적으로 케이크 반죽에 밀가루의 양을 증가시켜 만든 수분이 적고 크기가 작은 건과자를 말한다.

② 쿠키의 반죽 온도는 18~24℃, 포장이나 보관온도는 10℃ 정도이다.

▶ **쿠키의 제조과정**
반죽 → 팬닝 → 실온 건조 → 굽기
→ 냉각

▶ **쿠키의 퍼짐성에 대한 설탕의 역할**
• 쿠키 반죽에 녹지 않고 남아 있는 설탕 입자는 굽기 중 오븐 열에 녹으면서 퍼져 표면을 크게 한다.
• 믹싱을 지나치게 하면 설탕 입자가 작아지고 글루텐이 발달하여 퍼짐이 작아진다.

2 사용 재료의 특성

밀가루	• 반죽형 쿠키의 반죽은 중력분을 사용한다. • 거품형 반죽을 하는 스펀지 쿠키는 박력분이 권장된다.
설탕	• 쿠키의 퍼짐에 중요한 영향을 준다. • 유지보다 설탕의 함량이 많으면 제품의 촉감이 단단해진다.
유지	• 반죽형 쿠키에는 많은 양의 유지가 사용된다. • 설탕보다 유지의 함량이 많으면 구운 후 말랑말랑한 제품이 된다. • 쿠키는 저장수명이 길어 산패에 대한 안정성이 가장 중요하다.
팽창제	• 퍼짐과 부피, 부드러움을 조절하기 위하여 화학 팽창제를 사용한다. • 중조, 베이킹파우더, 암모늄염 등

3 쿠키의 퍼짐성

1) 쿠키의 퍼짐성에 영향을 주는 요인

구분	쿠키의 퍼짐이 큰 이유	쿠키의 퍼짐이 작은 이유
반죽	묽은 반죽	된 반죽
유지	유지가 많았다.	유지가 적었다.
팽창, 글루텐	과다한 팽창제 사용	지나친 믹싱으로 글루텐이 많아짐
pH	알칼리성 반죽	산성 반죽
설탕량	설탕을 많이 사용	설탕을 적게 사용
설탕 입자	설탕 입자가 큼	설탕 입자가 작음
굽기	굽기 온도가 낮았다.	굽기 온도가 높았다.

2) 쿠키의 퍼짐을 좋게 하기 위한 조치

① 팽창제(중조, 베이킹파우더, 암모늄염 등)를 사용한다.

② 입자가 굵은 설탕(입상형 설탕)을 많이 사용한다.

③ 알칼리성 재료의 사용량을 늘려 알칼리성 반죽으로 만든다.

④ 오븐 온도를 낮게 한다.

4 반죽의 특성에 따른 분류

1) 반죽형 쿠키(Batter type cookies)

드롭쿠키	• 달걀을 많이 사용하여 반죽형 쿠키 중에 수분이 가장 많고 부드럽다. • 짜는 형태의 쿠키로 저장 중 건조되면 부스러져 상품가치를 상실한다.
스냅쿠키	• 드롭 쿠키보다 액체 재료를 적게 사용하므로 상대적으로 수분이 적어 바삭바삭한 제품이다. • 밀어펴는 형태로 제품을 만들며, 수분을 흡수하여 눅눅해지면 상품가치가 떨어진다.
쇼트브레드 쿠키	• 스냅 쿠키와 배합이 비슷하지만 유지의 사용량이 더 많은 것이 특징이다.(쿠키 반죽 중 유지 사용량이 가장 많다.) • 밀어펴는 형태로 제품을 만들며, 바삭거림과 부드러움을 동시에 가진다.

2) 거품형 반죽 쿠키(Foam type cookies)

스펀지쿠키	• 스펀지케이크와 반죽이 비슷하나 더 많은 밀가루를 사용하여 모양을 유지한다. • 전란을 사용하며 쿠키 중에 가장 수분이 많은 제품이다. • 짜는 형태의 제품이다.
핑거쿠키	• 스펀지 쿠키의 한 종류이다. • 성형 시 평철판에 종이를 깔고 원형 깍지를 이용하여 일정한 간격으로 5~6cm 정도의 길이로 짠 뒤에 윗면에 고르게 설탕을 뿌려준다.
머랭쿠키	• 흰자와 설탕을 믹싱하여 만든 머랭을 구성체로 하여 만든다. • 비교적 낮은 온도에서 구워 과도한 착색이 일어나지 않도록 굽는다. • 마카롱 쿠키는 아몬드와 코코넛을 넣어 만드는 머랭 쿠키의 일종이다.

▶ 쇼트브레드 쿠키처럼 유지를 많이 사용하는 제품은 유지가 녹아 흐르지 않도록 반죽을 차게 만들고, 냉장 온도에서 휴지시켜 성형한다.
▶ 반죽형 쿠키를 만들 때 과도한 믹싱으로 글루텐을 너무 발달시키면 쿠키가 딱딱해진다.

1 개요
① 제과점 튀김물의 주종을 이루는 도넛은 빵 도넛과 케이크 도넛으로 나눌 수 있다.
② 케이크 도넛은 배합의 변형이 다양하며, 향료와 향신료의 사용에 따라 많은 변화를 줄 수 있다.

2 사용 재료의 특성

밀가루	중력분을 주로 사용하며, 강력분과 박력분을 섞어 사용하기도 한다.
설탕	설탕 일부를 포도당으로 대치하면 껍질색을 진하게 낼 수 있다.
달걀	구조형성, 수분공급, 유화 기능(노른자의 레시틴)
유지	주로 가소성 유지인 버터, 마가린, 쇼트닝 등을 사용
팽창제	베이킹파우더를 많이 사용 (반죽할 때, 튀길 때 이중으로 가스를 발생시킴)
향신료	넛메그가 가장 많이 쓰이며, 레몬 향, 오렌지 향, 바닐라 향, 초콜릿, 코코아 등도 사용
기타	단백질 보강용으로 대두분*, 부드러움을 연장하는 감자가루, 향미를 나게 하는 소금 등

▶ 케이크 도넛에 대두분을 사용하는 목적
- 밀가루에 부족한 영양소의 보강
- 케이크 도넛의 껍질 구조 강화
- 마이야르 반응으로 인한 껍질색 개선
- 식감의 개선
- 대두 단백질의 보습성에 의한 신선도 유지

▶ 케이크 도넛 휴지의 효과
- 각 재료에 수분이 흡수되어 수화된다.
- 이산화탄소가 발생하여 반죽이 부푼다.
- 표피가 빠르게 마르지 않는다.
- 밀어펴기 작업이 쉬워진다.
- 적당한 부피팽창으로 제품의 모양을 균형있게 만든다.
- 과도한 지방흡수를 막는다.

▶ 튀김 기름의 온도
- 200℃ 이상의 고온에서 튀기면 껍질색이 진해지면서 타기 시작해도 속이 익지 않는다.
- 저온에서 튀기면 제품이 퍼지고 기름 흡수가 많아진다.

▶ 튀김 기름의 양에 따른 영향
- 기름양이 적으면 : 도넛을 뒤집기 어렵고 새로운 튀김물을 넣을 때 온도변화가 크다.
- 기름양이 많으면 : 온도를 올리는데 많은 시간과 열량이 든다.

▶ 튀김 기름에 스테아린을 첨가하는 이유
- 기름의 침출을 막아 도넛 설탕이 젖는 것을 방지한다.
- 유지의 융점을 높인다.
- 경화 기능이 너무 강하면 도넛에 설탕이 붙는 점착성이 낮아진다.

3 제조과정 (반죽 → 휴지 → 성형 → 휴지 → 튀기기 → 냉각 → 설탕 등 묻히기)

1) 믹싱
① 공립법이나 크림법으로 제조한다.
② 반죽 온도는 22~24℃이다.

2) 휴지
① 믹싱이 끝난 반죽을 실온에서 10~15분 정도 휴지를 시킨다.
② 휴지 시에 표피가 마르지 않도록 면포를 덮어준다.

3) 성형
① 작업대 위에 덧가루를 얇게 뿌리고 균일한 두께로 밀어편다.
② 도넛 정형기를 이용하여 반죽 손실이 적도록 찍어낸다.
③ 정형을 한 후 튀기기 전에 약 10분간 실온에서 다시 휴지를 시킨다.

4) 튀기기
① 튀김용 기름은 발연점이 높은 면실유가 적당하다.
② 도넛의 적당한 튀김 온도는 180~195℃이다.
③ 튀김 기름의 평균 깊이는 12~15cm 정도가 좋다.
④ 맛있는 양질의 도넛은 새 기름보다 유리 지방산이 0.5% 정도인 기름으로 튀길 때 얻어진다.
⑤ 경화제로 스테아린(Stearin)*을 튀김 기름의 3~6%를 첨가한다.
⑥ 튀긴 도넛은 그물망에 올려놓고 여분의 기름을 배출시킨다.

5) 마무리

① 도넛 글레이즈나 도넛 아이싱은 도넛이 식기 전에 한다.

② 커스터드 크림, 생크림, 젤리는 도넛이 냉각된 후 충전하여 냉장고에 보관한다.

③ 도넛 설탕 아이싱은 점착력이 큰 40℃ 전후에서 뿌린다.

④ 초콜릿은 중탕으로 녹인 후, 퐁당은 49℃ 정도로 가온하여 아이싱한다.

⑤ 초콜릿이나 퐁당을 아이싱한 후 굳기 전에 코코넛, 호두가루, 땅콩, 오색당의정을 묻히거나 뿌리기도 한다.

▶ **아이싱**(icing)
설탕이나 지방을 주재료로 빵과자 제품을 덮거나 피복하는 것

4 도넛의 주요 결점과 원인

1) 발한현상

① 도넛에 묻힌 설탕이나 글레이즈가 수분에 녹아 마치 땀을 흘리는 것처럼 되는 현상

② 설탕에 대하여 수분이 많거나, 적정한 수분이더라도 온도가 상승하면 발생한다.

▶ **발한현상의 대책**
• 도넛에 묻히는 설탕의 양을 증가시킨다.
• 튀김 시간을 증가시킨다.
• 냉각 중 환기를 더 많이 시키면서 충분히 냉각한다.
• 점착력이 좋은 튀김 기름을 사용한다.
• 도넛의 수분함량을 21~25%로 한다.

2) 과도한 흡유 원인

① 반죽에 수분이 너무 많다. (묽은 반죽)

② 설탕의 사용량이 너무 많다. (고율배합 제품)

③ 팽창제의 사용량이 너무 많다.

④ 믹싱이 부족하여 글루텐 형성이 부족하다.(어린 반죽)

⑤ 튀김 온도가 낮아 튀김 시간이 길었다.

⑥ 반죽 온도가 부적절하다.

3) 도넛 제조 시 수분이 적으면

① 팽창이 부족하여 부피가 작다.

② 형태가 일정하지 않다.

③ 표면에 요철이 생기고 갈라진다.

④ 도넛의 내부가 딱딱해진다.

4) 반죽 온도에 따른 결점

반죽 온도가 낮을 때	반죽 온도가 높을 때
• 팽창이 부족하여 부피가 작게 된다.	• 팽창이 과다하여 부피가 크게 된다.
• 점도가 강하게 된다.	• 점도가 약하게 된다.
• 흡유량이 많다.	• 흡유량이 적다.
• 공 모양의 도넛이 된다.	• 기공이 크고 조직이 거칠다
• 표면이 갈라지고 거칠다.	• 표면에 요철이 생긴다.

1 냉과 (Entremets froids)

냉과(冷菓)는 냉장고에서 마무리하는 모든 과자를 말한다.

젤리 (Jelly)	• 과실껍질에 존재하는 펙틴이 당과 산이 존재할 때 젤리를 형성하는 성질을 이용한 제품이다. • 과즙과 와인과 같은 액체에 설탕과 유기산(알긴산 등)을 넣고 젤라틴이나 한천으로 굳혀 만든다. • 펙틴 1.0~1.5%, 당분 60~65%, pH 3.0~3.5에서 젤리가 가장 잘 형성된다.
무스 (Mousse)	• 프랑스어로 거품이라는 뜻이다. • 커스터드 또는 초콜릿, 과일 퓨레에 생크림, 머랭, 젤라틴 등을 넣어 굳혀 만든 제품 • 표면의 젤리가 거울처럼 광택이 난다.
푸딩 (Pudding)	• 달걀의 열변성*에 의한 농후화 작용을 이용하여 만드는 제품으로 달걀로 경도의 조절을 한다. • 푸딩을 만들 때 설탕과 달걀의 배합비는 1 : 2이다. (설탕 1 : 달걀 2) → 우유와 소금의 배합비는 100 : 1이다. (우유 100 : 소금 1) • 푸딩은 거의 팽창을 하지 않기 때문에 틀에 95% 정도 채운다.
기타	바바루아(Bavarois), 블라망제(Blancmanger) 등

> ※ **푸딩의 제조법**
> ① 우유와 설탕을 끓기 직전인 80~90℃까지 데운다.
> ② 다른 그릇에 달걀과 소금, 나머지 설탕을 넣어 혼합하고 뜨거운 우유를 넣으면서 골고루 혼합한다.
> ③ 모든 재료를 섞어서 채에 거르고, 물을 담은 평철판에 배열한 푸딩컵에 부어 굽는다.
> ④ 캐러멜 커스터드 푸딩은 반죽을 팬에 붓기 전에 먼저 캐러멜 소스를 푸딩컵에 0.2cm 정도 깊이로 붓고 굽는다.
> ⑤ 굽기 온도는 160~170℃의 오븐에서 중탕으로 굽는다.
> → 가열이 지나쳐 굽기 온도가 너무 높으면 푸딩 표면에 기포 자국이 생긴다.
> ⑥ 육류, 과일, 야채, 빵을 섞어 만들기도 한다.

2 밤과자

① 반죽은 설탕과 버터가 용해되도록 중탕한 후 냉각(20℃)하여 만든다.
② 반죽과 내용물의 되기를 동일하게 한다.
③ 반죽을 한 덩어리로 만들어 면포로 싼 후 20분간 냉장휴지시킨다.
④ 20g씩 분할하여 껍질의 두께가 일정하도록 45g의 앙금(내용물)을 싼다.
⑤ 성형 후 물을 뿌려* 덧가루를 제거한다.

▶ **젤리 형성의 3요소**
펙틴, 당분, 유기산

▶ **열변성**
달걀의 단백질을 가열했을 때 구조나 성질이 변해 응고되는 현상

▶ **바바루아**(Bavarois)
커스터드에 생크림, 젤라틴을 넣는 것을 기본으로 과실 퓨레(Puree)를 사용하여 맛을 보강한 제품

과일을 갈아 걸쭉하게 만든 것

▶ **블라망제**(Blancmanger)
아몬드 밀크를 기본으로 젤라틴과 생크림을 넣어 만든 희고 부드러운 제품이다.

▶ **밤과자를 성형한 후 물을 뿌려주는 이유**
• 덧가루의 제거
• 껍질색의 균일화
• 껍질의 터짐 방지

3 마지팬

① 설탕과 아몬드를 갈아만든 페이스트로 꽃이나 동물 등의 조형물을 만들 때 사용된다.

② 설탕과 아몬드의 배합률에 따라 공예용 마지팬과 부재료용 마지팬(로 마지팬)으로 구분된다.

구분	아몬드 : 설탕
마지팬(Marzipan)	1 : 1
로 마지팬(Raw Marzipan)	1 : 0.5

12 제품평가

1 제품평가의 특성

1) 외부 특성

부피	표준부피를 설정하여 이를 기준으로 하여 평가한다.
껍질색	식욕을 돋우는 색상으로 부위별 색상이 균일하고 반점이나 줄무늬가 없고 너무 여리거나 진하지 않아야 한다.
형태의 균형	전체가 대칭으로 균형이 잘 잡히고 움푹 들어가거나 찌그러지지 않아야 한다.
껍질의 특성	얇으면서 부드러워야 하고, 너무 약해서 부스러지지 않아야 한다.

2) 내부 특성

기공	가급적 얇은 세포벽을 가지고 부위별로 균일한 것이 좋다.
속색	속을 자른 단면에 반점이나 줄무늬가 없고 밝고 생동감 있는 색택으로 균일하여야 한다.
향	신선하고 달콤한 천연적인 향이 좋으며, 이질적인 냄새나 곰팡이 냄새가 나지 않아야 한다.
맛	제품에 따른 특성 있는 맛을 살려야 한다.
조직	과자의 내부가 약하거나 부스러짐이 없고 부드러움과 매끄러운 촉감을 희망한다.

2 과자의 결점 원인

1) 케이크의 부피가 작다

① 강력분은 많은 물을 흡수하여 된 반죽이 되며 글루텐 형성으로 탄력성이 커서 부피가 작게 된다.

② 달걀이 부족한 반죽은 공기 포집 능력이 떨어져 부피가 작게 된다.

③ 달걀 이외에 액체 재료가 많거나 팽창제의 사용이 적으면 부피가 작아진다.

④ 크림법에서 유지의 크림성이 나쁘면 부피가 작아진다.

⑤ 오븐 온도가 높으면 껍질 형성이 빨라 팽창에 제한을 받는다.

⑥ 오븐 온도가 낮으면 지나친 수분 손실로 최종 부피가 작아진다.

⑦ 팽창제를 과량으로 사용하면 발생한 많은 양의 가스를 지탱하지 못하여 팽창하다가 주저앉는다.

2) 기공이 열리고 조직이 거칠다

① 크림화가 지나쳐 많은 공기가 혼입되고 큰 공기 방울이 반죽에 남아 있다.

② 기공이 열리면 탄력성이 감소되어 거칠고 부스러지는 조직이 된다.

③ 과도한 팽창제의 사용은 기공을 크게 하고 조직을 거칠게 한다.

④ 낮은 온도의 오븐에서 구우면 가스가 천천히 발생하여 크고 열린 세포를 만든다.

⑤ 반죽을 팬에 넣은 후 방치하면 열린 기공을 만들어 푸석푸석해진다.

3) 기공이 조밀하고 속이 축축하다

① 배합표에 액체 함량이 과도할 때나 계량의 부정확으로 반죽이 묽은 경우의 결점이다.

② 팽창이 부족하면 굽기 중 발생하는 가스량이 부족하여 작고 닫힌 세포를 만든다.

③ 전화당 시럽, 물엿을 과도하게 사용하면 조밀한 기공을 만든다.

④ 높은 온도에서 구우면 껍질은 진해지지만 속은 익지 않아 생재료와 물기가 남는다.

⑤ 무거운 토핑을 굽기 전의 케이크 반죽에 올려놓으면 굽기 중 밑으로 가라앉아 조밀한 기공과 물기가 많은 속을 만든다.

⑥ 밀가루가 강하거나 과도하게 많으면 가스에 의해 팽창되는 것을 저해하므로 조밀하고 축축한 속을 만든다.

4) 구워낸 케이크가 단단하고 질기다

① 단백질의 함량이 높은 밀가루(강력분)를 사용한 경우

② 너무 높은 오븐 온도에서 구웠을 경우

③ 장시간 굽기(오버 베이킹)를 하였을 경우

④ 팽창제의 사용이 적었을 경우

⑤ 유지의 사용량이 너무 적은 경우

⑥ 비중이 높은 경우

5) 케이크가 너무 가볍고 부서진다

① 반죽에 밀가루 양이 적은 경우

② 반죽의 크림화가 지나친 경우

③ 팽창제 사용량이 많은 경우

④ 쇼트닝 사용량이 많은 경우

애플파이

1 ★★
여름철(실온 30℃)에 사과파이의 껍질을 제조할 때 적당한 물의 온도는?

① 4℃   ② 19℃
③ 28℃   ④ 35℃

> 파이 반죽을 너무 높은 온도에서 작업하면 유지가 녹아 반죽이 질어지므로 여름철에는 4℃ 정도의 냉수로 반죽한다.

2 ★★★
사과 파이 껍질의 결의 크기는 어떻게 조절하는가?

① 쇼트닝의 입자 크기로 조절한다.
② 쇼트닝의 양으로 조절한다.
③ 접기 수로 조절한다.
④ 밀가루 양으로 조절한다.

> 파이 껍질의 결 크기는 쇼트닝(유지)의 입자 크기로 조절한다.

3 ★★
파이 반죽을 냉장고에서 휴지시키는 효과가 아닌 것은?

① 밀가루의 수분 흡수를 돕는다.
② 유지의 결 형성을 돕는다.
③ 반점 형성을 방지한다.
④ 유지가 흘러나오는 것을 촉진시킨다.

> 파이 반죽의 휴지는 유지를 적정하게 굳혀 유지가 흘러나오지 않도록 한다.

4 ★★
과일 파이의 충전물용 농후화제로 사용하는 전분은 설탕을 함유한 시럽의 몇 %를 사용하는 것이 가장 적당한가?

① 12~14%   ② 17~19%
③ 6~10%   ④ 1~2%

> 과일 파이의 충전물용 농후화제로 사용하는 전분은 설탕을 함유한 시럽의 6~10%를 사용한다.

5 ★★★★★
파이 반죽을 냉장고에 넣어 휴지를 시키는 이유가 아닌 것은?

① 밀가루의 수분을 흡수한다.
② 유지를 적정하게 굳힌다.
③ 퍼짐성을 좋게 한다.
④ 끈적거림을 방지한다.

> 파이 반죽 휴지의 목적
> • 전 재료의 수화 기회를 준다.
> • 밀가루의 수분 흡수를 돕는다.
> • 유지를 적정하게 굳혀 유지와 반죽의 굳은 정도를 같게 한다.
> • 유지의 결 형성을 돕는다.
> • 반점 형성을 방지한다.
> • 반죽을 연화 및 이완시킨다.
> • 끈적거림을 방지하여 작업성을 좋게 한다.

6 ★★
파이 제조에 대한 설명으로 틀린 것은?

① 아래 껍질을 위 껍질보다 얇게 한다.
② 껍질 가장자리에 물 칠을 한 뒤 위 껍질을 얹는다.
③ 위, 아래의 껍질을 잘 붙인 뒤 남은 반죽을 잘라낸다.
④ 덧가루 뿌린 면포 위에서 반죽을 밀어 편 뒤 크기에 맞게 자른다.

> 아래 껍질은 0.3cm, 윗 껍질은 0.2cm 두께로 밀어편다.

7 ★★★
파이 정형 시 유의점에 대한 설명으로 틀린 것은?

① 반죽은 품온이 낮아야 좋다.
② 반죽 후 냉장고에 넣어 휴지시킨 후 사용한다.
③ 충전물 충전 시 적온은 38℃이며 충전물 온도가 낮으면 굽기 중 끓어 넘친다.
④ 성형 시 윗 껍질에 구멍을 뚫어 주는 것은 수증기가 빠져나오게 하기 위함이다.

> 충전물의 온도가 높으면 굽기 중 끓어 넘치는 원인이 되므로 충전물은 20℃ 이하로 식혀서 사용한다.

정답   1①   2①   3④   4③   5③   6①   7③

8 파이 껍질이 질기고 단단하였다. 그 원인이 아닌 것은?

① 강력분을 사용하였다.
② 반죽 시간이 길었다.
③ 밀어펴기를 덜하였다.
④ 자투리 반죽을 많이 썼다.

과도한 믹싱이나 과도한 밀어펴기를 하면 파이 껍질이 질기고 단단해진다.

9 다음 중 파이 껍질의 결점 원인이 아닌 것은?

① 강한 밀가루를 사용하거나 과도한 밀어 펴기를 하는 경우
② 많은 파치를 사용하거나 불충분한 휴지를 하는 경우
③ 적절한 밀가루와 유지를 혼합하여 파치를 사용하지 않은 경우
④ 껍질에 구멍을 뚫지 않거나 달걀물 칠을 너무 많이 한 경우

① 파이 껍질이 질기고 단단해진다.
② 파치를 많이 사용하거나 불충분한 휴지가 되면 반죽이 수축한다.
④ 껍질에 구멍을 내지 않거나 달걀물 칠을 너무 많이 하면 껍질에 기포나 수포가 생긴다.

10 과일 파이에서 과일 충전물이 끓어 넘치는 이유가 아닌 것은?

① 과일 충전물 배합이 부정확하다.
② 오븐 온도가 높아 굽는 시간이 너무 짧다.
③ 파이 껍질의 수분이 너무 많다.
④ 파이 껍질에 구멍을 뚫지 않았다.

오븐 온도가 낮아 굽는 시간이 길어지면 과일 충전물이 넘칠 수 있다.

11 파이를 만들 때 충전물이 흘러나왔을 경우 그 원인이 아닌 것은?

① 충전물량이 너무 많다.
② 충전물에 설탕이 부족하다.
③ 껍질에 구멍을 뚫어 놓지 않았다.
④ 오븐 온도가 낮다.

충전물에 설탕이 너무 많으면 충전물이 흘러넘친다.

슈

1 일반적으로 슈 반죽에 사용되지 않는 재료는?

① 밀가루   ② 달걀
③ 버터   ④ 이스트

슈 반죽은 밀가루, 달걀, 유지, 물을 기본재료로 만들고, 화학 팽창제(베이킹파우더 등)를 소량 사용한다. 이스트는 사용하지 않는다.

2 당분이 있는 슈 껍질을 구울 때의 현상이 아닌 것은?

① 껍질의 팽창이 좋아진다.
② 상부가 둥글게 된다.
③ 내부에 구멍 형성이 좋지 않다.
④ 표면에 균열이 생기지 않는다.

슈 반죽에 설탕(당분)이 들어가면 단백질의 구조를 약화시켜 껍질의 팽창이 나빠진다.

3 다음 중 튀김용 반죽으로 적합한 것은?

① 퍼프 페이스트리 반죽
② 스펀지케이크 반죽
③ 슈 반죽
④ 쇼트브레드 쿠키 반죽

슈를 응용한 제품 중 추로스는 슈 반죽을 튀긴 것으로, 보기 중에서 튀김용 반죽으로 가장 적합한 것은 슈 반죽이다.

4 슈 재료의 계량 시 같이 계량하여서는 안 될 재료로 짝지어진 것은? ★★★

① 버터+물
② 물+소금
③ 버터+소금
④ 밀가루+베이킹파우더

> 슈를 제조할 때 물, 소금, 유지를 넣고 끓인 후 밀가루를 넣어 휘저으며 호화시키고, 여기에 달걀을 넣으며 반죽을 만들고 그 후에 베이킹파우더를 넣어 혼합한다. 따라서 밀가루와 베이킹파우더는 함께 계량하지 않는다.

5 슈 제조 시 반죽 표면을 분무 또는 침지시키는 이유가 아닌 것은? ★★★★

① 껍질을 얇게 한다.
② 팽창을 크게 한다.
③ 기형을 방지한다.
④ 제품의 구조를 강하게 한다.

> 슈 반죽 표면에 물을 분무하거나 침지시키는 이유는 슈의 껍질을 얇게 하고, 팽창을 크게 하며, 기형을 방지하여 균일한 모양을 얻을 수 있기 때문이다.
> ※ 제품의 구조를 강하게 하려면 밀가루나 달걀의 사용량을 늘리는 방법이 있다.

6 슈(Choux)에 대한 설명이 틀린 것은? ★★

① 팬닝 후 반죽 표면에 물을 분사하여 오븐에서 껍질이 형성되는 것을 지연시킨다.
② 껍질 반죽은 액체 재료를 많이 사용하기 때문에 굽기 중 증기 발생으로 팽창한다.
③ 오븐의 열 분배가 고르지 않으면 껍질이 약하여 주저앉는다.
④ 기름칠이 적으면 껍질 밑부분이 접시 모양으로 올라오거나 위와 아래가 바뀐 모양이 된다.

> 평철판에 기름칠이 많았을 때 껍질 밑부분이 접시 모양으로 올라오거나 위와 아래가 바뀐 모양이 된다.

7 슈 껍질의 굽기 후 밑면이 좁고 공과 같은 형태를 가졌다면 그 원인은? ★★★

① 밑불이 윗 불보다 강하고 팬에 기름칠이 적다.
② 반죽이 질고 글루텐이 형성된 반죽이다.
③ 온도가 낮고 팬에 기름칠이 적다.
④ 반죽이 되거나 윗 불이 강하다.

> 슈의 굽는 온도가 낮으면 슈가 팽창하기 어렵고, 기름칠이 적으면 슈의 밑면이 옆으로 퍼지지 못하여 밑면이 좁아져 공과 같은 형태가 만들어진다.

8 다음 제품 중 정형하여 팬닝할 경우 제품의 간격을 가장 충분히 유지하여야 하는 제품은? ★★★★★

① 슈
② 오믈렛
③ 애플파이
④ 쇼트브레드쿠키

> 슈는 굽기 중 팽창이 매우 크므로 성형하여 팬닝할 때 반죽의 간격을 가장 충분히 유지하여야 한다.

9 슈 제조 시 굽기 중간에 오븐 문을 자주 열어주면 완제품은 어떻게 되는가? ★★★

① 껍질색이 유백색이 된다.
② 부피팽창이 적게 된다.
③ 제품 내부에 공간이 크게 된다.
④ 울퉁불퉁하고 벌어진다.

> 슈는 굽기 중 발생하는 증기압으로 팽창하는 제품으로 굽기 중에 오븐의 문을 자주 열면 찬 공기가 유입되어 슈의 팽창을 방해한다.

쿠키

1 비스킷을 제조할 때 유지보다 설탕을 많이 사용하면 어떤 결과가 나타나는가? ★★★

① 제품의 촉감이 단단해진다.
② 제품이 부드러워진다.
③ 제품의 퍼짐이 작아진다.
④ 제품의 색깔이 엷어진다.

> 유지보다 설탕의 사용량이 더 많으면, 설탕이 수분을 흡수하여 촉감이 단단해지고 색이 진해진다.

chapter 04

2 ★★★★
쿠키에 사용하는 재료로서 퍼짐에 중요한 영향을 주는 당류는?

① 분당
② 설탕
③ 포도당
④ 물엿

> 쿠키 반죽에 녹지 않고 남아 있는 설탕 입자가 굽기 중 오븐 열에 녹으면서 퍼져 표면을 크게 한다. 굵은 입자의 설탕이 고운 입자의 설탕보다 퍼짐성이 좋다.

3 ★★
쿠키에 팽창제를 사용하는 주된 목적은?

① 제품의 부피를 감소시키기 위해
② 딱딱한 제품을 만들기 위해
③ 퍼짐과 크기를 조절을 위해
④ 설탕 입자의 조절을 위해

> 팽창제는 퍼짐성을 크게 하여 부피를 크게 하고, 제품을 부드럽게 만든다.

4 ★★★★
쿠키가 잘 퍼지지(Spread) 않는 이유가 아닌 것은?

① 고운 입자의 설탕 사용
② 과도한 믹싱
③ 알칼리 반죽 사용
④ 너무 높은 굽기 온도

> 알칼리성의 반죽은 쿠키의 퍼짐성을 크게 하는 원인이다.

5 ★★
다음 중 쿠키의 과도한 퍼짐 원인이 아닌 것은?

① 반죽의 되기가 너무 묽을 때
② 유지 함량이 적을 때
③ 설탕 사용량이 많을 때
④ 굽는 온도가 너무 낮을 때

> 쿠키의 퍼짐이 큰 이유
> - 묽은 반죽
> - 과다한 팽창제
> - 설탕량이 많음
> - 굽기 온도가 낮음
> - 유지가 많음
> - 알칼리성 반죽
> - 설탕 입자가 크다.

6 ★★
쿠키의 퍼짐성을 좋게 하기 위한 조치와 거리가 먼 것은?

① 팽창제를 사용한다.
② 입상형 설탕을 사용한다.
③ 적정한 양의 암모늄염을 사용한다.
④ 오븐 온도를 높인다.

> 쿠키의 퍼짐을 좋게 하기 위한 조치
> - 팽창제(중조, 베이킹파우더, 암모늄염 등)를 사용한다.
> - 입자가 굵은 설탕(입상형 설탕)을 많이 사용한다.
> - 알칼리성 재료의 사용량을 늘려 알칼리성 반죽으로 만든다.
> - 오븐 온도를 낮게 한다.

7 ★★★★
반죽형 쿠키 중 수분을 가장 많이 함유하는 쿠키는?

① 쇼트브레드 쿠키　　② 드롭 쿠키
③ 스냅 쿠키　　　　　④ 스펀지 쿠키

> 드롭 쿠키는 달걀을 많이 사용하는 반죽형 쿠키로 수분이 많아 부드러운 제품이다. 짜는 형태로 성형한다.

8 ★★★
다음 쿠키 중에서 상대적으로 수분이 적어서 밀어 펴는 형태로 만드는 제품은?

① 드롭 쿠키　　　　　② 스냅 쿠키
③ 스펀지 쿠키　　　　④ 머랭 쿠키

> 스냅 쿠키는 달걀의 사용량이 적어 상대적으로 수분의 함량이 낮아 밀어펴는 형태의 성형을 하는 제품이다.

9 ★★★
쇼트 브레드 쿠키가 딱딱한 결점이 나타났다면 그 원인은?

① 유지 사용량이 많을 때
② 글루텐 발달을 많이 시킬 때
③ 높은 온도에서 구울 때
④ 너무 약한 밀가루를 사용할 때

> 쿠키 반죽이 과도한 믹싱으로 인하여 글루텐이 너무 많이 발달하면 쿠키가 딱딱해지는 원인이 된다.

정답　2 ②　3 ③　4 ③　5 ②　6 ④　7 ②　8 ②　9 ②

10 쇼트브레드 쿠키 제조 시 휴지를 시킬 때 성형을 용이하게 하기 위한 조치는?

① 반죽을 뜨겁게 한다.
② 반죽을 차게 한다.
③ 휴지 전 단계에서 오랫동안 믹싱한다.
④ 휴지 전 단계에서 짧게 믹싱한다.

쇼트브레드 쿠키처럼 유지를 많이 사용하는 제품은 유지가 녹아 흐르지 않도록 냉장 온도에서 휴지시켜 성형한다.

11 다음 쿠키 중 반죽형이 아닌 것은?

① 드롭 쿠키
② 스냅 쿠키
③ 쇼트브레드 쿠키
④ 스펀지 쿠키

• 반죽형 쿠키 : 드롭 쿠키, 스냅 쿠키, 쇼트브레드 쿠키 등
• 거품형 쿠키 : 스펀지 쿠키, 머랭 쿠키 등

12 다음 중 거품형 쿠키로 전란을 사용하는 제품은?

① 스펀지 쿠키
② 머랭 쿠키
③ 스냅 쿠키
④ 드롭 쿠키

거품형 쿠키는 스펀지 쿠키와 머랭 쿠키로 나눌 수 있다.
• 스펀지 쿠키 : 전란을 사용
• 머랭 쿠키 : 흰자만 사용

13 핑거 쿠키의 성형 방법으로 옳지 않은 것은?

① 원형 깍지를 이용하여 일정한 간격으로 짠다.
② 철판에 기름을 바르고 짠다.
③ 5~6cm 정도의 길이로 짠다.
④ 짠 뒤에 윗면에 고르게 설탕을 뿌려준다.

핑거 쿠키는 철판에 종이(유산지)를 깔고 그 위에 원형 깍지를 사용하여 5~6cm의 길이로 짜고, 그 윗면에 고르게 설탕을 뿌려 만든 제품이다. 철판에 기름을 칠하면 제품이 너무 퍼질 우려가 있다.

케이크 도넛

1 케이크 도넛의 껍질색을 진하게 내려고 할 때 설탕의 일부를 무엇으로 대치하여 사용하는가?

① 물엿
② 포도당
③ 유당
④ 맥아당

포도당은 설탕보다 낮은 온도와 pH에서 캐러멜화가 일어나기 때문에 설탕 일부를 대치하여 사용하면 껍질색을 진하게 할 수 있다.

2 케이크 도넛에 대두분을 사용하는 목적이 아닌 것은?

① 흡유율 증가
② 껍질 구조 강화
③ 껍질색 개선
④ 식감의 개선

케이크 도넛에 대두분을 사용하는 목적
• 밀가루에 부족한 영양소의 보강
• 케이크 도넛의 껍질 구조 강화
• 마이야르 반응으로 인한 껍질색 개선
• 식감의 개선
• 대두 단백질의 보습성에 의한 신선도 유지

3 케이크 도넛 반죽에 휴지를 주는 이유로 틀린 것은?

① 이산화탄소 가스를 발생시킨다.
② 도넛 제품이 적절한 부피를 갖도록 한다.
③ 생재료가 제품에 남지 않게 한다.
④ 껍질 형성을 빠르게 한다.

휴지의 효과
• 각 재료에 수분이 흡수되어 수화된다.
• 이산화탄소가 발생하여 반죽이 부푼다.
• 표피가 빠르게 마르지 않는다.
• 밀어펴기 작업이 쉬워진다.
• 적당한 부피팽창으로 제품의 모양을 균형있게 만든다.
• 과도한 지방흡수를 막는다.

4 케이크 도넛은 일반적으로 실온에서 10~15분의 휴지 시간(Floor Time)을 갖는다. 휴지를 잘못하였을 때 발생하는 현상이 아닌 것은?

① 부피의 감소
② 제품 모양의 불균형
③ 과도한 지방흡수
④ 진한 껍질색

반죽의 휴지와 껍질색과는 관계가 없다.
※ 껍질색은 캐러멜화나 마이야르 반응에 의해서 진해진다.

5 케이크 도넛의 제조 방법으로 올바르지 않은 것은?

① 정형기로 찍을 때 반죽 손실이 적도록 찍는다.
② 정형 후 곧바로 튀긴다.
③ 덧가루를 얇게 사용한다.
④ 튀긴 후 그물망에 올려놓고 여분의 기름을 배출시킨다.

케이크 도넛의 반죽은 실온에서 10~15분간 휴지시킨 후 정형을 하고 다시 실온에서 10분 정도 휴지시킨 후 튀긴다.
정형 후 바로 튀기면 제품의 형태가 찌그러들 수 있다.

6 도넛의 튀김 온도로 가장 적당한 온도 범위는?

① 105℃ 내외
② 145℃ 내외
③ 185℃ 내외
④ 250℃ 내외

도넛의 튀김 온도로 가장 적당한 온도는 180~195℃ 정도이다. 높은 온도에서는 튀김이 타도 속이 익지 않을 수 있으며, 낮은 온도에서는 제품이 퍼지고 기름 흡수가 많아진다.

7 도넛을 튀길 때의 설명으로 틀린 것은?

① 튀김 기름의 깊이는 12cm 정도가 알맞다.
② 자주 뒤집어 타지 않도록 한다.
③ 튀김 온도는 185℃ 정도로 맞춘다.
④ 튀김 기름에 스테아린을 소량 첨가한다.

튀김 기름의 깊이는 12cm~15cm, 튀김 온도는 180~195℃가 적당하며, 경화제로 튀김 기름의 3~6% 정도의 스테아린을 첨가해 준다.

8 도넛을 튀길 때 사용하는 기름에 대한 설명으로 틀린 것은?

① 기름이 적으면 뒤집기가 쉽다.
② 발연점이 높은 기름이 좋다.
③ 기름이 너무 많으면 온도를 올리는 시간이 길어진다.
④ 튀김 기름의 평균 깊이는 12~15cm 정도가 좋다.

튀김 기름의 양이 적으면 도넛을 뒤집기 어렵고 새로운 튀김물을 넣었을 때 온도변화가 심하다.

9 튀김기름에 스테아린(Stearin)을 첨가하는 이유에 대한 설명으로 틀린 것은?

① 기름의 침출을 막아 도넛 설탕이 젖는 것을 방지한다.
② 유지의 융점을 높인다.
③ 도넛에 설탕이 붙는 점착성을 높인다.
④ 경화제(Hardener)로 튀김기름의 3~6%를 사용한다.

스테아린은 튀김 기름의 경화제로 첨가하며, 경화 기능이 너무 강하면 설탕에 붙는 점착성을 낮추게 된다.

10 도넛 설탕 아이싱을 사용할 때의 온도로 적합한 것은?

① 20℃ 전후
② 25℃ 전후
③ 40℃ 전후
④ 60℃ 전후

도넛 설탕 아이싱은 설탕의 점착력이 좋은 40℃ 전후에서 하는 것이 좋다. 낮은 온도에서는 설탕이 표면에 붙지 않고, 높은 온도에서는 설탕이 녹아 도넛에 흡수된다.

11 도넛의 설탕이 수분을 흡수하여 녹는 현상을 방지하기 위한 방법으로 잘못된 것은?

① 도넛에 묻히는 설탕의 양을 증가시킨다.
② 튀김 시간을 증가시킨다.
③ 포장용 도넛의 수분은 38% 전후로 한다.
④ 냉각 중 환기를 더 많이 시키면서 충분히 냉각한다.

발한현상은 도넛의 설탕이 수분을 흡수하여 녹아 마치 땀을 흘리는 것처럼 되는 현상이며, 포장용 도넛의 수분은 21~25% 정도로 한다.

12 도넛에 묻힌 설탕이 녹는 현상(발한현상)을 감소시키기 위한 조치로 틀린 것은?

① 도넛에 묻히는 설탕의 양을 증가시킨다.
② 충분히 냉각시킨다.
③ 냉각 중 환기를 많이 시킨다.
④ 가급적 짧은 시간 동안 튀긴다.

도넛을 내부의 수분이 많이 남지 않도록 충분한 시간 동안 튀겨야 발한현상을 감소시킬 수 있다.

13 도넛의 발한현상을 방지하는 방법으로 틀린 것은?

① 튀김 시간을 늘린다.
② 점착력이 낮은 기름을 사용한다.
③ 충분히 식히고 나서 설탕을 묻힌다.
④ 도넛 위에 뿌리는 설탕 사용량을 늘린다.

설탕을 많이 붙게 하는 점착력이 좋은 튀김 기름을 사용해야 발한현상을 줄일 수 있다.

14 도넛의 흡유량이 높았을 때 그 원인은?

① 고율배합 제품이다.
② 튀김 시간이 짧다.
③ 튀김 온도가 높다.
④ 휴지 시간이 짧다.

고율배합은 밀가루보다 설탕을 더 많이 사용하는 배합을 말한다. 따라서 설탕의 사용량이 많은 고율배합의 제품은 도넛의 흡유량이 높다.

15 도넛에 기름이 많이 흡수되는 이유에 대한 설명으로 틀린 것은?

① 믹싱이 부족하다.
② 반죽에 수분이 많다.
③ 배합에 설탕과 팽창제가 많다.
④ 튀김 온도가 높다.

과도한 흡유 현상의 원인 : 묽은 반죽, 어린 반죽, 설탕과 팽창제의 과다 사용, 낮은 튀김 온도, 긴 튀김 시간 등

16 케이크 도넛 제품에서 반죽 온도의 영향으로 나타나는 현상이 아닌 것은?

① 팽창 과잉이 일어난다.
② 모양이 일정하지 않다.
③ 흡유량이 많다.
④ 표면이 꺼칠하다.

도넛 제품에서 반죽 온도는 팽창의 정도, 흡유량, 내부와 표면의 조직 등에 영향을 미친다. 모양이 일정하지 않은 경우는 재료가 고루 섞이지 않았거나 두께가 고르지 못하게 밀어 폈기 때문이다.

17 도넛 제조 시 수분이 적을 때 나타나는 결점이 아닌 것은?

① 팽창이 부족하다.
② 혹이 튀어나온다.
③ 형태가 일정하지 않다.
④ 표면이 갈라진다.

혹이 튀어나오는 경우는 도넛에 공기가 혼입되어 부풀 때 생긴다.

chapter 04

냉과 · 밤과자 · 마지팬

★★★★
1 젤리화의 요소가 아닌 것은?

① 유기산류
② 염류
③ 당분류
④ 펙틴류

> 젤리는 과실에 들어 있는 펙틴이 당분과 유기산과 존재할 때 젤이 되는 성질을 이용한 제품이다. 염류는 젤리화가 되는 것을 방해한다.

★★★
2 젤리를 만드는 데 사용되는 재료가 아닌 것은?

① 젤라틴
② 한천
③ 레시틴
④ 알긴산

> 젤리는 펙틴, 당분, 유기산(알긴산)의 3요소에 젤라틴이나 한천을 안정제로 사용하여 굳힌 제품이다.

★★★
3 젤리를 제조하는데 당분 60~65%, 펙틴 1.0~1.5%일 때 가장 적합한 pH는?

① pH 1.0
② pH 3.2
③ pH 7.8
④ pH 10.0

> 젤리는 당분 60~65%, 펙틴 1.0~1.5%, pH 3.0~3.5에서 가장 잘 형성된다.

★★★
4 무스(Mousse)의 원뜻은?

① 생크림
② 젤리
③ 거품
④ 광택제

> 무스란 프랑스어로 '거품'이란 뜻으로 커스터드 또는 초콜릿, 과일 퓨레에 생크림, 머랭, 젤라틴 등을 넣어 굳혀 만든 제품이다.

★★★★★
5 다음 제품 중 냉과류에 속하는 제품은?

① 무스 케이크
② 젤리 롤 케이크
③ 소프트 롤 케이크
④ 양갱

> 제과에서 말하는 냉과는 냉장고에서 마무리하는 모든 과자를 뜻하며 젤리, 바바루아, 무스, 블라망제, 푸딩 등이 있다.

★★★★
6 푸딩을 제조할 때 경도의 조절은 어떤 재료에 의하여 결정되는가?

① 우유
② 설탕
③ 달걀
④ 소금

> 푸딩은 달걀의 농후화 작용을 기본으로 하여 만드는 제품으로 달걀의 사용량으로 경도 조절을 한다.

★★★★★
7 푸딩 제조 공정에 관한 설명으로 틀린 것은?

① 모든 재료를 섞어서 체에 거른다.
② 푸딩컵에 반죽을 부어 중탕으로 굽는다.
③ 우유와 설탕을 섞어 설탕이 캐러멜화될 때까지 끓인다.
④ 다른 그릇에 달걀, 소금 및 나머지 설탕을 넣고 혼합한 후 우유를 섞는다.

> 우유와 설탕을 섞어 끓기 직전인 80~90℃까지 데운다.

★★★★
8 푸딩에 대한 설명 중 맞는 것은?

① 우유와 설탕은 120℃로 데운 후 달걀과 소금을 넣어 혼합한다.
② 우유와 소금의 혼합 비율은 100 : 10이다.
③ 달걀의 열변성에 의한 농후화 작용을 이용한 제품이다.
④ 육류, 과일, 야채, 빵을 섞어 만들지는 않는다.

> ① 우유와 설탕은 80~90℃까지 데운다.
> ② 우유와 소금의 혼합 비율은 100 : 1 정도이다.
> ④ 브레드 푸딩처럼 육류, 과일, 야채, 빵을 섞어 만들기도 한다.

정답 1② 2③ 3② 4③ 5① 6③ 7③ 8③

9 커스터드 푸딩(Custard Pudding)을 제조할 때 설탕 : 달걀의 사용 비율로 적합한 것은?

① 1 : 1
② 1 : 2
③ 2 : 1
④ 3 : 2

푸딩의 제조 시 설탕과 달걀의 비는 1 : 2의 비율이다.

10 커스터드 푸딩은 틀에 몇 % 정도 채우는가?

① 55%
② 75%
③ 95%
④ 115%

푸딩은 거의 팽창을 하지 않기 때문에 틀 높이의 95%까지 채운다.

11 커스터드 푸딩을 컵에 채워 몇 ℃의 오븐에서 중탕으로 굽는 것이 가장 적당한가?

① 160~170℃
② 190~200℃
③ 210~220℃
④ 230~240℃

푸딩은 160~170℃의 오븐 온도에서 중탕으로 굽는다. 굽기 온도가 너무 높으면 표면에 기포가 생긴다.

12 캐러멜 커스터드 푸딩에서 캐러멜 소스는 푸딩컵의 어느 정도 깊이로 붓는 것이 적합한가?

① 0.2cm
② 0.4cm
③ 0.6cm
④ 0.8cm

• 캐러멜 커스터드 푸딩은 반죽을 팬에 붓기 전에 캐러멜 소스를 푸딩컵에 0.2cm 정도의 깊이로 붓는다.
• 캐러멜 소스를 많이 부으면 굽는 도중 반죽에 흡수되어 제품에 얼룩이 생기거나 색에 영향을 미친다.

13 푸딩 표면에 기포 자국이 많이 생기는 경우는?

① 가열이 지나친 경우
② 달걀의 양이 많은 경우
③ 달걀이 오래된 경우
④ 오븐 온도가 낮은 경우

푸딩은 160~170℃의 오븐에서 중탕으로 구우며, 굽기 온도가 너무 높으면 표면에 기포 자국이 생긴다.

14 밤과자의 성형에 대한 설명으로 틀리는 것은?

① 반죽을 한 덩어리로 만들어 즉시 분할한다.
② 반죽과 내용물의 되기를 동일하게 한다.
③ 성형 후 물을 뿌려 덧가루를 제거한다.
④ 껍질의 두께가 일정하도록 내용물을 싼다.

밤과자는 반죽을 한 덩어리로 만들어 면포로 싼 후 20분간 냉장 휴지시킨다.

15 밤과자를 성형한 후 물을 뿌려주는 이유가 아닌 것은?

① 덧가루의 제거
② 굽기 후 철판에서 분리 용이
③ 껍질색의 균일화
④ 껍질의 터짐 방지

밤과자를 성형한 후 물을 뿌리면 수분으로 인하여 굽기 후 철판에 들러붙는다.

16 로-마지팬(Raw Mazipan)에서 아몬드 : 설탕의 적합한 혼합 비율은?

① 1 : 0.5
② 1 : 1.5
③ 1 : 2.5
④ 1 : 3.5

로-마지팬은 부재료용 마지팬을 말하며, 마지팬은 설탕과 아몬드의 혼합 비율이 1:1이며, 로-마지팬은 아몬드와 설탕의 적정한 비율이 1 : 0.5이다.

정답 9 ② 10 ③ 11 ① 12 ① 13 ① 14 ① 15 ② 16 ①

섹션 04 | 제품별 제과법 **241**

제품평가

1 ★★★★★
제과 제품을 평가하는데 있어 외부 특성에 해당하지 않는 것은?

① 부피 　　　　② 껍질색
③ 기공 　　　　④ 균형

> • 외부 특성 : 부피, 껍질색, 형태의 균형, 껍질의 특성
> • 내부 특성 : 기공, 속 색, 향, 맛, 조직

2 ★★
과자 제품의 평가 시 내부적 평가요인이 아닌 것은?

① 맛 　　　　　② 속 색
③ 기공 　　　　④ 부피

> 부피는 제품평가에 있어서 외부 특성에 해당한다.

3 ★★★
케이크의 부피가 작아지는 원인에 해당하는 것은?

① 강력분을 사용한 경우
② 액체 재료가 적은 경우
③ 크림성이 좋은 유지를 사용한 경우
④ 달걀 양이 많은 반죽의 경우

> 강력분은 단백질 함량이 높아 글루텐이 많이 형성되어 반죽의 탄력성이 커져 최종제품의 부피를 작고 딱딱하게 만든다.
> ② 제품이 딱딱해져 식감이 나쁘다.
> ③ 크림성이 좋은 유지는 부피를 크게 한다.
> ④ 달걀의 공기 포집 능력으로 부피가 커지지만 너무 많은 양을 사용할 경우 굽기 과정 후 찌그러질 수 있다.

4 ★★
케이크 제품의 굽기 후 제품 부피가 기준보다 작은 경우의 원인이 아닌 것은?

① 틀의 바닥에 공기나 물이 들어갔다.
② 반죽의 비중이 높았다.
③ 오븐의 굽기 온도가 높았다.
④ 반죽을 팬닝 한 후 오래 방치했다.

> 틀의 바닥에 공기나 물이 들어가면 바닥면이 오목하게 들어가는 현상이 나타난다.

5 ★★
다음 중 케이크 제품의 부피 변화에 대한 설명이 틀린 것은?

① 달걀은 혼합 중 공기를 보유하는 능력을 가지고 있으므로 달걀이 부족한 반죽은 부피가 줄어든다.
② 크림법으로 만드는 반죽에 사용하는 유지의 크림성이 나쁘면 부피가 작아진다.
③ 오븐 온도가 높으면 껍질 형성이 빨라 팽창에 제한을 받아 부피가 작아진다.
④ 오븐 온도가 높으면 지나친 수분의 손실로 최종 부피가 커진다.

> 오븐 온도가 낮을 때 수분 손실이 많아져 최종 부피가 작아진다.

6 ★★★★★
반죽형 케이크의 결점과 원인의 연결이 잘못된 것은?

① 고율배합 케이크의 부피가 작음 – 설탕과 액체 재료의 사용량이 적었다.
② 굽는 동안 부풀어 올랐다가 가라앉음 – 설탕과 팽창제 사용량이 많았다.
③ 케이크 껍질에 반점이 생김 – 입자가 굵고 크기가 서로 다른 설탕을 사용했다.
④ 케이크가 단단하고 질김 – 고율배합 케이크에 맞지 않은 밀가루를 사용했다.

> 고율배합 케이크에 설탕과 액체 재료의 사용량이 많으면 제품을 지탱하는 구조력이 약해져 부피가 작아진다.

7 ★★
완성된 반죽형 케이크가 단단하고 질길 때 그 원인이 아닌 것은?

① 부적절한 밀가루의 사용
② 달걀의 과다 사용
③ 높은 굽기 온도
④ 팽창제의 과다 사용

> 팽창제는 제품의 식감을 부드럽게 하고 유연하게 하는 역할에 관여한다.

정답 1 ③　2 ④　3 ①　4 ①　5 ④　6 ①　7 ④

8 다음 설명 중 기공이 열리고 조직이 거칠어지는 원인이 아닌 것은? ★★

① 크림화가 지나쳐 많은 공기가 혼입되고 큰 공기 방울이 반죽에 남아있다.
② 기공이 열리면 탄력성이 증가되어 거칠고 부스러지는 조직이 된다.
③ 과도한 팽창제는 필요량 이상의 가스를 발생하여 기공에 압력을 가해 기공이 열리고 조직이 거칠어진다.
④ 낮은 온도의 오븐에서 구우면 가스가 천천히 발생하여 크고 열린 기공을 만든다.

> 과도한 공기 혼입이나 가스가 발생하면 기공이 열리고 조직이 거칠어진다. 기공이 열리면 반죽의 탄력성이 감소하여 거칠고 부스러지는 조직이 된다.

9 구워낸 케이크 제품이 너무 딱딱한 경우 그 원인으로 틀린 것은? ★★★

① 배합비에서 설탕의 비율이 높을 때
② 밀가루의 단백질 함량이 너무 많을 때
③ 높은 오븐 온도에서 구웠을 때
④ 장시간 굽기 했을 때

> 설탕은 밀가루 단백질을 부드럽게 해주고, 수분을 보유하여 촉촉하고 부드러움을 지속시켜주는 기능을 한다.

10 반죽형 케이크를 구웠더니 너무 가볍고 부서지는 현상이 나타났다. 그 원인이 아닌 것은? ★★★★

① 반죽에 밀가루 양이 많았다.
② 반죽의 크림화가 지나쳤다.
③ 팽창제 사용량이 많았다.
④ 쇼트닝 사용량이 많았다.

> 밀가루의 단백질은 제품의 모양과 형태를 유지하는 구조력이 강하기 때문에 밀가루의 양이 많으면 반죽의 비중이 높아 무거우며 딱딱한 식감을 가지게 된다.

11 반죽형 케이크 제조 시 분리 현상이 일어나는 원인이 아닌 것은? ★★★

① 반죽 온도가 낮다.
② 노른자 사용 비율이 높다.
③ 반죽 중 수분량이 많다.
④ 일시에 투입하는 달걀의 양이 많다.

> 노른자에는 레시틴이라는 천연유화제가 있어 반죽의 분리 현상을 감소시키거나 방지해 준다.

chapter 04

GIBOONPA

Craftsman Confectionary·Breads Making

CHAPTER

05

제빵이론

How To Study

이 과목은 제빵기능사 단독과목으로 26~27문항이 출제됩니다. 제빵기능사에서 가장 중요한 부분으로 학습할 양도 많습니다. 제빵 순서에 대한 부분에서 가장 출제비율이 높으니 가장 중점적으로 학습하시기 바랍니다.

Craftsman Confectionary & Breads Making

제빵 개요

[출제문항수 : 0~1문제] 제빵에 대한 개요 부분으로 출제는 거의 되지 않는 부분입니다.

01 빵의 정의와 분류

1 빵의 정의

밀가루, 물, 이스트, 소금을 기본재료로 하여 제품에 따라 유제품, 당류, 달걀, 유지 등을 첨가하여 배합한 후 반죽을 발효시켜 굽기, 찜, 튀김으로 익힌 것이다.

2 빵의 일반적 분류

1) 식빵류

주로 식사용으로 사용하거나 요리를 보완하기 위하여 사용하는 제품

팬 브레드 (Pan bread)	사각 팬에 넣어 굽는 빵 ⑩ 산형 식빵, 풀먼 식빵, 전밀 식빵, 건포도 식빵, 호밀빵, 옥수수 식빵 등
하스브레드 (Hearth bread)	팬을 사용하지 않고 오븐에 직접 닿게 하여 굽는 빵 ⑩ 프랑스빵, 비엔나빵, 아이리시빵, 이탈리아빵, 독일빵 등
평철판에 넣고 굽는 빵	소프트 롤 같이 평철판을 사용하여 구운 제품

2) 과자빵류

주로 간식용으로 먹는 빵으로 설탕과 유지가 많이 사용된다.

일반적인 과자빵	가장 많이 사용되는 일본계 과자 빵류이다. ⑩ 팥 앙금빵, 소보로빵, 크림빵, 버터 빵 등
스위트류	당이 많이 첨가된 미국계 과자 빵류이다. ⑩ 스위트롤, 커피 케이크, 번즈 등
고배합류	설탕과 유지가 많이 첨가된 프랑스계 과자 빵류이다. ⑩ 브리오슈, 크로와상 등

3) 특수빵류

밀가루 이외에 다른 곡물(곡류, 견과류, 야채류 등)을 섞었거나 굽는 방법이 특수한 빵 등

굽는 제품	러스크, 토스트와 같은 완제품을 다른 형태의 제품으로 다시 굽는 제품
찌는 제품	찜빵, 찜 케이크 등 스팀을 이용하여 찌는 제품
튀기는 제품	빵도넛, 크로켓 등의 튀겨 익히는 제품

4) 조리빵류

샌드위치, 피자, 햄버거, 카레 빵 등과 같이 반죽에 여러 가지 조미 재료를 첨가한 제품

③ 팽창 방법에 따른 분류

발효빵	• 이스트를 사용하여 발효에 의한 팽창을 하는 방법으로 대부분의 식빵이 해당됨
무발효빵	• 이스트를 사용하지 않고 화학 팽창제를 사용하여 발효 과정 없이 반죽을 팽창시켜 만든 제품 • 발효빵에 비하여 풍미가 떨어지나 공정이 단축된다.

▶ **빵의 팽창 방법**
- 이스트에 의한 발효 활동 생성물(탄산가스)에 의한 팽창
- 알코올이나 수증기에 의한 팽창
- 글루텐의 공기 포집에 의한 팽창

▶ **비교) 과자의 팽창 방법**
- 달걀을 휘핑하여 만들어진 거품이 반죽 속에 공기방울을 형성
- 유지는 밀가루 반죽 속의 유지층이 공기를 포집

SECTION 02 제빵 순서

[출제문항수 : 17~20문제] 제빵에서 가장 많이 출제되는 부분입니다. 많이 출제되는 만큼 학습할 양도 많습니다. 제빵의 각 과정에 따른 중요한 부분을 교재의 내용과 기출문제 위주로 꼼꼼하게 학습하시기 바랍니다.

제빵 기본 제조공정

 ❶ 제빵법 결정

 ❷ 배합표 작성
• 재료의 양 계산

 ❸ 재료 계량
• 재료 양 등을 측정

 ❹ 원료의 전처리
• 제질
• 물에 풀거나 실온보관

 ❺ 믹싱
• 믹서기에 넣고 반죽

 ❻ 1차 발효

 ❼ 성형
분할 → 둥글리기 →
중간발효 → 정형

 ❽ 팬닝

 ❾ 2차 발효

 ❿ 굽기

 ⓫ 냉각

 ⓬ 포장

※ 제빵 순서는 빵의 제법에 따라 달라지며, 여기서는 스트레이트법의 순서대로 공정을 설명한다.

01 배합표 작성

1 개요

① 빵을 만드는 데 필요한 재료의 종류와 양을 숫자로 표시한 것을 말한다.
② 배합표는 빵의 생산기준으로 재료의 사용량을 파악하고 원가를 산출할 수 있다.

2 배합표의 종류

1) Baker's % (Baker's percent, 베이커스 퍼센트)

① 밀가루의 양을 100%로 보고, 그 외의 재료들이 차지하는 비율을 %로 나타낸 것
② 베이커스 퍼센트로 표시한 배합률과 밀가루의 사용량을 알면 나머지 재료들의 무게를 구할 수 있다.

> ▶ Baker's % 배합량 계산
> • 각 재료의 무게(g) = 밀가루의 무게(g) × 각 재료의 비율(%)
> • 밀가루의 무게(g) = $\dfrac{총반죽 무게(g) × 밀가루 비율(\%)}{총 배합률(\%)}$
> • 총반죽 무게(g) = $\dfrac{밀가루의 무게(g) × 총 배합률(\%)}{밀가루 비율(\%)}$

2) True % (백분율)

전 재료의 양을 100%로 보고 각 재료가 차지하는 양을 %로 표시하는 방법

02 재료의 계량과 전처리

1 재료 계량

① 가루나 덩어리 재료는 저울로 무게를 정확히 잰다.
② 액체 재료는 메스실린더와 같은 부피 측정기구를 이용하여 정확히 측정한다.
③ 소금은 이스트의 발효력을 약화시키기 때문에 이스트와 소금은 함께 계량하지 않는다.

2 원료의 전처리

계량된 재료들은 반죽하기 전 전처리를 한다.

① 가루 재료 : 밀가루, 탈지분유, 설탕 등의 분말 상태의 재료는 체질하여 사용한다.

② 생이스트

- 밀가루에 잘게 부셔서 넣거나 물에 녹여 사용한다.
- 생이스트는 물과 만나면 활성화가 되기 때문에 이스트 양의 4~5배의 물(30℃ 정도)에 녹여 즉시 사용하여야 한다.
- 이스트 푸드 : 이스트와 함께 사용하지 않고 별도로 가루 재료에 직접 혼합하여 사용한다.

④ 탈지분유

- 수분이 있으면 덩어리가 되기 쉽고 용해가 잘되지 않으므로 설탕이나 밀가루에 분산시키거나 물에 풀어 사용한다.
- 제빵 시 탈지분유를 3~6% 첨가하면 믹싱 내구성과 발효 내구성을 높이고, 표피 색을 진하게 하며, 흡수율을 증가시킨다.

⑤ 유지 : 사용 전에 냉장고에서 꺼내어 실온에서 보관하여 약간의 유연성을 회복한 후 사용한다.

⑥ 물 : 물은 흡수율을 고려하여 양을 정하고, 반죽 온도에 맞도록 온도를 조절한다.

▶ 가루 재료를 체질하여 사용하는 이유
- 가루 속에 불순물이나 덩어리를 제거하기 위해서
- 공기를 혼입시켜 이스트의 활성을 돕기 위해서
- 흡수율을 증가시키기 위해서
- 재료들이 고르게 분산되게 하기 위해서

▶ 유지의 적정 함량
다른 재료의 양이 모두 동일하다고 보았을 때 유지는 4% 정도 넣었을 때 가장 좋은 부피를 얻을 수 있다.
유지의 함량이 너무 적거나 많으면 부피가 작아진다.

▶ 제빵에서 물의 양이 부족하면
부피가 작아지고, 수율이 낮아지며, 향이 강하고, 노화가 빨라진다.

03 믹싱 (Mixing)

반죽에 사용될 재료를 믹서기에 넣고 반죽하는 공정을 말한다.

1 믹싱의 목적

① 배합재료를 균일하게 혼합한다.
② 밀가루 전분에 물을 흡수시키는 수화작용을 한다.
③ 밀가루 단백질이 물과 결합하여 글루텐을 형성·발전시킨다.
④ 반죽에 공기를 혼입시키고, 이스트가 발효되어 생성되는 탄산가스를 보유할 수 있도록 해준다.
⑤ 빵에 탄력성, 신장성, 가소성, 흐름성 등을 부여한다.

2 반죽의 물리적 특성

① 점성 : 유동성이 있는 물체에 있어서 흐름에 대한 저항 성질
② 탄성 : 외부의 힘에 의해 변형된 물체가 원래의 상태로 돌아가려는 성질
③ 점탄성 : 점성과 탄성을 동시에 가지고 있는 성질
④ 신장성 : 반죽이 늘어나는 성질
⑤ 흐름성 : 반죽이 팬이나 용기에 가득 차도록 흐르는 성질
⑥ 가소성 : 외력에 의해 형태가 변한 물체가 외력이 없어져도 원래의 형태로 돌아가지 않는 성질

탄성   점성   점탄성

3 믹싱의 6단계

1 픽업 단계 (Pick up stage, 혼합단계)

물건을 가져오다, 즉 반죽에 필요한 재료를 모아 섞는다는 의미

① 유지를 제외한 모든 재료를 물과 함께 믹서에 넣고 저속으로 1~2분 정도 돌려 진흙과 비슷하게 만드는 단계이다.
② 반죽은 끈기가 없고 끈적거리는 상태이다.

2 클린업 단계 (Clean up stage, 청결단계)

반죽이 끈적임이 없어 손에 반죽이 거의 묻지 않고 깨끗하다는 의미

① 반죽이 한 덩어리로 뭉쳐 어느 정도 수화가 완료되고, 글루텐이 형성되기 시작하는 단계이다.
② 반죽은 약간 건조하며, 믹서 볼 안쪽 면이 깨끗해진다.
③ 유지는 밀가루의 수화를 방해하므로 반죽이 수화되어 덩어리를 형성하는 클린업 단계에 첨가한다.
④ 스펀지/도법의 스펀지 반죽은 클린업 단계까지 믹싱한다.

▶ 후염법
소금은 글루텐을 강화시켜 반죽의 물성을 단단하고 탄력 있게 만들기 때문에 어느 정도 반죽이 혼합된 후(클린업 단계 직후)에 소금을 넣으면 믹싱 시간을 단축시킬 수 있다.

3 발전 단계 (Development stage)

반죽의 탄력이 가장 발전된 단계로 늘어뜨리면 구멍이 생기고 끊어지는 의미

① 글루텐이 가장 많이 생성되어 탄력성이 강한 단계이다.
② 반죽은 건조하고 매끈해진다.
③ 글루텐이 강하여 믹서기에 부하가 가장 많이 걸린다.
④ 프랑스빵 등의 하스브레드는 발전 단계까지 반죽한다.

4 최종 단계 (Final stage)

반죽을 늘릴 때 매끄럽고 얇은 막처럼 늘어나는 단계

① 글루텐이 결합하는 마지막 단계로 탄력성과 신장성이 가장 좋으며 반죽이 부드럽고 윤이 난다.
② 반죽이 얇고 균일한 필름 막을 형성한다.
③ 빵 반죽에 있어서 최적의 상태로 특별한 종류를 제외한 대부분의 제품이 이 단계에서 반죽을 마무리한다.
④ 건포도 식빵, 옥수수 식빵, 야채 식빵을 만들 때 건포도, 옥수수, 야채는 최종단계 후에 넣는 것이 좋다.

[최종 단계]

5 렛 다운 단계 (Let down stage, 지친 단계)

반죽이 늘어지고 손에 묻어나며 탄력이 없어 늘릴 때 끊어짐

① 최종단계를 넘어선 과반죽의 상태로 글루텐의 구조가 다소 파괴되는 단계이다.
② 반죽이 처지고 탄력성을 잃으며, 질게 보이고, 끈적끈적하고, 느슨해진다. 신장성은 최대가 된다.
③ 잉글리시 머핀, 햄버거빵 등은 퍼짐성이 좋아야 하므로 렛 다운 단계까지 반죽을 한다.

▶ 반죽의 믹싱 속도

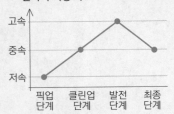

• 재료의 균일한 분산과 혼합을 할 때는 저속 믹싱
• 반죽에 신장성, 탄력성, 점탄성 등을 부여할 때 고속 믹싱
• 고속으로 배합된 반죽이 저속으로 배합된 반죽보다 발효 시간이 약간 짧아진다.

6 브레이크다운 단계 (Break down stage, 파괴 단계)

흐물흐물해질 만큼 탄력이 없음

① 글루텐이 완전히 파괴되어 탄력성과 신장성이 줄어들어 결합력이 거의 없어지는 단계이다.
② 빵을 만들기에 부적합한 단계이다.
③ 파괴 단계의 반죽을 구우면 팽창이 거의 일어나지 않고 제품이 거칠며 신맛이 난다.

4 반죽의 상태

최적 믹싱	① 가장 좋은 상태의 빵을 만들 수 있는 반죽의 상태로 각각의 제품에 따라 최적 상태는 달라질 수 있다. ② 일반적인 빵의 최적 믹싱은 최종단계에서 반죽을 마무리한다.
언더 믹싱 (반죽 부족)	① 반죽이 최적의 믹싱 상태에 미치지 못한 반죽을 말하며, 어린 반죽이라고도 한다. ② 어린 반죽은 작업성이 떨어지고, 빵의 부피가 작으며 속결이 좋지 않다.
오버 믹싱 (반죽 과다)	① 반죽이 최적의 믹싱 상태를 지나쳐 오래 반죽한 것을 말하며, '지친 반죽'이라고도 한다. ② 지친 반죽은 반죽이 끈적이고 저항력이 없으며 작업성이 떨어진다. ③ 지친 반죽을 구우면 부피가 작고 속결이 두꺼운 제품이 된다. ④ 지친 반죽은 플로어 타임을 길게 가지면 어느 정도 회복시킬 수 있다.

▶ 오버 믹싱일 경우 조치
  • 신속하게 분할하고 성형한다.
  • 반죽 온도를 내린다.
  • 산화제를 사용하여 반죽에 탄력성과 신장성을 좋게 한다.

5 반죽의 흡수율에 영향을 주는 요인

요인	내용
밀가루	단백질의 양이 많고, 질이 좋으며, 숙성이 잘 될수록 흡수율이 높음 (단백질 1% 증가 → 흡수율은 1.5% 증가)
반죽 온도	반죽 온도가 높으면 흡수율 감소, 반죽 온도가 낮으면 흡수율 증가 (반죽 온도가 ±5℃ 증감할 때 흡수율은 ∓3% 감증)
탈지분유	분유 1% 증가 → 흡수율 0.75~1% 증가
설탕	설탕 5% 증가 → 흡수율 1% 감소
손상 전분	손상 전분 1% 증가 → 흡수율은 2% 정도 증가
소금 첨가 시기	• 소금을 픽업 단계(초기 단계)에 넣으면 흡수율 약 8% 감소 • 밀가루의 수화가 완료되는 클린업 단계 직후에 넣으면 흡수율 증가(후염법)
물	• 연수 사용 : 흡수량 감소 (글루텐이 약해짐) • 경수 사용 : 흡수량 증가 (글루텐이 강해짐)
유화제	유화제 사용량 증가 → 흡수율 증가
제빵법	제빵법에 따라 흡수율이 달라짐

▶ 보충해설
  • 물을 많이 흡수하는 밀가루일수록 제빵용으로 좋다.
  • 반죽 온도가 ±5℃ 증감할 때 흡수율은 ∓3% 감증의 의미 : 5℃ 상승 시 흡수율 3% 감소, 5℃ 하강 시 흡수율 3% 증가
  • 소금을 픽업 단계에 넣으면 수화를 더디게 하고 글루텐을 단단하게 하여 흡수율이 감소
  • 제빵에 사용되는 물은 아경수(120~180ppm 미만)가 적당
  • 유화제의 사용량이 많으면 물과 기름의 결합을 좋게 하여 흡수율이 증가됨

6 반죽 시간에 영향을 주는 요인

▶ 보충해설
- 분유나 우유의 사용량이 많으면 단백질의 구조를 강하게 하여 반죽 시간이 길어진다.
- 설탕량이 많으면 반죽의 구조가 약해지므로 반죽 시간이 오래 걸린다.
- 설탕량이 적으면 밀가루 단백질의 비율이 높아져 반죽 시간이 짧아진다.
- 후염법으로 믹싱하면 반죽 시간을 20% 정도 줄일 수 있다.
- 산화제는 반죽에 힘을 주어 반죽 시간을 길게 한다.
- 환원제는 글루텐을 약화시켜 반죽 시간을 짧게 한다.

요인	반죽 시간 길어짐	반죽 시간 짧아짐
반죽량	많을수록	적을수록
믹싱기의 속도	느릴수록	빠를수록
밀가루	단백질의 양이 많고, 질이 좋을수록	단백질의 양이 적고, 질이 나쁠수록
반죽의 되기	반죽이 질수록	반죽이 될수록
반죽 온도	온도가 낮을수록	온도가 높을수록
pH	pH 5.0(글루텐 질김)	pH 5.5 이상(글루텐 약화)
분유(우유)	사용량 많을수록	사용량 적을수록
설탕	사용량 많을수록	사용량 적을수록
유지의 양	사용량이 많을수록	사용량이 적을수록
소금 첨가 시기	픽업 단계(초기)	클린업 단계 직후(후염법)
유지 투입시기	픽업 단계(초기)	클린업 단계
산화제와 환원제	산화제	환원제

7 반죽의 온도 조절

1) 반죽 온도
   ① 반죽 온도에 가장 많은 영향을 주는 재료 : 물과 밀가루
   ② 온도 조절이 가장 쉬운 물을 사용하여 반죽 온도를 조절한다.
   ③ 반죽에 사용하는 물의 온도는 밀가루 온도와 작업장의 실내 온도, 마찰계수를 포함하여 계산한다.

▶ 반죽 온도 조절 시 계산 순서

마찰계수 → 물 온도 계산 → 얼음 사용량
- 마찰계수 : 반죽기 내에서 반죽과 믹서 볼의 마찰에 의해서 발생하는 마찰열을 말한다.
- 반죽 결과 온도 : 반죽이 종료된 후의 반죽 온도
- 반죽 희망 온도 : 반죽 후 원하는 결과 온도

2) 스트레이트법에서의 반죽 온도 계산

- 마찰계수 = (결과 반죽 온도×3) − (실내 온도＋밀가루 온도＋수돗물 온도)
- 물 온도 = (희망 반죽 온도×3) − (실내 온도＋밀가루 온도＋마찰계수)

3) 스펀지/도법에서의 물 온도 계산

- 마찰계수 = (결과 반죽 온도×4) − (실내 온도 ＋ 밀가루 온도 ＋ 수돗물 온도 ＋ 스펀지 반죽 온도)
- 물 온도 = (희망 반죽 온도×4) − (실내 온도＋밀가루 온도＋마찰계수＋스펀지 반죽 온도)

배합표 및 전처리

1 ★★★
베이커스 퍼센트(Baker's Percent)에 대한 설명으로 맞는 것은?

① 전체 재료의 양을 100%로 하는 것이다.
② 물의 양을 100%로 하는 것이다.
③ 밀가루의 양을 100%로 하는 것이다.
④ 물과 밀가루의 양의 합을 100%로 하는 것이다.

> 베이커스 퍼센트는 밀가루의 양을 100%로 보고, 그 외의 각 재료가 차지하는 비율을 %로 나타내는 방법이다.

2 ★★
다음은 식빵 배합표이다. ( ) 안에 적합한 것은?

> 강력분 100% 1,500g   설탕 (①)% 75g
> 이스트 3% (②)g   소금 2% 30g
> 버터 5% 75g   이스트 푸드 (③)% 1.5g
> 탈지분유 2% 30g   물 70% 1,050cc

① 5, 45, 0.01
② 5, 45, 0.1
③ 0.5, 4.5, 0.01
④ 50, 450, 1

> 설탕 $100 : 1500 = x : 75$ → $x = \dfrac{100 \times 75}{1500} = 5\%$
> 이스트 $100 : 1500 = 3 : x$ → $x = \dfrac{1500 \times 3}{100} = 45g$
> 이스트 푸드 $100 : 1500 = x : 1.5$ → $x = \dfrac{100 \times 1.5}{1500} = 0.1\%$

3 ★★★
식빵 배합률 합계는 180%이며 밀가루 총사용량은 3,000g이라면 이때 총 반죽의 무게는? (단, 기타 손실은 없음)

① 1,620g   ② 3,780g
③ 5,400g   ④ 5,800g

> 밀가루의 총사용량 3,000g을 100%로 보면 나머지 재료가 80%이므로 3,000g+(3,000×0.8) = 5,400g이 된다.

4 ★★★
500g의 식빵을 2개 만들려고 한다. 총 배합률은 180%이고 발효 손실은 1%, 굽기 손실은 12%라고 가정할 때 사용할 밀가루 무게는 약 얼마인가? (단, 계산의 답은 소수점 첫째 자리에서 반올림한다.)

① 319g
② 638g
③ 568g
④ 284g

> • 완제품의 무게 500g×2개 = 1,000g
> • 발효 손실을 감안한 반죽량 = $\dfrac{1,000g}{1-0.01}$ = 1,010g
> • 굽기 손실을 감안한 반죽량 = $\dfrac{1,010g}{1-0.12}$ = 1,148g
> • 밀가루 무게(g) = $\dfrac{\text{밀가루 비율(\%)} \times \text{총반죽 무게(g)}}{\text{총 배합률(\%)}}$
>   = $\dfrac{100\% \times 1,148g}{180\%}$ = 638g

5 ★
재료 계량에 대한 설명으로 틀린 것은?

① 저울을 사용하여 정확히 계량한다.
② 이스트와 소금과 설탕은 함께 계량한다.
③ 가루 재료는 서로 섞어 체질한다.
④ 사용할 물은 반죽 온도에 맞도록 조절한다.

> 소금은 이스트의 발효력을 약화시키기 때문에 같이 계량하지 않는다.

6 ★★★
식빵 배합에서 소맥분 대비 6%의 탈지분유를 사용할 때의 현상이 아닌 것은?

① 발효를 촉진시킨다.
② 믹싱 내구성을 높인다.
③ 표피 색을 진하게 한다.
④ 흡수율을 증가시킨다.

> 제빵 시 탈지분유를 첨가하면 발효 내구성을 높여 발효를 지연시킨다.

정답   1 ③   2 ②   3 ③   4 ②   5 ②   6 ①

chapter **05**

7 식빵 제조 시 최고 부피를 얻을 수 있는 유지의 양은?
(단, 다른 재료의 양은 모두 동일하다고 본다.) ★★

① 2%
② 4%
③ 8%
④ 12%

> 유지는 보통 4%일 때 좋은 부피를 얻을 수 있다.
> 유지의 함량이 너무 적거나 너무 많이 사용하면 오히려 부피가 적다.

8 제빵에서 물의 양이 적량보다 적을 경우 나타나는 결과와 거리가 먼 것은? ★★★

① 수율이 낮다.
② 향이 강하다.
③ 부피가 크다.
④ 노화가 빠르다.

> 빵의 부피는 가스 발생력과 가스 보유력이 중요한 역할을 하며, 물의 양이 적으면 가스 보유력이 떨어져 빵의 부피가 작아진다.

믹싱

1 제빵 시 믹싱(Mixing)의 목적과 거리가 먼 것은? ★★★

① 재료의 균일한 혼합
② 탄산가스 생성
③ 충분한 수화(Hydration)
④ 글루텐 형성

> 탄산가스의 생성은 이스트가 발효되어 생성되는 것으로 믹싱과는 관계없다.

2 반죽이 팬 또는 용기에 가득 차는 성질과 관련된 것은? ★★★

① 흐름성
② 가소성
③ 탄성
④ 점탄성

> 흐름성은 반죽이 용기나 팬에 흘러 들어가 가득 차게 하는 성질이다.

3 다음의 제품 중에서 믹싱을 가장 적게 해도 되는 것은? ★★★

① 프랑스빵
② 식빵
③ 단과자빵
④ 데니시 페이스트리

> 데니시 페이스트리는 밀어펴는 과정에서 글루텐이 형성되기 때문에 믹싱을 많이 하지 않는다.

4 믹싱(Mixing) 시 글루텐이 형성되기 시작하는 단계는? ★★★

① 픽업 단계(Pick Up Stage)
② 발전 단계(Development Stage)
③ 클린업 단계(Clean Up Stage)
④ 렛 다운 단계(Let Down Stage)

> 믹싱 시 글루텐이 형성되기 시작하는 단계는 클린업 단계이다.

5 제빵 시 유지를 투입하는 반죽의 단계는? ★★★

① 픽업 단계
② 클린업 단계
③ 발전 단계
④ 최종 단계

> 유지는 밀가루의 수화를 방해하므로 반죽이 어느 정도 혼합된 클린업 단계에 넣는 것이 좋다.

6 반죽 시 후염법에서 소금의 투입단계는? ★★★

① 각 재료와 함께 섞는다.
② 픽업 단계 직전에 투입한다.
③ 클린업 단계 직후에 넣는다.
④ 믹싱이 끝날 때 넣어 혼합한다.

> 소금은 글루텐을 단단하게 하여 흡수율을 감소시키기 때문에 클린업 단계 직후에 넣으면 반죽 시간을 단축시킬 수 있다.

7 다음 중 후염법의 가장 큰 장점은?

① 반죽 시간이 단축된다.
② 발효가 빨리 된다.
③ 밀가루의 수분 흡수가 방지된다.
④ 빵이 더욱 부드럽게 된다.

소금을 청결 단계(클린업 단계) 직후에 넣는 것이 후염법이며, 후염법을 사용하면 반죽 시간이 단축된다.

8 반죽의 변화 단계에서 생기 있는 외관이 되며 매끄럽고 부드러우며 탄력성이 증가되어 강하고 단단한 반죽이 되었을 때의 상태는?

① 클린업 상태(Clean Up)
② 픽업 상태(Pick Up)
③ 발전 상태(Development)
④ 렛 다운 상태(Let Down)

발전 단계에서는 글루텐이 가장 많이 생성되어 외관이 매끄럽고 부드러우며, 탄력성이 증가하여 강하고 단단한 반죽이 된다.

9 일반적인 빵 반죽(믹싱)의 최적 반죽 단계는?

① 픽업 단계　　② 클린업 단계
③ 발전 단계　　④ 최종 단계

반죽의 최종 단계는 글루텐이 결합하는 마지막 단계로 탄력성과 신장성이 가장 좋고, 반죽이 부드럽고 윤이 난다. 식빵을 비롯한 대부분의 빵이 이 단계에서 믹싱을 완료한다.

10 건포도 식빵, 옥수수식빵, 야채식빵을 만들 때 건포도, 옥수수, 야채는 믹싱의 어느 단계에 넣는 것이 좋은가?

① 최종 단계 후　　② 클린업 단계 후
③ 발전 단계 후　　④ 렛 다운 단계 후

건포도, 옥수수, 야채는 최종단계 전에 넣으면 글루텐 형성을 방해하기 때문에 최종단계 이후에 넣는 것이 좋다.

11 반죽제조 단계 중 렛 다운(Let Down) 상태까지 믹싱하는 제품으로 적당한 것은?

① 옥수수식빵, 밤식빵
② 크림빵, 앙금빵
③ 바게트, 프랑스빵
④ 잉글리시 머핀, 햄버거빵

잉글리시 머핀, 햄버거빵은 퍼짐성이 좋아야 하므로 렛 다운 단계까지 믹싱한다.

12 반죽의 믹싱 단계 중 탄력성과 신장성이 상실되고 반죽에 생기가 없어지면서 글루텐 조직이 흩어지는 것은?

① 픽업 단계
② 브레이크 다운 단계
③ 렛 다운 단계
④ 클린업 단계

파괴 단계(브레이크 다운 단계)는 글루텐이 완전히 파괴되어 반죽이 탄력성과 신장성을 상실하여 빵을 만들기에 부적합해지는 단계이다.

13 반죽 혼합에 관한 설명 중 틀린 것은?

① 모든 재료를 골고루 수화시켜 하나의 반죽으로 만든다.
② 브레이크 다운 단계는 반죽이 건조하고 부드러운 상태이다.
③ 반죽 형성 후기단계는 반죽이 얇고 균일한 필름 막을 형성한다.
④ 반죽에 글루텐을 형성한다.

14 믹서(Mixer)의 회전속도가 반죽의 발효 시간에 미치는 영향 중 가장 옳은 것은?

① 고속으로 배합된 반죽이나 저속으로 배합된 반죽은 발효 시간과는 무관하다.
② 고속으로 배합된 반죽이 저속으로 배합된 반죽보다 발효 시간이 약간 짧아진다.
③ 고속으로 배합된 반죽이 저속으로 배합된 반죽보다 발효 시간이 약간 길어진다.

chapter **05**

정답　7 ①　8 ③　9 ④　10 ①　11 ④　12 ②　13 ②　14 ②

④ 고속 및 저속으로 배합된 반죽이 발효 시간과 무관하나 중간발효에서 다소 차이가 있다.

> 제빵 반죽 시 믹서의 회전속도는 픽업 단계(저속) → 클린업 단계(중속) → 발전 단계(고속) → 최종단계(중속)로 하며, 고속으로 배합된 반죽이 저속으로 배합된 반죽보다 발효 시간이 짧아진다.

15 ★★
빵의 혼합이 지나쳤을 경우 조치할 사항으로 잘못된 것은?

① 산화제를 사용한다.
② 신속하게 분할하고 성형한다.
③ 반죽 온도를 내린다.
④ 환원제를 사용한다.

> 반죽에 산화제를 사용하면 반죽에 힘을 주어 탄력성과 신장성을 좋게 만들고, 환원제를 사용하면 글루텐을 연화시킨다. 믹싱이 지나친 경우 환원제를 사용하면 반죽의 구조를 연화시켜 좋지 않다.

16 ★★★
밀가루 속의 단백질 함량은 반죽(Dough)의 흡수율에 밀접한 관련이 있다고 한다. 일반적으로 단백질 1%에 대하여 반죽 흡수율은 얼마나 증가되는가?

① 약 1.5%
② 약 2.5%
③ 약 3.5%
④ 약 5%

> 일반적으로 단백질이 1% 증가하면 반죽 흡수율은 1.5% 증가한다.

17 ★★
반죽 온도가 25℃일 때 반죽의 흡수율이 61%인 조건에서 반죽 온도를 30℃로 조정하면 흡수율은 얼마가 되는가?

① 55%   ② 58%
③ 62%   ④ 65%

> 반죽 온도가 ±5℃ 증감할 때 흡수율은 ∓3% 감증한다. 온도가 5℃ 증가하였으므로 흡수율은 3% 감소한다.
> 흡수율 61%에서 3% 감소하므로 58%가 된다.

18 ★★★
분유를 사용하지 않은 반죽이 59%의 수분을 흡수하였다면 분유 3% 사용 시 흡수율은 몇 %가 되겠는가?

① 46%   ② 57%
③ 62%   ④ 76%

> 분유 1% 증가 시 흡수율은 약 1% 증가하므로, 분유 3%를 첨가하면 흡수율도 3% 늘어난다. 즉 59+3 = 62%

19 ★★★
다음의 재료 중 많이 사용할 때 반죽의 흡수량이 감소하는 것은?

① 활성 글루텐
② 손상 전분
③ 유화제
④ 설탕

> 설탕 5% 증가할 때 흡수율은 1% 감소한다. 활성 글루텐, 손상 전분, 유화제는 흡수량을 증가시킨다.

20 ★
손상된 전분 1% 증가 시 흡수율의 변화는?

① 2% 감소   ② 1% 감소
③ 1% 증가   ④ 2% 증가

> 밀가루의 성분 중 손상 전분이 1% 증가하면 흡수율은 2% 증가한다.

21 ★★
빵 반죽의 흡수율에 영향을 미치는 요소에 대한 설명으로 옳은 것은?

① 설탕 5% 증가 시 흡수율은 1%씩 감소한다.
② 빵 반죽에 알맞은 물은 경수(센물)보다 연수(단물)이다.
③ 반죽 온도가 5℃ 증가함에 따라 흡수율이 3% 증가한다.
④ 유화제 사용량이 많으면 물과 기름의 결합이 좋게 되어 흡수율이 감소한다.

> ② 제빵에 알맞은 물의 경도는 아경수가 적당하다.
> ③ 반죽 온도가 5℃ 증가하면 흡수율은 3℃ 감소한다.
> ④ 유화제의 사용량이 많으면 물과 기름의 결합이 좋게 되어 흡수율이 증가한다.

정답 15 ④ 16 ① 17 ② 18 ③ 19 ④ 20 ④ 21 ①

22 빵 반죽의 흡수율에 대한 설명이 틀린 것은?

① 반죽 온도가 높아지면 흡수율이 감소된다.
② 손상 전분이 적정량 이상이면 흡수율이 증가한다.
③ 설탕 사용량이 많아지면 흡수율이 감소된다.
④ 연수는 경수보다 흡수율이 증가한다.

빵 반죽의 흡수율은 연수는 경수보다 흡수율이 감소한다.

23 스트레이트법에서 반죽 혼합시간(Mixing time)에 영향을 주는 요인과 거리가 먼 것은?

① 밀가루 종류
② 물의 양
③ 유지의 양
④ 이스트 양

이스트의 양은 발효 시간에 영향을 주는 요인이다.

24 식빵 반죽을 혼합할 때 반죽의 온도 조절에 가장 크게 영향을 미치는 원료는?

① 이스트
② 물
③ 설탕
④ 소금

반죽 온도에 가장 큰 영향을 주는 재료는 밀가루와 물이며, 이 중 온도 조절이 가장 손쉬운 물을 이용하여 반죽 온도를 조절한다.

25 빵 반죽(믹싱) 시 반죽 온도가 높아지는 주된 이유는?

① 이스트가 번식하기 때문에
② 원료가 용해되기 때문에
③ 글루텐이 발전하기 때문에
④ 마찰열이 생기기 때문에

믹서기로 반죽하는 동안 반죽이 믹서 볼 안쪽을 때리면서 마찰열이 발생하여 반죽 온도가 올라간다.

26 더운 여름에 얼음을 사용하여 반죽 온도 조절 시 계산 순서로 적합한 것은?

① 마찰계수 → 물 온도 계산 → 얼음 사용량
② 물 온도 계산 → 얼음 사용량 → 마찰계수
③ 얼음 사용량 → 마찰계수 → 물 온도 계산
④ 물 온도 계산 → 마찰계수 → 얼음 사용량

얼음을 사용하여 반죽 온도를 조절할 때 계산은 마찰계수를 구하고, 물 온도를 계산하여, 얼음 사용량을 결정하는 순서로 한다.

27 어떤 과자점에서 여름에 반죽 온도를 24℃로 하여 빵을 만들려고 한다. 사용수 온도는 10℃, 수돗물의 온도는 18℃, 사용수 양은 3kg, 얼음 사용량은 900g일 때 조치 사항으로 옳은 것은?

① 믹서에 얼음만 900g을 넣는다.
② 믹서에 수돗물만 3kg을 넣는다.
③ 믹서에 수돗물 3kg과 얼음 900g을 넣는다.
④ 믹서에 수돗물 2.1kg과 얼음 900g을 넣는다.

사용할 물의 총량이 3kg이고, 얼음을 900g 사용하므로 3kg-0.9kg = 2.1kg의 물과 얼음 900g을 믹서에 넣는다.

28 실내 온도 23℃, 밀가루 온도 23℃, 수돗물 온도 20℃, 마찰계수 20일 때 희망하는 반죽 온도를 28℃로 만들려면 사용해야 할 물의 온도는?

① 16℃
② 18℃
③ 20℃
④ 23℃

사용할 물 온도
= (희망반죽온도×3) − (실내온도+밀가루온도+마찰계수)
= (28×3) − (23+23+20)= 84 − 66 = 18℃

chapter **05**

29 ★★★ 스트레이트법으로 식빵을 만들 때, 밀가루 온도 22℃, 실내 온도 26℃, 수돗물 온도 17℃, 결과 온도 30℃, 희망 온도 27℃라면 계산된 물 온도는?

① 2℃　　　　　　② 4℃
③ 6℃　　　　　　④ 8℃

- 마찰계수 = (결과온도×3) - (실내온도+밀가루온도+수돗물 온도) = (30×3) - (26+22+17) = 25
- 사용할 물 온도
  = (희망반죽온도×3) - (실내온도+밀가루온도+마찰계수)
  = (27×3) - (26+22+25) = 8℃

30 ★★★★ 다음과 같은 조건에서 스펀지 도우법(Sponge dough method)에서 사용할 물의 온도는?

- 원하는 반죽 온도 : 26℃
- 마찰계수 : 20
- 실내 온도 : 26℃
- 스펀지 반죽 온도 : 28℃
- 밀가루 온도 : 21℃

① 19℃　　　　　　② 9℃
③ -21℃　　　　　　④ -16℃

스펀지 도우법에서 사용할 물 온도
= (희망온도×4) - (실내온도+밀가루온도+마찰계수+스펀지 반죽온도)
= (26×4) - (26+21+20+28) = 104-95 = 9℃

31 ★★★ 식빵 제조 시 수돗물 온도 20℃, 사용할 물 온도 10℃, 사용물 양 4kg일 때 사용할 얼음 양은?

① 100g
② 200g
③ 300g
④ 400g

얼음 사용량 = $\dfrac{\text{물사용량×(수돗물 온도 - 사용수 온도)}}{80+\text{수돗물 온도}}$

$= \dfrac{4,000g×(20-10)}{80+20} = 400g$

32 ★★ 스트레이트법에 의해 식빵을 만들 경우 밀가루 온도 22℃, 실내 온도 26℃, 수돗물 온도 17℃, 결과 온도 30℃, 희망 온도 27℃, 사용 물량 1,000g이면 얼음 사용량은 약 얼마인가?

① 98g　　　　　　② 93g
③ 88g　　　　　　④ 83g

- 마찰계수 = 결과온도×3-(실내온도+밀가루온도+수돗물온도) = 30×3 - (26+22+17) = 25
- 사용할 물온도 = 희망온도×3-(밀가루온도+실내온도+마찰계수) = 27×3 - (26+22+25) = 8℃

얼음 사용량 = $\dfrac{\text{물사용량×(수돗물 온도 - 사용수 온도)}}{80+\text{수돗물 온도}}$

$= \dfrac{1,000g×(17-8)}{80+17} = 92.8g$

04 1차 발효 (Fermentation)

반죽이 완료된 후 정형 과정에 들어가기 전까지 발효시키는 단계이다.

1 발효 개요

① 어떤 물질 속에서 효모, 박테리아, 곰팡이 같은 미생물이 당류를 분해하거나 산화·환원시켜 알코올, 산, 케톤 등을 생성하는 생화학적 변화를 말한다.
② 효모(이스트)가 빵 반죽 속의 당을 분해하여 알코올과 탄산가스를 만들어내며, 열을 발생시킨다.
③ 잘 발효시킨 반죽은 부드러운 제품을 만들 수 있고 빵의 노화를 지연시킨다.
④ 발효에 필수적인 재료는 밀가루·이스트·물이며, 이때 일어나는 발효를 '알코올 발효'라 한다.

2 발효의 목적

반죽의 팽창	• 이스트는 발효성 탄수화물을 발효시켜 탄산가스를 생성하여 반죽을 팽창시킨다.
반죽의 숙성	• 발효 과정 중에 생기는 산은 전체 반죽의 산도를 높여(pH가 낮아짐) 글루텐을 발전, 숙성시켜 가스 포집력과 가스 보유능력을 개선시킨다. • 신장성이 좋은 구조를 형성하여 기포 사이의 막을 얇게 하고, 정형 시 취급을 용이하게 한다.
빵 특유의 향 생성	• 발효 과정에서 알코올, 유기산, 에스테르, 알데히드 같은 방향성 물질을 생성한다.

3 발효에 영향을 주는 요소

요인	내용
이스트	• 이스트의 양이 많으면 가스 발생력이 많아지고, 발효 시간은 짧아진다.
반죽 온도	• 반죽 온도가 높을수록 가스 발생력이 커지고 발효 시간은 짧아진다. • 1차 발효실의 조건은 온도 27℃, 상대습도 75~80%이다. • 발효 온도가 38℃일 때 발효 속도는 최대이다.
반죽의 산도	• 반죽의 산도가 낮을수록 가스 발생력이 커진다. 　→ 이스트의 최적 pH인 4.7 근처에서 발효가 가장 활발하다. • pH 4.0 이하로 내려가면 오히려 가스 발생력이 약해진다.
삼투압	높은 농도의 무기염류와 당, 기타 가용성 물질은 삼투압을 높여 이스트의 발효를 저해한다.

▶ 발효 시간 조절을 위한 이스트의 변경량

$$= \frac{정상\ 이스트의\ 양 \times 정상발효시간}{변경하고자\ 하는\ 발효시간}$$

▶ 발효 시 가스 발생력을 저하시키는 요인
• 이스트의 양이 적거나 반죽 온도가 낮은 경우
• 삼투압이 높은 경우 : 당 5% 이상, 소금 1% 이상 투입한 경우
• pH가 4.0 이하로 내려가는 경우

요인	내용
당(탄수화물)	• 모든 발효성 탄수화물은 3~5%까지는 가스 발생력을 높여준다. • 당량이 5%를 초과하면 삼투압이 높아져 이스트의 가스 발생력이 약해진다.
소금	소금의 양이 1%보다 많아지면 삼투압에 의하여 이스트의 세포가 파괴된다. (가스 발생 저하)
효소	효소의 양에 따라 발효가 빨라지거나 늦어지기도 한다.
이스트 푸드	이스트 푸드는 이스트에 질소를 공급하여 이스트에 활력을 준다.

❹ 발효 중 가스 보유력에 영향을 주는 요인

가스 보유력	요인	특징
커지는 요소	단백질	단백질의 양이 많고 질이 좋은 밀가루를 사용할수록 가스 보유력이 커진다.
	유지	표준량은 3~4%이며, 쇼트닝이 가장 좋다.
	이스트	이스트의 양이 많을수록 가스 보유력이 커진다. (단, 시간이 지날수록 떨어진다.)
	유제품	유제품의 단백질과 밀 단백질이 물리적으로 결합하여 가스 보유력이 커진다.
	달걀	레시틴*이 유화제의 역할을 하여 가스 보유력을 향상시킨다.
	산화제	산화제는 단백질을 산화시켜 글루텐의 그물구조를 조밀하게 만들어 가스 보유력을 크게 한다.
	발효 산물	발효하는 동안 생긴 산, 알코올류는 글루텐의 조직을 부드럽게 만들어서 반죽의 신장성을 키우고 가스 보유력을 크게 한다.
작아지는 요소	산도	산도는 pH 5.0~5.5에서 가스 보유력이 가장 좋으나, pH 5.0 이하로 떨어지면 가스 보유력이 급격히 떨어진다.
	흡수율	흡수율이 정상보다 높은 부드러운 반죽은 가스 보유력이 떨어진다.
	반죽 온도	반죽 온도가 높을수록 가스 보유력이 떨어진다.
	소금	소금은 글루텐의 힘을 키우고 효소의 분해 작용을 억제시키기 때문에 가스 보유력이 떨어진다.

* 레시틴
달걀 노른자나 대두에 함유된 성분으로 강한 유화작용을 갖고 있다.

5 발효 중에 일어나는 생화학적 변화

① 단백질 : 프로테아제에 의해 아미노산으로 변화한다.

② 설탕 : 인버타아제에 의해 포도당과 과당으로 분해되고, 포도당과 과당은 찌마아제에 의해 이산화탄소와 알코올로 분해되고 66cal의 열을 낸다. 생성된 에너지는 반죽의 온도를 올라가게 한다.

④ 전분 : 아밀라아제에 의해 맥아당과 덱스트린으로 분해되고, 이 중 맥아당은 말타아제에 의해 2분자의 포도당으로 분해되어 반죽 내 수분량을 증가시킨다.

⑤ 분유 : 락타아제에 의해 유당으로 분해되고, 유당은 이스트의 먹이로 사용되지 않으므로 잔당으로 남아 캐러멜화 작용을 한다.

⑥ 반죽의 산도는 발효가 진행됨에 따라 pH 4.6으로 떨어진다.

▶ 알코올 발효

$$C_6H_{12}O_6 \rightarrow 2CO_2 + 2C_2H_5OH + 66cal$$
(포도당)　(탄산가스)　(알코올)

▶ **각 요소의 변화**
- 단백질 → (프로테아제) → 아미노산 → 마이야르 반응
- 설탕　 → (인버타아제) → 포도당+과당 → (찌마아제) → CO_2+알코올(C_2H_5OH)
- 전분　 → (아밀라아제) ┬ 맥아당 → (말타아제)→ 포도당+포도당 → CO_2+알코올(C_2H_5OH)
　　　　　　　　　　　└ 덱스트린
- 분유　 → (락타아제) → 유당 → 캐러멜화

6 1차 발효

1) 1차 발효의 목적

반죽의 가스 생산과 가스 보유력이 가능한 한 평행하게 일어나게 하여 빵의 부피, 속결, 조직상태, 껍질색 등 빵의 특성이 잘 나타나도록 한다.

▶ 제조 공정상 가장 많은 시간을 단축할 수 있는 공정은 1차 발효 공정이다.

2) 제법에 따른 1차 발효

스펀지법	• 반죽 온도 23~26℃(표준온도 24℃)일 때 → 발효실 온도 27℃, 상대습도 75~80%에서 3~4.5시간 발효 • 스펀지 발효를 마친 반죽의 적정 pH : 4.8 정도
스트레이트법 (본반죽)	• 반죽 온도 26~28℃(표준온도 27℃)일 때 → 발효실 온도 27℃, 습도 75~80% 정도를 유지하며 60~90분간 발효 • 발효 온도가 1℃ 올라가면 발효 시간은 20분 정도 감소시킨다. • 이스트의 최적 조건 : 당 5%, 소금 1% 이하, pH 4.7 정도 • 반죽에 당이나 유지의 함량이 많으면 부피가 작아진다.

▶ 반죽에 이스트의 활동을 저해하는 소금, 설탕, 분유 등을 포함하기 때문에 스펀지의 반죽 온도보다 높다.

3) 플로어 타임(Floor time, 휴지)

① 발효가 완료된 스펀지는 반죽의 나머지 재료와 반죽하고 플로어 타임(휴지 시간)을 가진다.

② 플로어 타임이 진행되는 동안 반죽은 어느 정도 건조해지며 표면에 광택이 줄어들고 잡아당겼을 때 적게 늘어난다.

③ 플로어 타임이 지나치면 반죽은 축축하고 끈적거리며 탄력이 없게 된다.

4) 펀치(Punch)

① 완성된 빵의 부피를 좋게 하기 위하여 발효 중에 발생하는 가스를 제거한다.

② 생지에 산소를 공급하여 이스트를 활성화하여 발효 시간을 단축한다.

③ 1차 발효시간의 2/3 정도 경과하였을 때, 반죽의 부피가 2~2.5배가 되었을 때 반죽에 압력을 주어 가스를 빼준다.

④ 반죽 안팎의 위치를 바꾸어 온도를 균일하게 한다.

⑤ 프랑스빵이나 하드롤의 저율배합에서 많이 사용된다.

5) 발효 상태의 확인법

① 처음 반죽 부피의 3~3.5배 정도 부푼다.

② 반죽 표면을 손가락으로 눌렀을 때 누른 부분이 살짝 오므라들며 자국이 남는다.

③ 반죽 내부에 기공을 가진 직물 구조(망상구조)를 이룬다.

7 발효 손실

발효 손실은 발효 공정을 거친 후 반죽의 무게가 줄어드는 현상을 말한다.

1) 발효 손실의 원인

장시간 발효 중에 수분이 증발하고, 탄수화물이 발효에 의해 탄산가스와 알코올로 전환되어 발효 손실이 발생한다.

2) 발효손실량

일반 발효 중에는 총 반죽 무게의 1~2% 정도가 손실된다.

3) 발효 손실에 관계되는 요인

구분	발효 손실	
	크다	작다
반죽 온도	높을수록	낮을수록
발효 시간	길수록	짧을수록
배합률	소금과 설탕이 적을수록	소금과 설탕이 많을수록
발효실의 온도	높을수록	낮을수록
발효실의 습도	낮을수록	높을수록

★★

1 다음 중 빵 반죽의 발효에 속하는 것은?

① 낙산 발효
② 부패 발효
③ 알코올 발효
④ 초산 발효

빵 반죽의 발효는 이스트가 반죽 속의 당을 분해하여 알코올과 탄산가스를 만들어내는 알코올 발효이다.

★★★

2 발효의 목적이 아닌 것은?

① 반죽을 숙성시킨다.
② 글루텐을 강화시킨다.
③ 풍미 성분을 생성시킨다.
④ 팽창 작용을 한다.

발효의 목적은 반죽의 팽창 및 숙성, 풍미의 향상 등이다.
발효는 글루텐을 발전, 숙성시켜 가스 포집력과 가스 보유능력을 개선한다.

★★★

3 빵 제조 시 발효 공정의 직접적인 목적이 아닌 것은?

① 탄산가스의 발생으로 팽창 작용을 한다.
② 유기산, 알코올 등을 생성시켜 빵 고유의 향을 발달시킨다.
③ 글루텐을 발전, 숙성시켜 가스의 포집과 보유능력을 증대시킨다.
④ 발효성 탄수화물의 공급으로 이스트 세포 수를 증가시킨다.

발효성 탄수화물은 이스트의 활성을 증가시켜 가스 발생력을 높여준다. 하지만 어떤 제법을 사용하더라도 이스트의 세포 수를 증가시키기엔 발효 시간이 짧다.

★★

4 빵 발효에 영향을 주는 요소에 대한 설명으로 틀린 것은?

① 적정한 범위 내에서 이스트의 양을 증가시키면 발효 시간이 짧아진다.
② pH 4.7 근처일 때 발효가 활발해진다.

③ 적정한 범위 내에서 온도가 상승하면 발효 시간은 짧아진다.
④ 삼투압이 높아지면 발효 시간은 짧아진다.

삼투압이 높아지면 이스트의 세포를 파괴하여 이스트의 활력을 떨어뜨리므로 발효 시간이 길어진다.

★★

5 일반적으로 식빵에 사용되는 설탕은 스트레이트법에서 몇 % 정도일 때 이스트 작용을 지연시키는가?

① 1%
② 2%
③ 4%
④ 7%

스트레이트법에서 설탕은 5% 이상일 때 삼투압이 작용하여 이스트의 작용을 지연시킨다.

★★★

6 발효에 직접적으로 영향을 주는 요소와 가장 거리가 먼 것은?

① 반죽 온도
② 달걀의 신선도
③ 이스트의 양
④ 반죽의 pH

발효에 영향을 주는 요인으로는 이스트의 양과 질, 반죽 온도, 반죽의 pH, 삼투압(소금과 당류 등), 탄수화물과 효소 등이다.

★★

7 식빵 제조 시 1차 발효실의 적합한 온도는?

① 24℃
② 27℃
③ 34℃
④ 37℃

일반적인 제품의 1차 발효실 온도는 27℃, 상대습도 75~85%이다.

정답 1③ 2② 3④ 4④ 5④ 6② 7②

chapter **05**

8 발효실의 상대습도는 몇 %로 유지하는 것이 좋은가?

① 55~65%

② 65~75%

③ 75~85%

④ 85~95%

일반적인 1차 발효실의 조건은 온도 27℃, 상대습도 75~85%이다.

9 가스 발생력에 영향을 주는 요소에 대한 설명으로 틀린 것은?

① 포도당, 자당, 과당, 맥아당 등 당의 양과 가스 발생력 사이의 관계는 당량 3~5%까지 비례하다가 그 이상이 되면 가스 발생력이 약해져 발효 시간이 길어진다.

② 반죽 온도가 높을수록 가스 발생력은 커지고 발효 시간은 짧아진다.

③ 반죽이 산성을 띨수록 가스 발생력이 커진다.

④ 이스트 양과 가스 발생력은 반비례하고, 이스트 양과 발효 시간은 비례한다.

이스트 양이 많아지면 가스 발생력은 증가하기 때문에 비례관계이고, 발효 시간은 짧아지므로 반비례 관계이다.

10 2%의 이스트로 4시간 발효했을 때 가장 좋은 결과를 얻는다고 가정할 때, 발효 시간을 3시간으로 감소시키려면 이스트의 양은 얼마로 해야 하는가? (단, 소수 첫째 자리에서 반올림하시오)

① 2.16%

② 2.67%

③ 3.16%

④ 3.67%

$$변경할\ 이스트\ 양 = \frac{정상\ 이스트\ 양 \times 정상\ 발효시간}{변경할\ 발효시간}$$
$$= \frac{2\% \times 4hr}{3hr} = 2.67\%$$

11 다음 중 발효 시간을 연장시켜야 하는 경우는?

① 식빵 반죽 온도가 27℃이다.

② 발효실 온도가 24℃이다.

③ 이스트 푸드가 충분하다.

④ 1차 발효실 상대습도가 80%이다.

1차 발효실은 온도 27℃, 상대습도 75~85%가 가장 좋은 조건이다. 따라서 발효실 온도가 24℃이면 온도가 낮아 이스트의 활성에 시간이 걸리므로 발효 시간을 연장시켜야 한다.

12 다음 중 스펀지 발효를 마친 반죽의 적정 pH는?

① pH 2.8

② pH 4.8

③ pH 6.8

④ pH 8.8

스펀지 발효를 마친 반죽의 적정 pH는 4.8 정도이다.

13 발효 중 펀칭을 하는 목적에 대한 설명으로 틀린 것은?

① 반죽의 가장자리를 가운데로 뒤집어 모으는 과정이다.

② 스펀지 반죽 발효 시 펀칭은 발효 초기 단계에서 시행한다.

③ 필요 이상의 이산화탄소 제거 및 분산으로 발효를 촉진한다.

④ 반죽의 균일한 온도 유지, 산소 공급으로 산화 및 숙성을 돕는다.

1차 발효 시간의 2/3 정도 경과 하였을 때, 반죽의 부피가 2~2.5배가 되었을 때 반죽에 압력을 주어 가스를 빼준다.

14 발효 중 펀치의 효과와 거리가 먼 것은?

① 반죽의 온도를 균일하게 한다.

② 이스트의 활성을 돕는다.

③ 산소 공급으로 반죽의 산화 숙성을 진전시킨다.

④ 성형을 용이하게 한다.

펀치를 하면 반죽 전체의 반죽 온도를 균일하게 만들어주며, 산소를 공급하여 이스트의 활성을 돕고 반죽의 산화 숙성을 촉진한다. 성형을 용이하게 하는 공정은 중간발효이다.

15 스트레이트법에서 1차 발효 시 최적의 발효 상태를 파악하는 방법으로 손가락으로 눌러서 판단하는 테스트법 중 가장 발효가 좋은 상태는?

① 반죽 부분이 움츠러든다.
② 반죽 부분이 퍼진다.
③ 누른 부분이 살짝 오므라든다.
④ 누른 부분이 옆으로 퍼져 함몰한다.

스트레이트법의 1차 발효 완료점 판단법
• 반죽의 부피가 3~3.5배 부풀었다.
• 반죽을 들어 올리면 실 모양의 직물 구조가 보인다.
• 반죽을 눌렀을 때 누른 부분이 살짝 오므라든다.

16 발효 손실의 원인이 아닌 것은?

① 수분이 증발하여
② 탄수화물이 탄산가스로 전환되어
③ 탄수화물이 알코올로 전환되어
④ 재료 계량의 오차로 인해

발효 손실은 발효 중에 수분이 증발하거나 탄수화물이 발효에 의하여 탄산가스와 알코올로 전환되기 때문에 발생한다.

17 발효 손실에 관한 설명으로 틀린 것은?

① 반죽 온도가 높으면 발효 손실이 크다.
② 발효 시간이 길면 발효 손실이 크다.
③ 고율배합일수록 발효 손실이 크다.
④ 발효 습도가 낮으면 발효 손실이 크다.

설탕 사용량이 많은 고율배합일수록 이스트의 활성이 떨어지기 때문에 발효 손실은 작다.

18 빵 발효에서 다른 조건이 같을 때 발효 손실에 대한 설명으로 틀린 것은?

① 반죽 온도가 낮을수록 발효 손실이 크다.
② 발효 시간이 길수록 발효 손실이 크다.
③ 소금, 설탕 사용량이 많을수록 발효 손실이 적다.
④ 발효실 온도가 높을수록 발효 손실이 크다.

반죽 온도가 낮을수록 발효 손실이 작다.

chapter 05

▶ 분할하는 도중에도 계속해서 발효가 일어나기 때문에 처음에 분할한 반죽과 나중에 분할한 반죽의 숙성도에 차이가 난다.

05 분할(Diving)

1 개요

① 1차 발효를 끝낸 반죽을 적당한 무게로 자르는 단계
② 분할은 가능한 한 빠르게 하여야 한다.
→ 1배합당 식빵류는 15~20분 내, 당 함량이 많은 과자빵류는 최대 30분 이내에 분할

2 분할 방식

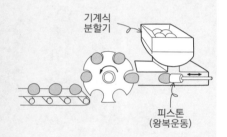

기계식 분할기

피스톤 (왕복운동)

수동 분할	• 작업대 위에서 손으로 반죽을 분할하는 것으로 소규모 제빵집에 적합하다. • 기계 분할에 비하여 속도는 느리나 반죽의 손상이 적고, 오븐 스프링이 좋아 부피가 양호한 제품을 만들 수 있다. • 단백질 함량이 적은 약한 밀가루를 사용할 때 적합하다.
기계 분할	• 기계식 분할기로 반죽을 분할하는 것으로 부피를 기준으로 분할한다. • 수동 분할보다 속도는 빠르나, 기계의 압축으로 글루텐이 파괴된다. • 스펀지법으로 만든 반죽은 손상이 적다. • 분당 회전수는 12~16회 정도가 적당하며, 이보다 빠른 속도는 반죽이 파괴되고 기계의 마모가 커진다.

3 분할 시 반죽의 손상을 줄이는 방법

① 스트레이트법보다 스펀지법으로 만든 반죽이 내성이 강하여 손상이 적다.
② 단백질량이 많고 질이 좋은 밀가루를 사용한다.
③ 반죽은 가수량이 최적이거나 약간 된 반죽이 좋다.
④ 반죽의 결과 온도는 비교적 낮은 것이 좋다.

4 굽기 및 냉각손실을 감안한 분할 반죽무게

$$\text{분할 반죽무게} = \frac{\text{완제품의 무게}}{1 - \text{굽기 및 냉각손실}}$$

06 둥글리기(Rounding)

1 개요

① 분할기에서 나온 반죽을 회복시키는 공정으로, 분할한 반죽을 손이나 라운더(Rounder)를 이용하여 반죽을 둥글린다.
② 반죽을 매끄럽게 하고, 분할 시 압축에 의해 손실된 가스를 회복시켜 성형하기에 적당한 반죽으로 만든다.

② 둥글리기의 목적

① 분할한 반죽의 글루텐 구조와 방향을 재정돈시킨다.

② 가스를 균일하게 분산시켜 반죽의 기공을 고르게 유지한다.

③ 분할 시 자른 면의 점착성을 감소시키고 표피를 형성하여 끈적거림을 제거하고, 탄력을 유지시킨다.

④ 중간발효에서 생성되는 가스를 보유할 수 있는 적당한 구조를 만든다.

⑤ 분할된 반죽을 성형하기에 적당한 상태로 만든다.

③ 둥글리기 공정

① 손으로 둥글리기를 하는 수동법과 기계로 하는 자동법이 있다.

② 힘을 너무 많이 주거나 너무 많이 돌리면 반죽이 터지거나 표면이 찢겨질 수 있으므로 주의한다.

③ 반죽 표피에 손상이 생기거나 반죽이 라운더에 달라붙으면, 유지의 사용을 증가시키거나 덧가루를 사용한다.

④ 과다한 덧가루의 사용은 빵 속에 줄무늬가 생기므로 적당량을 사용한다.

⑤ 미세한 기포가 되도록 발효 중 생긴 큰 기포를 제거한다.

⑥ 분할과 둥글리기는 연속적으로 신속하게 진행하여 종료한다.

⑦ 시간이 너무 오래 걸리면 반죽 온도가 저하되거나 발효가 과다해진다.

▶ 반죽의 끈적거림을 제거하는 방법
  ① 반죽의 최적 발효 상태를 유지한다.
  ② 적정량의 덧가루를 사용한다.
  ③ 반죽에 유화제를 사용한다.
  ④ 유동 파라핀 용액을 반죽 무게의 0.1~0.2%를 작업대나 라운더에 바른다.

07 중간발효 (Intermediate proof)

① 개요

① 분할하여 둥글리기를 한 반죽을 성형 전에 휴지를 시키는 단계

② 벤치 타임(Bench time) 또는 오버헤드 프루프(Overhead proof)라고도 한다.

③ 일반적으로 둥글리기 된 생지를 비닐이나 젖은 헝겊으로 덮어둔다.

④ 반죽의 상처 회복과 성형을 용이하게 하기 위하여 한다.

⑤ 대규모 공장에서는 중간발효에 오버헤드 프루퍼(Overhead proofer)를 사용한다.

② 중간발효의 목적

① 분할과 둥글리기 공정에서 손상된 글루텐 구조를 재정돈한다.

② 가스 발생으로 반죽의 유연성을 회복시킨다. → 성형을 쉽게 하기 위해

③ 반죽의 신장성을 증가시켜 성형과정에서 밀어펴기를 쉽게 해주며, 반죽의 찢어짐을 방지한다.

④ 반죽 표면에 얇은 막을 만들어 성형할 때 끈적거리거나 눌어붙지 않도록 한다.

③ 중간발효의 조건

① 온도 27~29℃, 상대습도 75% 전후의 조건에서 10~20분간 발효시킨다.

② 중간발효는 반죽의 온도, 크기에 따라 시간이 달라진다.

③ 온도변화가 적은 발효실이나 작업대 위에서 반죽 표면이 건조해지지 않도록 발효시킨다.

④ 발효가 덜 된 반죽(어린 반죽)은 중간발효 시간을 늘려 부족한 발효를 보완한다.

▶ 상대습도가 낮으면 반죽의 표면이 건조해지므로 덧가루 사용량을 줄인다.

분할

1 ★★★
식빵 반죽을 분할할 때 처음에 분할한 반죽과 나중에 분할한 반죽은 숙성도의 차이가 크므로 단시간 내에 분할해야 한다. 몇 분 이내로 완료하는 것이 가장 좋은가?

① 2~7분
② 8~13분
③ 15~20분
④ 25~30분

식빵 반죽을 분할하는 과정에서도 발효가 계속 이루어지기 때문에 분할은 15~20분 이내에 완료하는 것이 가장 좋다.

2 ★★★★
분할기에 의한 기계식 분할 시 분할의 기준이 되는 것은?

① 무게
② 모양
③ 배합률
④ 부피

분할기에 의한 기계식 분할은 반죽의 부피를 기준으로 분할하기 때문에 시간이 지체되면 발효가 진행되어 처음 분할한 것보다 나중에 분할한 것의 무게가 가볍게 된다.

3 ★★
다음 중 분할에 대한 설명으로 옳은 것은?

① 1배합당 식빵류는 30분 이내에 하도록 한다.
② 기계 분할은 발효 과정의 진행과는 무관하여 분할 시간에 제한을 받지 않는다.
③ 기계 분할은 손 분할에 비해 약한 밀가루로 만든 반죽 분할에 유리하다.
④ 손 분할은 오븐 스프링이 좋아 부피가 양호한 제품을 만들 수 있다.

① 1배합당 식빵류는 15~20분 이내에 분할을 마친다.
② 기계 분할 시에도 발효가 진행되기 때문에 짧은 시간에 분할을 끝내야 한다.
③ 단백질 함량이 낮은 약한 밀가루로 만든 반죽을 분할할 때는 손 분할이 적합하다.

4 ★★★
분할을 할 때 반죽의 손상을 줄일 수 있는 방법이 아닌 것은?

① 스트레이트법보다 스펀지법으로 반죽한다.
② 반죽 온도를 높인다.
③ 단백질량이 많은 질 좋은 밀가루로 만든다.
④ 가수량이 최적인 상태의 반죽을 만든다.

분할 시 반죽 온도가 높으면 글루텐이 연화되어 손상이 커지고, 반죽 온도가 낮으면 글루텐에 탄력성이 생겨 손상이 적게 된다.

5 ★★★
같은 크기의 틀에 넣어 같은 체적의 제품을 얻으려고 할 때 반죽의 분할량이 가장 적은 제품은?

① 밀가루 식빵
② 호밀 식빵
③ 옥수수 식빵
④ 건포도 식빵

밀가루는 호밀이나 옥수수보다 단백질의 양이 많아 글루텐을 잘 형성하기 때문에 같은 크기의 틀이라면 분할량이 가장 적어야 한다.
건포도 식빵은 건포도 때문에 반죽의 분할 무게가 많이 나가고 발효가 잘 안 되므로 분할 양을 늘려야 한다.

6 ★★★★★
우유 식빵 완제품 500g짜리 5개를 만들 때 분할손실이 4%라면 분할 전 총 반죽 무게는 약 얼마인가?

① 2505g
② 2518g
③ 2700g
④ 2604g

• 완제품의 무게 500g×5개 = 2,500g
• 발효 손실을 감안한 반죽량 2,500g/(1−0.04) = 2,604g

7 ★★
굽기 및 냉각손실이 12%이고 완제품이 500g일 때 분할량은 약 얼마인가?

① 568g
② 575g
③ 580g
④ 585g

$$\text{분할 총반죽무게} = \frac{\text{완제품의 무게}}{1 - \text{굽기 및 냉각손실}} = \frac{500g}{1 - 0.12} = 568.2g$$

정답 **1** ③ **2** ④ **3** ④ **4** ② **5** ① **6** ④ **7** ①

8 식빵 완제품 500kg을 만들려고 한다. 굽기 및 냉각 손실이 12%이고, 기타 손실이 1%라면 발효된 반죽의 무게는?

① 545kg   ② 604kg
③ 594kg   ④ 574kg

> 굽기 및 냉각손실에 따른 반죽무게량를 계산한 후 기타 손실에 따른 무게량을 계산한다.
> • 굽기 및 냉각손실에 따른 반죽무게 = $\dfrac{500kg}{1 - 0.12}$ = 568kg
> • 기타 손실에 따른 반죽무게 = $\dfrac{568kg}{1 - 0.01}$ = 574kg

둥글리기

1 둥글리기의 목적이 아닌 것은?

① 글루텐의 구조와 방향 정돈
② 수분 흡수력 증가
③ 반죽의 기공을 고르게 유지
④ 반죽 표면에 얇은 막 형성

> 둥글리기의 목적
> ① 글루텐의 구조와 방향을 정돈한다.
> ② 반죽의 기공을 고르게 한다.
> ③ 반죽 표면에 얇은 막을 형성하여 끈적거림을 제거한다.
> ④ 가스 포집을 돕고, 가스를 보유할 수 있는 적당한 구조를 만든다.
> ⑤ 분할된 반죽을 성형하기에 적당한 상태로 만든다.

2 성형 시 둥글리기의 목적과 거리가 먼 것은?

① 표피를 형성시킨다.
② 가스 포집을 돕는다.
③ 끈적거림을 제거한다.
④ 껍질색을 좋게한다.

> 껍질색은 캐러멜화나 마이야르 반응에 의해서 진하게 되는 것으로 둥글리기와는 관계가 없다.

3 다음은 어떤 공정의 목적인가?

> 자른 면의 점착성을 감소시키고 표피를 형성하여 탄력을 유지시킨다.

① 분할
② 둥글리기
③ 중간발효
④ 정형

> 분할 시 자른 면은 점착성이 커지므로 이것을 안으로 넣어 표면에 얇은 막을 형성하여 끈적거림을 제거하고 탄력성을 유지시키기 위하여 둥글리기를 한다.

4 둥글리기 공정에 대한 설명으로 틀린 것은?

① 둥글리기 과정 중 큰 기포는 제거되고 반죽 온도가 균일화된다.
② 분할기의 종류는 제품에 적합한 기종을 선택한다.
③ 덧가루, 분할기 기름을 최대로 사용한다.
④ 손 분할, 기계 분할이 있다.

> 너무 많은 덧가루를 사용하면 빵 속에 줄무늬를 만들기 때문에 적정량을 사용해야 한다.

5 둥글리기를 하는 동안 반죽의 끈적거림을 없애는 방법으로 잘못된 것은?

① 반죽의 최적 발효 상태를 유지한다.
② 덧가루를 사용한다.
③ 반죽에 유화제를 사용한다.
④ 반죽에 파라핀 용액을 10% 첨가한다.

> 반죽을 둥글리기 할 때 유동 파라핀 용액을 반죽 무게의 0.1~0.2%를 작업대나 라운더에 바른다.

중간발효

1 ★★★

오버헤드 프루퍼(Overhead Proofer)는 어떤 공정을 행하기 위해 사용하는 것인가?

① 분할   ② 둥글리기
③ 중간발효   ④ 정형

> 오버헤드 프루퍼(Overhead Proofer)는 주로 대규모의 공장에서 사용되는 중간발효기를 말한다.

2 ★★★★

중간발효에 대한 설명으로 틀린 것은?

① 글루텐 구조를 재정돈한다.
② 가스 발생으로 반죽의 유연성을 회복한다.
③ 오버 헤드 프루프(over head proof)라고 한다.
④ 탄력성과 신장성에는 나쁜 영향을 미친다.

> **중간발효의 목적**
> 반죽에 탄력성, 신장성과 유연성을 부여하여 성형을 쉽게 하기 위하여 필요한 공정이다.

3 ★★★

중간발효가 필요한 주된 이유는?

① 탄력성을 약화시키기 위하여
② 모양을 일정하게 하기 위하여
③ 반죽 온도를 낮게 하기 위하여
④ 반죽에 유연성을 부여하기 위하여

4 ★★★

둥글리기가 끝난 반죽을 성형하기 전에 짧은 시간 동안 발효시키는 목적으로 적합하지 않은 것은?

① 가스 발생으로 반죽의 유연성을 회복시키기 위해
② 가스 발생력을 키워 반죽을 부풀리기 위해
③ 반죽 표면에 얇은 막을 만들어 성형할 때 끈적거리지 않도록 하기 위해
④ 분할, 둥글리기 하는 과정에서 손상된 글루텐 구조를 재정돈하기 위해

> 가스 발생력을 키워 반죽을 부풀리기 위한 공정은 1차 발효이다.

5 ★★★

중간발효에 대한 설명으로 틀린 것은?

① 중간발효는 온도 27℃ 이내, 상대습도 75% 전후에서 실시한다.
② 반죽의 온도, 크기에 따라 시간이 달라진다.
③ 반죽의 상처 회복과 성형을 용이하게 하기 위함이다.
④ 상대습도가 낮으면 덧가루 사용량이 증가한다.

> 상대습도가 낮으면 반죽의 표면이 건조해지므로 덧가루 사용량이 감소한다.

6 ★★

중간발효를 시킬 때 가장 적합한 습도는?

① 62~67%   ② 72~77%
③ 82~87%   ④ 89~94%

> 중간발효는 온도 27~29℃, 상대습도 75% 전후에서 한다.

7 ★★★

어린 반죽(발효가 덜 된 반죽)으로 제조를 할 경우 중간발효 시간은 어떻게 조절되는가?

① 길어진다.
② 짧아진다.
③ 같다.
④ 판단할 수 없다.

> 어린 반죽이란 1차 발효가 부족한 반죽으로 중간발효 시간을 늘려 부족한 발효를 보완하여야 한다.

08 정형 (Moulding)

1 개요
① 중간발효가 끝난 반죽을 제품의 특성에 따라 모양을 만드는 단계이다.
② 제과제빵에서 정형과 성형은 별다른 구분 없이 거의 같은 의미로 사용한다.

성형(Make-up)	분할부터 팬닝까지의 단계 분할 → 둥글리기 → 중간발효 → 정형 → 팬닝
정형(Moulding)	밀기 → 말기 → 봉하기의 단계

2 정형 순서

1 가스빼기(밀기)

① 중간발효된 반죽을 밀대나 롤러(Roller)로 밀어서 큰 가스를 빼내고, 반죽 내의 가스를 고르게 분산시켜 제품 내부의 기공을 균일하게 만든다.
② 너무 무리한 힘을 주거나 과량의 덧가루를 사용하지 않도록 한다.

2 말기

① 가스빼기를 한 반죽을 적당한 압력을 주면서 고르게 균형을 맞추어 말기나 접기를 한다.
② 무리한 힘을 주어 터지지 않도록 한다.

3 봉하기(이음)

말아진 끝부분을 이어주어 2차 발효나 굽기 중에 이음매가 터지지 않도록 단단하게 봉한다.

3 정형기(Moulder)
① 중간발효를 마친 반죽을 밀기, 말기, 봉하기의 작동공정을 거쳐 원하는 모양으로 만드는 기계이다.
② 정형기 사용 시 유의사항
  • 휴지 상자에 반죽을 너무 많이 넣지 않는다.
  • 덧가루는 너무 많이 사용하지 않도록 한다.
  • 롤러 간격이 너무 넓으면 가스빼기가 불충분해진다.
  • 롤러 간격이 너무 좁으면 거친 빵이 되기 쉽다.
  • 정형기 압착판의 압력이 강하면 반죽의 모양이 아령 모양이 된다.

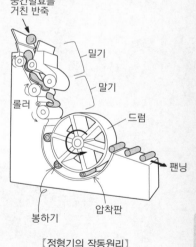

【정형기의 작동원리】

09 팬닝 (Panning)

정형이 완료된 반죽을 원하는 모양의 틀이나 철판 위에 올려놓는 공정으로 손이나 기계를 사용한다.

▶ 이음매가 바닥을 향하지 않으면 2차 발효와 굽기 시 이음매가 벌어진다.

이음매가
아래로 향하게

삼봉형 식빵

[삼봉형의 패닝 예]

＊비용적
- 비용적 : 반죽 1g을 구웠을 때 팽창할 수 있는 부피
- 비용적의 단위는 cm³/g이다.
- 비용적이 클수록 제품이 가볍다.
- 산형 식빵의 비용적 : 3.2~3.5 cm³/g (일반적으로 3.36 cm³/g)
- 풀먼형 식빵의 비용적 : 3.4~4.0 cm³/g

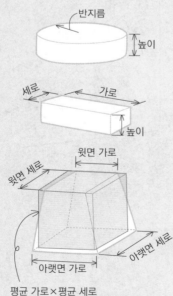

반지름

높이

세로　가로

높이

윗면 가로

윗면 세로

아랫면 세로

아랫면 가로

평균 가로×평균 세로

▶ 팬 용적을 구하기 어려운 경우에는 유채씨나 물을 담은 후 메스실린더로 옮겨 담아 부피를 구한다.

---

1 패닝 방법

① 모양틀이나 철판에 적정량의 기름을 칠한다.
② 반죽의 무게와 상태를 정하여 비용적에 적당한 반죽량을 넣는다.
③ 반죽을 봉합한 이음매가 팬의 바닥에 놓이도록 놓는다.
④ 모양틀이나 철판 위에 일정한 간격을 두면서 배치한다.

2 팬의 온도

① 패닝 전에 팬의 온도를 적정하고 고르게 하여야 한다.
② 팬의 온도는 32℃ 정도(30~35℃)가 적당하다.
③ 철판 온도가 너무 높으면 빵이나 케이크가 주저앉는 경우가 생긴다.
④ 철판 온도가 너무 낮으면 2차 발효가 느리고 팽창이 고르지 못하다.

3 틀의 용적

① 틀의 용적에 알맞은 반죽량을 넣어야 한다.
② 틀에 넣을 반죽의 적정량은 틀의 용적을 비용적＊으로 나누어 계산한다.

$$반죽의\ 적정\ 분할량 = \frac{틀의\ 용적}{반죽의\ 비용적}$$

4 틀 부피의 계산법

① 원형 팬(옆면이 똑바른 원통)의 용적

$$부피\ [cm^3] = 단면적 \times 높이 = (반지름^2 \times \pi) \times 높이$$

$\pi = 3.14$

② 직육면체의 모양 팬의 용적

$$부피\ [cm^3] = 단면적 \times 높이 = (가로 \times 세로) \times 높이$$

③ 경사면 옆면의 직육면체

$$부피\ [cm^3] = 평균가로길이 \times 평균세로길이 \times 높이$$

$$• 평균가로(세로)길이 = \frac{윗면\ 가로(세로)길이 + 아랫면\ 가로(세로)길이}{2}$$

5 팬 기름(이형유)

離 –떨어질 이
形 –틀 형
즉, 반죽이 틀(팬)에서 잘 떨어지기 위한 오일

① 반죽을 구운 후 제품이 팬에 달라붙지 않고 잘 떨어지도록 하기 위해 사용한다.
② 발연점이 높은 오일을 사용한다.
③ 정제 라드, 식물유(면실유, 대두유, 땅콩기름 등), 혼합유, 백색 광유(유동 파라핀 등) 등이 있다.

④ 반죽 무게의 0.1~0.2% 정도를 사용한다.

⑤ 팬 오일이 과다하면 완성된 빵의 밑부분의 색깔이 진하고 두꺼운 껍질을 형성한다.

⑥ 틀이나 팬을 실리콘으로 코팅하면 이형유의 사용을 줄일 수 있다.

10 2차 발효 (Final proofing)

1 개요

① 성형(Make-up) 과정을 거친 반죽은 글루텐이 불안정하고, 탄력성을 잃은 상태가 된다.

② 이를 회복하기 위하여 굽기 전에 글루텐의 숙성과 팽창을 도모하여 부드러움과 신장성을 회복하도록 하는 단계이다.

③ 가스팽창을 최대(제품 부피의 70~80%까지)로 만드는 발효의 최종 단계이다.

2 2차 발효의 목적

① 성형공정을 거치면서 가스가 빠진 반죽을 다시 부풀린다.

② 빵의 향에 관계되는 발효 산물인 알코올, 유기산, 그 밖의 방향성 물질을 생성시킨다.

③ 발효 산물 중 유기산과 알코올이 글루텐의 신장성과 탄력성을 높여 오븐 팽창이 잘 일어나도록 한다.

④ 온도와 습도를 조절하여 이스트의 활성을 촉진시킨다.

3 2차 발효의 3가지 주요 요소

1) 발효 온도

① 2차 발효에서 사용되는 온도는 일반적으로 32~43℃이다.

② 밀가루의 종류, 배합률, 산화제, 반죽의 개량제, 유지의 종류, 발효 정도, 반죽과 성형 방법, 제품 종류에 따라 달라진다.

③ 2차 발효 온도가 제품에 미치는 영향

낮을 때	• 2차 발효 시간이 길어진다. • 제품의 겉면이 거칠어진다. • 기공벽이 두껍고 조직이 조밀해진다. • 향 성분의 생성이 적게 된다.
높을 때	• 발효 속도가 빨라지고 반죽이 산성이 된다. • 반죽의 내부와 외부의 온도 차가 커서 불균일한 발효가 된다. • 표피와 내부가 분리되고, 속결이 고르지 못하게 된다.

▶ 팬기름이 갖추어야 할 조건
• 무색, 무미, 무취여야 한다.
• 발연점이 높아야 한다. (210℃ 이상)
• 산패에 대한 안정성이 높아야 한다.

연기가 나는 온도를 말한다.
즉, 발연점이 높다는 것은
잘 타지않는, 연기가 잘 나지 않는다는 의미

▶ 2차 발효 없이 제품을 구우면
• 부피가 작고 기공이 조밀하여 제품의 비중이 무겁다.
• 조직이 거칠고 옆면과 윗면에 균열이 생긴다.
• 진한 색을 가진다.

▶ 2차 발효 시간이 길어지는 원인
• 1차 발효의 불충분
• 어린 반죽
• 반죽 온도가 낮은 경우
• 플로어 타임이 짧았던 경우 등

2차 발효의 3가지 주요 요소
• 발효 온도 : 32~43℃
• 상대 습도 : 75~90%
• 발효 시간

▶ 2차 발효실의 온도
• 반죽 온도와 같거나 더 높아야 한다.
• 1차 발효 온도보다 높게 한다.

chapter 05

2) 상대습도

① 상대습도는 제품에 따라 65~95%(보통은 75~90%)를 유지한다.

② 상대습도가 제품에 미치는 영향

낮을 때	• 반죽 표면의 수분이 증발하여 표피가 말라 겉껍질을 형성하고, 굽기 중 팽창을 작게 하여 터짐 현상이 발생한다. • 껍질색이 고르게 나지 않는다. • 빵의 윗면이 솟아오른다.
높을 때	• 반점이나 줄무늬가 나타난다. • 반죽에 수분이 응축되어 껍질에 수포가 생성되고, 거칠고 질긴 껍질을 형성한다. • 제품의 윗면이 납작해진다.

③ 제품별 상대습도

고습도 제품 (상대습도 85%)	• 반죽이 흐름성을 요구하기 때문에 습도를 높게 한다. • 햄버거빵, 잉글리시 머핀, 식빵 등
저습도 제품 (상대습도 75~80%)	• 반죽이 탄력성을 요구하기 때문에 습도를 낮게 한다. • 데니시 페이스트리, 하스브레드(프랑스빵, 독일빵 등), 크로아상 등
건조 발효 (상대습도 65~70%)	• 반죽이 탄력성을 유지하고 튀김 시 반죽 표면에 수포가 생기지 않아야 하기 때문에 습도를 가장 낮게 한다. • 도넛류

3) 발효 시간

① 2차 발효 시간이 짧을수록 기공이 더 조밀하게 된다.

② 2차 발효 완료점*은 발효 시간도 중요하지만, 반죽의 상태를 확인하여 2차 발효 완료점을 점검한다.

* **2차 발효의 완료점** (상태 파악)
  • 완제품의 70~80%까지 팽창한다.
  • 성형된 반죽의 3~4배의 부피가 된다.
  • 손가락으로 가볍게 눌렀을 때 원상태로 돌아온다.

4 2차 발효의 상태가 제품에 미치는 영향

발효 상태	결과
발효 부족	• 발효되지 못하고 남아있는 잔류당에 의하여 색상이 진하다. • 글루텐의 신장성이 부족하여 부피가 작다. • 표면이 거북이 등과 같이 갈라지며 옆면이 터진다.
발효 과다	• 색상이 여리고 내상이 좋지 않다. • 신 냄새가 난다. • 부피가 너무 크면 오븐에서 주저앉는다. • 얇은 세포벽 형성으로 노화가 빠르다.

정형

1 ★★★
제빵 시 성형(make-up)의 범위에 들어가지 않는 것은?

① 둥글리기   ② 분할
③ 정형   ④ 2차 발효

> 성형의 범위는 분할 → 둥글리기 → 중간발효 → 정형 → 팬닝까지의 단계를 말한다.

2 ★★★★
빵 제품의 제조 공정에 대한 설명으로 올바르지 않은 것은?

① 반죽은 무게 또는 부피에 의하여 분할한다.
② 둥글리기에서 과다한 덧가루를 사용하면 제품에 줄무늬가 생성된다.
③ 중간발효 시간은 보통 10~20분이며, 27~29℃에서 실시한다.
④ 성형은 반죽을 일정한 형태로 만드는 1단계 공정으로 이루어져 있다.

> 정형(성형)은 중간발효가 끝난 반죽을 제품의 특성에 따라 모양을 만드는 단계로 밀기, 말기, 봉하기의 3단계 공정으로 이루어진다.

3 ★★★★
성형에서 반죽의 중간발효 후 밀어펴기 하는 과정의 주된 효과는?

① 글루텐 구조의 재정돈
② 가스를 고르게 분산
③ 부피의 증가
④ 단백질의 변성

> 중간발효 후 가스를 고르게 분산시키기 위하여 가스빼기(밀기) 작업을 한다.
> ① 중간발효를 통하여 글루텐 구조를 재정돈한다.
> ③ 발효 과정을 통하여 부피가 증가한다.
> ④ 단백질의 변성은 굽기 과정에서 일어난다.

4 ★★★
제빵 공정 중 정형 공정에 속하지 않는 것은?

① 둥글리기   ② 가스빼기
③ 말기   ④ 봉하기

> 정형(Moulding) 공정은 가스빼기(밀기), 말기, 봉하기의 3단계 공정으로 이루어진다.

5 ★★★★
빵 제조 공정 중 반죽 내 기포수(cells)가 가장 많이 증가하는 단계는?

① 1차발효(fermentation)
② 2차발효(proofing)
③ 혼합(mixing)
④ 성형(moulding)

> 성형(moulding)은 밀기-말기-봉하기의 단계를 말하며, 중간발효된 반죽을 밀어서 큰 가스를 빼고 반죽 내의 가스를 고르게 분산시켜 제품 내부의 기공을 균일하게 만든다.
> 이 때 반죽 내의 기포수는 기하급수적으로 증가한다.

6 ★★★★
빵 반죽을 정형기(Moulder)에 통과시켰을 때 아령 모양으로 되었다면 정형기의 압력상태는?

① 압력이 강하다.
② 압력이 약하다.
③ 압력이 적당하다.
④ 압력과는 관계없다.

> 정형기의 압착판의 압력이 강하면 반죽이 아령 모양이 된다.

팬닝

1 ★★★★
정형한 식빵 반죽을 팬에 넣을 때 이음매의 위치는?

① 위   ② 아래
③ 좌측   ④ 우측

> 반죽을 봉합한 이음매가 바닥을 향하지 않으면 2차 발효와 굽기 시 이음매가 벌어진다.

정 답   1 ④   2 ④   3 ②   4 ①   5 ④   6 ① | 1 ②

chapter 05

2 팬닝 시 주의할 사항으로 적합하지 않은 것은?

① 팬닝 전 온도를 적정하고 고르게 한다.
② 틀이나 철판의 온도를 25℃로 맞춘다.
③ 반죽의 이음매가 틀의 바닥에 놓이도록 팬닝한다.
④ 반죽의 무게와 상태를 정하여 비용적에 맞추어 적당한 반죽량을 넣는다.

> 틀이나 철판의 온도는 32℃가 적합하며, 낮은 온도에서는 2차 발효가 늦어지고, 팽창이 고르지 못하게 된다.

3 성형하여 철판에 반죽을 놓을 때, 일반적으로 가장 적당한 철판의 온도는?

① 약 10℃
② 약 25℃
③ 약 32℃
④ 약 55℃

> 팬닝할 때 철판(팬)의 온도는 32℃ 정도가 가장 적당하다. 온도가 낮으면 2차 발효가 느리고 팽창이 고르지 못하며, 온도가 높으면 빵이나 케이크가 주저앉을 수 있다.

4 산형 식빵의 비용적으로 가장 적합한 것은?

① 1.5~1.8
② 1.7~2.6
③ 3.2~3.5
④ 4.0~4.5

> 산형 식빵은 2개 이상의 봉긋한 모양의 식빵으로 3.2~3.5 cm³/g(일반 식빵 3.36 cm³/g)의 비용적을 가진다.

5 가로 10cm, 세로 5cm, 높이 3cm의 사각 팬에 몇 g의 반죽을 분할하여 넣어야 하는가? (단, 이때 제품의 비용적은 3.6 cm³/g이다.)

① 66g   ② 42g
③ 35g   ④ 54g

> 반죽의 적정 분할량 = $\dfrac{틀의 용적}{비용적}$ = $\dfrac{10×5×3}{3.6}$ = $\dfrac{150}{3.6}$ = 42g

6 안치수가 그림과 같은 식빵 철판의 용적은?

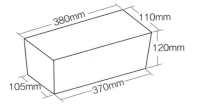

① 4,662 cm³
② 4,837.5 cm³
③ 5,018.5 cm³
④ 5,218.5 cm³

> 경사가 있는 직육면체의 부피는 '평균가로길이×평균세로길이×높이'로 구한다.
>
> 평균가로길이 = $\dfrac{38+37}{2}$ = 37.5cm
>
> 평균세로길이 = $\dfrac{11+10.5}{2}$ = 10.75cm
>
> ∴ 직육면체의 부피 = 37.5×10.75×12 = 4,837.5cm³
>
> (참고) 1cm = 10mm, 1cm³ = (10mm)³ = 1,000mm³

7 제빵 시 팬기름의 조건으로 적합하지 않은 것은?

① 발연점이 낮을 것
② 무취일 것
③ 무색일 것
④ 산패가 잘 안 될 것

> 팬 기름은 발연점이 높고 무색, 무미, 무취이어야 하며, 산패에 강하여야 한다.

8 반죽을 팬에 넣기 전에 팬에서 제품이 잘 떨어지게 하기 위하여 이형유를 사용하는데 그 설명으로 틀린 것은?

① 이형유는 발연점이 높은 것을 사용해야 한다.
② 이형유는 고온이나 산패에 안정해야 한다.
③ 이형유의 사용량은 반죽 무게의 5% 정도이다.
④ 이형유의 사용량이 많으면 튀김 현상이 나타난다.

> 이형유는 반죽 무게의 0.1~0.2%를 사용한다.

정답 2 ②   3 ③   4 ③   5 ②   6 ②   7 ①   8 ③

9 ★★★★★ 팬에 바르는 기름은 다음 중 무엇이 높은 것을 선택해야 하는가?

① 산가
② 크림성
③ 가소성
④ 발연점

이형유로 사용하는 기름은 발연점이 높아야 한다. 발연점이 낮으면 아크롤레인이라는 저급지방산이 생성되어 빵의 풍미를 저하시킨다.

10 ★★★★ 제빵용 팬기름에 대한 설명으로 틀린 것은?

① 종류에 상관없이 발연점이 낮아야 한다.
② 백색 광유(Mineral Oil)도 사용된다.
③ 정제 라드, 식물유, 혼합유도 사용된다.
④ 과다하게 칠하면 밑 껍질이 두껍고 어둡게 된다.

팬 기름은 발연점이 높아야 한다.

2차 발효

1 ★★★★ 성형과정을 거치는 동안에 반죽이 거친 취급을 받아 상처받은 상태이므로 이를 회복시키기 위해 글루텐 숙성과 팽창을 도모하는 과정은?

① 1차 발효
② 중간발효
③ 펀치
④ 2차 발효

2차 발효는 성형과정을 거치면서 상처받은 글루텐을 숙성과 팽창을 통하여 부드러움과 신장성을 회복시키는 과정이다.

2 ★★★ 2차 발효 시 3가지 기본적 요소가 아닌 것은?

① 온도   ② pH
③ 습도   ④ 시간

2차 발효에서 관리하는 3가지 기본적 요소는 온도, 상대 습도, 시간이다.

3 ★★★ 2차 발효에 대한 설명으로 틀린 것은?

① 이산화탄소를 생성시켜 최대한의 부피를 얻고 글루텐을 신장시키는 과정이다.
② 2차 발효실의 온도는 반죽의 온도보다 같거나 높아야 한다.
③ 2차 발효실의 습도는 평균 75~90% 정도이다.
④ 2차 발효실의 습도가 높은 경우 겉껍질이 형성되고 터짐 현상이 발생한다.

2차 발효실의 습도가 낮을 때 표면이 말라 겉껍질이 형성되고 터짐 현상이 발생한다.

4 ★★★★ 식빵, 단과자빵 등에 사용되는 2차 발효실의 적정한 온도 범위는?

① 18~25℃
② 32~43℃
③ 46~55℃
④ 27~29℃

2차 발효실은 일반적으로 32~43℃, 상대습도 75~90%의 조건에서 발효시킨다.

5 ★★★ 2차 발효 시 발효실의 평균온도와 습도는?

① 28~30℃, 60~65%
② 30~35℃, 65~95%
③ 35~38℃, 75~90%
④ 40~45℃, 80~95%

2차 발효 시 발효실의 온도 32~43℃, 상대 습도 75~90%가 가장 적당하다.

6 ★★★★ 일반적으로 표준 식빵 제조 시 가장 적당한 2차 발효실 습도는?

① 95%   ② 85%
③ 65%   ④ 55%

일반적인 식빵의 제조 시 적당한 2차 발효실의 습도는 75~90% 정도이다.

7 ★★★★ 정통 프랑스빵을 제조할 때 2차 발효실의 상대 습도로 가장 적합한 것은?

① 75~80% ② 85~88%
③ 90~94% ④ 95~99%

프랑스빵이나 독일빵과 같은 하스브레드는 구움대에 직접 놓고 굽는 빵으로 반죽에 탄력성이 많아야 하므로 표준 식빵보다 습도가 낮게 설정되어야 한다. (상대 습도 75~80%)

8 ★★ 제빵에 있어 2차 발효실이 습도가 너무 높을 때 일어날 수 있는 결점은?

① 겉껍질 형성이 빠르다.
② 오븐 팽창이 적어진다.
③ 껍질색이 불균일해진다.
④ 수포가 생성되고 질긴 껍질이 되기 쉽다.

2차 발효실의 습도가 너무 높으면 반죽에 수분이 응축되어 수포가 생성되고 질긴 껍질이 되기 쉽다.

9 ★★★ 2차 발효 시 상대습도가 부족할 때 일어나는 현상은?

① 질긴 껍질
② 흰 반점
③ 터짐
④ 단단한 표피

2차 발효 시 상대습도가 낮으면 표피가 말라 껍질을 형성하여 굽기 중 오븐 팽창을 작게 하고 터지는 현상이 일어난다.

10 ★★ 다음 제품 중 2차 발효실의 습도를 가장 높게 설정해야 되는 것은?

① 호밀빵
② 햄버거빵
③ 프랑스빵
④ 빵 도넛

햄버거빵, 잉글리시 머핀, 일반 식빵 등은 반죽이 흐름성을 요구하기 때문에 습도를 높게 설정한다.

11 ★★★ 2차 발효의 상대습도를 가장 낮게 하는 제품은?

① 옥수수 식빵
② 데니시 페이스트리
③ 우유 식빵
④ 팥앙금빵

제품별 2차 발효의 상대습도
• 상대습도 85% : 햄버거빵, 식빵, 팥앙금빵 등
• 상대습도 75~80% : 데니시 페이스트리, 하스브레드 등
• 상대습도 65~70% : 도넛류

12 ★★★★ 다음 제품 제조 시 2차 발효실의 습도를 가장 낮게 유지하는 것은?

① 풀먼 식빵 ② 햄버거빵
③ 과자빵 ④ 빵 도넛

도넛류는 반죽이 탄력을 유지해야 하고, 튀김 시 반죽 표면에 수포가 생기지 않아야 하므로 2차 발효실의 상대습도를 가장 낮게 설정해야 한다.

13 ★★★★★ 제빵 시 적절한 2차 발효점은 완제품 용적의 몇 %가 가장 적당한가?

① 40~45% ② 50~55%
③ 70~80% ④ 90~95%

2차 발효의 완료점
• 완제품의 70~80%까지 팽창하였을 때
• 성형된 반죽의 3~4배의 부피가 되었을 때
• 손가락으로 가볍게 눌렀을 때 원상태로 돌아오는 때

14 ★★ 다음 제빵 공정 중 시간보다 상태로 판단하는 것이 좋은 공정은?

① 포장 ② 분할
③ 2차 발효 ④ 성형

2차 발효의 완료점은 발효의 시간보다 발효의 상태를 파악하여 판단하는 것이 좋다.

15 제빵과정에서 2차 발효가 덜 된 경우에 나타나는 현상은?

① 기공이 거칠다.
② 부피가 작아진다.
③ 브레이크와 슈레드가 부족하다.
④ 빵 속 색깔이 회색같이 어둡다.

> 2차 발효가 부족한 어린 반죽은 부피가 작고, 색상이 진하며, 표면이 갈라지며 옆면이 터지는 현상이 발생한다.

16 2차 발효가 과다할 때 일어나는 현상이 아닌 것은?

① 옆면이 터진다.
② 색상이 여리다.
③ 신 냄새가 난다.
④ 오븐에서 주저앉기 쉽다.

> 빵의 옆면이 터지는 현상은 2차 발효가 부족할 때 나타나는 현상이다.

17 제빵에서의 수분 분포에 관한 설명으로 틀린 것은?

① 발효를 거치는 동안 전분의 가수분해에 의해서 반죽 내 수분량이 변화한다.
② 물이 반죽에 균일하게 분산되는 시간은 보통 10분 정도이다.
③ 소금은 글루텐을 단단하게 하여 글루텐 흡수량을 감소시킨다.
④ 1차 발효와 2차 발효를 거치는 동안 생성된 수분은 대부분 전분에 의해 흡수된다.

> 발효실의 상대습도가 낮으면 수분이 증발하여 표피가 건조해질 수는 있으나, 적정한 습도에서는 발효 시 전분의 가수분해에 의해서 반죽 내 수분량이 증가하게 된다.

정답 ▶ **15** ② **16** ① **17** ④

11 굽기(Baking)

1 개요
① 2차 발효가 완료된 반죽에 열을 가하여 소화하기 쉽고 풍미를 가지는 완제품을 만드는 공정
② 2차 발효까지 이어온 생물화학적 변화가 정지되고 미생물과 효소도 불활성화된다.
③ 굽기 공정에 영향을 주는 환경요인은 온도, 습도, 굽는 시간이다.

2 굽기의 목적
① 발효에 의하여 발생한 탄산가스를 열팽창시켜 빵의 부피를 형성한다.
② 전분을 호화(α-화)시켜 소화를 용이하게 한다.
③ 껍질에 색깔을 내고, 맛과 풍미를 좋게 한다.
④ 이스트 및 각종 효소를 불활성화시켜 저장성을 높인다.

3 굽기의 일반적 원칙
① 일반적인 오븐의 사용온도는 180~220℃이다.
② 식빵 굽기 시 빵의 내부온도는 100℃를 넘지 않는다.
③ 분할량이 적은 반죽은 높은 온도에서 짧게, 분할량이 많은 반죽은 낮은 온도에서 길게 굽는다.
④ 설탕, 유지, 분유량이 적으면(저율배합) 높은 온도에서, 많으면(고율배합) 낮은 온도에서 굽는다. (같은 중량일 때)
⑤ 된 반죽은 낮은 온도로 굽는다. (정상 반죽과 굽는 시간이 같다면)

언더 베이킹 (고온 단시간)	• 높은 온도에서 단시간 굽는 방법 • 저율배합, 발효 과다, 분할량이 적을 때 • 수분이 빠지지 않아 껍질이 쭈글쭈글하다. • 중심 부분이 익지 않으면 주저앉기 쉽다. • 속이 거칠어지기 쉽다. • 윗면이 볼록 튀어나오고 갈라진다.
오버 베이킹 (저온 장시간)	• 낮은 온도에서 장시간 굽는 방법 • 고율배합, 발효 부족, 분할량이 많을 때 • 수분의 손실이 커서 노화가 빨리 진행된다. • 윗면이 평평하고 제품이 부드럽다.

▶ 주의) 과자빵은 고율배합의 제품이지만 중량이 작아 높은 온도에서 굽는다.

▶ **굽기의 방법**(NCS기준)
  ① 전반 저온-후반 고온
  오븐 안에 많은 반죽을 한꺼번에 구워 내거나 높은 온도가 필요하지 않은 제품의 경우, 초기에 낮은 열로 모양을 형성하고 후반에 고온으로 색을 내는 방법
  ② 전반 고온-후반 저온
  일반적으로 많이 사용되며 초기의 고온으로 반죽 표피의 가스팽창으로 빵모양을 형성하고 색이 나기 시작하면 온도를 낮추어 수분을 증발시키고 단백질 응고와 전분의 호화작용으로 구워내는 방법
  ③ 고온 단시간
  과다한 수분증발을 막아 촉촉한 제품을 생산하거나, 크기가 작고 밀가루의 비율이 부재료(버터, 달걀, 설탕 등)에 비해 적어 호화시간이 짧은 제품을 구워내는 방법
  ④ 저온 장시간
  반죽의 비용적이 크고 수분을 증발시켜 말리듯이 굽는 방법인데 장식용 빵을 굽거나 육류를 싸서 굽는 빠테 도우(Pate dough)를 구울 때 사용하는 방법

4 굽기 단계

1 1단계

① 부피가 급격히 커지는 단계
② 발효에 따라 생성되는 탄산가스 및 반죽 속의 가스 등이 열을 받아 팽창하여 반죽의 부피가 커진다.

2 2단계

① 표피가 색이 나기 시작하는 단계
② 수분의 증발과 함께 캐러멜화 및 갈변 반응이 일어난다.
③ 색이 고르게 나도록 오븐의 조건을 감안하여 팬이나 철판의 위치를 재배치한다.

3 3단계

① 중심부까지 열이 전달되어 내용물이 완전히 익고 안정되는 단계
② 제품의 옆면이 단단해지고 껍질색도 진해진다.

5 굽기 반응

1) 오븐 스프링(Oven spring, 오븐 팽창)

① 반죽 온도가 49℃ 정도까지 오르면 급격히 부풀어 본래 크기 1/3 정도의 부피가 팽창하는 것을 말한다.
② 오븐 스프링은 가스압과 수증기압의 증가, 알코올과 탄산가스의 증발로 인하여 일어난다.
③ 알코올은 79℃부터 증발하여 특유의 향이 발생한다.
④ 이스트의 활성은 60℃까지 계속되어 탄산가스를 발생시키고 사멸하기 시작한다.

2) 전분의 호화*

① 오븐 열에 의하여 빵 속 온도가 54℃가 넘으면 전분의 호화가 시작된다.
② 70℃ 전후에서 단백질로부터 물을 흡수하여 호화를 완성한다.
③ 전분 입자는 팽윤과 호화의 변화를 일으켜 구조형성을 한다.
④ 빵의 외부층에 있는 전분은 오랜 시간 높은 열을 받아 내부의 전분보다 많이 호화된다.
⑤ 껍질은 열에 오래 노출되어 수분 증발이 일어나 빵 속보다 딱딱한 구조를 가진다.

3) 글루텐의 응고(단백질의 변성)

① 반죽 속의 단백질(글루텐)은 반죽 온도가 74℃에서 응고되기 시작하여 빵이 다 구워질 때까지 천천히 계속된다.
② 단백질이 변성되기 시작하면 단백질의 물이 전분으로 이동하여 전분의 호화를 돕는다.
③ 단백질은 호화된 전분과 함께 빵의 구조를 형성한다.

4) 효소 활성의 변화

① 밀가루에 함유된 전분이 덱스트린으로 분해되어 맥아당을 형성하는 것으로, α-아밀라아제와 β-아밀라아제가 있다.

▶ 일반적인 굽기는 191~232℃의 오븐에서 빵의 종류에 따라 18~35분간 구워낸다.

▶ 오븐 온도 180~230℃에서 1,000g의 빵을 굽는데 약 35분이 소요된다.

▶ 오븐 라이즈(Oven Rise)
· 반죽의 내부온도가 60℃에 도달하지 않은 상태에서 온도 상승에 따른 이스트의 활동으로 부피의 점진적인 증가가 진행되는 현상
· 즉, 굽기 시 오븐의 열에 의해서 이스트가 사멸하기 전까지 이스트가 활동하면서 반죽 속에 가스를 생성하는 단계

* 전분의 호화
생쌀(β-전분)에 물을 넣고 가열하면 반투명의 쌀밥이 되듯, 밀 전분과 물을 혼합한 후 가열하면 녹말 입자가 풀어져 익은 전분(α-전분)으로 변화되어 소화하기 쉬운 상태가 되는 것

전분 과립 　　　가열로 인해 분자가 느슨해지면 물이 들어가며 팽창

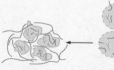

전분과립의 미셀구조가 파괴되어 콜로이드 용액이 형성되며 점도가 상승 　　아밀로오스가 입자 밖으로 확산

전분입자 　⌇ 아밀로오스(선형)
　　　　　⌇⌇ 아밀로펙틴(가지모양)

② 전분이 호화되기 시작하면 효소가 활동하기 시작한다.
③ 아밀라아제가 전분을 분해하여 반죽을 부드럽고, 팽창이 용이하도록 만들어
   준다.
④ 반죽 온도가 60℃로 오르기까지 효소의 작용이 활발해지고, 60℃ 이상이 되면
   서서히 감소하다가 불활성화 된다.

5) 껍질의 갈색변화
① 표피 부분이 150~160℃를 넘어서면 당과 아미노산이 마이야르 반응*을 일으
   켜 멜라노이딘을 만들고, 당의 캐러멜화 반응*이 일어나 껍질색이 진하게 난다.
② 과숙성 반죽은 발효 과정에서 이스트가 먹이로 사용하고 남은 당이 부족하여
   껍질색을 내기 어렵다.

6) 향의 생성
① 향은 주로 껍질에서 생성되어 빵 속으로 침투 및 흡수된다.
② 향의 원천은 사용 재료, 이스트와 박테리아에 의한 발효 산물, 물리적 · 화학적
   변화, 열 반응 등의 산물 등이다.
③ 향에 관계하는 물질은 알코올류, 산류, 에스테르류, 알데히드류, 케톤류 등이
   다.

6 굽기 후 수분 함량
① 동일한 분할량의 반죽을 구웠을 때

수분함량이 많다 (수분 증발이 적다)	• 굽는 시간이 짧을수록 • 굽는 온도가 낮을수록
수분함량이 적다 (수분 증발이 많다)	• 굽는 시간이 길수록 • 굽는 온도가 높을수록

② 완제품에 남는 수분의 함량은 굽는 온도보다는 굽는 시간에 더 많은 영향을 받
   는다.

7 굽기 손실
① 굽기 손실은 굽기의 공정을 거친 후 빵의 무게가 줄어드는 현상을 말한다.
② 발효 산물 중 탄산가스, 알코올 등의 휘발성 물질과 수분이 증발하여 손실이
   발생한다.
③ 굽기 손실에 영향을 미치는 요인 : 굽는 시간, 굽기 온도, 제품의 크기와 형태,
   배합률 등
④ 굽기 손실의 계산법

• 굽기 손실 = 굽기 전 반죽의 무게 − 빵의 무게

• 굽기 손실율(%) = $\dfrac{\text{굽기 전 반죽의 무게 − 빵의 무게}}{\text{굽기 전 반죽의 무게}} \times 100$

좌측 여백 내용

＊ **캐러멜화 반응**(Caramelization)
당류를 150~200℃의 고온으로 가열시
켰을 때 산화 및 분해 산물에 의한 중
합 · 축합으로 갈색 물질을 형성하는
반응이다.

＊ **마이야르**(Mailard) **반응**
환원당과 단백질(아미노화합물)의 축합
이 이루어질 때 갈색의 중합체인 멜
라노이딘 색소를 생성하는 반응이다.

환원당 + 단백질 ↓ 가열 멜라노이딘 색소(황갈색)

▶ **마이야르 반응의 속도**
   • 단당류가 이당류보다 빠르다.
   • 같은 단당류일 경우 감미도가 높은
     당이 빠르다.
   • 과당 > 포도당 > 설탕

※ 한글표기법에 따라 마이야르 반응
   은 메일라드 반응으로 표기하기도
   합니다.

▶ **참고) 굽기에서 일어나는
   주요 변화의 온도**

오븐스프링 시작 온도	49℃
전분의 호화 시작 온도	54℃
이스트의 사멸 온도	60~63℃
글루텐의 열 응고 시작 온도	74℃
알코올의 증발 시작 온도	79℃
효소의 불활성 온도	60℃ 이상

⑤ 제품별 굽기 손실율
- 뚜껑이 없는 식빵류 : 11~12%
- 뚜껑이 있는 풀먼 식빵 : 7~9%
- 단과자빵 : 10~11%
- 바게트 등의 하스브레드 : 20~25%

8 굽기의 실패 원인과 결과

원인	결과
높은 오븐열	• 빵의 부피가 작고 껍질색이 진해진다. • 껍질이 부스러지기 쉽다. • 옆면이 약하게 되기 쉽다. • 언더 베이킹이 되기 쉽다.
낮은 오븐열	• 빵의 부피가 크고 기공이 거칠다. • 두껍고 옅은 색의 껍질을 형성한다. • 굽기 손실이 크다. • 2차 발효가 지나친 것과 비슷한 결과를 가진다.
증기 과량	• 오븐 팽창을 좋게 하여 부피를 크게 한다. • 질긴 껍질과 표면에 수포를 형성하기 쉽다.
증기 부족	• 표피에 조개껍질 같은 터짐이 생긴다. • 오븐에 스팀을 주입하여 방지할 수 있다.
고압의 증기	• 반죽의 표면에 수분이 응축되는 것을 막지만, 빵의 부피가 작다.
불충분한 열의 분배	• 고르게 익지 않는다. • 슬라이스할 때 빵이 찌그러지기 쉽다. • 오븐 내의 팬 위치에 따라 굽기 상태가 달라진다. • 윗불과 밑불의 조화를 잘 이루어지도록 한다.

1 ★★★★★
빵을 굽는 동안 오븐 조건에 영향을 주는 환경요인으로 거리가 먼 것은?

① 습도   ② 공기
③ 시간   ④ 온도

> 빵을 굽는 공정에 영향을 주는 환경요인은 온도, 습도, 시간이다.

2 ★★★★
다음 중 굽기에 관한 내용으로 틀린 것은?

① 발효가 많이 된 반죽은 정상 발효된 반죽보다 높은 온도에서 굽는다.
② 고배합 및 중량이 많은 반죽은 낮은 온도에서 오랫동안 굽는다.
③ 저배합 및 중량이 적은 반죽은 낮은 온도에서 오랫동안 굽는다.
④ 발효가 적게 된 반죽은 정상 발효된 반죽보다 낮은 온도에서 굽는다.

> 저배합 및 분할량이 적은 반죽은 높은 온도에서 짧게 굽는다.

고온 단시간 (언더 베이킹)	• 높은 온도에서 단시간 굽는 방법 • 저율배합, 발효 과다, 분할량이 적을 때
저온 장시간 (오버 베이킹)	• 낮은 온도에서 장시간 굽는 방법 • 고율배합, 발효 부족, 분할량이 많을 때

3 ★★★
굽기는 제품을 결정하는 중요한 공정이다. 굽기 원칙의 설명으로 틀린 것은?

① 설탕, 유지, 분유량이 적을 경우 높은 온도에서 굽는다.
② 분할량이 적은 반죽은 높은 온도에서 짧게, 분할량이 많은 반죽은 낮은 온도에서 길게 굽는다.
③ 과자빵은 식빵보다 낮은 온도로 길게 굽는다.
④ 일반적인 오븐의 사용온도는 180℃~220℃이다.

> 과자빵은 고율배합 제품이지만 중량이 작아 높은 온도에서 굽는다.

4 ★★★
빵 굽기의 일반적인 설명으로 틀린 것은?

① 높은 온도에서 구울 때 오버 베이킹이 된다.
② 고율배합의 빵은 비교적 낮은 온도에서 굽는다.
③ 너무 뜨거운 오븐은 빵의 부피가 적고 껍질이 진하다.
④ 잔당 함유량이 높은 어린 반죽은 낮은 온도에서 굽는다.

> 낮은 온도에서 구울 때 오버 베이킹이 된다.

5 ★★★
빵의 굽기에 대한 설명 중 올바른 것은?

① 고배합의 경우 낮은 온도에서 짧은 시간으로 굽기
② 고배합의 경우 높은 온도에서 긴 시간으로 굽기
③ 저배합의 경우 낮은 온도에서 긴 시간으로 굽기
④ 저배합의 경우 높은 온도에서 짧은 시간으로 굽기

> 고율배합은 저온에서 긴 시간(오버 베이킹)으로 굽고, 저율배합은 높은 온도에서 짧은 시간(언더 베이킹)으로 굽는다.

6 ★★
제빵 시 굽기 단계에서 일어나는 반응에 대한 설명으로 틀린 것은?

① 반죽 온도가 60℃로 오르기까지 효소의 작용이 활발해지고 휘발성 물질이 증가한다.
② 글루텐은 90℃부터 굳기 시작하여 빵이 다 구워질 때까지 천천히 계속된다.
③ 반죽 온도가 60℃에 가까워지면 이스트가 죽기 시작한다. 그와 함께 전분이 호화하기 시작한다.
④ 표피 부분이 160℃를 넘어서면 당과 아미노산이 마이야르 반응을 일으켜 멜라노이딘을 만들고, 당의 캐러멜화 반응이 일어나고 전분이 덱스트린으로 분해된다.

> 글루텐은 반죽 온도가 74℃에서 굳기 시작하여 빵이 다 구워질 때까지 계속된다.

정답   1 ②   2 ③   3 ③   4 ①   5 ④   6 ②

7 반죽 굽기에 대한 설명으로 틀린 것은?
★★★★★

① 반죽 중의 전분은 호화되고 단백질은 변성되어 소화가 용이한 상태로 변한다.
② 굽기 중 빵의 내부온도는 105℃ 이상으로 상승하여 구조를 형성한다.
③ 발효로 생성된 알코올, 각종 유기산, 이산화탄소에 의해 빵의 부피가 커진다.
④ 굽기 중 캐러멜 반응과 메일라드 반응으로 껍질색이 형성되고 맛과 향이 난다.

> 굽기 중 빵의 내부온도는 100℃를 넘지 않는다.

8 식빵 굽기 시 빵 내부의 최고온도에 대한 설명으로 옳은 것은?
★★★★

① 100℃를 넘지 않는다.
② 200℃ 정도가 된다.
③ 210℃가 넘는다.
④ 150℃를 약간 넘는다.

> 식빵 굽기 시 빵의 내부는 100℃를 넘지 않는다.

9 굽기 과정 중 일어나는 현상에 대한 설명 중 틀린 것은?
★★★★

① 단백질 변성과 효소의 불활성화
② 캐러멜화와 갈변 반응의 억제
③ 오븐 팽창과 전분 호화 발생
④ 효소의 활성과 향의 발달

> 굽기 과정에서 150~160℃가 넘어가면 캐러멜화와 마이야르 반응의 갈변반응이 일어나 껍질색이 진하게 된다.
> ①, ④ 굽기 과정 중 효소는 60℃로 오르기까지 활발해지고, 60℃ 이상이 되면 서서히 감소하다가 불활성화된다.

10 굽기 과정에서 일어나는 변화로 틀린 것은?
★★

① 당의 캐러멜화와 갈변반응으로 껍질색이 진해지며 특유의 향을 발생한다.
② 굽기가 완료되면 모든 미생물이 사멸하고 대부분의 효소도 불활성화가 된다.

③ 전분 입자는 팽윤과 호화의 변화를 일으켜 구조형성을 한다.
④ 빵의 외부층에 있는 전분이 내부층의 전분보다 호화가 덜 진행된다.

> 빵의 외부층에 있는 전분은 오랜 시간 높은 열을 받기 때문에 빵의 내부보다 호화가 더 많이 일어난다.

11 약 700g의 파운드 케이크 반죽을 굽는 오븐의 온도와 시간으로 적당한 것은?
★★★★★

① 170℃, 50분
② 220℃, 50분
③ 170℃, 20분
④ 220℃, 20분

> 제빵에서 오븐의 굽기 온도는 191~232℃이며, 1000g의 빵을 굽는데 약 35분이 소요되므로
> $$1000 : 35 = 700 : x \rightarrow x = \frac{35 \times 700}{1000} = 24.5분이므로,$$
> 220℃에서 20분 정도 굽는 것이 적당하다.

12 다음 중 이스트가 오븐 내에서 사멸되기 시작하는 온도는?
★★★

① 40℃
② 60℃
③ 80℃
④ 100℃

> 이스트의 사멸 온도는 60~63℃ 정도이다.

13 오븐에서 빵이 갑자기 팽창하는 현상인 오븐 스프링이 발생하는 이유와 거리가 먼 것은?
★★★★

① 가스압의 증가
② 알코올의 증발
③ 탄산가스의 증발
④ 단백질의 변성

> 오븐 스프링은 가스압·수증기압의 증가, 알코올과 탄산가스의 증발로 인하여 일어난다. 단백질이 변성되기 시작하면 빵이 팽창을 멈추기 시작한다.

chapter 05

정답 7 ② 8 ① 9 ② 10 ④ 11 ④ 12 ② 13 ④

14 ★★★★ 굽기 단계 중 오븐 스프링의 설명 중 틀린 것은?

① 반죽 표면이 오븐 열에 의해 부풀어 오르면서 반죽 표면부터 부풀어 오른다.
② 반죽 속의 수분에 녹아있던 탄산가스가 열을 받아 팽창하여 부풀어 오른다.
③ 이스트 발효에 의해 형성된 기공이 오븐 열에 의해 팽창해 부풀어 오른다.
④ 반죽 온도가 75℃ 부근까지 효소의 작용이 활발해지고 휘발성 물질이 증가해 급속히 부풀어 오른다.

> 효소는 반죽의 온도가 60℃로 오르기까지 활성이 증가하지만 60℃ 이상이 되면 서서히 감소하다가 불활성화된다.

15 ★★ 빵 굽기 과정에서 오븐 스프링(Oven Spring)에 의한 반죽 부피의 팽창 정도로 가장 적당한 것은?

① 본래 크기의 약 1/2까지
② 본래 크기의 약 1/3까지
③ 본래 크기의 약 1/5까지
④ 본래 크기의 약 1/6까지

> 오븐 스프링이란 반죽 온도가 49℃에 달하면 반죽이 짧은 시간 동안 급격하게 부풀어 처음 크기의 약 1/3 정도 팽창하는 것을 말한다.

16 ★★★★ 다음 중 굽기 단계에서 가장 마지막에 나타나는 현상으로 옳은 것은?

① 알코올의 증발
② 전분의 호화
③ 이스트의 사멸
④ 글루텐의 응고

> 굽기 단계에서 일어나는 주요 변화의 온도
> • 오븐 스프링의 시작 온도 : 49℃
> • 전분의 호화 시작 온도 : 54℃
> • 이스트의 사멸 온도 : 60~63℃
> • 글루텐의 열 응고 시작 온도 : 74℃
> • 알코올의 증발 시작 온도 : 79℃
> • 효소의 불활성 온도 : 60℃ 이상

★★★

17 굽기 중에 일어나는 변화로 가장 높은 온도에서 발생하는 것은?

① 이스트의 사멸
② 전분의 호화
③ 탄산가스 용해도 감소
④ 단백질 변성

> 이스트의 사멸(60℃), 전분의 호화(54℃), 탄산가스의 방출(49℃), 단백질의 변성(74℃)

18 ★★★★★ 빵을 구웠을 때 갈변이 되는 것은 어떤 반응에 의한 것인가?

① 비타민 C의 산화에 의하여
② 효모에 의한 갈색 반응에 의하여
③ 마이야르(Maillard) 반응과 캐러멜화 반응이 동시에 일어나서
④ 클로로필(Chlorophyll)이 열에 의해 변성되어서

> 빵의 굽기 시 갈변 반응은 캐러멜화 반응과 마이야르 반응이 동시에 일어나 빵의 색을 진하게 해준다.

19 ★★★ 환원당과 아미노화합물의 축합이 이루어질 때 생기는 갈색 반응은?

① 마이야르(Maillard) 반응
② 캐러멜(Caramel)화 반응
③ 효소적 갈변
④ 아스코르빈산(Ascorbic acid)의 산화에 의한 갈변

> 마이야르 반응은 환원당과 아미노화합물이 열에 의해 축합되어 갈색 색소인 멜라노이딘 색소를 생성하는 반응이다.

20 ★★★ 다음 중 25분 동안 동일한 분할량의 식빵 반죽을 구웠을 때 수분함량이 가장 많은 굽기 온도는?

① 190℃　　　　② 200℃
③ 210℃　　　　④ 220℃

> 동일한 분할량에 동일한 시간을 구울 경우 굽는 온도가 낮을수록 수분의 증발이 적어 수분함량이 많다.

정답 ▶ 14 ④　15 ②　16 ①　17 ④　18 ③　19 ①　20 ①

286　제5장 | 제빵이론

21 같은 조건의 반죽에 설탕, 포도당, 과당을 같은 농도로 첨가했다고 가정할 때 마이야르 반응속도를 촉진시키는 순서대로 나열된 것은? ★★★★

① 설탕 – 포도당 – 과당
② 과당 – 설탕 – 포도당
③ 과당 – 포도당 – 설탕
④ 포도당 – 과당 – 설탕

마이야르 반응속도는 단당류가 이당류보다 빠르고 같은 단당류일 경우 감미도가 높은 당이 반응속도가 빠르다.

22 어떤 제품을 다음과 같은 조건으로 구웠을 때 제품에 남는 수분이 가장 많은 것은? ★★★

① 165℃ 45분간
② 190℃에서 35분간
③ 205℃에서 40분간
④ 220℃에서 20분간

굽기 후 완제품에 남는 수분함량은 시간이 짧을수록, 온도가 낮을수록 수분이 많이 남으며, 굽기 시간이 굽기 온도보다 더 많은 영향을 미친다.

23 굽기 손실에 영향을 주는 요인으로 관계가 가장 적은 것은? ★★★

① 믹싱 시간 　　② 배합률
③ 제품의 크기와 모양 　　④ 굽기 온도

굽기 손실에 영향을 주는 요인 : 굽는 시간, 굽기 온도, 배합률, 제품의 크기와 모양 등

24 굽기 손실이 가장 큰 제품은? ★★★★

① 식빵 　　② 바게트
③ 단팥빵 　　④ 버터롤

제품별 굽기 손실율
• 뚜껑이 없는 식빵류 : 11~12%
• 뚜껑이 있는 풀먼 식빵 : 7~9%
• 단과자빵 : 10~11%
• 바게트 등의 하스브레드 : 20~25%

25 오븐 온도가 높을 때 식빵 제품에 미치는 영향이 아닌 것은? ★★

① 부피가 적다.
② 껍질색이 진하다.
③ 언더 베이킹이 되기 쉽다.
④ 질긴 껍질이 된다.

질긴 껍질이 되는 경우는 2차 발효실의 습도가 높거나 오븐에 스팀을 많이 분사한 경우이다.

26 굽기의 실패 원인 중 빵의 부피가 작고 껍질색이 짙으며, 껍질이 부스러지고 옆면이 약해지기 쉬운 결과가 생기는 원인은? ★★

① 높은 오븐열
② 불충분한 오븐열
③ 너무 많은 증기
④ 불충분한 열의 분배

오븐의 열이 높으면 껍질의 형성이 빨라 충분한 팽창을 할 수 없게 되어 부피가 작고, 껍질색이 진하게 되며, 껍질이 부스러지기 쉬우며, 옆면이 약해지기 쉽다.

27 오븐 온도가 낮을 때 제품에 미치는 영향은? ★★

① 2차 발효가 지나친 것과 같은 현상이 나타난다.
② 껍질이 급격히 형성된다.
③ 제품의 옆면이 터지는 현상이다.
④ 제품의 부피가 작아진다.

오븐 온도가 낮으면 빵의 부피가 크고 기공이 거칠며, 두껍고 옅은 색의 껍질을 형성하며, 굽기 손실이 많아진다.
※ 2차 발효가 지나치면 부피가 크고, 기공이 거칠며 옅은 색의 껍질을 형성한다.

chapter 05

정답　21 ③　22 ④　23 ①　24 ②　25 ④　26 ①　27 ①

12 냉각(Cooling)

1 개요

① 오븐에서 갓 구워진 빵은 껍질에 12%, 빵 속에 45%의 수분을 함유하고 있다.

② 냉각되는 동안 빵 속의 수분이 바깥쪽으로 옮겨가 고른 수분 분포를 가진다.

③ 빵을 적절히 냉각하지 않으면 썰기(슬라이스)를 할 때 빵의 형태가 찌그러지기 쉽다.

④ 냉각하지 않고 빵을 바로 포장할 경우 포장지 안에 수분이 응축되어 곰팡이가 쉽게 발생할 수 있다.

2 냉각의 목적

① 수분함량을 낮추어 곰팡이 및 기타 균의 피해를 막는다.

② 절단 및 포장을 용이하게 한다.

③ 저장성을 좋게 한다.

3 냉각의 적정 조건

① 냉각의 적정온도는 35~40℃, 수분함량 38%이다.

② 냉각실의 이상적인 습도는 75~85% 정도의 범위이다.

③ 냉각 중 습도가 낮으면 냉각손실이 커지고, 껍질에 잔주름이 생기거나 갈라지기 쉽다.

④ 바람 부는 장소에서 빵을 냉각하거나 강한 송풍을 이용하여 급랭시키면 수분이 증발하여 껍질이 갈라지기 쉽다.

⑤ 부드러운 껍질을 원할 경우 냉각 전에 녹인 쇼트닝을 빵에 바른다.

4 냉각 방법

자연 냉각	• 바람이 없는 실내의 실온에서 3~4시간 냉각 • 수분 손실이 적어 가장 적합한 냉각 방법
터널(계단)식 냉각	• 공기 배출기를 이용한 방법으로 2~2.5시간 냉각 • 수분 손실이 큼
에어콘디션식 냉각	• 온도 22~25.5℃, 습도 85%로 조절한 냉각 공기를 불어 넣어 90분간 냉각

5 냉각손실

① 냉각하는 동안 수분이 증발하여 빵의 무게가 줄어드는 것

② 냉각손실은 여름철(고온다습)에는 적고, 겨울철(저온저습)에는 커지므로 외부 조건에 맞추어 냉각을 조절한다.

③ 평균 2%의 냉각 손실(수분 손실)이 발생한다.

13 포장

1 개요

① 포장은 제품의 가치와 상태를 보호하기 위하여 적합한 용기나 재료로 장식하거나 담는 것을 말한다.

② 포장은 수분 증발을 억제하여 제품의 노화를 지연시킨다.

③ 포장은 빵의 풍미 성분의 손실을 지연시킨다.

④ 미생물에 오염되지 않은 환경에서 포장한다.

⑤ 온도, 충격 등에 대한 품질변화에 주의한다.

⑥ 포장의 목적은 빵의 저장성 증대, 빵의 미생물 오염 방지, 빵의 수분 증발 억제, 상품의 가치 향상 등이다.

2 빵의 포장

① 빵을 포장할 때는 적합한 온도로 냉각하여 포장해야 한다.

높은 온도	• 포장지에 수분이 과다하게 되어 곰팡이가 발생하기 쉽다. • 수분함량이 높아 썰기가 어렵다. • 빵의 모양이 찌그러지기 쉽다.
낮은 온도	• 빵의 껍질이 건조해져서 노화가 빨리 진행되어 빵이 딱딱해진다.

▶ 포장 시 적절한 온도 및 수분
  • 온도 : 35~40℃
  • 수분함량 : 38%

3 포장지의 조건

① 방수성이 있고 통기성이 없어야 한다.

② 제품의 상품 가치를 높일 수 있어야 한다.

③ 포장 재료의 가격이 저렴하여야 한다.

④ 포장 기계에 쉽게 적용할 수 있어야 한다.

⑤ 용기와 포장지는 위생적이어야 한다.

  • 용기와 포장지는 유해물질이 없는 것을 선택한다.

  • 용기나 포장지에 함유되어있는 유해물질이 식품에 옮기지 말아야 한다.

  • 최초 포장된 내용물의 맛, 향, 색 등이 변하지 않아야 하고, 독성물질이 생성되지 않아야 한다.

  • 곰팡이, 세균 등 미생물이 발생하지 않아야 한다.

⑥ 제품이 파손되지 않도록 하여야 한다.

▶ 포장 재료에 통기성이 있으면
  수분과 향미 성분이 증발하여 맛과 향을 떨어뜨리며, 공기 중의 산소에 의한 산패가 발생하여 빵의 노화를 촉진한다.

1 개요

① 빵은 구워나온 직후부터 수분이 증발하기 시작하여 제품의 맛과 향이 변하며, 딱딱해지기 시작하는데 이러한 물리 · 화학적인 변화 현상을 '노화'라고 한다.

② 노화된 빵을 먹으면 체내의 소화 흡수율이 떨어진다.

▶ 빵의 노화와 미생물에 의한 부패나 변질과는 구분이 된다.

2 빵의 노화

1) 껍질의 노화

① 빵 속 수분이 껍질로 이동하여 빵 속은 건조하게 된다.

② 빵 껍질은 빵 속 수분의 이동과 공기 중의 수분을 흡수하여 부드럽고 질겨지며 방향(芳香)을 잃는다.

2) 빵 속의 노화

① 빵 속은 건조하고 거칠어져 탄력성과 신선한 향미를 잃는다.

② 노화의 원인

· 전체적인 수분의 증발 및 빵 속 수분의 표피 이동

· 수분과 관계없이 빵의 α-전분이 퇴화하여 β-전분이 된다.

3 노화에 영향을 주는 요인

1) 저장 시간

① 오븐에서 꺼낸 직후부터 노화 현상이 발생

② 신선할수록 노화의 진행이 빨라 4일간 일어날 노화의 50% 정도가 최초 1일 동안 진행된다.

2) 저장 온도

① 냉장 온도(0~10℃)에서 노화가 가장 빠르게 일어난다.

② -18℃ 이하에서는 노화가 정지된다.

③ 43℃ 이상에서는 노화가 지연되지만, 미생물에 의한 변질이 발생할 수 있다.

3) 배합률에 따른 노화 지연

배합재료	특성
물	제품에 수분함량이 38% 이상이 되면 노화가 지연된다.
밀가루 단백질	밀가루 단백질의 양이 많고, 질이 좋을수록 노화가 지연된다.
당류	당류가 많을수록(고율배합) 노화가 지연된다.
친수성 콜로이드	친수성 콜로이드의 함량이 많을수록 노화가 지연된다.
펜토산	물에 녹지 않고 수분을 흡수하는 펜토산의 함량이 많을수록 노화가 지연된다.
유화제	수분 보유력을 높이는 유화제는 노화 속도를 지연시킨다.
전분의 구조	전분 중 아밀로오스보다 아밀로펙틴이 많을수록 노화가 지연된다.

4 노화를 지연시키는 방법

① −18℃ 이하에서 냉동 보관한다.

② 모노-디-글리세라이드 계통의 유화제를 사용한다.

③ 반죽에 α-아밀라아제를 첨가하거나 물의 사용량을 높여 반죽 중의 수분함량을 높인다.

④ 질 좋은 재료를 사용하고 제조 공정을 정확하게 지킨다.

⑤ 당류를 첨가한다. (고율배합으로 한다.)

⑥ 방습포장 재료를 사용한다.

기 출 유 형 ㅣ 따 라 잡 기

★는 출제빈도를 나타냅니다

냉각과 포장

★★★★

1 갓 구워낸 빵을 식혀 상온으로 낮추는 냉각에 관한 설명으로 틀린 것은?

① 빵 속의 온도를 35~40℃로 낮추는 것이다

② 곰팡이 및 기타 균의 피해를 막는다.

③ 절단, 포장을 용이하게 한다.

④ 수분함량을 25%로 낮추는 것이다.

> 가장 적합한 냉각은 빵 속의 온도를 35~40℃로 낮추고, 수분함량을 38%로 낮추는 것이다.

★★★★

2 빵 제품 냉각에 대한 설명으로 틀린 것은?

① 냉각된 제품의 수분함량은 38%를 초과하지 않는다.

② 냉각된 빵의 내부온도가 32~35℃에 도달하였을 때 절단, 포장한다.

③ 빵의 수분은 내부에서 외부로 이동하여 평형을 이룬다.

④ 일반적인 제품에서 냉각 중에 수분 손실이 12% 정도가 된다.

> 빵 제품을 냉각할 때 일반적으로 평균 2% 정도의 수분 손실이 일어난다. 빵의 적정 냉각온도와 수분함량은 35~40℃, 38% 정도이다.

★★★★

3 식빵의 냉각에 관한 설명으로 옳은 것은?

① 빵을 냉각하는 장소의 습도가 낮으면 껍질에 잔주름이 생긴다.

② 냉각실의 이상적인 상대습도는 45~50%이다.

③ 40℃ 이상의 온도에서 식빵을 절단하는 것이 바람직하다.

④ 통풍이 지나치면 제품의 옆면이 붕괴되는 키홀링 현상을 예방할 수 있다.

> 빵을 냉각하는 중에 습도가 낮으면 냉각손실이 커지고, 껍질에 잔주름이 생기거나 갈라지기 쉽다.
> ② 냉각실의 이상적인 습도는 75~85%
> ③ 적정 냉각온도 35~40℃
> ④ 통풍이 지나치면 수분이 증발하여 껍질이 갈라지기 쉽다.

★★★

4 빵을 구워낸 직후의 수분함량과 냉각 후 포장 직전의 수분함량으로 가장 적합한 것은?

① 35%, 27%   ② 45%, 38%

③ 60%, 52%   ④ 68%, 60%

> 빵을 구워낸 직후 빵 속의 수분함량은 45%이며, 이를 냉각하여 수분함량을 38%로 낮추어 포장한다.

5 제빵 냉각법 중 적합하지 않은 것은? ★★★★

① 급속냉각　　　　② 자연 냉각
③ 터널식 냉각　　　④ 에어콘디션식 냉각

> 제빵의 냉각법 : 자연 냉각, 터널식 냉각, 에어콘디션식 냉각
> ※ 급속냉각을 하면 수분 손실이 커져 껍질이 갈라지기 쉽다.

6 식빵의 냉각법 중 자연 냉각 시 일반적으로 소요되는 시간은? ★★★★

① 30분　　② 1시간　　③ 3시간　　④ 6시간

> 자연 냉각은 바람이 없는 실내의 실온에서 3~4시간 정도 냉각시키는 방법이다.

7 오븐에서 구운 빵을 냉각할 때 평균 몇 %의 수분 손실이 추가적으로 발생하는가? ★★★★

① 2%　　　② 4%　　　③ 6%　　　④ 8%

> 냉각하는 동안 수분이 증발하여 냉각손실이 발생하며, 평균적으로 2% 정도의 수분손실이 발생한다.

8 냉각손실에 대한 설명 중 틀린 것은? ★★

① 식히는 동안 수분 증발로 무게가 감소한다.
② 여름철보다 겨울철이 냉각손실이 크다.
③ 상대습도가 높으면 냉각손실이 작다.
④ 냉각손실은 5% 정도가 적당하다.

> 냉각손실은 냉각하는 동안 수분이 증발하여 무게가 감소하는 현상으로, 상대습도가 높으면 냉각손실이 작아진다. 따라서 습도가 높은 여름철보다 습도가 낮은 겨울철이 냉각손실이 크다.

9 포장에 대한 설명 중 틀린 것은? ★★

① 포장은 제품의 노화를 지연시킨다.
② 뜨거울 때 포장하여 냉각손실을 줄인다.
③ 미생물에 오염되지 않은 환경에서 포장한다.
④ 온도, 충격 등에 대한 품질변화에 주의한다.

> 제품이 뜨거울 때 포장을 하면 빵에 수분함량이 높아 썰 때 찌그러지기 쉬우며, 포장지에 수분이 과다하게 되어 곰팡이가 발생하기 쉽게 된다. 빵은 35~40℃로 냉각하여 포장한다.

10 빵 포장의 목적으로 부적합한 것은? ★★★★

① 빵의 저장성 증대　　② 빵의 미생물 오염방지
③ 수분 증발 촉진　　　④ 상품의 가치 향상

> 빵을 포장하는 목적은 수분 증발을 억제하여 빵의 저장성을 증대시키고, 미생물 오염을 방지하여 상품의 가치를 향상시키는 데 있다.

11 빵을 포장할 때 가장 적합한 빵의 온도와 수분함량은? ★★★★★

① 30℃, 30%　　　　② 35℃, 38%
③ 42℃, 45%　　　　④ 48℃, 55%

> 빵을 포장할 때 가장 적합한 빵 속의 온도와 수분함량은 35~40℃, 38%이다.

12 다음 중 포장 전 빵의 온도가 너무 낮을 때는 어떤 현상이 일어나는가? ★★★★★

① 노화가 빨라진다.
② 썰기가 나쁘다.
③ 포장지에 수분이 응축된다.
④ 곰팡이, 박테리아의 번식이 용이하다.

> 포장의 최적 온도는 35~40℃로 이보다 낮은 온도에서 포장하면 껍질이 건조해져서 노화가 빨리 진행되어 빵이 딱딱해진다. ②, ③, ④는 포장 온도가 높을 때 미치는 영향이다.

13 빵의 포장재에 대한 설명으로 틀린 것은? ★★★

① 방수성이 있고 통기성이 있어야 한다.
② 포장을 하였을 때 상품의 가치를 높여야 한다.
③ 값이 저렴해야 한다.
④ 포장 기계에 쉽게 적용할 수 있어야 한다.

> 포장재는 방수성은 좋아야 하지만 통기성은 없어야 한다. 통기성이 있으면 수분과 향미 성분이 증발하여 맛과 향을 떨어뜨리며, 공기 중의 산소로 인하여 산패가 일어나기 쉽다.

정답　5 ①　6 ③　7 ①　8 ④　9 ②　10 ③　11 ②　12 ①　13 ①

빵의 노화

1 노화에 대한 설명으로 틀린 것은?

① α화 전분이 β화 전분으로 변하는 것
② 빵의 속이 딱딱해지는 것
③ 수분이 감소하는 것
④ 빵의 내부에 곰팡이가 피는 것

> 노화는 수분의 감소 및 전분의 퇴화로 빵이 딱딱해지고 맛과 향이 떨어지는 현상으로 곰팡이나 세균에 의한 변질 또는 부패와는 구분이 된다.

2 빵 제품의 노화에 관한 설명으로 틀린 것은?

① 제품이 오븐에서 나온 후부터 서서히 진행된다.
② 소화흡수에 영향을 준다.
③ 내부 조직이 단단해진다.
④ 지연시키기 위하여 냉장고에 보관하는 것이 좋다.

> 빵의 노화가 가장 촉진되는 온도가 냉장 온도(0~10℃)이며, 노화를 지연시키기 위해서는 -18℃ 이하 또는 21~35℃에서 보관하여야 한다.

3 다음 중 빵의 노화 속도가 가장 빠른 온도는?

① -18~-1℃   ② 0~10℃
③ 20~30℃   ④ 35~45℃

> -18℃ 이하나 21~35℃에서 보관하면 노화를 지연시킬 수 있으며, 43℃ 이상에서는 노화는 지연시키나 미생물에 의한 변질이 발생할 수 있다.

4 빵의 노화 방지에 유효한 첨가물은?

① 모노글리세라이드   ② 이스트 푸드
③ 산성탄산나트륨   ④ 탄산암모늄

> 모노글리세라이드는 유화제(계면활성제)로 사용되는 것으로 빵의 노화를 지연시키는 기능이 있다.

5 빵 제품의 노화 지연 방법으로 옳은 것은?

① 냉장 보관
② 저배합, 고속 믹싱 빵 제조
③ -18℃ 냉동 보관
④ 수분 30~60% 유지

> 노화 지연 방법
> • -18℃ 이하 냉동 보관
> • 모노-디-글리세라이드 계통의 유화제 사용
> • 반죽에 α-아밀라아제 첨가 또는 물의 사용량을 높여 반죽 중의 수분함량 증가
> • 질 좋은 재료의 사용 및 정확한 제조 공정
> • 당류 첨가(고율배합)
> • 방습포장 재료 사용

6 다음 중 제품 특성상 일반적으로 노화가 가장 빠른 것은?

① 단과자빵   ② 카스텔라
③ 식빵   ④ 도넛

> 노화는 수분의 함량이 낮고 당류가 적을수록 빨라진다. 따라서 보기 중 당류의 함량이 가장 낮은 식빵의 노화가 가장 빠르다.

7 노화를 지연시키는 방법으로 올바르지 않은 것은?

① 방습 포장재를 사용한다.
② 다량의 설탕을 첨가한다.
③ 냉장 보관시킨다.
④ 유화제를 사용한다.

> 냉장 온도(0~10℃)에서는 노화가 촉진된다.

8 밀가루 성분 중 함량이 많을수록 노화가 지연되지 않는 것은?

① 수분   ② 단백질
③ 비수용성 펜토산   ④ 아밀로오스

> 전분은 아밀로오스와 아밀로펙틴으로 구성되어 있으며, 이 중 아밀로오스의 함량이 많을수록 노화가 촉진된다.

chapter 05

Craftsman Confectionary & Breads Making

제빵의 제법

[출제문항수 : 5~6문제] 이번 섹션도 중요한 부분으로 출제도 많이 되는 편입니다. 기본 제법에 대한 내용과 비상스트레이트법으로 전환할 때 사용하는 조치 등에 대한 내용이 많이 출제됩니다.

한 눈에 보는 제빵의 제법 종류

스트레이트법(직접반죽법) ─(변형)─ **비상스트레이트법(비상반죽법)** 단기간 내에 제품 생산
모든 재료를 믹서에 한꺼번에 넣고 믹싱
　　　　　　　　　재반죽법

스펀지/도법 ─(변형)─ **액체발효법** 스펀지 반죽에서 액종 사용
재료를 나누어 2번 믹싱/2번 발효
　　　　　　　　연속식 제빵법
　　　　　　　　액체발효법을 자동화하여 계속 제조

노타임 반죽법 믹싱시간 및 발효시간 단축 – 제조공정 단축

냉동 반죽법 반죽을 냉동 후 필요 시 해동·발효

기타 반죽법 ─ **오버나이트 스펀지** 적은 이스트를 천천히 발효
　　　　　　　─ **사워종법** 이스트 대신 대기중 효모 등을 이용
　　　　　　　─ **찰리우드(초고속)법** 발효없이 산화제와 초고속 반죽기를 사용

01 스트레이트법 (Straight dough method)

1 개요

① 배합에 사용되는 모든 재료를 믹서에 한꺼번에 넣고 믹싱을 하는 방법
② 모든 종류의 빵 생산에 사용할 수 있으며, 소규모의 제과점에서 주로 많이 사용한다.

2 제조 공정

▶ 스트레이트법의 배합표

재료	비율(%)	재료	비율(%)
밀가루	100	소금	1.75~2.0
물	60~64	설탕	4~8
이스트	2~3	유지	3~4
이스트푸드	0.1~0.2	탈지분유	3~5
개량제	0.5~2.0		

배합표 작성 → 재료 계량 → 반죽 → 1차 발효 → 성형 및 팬닝 → 2차 발효 → 굽기 → 냉각 → 포장

① 제과제빵에서는 일반적으로 Baker's %를 사용한다.
② 일반 식빵 제조 시 사용하는 생이스트의 양은 2~3%이다.
　(※ 비상스트레이트법 제조 시 4~5%)
③ 적정 반죽 온도는 26~27℃이다.

3 스트레이트법의 장·단점(스펀지법과 비교)

장점	• 제조 공정이 단순하고, 제조장과 장비가 간단하다. • 노동력과 시간이 절감된다. • 발효 시간이 짧아 발효 손실을 줄일 수 있다.
단점	• 기계내성, 발효 내구성이 약하다. • 잘못된 공정을 수정하기 어렵다. • 노화가 빠르다.

02 비상스트레이트법 (비상반죽법)

1 개요

① 스트레이트법에서 변형된 방법으로 반죽 시간을 늘리고 발효를 촉진시켜 짧은 시간 내에 제품을 생산할 수 있는 방법이다.

② 기계의 고장 등의 비상상황, 계획된 작업의 차질, 짧은 시간 내에 원하는 주문량을 맞춰야 할 때 사용한다.

③ 비상스트레이트법의 장·단점

장점	• 공정 시간이 짧아 노동력과 임금이 절약된다. • 비상 시 빠르게 대처할 수 있다.
단점	• 노화가 빨라 저장성이 나빠진다. • 제품의 부피가 고르지 못함 • 이스트를 많이 사용하여 이스트 냄새가 남

2 비상반죽법으로 전환하는 필수 조치

① 1차 발효 시간을 줄임 : 공정시간을 줄이기 위함

② 믹싱 시간을 20~25% 늘림 : 반죽의 신장성을 향상시켜 발효를 촉진

③ 이스트 사용량을 2배로 늘림

④ 물의 양 1% 늘림 : 발효 촉진

⑤ 설탕 1% 줄임 : 껍질색이 진하지 않도록 함

⑥ 반죽 희망 온도를 30~31℃로 높임 : 발효를 촉진

3 비상 반죽법으로 전환하는 선택적 조치

① 이스트의 활동을 방해하는 소금양을 1.75%까지 줄인다.

② 완충제 역할로 발효를 지연시키는 분유를 1% 정도 줄인다.

③ 이스트를 2배 사용하므로 이스트 푸드를 0.5~0.75%까지 늘린다.

④ 반죽의 pH를 낮추기 위하여 식초나 젖산을 0.25~0.75% 사용한다.

▶ 비상 반죽법에서 가장 많은 시간을 단축할 수 있는 공정은 1차 발효이다.

▶ 비상반죽법으로 전환하는 필수 조치 중 물의 양은 1% 증가시킵니다.(NCS 기준)

산업인력공단에서 출간되었던 교재 및 기존의 기출문제에서 물의 양은 1% 감소시키는 것으로 출제된 경우가 많이 있습니다. 본 교재대로 학습하시되 문제에 따라 유연하게 대처하시기 바랍니다.

03 스펀지 도우법 (Sponge dough method)

1 개요

① 스펀지 도우법(중종법)은 재료를 나누어 2번 믹싱하고, 2번 발효하는 방법이다.

② 첫번째 반죽을 스펀지 반죽, 두번째 반죽을 본(dough) 반죽이라 한다.

스펀지 반죽	밀가루, 물, 이스트, 이스트 푸드 등을 넣어 믹싱한 후 발효시킨다.
본 반죽	스펀지에서 사용된 나머지 재료인 일부 밀가루와 물에 분유, 소금, 설탕, 쇼트닝 등을 스펀지 반죽과 섞어 스트레이트법에서의 반죽 상태가 되도록 믹싱한다.

▶ 주의사항) 기본적인 스펀지 반죽에는 소금이나 설탕은 사용하지 않는다.

③ 발효 공정상 다른 제법보다 실패율이 적으므로 주로 대규모 제빵 공장에서 사용되는 제법이다.

2 제조 공정

배합표 작성 → 재료 계량 → 스펀지 반죽 → 스펀지 발효 → 도우 반죽 → 플로어 타임 → 성형 및 팬닝 → 2차 발효 → 굽기 → 냉각 → 포장

1) 배합표

- 스펀지 반죽에 사용하는 일반적인 밀가루의 사용 범위 : 60~100%
- 스펀지 반죽에 사용하는 물의 양 : 밀가루의 55~60%

스펀지 반죽(%)		본 반죽(%)	
밀가루	55~100	밀가루	45~0
물	밀가루의 55~60	물	전체 반죽의 56~68
생이스트	1~3	생이스트	0~2
이스트푸드	0~0.5	소금	1.5~2.5
개량제	0~2	설탕	0~8
		유지	0~5
		탈지분유	0~8

① 스펀지 반죽에 물 사용량을 늘리면 반죽의 숙성 속도가 빨라진다.

② 스펀지에 밀가루 사용량을 증가시킬 때 효과

- 스펀지의 발효 시간은 길어지고, 도우 반죽의 발효 시간인 플로어 타임은 짧아진다.
- 도우 반죽(본 반죽)의 반죽 시간은 짧아진다.
- 반죽의 신장성이 좋아진다.
- 완제품의 부피가 커지고, 기공막이 얇아지며, 조직이 부드러워 품질이 좋아지고 풍미가 강하게 된다.

2) 재료 계량

① 스펀지에 사용할 재료와 도우에 사용할 재료를 구분하여 배합표대로 정확히 계량한다.

② 본 반죽에 사용하는 물은 본 반죽 직전에 계량하여 물의 온도를 계산한 후 맞추어 사용한다.

3) 스펀지 반죽

반죽 온도 22~26℃(보통은 24℃)에서 글루텐이 형성되지 않고 재료가 혼합될 정도로 저속에서 4~6분 반죽한다.

4) 스펀지 발효

① 온도는 27℃, 상대습도는 75~80%인 조건에서 3~5시간 발효시킨다.

② 정상적인 스펀지 반죽의 발효 시 스펀지 내부의 온도는 4~6℃ 상승한다.

5) 본(dough) 반죽

① 발효가 끝난 스펀지 반죽에 본 반죽용 재료를 넣고 8~12분 정도 믹싱한다.

② 반죽 온도는 27℃가 되도록 한다.

③ 최종 반죽 상태는 반죽이 부드럽고 잘 늘어나며, 약간 처지는 상태여야 한다.

6) 플로어 타임(Floor time)*

① 반죽 시 파괴된 글루텐층을 다시 결합시키는 숙성 공정으로 20~40분 정도를 준다.

② 본 반죽이 끝났을 때 처져 있는 본 반죽을 팽팽하게 하여 분할하기 쉽게 만든다.

7) 성형 및 팬닝, 2차 발효, 굽기, 냉각과정

스트레이트법과 동일함

3 스펀지 도우법의 장·단점(스트레이트법과 비교)

장점	• 공정이 융통성이 있어 잘못된 공정을 조절할 수 있다. • 내상막이 얇고, 가스 보유력이 커서 부피가 크다. • 제품의 속결, 조직, 촉감이 부드럽고 맛과 향이 좋다. • 발효 내구성이 강하다. • 노화가 지연되어 제품의 저장성이 좋다. • 발효 시간이 길어 이스트의 사용량을 20% 정도 줄일 수 있다.
단점	• 발효 시간이 길어 발효 손실이 크다. • 제조 시설, 장소, 노동력이 증가한다.

▶ 스펀지 발효 완료점을 판단하는 방법
  • 처음 부피의 4~5배 정도 부풀었을 때
  • 생지가 최대로 팽창하였다가 수축할 때(브레이크 현상)
  • 수축 현상이 일어나 반죽 중앙이 오목하게 들어가는 현상이 나타날 때 (Drop 현상)
  • 반죽의 표면에 바늘구멍 같은 핀 홀이 생길 때
  • 발효 완료점의 반죽은 우윳빛을 띠며 pH 4.8을 나타낸다.

▶ 본반죽 시간이 길어질수록 플로어 타임도 길어진다.
▶ 스펀지에 사용한 밀가루의 양이 많을수록 플로어 타임은 짧아진다.

▶ 참고) 플로어 타임(floor time)
'중간발효'라고도 하며, 분할 후 둥글리기로 인해 가스가 빠진 반죽을 성형하기 좋게 발효시키는것

04 액체발효법 (Brew method)

1 개요

① 액체발효법은 스펀지법의 변형으로 스펀지 대신 액종을 만들어 사용하는 방법이다.

② 분유 등을 완충제로 사용하여 발효가 거칠게 일어나는 것을 안정시킨다.

③ 스펀지 발효에서 생기는 결함을 없애기 위한 방법이다.

2 제조 공정

1) 액종 발효

① 액종의 필수재료는 물, 발효성 탄수화물(설탕), 이스트, 완충제이며 여건에 따라 이스트 푸드, 소금, 유지, 개량제 등이 사용된다.

② 액종용 재료를 혼합하여 액종 반죽이 30℃가 되도록 2~3시간 발효시킨다.

③ 완충제(분유, 탄산칼슘, 염화암모늄)는 발효하는 동안 생기는 유기산과 작용하여 반죽의 산도가 내려가는 것을 더디게 조절한다.

▶ 액종의 발효 완료점
pH 4.2~5.0으로 산도를 측정하여 확인한다.

2) 본 반죽 만들기

액종과 본 반죽 재료(밀가루, 물, 설탕 등)를 넣고 28~32℃가 되도록 믹싱을 한다.

3) 플로어 타임

약 15분 정도의 플로어 타임을 주어 반죽 시 파괴된 글루텐을 재결합시킨다.

4) 성형 및 팬닝, 2차 발효, 굽기, 냉각과정

스트레이트법과 동일함

3 액체 발효법의 장·단점

장점	• 한 번에 많은 양을 발효시킬 수 있다. • 설비가 펌프와 탱크로 이루어져 공간과 설비가 감소된다. • 균일한 제품생산이 가능하다. • 발효 손실에 따른 생산손실을 줄일 수 있다. • 발효 내구력이 약한 밀가루도 사용할 수 있다.
단점	• 산화제, 환원제, 연화제를 필요로 한다.

05 연속식 제빵법

1 개요

① 액체 발효법을 이용하여 각각의 공정이 자동화된 기계로 계속적으로 빵을 제조하는 방법이다.

② 밀폐된 발효 시스템으로 인하여 산화제의 사용이 필수적이다.

③ 대규모 공장에서 단일 품목을 대량생산할 때 적합한 방법이다.

2 제조 공정

> 배합표 작성 → 재료 계량 → 액체 발효 탱크 → 산화제 용액 탱크 → 쇼트닝 온도 조절기 → 밀가루 급송 장치 → 예비 혼합기 → 디벨로퍼 → 분할 → 팬닝 → 2차 발효 → 굽기 → 냉각 → 포장

① 액체 발효 탱크 : 액종의 온도가 30℃가 되도록 액종의 재료를 넣어 섞는다.

② 산화제 용액 탱크 : 이스트 푸드와 산화제(브롬산칼륨, 인산칼륨, 아스코르브산 등)를 용해시켜 예비 혼합기로 보낸다.

③ 쇼트닝 온도 조절기 : 쇼트닝 프레이크(조각)를 용해하여 예비 혼합기로 보낸다.

④ 밀가루 급송 장치 : 액종에 사용하고 남은 밀가루를 예비 혼합기로 보낸다.

⑤ 예비 혼합기 : 액종, 산화제, 쇼트닝, 밀가루 등의 각 재료들을 균일하게 혼합하여 디벨로퍼로 보낸다.

⑥ 디벨로퍼(반죽기) : 3~4 기압하에서 30~60분간 반죽을 발전시켜 분할기로 직접 연결시킨다.

⑦ 분할, 팬닝 : 분할기에서 분할된 반죽은 바로 팬닝으로 연결된다.

⑧ 팬닝 이후의 공정은 스트레이트법과 같다.

▶ 용어 : 디벨로퍼(developer)
develop : '발전'의 의미

▶ 산화제 사용 이유
디벨로퍼에서 30~60분간 숙성시키는 동안 공기 중의 산소가 결핍되므로 기계적 교반과 산화제에 의하여 반죽을 형성시킨다.

3 연속식 제빵법의 장·단점

장점	• 1차 발효실, 분할기, 환목기, 중간발효기, 성형기 등의 설비가 감소되어 공장면적이 감소된다. • 자동화된 설비로 노동력을 줄일 수 있다. • 발효 손실이 적다.
단점	• 초기 설비 투자 비용이 크다. • 산화제를 많이 사용하여 발효 향이 감소한다.

chapter 05

(비상)스트레이트법

1 ★★★
표준 식빵의 재료 사용 범위로 부적합한 것은?

① 설탕 0~8%
② 생이스트 1.5~5%
③ 소금 5~10%
④ 유지 0~5%

> 표준 식빵의 소금 적정량은 2% 정도이며, 소금 사용량이 많아지면 삼투압이 높아져 이스트의 활성을 억제하기 때문에 발효가 지연된다.

2 ★
스트레이트법으로 일반 식빵을 만들 때 사용하는 생이스트의 양으로 가장 적당한 것은?

① 2%   ② 8%
③ 14%   ④ 20%

> • 표준 스트레이트법의 생이스트의 양 : 2~3%
> • 비상 스트레이트법의 생이스트의 양 : 4~5%

3 ★★★
스트레이트법에서 반죽 시간에 영향을 주는 요인과 거리가 먼 것은?

① 밀가루 종류
② 이스트 양
③ 물의 양
④ 쇼트닝 양

> 이스트의 양은 발효 시간에 영향을 주는 요인이다.

4 ★★★★
다음 중 표준 스트레이트법에서 믹싱 후 반죽 온도로 가장 적합한 것은?

① 21℃   ② 27℃
③ 33℃   ④ 39℃

> 표준 스트레이트법에서 적정 반죽 온도는 26~27℃이다.

5 ★★
스펀지법에 비교해서 스트레이트법의 장점은?

① 노화가 느리다.
② 발효에 대한 내구성이 좋다.
③ 노동력이 감소된다.
④ 기계에 대한 내구성이 증가한다.

> 스트레이트법은 제조 공정이 단순하고 발효 시간이 짧아 노동력이 감소된다.

6 ★★★★
스펀지도우법과 비교하여 스트레이트법이 갖는 장점이 아닌 것은?

① 공정시간이 감소한다.   ② 생산비가 낮다.
③ 부피가 증가한다.   ④ 발효 중 손실이 작다.

> 스트레이트법의 특징
> • 제조 공정 단순
> • 발효 시간이 짧음 → 공정시간 감소, 생산비 감소, 발효손실 감소

7 ★★★
비상 스트레이법 반죽의 가장 적합한 온도는?

① 15℃   ② 20℃
③ 30℃   ④ 40℃

> 비상스트레이트법은 발효를 촉진시키기 위하여 반죽 온도를 표준 스트레이트법(27℃)보다 높은 30~31℃로 한다.

8 ★
일반 스트레이트법으로 만들던 빵을 비상스트레이트법으로 만들 때 필수적으로 조치할 사항이 잘못된 것은?

① 이스트를 2배로 증가시킨다.
② 반죽 온도를 30℃로 올린다.
③ 설탕량을 1% 감소시킨다.
④ 반죽 시간을 20~25% 감소시킨다.

> 반죽의 신장성을 향상시켜 발효를 촉진시키기 위하여 반죽 시간을 표준 스트레이트법에 비하여 20~25% 증가시킨다.

정답 1③ 2① 3② 4② 5③ 6③ 7③ 8④

9 ★★
제조 공정상 비상반죽법에서 가장 많은 시간을 단축할 수 있는 공정은?

① 재료 계량
② 믹싱
③ 1차 발효
④ 굽기

비상 반죽법은 1차 발효 시간을 단축하여 전체 공정을 빠르게 하는 방법이다. 재료 계량, 굽기는 표준 스트레이트법과 차이가 없고, 믹싱은 발효를 촉진시키기 위하여 반죽 시간을 20~25% 정도 증가시킨다.

스펀지 도우법

1 ★★★★★
스펀지 도우법(sponge dough method)에서 스펀지 반죽의 재료가 아닌 것은?

① 밀가루   ② 설탕
③ 물   ④ 이스트

스펀지 도우법에서 스펀지에는 밀가루, 물, 이스트, 이스트 푸드, 개량제를 사용하며, 경우에 따라 분유를 첨가하기도 한다.

2 ★
스펀지 도우법에 있어 스펀지에 수분 배합량을 늘리면 반죽의 숙성 속도가 빨라진다. 물은 밀가루량의 몇 %가 바람직한가?

① 25%   ② 35%
③ 45%   ④ 55%

스펀지 도우법에서 스펀지에 사용하는 물의 양은 55~60%가 적당하다.

3 ★★
스펀지 도우법에 있어서 스펀지 반죽에 사용하는 일반적인 밀가루의 사용 범위는?

① 0~20%   ② 20~40%
③ 40~60%   ④ 60~100%

스펀지 도우법에서 스펀지 반죽의 밀가루 사용 범위는 60~100%이다.

4 ★★
스펀지의 밀가루 사용량을 증가시킬 때 나타나는 현상이 아닌 것은?

① 2차 믹싱의 반죽 시간 단축
② 반죽의 신장성 저하
③ 도우 발효 시간 단축
④ 스펀지 발효 시간 증가

스펀지에 밀가루 사용량을 증가시킬 때 효과
• 스펀지의 발효 시간은 길어지고 도우 반죽의 발효 시간인 플로어 타임은 짧아진다.
• 도우 반죽(2차 반죽)의 반죽 시간은 짧아진다.
• 반죽의 신장성이 좋아진다.
• 완제품의 부피가 커지고, 기공막이 얇아지며, 조직이 부드러워 품질이 좋아지고 풍미가 강하게 된다.

5 ★★★
스펀지 도우법에서 스펀지 밀가루 사용량을 증가시킬 때 나타나는 결과가 아닌 것은?

① 도우 제조 시 반죽 시간이 길어짐
② 완제품의 부피가 커짐
③ 도우 발효 시간이 짧아짐
④ 반죽의 신장성이 좋아짐

스펀지 밀가루 사용량을 증가시키면 도우 반죽의 반죽 시간은 짧아진다.

6 ★★★★★
스펀지법에서 가장 적당한 스펀지 반죽 온도는?

① 10~20℃   ② 22~26℃
③ 34~38℃   ④ 42~46℃

스펀지 반죽의 반죽 온도는 22~26℃(보통은 24℃)이며, 본 반죽의 온도는 27℃이다.

7 ★★★
다음 중 정상적인 스펀지 반죽을 발효시키는 동안 스펀지 내부의 온도 상승은 어느 정도가 가장 바람직한가?

① 1~2℃   ② 4~6℃
③ 8~10℃   ④ 12~14℃

정상적인 스펀지 반죽을 발효시킬 때 반죽 내부의 온도는 4~6℃ 정도 상승한다.

정답 **9** ③ | **1** ② **2** ④ **3** ④ **4** ② **5** ① **6** ② **7** ②

8 ★★★ 표준 스펀지/도법에서 스펀지 발효 시간은?

① 1시간~2시간 30분
② 3시간~4시간 30분
③ 5시간~6시간
④ 7시간~8시간

표준 스펀지 도우법의 스펀지 발효 시간은 3~5시간 정도이고, 표준 스트레이트법의 1차 발효 시간은 1~3시간이다.

9 ★★ 스펀지법에서 스펀지 발효점으로 적합한 것은?

① 처음 부피의 8배로 될 때
② 발효된 생지가 최대로 팽창했을 때
③ 핀 홀(Pin hole)이 생길 때
④ 겉 표면의 탄성이 가장 클 때

스펀지 발효 완료점을 판단하는 방법
• 처음 부피의 4~5배 정도 부풀었을 때
• 생지가 최대로 팽창하였다가 수축할 때(브레이크 현상)
• 수축 현상이 일어나 반죽 중앙이 오목하게 들어가는 현상이 나타날 때(드롭 현상)
• 반죽의 표면에 바늘구멍 같은 핀 홀이 생길 때
• 이때 반죽은 우윳빛을 띠며 pH 4.8을 나타낸다.

10 ★★★ 스펀지에서 드롭 또는 브레이크 현상이 일어나는 가장 적당한 시기는?

① 반죽의 약 1.5배 정도 부푼 후
② 반죽의 약 2~3배 정도 부푼 후
③ 반죽의 약 4~5배 정도 부푼 후
④ 반죽의 약 6~7배 정도 부푼 후

스펀지에서 처음 반죽의 4~5배 정도로 부풀었다가 수축하기 시작하는 현상을 브레이크 현상이라 한다.
※ 드롭(Drop)현상 : 반죽에 수축현상이 일어나면 반죽 중앙이 오목하게 들어가는 현상이다.

11 ★★★★★ 일반적인 스펀지 도우법으로 식빵을 만들 때 도우(Dough)의 가장 적당한 온도는?

① 17℃ 정도
② 27℃ 정도
③ 37℃ 정도
④ 47℃ 정도

도우 반죽(본 반죽)의 반죽 온도는 27℃ 정도가 가장 적당하다. 스펀지 반죽의 온도는 22~26℃이다.

12 ★★★★★ 제빵 반죽 시 스펀지 도우법에 대한 설명 중 틀린 것은?

① 제품의 노화가 빠르다.
② 직접반죽법에 비해 발효 내성이 증가된다.
③ 발효의 풍미가 향상된다.
④ 부피, 기공, 조직감 등의 측면에서 제품의 특성이 향상된다.

스펀지 도우법은 노화가 느리고, 발효 내구성이 좋으며, 속결이 부드럽고 부피가 크며, 맛과 발효 향이 좋은 특징을 가진다.

13 ★★ 스펀지법으로 만든 제품의 특징은?

① 노화가 빠르다.
② 내상막이 얇다.
③ 발효 향이 적다.
④ 부피가 감소한다.

내상막이란 빵 속의 기공을 감싸고 있는 기공막을 말하는 것으로, 스펀지 도우법으로 만든 제품은 내상막이 얇고 가스 보유력이 커서 부피가 크고 조직이 부드러우며 맛과 향이 좋은 특징을 가진다.

14 ★★ 다음 중 스트레이트법과 비교한 스펀지 도우법에 대한 설명이 옳은 것은?

① 노화가 빠르다.
② 발효 내구성이 좋다.
③ 속결이 거칠고 부피가 작다.
④ 발효 향과 맛이 나쁘다.

스펀지 도우법은 노화가 느리고, 발효 내구성이 좋으며, 속결이 부드럽고 부피가 크며, 발효 향과 맛이 좋은 특징을 가진다.

정답 8 ② 9 ③ 10 ③ 11 ② 12 ① 13 ② 14 ②

액체발효법

★★★★

1 빵의 제법 가운데 액체발효법과 공정 단계상 가장 비슷한 제조법은?

① 비상반죽법
② 노타임법
③ 직접반죽법
④ 스펀지도우법

> 액체발효법은 스펀지법의 변형으로 스펀지 대신 액종을 만들어 사용하는 방법이다.

★★★★

2 액체발효법에서 액종 발효 시 완충제 역할을 하는 재료는?

① 탈지분유   ② 설탕
③ 소금   ④ 쇼트닝

> 액체발효법은 스펀지 발효에 생기는 결함을 없애기 위하여 분유, 탄산칼슘, 염화암모늄 등의 완충제를 사용하여 발효를 조절하는 방법이다.

★★

3 액체발효법에서 가장 정확한 발효점 측정법은?

① 부피의 증가도 측정
② 거품의 상태 측정
③ 산도 측정
④ 액의 색 변화 측정

> 액종의 발효 완료점 : pH 4.2~5.0

★★

4 액체발효법(액종법)에 대한 설명으로 옳은 것은?

① 균일한 제품생산이 어렵다.
② 발효 손실에 따른 생산손실을 줄일 수 있다.
③ 공간확보와 설비비가 많이 든다.
④ 한 번에 많은 양을 발효시킬 수 없다.

> ① 균일한 제품의 생산이 가능하다.
> ③ 설비가 펌프와 탱크로 이루어져 공간과 설비가 적게 든다.
> ④ 한 번에 많은 양을 발효시킬 수 있어 대량 생산에 적합하다.

연속식 제빵법

★★★★★

1 연속식 제빵법(Continuous Dough Mixing System)에는 여러 가지 장점이 있어 대량 생산 방법으로 사용되는 데 스트레이트법과 비교한 장점으로 볼 수 없는 사항은?

① 발효 손실의 감소
② 공장면적의 감소
③ 인력의 감소
④ 산화제 사용 감소

> 연속식 제빵법은 밀폐된 발효 시스템으로 인하여 산화제의 사용이 필수적이고, 산화제를 많이 사용하여 발효향이 감소한다.

★★★

2 연속식 제빵법을 사용하는 장점과 가장 거리가 먼 것은?

① 인력의 감소
② 발효 향의 증가
③ 공장면적과 믹서 등 설비의 감소
④ 발효 손실의 감소

> 연속식 제빵법은 디벨로퍼에서 반죽을 발전시키는 동안 산소가 결핍되기 때문에 많은 산화제를 사용해야 되고, 산화제는 발효향을 감소시킨다.

chapter 05

정답 1④ 2① 3③ 4② | 1④ 2②

06 노타임 반죽법 (No time dough)

1 개요

① 1차 발효를 하지 않거나 짧게 하는 대신에 산화제와 환원제를 사용하여 믹싱 시간과 발효 시간을 감소시켜 제조 공정을 단축시키는 방법이다.

② 반죽하고 정형한 후 40분 이내의 짧은 휴지(2차 발효) 이외에 보통의 발효 과정을 거치지 않기 때문에 '무발효 반죽법'이라고도 한다.

③ 노타임 반죽법의 장 · 단점

장점	• 반죽의 기계 내성이 좋다. • 반죽이 부드러우며 흡수율이 좋다. • 제품의 내상은 균일하고 세밀하다. • 시간이 단축된다.
단점	• 제품에 광택이 없다. • 식감과 풍미가 좋지 않다. • 제품의 질이 고르지 않다.

2 산화제와 환원제

1) 산화제

① 단백질의 S-H기를 S-S기로 변화시켜 단백질의 구조를 강하게 만들고, 가스 포집력을 증가시키며, 반죽 다루기를 좋게 한다.

② 산화가 부족하면 제품의 기공이 일정하지 않고, 부피가 작으며, 제품의 균형이 나빠진다.

③ 종류 : 브롬산칼륨(지효성 작용), 요오드칼륨(속효성 작용), 아조디카본아마이드
(ADA, Azodicarbonamide), 비타민 C등

2) 환원제

① 단백질의 S-S기를 절단하여 글루텐을 약하게 만들기 때문에 믹싱 시간을 25% 단축할 수 있다.

② 환원제는 믹싱 전에 넣지 않도록 하며, 오랫동안 금속에 접촉되지 않도록 해야 한다.

③ 종류 : L-시스테인(L-cysteine), 소르브산(Sorbic acid), 프로테아제 등

3 스트레이트법을 노타임 반죽법으로 변경 시 조치사항

① 물 사용량을 2% 줄인다.

② 설탕 사용량을 1% 줄인다.

③ 이스트 사용량을 0.5~1% 늘린다.

④ 브롬산칼륨을 산화제로 30~50ppm 사용한다.

⑤ L-시스테인을 환원제로 10~70ppm 사용한다.

⑥ 반죽 온도를 30~32℃로 한다.

1 개요

① 반죽을 동결하여 발효를 억제시키거나 저장성을 높인 상태로 저장하여 필요할 때마다 꺼내 해동, 발효시켜 사용하는 반죽법이다.

② 반죽법으로는 노타임법이나 스트레이트법을 사용하며, 발효를 거의 시키지 않는 노타임법을 주로 사용한다.

③ 단백질 함량이 높고 질이 좋은 밀가루를 사용한다.

④ 물의 사용량은 줄이고 이스트의 양은 2배 늘린다.

⑤ 유화제, 노화 방지제를 사용하며, 일반 제품보다 산화제를 많이 사용한다.

⑥ 식빵이나 프랑스빵과 같은 저율배합 제품에도 사용하지만, 단과자빵과 같은 고율배합 제품에 더 적합하다.

▶ **고율배합과 저율배합의 특징**
(냉동 반죽법)

고율배합	• 설탕, 유지의 첨가량이 많아 비교적 완만한 냉동에 잘 견딘다.
저율배합	• 완만한 냉동에 냉해를 입기 쉬우므로 급속냉동을 하여야 한다. • 냉동 시 노화의 진행 속도가 빠르다.

2 제조 공정

배합표 작성 → 재료 계량 → 반죽 → 1차 발효 → 분할 및 성형 → 냉동 저장 → 해동 → 2차 발효 → 굽기 → 냉각 → 포장

1) 배합 및 재료개량

재료	특성	배합(%)
밀가루	• 단백질 함량(11.75~13.5%)이 많은 밀가루 선택	100
물	• 물이 과다하면 이스트가 파괴되므로 일반 제품보다 3~5% 줄임	57~63
이스트	• 냉동 중 이스트가 죽어 가스발생력이 떨어지므로 이스트의 사용량을 2배 정도 늘림	3.5~5.5
노화 방지제	• 스테아릴젖산나트륨(SSL)과 같은 반죽 건조제를 소량 첨가	0.5
유화제	• 냉동 반죽의 가스 보유력을 높이는 역할을 한다.	4~5
산화제	• 반죽의 글루텐을 강하게 하고, 냉동으로 인한 반죽의 퍼짐 현상을 막을 수 있다. • 비타민 C, 브롬산칼륨 등 첨가	
기타	• 설탕(4~7%), 소금(1.75~2.5%), 유지(4~5%), 이스트 푸드(0.5%), 달걀 등 첨가	

2) 반죽

① 일반적으로 노타임 반죽법이나 스트레이트법을 이용한다.

② 반죽 온도는 이스트의 활동을 억제하기 위하여 18~24℃의 낮은 온도가 되도록 한다.

③ 반죽을 냉동 저장 할 때 이스트가 죽어서 환원성 물질(글루타치온)이 나와 반죽이 퍼지는 현상이 나타난다. 이것을 막기 위하여 다른 반죽법보다 수분을 줄여 약간 되직한 정도로 반죽한다. (수분 63% → 58%)

▶ 글루타치온은 단백질의 −SS결합을 −SH결합으로 환원시켜 글루텐을 약화시키기 때문에 반죽이 퍼지고 가스 포집력이 떨어진다.

▶ 냉동 반죽법에서 1차 발효는 생략하거나 아주 짧은 시간 발효를 시키기 때문에 믹싱공정 다음 단계를 1차 발효가 아닌 분할공정으로 본다.

▶ 반죽을 급속 냉동하는 이유
• 냉동 속도가 빠를수록 반죽 속의 얼음 결정이 작아져 조직이 파괴되지 않고 오래간다.
• 급속 동결해야 해동 시 반죽 속에 수분이 많이 남지 않는다.

▶ 노화대(Stale zone)
• 빵의 노화를 결정하는 성분은 전분으로, 전분이 노화가 빠르게 일어나는 −7~10℃의 온도대를 말한다.
• 노화대를 빠르게 통과하여 노화를 방지하기 위하여 급속냉동을 한다.
• 전분의 해동 시에는 노화의 영향이 적다.

▶ 드립(Drip) 현상
냉동 반죽의 해동을 높은 온도에서 빨리할 경우 반죽의 표면에서 물이 나오는 현상

▶ 드립 현상의 원인
• 얼음 결정이 반죽의 세포를 파괴 손상
• 반죽 내 수분이 빙결되어 분리
• 단백질이 변성

▶ 냉동 페이스트리를 해동할 때 고온에서 해동하면 페이스트리를 구운 후 옆면이 주저앉는 원인이 된다.

④ 냉해를 막기 위하여 설탕, 유지, 달걀을 많이 넣는다.

3) 1차 발효
① 주로 노타임법을 사용하여 0~20분 정도의 짧은 발효를 한다.
② 1차 발효 시간이 길어지면 냉동 저장성이 짧아진다.

4) 분할
냉동 반죽은 분할량이 크면 냉해를 입을 수 있기 때문에 적게 분할하는 것이 좋다.

5) 정형 : 원하는 모양으로 정형한다.

6) 냉동 저장
① −40℃에서 급속 냉동하여 −18~−25℃에서 저장한다.
② 냉동제품은 건조를 방지할 수 있는 필름으로 포장하여 저장한다.
③ 냉동 저장고에 냉동되지 않은 제품을 넣거나, 문을 자주 개폐하면 안 된다.
④ 냉동 저장고는 온도변화가 적고 냉각 기능이 뛰어난 것을 사용해야 한다.

7) 해동
① 5~10℃의 냉장고에서 15~16시간 완만하게 해동한다.
② 도우 컨디셔너(Dough conditioner)나 리타더(Retarder)를 사용하여 해동하면 시간 조절이 가능하다.
③ 실온 해동이나 급속 해동의 방법도 있으나 반죽 표면에 수분 응결 또는 이스트 활동의 장해 등의 단점이 있다.
④ 일반적인 해동의 순서 : 냉동고 → 냉장고 → 발효실

기본 원리 : 발효가 필요한 생지를 넣고 시간을 설정하면 자동으로 완료시간에 냉동 → 해동 → 발효 과정을 거쳐 굽기 전 상태가 된다.

8) 2차 발효
다른 제법보다 낮은 온도인 30~33℃, 상대습도 80%의 2차 발효실에서 발효시킨다.

9) 굽기
제품의 종류에 따라 최적 온도를 설정하여 굽는다.

3 냉동 반죽법의 장·단점

장점	• 소비자에게 신선한 빵을 제공할 수 있다. • 계획생산이 가능하며, 휴일작업에 대처할 수 있다. • 발효 시간이 줄어 전체 제조 시간이 짧다. • 노동력, 설비, 작업공간을 절약하고 작업 효율을 극대화할 수 있다. • 운송, 배달이 용이하다. • 다품종 소량생산이 가능하다. • 빵의 부피가 크고, 결과 향이 좋다. • 반죽의 냉동 보관으로 저장 기간이 길다.

| 단점 | • 이스트가 죽어 가스 발생력이 떨어진다.
• 가스 보유력이 떨어진다.
• 반죽이 퍼지기 쉽고 끈적거린다.
• 많은 양의 산화제를 사용해야 한다. |

08 기타 빵의 제법

1 오버나이트 스펀지(Overnight sponge dough)법

① 적은 양의 이스트로 12~24시간 스펀지 발효를 하는 것으로 매우 천천히 발효시킨다.

② 반죽의 신장성이 좋아 가스 보유력이 좋고 풍부한 발효 향을 가진다.

③ 장시간 동안 발효하므로 발효 향이 풍부하지만, 발효 손실이 매우 크다.

④ 2개 이상의 본 반죽을 위한 대량의 스펀지 반죽을 제조한다.

⑤ 식빵류에 종종 사용한다.

2 사워종법(Sour dough Method)

① 호밀 가루나 밀가루에 대기 중에 존재하는 효모균이나 유산균과 물을 반죽하여 배양한 발효종(사워종)을 이용하는 제빵법이다.

② 사워(Sour)는 밀가루와 물을 혼합하여 장시간 발효시킨 혼합물을 말한다.

③ 사워종으로 만든 빵은 유산균이 만들어내는 유산으로 독특한 풍미를 낸다.

④ 반죽의 개량, 풍미의 개량, 노화 억제, 보존성 향상을 목적으로 사용한다.

▶ 사워종법은 이스트를 사용하지 않는다.

3 찰리우드(Chorleywood)법

① 영국 찰리우드 지방에서 고안된 기계적 반죽법이다.

② 발효하지 않고 산화제와 초고속 반죽기를 이용하여 반죽을 만드는 방법이다.

③ 공정이 짧아 시간은 절약할 수 있으나, 제품의 풍미가 떨어지고, 노화가 빠르며, 손상된 전분이 증가하는 단점이 있다.

4 재반죽법

① 스트레이트법에서 변형된 방법으로 모든 재료를 넣고 물만 8% 정도 남겨 두었다가 발효 후 남긴 물을 넣고 반죽하는 방법이다.

② 스펀지법의 장점을 가지면서도 스펀지법보다 더 짧은 제조 공정시간을 갖는다.

③ 스펀지법의 장점을 가져 기계 내성이 좋고, 균일한 상태의 제품을 만들며, 식감과 색상이 양호하다.

chapter 05

노타임 반죽법

1 ★★★★
산화제와 환원제를 함께 사용하여 믹싱 시간과 발효 시간을 감소시키는 제빵법은?

① 스트레이트법
② 노타임법
③ 비상 스펀지법
④ 비상스트레이트법

> 노타임법은 산화제와 환원제를 사용하여 믹싱 시간과 발효 시간을 감소시켜 전체 제조 공정시간을 단축시키는 방법이다.

2 ★★
노타임법에 의한 빵 제조에 관한 설명으로 잘못된 것은?

① 믹싱 시간을 20~25% 길게 한다.
② 산화제와 환원제를 사용한다.
③ 물의 양을 1% 정도 줄인다.
④ 설탕의 사용량을 다소 감소시킨다.

> 환원제인 L-시스테인, 프로테아제 등은 밀가루 단백질의 S-S 결합을 절단하여 글루텐을 약하게 만들어 믹싱 시간을 25% 정도 줄일 수 있다.

3 ★★★
스트레이트법을 노타임 반죽법으로 변경할 때의 조치 사항으로 맞는 것은?

① 물 사용량을 2% 늘린다.
② 설탕 사용량을 1% 증가시킨다.
③ 산화제로 비타민 C를 사용한다.
④ 환원제로 비타민 C를 사용한다.

> 산화제로 비타민 C, 브롬산칼륨, 요오드칼륨 등을 사용한다.
> ① 물 사용량을 2% 줄인다.
> ② 설탕 사용량을 1% 줄인다.
> ④ 환원제로는 L-시스테인, 소르브산, 프로테아제 등이 있다.

냉동 반죽법

1 ★★★★
냉동 반죽에 사용되는 재료와 제품의 특성에 대한 설명 중 틀린 것은?

① 일반 제품보다 산화제 사용량을 증가시킨다.
② 저율배합인 프랑스빵이 가장 유리하다.
③ 유화제를 사용하는 것이 좋다.
④ 밀가루는 단백질의 함량과 질이 좋은 것을 사용한다.

> 프랑스빵과 같은 저율배합 제품은 냉동 시 노화의 진행이 빠르고, 완만한 냉동을 견디지 못하여 급속냉동을 해야하기 때문에 냉동 반죽에 적당한 배합이 아니다.

2 ★★★
냉동 반죽법에 대한 설명 중 틀린 것은?

① 저율배합 제품은 냉동 시 노화의 진행이 비교적 빠르다
② 고율배합 제품은 비교적 완만한 냉동에 견딘다.
③ 저율배합 제품일수록 냉동처리에 더욱 주의해야 한다.
④ 프랑스빵 반죽은 비교적 노화의 진행이 느리다.

> 프랑스빵은 저율배합 제품으로 냉동 시 노화의 진행이 빠르기 때문에 급속 냉동을 하여야 한다.

3 ★★★
냉동 반죽에서 반죽의 가스 보유력을 증가시키기 위하여 사용하는 재료의 설명으로 틀린 것은?

① 단백질 함량이 11.75~13.5%로 비교적 높은 밀가루를 사용한다.
② L-시스테인(L-Cysteine)과 같은 환원제를 사용한다.
③ 스테아릴젖산나트륨(S.S.L)과 같은 반죽 건조제를 사용한다.
④ 비타민 C(Ascorbic acid)와 같은 산화제를 사용한다.

> L-시스테인 같은 환원제는 반죽을 퍼지게 하여 가스 보유력을 약화시킨다.

정답 1② 2① 3③ | 1② 2④ 3②

4 냉동 반죽의 사용 재료에 대한 설명 중 틀린 것은? ★★

① 유화제는 냉동 반죽의 가스 보유력을 높이는 역할을 한다.
② 물은 일반 제품보다 3~5% 줄인다.
③ 일반 제품보다 산화제 사용량을 증가시킨다.
④ 밀가루는 중력분을 10% 정도 혼합한다.

> 밀가루는 단백질 함량이 높고(11.75~13.5%) 질이 좋은 것을 사용한다.

5 냉동 반죽법의 재료 준비에 대한 사항 중 틀린 것은? ★★★★

① 저장 온도는 -5℃가 적합하다.
② 노화 방지제를 소량 사용한다.
③ 반죽은 조금 되게 한다.
④ 크로와상 등의 제품에 이용된다.

> 냉동 반죽은 -40℃에서 급속 냉동하여 -18~-25℃에서 저장한다.

6 냉동 반죽(Frozen Dough)을 만들 때 정상 반죽에서의 양보다 증가시키는 것은? ★★

① 물 　　　　　② 소금
③ 이스트 　　　④ 환원제

> 반죽을 냉동할 때 이스트가 많이 죽기 때문에 이스트의 양을 2배 정도 늘려 사용하며, 물은 3~5% 줄여 사용한다.

7 냉동빵에서 반죽의 온도를 낮추는 가장 주된 이유는? ★★★

① 수분 사용량이 많아서
② 밀가루의 단백질 함량이 낮아서
③ 이스트 활동을 억제하기 위해서
④ 이스트 사용량이 감소해서

> 냉동 반죽법은 이스트의 활동을 억제하여 발효를 지연시키기 위하여 반죽의 온도를 18~24℃로 맞춘다.

8 냉동 반죽법에 적합한 반죽의 온도는? ★★

① 18~22℃ 　　　② 26~30℃
③ 32~36℃ 　　　④ 38~42℃

> 냉동 반죽법의 반죽 온도는 이스트의 활동을 억제하기 위하여 18~24℃의 낮은 온도가 되도록 한다.

9 냉동 반죽의 특성에 대한 설명 중 틀린 것은? ★★★

① 냉동 반죽에는 이스트 사용량을 늘인다.
② 냉동 반죽에는 당, 유지 등을 첨가하는 것이 좋다.
③ 냉동 중 수분의 손실을 고려하여 될 수 있는 대로 진 반죽이 좋다.
④ 냉동 반죽은 분할량을 적게 하는 것이 좋다.

> 냉동 반죽 시 이스트가 죽어 환원성 물질인 글루타치온이 침출되어 반죽을 약화시키기 때문에 수분의 양을 줄여 된 반죽으로 만들어야 한다.

10 냉동 반죽법에서 반죽의 냉동온도와 저장 온도의 범위로 가장 적합한 것은? ★★★★★

① -5℃, 0~4℃
② -20℃, -18~0℃
③ -40℃, -25~-18℃
④ -80℃, -18~0℃

> 냉동 반죽법에서 반죽 냉동 온도는 -40℃이며, 저장 온도는 -18~-25℃이다.

11 냉동 반죽법에서 동결방식으로 적합한 것은? ★★★★

① 완만동결법
② 지연동결법
③ 오버나이트법
④ 급속동결법

> 냉동 반죽법에서는 급속동결을 하여야 이스트 및 글루텐의 냉해를 방지할 수 있다.

chapter **05**

12 다음 중 냉동 반죽을 해동시키는 방법으로 적합하지 않은 것은?

① 냉장고(2~3℃)에서 15시간 정도 해동 후 실온에서 발효시킨다.
② 도우 컨디셔너나 리타더 사용 시 시간 조절이 가능하다.
③ 실온에서 30~60분간 자연 해동시킨다.
④ 고온 다습한 2차 발효실에 넣어 해동시킨다.

냉동 반죽의 해동을 2차 발효실과 같은 높은 온도에서 해동할 경우 반죽의 표면에서 물이 나오는 드립 현상이 발생하여 제품의 품질을 떨어뜨린다.

13 냉동과 해동에 대한 설명 중 틀린 것은?

① 전분은 -7~10℃ 범위에서 노화가 빠르게 진행된다.
② 노화대(Stale Zone)를 빠르게 통과하면 노화 속도가 지연된다.
③ 식품을 완만히 냉동하면 작은 얼음 결정이 형성된다.
④ 전분이 해동될 때는 동결 때보다 노화의 영향이 적다.

완만한 냉동은 얼음 결정을 크게 만들어 제품의 질을 좋지 않게 만든다.

14 냉동 페이스트리를 구운 후 옆면이 주저앉는 원인으로 틀린 것은?

① 토핑물이 많은 경우
② 잘 구워지지 않은 경우
③ 2차 발효가 과다한 경우
④ 해동 온도가 2~5℃로 낮은 경우

냉동 페이스트리를 구운 후 옆면이 주저앉는 원인은 해동 온도가 높을 때이다.

15 냉동제법에서 믹싱 다음 단계의 공정은?

① 1차 발효
② 분할
③ 해동
④ 2차 발효

냉동제법의 1차 발효는 생략하거나 매우 짧은 시간 발효시키기 때문에 믹싱공정 다음 단계의 공정을 분할공정으로 본다.

16 냉동 반죽법에서 믹싱 후 1차 발효 시간으로 가장 적합한 것은?

① 0~20분
② 50~60분
③ 80~90분
④ 110~120분

냉동 반죽법의 반죽 제조 방법은 노타임법을 차용하므로 1차 발효 시간이 거의 없다.

17 냉동 반죽법에서 1차 발효 시간이 길어질 경우 일어나는 현상은?

① 냉동 저장성이 짧아진다.
② 제품의 부피가 커진다.
③ 이스트의 손상이 작아진다.
④ 반죽 온도가 낮아진다.

냉동 반죽법에서 1차 발효는 생략하거나 20분 정도의 짧은 발효를 한다. 1차 발효가 길어지면 냉동 저장성이 짧아진다.

18 냉동 반죽 제품의 장점이 아닌 것은?

① 계획생산이 가능하다.
② 인당 생산량이 증가한다.
③ 이스트의 사용량이 감소된다.
④ 반죽의 저장성이 향상된다.

반죽의 냉동 시 이스트가 많이 죽기 때문에 이스트의 사용량을 2배로 늘려야 한다.

정답 **12** ④ **13** ③ **14** ④ **15** ② **16** ① **17** ① **18** ③

★★★★

19 이스트의 사멸로 가스 발생력, 보유력이 떨어지며 환원성 물질이 나와 반죽이 끈적거리고 퍼지기 쉬운 단점을 지닌 제빵법은?

① 냉동 반죽법
② 호프종법
③ 연속식 제빵법
④ 액체 발효법

> 냉동 반죽법은 이스트가 많이 죽어 가스 발생력이 떨어지며, 환원성 물질인 글루타치온이 나와 반죽을 퍼지게 하고 끈적 거리게 만든다.

★★★★

20 제빵법 중 냉동 반죽을 채택하는 이유가 아닌 것은?

① 냉동상태로 장시간 저장함으로 이스트 사용량을 감소시킬 수 있다.
② 단시간에 직접 구워 팔 수 있도록 할 수 있다.
③ 판매할 품목을 사전에 만들어 저장함으로써 제조, 판매계획 수립이 용이해진다.
④ 소비자 기호에 맞춰 다양한 제품생산이 가능하다.

> 냉동 반죽법은 반죽의 냉동 시 이스트가 많이 죽기 때문에 이스트의 사용량을 2배로 늘려야 한다.

기타 빵의 제법

★★★

1 오버나이트 스펀지법(Overnight Sponge Method)에 대한 설명으로 틀린 것은?

① 발효 손실이 적다.
② 12~24시간 발효시킨다.
③ 적은 양의 이스트로 매우 천천히 발효시킨다.
④ 강한 신장성과 풍부한 발효 향을 지니고 있다.

> 오버나이트 스펀지법은 12~24시간의 장시간 발효를 하기 때문에 발효 손실이 가장 크다.

★★★

2 밀가루 빵에 부재료로 사용되는 사워(Sour)의 정의로 맞는 것은?

① 밀가루와 물을 혼합하여 장시간 발효시킨 혼합물
② 기름에 물이 분산되어 있는 유탁액
③ 산과 향신료의 혼합물
④ 산화/환원제를 넣은 베이스 믹스

> 사워는 밀가루와 물을 혼합하여 대기 중의 효모균이나 유산균을 이용하여 배양하는 발효종을 말한다.

★★★

3 반죽법에 대한 설명 중 틀린 것은?

① 스펀지법은 반죽을 2번에 나누어 믹싱하는 방법으로 중종법이라고 한다.
② 직접법은 스트레이트법이라고 하며, 전재료를 한번에 넣고 반죽하는 방법이다.
③ 비상반죽법은 제조 시간을 단축할 목적으로 사용하는 반죽법이다.
④ 재반죽법은 직접법의 변형으로 스트레이트법 장점을 이용한 방법이다.

> 재반죽법은 직접법(스트레이트법)의 변형으로 스펀지법 장점을 이용한 방법이다.

Craftsman Confectionary & Breads Making

SECTION 04 제품별 제빵법

POINT! [출제문항수 : 2~3문제] 제과에 비하여 제품별 제빵법의 출제빈도는 낮으므로 기출문제 위주로 학습하시면 어렵지 않게 점수를 확보할 수 있습니다.

01 프랑스빵 (바게트)

1 개요

① 모양 틀을 사용하지 않고 바로 오븐 구움대에서 굽는 하스브레드의 하나이다.
② 설탕, 유지, 달걀을 사용하지 않고 밀가루, 이스트, 소금, 물만으로 배합한다.
③ 틀이 없이 굽는 제품이기 때문에 물의 사용량을 표준 식빵(63%)보다 적게(61%) 배합한다.
④ 모든 재료를 믹싱 볼에 넣고 일반 빵의 70~80% 수준(발전 단계)까지 믹싱한다.
⑤ 일반적인 바게트의 분할 무게는 350g 정도이다.
⑥ 빵을 오븐에 넣기 전후로 스팀을 분사하여 준다.
→ 스팀 주입이 너무 많으면 껍질이 벗겨지고, 질긴 껍질이 형성된다.

▶ **스팀을 분사하는 이유**
- 거칠고 불규칙하게 터지는 것을 방지한다.
- 겉껍질에 광택을 내준다.
- 얇고 바삭거리는 껍질이 형성되도록 한다.

02 데니시 페이스트리 (Danish pastry)

① 과자용 반죽인 퍼프 페이스트리에 설탕, 달걀, 버터, 이스트를 넣어 발효 반죽을 만들고, 여기에 충전용 유지를 끼워 접기와 밀어펴기를 하여 만드는 제품이다.
② 유지가 많이 들어가 부드러운 식감을 가진다.
- 충전용 유지(롤인용 유지)는 반죽 무게의 20~40%를 사용한다. (미국식)
- 롤인용 유지는 접기 및 밀어펴기에 알맞은 가소성*을 가지고 있어야 한다.
③ 믹싱
- 유지를 제외한 모든 재료를 믹서 볼에 넣어 2분 정도 저속으로 믹싱한다.
- 청결 단계(클린업 단계)에서 유지를 넣고 완전히 혼합하여 중속으로 발전 단계 초기까지 믹싱한다.
- 반죽 온도는 18~22℃가 적정하다.
④ 밀어 펴기 및 유지를 감싼다.
- 반죽으로 유지가 보이지 않도록 감싼 후 정방형으로 두께가 일정하고 모서리가 직각이 되도록 밀어편다.
⑤ 3겹 3회 접기 및 밀어펴기
- 3등분하여 3절로 접어 공기가 통하지 않도록 비닐 등으로 감싼 후 냉장실에서 30분 정도 휴지시킨다.
- 위와 같은 방법으로 3회 반복한다.

콘크리트의 시멘트를 연상

▶ **가소성** : 외력에 의하여 형태가 변한 후 다시 원래대로 돌아가지 않는 성질

▶ **롤인 유지(충전 유지)의 함량과 접기에 따른 부피 변화**
- 롤인 유지 함량이 증가할수록 제품 부피는 증가한다.
- 롤인 유지 함량이 적어지면 같은 접기 횟수에서 제품의 부피가 감소한다.
- 같은 롤인 유지 함량에서는 접기 횟수가 증가할수록 부피는 증가하다 최고점을 지나면 감소한다.
- 롤인 유지 함량이 많은 것이 롤인 유지 함량이 적은 것보다 접기 횟수가 증가함에 따라 부피가 증가하다가 최고점을 지나면 감소하는 현상이 서서히 일어난다.

⑥ 2차 발효
- 발효실 온도는 충전용으로 사용한 유지 융점보다 낮게 하여야 유지가 녹아 흘러나오지 않는다.
- 껍질의 바삭한 식감을 위하여 습도를 비교적 낮게(75~80%) 유지한다.
- 2차 발효 시간도 짧게 가져간다. (일반 빵에 대하여 75~80%)
⑦ 구울 때 오븐 온도가 낮으면 반죽의 부풀림이 크고 껍질이 더디게 만들어져 유지가 녹아 흘러나온다.

03 건포도 식빵 (Raisin pan bread)

① 일반 식빵에 건포도를 밀가루 기준으로 50% 이상 첨가하여 만든 식빵이다.
② 건포도는 계량 후에 전처리하여야 한다.
③ 전처리된 건포도는 반죽이 완전히 발전된 최종단계에서 투입한다.
④ 건포도 전처리의 목적
- 제품 내에서 건포도 쪽으로 수분이 이동하여 빵의 내부가 건조되는 것을 막아준다.
- 건포도의 풍미를 되살린다.
- 씹는 촉감을 개선한다.
- 건포도가 반죽과 잘 결합이 이루어지도록 한다.
⑤ 건포도가 많이 들어가 오븐 팽창이 적어지므로
- 2차 발효 시간을 일반 식빵보다 길게 한다.
- 팬닝량을 일반 식빵에 비하여 10~20% 증가시킨다.
⑥ 건포도 식빵은 당의 함량이 많아 굽기 시 보통 식빵보다 껍질색이 빨리 진해진다.
- 팬 기름칠을 다른 제품에 비하여 더 많이 해야 한다.
- 오븐의 윗불을 아랫불보다 약간 약하게 조절해야 한다.

▶ 건포도의 전처리
- 건조된 건포도에 물을 흡수시키는 조치를 말한다.
- 27℃의 물에 담가 적신 뒤 바로 체에 걸러 물을 빼고 4시간 동안 놓아둔다. → 물에 푹 담가두면 건포도 속의 당이 70% 정도가 녹는다.

04 단과자빵 (Sweet bread)

① 식빵 반죽보다 설탕, 유지, 달걀을 많이 배합하여 만든 빵이다.(단팥빵, 크림빵, 스위트 롤, 커피 케이크 등)
② 단과자빵에 사용하는 이스트의 양은 스트레이트법 3~4%, 비상스트레이트법 7%를 사용한다.

05 조리빵류

1 피자(Pizza pie)

① 넓적하고 둥그렇게 만든 발효 빵의 윗면에 소스를 바르고 여러 가지 재료와 치즈로 토핑을 하여 굽는 파이의 일종이다.

② 1,700년경 이탈리아 남부 지방에서 시작되었으며, 바닥 껍질이 얇은 나폴리 피자와 두꺼운 시실리안 피자로 구분된다.

③ 밀가루는 강력분을 사용하며, 피자 소스 외에 "오레가노"라는 향신료와 자연 치즈인 모짜렐라 치즈가 필수적으로 사용된다.

④ 피자 도우는 일반적으로 물을 밀가루 중량의 50% 정도를 사용하여 가장 된 반죽으로 만든다.

2 햄버거빵

① 원형의 빵을 수평으로 이등분하여 속에 햄버거 패티와 양상추, 토마토 등의 야채를 넣어 만드는 조리빵이다.

② 햄버거빵은 반죽에 흐름성을 부여하기 위하여 물이 많이 들어가고, 지친 단계(렛 다운 단계)까지 믹싱을 한다.

③ 반죽의 팬 흐름성을 좋게 하기 위하여 단백질 분해효소인 프로테아제(Protease)를 첨가한다.

06 기타 빵

1 호밀빵(Rye bread)

① 호밀빵은 밀가루에 호밀 가루를 배합하여 만든 독일의 전통 빵이다.

② 호밀은 단백질인 글리아딘과 글루테닌의 함량이 적어 반죽을 되게 만든다.

③ 밀가루를 제외한 다른 곡물류는 오븐 팽창이 작으므로 밀가루 식빵보다 1차 발효 및 2차 발효를 많이 시킨다.

④ 호밀빵 특유의 청량감 있는 향미를 배가하기 위하여 캐러웨이 씨앗을 넣고 굽는 경우도 흔하다.

2 잉글리쉬 머핀(English muffin)

① 전통적인 영국 빵으로 중국의 호떡이 실크로드를 통하여 유럽에 전해진 것이다.

② 반죽에 흐름성을 부여하기 위하여 물을 많이 사용하며, 반죽을 지친 단계(렛 다운 단계)까지 한다.

③ 지속적인 흐름성을 부여하기 위하여 2차 발효 시 온도와 상대습도를 높게 설정한다.

④ 내부의 기공이 큰 편이 더 좋다.

3 하드 롤(Hard roll)

① 프랑스빵처럼 구움대에서 바로 굽는 하스브레드에 속하지만 약간은 고율배합 제품이다.

② 밀가루 100%에 대하여 물 50~60%, 설탕, 달걀, 유지, 분유 등을 2% 넣어 만든 것으로 포장하지 않고 하루 정도 보존이 가능하다.

4 빵 도넛

① 발효 반죽으로 만드는 튀김 빵의 일종으로 둥근 고리 모양의 링 도넛이 일반적이고, 원형·타원형·트위스트형 등이 있다.

② 표면에 다양한 글레이즈를 사용할 수 있다.

③ 독특한 풍미를 내기 위하여 대두분, 감자분, 고구마분, 오트밀, 호밀 등을 첨가하기도 한다.

기 출 유 형 | 따 라 잡 기   ★는 출제빈도를 나타냅니다

1 ★★
같은 밀가루로 식빵과 프랑스빵을 만들 경우, 식빵의 가수율이 63%였다면 프랑스빵의 가수율을 얼마나 하는 것이 가장 좋은가?

① 61%   ② 63%
③ 65%   ④ 67%

프랑스빵은 모양틀이 없이 구움대에 바로 굽는 하스브레드로 표준식빵에 비하여 물을 약 2% 적게 배합한다.

2 ★★★
일반적인 바게트(Baguette)의 분할 무게로 가장 적합한 것은?

① 50g   ② 200g
③ 350g   ④ 600g

바게트의 통상적인 분할 무게는 350g이다. 참고로 제빵 실기 시험에서는 200g으로 분할한다.

3 ★★★
프랑스빵 제조 시 굽기를 실시할 때 스팀을 너무 많이 주입했을 때의 대표적인 현상은?

① 질긴 껍질   ② 두꺼운 표피
③ 표피에 광택 부족   ④ 밑면이 터짐

프랑스빵의 제조 시 스팀을 너무 많이 주입하면 껍질이 질겨진다. 두꺼운 표피, 표면의 광택 부족, 밑면의 터짐은 스팀의 양이 적을 때 나타나는 현상이다.

4 ★★★
프랑스빵에서 스팀을 사용하는 이유로 부적당한 것은?

① 거칠고 불규칙하게 터지는 것을 방지한다.
② 겉껍질에 광택을 내준다.
③ 얇고 바삭거리는 껍질이 형성되도록 한다.
④ 반죽의 흐름성을 크게 증가시킨다.

프랑스빵은 모양틀을 사용하지 않고 구움대에 바로 굽는 하스브레드로 흐름성이 필요하지 않다.

5 ★★★
데니시 페이스트리에 사용하는 유지에서 가장 중요한 성질은?

① 유화성   ② 가소성
③ 안정성   ④ 크림성

가소성은 외력에 의하여 형태가 변한 고체가 다시 원래대로 돌아가지 않는 성질을 말하며, 롤인용 유지는 접기 및 밀어펴기에 알맞은 가소성을 가지고 있어야 한다.

정답 1① 2③ 3① 4④ 5②

6 ★★★ 미국식 데니시 페이스트리 제조 시 반죽 무게에 대한 충전용 유지(롤인 유지)의 사용 범위로 가장 적합한 것은?

① 10~15%
② 20~40%
③ 45~60%
④ 60~80%

> 충전용 유지는 미국식의 경우 반죽 무게의 20~40%를 사용하며, 덴마크식은 반죽 무게의 40~50%를 사용한다.

7 ★★★★ 데니시 페이스트리에서 롤인 유지 함량 및 접기 횟수에 대한 내용 중 틀린 것은?

① 롤인 유지 함량이 증가할수록 제품 부피는 증가한다.
② 롤인 유지 함량이 적어지면 같은 접기 횟수에서 제품의 부피가 감소한다.
③ 같은 롤인 유지 함량에서는 접기 횟수가 증가할수록 부피는 증가하다 최고점을 지나면 감소한다.
④ 롤인 유지 함량이 많은 것이 롤인 유지 함량이 적은 것보다 접기 횟수가 증가함에 따라 부피가 증가하다가 최고점을 지나면 감소하는 현상이 현저하다.

> 충전용 유지 함량이 같을 때 접기 횟수가 증가할수록 부피가 증가하다가 최고점을 지나면 감소하며, 충전용 유지 함량이 많을수록 부피가 커지고, 최고점을 지나서 부피가 감소할 때 서서히 감소한다.

8 ★★★★ 데니시 페이스트리를 제조할 때 가장 적절한 2차 발효실의 온도 조건은?

① 발효를 시키지 않는다.
② 충전용으로 사용한 유지 융점보다 낮게 한다.
③ 충전용으로 사용한 유지 융점보다 높게 한다.
④ 일반적인 발효실 온도 그대로 한다.

> 데니시 페이스트리의 2차 발효 시 충전용으로 사용한 유지 융점보다 낮게 해야 유지가 흘러나오지 않는다.

9 ★★★★★ 데니시 페이스트리 반죽의 적정온도는?

① 18~22℃
② 26~31℃
③ 35~39℃
④ 45~49℃

> 데니시 페이스트리의 반죽 적정온도는 냉장휴지의 공정을 거쳐야 하므로 일반 빵의 반죽 온도보다 낮은 18~22℃이다.

10 ★★★ 데니시 페이스트리 제조 시의 설명으로 틀린 것은?

① 소량의 덧가루를 사용한다.
② 발효실 온도는 유지의 융점보다 낮게 한다.
③ 고배합 제품은 저온에서 구우면 유지가 흘러나온다.
④ 2차 발효 시간은 길게 하고, 습도는 비교적 높게 한다.

> 데니시 페이스트리는 껍질이 바삭한 식감을 가져야 하므로 일반 제품에 비하여 습도를 비교적 낮게(75~80%)하며, 2차 발효 시간도 일반빵의 75~80%까지 발효시킨다.

11 ★★★★★ 건포도 식빵을 만들 때 건포도를 전처리하는 목적이 아닌 것은?

① 수분을 제거하여 건포도의 보존성을 높인다.
② 제품 내에서의 수분 이동을 억제한다.
③ 건포도의 풍미를 되살린다.
④ 씹는 촉감을 개선한다.

> 건포도의 전처리는 건조되어 있는 건포도에 수분을 흡수시켜 제품 내부의 수분이 건포도로 이동하는 것을 억제시킨다.

12 ★★ 팬 기름칠을 다른 제품보다 더 많이 하는 제품은?

① 베이글
② 바게트
③ 단팥빵
④ 건포도 식빵

> 건포도 식빵은 당의 함량이 높아 팬닝 시 기름칠을 더 많이 해야 한다.

정답 6 ② 7 ④ 8 ② 9 ① 10 ④ 11 ① 12 ④

13 ★★ 건포도 식빵에 관한 설명으로 틀린 것은?

① 반죽이 충분하게 형성된 후 건포도를 투입한다.
② 밀어펴기(가스빼기)를 완전히 한다.
③ 2차 발효 시간이 길다.
④ 팬닝량은 일반 식빵에 비해 10~20% 정도 증가시킨다.

> 건포도 식빵 제조 시 건포도는 믹싱의 최종단계에서 투입하며, 건포도가 많이 들어가 오븐 팽창이 작으므로 2차 발효를 길게 하고 일반 식빵에 비하여 팬닝량을 10~20% 증가시킨다.

14 ★★★★ 건포도 식빵을 구울 때 건포도에 함유된 당의 영향을 고려하여 주의할 점은?

① 윗불을 약간 약하게 한다.
② 굽는 시간을 늘린다.
③ 굽는 시간을 줄인다.
④ 오븐 온도를 높게 한다.

> 건포도에는 당의 함유량이 많으므로 굽기 시 껍질색이 빨리 나고, 진하게 된다. 따라서 윗불을 약간 약하게 하여야 한다.

15 ★★ 단과자빵 제조에서 일반적인 이스트의 사용량은?

① 0.1~1%
② 3~7%
③ 8~10%
④ 12~14%

> 단과자빵의 제조 시 이스트의 사용량은 스트레이트법 3~4%, 비상스트레이트법 7% 정도를 사용한다.

16 ★ 다음 제품 중 반죽을 가장 많이 발전시키는 것은?

① 블란서빵   ② 햄버거빵
③ 과자빵   ④ 식빵

> 잉글리시 머핀, 햄버거빵은 반죽의 흐름성을 필요로 하기 때문에 물을 많이 사용하고 믹싱을 지친 단계(렛 다운 단계)까지 하여 반죽을 가장 많이 발전시켜야 한다.

17 ★★★ 단백질 분해효소인 프로테아제(Protease)를 햄버거빵에 첨가하는 이유로 가장 알맞은 것은?

① 저장성 증가를 위하여
② 팬 흐름성을 좋게 하기 위하여
③ 껍질색 개선을 위하여
④ 발효 내구력을 증가시키기 위하여

> 햄버거빵 반죽의 팬 흐름성을 좋게 하기 위하여 단백질 분해효소인 프로테아제를 첨가한다.

18 ★★ 다음의 빵 제품 중 일반적으로 반죽의 되기가 가장 된 것은?

① 피자 도우
② 잉글리시 머핀
③ 단과자빵
④ 팥앙금빵

> 일반적인 빵제품은 물을 밀가루 중량의 55~60% 정도 사용하는데 비하여 피자 도우는 50% 정도를 사용하여 된반죽을 만든다.

Craftsman Confectionary & Breads Making

SECTION 05 제품 평가

[출제문항수 : 0~1문제] 제빵에서 중요도에 비하여 거의 출제되지 않는 부분으로 너무 많은 시간을 투자하지 않기를 바랍니다.

01 제빵의 평가 기준

1 외부 평가

부피	반죽 무게에 대한 제품의 부피로 평가하며, 너무 크거나 작으면 안 된다.
껍질색	색이 너무 어둡거나 여리지 않고 균일하며, 줄무늬가 없어야 한다.
형태의 균형	중앙을 기준으로 한쪽이나 양쪽으로 기울지 않아야 한다.
굽기 상태	전체가 균일하게 구워져야 하고 타거나 설익은 곳이 없어야 한다.
껍질 특성	껍질이 너무 두껍거나, 거칠거나, 딱딱하거나, 부서지기 쉬운 상태가 되어서는 안 된다.
터짐성	• 적당한 터짐(Break)과 찢어짐(Shred)이 나타나는 것은 바람직하다. • 한쪽 면만 지나치게 터지거나, 너무 심하게 터지는 것은 좋지 않다. • 너무 터짐이 없는 것도 좋지 않다.

2 내부 평가

기공	얇은 세포벽의 기공이 부위별로 일정한 크기로 형성되어야 한다.
조직	• 탄력성이 있고, 부드럽고, 매끄러운 느낌이 나야 한다. • 거칠고 껄껄한 느낌, 물렁거리거나 부스러지는 느낌이 없어야 한다.
속 색상	얼룩이나 줄무늬가 없으며 광택을 가진 밝은색이어야 한다.
맛	• 빵에 있어 가장 중요한 평가항목이다. • 제품 고유의 맛과 유쾌하고 만족스러운 식감이 있어야 한다.
향	제품 특유의 향 및 온화한 향이 나야 한다.

02 평가항목에 따른 반죽의 특성

■ 어린 반죽과 지친 반죽으로 만든 제품의 비교

평가항목	어린 반죽(발효가 덜 된 것)	지친 반죽(발효가 지나친 것)
부피	작다.	크게 나오지만, 냉각 후 주저앉아 작게 된다.
껍질색	어두운 적갈색(잔당이 많기 때문)	여린 색(잔당이 적기 때문)
형태의 균형	예리한 모서리, 유리 같은 옆면	둥근 모서리, 움푹 들어간 옆면
굽기 상태	진한 색(위, 아래, 옆면)	연한 색(위, 아래, 옆면)
껍질 특성	두껍고 질기며, 기포가 생긴다.	두껍고 단단하며 부서지기 쉽다.
브레이크와 슈레드	아주 적다.	커지다가 작아진다.
기공	거칠고 열린 두꺼운 세포벽 기공의 크기가 일정하지 않다.	거칠고 열린 얇은 세포벽 기공 사이의 막이 얇아 반죽에 힘이 없다.
조직	거칠다.	거칠다.
속 색상	무겁고 어두운 색	밝은 색이나 윤기가 없다.
맛	씹는 식감이 부드럽지 못하다.	식감이 건조하고 단단하다.
향	향이 약하고 생 밀가루 냄새가 난다.	발효 향이 강하고 신 냄새가 난다.

03 재료에 따른 제품의 결과

■ 설탕

① 설탕은 이스트의 먹이로 사용되며, 표준 스트레이트법 기준으로 3~4% 정도 첨가한다.

② 설탕을 3~4% 정도 첨가할 때 빵의 부피는 커지지만, 그보다 적거나 많으면 부피가 작아진다.

③ 설탕은 글루텐의 생성을 방해하기 때문에 5% 이상 사용할 경우 반죽 시간을 길어지게 한다.

평가항목	정량보다 적은 경우	정량보다 많은 경우
부피	작다.	작다.
껍질색	연한 색(잔당이 적기 때문)	어두운 적갈색(잔당이 많기 때문)
형태의 균형	모서리가 둥글고 팬의 흐름이 적다.	발효가 느리고 팬의 흐름성이 많아진다.
껍질 특성	엷고 부드러워진다.	두껍고 질기다.
기공	가스 생성 부족으로 세포가 파괴된다.	발효가 제대로 되면 세포는 좋아진다.
속 색상	회색 또는 황갈색	발효가 잘되면 속 색이 좋다.
향미	향미가 적으며 발효에 의한 맛이 적다.	발효가 잘되면 향이 좋고 단맛을 가진다.

2 쇼트닝

① 쇼트닝은 수분 보유력을 좋게 하여 저장 기간을 늘려준다.

② 쇼트닝을 3~6% 사용하면 가스 보유력을 좋게 만들어 빵의 부피를 최대로 만든다.

평가항목	정량보다 적은 경우	정량보다 많은 경우
부피	작다.	작다.
껍질색	엷은 껍질색, 윤기 없는 표면	진하고 어두운색, 약간 윤이 난다.
형태의 균형	둥근 모서리 브레이크와 슈레드가 크다.	흐름성이 좋고, 각진 모서리 브레이크와 슈레드가 작다.
껍질 특성	얇고, 건조해진다.	거칠고 두껍다.
기공	세포가 파괴되어 기공이 열리고 거칠다.	세포가 거칠어진다.
속 색상	엷은 황갈색	황갈색
향미	발효가 미숙한 맛과 냄새	불쾌한 냄새와 기름기

3 소금

① 소금은 일반적으로 2% 정도 사용하며, 그 이상 사용하면 삼투압에 의하여 이스트의 활성을 저해하여 가스 생산이 적어진다.

② 소금의 최저 사용량은 1.7%이며, 소금을 넣지 않으면 반죽이 끈적이고 처진다.

평가항목	정량보다 적은 경우	정량보다 많은 경우
부피	작다.	작다.
껍질색	흰색	검은 암적색
형태의 균형	둥근 모서리 브레이크와 슈레드가 크다.	예리한 모서리 약간 터지고 윗면이 편편하다.
껍질 특성	얇고 부드럽다.	거칠고 두껍다.
기공	엷은 세포벽	두꺼운 세포벽, 거친 기공
속 색상	회색	진한 암갈색
향미	향이 많고 부드러운 맛	향이 거의 없고 짜다.

4 우유

① 우유의 단백질은 밀가루 단백질을 강화시키며, 우유의 양이 많으면 발효 시간이 길어진다.

② 분유를 적량보다 많이 사용하면 우유와 마찬가지로 우유 단백질이 밀가루 단백질을 강화시키고, 발효를 지연시킨다.

③ 우유의 유당은 굽기 시 빵의 껍질색을 진하게 한다.

평가항목	정량보다 적은 경우	정량보다 많은 경우
부피	발효가 빠르고 부피가 작아진다.	커진다.
껍질색	엷은 색	진한 색
형태의 균형	둥근 모서리 브레이크와 슈레드가 크다.	예리한 모서리 브레이크와 슈레드가 작다.
껍질 특성	얇고, 건조해진다.	거칠고 두껍다.
기공	기공이 점차적으로 열린다.	세포벽이 두텁고 거칠어진다.
속 색상	흰색	황갈색
향미	단맛이 적고 약간 신맛이 난다.	미숙한 발효 냄새가 나고 우유 맛이 난다.

5 밀가루 단백질 함량

밀가루 단백질의 함량에 따라 밀가루의 강도가 달라지며, 제빵 적성을 나타내는 주요한 성질이다.

평가항목	정량보다 적은 경우	정량보다 많은 경우
부피	작아진다.	커진다.
껍질색	엷은 색	진한 색
형태의 균형	예리한 모서리 브레이크와 슈레드가 작다.	비대칭성의 외형과 둥근 모서리를 가진다. 브레이크와 슈레드가 크다.
껍질 특성	얇고, 건조해진다.	거칠고 두껍다.
기공	세포가 파괴되고 엷은 껍질이 된다.	세포의 크기는 좋아지지만, 기공은 불규칙
속 색상	크림색 또는 어둡게 나타난다.	흰색
향미	향이 약하고 맛이 좋지 않다.	향이 강하고 맛이 좋다.

기 출 유 형 | 따 라 잡 기

★는 출제빈도를 나타냅니다

★★

1 제빵 시 적량보다 설탕을 적게 사용하였을 때의 결과가 아닌 것은?

① 부피가 작다.　　② 색상이 검다.
③ 모서리가 둥글다.　　④ 속결이 거칠다.

> 설탕을 적량보다 많이 사용할 경우 잔당이 많이 남아 갈변 반응을 일으키기 때문에 색상이 검게 된다.

★★★

2 식빵 제조 시 정상보다 많은 양의 설탕을 사용했을 경우 껍질색은 어떻게 나타나는가?

① 여리다.　　② 진하다.
③ 회색이 띤다.　　④ 설탕량과 무관하다.

> 이스트에 먹이로 사용되고 남은 설탕이 반죽에 많이 남아 갈변 반응을 일으켜 빵의 색을 진하게 만든다.

정답 1 ② 2 ②

3 식빵에서 설탕을 정량보다 많이 사용하였을 때 나타나는 현상은?

① 껍질이 엷고 부드러워진다.
② 발효가 느리고 팬의 흐름성이 많다.
③ 껍질색이 연하며 둥근 모서리를 보인다.
④ 향미가 적으며 속 색이 회색 또는 황갈색을 보인다.

> 설탕을 과다 사용하면 삼투압이 높아져 이스트의 활성을 억제하므로 발효가 느려지고, 팬의 흐름성이 많아진다.

4 다음 중 식빵에서 설탕이 과다할 경우 대응책으로 가장 적합한 것은?

① 소금양을 늘린다.
② 이스트 양을 늘린다.
③ 반죽 온도를 낮춘다.
④ 발효 시간을 줄인다.

> 설탕이 과다하면 삼투압에 의해 이스트의 활성이 떨어져 발효가 지연되므로 이스트의 양을 늘려주어야 한다.

5 식빵 제조 시 부피를 가장 크게 하는 쇼트닝의 적정한 비율은?

① 4~6%   ② 8~11%
③ 13~16%   ④ 18~20%

> 쇼트닝을 3~6% 사용하면 반죽의 가스 보유력을 좋게 만들어 빵의 부피를 최대로 만든다.

6 제빵 시 소금 사용량이 적량보다 많을 때 나타나는 현상이 아닌 것은?

① 부피가 작다.
② 과발효가 일어난다.
③ 껍질색이 검다.
④ 발효 손실이 적다.

> 소금은 일반적으로 2% 정도를 사용하며, 적정량보다 많으면 삼투압에 의해 이스트의 활성을 억제하기 때문에 발효가 느려지게 된다.

7 최종제품의 부피가 정상보다 클 경우의 원인이 아닌 것은?

① 2차 발효의 초과
② 소금 사용량 과다
③ 분할량 과다
④ 낮은 오븐 온도

> 소금의 사용량이 과다하면 삼투압이 높아져 이스트의 활성을 저해하기 때문에 이스트의 발효력이 떨어져 최종제품의 부피가 작아지게 된다.

8 제빵 시 적량보다 많은 분유를 사용했을 때의 결과 중 잘못된 것은?

① 양 옆면과 바닥이 움푹 들어가는 현상이 생김
② 껍질색은 캐러멜화에 의하여 검어짐
③ 모서리가 예리하고 터지거나 슈레드가 적음
④ 세포벽이 두꺼우므로 황갈색을 나타냄

> 분유에는 단백질이 많이 함유되어 밀가루의 구조력을 보완하여 주기 때문에 빵의 옆면이나 바닥이 움푹 들어가는 현상이 발생하지 않는다.

9 빵의 원재료 중 밀가루의 글루텐 함량이 많을 때 나타나는 결함이 아닌 것은?

① 겉껍질이 두껍다.
② 기공이 불규칙하다.
③ 비대칭성이다.
④ 윗면이 검다.

> 밀가루 단백질인 글루텐의 함량에 따라 밀가루의 강도가 달라지며, 정량보다 많으면 껍질이 거칠고 두꺼워지며, 기공이 불규칙하며, 외형은 비대칭성을 가진다.

정답   3 ②   4 ②   5 ①   6 ②   7 ②   8 ①   9 ④

04 제품의 결함과 원인

빵의 결함	원인
작은 부피	• 이스트 사용량 부족 • 이스트 푸드 부족 • 믹싱이 부족하거나 지나쳤을 때 • 발효 부족, 발효 과다 • 소금, 설탕, 분유 사용량 과다 • 팬 기름칠 과다 • 연수나 경수 사용 • 초기 오븐 온도가 높음 • 반죽 분할량 부족
너무 큰 부피	• 이스트 사용량 과다 • 소금 사용량 부족 • 2차 발효 과다 • 저율배합 사용 • 느슨한 정형 • 팬기름칠 부족 • 낮은 오븐 온도 • 반죽 분할량 과다
옅은 껍질색	• 당 사용량 부족 • 1차 발효 과다 • 덧가루 사용 과다 • 건조한 중간발효 • 낮은 2차 발효실 습도 • 낮은 오븐 온도 • 짧은 굽기 시간 • 2차 발효실에서 오븐에 넣기까지 장시간 방치로 껍질 형성 • 연수 사용
짙은 껍질색	• 설탕, 분유 사용량 과다 • 1차 발효 부족 • 높은 2차 발효 습도 • 높은 오븐 윗불 • 과도한 굽기 또는 과도한 믹싱

빵의 결함	원인
나쁜 껍질색	• 저율배합 사용 • 효소제 사용 부족 • 과다한 이스트 푸드량 • 과다한 소금 사용량 • 지친 반죽 • 과다한 덧가루 사용 • 높은 2차 발효실 온도 • 증기가 부족한 오븐
과자빵류 껍질에 흰 반점	• 낮은 반죽 온도 • 발효하는 동안 반죽이 식을 경우 • 숙성이 덜 된 반죽을 그대로 정형하였을 경우 • 2차 발효 후 찬 공기를 오래 쐰 경우
질긴 껍질	• 저율배합 사용 • 질 낮은 밀가루 사용 • 낮은 오븐 온도
두꺼운 껍질	• 쇼트닝 사용량 과다 • 설탕 사용량 과다 • 오븐의 증기 부족 • 온도와 습도가 낮은 2차 발효실 • 낮은 오븐 온도 • 이스트 푸드의 과다 사용 • 지친 발효
물집이 생긴 껍질	• 진 반죽 • 발효 부족 • 몰더 취급 부주의 • 2차 발효실 습도가 높음 • 높은 오븐 윗불 • 오븐에서 거칠게 다룸
껍질에 생긴 반점	• 고르게 섞이지 않은 재료 • 잘 녹지 않은 분유 • 과다한 덧가루 사용 • 2차 발효실에서 수분 응축 • 설탕의 일부가 굽기 전 반죽 표면에 생성

빵의 결함	원인
터짐성 부족 (브레이크와 슈 레드의 부족)	• 오래된 밀가루 사용 • 과다한 효소제 사용 • 연수 사용 • 진 반죽 • 짧거나 긴 발효시간 • 낮은 2차 발효실 습도 • 부족한 오븐 증기 • 높은 오븐 온도
어두운 속색	• 질이 좋지 않은 밀가루 사용 • 과다한 맥아 사용 • 지친 반죽 • 단단한 반죽 • 과다한 팬 기름 • 높은 온도의 팬 사용
나쁜 기공과 조직	• 경수 사용 • 부족한 유지량 • 부족한 산화제 • 질거나 된 반죽 • 1차 발효 부족 • 과다한 덧가루 사용
빵 속에 구멍이 생김	• 딱딱한 유지 사용 • 부족한 소금량 • 되거나 진 반죽 • 과다한 덧가루 • 과다한 2차 발효 • 낮은 오븐 온도
빵 속 줄무늬	• 덧가루 사용 과다 • 과다한 반죽 개량제 • 된 반죽 • 밀가루를 체로 치지 않음 • 과량의 분할유(Divider Oil) 사용 • 낮은 2차 발효실 습도 • 과다한 팬 오일
옅은 옆면 껍질색	• 오븐 내에서 팬 간격이 좁다. • 낮은 오븐 아랫불 • 팬 기름칠 불량

빵의 결함	원인
날카로운 모서리	• 미숙성 밀가루 사용 • 소금량 과다 • 어린 반죽
움푹 들어간 바닥	• 진 반죽 • 2차 발효가 초과되었을 때 • 팬의 밑면 및 양면에 구멍이 없을 때 • 반죽기의 회전 속도가 너무 느려 언더믹 스 되었을 때 • 곧고 정확한 팬을 사용하지 않았을 때 • 팬의 온도가 너무 높을 때 • 팬에 기름을 바르지 않았을 때 • 팬의 바닥에 수분이 있을 때 • 2차 발효실의 습도가 높을 때 • 굽기의 초기 온도가 너무 높을 때 • 오븐의 바닥 온도가 높을 때
움푹 들어간 옆면	• 지친 반죽 • 과다한 팬 기름칠 • 불균일한 오븐 바닥열 • 팬 용적보다 많은 분할량 • 과다한 2차 발효 • 낮은 오븐 아랫불
곰팡이 발생이 빠름	• 불결한 재료 사용 • 비위생적인 작업 도구 사용 • 굽기 부족 • 제조자의 위생 상태 불량 • 냉각 여건 불결

1 빵의 부피가 너무 작은 경우 어떻게 조치하면 좋은가? ★★

① 발효 시간을 증가시킨다.
② 1차 발효를 감소시킨다.
③ 분할 무게를 감소시킨다.
④ 팬 기름칠을 넉넉하게 증가시킨다.

> ② 부피가 작은 경우 발효 시간을 늘려주어야 한다.
> ③ 분할량이 작으면 부피가 작게 되므로 분할 무게를 늘려준다.
> ④ 팬 기름칠이 과다하면 부피가 작게 된다.

2 다음 중 제품의 부피가 작아지는 결점을 일으키는 원인이 아닌 것은? ★★★

① 반죽 정도의 초과
② 소금 사용량 부족
③ 설탕 사용량 과다
④ 이스트 푸드 사용량 부족

> 빵의 부피가 작아지는 원인으로는 소금·설탕·분유의 사용량이 과다하였을 경우, 반죽 정도가 부족하거나 지나칠 경우, 이스트나 이스트 푸드의 사용량이 부족한 경우 등이 있다.

3 식빵 제조 시 과도한 부피의 제품이 되는 원인은? ★★★★

① 소금양의 부족
② 오븐 온도가 높음
③ 배합수의 부족
④ 미숙성 소맥분

> 소금은 삼투압의 작용으로 이스트의 활성을 조절하므로 소금양이 부족하면 이스트의 활성이 증진되어 제품의 부피가 커진다.

4 제빵 시 완성된 빵의 부피가 비정상적으로 크다면 그 원인으로 가장 적합한 것은? ★★

① 소금을 많이 사용하였다.
② 알칼리성 물을 사용하였다.
③ 오븐 온도가 낮았다.
④ 믹싱이 고율배합이다.

> 오븐 온도가 낮으면 이스트가 활동하는 시간이 길어져 굽는 동안에도 발효가 일어나게 되어 빵의 부피가 커진다.
> ① 과다한 소금은 이스트의 활성을 저해하여 부피가 작아진다.
> ② 알칼리성 물은 이스트의 활성을 방해하여 부피가 작아진다.
> ④ 고율배합의 높은 설탕 함량은 이스트의 활성을 저해하기 때문에 부피가 작아진다.

5 다음 중 식빵의 껍질색이 너무 옅은 결점의 원인은? ★★★★

① 연수 사용
② 설탕 사용 과다
③ 과도한 굽기
④ 과도한 믹싱

> 제빵에서 연수로 반죽을 배합하면 발효 속도가 빨라져 반죽 내 잔당이 적어지므로 껍질색이 옅어진다.

6 식빵의 껍질이 연한 색이 되는 원인이 아닌 것은? ★★

① 설탕 사용 부족
② 높은 오븐 온도
③ 불충분한 굽기
④ 2차 발효실의 습도 부족

> 높은 오븐 온도나 과도한 굽기, 2차 발효실의 높은 습도, 과다한 설탕의 사용 등은 식빵의 껍질색을 진하게 한다.

7 진한 껍질색의 빵에 대한 대책으로 적합하지 못한 것은? ★★

① 설탕, 우유 사용량 감소
② 1차 발효 감소
③ 오븐 온도 감소
④ 2차 발효 습도 조절

> 반죽에 잔당이 많이 남을수록 갈변 반응에 의해 진한 껍질색이 되기 때문에 설탕이나 우유의 사용량을 감소시키거나 발효 시간을 늘려주어 이스트가 당을 충분히 분해하도록 하여 껍질색을 여리게 할 수 있다.

chapter 05

정답 1① 2② 3① 4③ 5① 6② 7②

8 식빵의 껍질색이 짙게 나왔을 때 그 이유로 적합한
것은?

① 과다한 설탕 사용
② 오븐 속의 온도가 낮다
③ 1차 발효 시간의 초과
④ 오븐 속의 습도가 낮다.

> 빵의 껍질색이 짙은 원인은 설탕, 분유의 과다한 사용, 1차 발효
> 의 부족, 높은 오븐의 윗불 온도, 과도한 믹싱이나 과도한 굽기,
> 높은 2차 발효 습도 등이다.

9 단과자빵의 껍질에 흰 반점이 생긴 경우 그 원인에
해당하지 않는 것은?

① 반죽 온도가 높았다.
② 발효하는 동안 반죽이 식었다.
③ 숙성이 덜 된 반죽을 그대로 정형하였다.
④ 2차 발효 후 찬 공기를 오래 쐬었다.

> 반죽 온도가 낮은 경우에 과자빵의 껍질에 흰 반점이 생긴다.

10 식빵 껍질 표면에 물집이 생긴 이유가 아닌 것은?

① 반죽이 질었다.
② 2차 발효실의 습도가 높았다.
③ 발효가 과하였다.
④ 오븐의 윗 열이 너무 높았다.

> 발효가 부족하면 식빵 표면에 물집이 잡히는 원인이 된다.

11 식빵의 표피에 작은 물방울이 생기는 원인과 거리
가 먼 것은?

① 수분 과다 보유
② 발효 부족(Under Proofing)
③ 오븐의 윗불 온도가 높음
④ 지나친 믹싱

> 식빵 표피에 물집이 생기는 이유는 수분이 많기 때문에 발생하
> 는 것으로 진 반죽, 발효 부족, 2차 발효실 습도가 높음, 높은 오
> 븐의 윗불 온도 등이 원인이 된다.

12 빵의 제품평가에서 브레이크와 슈레드 부족 현상
의 이유가 아닌 것은?

① 발효 시간이 짧거나 길었다.
② 오븐 온도가 높았다.
③ 2차 발효실의 습도가 낮았다.
④ 오븐의 증기가 너무 많았다.

> 오븐의 증기가 부족할 경우 브레이크와 슈레드 현상이 일어난
> 다.

13 빵 속에 줄무늬가 생기는 원인이 아닌 것은?

① 덧가루 사용이 과다한 경우
② 반죽개량제의 사용이 과다한 경우
③ 밀가루를 체로 치지 않은 경우
④ 너무 되거나 진 반죽인 경우

> 빵 속에 줄무늬가 생기는 경우는 ①, ②, ③ 이외에 너무 된 반
> 죽, 분할기에 과량의 오일이 붙은 경우, 과다한 팬 오일, 낮은 2
> 차 발효실 습도 등이다.

14 식빵의 밑이 움푹 패이는 원인이 아닌 것은?

① 2차 발효실의 습도가 높을 때
② 팬의 바닥에 수분이 있을 때
③ 오븐 바닥열이 약할 때
④ 팬에 기름칠을 하지 않을 때

> 오븐의 바닥열이 높을 때 식빵의 밑이 움푹 패이는 원인이 된다.

15 식빵 밑바닥이 움푹 패이는 결점에 대한 원인이 아
닌 것은?

① 굽는 처음 단계에서 오븐 열이 너무 낮았을 경우
② 바닥 양면에 구멍이 없는 팬을 사용한 경우
③ 반죽기의 회전속도가 느려 반죽이 언더 믹스된 경우
④ 2차 발효를 너무 초과했을 경우

> 굽는 초기 온도가 너무 높으면 식빵 바닥면이 움푹 패이는 원
> 인이 된다.

16 빵의 밑바닥이 움푹 들어가는 이유가 아닌 것은? ★★

① 뜨거운 팬의 사용
② 반죽이 질음
③ 팬의 기름칠 과다
④ 2차 발효실의 습도가 높음

팬에 기름칠을 하지 않은 경우 빵의 바닥면이 움푹 들어가게 된다.

17 식빵의 옆면이 쑥 들어간 원인으로 옳은 것은? ★★

① 믹서의 속도가 너무 높았다.
② 팬 용적에 비해 반죽양이 너무 많았다.
③ 믹싱 시간이 너무 길었다.
④ 2차 발효가 부족했다.

팬 용적보다 분할량이 많으면 반죽의 무게로 인하여 찌그러지며 옆면이 움푹 들어가게 된다. 이 외의 원인으로 과다한 2차 발효로 인한 지친 반죽, 과다한 팬 기름칠, 불균일하거나 낮은 바닥 오븐 열 등이 있다.

GIBOONPA

Craftsman Confectionary·Breads Making

CHAPTER

06

상시대비
실전모의고사

· 제과기능사 필기 상시대비 실전모의고사 5회분
· 제빵기능사 필기 상시대비 실전모의고사 5회분

최근 적중률 높은 문제만 쏙쏙!
상시시험문제를 복원하여 수록하여 수험준비에 만전을 기하였습니다. 시험 전 반드시 5회 모의고사를 한번 더
익히며 마무리하기 바랍니다.

제과기능사 필기 | 상시대비 실전모의고사 제1회

▶실력테스트를 위해 문제 옆 해설란을 가리고 문제를 풀어보세요 ▶정답은 339쪽에 있습니다.

01 파운드 케이크 제조 시 유지함량의 증가에 따른 조치가 옳은 것은?

① 달걀 증가, 우유 감소
② 소금과 베이킹파우더 증가
③ 달걀과 베이킹파우더 감소
④ 우유 증가, 소금 감소

02 차아염소산 나트륨 100ppm은 몇 %인가?

① 1% ② 0.1%
③ 10% ④ 0.01%

03 쿠키를 분당 425개 생산하는 성형기를 사용하여 5,000봉(25개/봉)을 생산하는데 소요되는 생산시간은? (제조손실 2% 고려, 소수점 이하 반올림)

① 5시간 ② 5시간 10분
③ 4시간 40분 ④ 4시간 50분

04 밀가루 성분 중 함량이 많을수록 노화가 촉진되는 것은?

① 아밀로오스 ② 비수용성 펜토산
③ 수분 ④ 단백질

05 유지의 가소성은 그 구성성분 중 주로 어떤 물질의 종류와 양에 의해 결정되는가?

① 토코페롤 ② 스테롤
③ 트리글리세라이드 ④ 유리지방산

06 인수공통감염병 중 오염된 우유나 유제품을 통해 사람에게 감염되는 것은?

① 탄저 ② 결핵
③ 구제역 ④ 야토병

---

01 파운드 케이크 제조 시 유지를 증가시키면, 달걀의 사용은 증가시키고, 우유의 사용은 감소시켜야 한다.

02 ppm은 백만분의 일을 나타내고, 백분율의 만분의 일이다.

100/10,000=0.01%
%에 1만을 곱하면 간단하게 ppm을 구할 수 있다.
1%×1만=1만ppm
0.1%×1만=1천ppm,
10%×1만=10만ppm
0.01%×1만=100ppm

03 25개×5,000봉 = 125,000개

제조손실 125,000×0.02 = 2,500개
제조할 쿠키의 총량 125,000 + 2,500 = 127,500개
분당 425개를 제조하므로 127,500/425 = 300분
= 5시간

04 밀가루의 전분 중 아밀로오스의 함량이 많을수록 노화가 빨라진다.

05 유지는 지방산 3분자와 글리세린이 결합한 트리글리세라이드로, 유지의 가소성은 이 트리글리세라이드의 종류와 양에 의해 결정된다.

06 결핵은 오염된 우유나 유제품을 통하여 사람에게 직접 감염되는 인수공통감염병이다.

07 식중독 발생의 주요 경로인 배설물 → 구강 오염경로(fecal-oral route)를 차단하기 위한 방법으로 가장 적합한 것은?

① 손 씻기 등 개인위생 지키기
② 음식물 철저히 가열하기
③ 조리 후 빨리 섭취하기
④ 남은 음식물 냉장 보관하기

07 식중독균이나 경구감염병은 오염물질과 접촉한 손을 통하여 입으로 경구감염되므로 손 씻기 등의 개인위생을 철저히 하는 것이 가장 좋은 방법이다.

08 파이나 퍼프 페이스트리는 무엇에 의하여 팽창되는가?

① 이스트에 의한 팽창
② 유지에 의한 팽창
③ 화학적인 팽창
④ 중조에 의한 팽창

08 파이, 퍼프 페이스트리, 데니시 페이스트리 등은 밀가루 반죽 속의 유지 층이 공기를 포집하여 굽기 공정 중에 증기압에 의해 팽창하여 부피를 이룬다.

09 다음 중 반죽형 케이크가 아닌 것은?

① 옐로 레이어 케이크
② 데블스 푸드 케이크
③ 화이트 레이어 케이크
④ 소프트 롤 케이크

09 소프트 롤 케이크는 거품형 반죽으로 만드는 제품이다.

10 제과제빵에서 설탕의 주요 기능이 아닌 것은?

① 껍질색을 좋게 한다.
② 수분 보유제로 노화를 지연시킨다.
③ 감미제의 역할을 한다.
④ 밀가루 단백질을 강하게 만든다.

10 설탕은 밀가루 단백질을 연화시키는 작용이 있어 제품의 조직, 기공, 속결을 부드럽게 만든다.

11 다음 중 식품 공장이나 단체급식소에서 기계·기구의 살균·소독제로 사용되지 않는 것은?

① 산-음이온 계면활성제
② 제4암모늄 화합물
③ 차아염소산나트륨
④ 포름알데히드

11 포름알데히드는 보존료 및 살균제로 사용되나 인체에 대한 독성이 강하여 식품 공장이나 기계·기구의 살균에 사용되지 않는다.

12 튀김용 기름의 조건으로 알맞지 않은 것은?

① 발연점이 높은 기름이 유리하다.
② 도넛에 기름기가 적게 남는 것이 유리하다.
③ 장시간 튀김에 유리지방산 생성이 적고 산패가 되지 않아야 한다.
④ 과산화물가가 높을수록 기름의 흡유율이 적어 담백한 맛이 나고 건강에 도움이 된다.

12 과산화물가는 유지의 자동산화 정도를 나타내는 지표로 과산화물가가 높다는 것은 유지가 산패되었다는 의미이다. 따라서 유지의 과산화물가가 높으면 튀김용 기름으로 좋지 않다.

13 완제품 600g짜리 파운드 케이크 1,200개를 만들고자 할 때 완제품의 총 무게는?

① 400kg
② 500kg
③ 720kg
④ 600kg

13 600g × 1,200개 = 720,000g = 720kg

14 식물성 안정제가 아닌 것은?

① 펙틴
② 젤라틴
③ 한천
④ 로커스트빈검

14 젤라틴은 동물의 껍질이나 연골 속에 있는 콜라겐에서 추출하는 동물성 단백질로 안정제, 젤화제로 사용된다.

15 퍼프 페이스트리에서 휴지를 하는 목적으로 틀린 것은?

① 글루텐의 신장성을 좋게 한다.
② 반죽에 충전용 유지가 충분히 흡수될 수 있도록 한다.
③ 반죽과 유지의 되기를 같게 한다.
④ 밀어 펴기 작업을 용이하게 한다.

15 휴지 공정으로 글루텐의 신장성이 좋아지지 않는다.

※ 휴지의 목적
• 밀가루가 완전히 수화(水化)하여 글루텐을 안정시킨다.
• 반죽과 유지의 되기를 같게 하여 층을 분명하게 한다.
• 반죽을 연화시켜 밀어펴기를 쉽게 해준다.
• 반죽의 절단 시 수축을 방지해준다.
• 접기와 밀어펴기로 손상된 글루텐을 재정돈시킨다.

16 스펀지케이크에 사용되는 필수 재료가 아닌 것은?

① 박력분
② 설탕
③ 베이킹파우더
④ 달걀

16 스펀지케이크는 달걀의 기포성을 이용한 팽창을 이용하는 제품으로 베이킹파우더를 사용하지 않는다.

17 젖산균에 대한 설명으로 틀린 것은?

① 젖산균은 기능성적인 측면에서 볼 때 프리바이오틱스(prebiotics)에 속한다.
② 젖산균은 포도당을 발효하여 다량의 젖산을 생성한다.
③ 젖산균 중 비피도박테리아균은 포도당을 발효하여 젖산과 초산을 생성한다.
④ 사워 도우에서 이스트와 함께 발효에 관여한다.

17 사워종법을 이용한 사워도우는 공기 중의 젖산균이나 효모균을 배양한 발효종법으로 이스트를 사용하지 않는다.

18 도넛의 가장 적합한 튀김 온도는?

① 150℃ 정도
② 220℃ 정도
③ 180℃ 정도
④ 130℃ 정도

18 도넛의 적정한 튀김 온도는 180~195℃이며 200℃ 이상에서는 튀기지 않는다.

19 반죽형 반죽법과 거품형 반죽법을 혼합하여 제조한 제품은?

① 과일 케이크
② 파운드 케이크
③ 시폰 케이크
④ 스펀지케이크

19 시폰 케이크는 달걀흰자로 거품형의 머랭을 만들고, 노른자는 다른 재료와 섞어서 반죽형 반죽을 만들어 이 두 가지를 혼합하여 만드는 제품이다.

20 다음 중 효소의 특성이 아닌 것은?

① 효소는 그 작용에 알맞은 최적 온도와 최적 pH를 갖는다.
② 생체 촉매로서 주요 구성성분은 당질이다.
③ 한 효소가 모든 기질과 모든 반응을 촉매할 수 없다.
④ 고분자 물질로서 열이나 중금속에 의하여 변성, 응고한다.

20 효소는 생체내의 화학반응을 촉진시키는 생체 촉매로, 그 주성분은 단백질이다.

21 시폰 케이크의 적정 비중으로 옳은 것은?

① 0.60 ~ 0.70   ② 0.70 ~ 0.80
③ 0.50 ~ 0.60   ④ 0.40 ~ 0.50

21 시폰 케이크의 적정 비중은 0.4~0.5 정도이다.

22 박력분의 설명으로 옳은 것은?

① 경질소맥을 제분한다.
② 글루텐의 함량은 13~14%이다.
③ 식빵이나 마카로니를 만들 때 사용한다.
④ 연질소맥을 제분한다.

22 박력분은 연질소맥을 제분한 것으로 단백질 함량 7~9% 정도를 가지며, 주로 제과 및 튀김옷 등에 사용된다.

23 멸균의 설명으로 옳은 것은?

① 오염된 물질을 세척 하는 것
② 미생물의 생육을 저지시키는 것
③ 모든 미생물을 완전히 사멸시키는 것
④ 물리적 방법으로 병원체를 감소시키는 것

23 멸균은 모든 미생물을 사멸시켜 완전 무균 상태로 만드는 것이다.

24 화학적 식중독에 대한 설명으로 잘못된 것은?

① 유해성 보존료인 포름알데히드는 식품에 첨가할 수 없으며 플라스틱 용기로부터 식품 중에 용출되는 것도 규제하고 있다.
② 유해색소의 경우 급성독성은 문제 되나 소량을 연속적으로 섭취할 경우 만성 독성의 문제는 없다.
③ 인공감미료 중 싸이클라메이트는 발암성이 문제 되어 사용이 금지되어 있다.
④ 유해성 표백제인 롱가릿 사용 시 포르말린이 오래도록 식품에 잔류할 가능성이 있으므로 위험하다.

24 화학적 유해물질을 섭취하였을 경우 급성독성뿐만 아니라 지속적으로 섭취할 경우 만성 독성의 문제가 발생한다.

25 다음 중 비용적이 가장 큰 케이크는?

① 파운드 케이크   ② 화이트 레이어 케이크
③ 초콜릿 케이크   ④ 스펀지케이크

25 스펀지케이크(5.08), 파운드 케이크(2.40), 레이어 케이크(2.96), 초콜릿 케이크는 레이어 케이크이다.

26 빵 제품 냉각에 대한 설명으로 틀린 것은?

① 냉각된 제품의 수분 함량은 38%를 초과하지 않는다.

② 냉각된 빵의 내부 온도가 32~35℃에 도달하였을 때 절단, 포장한다.

③ 빵의 수분은 내부에서 외부로 이동하여 평형을 이룬다.

④ 일반적인 제품에서 냉각 중에 수분 손실이 12% 정도가 된다.

27 밤과자를 성형한 후 물을 뿌려주는 이유가 아닌 것은?

① 껍질의 터짐 방지

② 굽기 후 철판에서 분리 용이

③ 덧가루의 제거

④ 껍질색의 균일화

28 다음 중 제빵용 효모에 함유되어 있지 않은 효소는?

① 락타아제   ② 프로테아제

③ 말타아제   ④ 인버타아제

29 반죽의 온도가 정상보다 높을 때, 예상되는 결과는?

① 부피가 작다.   ② 노화가 촉진된다.

③ 기공이 밀착된다.   ④ 표면이 터진다.

30 식품의 부패와 미생물에 대한 설명이 옳은 것은?

① 일단 냉동시켰던 식품은 해동하여도 세균이 증식될 수 없다.

② 식품을 냉장 저장하면 미생물이 사멸되므로 부패를 완전히 막을 수 있다.

③ 부패하기 쉬운 식품에는 수분과 영양원이 충분하므로 온도관리가 중요하다.

④ 어패류의 부패에 관계하는 세균은 주로 고온균이다.

31 화학적 합성품을 식품첨가물로 지정 심사할 때 검토사항이 아닌 것은?

① 인체에 대한 충분한 안전성이 확보될 것

② 식품첨가물의 화학명과 제조 방법이 확실할 것

③ 식품에 충분한 효과가 있을 것

④ 식품첨가물의 생산 경쟁이 억제될 것

---

26 빵 제품을 냉각할 때 일반적으로 평균 2% 정도의 수분 손실이 일어난다. 빵의 적정 냉각온도와 수분 함량은 35~40℃, 38% 정도이다.

27 밤과자의 성형 후 물을 뿌리면, 수분으로 인하여 굽기 후 철판에 들러붙는다.

28 이스트는 유당(락토오스)을 분해하는 효소(락타아제)가 없으므로 유당을 분해하지 못한다.
제빵용 효모에는 말타아제, 인버타아제, 찌마아제, 프로테아제, 리파아제 등의 효소가 들어있다.

29 반죽의 온도가 정상보다 높으면 기공이 열리고 큰 공기 구멍이 생겨 조직이 거칠고 노화가 촉진되며, 부피가 커진다.

30 ① 냉동시켰던 식품이라도 세균이 사멸된 것이 아니기 때문에 해동하였을 때 세균이 증식될 수 있다.
② 식품을 냉장하여도 저온균을 비롯한 미생물이 사멸되지 않는다.
④ 어패류의 부패에 관계하는 세균은 주로 중온균이다.

31 식품첨가물을 지정 심사할 때 생산 경쟁에 관한 사항은 심사 기준이 아니다.

32 제과 생산관리에서 제1차 관리의 3대 요소가 아닌 것은?

① 사람(Man)　　　　　② 재료(Material)
③ 자금(Money)　　　　④ 방법(Method)

32 • 제1차 관리 요소 : Man(사람, 질과 양), Material(재료, 품질), Money(자금, 원가)
• 제2차 관리요소 : Method(방법), Minute(시간, 공정), Machine(기계, 시설), Market(시장)

33 제과에서 달걀의 기능이 아닌 것은?

① 천연유화제의 기능이 있다.
② 제품껍질의 갈색화를 일으킨다.
③ 수분공급의 역할을 한다.
④ 팽창제의 역할을 한다.

33 제과 껍질의 갈색화는 캐러멜 반응과 마이야르 반응이 동시에 일어나기 때문이다.

34 옥수수 단백질(zein)에서 부족하기 쉬운 아미노산은?

① 트레오닌　　　　　② 메치오닌
③ 라이신　　　　　　④ 트립토판

34 옥수수 단백질 제인(Zein)에는 필수아미노산인 트립토판과 라이신이 부족하며, 그중 트립토판이 더 부족하다.

35 산화방지제와 거리가 먼 것은?

① 소르브산(sorbic acid)　　② 부틸히드록시아니솔(BHA)
③ 디부틸히드록시톨루엔(BHT)　④ 몰식자산프로필(propyl gallate)

35 산화방지제는 BHA, BHT, 몰식자산프로필, 비타민 C, 비타민 E, 세사몰, 플라본 유도체, 고시폴 등이 있다. 소르브산은 보존제로 사용되는 첨가제이다.

36 지질의 대사에 관여하고 뇌신경 등에 존재하며 유화제로 작용하는 것은?

① 글리시닌(glycinin)　　② 레시틴(lecithin)
③ 스쿠알렌(squalene)　　④ 에르고스테롤(ergosterol)

36 레시틴은 지질과 인이 결합한 대표적인 인지질로 뇌신경, 대두, 달걀노른자 등에 존재하며, 지질의 대사에 관여하고, 유화제의 역할을 한다.

37 개인위생 관리내용으로 옳은 것은?

① 시간 관리를 위해 시계를 착용할 수 있다.
② 재질이 좋은 1회용 장갑은 여러 번 사용할 수 있다.
③ 위생복 착용지침서에 따라 위생복을 착용할 수 있다.
④ 꼼꼼한 메모를 위해 필기구를 소지할 수 있다.

37 ①, ④ 작업 시 시계, 반지 등의 장신구 및 필기구 등을 착용하거나 소지하지 않는다.
② 1회용 장갑은 재사용하지 않는다.

38 다음 중 식중독을 일으키는 주요 원인 식품이 해산 어패류로 호염성 세균은?

① 황색포도상구균(Staphylococcus aureus)
② 장염비브리오균(Vibrio parahaemolyticus)
③ 장티푸스균(Salmonella typhi)
④ 보툴리누스균(Clostridium botulinum)

38 장염 비브리오균은 3~4%의 염분에서 생육이 가능한 호염성 세균으로 오염된 어패류의 생식이 식중독 발생의 주요 원인이다.

39 반죽형 반죽에서 모든 재료를 일시에 넣고 믹싱하는 방법은?

① 크림법   ② 블렌딩법
③ 설탕/물법   ④ 1단계법

39 반죽형 반죽에서 모든 재료를 한꺼번에 넣고 반죽하는 방법은 1단계법(단단계법)이다.

40 엔젤푸드 케이크 배합율 조정 시, 밀가루를 15%, 달걀흰자를 45% 사용하면 분당 사용량은?

① 39%   ② 13%
③ 61%   ④ 26%

40 엔젤푸드 케이크는 True %를 주로 사용하며,
소금+주석산 크림 = 1%를 사용하므로,
설탕 사용량은 = 100 − (15+45+1) = 39%이다.
이중 분당은 1/3을 사용하므로 39%×1/3 = 13% 를 사용한다.

41 제과 기기 및 도구 관리가 옳지 않은 것은?

① 체는 물로 세척하여 건조시킨 후 사용한다.
② 스크레이퍼에 흠집이 있으면 교체한다.
③ 밀대의 이물질은 철 수세미를 사용하여 제거한다.
④ 붓은 용도별로 구분하여 사용해야 된다.

41 밀대는 상처가 나지 않도록 부드러운 솔이나 헝겊을 이용하여 청소한다.

42 반죽의 비중과 관련이 없는 것은?

① 완제품의 조직   ② 팬 용적
③ 기공의 크기   ④ 완제품의 부피

42 반죽의 비중은 제품의 부피, 기공, 조직에 결정적인 영향을 준다.

43 케이크 위에 파인애플, 키위 등을 사용한 후 젤타틴액을 씌울 때는 쉽게 굳지 않는데 그 이유는?

① 특별한 향기 때문에
② 과일 내의 효소 때문에
③ 색이 진해서
④ 설탕이 부족하므로

43 파인애플의 브로멜린, 키위의 액티니딘 등은 단백질의 분해효소로 단백질인 젤라틴의 응고를 방해한다.

44 다음 중 질 좋은 단백질을 많이 함유하고 있는 식품은?

① 감자류   ② 쌀
③ 버섯류   ④ 고기류

44 단백질의 급원식품은 육류, 달걀, 우유 등이다.

45 포도당을 합성할 수 있는 아미노산은?

① 메티오닌   ② 페닐알라닌
③ 트립토판   ④ 알라닌

45 비필수아미노산인 알라닌은 알라닌 회로를 통하여 단백질로부터 포도당을 합성한다.
※ 아미노산 중 류신과 라이신을 제외한 대부분의 아미노산은 포도당을 합성할 수 있으나 가장 많이 사용되는 아미노산이 알라닌이다.

46 굳어진 단순 아이싱 크림을 여리게 하는 방법으로 부적합한 것은?

① 설탕 시럽을 더 넣는다.

② 중탕으로 가열한다.

③ 소량의 물을 넣고 중탕으로 가온한다.

④ 전분이나 밀가루를 넣는다.

46 전분이나 밀가루는 아이싱의 끈적거림을 방지하는 흡수제이다.

※ 굳어진 아이싱을 풀어주는 방법
• 소량의 물을 넣고 중탕으로 가온하여 43℃로 만들어준다.
• 가온하는 것만으로 풀어지지 않으면, 설탕 시럽을 더 넣어 연하게 만들어준다.

47 도넛의 발한현상을 방지하는 방법으로 틀린 것은?

① 충분히 식히고 나서 설탕을 묻힌다.

② 점착력이 낮은 기름을 사용한다.

③ 튀김 시간을 늘린다.

④ 도넛 위에 뿌리는 설탕 사용량을 늘린다.

47 설탕을 많이 붙게 하는 점착력이 좋은 튀김기름을 사용해야 발한현상을 줄일 수 있다.

48 식품 제조·가공 및 취급과정 중 교차오염이 발생하는 경우와 거리가 먼 것은?

① 반죽을 자른 칼로 구운 식빵 자르기

② 반죽을 성형하고 씻지 않은 손으로 샌드위치 만들기

③ 반죽에 생고구마 조각을 얹어 쿠키 굽기

④ 생새우를 다루던 도마로 샐러드용 채소 썰기

48 ③은 굽는 조리과정을 거치므로 교차 오염이 아니다. 교차오염은 바로 섭취 가능한 식품과 소독 또는 세정하지 않은 물질을 사용할 경우 미생물의 오염으로 발생한다.

49 쥐를 매개체로 감염되는 질병이 아닌 것은?

① 신증후군출혈열(유행성출혈열)

② 렙토스피라증

③ 돈단독증

④ 쯔쯔가무시병

49 • 쥐가 매개하는 질병으로는 신증후군출혈열(유행성출혈열), 페스트, 렙토스피라증, 쯔쯔가무시병 등이 있다.
• 돈단독은 인수공통감염병으로 가축의 내장이나 고기를 다룰 때 창상으로 돈단독균이 침입하여 감염된다.

50 설탕 시럽 제조 시 주석산 크림을 사용하는 가장 주된 이유는?

① 설탕을 빨리 용해시키기 위함이다.

② 냉각 시 설탕의 재결정을 막기 위함이다.

③ 시럽을 빨리 끓이기 위함이다.

④ 시럽을 하얗게 만들기 위함이다.

50 설탕 시럽의 냉각 시 설탕의 재결정을 막기 위하여 주석산 크림을 사용한다.

51 HACCP에 대한 설명 중 틀린 것은?

① 종합적인 위생관리체계이다.

② 식품위생의 수준을 향상시킬 수 있다.

③ 사후처리의 완벽을 추구한다.

④ 원료부터 유통의 전 과정에 대한 관리이다.

51 위해요소중점관리기준(HACCP)은 모든 잠재적 위해요소를 분석하여 사후적이 아닌 사전적으로 위해요소를 제거하고 개선할 수 있는 방법을 찾는 것이다.

52 케이크 제조에 있어 달걀의 기능으로 가장 거리가 먼 것은?

① 유화작용　　　　　　② 착색작용
③ 팽창작용　　　　　　④ 결합작용

53 초콜릿에 대한 설명 중 틀린 것은?

① 밀크 초콜릿은 다크 초콜릿에 우유를 첨가하여 만든다.
② 커버추어 초콜릿은 초콜릿 리쿼 50%, 코코아버터 10% 및 설탕 40%로 구성되어 있다.
③ 다크 초콜릿은 코코아 함량이 30~80% 정도이다.
④ 화이트 초콜릿은 코코아 고형분을 제외한 코코아버터와 설탕, 분유, 레시틴, 바닐라를 첨가하여 만든다.

54 다음 중 청색증(cyanosis) 현상과 관계있는 독소로 인체 내 흡수와 배설이 빠른 것은?

① 베네루핀(venerupin)　　　② 아미그달린(amygdaline)
③ 솔라닌(solanine)　　　　　④ 테트로도톡신(tetrodotoxin)

55 제빵에서 수분 분포에 관한 설명으로 틀린 것은?

① 소금은 글루텐을 단단하게 하여 글루텐 흡수량을 감소시킨다.
② 물이 반죽에 균일하게 분산되는 시간은 보통 10분 정도이다.
③ 1차 발효와 2차 발효를 거치는 동안 생성된 수분은 대부분 전분에 의해 흡수된다.
④ 발효를 거치는 동안 전분의 가수분해에 의해서 반죽 내 수분량이 변화한다.

56 식품위생법상 용어의 정의가 틀린 것은?

① 식품위생이란 식품, 식품첨가물, 기구 또는 용기 포장을 대상으로 하는 음식에 관한 위생을 말한다.
② 식품이란 모든 음식물을 말한다. 그러므로 의약으로 섭취하는 것도 포함된다.
③ 식중독이란 식품 섭취로 인하여 인체에 유해한 미생물 또는 유독물질에 의하여 발생하였거나 발생한 것으로 판단되는 감염성 질환 또는 독소형 질환을 말한다.
④ 용기·포장이란 식품 또는 식품첨가물을 넣거나 싸는 것으로서 식품 또는 식품첨가물을 주고받을 때 함께 건네는 물품을 말한다.

---

52 달걀은 케이크 제조에서 결합제, 유화제, 팽창제 등으로 사용된다. 달걀노른자의 카로티노이드 색소로 약간의 착색작용도 있으나 보기 중에서는 가장 거리가 멀다.

53 커버추어 초콜릿은 카카오버터(코코아버터) 함유량이 30% 이상인 초콜릿을 말한다.

54 청매, 은행, 살구씨 등에 있는 아미그달린은 청색증의 원인이 되는 독소로 인체 내 흡수와 배설이 빠르다.

55 발효실의 상대습도가 낮으면 수분이 증발하여 표피가 건조해질 수는 있으나, 적정한 습도에서는 발효 시 전분의 가수분해에 의해서 반죽 내 수분량이 증가하게 된다.

56 식품위생법상 식품은 의약으로 섭취하는 것을 제외한 모든 음식물을 말한다.

57 다음 중 파이 롤러를 사용하지 않는 제품은?

① 롤 케이크
② 케이크 도넛
③ 데니시 페이스트리
④ 퍼프 페이스트리

57 롤 케이크는 말기를 해야하는 제품으로 밀어펴는 파이롤러로 작업하기에 적합하지 않다. 파이롤러는 스위트 롤, 페이스트리류, 파이류, 크로와상, 도넛류 등에 사용한다.

58 우유 식빵 완제품 500g짜리 5개를 만들 때 분할손실이 4%라면 분할 전 총 반죽 무게는 약 얼마인가?

① 2,505g
② 2,518g
③ 2,700g
④ 2,604g

58 • 완제품의 무게 500g×5개 = 2,500g
• 발효 손실을 감안한 반죽량
$= \dfrac{2,500g}{(1-0.04)} = 2,604g$

59 설탕 120%, 유화 쇼트닝 60%, 초콜릿 32%를 사용하는 초콜릿 케이크에서 탈지분유 사용량은?

① 10.4%
② 9.4%
③ 11.4%
④ 12.4%

59 • 달걀의 양 = 쇼트닝×1.1 = 60×1.1 = 66%
• 코코아의 양 = 32×(5/8) = 20%
• 우유의 양 = 설탕+30+(코코아×1.5) − 전란
  = 120+30+(20×1.5) − 66 = 114
• 분유 사용량(우유의 10%) = 114×0.1 = 11.4%

60 버터크림의 시럽 제조 시 설탕에 대한 물 사용량으로 알맞은 것은?

① 45~50%
② 55~60%
③ 35~40%
④ 25~30%

60 버터크림의 시럽 제조 시 설탕에 대한 물 사용량은 20~30% 정도이다.

【제과기능사 필기 | 상시대비 실전모의고사 제1회 | 정답】

01 ①	02 ④	03 ①	04 ①	05 ③	06 ②	07 ①	08 ②	09 ④	10 ④
11 ④	12 ④	13 ③	14 ②	15 ①	16 ③	17 ④	18 ③	19 ③	20 ②
21 ④	22 ④	23 ③	24 ②	25 ④	26 ④	27 ②	28 ①	29 ②	30 ③
31 ④	32 ④	33 ②	34 ④	35 ①	36 ②	37 ③	38 ②	39 ④	40 ②
41 ③	42 ②	43 ②	44 ④	45 ④	46 ④	47 ②	48 ③	49 ④	50 ②
51 ③	52 ②	53 ②	54 ②	55 ③	56 ②	57 ①	58 ④	59 ③	60 ④

제과기능사 필기 | 상시대비 실전모의고사 제2회

▶실력테스트를 위해 문제 옆 해설란을 가리고 문제를 풀어보세요 ▶정답은 349쪽에 있습니다.

01 머랭 (Meringue)을 만들 때 설탕을 끓여서 시럽으로 만들어 제조하는 것은?

① 이탈리안 머랭　　② 스위스 머랭
③ 온제 머랭　　　　④ 냉제 머랭

01 이탈리안 머랭은 흰자로 거품을 올리면서 끓인 설탕 시럽을 실같이 흘려 넣으면서 만드는 것으로 시럽법 이라고도 한다.

02 퐁당(Fondant)에 대한 설명으로 가장 적합한 것은?

① 40℃ 전후로 식혀서 휘젓는다.
② 굳으면 설탕 1 : 물 1로 만든 시럽을 첨가한다.
③ 유화제를 사용하면 부드럽게 할 수 있다.
④ 시럽을 214℃까지 끓인다.

02 ② 아이싱이 굳었을 때 설탕 2 : 물 1의 시럽을 첨가한다.
③ 퐁당은 설탕과 물이 주재료로 유화제는 사용하지 않는다.
④ 퐁당에 사용하는 설탕 시럽은 114~118℃로 끓인다.

03 제품회전율을 계산하는 공식은?

① 순매출액/(기초원재료 + 기말원재료) ÷ 2
② 순매출액/(기초제품 + 기말제품) ÷ 2
③ 고정비/(단위당 판매가격 – 변동비)
④ 총이익/매출액×100

03 • 제품회전율 = $\dfrac{\text{순매출액}}{\text{평균재고액}}$

• 평균재고액 = $\dfrac{\text{기초제품+기말제품}}{2}$

04 다음의 케이크 반죽 중 일반적으로 pH가 가장 낮은 것은?

① 파운드 케이크　　② 스펀지케이크
③ 데블스 푸드 케이크　　④ 엔젤푸드 케이크

04 산도가 높은 제품으로 엔젤푸드 케이크, 과일 케이크가 있다.

05 합성보존료가 아닌 것은?

① 안식향산(benzoic acid)
② 부틸히드록시아니솔(BHA)
③ 데히드로초산(DHA)
④ 소브산(sorbic acid)

05 부틸하이드록시아니졸(BHA)은 유지의 산패로 인한 품질 저하를 방지하는 산화방지제이다.

06 파리가 전파하는 질병이 아닌 것은?

① 결핵
② 파라티푸스
③ 회충
④ 발진티푸스

07 다음 중 과자 반죽을 밀어 펴는 기계는?

① 도킹(docking)
② 도우 컨디셔너(dough conditioner)
③ 도우 리프트(dough lift)
④ 파이 롤러(pie roller)

07 파이 롤러는 반죽을 일정한 두께로 밀어 펼 때 사용하는 기계이다.

08 흰자로 거품형의 머랭을 만들고 노른자는 반죽형으로 만들어 두 가지 반죽을 혼합한 믹싱법은?

① 별립법
② 공립법
③ 단단계법
④ 시폰법

08 시폰형 반죽은 달걀흰자로 거품형의 머랭을 만들고, 노른자는 다른 재료와 섞어서 반죽형 반죽을 만들어 이 두 가지를 혼합하여 만든다.

09 퍼프 페이스트리 제조 시 주의해야 할 사항으로 틀린 것은?

① 유지를 배합한 반죽은 성형 전에 냉장 휴지한다.
② 파치(scrap pieces)는 최소화한다.
③ 전체적으로 균일한 두께로 밀어 편다.
④ 굽기 전에 글루텐이 느슨해지지 않도록 성형 후 바로 굽는다.

09 굽기 전에 최종 휴지를 하여야 한다. 최종 휴지가 부족하면 제품이 수축하는 현상이 나타난다.

10 과일 파운드 케이크에서 건포도의 전처리 목적이 아닌 것은?

① 씹는 조직감을 개선한다.
② 반죽과 건포도 사이의 수분 이동을 방지한다.
③ 반죽의 색깔을 개선한다.
④ 과일 원래의 풍미를 되살아나게 도와준다.

10 반죽의 색깔 개선은 건포도 전처리의 목적이 아니다.

11 지질대사에 관계하는 비타민이 아닌 것은?

① folic acid
② pantothenic acid
③ vitamine B_2
④ niacin

11 Folic Acid(엽산, 비타민 B_9)는 비타민 B의 복합체로 헤모글로빈의 합성과 적혈구를 비롯한 세포의 생성을 돕는다. 지질대사에는 관여하지 않는다.

12 코코아 20%에 해당하는 초콜릿을 사용하여 케이크를 만들려고 할 때 초콜릿 사용량은?

① 28%
② 32%
③ 16%
④ 20%

12 초콜릿은 5/8의 코코아와 3/8의 카카오 버터로 이루어져 있다.

- 초콜릿$\times\dfrac{5}{8}$ = 20% 이므로
- 초콜릿 = $20\times\dfrac{8}{5}=\dfrac{160}{5}$ = 32%

13 원인균이 내열성 포자를 형성하기 때문에 병든 가축의 사체를 처리할 경우 반드시 소각처리 하여야 하는 인수공통감염병은?

① 돈단독
② 탄저
③ 파상열
④ 결핵

14 우유 중 제품의 껍질색을 개선시켜 주는 성분은?

① 광물질
② 칼슘
③ 유당
④ 유지방

15 다음 중 글루텐을 형성하는 단백질이 아닌 것은?

① 글루테닌(glutenin)
② 미오신(myosin)
③ 메소닌(mesonin)
④ 글리아딘gliadin)

16 식품의 식품 검사기관은 시험 결과를 확인할 수 있도록 시험과 관련된 검사의 절차, 방법 및 판정 등의 내용이 기록된 검사일지 또는 시험 기록서를 작성하여 이를 최종 기재일로부터 몇 년간 보관하여야 하는가?

① 2년
② 3년
③ 4년
④ 1년

17 도넛의 포장 시 발한현상을 방지하기 위한 도넛의 수분 함량으로 알맞은 것은?

① 11~15%
② 21~25%
③ 26~39%
④ 16~20%

18 식품 및 축산물 안전관리인증기준을 제·개정하여 고시하는 자는?

① 보건복지부장관
② 한국식품안전관리인증원장
③ 시장, 군수 또는 구청장
④ 식품의약품안전처장

19 비스킷 제조에 가장 부적당한 밀가루는?

① 중력분
② 박력분
③ 강력분
④ 박력분 + 중력분

13 탄저균은 내열성 포자를 형성하기 때문에 병든 가축의 사체는 반드시 소각 처리하여야 한다.

14 유당은 캐러멜화나 마이야르 반응과 같은 갈변 반응을 일으켜 껍질색을 개선해준다.

15 글루텐을 형성하는 단백질에는 글리아딘과 글루테닌, 메소닌, 알부민, 글로불린이 있으나 일반적으로는 글루테닌과 글리아딘을 글루텐 형성 단백질로 본다.

16 식품위생검사기관은 시험 결과를 확인할 수 있도록 시험과 관련된 검사의 절차·방법 및 판정 등의 내용이 기록된 검사일지 또는 기록서를 작성하여 이를 최종 기재일부터 3년간 보관하여야 한다. (식품위생법에서는 삭제된 조항)

17 발한현상을 방지하기 위한 도넛의 수분 함량은 21~25%이다.

18 식품 및 축산물 안전관리인증기준은 식품의약품안전처장이 재·개정하여 고시한다.

19 강력분은 탄력성, 점성, 수분 흡착력이 강하여 제빵에 어울리는 밀가루이다.

20 제과 반죽이 너무 산성에 치우쳐 발생하는 현상과 거리가 먼 것은?

① 빈약한 부피
② 연한 향
③ 거친 기공
④ 여린 껍질색

20 반죽이 산성으로 치우치면 글루텐을 응고시켜 부피 팽창을 방해하기 때문에 기공이 작고 조밀해지며, 부피가 작아진다. 또한, 당의 캐러멜화를 방해하여 연한 향과 연한 색을 만든다.

21 충전물 제조 시 사용하는 농후화제가 아닌 것은?

① 식물성 검류
② 타피오카 전분
③ 옥수수 전분
④ 충전용 유지

21 충전물 제조 시 농후화제로 사용되는 것은 밀가루, 전분, 달걀, 검류 등의 안정제 등이다.

22 다음 중 인수공통감염병이 아닌 것은?

① 돈단독, 야토병
② 결핵, 탄저
③ 렙토스피라증, Q열
④ 성홍열, 이질

22 성홍열과 이질은 인수공통감염병이 아니다.

23 다음 제품 중 성형하여 팬닝할 때 반죽의 간격을 가장 충분히 유지하여야 하는 제품은?

① 쇼트 브레드 쿠키
② 슈
③ 오믈렛
④ 핑거 쿠키

23 슈는 굽기 중 팽창이 매우 크므로 성형하여 팬닝할 때 반죽의 간격을 가장 충분히 유지하여야 한다.

24 튀김기름의 조건으로 틀린 것은?

① 발연점이 높아야 한다.
② 산가가 낮아야 한다.
③ 여름철에 융점이 낮은 기름을 사용하여야 한다.
④ 산패에 대한 안정성이 있어야 한다.

24 **튀김용 기름이 갖추어야 할 요건**
- 발연점이 높은 것
- 산패에 대한 안전성과 저장성이 좋을 것
- 산가가 낮은 것
- 거품이나 점도 형성에 대한 저항성이 좋을 것
- 여름은 높은 융점, 겨울은 낮은 융점의 기름을 사용할 것

25 엘로 레이어 케이크에서 설탕 110%, 유화쇼트닝 50%를 사용한 경우 분유의 사용량은?

① 10%
② 8%
③ 6%
④ 12%

25 달걀의 양 = 쇼트닝×1.1 = 50×1.1 = 55%
엘로 레이어 케이크 우유의 양 = 설탕 + 25 - 전란
= 110 + 25 - 55
= 80%
분유의 사용량은 우유의 10%이므로 80×0.1 = 8%

26 케이크 제조 시 반죽 온도에 영향을 미치는 주요 요인은?

① 밀가루 온도, 설탕 온도
② 설탕 온도, 바닐라향(에센스) 온도
③ 베이킹파우더 온도, 분유 온도
④ 바닐라향(에센스) 온도, 베이킹파우더 온도

26 반죽 온도에 영향을 미치는 주요 요인은 실내온도, 밀가루, 설탕, 달걀, 유지, 물 온도 등이다.

27 전란의 고형질은 일반적으로 약 몇 % 인가?

① 88%   ② 12%

③ 75%   ④ 25%

27 달걀의 고형분과 수분의 비교

부위명	당함량(%)	노른자	흰자
고형분	25%	50%	12%
수분	75%	50%	88%

28 포자형성균의 멸균에 알맞은 소독법은?

① 자비소독법   ② 저온소독법

③ 고압증기멸균법   ④ 희석법

28 세균의 체내에 포자를 형성하는 균은 바실러스속 균과 클로스트리디움속 균 등이며 이들이 형성하는 아포는 내열성이 강해 고압증기멸균법을 사용해야 완전히 사멸시킬 수 있다.

29 도넛 설탕 아이싱을 사용할 때의 온도로 적합한 것은?

① 60℃ 전후   ② 40℃ 전후

③ 20℃ 전후   ④ 25℃ 전후

29 도넛 설탕 아이싱은 설탕의 점착력이 좋은 40℃ 전후에서 하는 것이 좋다. 낮은 온도에서는 설탕이 표면에 붙지 않고, 높은 온도에서는 설탕이 녹아 도넛에 흡수된다.

30 다음 중 제품의 비중이 틀린 것은?

① 레이어 케이크 : 0.75~0.85

② 파운드 케이크 : 0.8~0.9

③ 젤리 롤 케이크 : 0.7~0.8

④ 시폰 케이크 : 0.45~0.5

30 롤 케이크의 반죽 비중은 0.45~0.5 정도이다.

31 세균성 식중독의 원인균이 아닌 것은?

① 살모넬라균   ② 노로바이러스

③ 병원성 대장균   ④ 여시니아균

31 노로바이러스 식중독은 원인균이 바이러스이다.

32 다음 중 세균에 의한 오염 위험성이 가장 낮은 것은?

① 항구 주변에서 잡은 물고기

② 분뇨처리가 미비한 농촌 지역의 채소나 열매

③ 상수도가 공급되지 않는 지역의 세척수나 음용수

④ 습도가 낮은 상태의 냉동고 내에서 보관 중인 포장된 식품

32 냉동고에 보관 중인 포장식품이 세균에 의한 오염 위험성이 가장 낮다.

33 지질 합성에 대한 설명 중 옳은 것은?

① 지방합성은 주로 세포막에서 일어난다.

② 체지방은 피하, 복강, 장기 주변의 근육조직에 주로 저장된다.

③ 지방은 열량이 과잉으로 섭취될 때 간과 지방조직에서 합성된다.

④ 지방합성은 세포질과 미토콘드리아에서 각각 독립적으로 일어나지 않는다.

33 지방은 열량이 과잉으로 섭취될 때 간과 지방조직에서 합성된다.

① 지방합성은 주로 세포질에서 일어난다.

② 체지방은 피하, 복강, 장기 주변의 지방조직에 주로 저장된다.

④ 지방합성은 세포질에서 일어나고, 미토콘드리아는 주로 에너지 생산(ATP)에 관여한다.

34 각 식품별 부족한 영양소의 연결이 틀린 것은?

① 곡류 – 리신 　　　 ② 옥수수 – 트립토판
③ 콩류 – 트레오닌 　　 ④ 채소류 – 메티오닌

34 콩류(두류)에는 필수아미노산 중 메티오닌의 함량이
　 부족하다.

35 다음 중 호밀빵에 주로 사용하는 향신료는?

① 크레송 　　　 ② 캐러웨이
③ 민트 　　　　 ④ 오레가노

35 호밀빵 특유의 청량감 있는 향미를 배가하기 위하여
　 캐러웨이 씨앗을 넣고 굽는다.

36 빵의 제조과정에서 빵 반죽을 분할기에서 분할할 때 달라붙지 않게
하는 식품첨가물은?

① 이형제 　　　 ② 증점제
③ 피막제 　　　 ④ 추출용제

36 빵 반죽을 분할할 때, 또는 구울 때 달라붙지 않게
　 하기 위하여 이형제를 사용하며, 유동파라핀만 허용
　 되어 있다.

37 엔젤푸드 케이크 제조 시 주의사항으로 틀린 것은?

① 당밀은 10%까지 사용할 수 있다.
② 믹싱 최종단계에서 밀가루를 혼합할 때는 가볍게 섞는다.
③ 박력분이 없는 경우 전분을 50%까지 사용할 수 있다.
④ 이형제로 물을 사용한다.

37 엔젤푸드 케이크는 표백이 잘된 특급 박력분을 사용
　 하며, 박력분이 없는 경우 전분을 30% 이하로 섞어
　 서 사용한다.

38 초콜릿 제품을 생산하는데 필요한 도구는?

① 디핑 포크(Dipping Forks) 　　 ② 오븐(Oven)
③ 파이 롤러(Pie Roller) 　　　　 ④ 워터 스프레이(Water Spray)

38 디핑 포크는 초콜릿 제품을 만들 때 제품을 초콜릿 용
　 액에 담갔다 건질 때 사용하는 포크를 말한다.

39 케이크 제품의 기공이 조밀하고 속이 축축한 결점의 원인이 아닌
것은?

① 과도한 액체당 사용 　　 ② 너무 높은 오븐 온도
③ 달걀 함량의 부족 　　　 ④ 액체 재료 사용량 과다

39 달걀 함량이 부족하면 공기 포집 능력이 떨어져 기공
　 은 조밀해 지지만 수분 함량이 적어지기 때문에 속
　 이 축축해지지는 않는다. 달걀 함량이 많고 휘핑이
　 적절하지 못하면 기공이 조밀하고 속이 축축해진다.

40 공기 중 산소에 의해서 불포화지방산을 산화시키는 효소는?

① 셀룰라아제(cellulase) 　　 ② 프로테아제(protease)
③ 아밀라아제(amylase) 　　　 ④ 리폭시다아제(lipoxidase)

40 리폭시다아제는 불포화지방산을 공기 중의 산소에
　 의하여 산화시키는(과산화물 생성) 효소이다.

41 빵의 노화 현상과 거리가 먼 것은?

① 빵의 풍미 저하 　　 ② 빵 껍질의 변화
③ 곰팡이 번식에 의한 변화 ④ 빵 내부조직 변화

41 곰팡이 번식에 의한 변화는 변질이다.

42 식물성 기름을 원료로 하여 마가린, 쇼트닝을 제조할 때 생성되어 건강에 나쁜 영향을 주는 것은?

① 포화지방
② 시스 지방
③ 불포화지방
④ 트랜스 지방

42 트랜스 지방은 유지를 경화시키기 위해 수소를 첨가하는 과정(부분 경화)에서 생성되는 지방으로 섭취 시 건강에 좋지 않은 영향을 준다.

43 잘못 보관된 재래식 메주에서 곰팡이에 의해 생길 수 있는 독소는?

① amygdalin
② ergotoxin
③ aflatoxin
④ tetrodotoxin

43 곡류, 콩류(메주 포함) 등을 잘못 보관하면 아플라톡신, 오크라톡신 등의 곰팡이 독이 발생할 수 있다.
• 아미그달린 – 은행, 살구씨 등의 독
• 에르고톡신 – 맥각독
• 테트로도톡신 – 복어독

44 이스트의 가스 생산과 보유를 고려할 때 제빵에서 가장 좋은 물의 경도는?

① 120~180 ppm
② 180 ppm 이상(일시)
③ 180 ppm 이상(영구)
④ 0~60 ppm

44 제빵용으로 가장 좋은 물의 경도는 120~180ppm의 아경수이다.

45 다음 중 식물계에는 존재하지 않는 당은?

① 설탕
② 과당
③ 맥아당
④ 유당

45 유당은 포유류의 젖에 존재하는 동물성 당류이다.

46 다음 중 함께 계량할 때 가장 문제가 되는 재료의 조합은?

① 밀가루, 반죽 개량제
② 이스트, 소금
③ 밀가루, 호밀 가루
④ 소금, 설탕

46 소금은 이스트의 발효력을 약화시키기 때문에 함께 계량하지 않는다.

47 차아염소산나트륨의 살균 효과가 가장 높은 pH는?

① 4.0
② 9.0
③ 6.0
④ 7.0

47 차아염소산나트륨은 일명 락스라고 불리우며, 과일류, 채소류 등의 식품 살균에 사용된다. (참깨에는 사용금지)
100ppm 농도로 희석 후 pH 8~9에서 가장 살균력이 높다.

48 가수분해나 산화에 의하여 튀김기름을 나쁘게 만드는 요인이 아닌 것은?

① 물
② 온도
③ 산소
④ 비타민 E(토코페롤)

48 비타민 E(토코페롤)는 천연산화방지제로 가수분해나 산화에 의해 튀김기름이 산패되는 것을 방지한다.

49 식품 시설에서 식품의 위생 안전을 확보하기 위한 방법으로 가장 바람직한 것은?

① 작업실은 최소한의 면적만 확보한다.
② 냉수 공급설비만 갖춘다.
③ 청결작업장 입구에 위생 전실을 비치한다.
④ 일반 작업과 청결 작업이 교차하도록 한다.

49 청결작업장 입구에 위생 전실을 두어 항상 청결하게 작업할 수 있도록 한다.

50 사탕수수 정제 중 원당을 분리하고 남는 물질은 럼주의 원료도 되는데 그 당밀의 회분이 다음과 같을 때 일반적으로 당 함량이 가장 많은 것은?

① 회분 1~2%
② 회분 0~12%
③ 회분 4~5%
④ 회분 6~7%

50 당밀의 종류와 당 함량

당밀	당함량(%)	회분함량(%)
오픈 케틀	70	1~2
1차 당밀	60~66	4~5
2차 당밀	56~60	5~7
저급 당밀	52~55	9~12

51 베이킹파우더 제조 시 산제로 중화가가 80인 15kg의 MCP(mono-calcium phosphate)를 사용할 때, 이를 완전히 중화시키기 위해 필요한 중조의 양은?

① 12kg
② 14kg
③ 10kg
④ 16kg

51 중화가 $= \dfrac{\text{중조(탄산수소나트륨)의 양}}{\text{산성제의 양}} \times 100$

$80 = \dfrac{x}{15kg} \times 100$

$\therefore x = \dfrac{80 \times 15}{100} = 12kg$

52 과자류 제품을 제조할 때 1단계법을 사용하는 목적으로 옳은 것은?

① 화학 팽창제를 사용하지 않는다.
② 시간과 노동력을 절약한다.
③ 노화를 지연시킨다.
④ 기계의 성능은 무관하다.

52 1단계법은 모든 재료를 한꺼번에 넣고 반죽하는 방법으로 시간과 노동력을 절약할 수 있어 대량생산에 적합하다.

53 식물성 자연독의 관계가 틀린 것은?

① 독버섯 – 무스카린
② 목화씨 – 고시폴
③ 감자 – 솔라닌
④ 청매 – 리신

53 청매, 은행, 살구씨 등의 자연독은 아미그달린이다.
 ※ 리신은 피마자의 독소이다.

54 밀가루와 유지를 먼저 믹싱한 후 다른 건조 재료와 액체 재료 일부를 투입하여 믹싱하는 것으로, 유연감을 우선으로 하는 제품에 많이 사용하는 믹싱법은?

① 블렌딩법
② 크림법
③ 설탕/물법
④ 1단계법

54 반죽형 반죽의 블렌딩법에 대한 설명이다.

55 빵·과자의 윗면을 아이싱 하는데 쓰이는 퐁당을 만들 때 설탕 시럽은 몇 ℃ 정도로 끓이는 것이 가장 적당한가?

① 102℃　　　　　② 116℃

③ 90℃　　　　　④ 124℃

56 식빵의 냉각에 관한 설명으로 옳은 것은?

① 냉각실의 이상적인 상대습도는 45~50%이다.

② 통풍이 지나치면 제품의 옆면이 붕괴되는 키홀링현상을 예방할 수 있다.

③ 빵을 냉각하는 장소의 습도가 낮으면 껍질에 잔주름이 생긴다.

④ 40℃ 이상의 온도에서 식빵을 절단하는 것이 바람직하다.

57 총배합율이 400%인 파운드 케이크를 생산하는데 밀가루 50kg을 사용하였다. 믹싱 후 반죽 손실이 2kg이고, 분할무게는 1kg이며, 성형 과정에서 손실이 2개, 굽기 중 착색이 너무 진해서 상품이 안 되는 제품이 5개, 포장 중 부서진 제품이 2개라면 제조손실은?

① 3%

② 5.5%

③ 7.5%

④ 11%

58 반죽형 쿠키를 구울 때 팬에 제품이 달라붙게 되는 원인이 아닌 것은?

① 흡습성이 높은 시럽 사용

② 팬의 청결 부족

③ 강력분 사용

④ 진 반죽 사용

59 제과제빵에서 공장의 입지 조건으로 고려할 사항과 가장 거리가 먼 것은?

① 상수도 시설

② 폐수처리 시설

③ 인원 수급 문제

④ 주변에 밀 경작 여부

---

55 퐁당은 설탕 100에 대하여 물 30을 넣고 114~118℃로 끓여서 시럽을 만든 후 38~48℃로 냉각시켜서 만든다.

56 빵을 냉각하는 중에 습도가 낮으면 냉각손실이 커지고, 껍질에 잔주름이 생기거나 갈라지기 쉽다.

① 냉각실의 이상적인 습도는 75~85%

② 통풍이 지나치면 수분이 증발하여 껍질이 갈라지기 쉽다.

④ 적정 냉각온도 35~40℃

57 밀가루의 무게(g) $= \dfrac{밀가루\ 비율(\%) \times 총반죽\ 무게(g)}{총배합률(\%)}$

$50kg = \dfrac{100 \times 총반죽\ 무게(g)}{400}$

총반죽 무게(g) $= \dfrac{50 \times 400}{100} = 200kg$

1개당 분할무게가 1kg이므로 200개이며

손실량 = 반죽손실 2개(2kg) + 손실수량 9개
(2+5+2) = 11개이다.

$\therefore \dfrac{11}{200} \times 100 = 5.5\%$

58 강력분은 글루텐이 발달하여 점탄성을 가지므로 구울 때 팬에 달라붙는 원인이 되지 않는다.

59 제과제빵 공장이 밀 경작지 주변에 있어야 할 이유는 특별하게 없다.

60 스펀지케이크의 굽기 중 일어나는 현상과 관계없는 설명은?

① 스펀지케이크는 굽기 중 전분의 호화가 일어나 부피가 커진다.

② 오븐 온도가 너무 높거나 오래 구우면 커진다.

③ 설탕량이 많거나 밀가루 품질이 나쁘면 굽는 동안 가라앉는다.

④ 단백질 응고와 껍질의 갈변 반응이 함께 일어난다.

60 오븐 온도가 높으면 껍질 형성이 빨라 팽창에 제한을 받아 부피가 작아진다. 또한, 오래 구우면 수분의 손실이 커져 역시 부피가 작아진다.

【제과기능사 필기 | 상시대비 실전모의고사 제2회 | 정답】

01 ①	02 ①	03 ②	04 ④	05 ②	06 ③	07 ④	08 ④	09 ④	10 ③
11 ①	12 ②	13 ②	14 ④	15 ②	16 ②	17 ②	18 ④	19 ③	20 ③
21 ④	22 ④	23 ②	24 ③	25 ②	26 ①	27 ④	28 ③	29 ②	30 ③
31 ②	32 ④	33 ③	34 ④	35 ④	36 ①	37 ③	38 ①	39 ③	40 ④
41 ③	42 ④	43 ③	44 ①	45 ④	46 ②	47 ②	48 ④	49 ③	50 ①
51 ①	52 ②	53 ④	54 ①	55 ②	56 ③	57 ②	58 ③	59 ④	60 ②

제과기능사 필기 | 상시대비 실전모의고사 제3회

▶실력테스트를 위해 문제 옆 해설란을 가리고 문제를 풀어보세요 ▶정답은 359쪽에 있습니다.

01 다음 제품 중 반죽 희망 온도가 가장 낮은 것은?

① 슈
② 퍼프 페이스트리
③ 카스텔라
④ 파운드 케이크

02 데니시 페이스트리나 퍼프 페이스트리 제조 시 충전용 유지가 갖추어야 할 가장 중요한 요건은?

① 유화성
② 가소성
③ 경화성
④ 산화 안정성

03 우유에 들어 있는 카제인에 대한 설명으로 틀린 것은?

① 버터의 신맛을 내는 성분이다.
② 열에 비교적 안정하여 잘 응고되지 않는다.
③ 우유 단백질의 75~80% 정도이다.
④ 산에 의해 응고되는 성질이 있다.

04 유지의 크림성에 대한 설명 중 틀린 것은?

① 액상 기름은 크림성이 없다.
② 크림이 되면 부드러워지고 부피가 커진다.
③ 버터는 크림성이 가장 뛰어나다.
④ 유지에 공기가 혼입되면 빛이 난반사되어 하얀색으로 보이는 현상을 크림화라고 한다.

05 WHO에서 안전한 식품 조리를 위한 10대 원칙을 제시하고 교차오염 방지를 강조한 조항은?

① 적절한 방법으로 충분히 가열하라
② 조리한 후 신속히 섭취하라
③ 조리된 것과 조리되지 않은 식품의 접촉을 막아라
④ 저장되었던 조리식품을 섭취할 때는 재가열하라

---

01 희망 반죽 온도가 가장 낮은 제품은 파이나 퍼프 페이스트리로 18~20℃ 정도이다.

02 가소성은 외력에 의하여 형태가 변한 고체가 다시 원래대로 돌아가지 않는 성질을 말하며, 페이스트리 제품은 여러 차례에 걸친 접기와 밀어펴기를 통하여 결을 만들어내는 제품으로 유지의 가소성(신장성)이 가장 중요한 특징이다.

03 우유 단백질의 약 80%를 차지하는 카제인은 산과 레닌에 의하여 응고되며, 열에는 안정하여 잘 응고되지 않는다.

※ 열에 잘 응고되는 우유 단백질 : 락토알부민, 락토글로불린

04 버터는 융점이 낮고 크림성이 부족하여 가소성 범위가 좁으므로 18~21℃에서 사용하는 것이 좋다.

05 교차오염이란 오염되어 있는 식재료나 기구 등에서 오염되지 않은 식재료, 기구, 종사자 등과의 접촉이나 작업 과정 중 혼입으로 오염되는 것을 말한다. ①, ②, ④는 식중독 예방에 대한 조항으로 보는 것이 타당하다.

06 일반적으로 식중독 원인 세균이 가장 잘 자라는 온도 범위는?

① 38~45℃ 　　② 27~35℃

③ 11~20℃ 　　④ 0~10℃

07 다음 중 독소형 세균성 식중독에 해당되는 것은?

① 비브리오균

② 리스테리아균

③ 클로스트리디움 페르프린젠스균

④ 병원성 대장균

07 클로스트리디움 페르프린젠스균은 클로스트리디움
속의 혐기성균으로 아포를 형성하며 독소를 생성하
는 독소형 식중독으로 웰치균을 말한다.

　※ 웰치균이라고도 하는 Clostridium perfringens는
클로스트리디움(클로스트리듐) 페르프린젠스(퍼
프린젠스)로 표기하기도 한다.

08 쇼트 브레드 쿠키 성형 시 주의할 점이 아닌 것은?

① 글루텐 형성방지를 위해 가볍게 뭉쳐서 밀어 편다.

② 달걀노른자를 바르고 조금 지난 뒤 포크로 무늬를 그려 낸다.

③ 반죽을 일정한 두께로 밀어 펴서 원형 또는 주름 커터로 찍어낸다.

④ 반죽의 휴지를 위해 성형 전에 냉동고에 동결시킨다.

08 쇼트브레드 쿠키를 휴지시킬 때는 냉장 온도에서 휴
지시켜야 한다. 냉동고에서 동결시키면 반죽의 수분
이 얼어 성형이 매우 힘들어진다.

09 엔젤푸드 케이크에 주석산 크림을 사용하는 이유가 아닌 것은?

① 색을 희게 한다. 　　② 흡수율을 높인다.

③ 흰자를 강하게 한다. 　　④ pH 수치를 낮춘다.

09 **주석산 크림의 기능**
　• 흰자의 알칼리성을 낮추어 산성으로 만든다.
　• 흰자를 강하게 하여 흰자가 만드는 머랭이 튼튼
해진다.
　• 머랭의 색이 흰색으로 밝아진다.

10 전분 크림 충전물과 커스터드 충전물을 사용하는 파이의 근본적인 차이는?

① 껍질의 성질 차이 　　② 굽는 방법의 차이

③ 쇼트닝 사용량의 차이 　　④ 농후화제의 차이

10 껍질의 성질에 따라 충전물의 선택이 달라지며, 커스
터드 크림과 같은 부드러운 충전물을 넣고 구울 때는
껍질이 젖거나 익지 않을 수 있으므로 반죽의 유지함
량을 낮추고, 오븐 온도와 바닥열을 높이며, 바닥 반
죽을 너무 얇지 않게 하여야 한다.

11 퍼프 페이스트리를 제조할 때 주의할 점으로 틀린 것은?

① 굽기 전에 적정한 최종 휴지를 시킨다.

② 충전물을 넣고 굽는 반죽은 구멍을 뚫고 굽는다.

③ 성형한 반죽을 장기간 보관하려면 냉장하는 것이 좋다.

④ 파치(scrap pieces)가 최소로 되도록 성형한다.

11 성형한 반죽을 장기간 보관하려면 −18℃ 이하에서
냉동하여야 한다.

12 식품의 변질에 관여하는 요인과 거리가 먼 것은?

① pH 　　② 압력

③ 수분 　　④ 산소

12 식품의 변질에 영향을 미치는 인자에는 영양소, 수분,
온도, 산소, 최적 pH 등이 있다.

13 식품 시설에서 교차오염을 예방하기 위하여 바람직한 것은?

① 작업장은 최소한의 면적을 확보함
② 냉수 전용 수세 설비를 갖춤
③ 작업 흐름을 일정한 방향으로 배치함
④ 불결 작업과 청결 작업이 교차하도록 함

14 초콜릿을 템퍼링한 효과에 대한 설명 중 틀린 것은?

① 안정한 결정이 많고 결정형이 일정하다.
② 광택이 좋고 내부조직이 조밀하다.
③ 팻 블룸(fat bloom)이 일어나지 않는다.
④ 입안에서의 용해성이 나쁘다.

15 달걀에 함유되어 있으며 유화제로 이용되는 것은?

① 갈락토리피드
② 세팔린
③ 스핑고미엘린(sphingomyelin)
④ 레시틴(lecithin)

16 쿠키 포장지의 특성으로 적합하지 않은 것은?

① 방습성이 있어야 한다.
② 독성 물질이 생성되지 않아야 한다.
③ 내용물의 색, 향이 변하지 않아야 한다.
④ 통기성이 있어야 한다.

17 열원으로 찜(수증기)을 이용했을 때의 주 열전달 방식은?

① 대류　　　　　　② 전도
③ 초음파　　　　　④ 복사

18 퍼프 페이스트리를 제조할 때 주의할 점으로 틀린 것은?

① 굽기 전에 적정한 휴지를 시킨다.
② 파치가 최소로 되도록 성형한다.
③ 충전물을 넣고 굽는 반죽은 구멍을 뚫고 굽는다.
④ 성형한 반죽을 장기간 보관하려면 냉장하는 것이 좋다.

19 물의 경도에 대한 설명 중 틀린 것은?

① 일시적 경수란 가열하면 연수가 되지만 시간이 지나면 다시 경수로 바뀌는 것을 말한다.

② 경도란 물에 함유된 칼슘과 마그네슘이 탄산염 또는 황산염의 형태로 존재하는 것을 ppm 단위로 나타낸 것을 말한다.

③ 경수를 사용하면 보일러에 스케일링을 남기거나 제품에 좋지 않은 영향을 미치는 경우가 많다.

④ 물의 경도는 일시적인 것과 영구적인 것이 있는데 이를 일시적 경수와 영구적 경수로 구분한다.

19 일시적 경수는 끓이면 탄산염으로 침전되어 물의 경도가 제거되는 물로, 물속에 용해되어 있는 칼슘과 마그네슘은 보일러 등에 물때(scale)를 만들어 작동 효율이 감소하고 제빵에 사용 시 제품껍질에 반점을 만들기도 한다.

20 도넛을 튀길 때 사용하는 기름에 대한 설명으로 틀린 것은?

① 기름이 너무 많으면 온도를 올리는 시간이 길어진다.

② 기름이 적으면 뒤집기가 쉽다.

③ 발연점이 높은 기름이 좋다.

④ 튀김기름의 평균 깊이는 12~15cm 정도가 좋다.

20 튀김기름의 양이 적으면 도넛을 뒤집기 어렵고 새로운 튀김물을 넣었을 때 온도 변화가 심하다.

21 다음과 같은 특징을 갖는 독소형 식중독은?

- 균은 혐기성 간균
- 독소는 80℃에서 30분 정도 가열로 파괴된다.
- 증상은 시력저하, 동공확대, 신경마비
- 원인 식품은 햄, 소시지, 통조림 등

① 클로스트리디움 보툴리눔에 의한 식중독

② 병원성 대장균에 의한 식중독

③ 포도상구균에 의한 식중독

④ 장염비브리오균에 의한 식중독

21 클로스트리디움 보툴리눔은 뉴로톡신이라는 신경독소를 생성하여 식중독을 일으키며, 혐기성균으로 통조림, 햄 등의 진공포장 제품에서 잘 발육한다.

22 다음 중 발병 시 감염성이 가장 낮은 것은?

① 납중독

② 콜레라

③ 장티푸스

④ 폴리오

22 납중독은 중금속에 의한 화학적 식중독으로 감염성은 거의 없다.

23 인체 유해 병원체에 의한 감염병의 발생과 전파를 예방하기 위한 올바른 개인위생관리로 가장 적합한 것은?

① 식품 취급 시 장신구는 순금 제품을 착용한다.

② 정기적으로 건강검진을 받는다.

③ 설사증이 있을 때는 약을 복용한 후 식품을 취급한다.

④ 식품 작업 중 화장실 사용 시에 위생복을 착용한다.

23 식품 취급자는 정기적으로(1회/년) 건강검진을 받아야 한다.

24 식품위생법에서 사용하는 용어의 정의에 대한 설명이 틀린 것은?

① 용기, 포장이란 식품 또는 식품첨가물을 넣거나 싸는 것으로서 식품 또는 식품첨가물을 주고받을 때 함께 건네는 물품을 말한다.

② 표시라 함은 식품, 식품첨가물, 기구 또는 용기, 포장에 기재하는 문자, 숫자 또는 도형을 말한다.

③ 식품이라 함은 모든 음식물을 말한다. 그러므로 의약으로서 섭취하는 것도 포함된다.

④ 식품위생이란 식품, 식품첨가물, 기구 또는 용기, 포장을 대상으로 하는 음식에 관한 위생을 말한다.

24 식품위생법에서 식품이란 의약으로 섭취하는 것은 제외한 모든 음식물을 말한다.

25 전분을 효소나 산에 의해 가수분해시켜 얻은 포도당액을 효소나 알칼리 처리로 포도당과 과당으로 만들어 놓은 당의 명칭은?

① 맥아당　　　　　　② 이성화당
③ 전분당　　　　　　④ 전화당

25 이성화당은 포도당의 일부를 과당으로 이성화시켜 포도당과 과당이 혼합된 액상 형태의 당으로 설탕의 1.5배 정도의 감미를 가진다

26 다음 중 지방 분해효소는?

① 리파아제　　　　　② 찌마아제
③ 말타아제　　　　　④ 프로테아제

26 리파아제는 지방의 에스테르 결합을 가수분해하여 지방산과 글리세린으로 전환시키는 효소의 총칭이다.

27 직접반죽법에 의한 발효 시 가장 먼저 발효되는 당은?

① 갈락토스(galactose)　　② 과당(fructose)
③ 맥아당(maltose)　　　④ 포도당(glucose)

27 포도당은 이스트에 의해 가장 먼저 발효에 사용된다.

28 밀가루에 함유된 단백질과 물이 결합하여 형성한 단백질은?

① 알부민　　　　　　② 글루텐
③ 카세인　　　　　　④ 글로불린

28 글루텐은 밀가루 단백질인 글리아딘과 글루테닌에 물을 넣고 반죽하면 형성되는 점탄성을 가진 반죽 단백질이다.

29 설탕 200g을 물 100g에 녹여 액당을 만들었다면 이 액당의 농도는?

① 약 75%　　　　　　② 약 200%
③ 약 50%　　　　　　④ 약 66.7%

29 당도 $= \dfrac{\text{용질}}{\text{용매}+\text{용질}} \times 100$

$= \dfrac{200}{100+200} \times 100 = 66.7\%$

30 밀가루의 흡수율을 알 수 있는 기계는?

① 믹소그래프   ② 패리노그래프

③ 아밀로그래프   ④ 익스텐소그래프

30 패리노그래프는 밀가루의 흡수율, 믹싱 시간, 믹싱 내구성 등을 측정한다.

31 1품종당 제조 수량을 기준으로 생산 활동을 구분할 때 공예과자, 웨딩케이크 등과 같이 1개 또는 2개의 생산 1회 한정 생산방식은?

① 예약 생산   ② 개별 생산

③ 연속 생산   ④ 로트 생산

31 로트 생산방식은 특정 수의 제품 단위를 1회에 생산하는 방식으로 개별생산과 연속생산의 중간적 생산방식이다.

32 다음 중 크림법을 사용하여 만들 수 있는 제품은?

① 슈   ② 마블 파운드 케이크

③ 버터 스펀지케이크   ④ 엔젤푸드 케이크

32 크림법은 반죽형 반죽의 대표적인 제법으로 파운드 케이크의 가장 일반적인 제법이다.

33 반죽형 케이크의 결점과 원인의 연결이 잘못된 것은?

① 고율배합 케이크의 부피가 작음 – 설탕과 액체 재료의 사용량이 적었다.

② 굽는 동안 부풀어 올랐다가 가라앉음 – 설탕과 팽창제 사용량이 많았다.

③ 케이크 껍질에 반점이 생김 – 입자가 굵고 크기가 서로 다른 설탕을 사용했다.

④ 케이크가 단단하고 질김 – 고율배합 케이크에 맞지 않는 밀가루를 사용했다.

33 고율배합 케이크에 설탕과 액체 재료의 사용량이 많으면 제품을 지탱하는 구조력이 약해져 부피가 작아진다.

34 반죽형 케이크 제품에서 반죽 온도가 정상보다 낮을 때 나타나는 제품의 변화 중 틀린 것은?

① 부피가 작다.   ② 굽는 시간이 길어진다.

③ 속결이 조밀하다.   ④ 기공이 너무 커진다.

34 반죽 온도가 정상보다 낮으면, 공기 포집력이 떨어져 기공이 조밀하고 부피가 작아진다.

35 다음 중 3절 5회 밀어 편 퍼프 페이스트리의 결의 수는 대략 얼마인가?

① 15겹   ② 27겹

③ 243겹   ④ 81겹

35 퍼프 페이스트리의 3절 5회 밀어 편 결의 수는 $3^5 = 243$겹이다.

36 불법으로 사용되는 유해 착색료는?

① 롱가릿　　　　　② 포름알데히드
③ 아우라민　　　　④ 삼염화질소(Nitrogen trichloride)

37 장티푸스 질환의 특성은?

① 급성 이완성 마비질환　　② 급성 전신성 열성질환
③ 만성 간염 질환　　　　　④ 급성 간염 질환

38 다음 중 베이킹파우더를 더 많이 사용해도 좋은 경우는?

① 분유 사용량을 감소시킬 경우
② 크림성이 좋은 버터를 사용할 경우
③ 강력분 사용량을 증가시킬 경우
④ 달걀 사용량을 증가시킬 경우

39 레이어 케이크 제조 시 물의 기능이 아닌 것은?

① 제품의 노화 지연
② 제품의 유연성 증가
③ 제품의 구조력 증가
④ 제품의 수율 증가

40 세균성 식중독의 열에 대한 저항력을 표시한 사항 중 틀린 것은?

① 보툴리누스 독소 : 80℃, 30분
② 포도상구균 독소 : 120℃, 10분
③ 웰치균 : 100℃ 이상, 4~5시간
④ 살모넬라균 : 62℃, 30분

41 산화방지제와 거리가 먼 것은?

① 비타민 A
② 몰식자산프로필(propyl gallate)
③ 부틸히드록시아니솔(BHA)
④ 디부틸히드록시톨루엔(BHT)

36 아우라민은 단무지, 카레분 등에 사용되었던 착색료
이나 독성이 강하여 사용이 금지되었다.
• 롱가릿 – 유해표백제
• 포름알데히드 – 유해보존제
• 삼염화질소 – 유해발색제

37 장티푸스는 온몸에 열이 급속하게 나는 급성 전신
성 열성질환이다.

38 우유(분유), 밀가루의 사용량을 늘리는 경우 베이킹파
우더의 사용량을 늘린다.
※ 베이킹파우더의 사용량을 줄이는 경우
• 유지의 양을 늘리거나 크림성이 좋은 유지를 사
용하는 경우
• 달걀의 사용량을 늘리는 경우

39 물이 레이어 케이크의 구조력을 증가시키지는 못한
다.

40 포도상구균의 독소인 엔테로톡신은 내열성이 강해
일단 독소가 생성되면 가열 조리로는 예방이 되지
않는다.

41 천연산화방지제로 사용되는 비타민은 비타민 C와 비
타민 E가 있다.

42 소독(Disinfection)을 가장 올바르게 설명한 것은?

① 병원미생물을 죽이거나 병원성을 약화시켜 감염력을 없애는 것
② 미생물의 사멸로 무균 상태를 만드는 것
③ 오염된 물질을 깨끗이 닦아 내는 것
④ 모든 생물을 전부 사멸시키는 것

42 소독 : 병원균을 사멸시키거나 병원성을 약화시켜 감염의 위험을 제거하는 것

43 맥아당은 이스트의 발효 과정 중 효소에 의해 어떻게 분리되는가?

① 과당 + 과당
② 포도당 + 과당
③ 포도당 + 유당
④ 포도당 + 포도당

43 맥아당은 이스트에 들어 있는 말타아제에 의하여 포도당과 포도당으로 분해된다.

44 중조 1.2%를 사용하는 배합 비율의 팽창제를 베이킹파우더로 대치하고자 할 경우 사용량으로 알맞은 것은?

① 2.4%
② 3.6%
③ 4.8%
④ 1.2%

44 베이킹소다를 베이킹파우더로 대체할 경우, 베이킹소다의 3배를 사용해야 한다. 1.2%×3 = 3.6%

45 치즈에 대한 설명으로 틀린 것은?

① 치즈는 미생물에 의하여 발효되어 독특한 향미가 생성된다.
② 치즈는 우유에 함유된 단백질 즉 카제인을 응고 또는 응고시킨 것을 발효하여 만든다.
③ 치즈케이크에 사용하는 치즈는 경질치즈(파마산치즈)를 사용한다.
④ 카제인은 산 또는 송아지의 응유효소인 레닌에 의하여 응고된다.

45 치즈케이크는 크림치즈 등의 연질치즈를 사용하여 만들며, 파마산치즈는 초경질의 치즈로 보통 분말 치즈로 만들어 사용한다.

46 반죽 무게를 구하는 식은?

① 틀부피 ÷ 비용적
② 틀부피 + 비용적
③ 틀부피 × 비용적
④ 틀부피 − 비용적

46 반죽 무게 $= \dfrac{\text{틀부피}}{\text{비용적}}$

47 굽기에 대한 설명으로 가장 적합한 것은?

① 저율배합은 낮은 온도에서 장시간 굽는다.
② 저율배합은 높은 온도에서 단시간 굽는다.
③ 고율배합은 낮은 온도에서 단시간 굽는다.
④ 고율배합은 높은 온도에서 장시간 굽는다.

47 · 고율배합 : 낮은 온도에서 장시간 굽는다.
· 저율배합 : 높은 온도에서 단시간 굽는다.

48 같은 크기의 팬에 각 제품의 비용적에 맞는 반죽을 팬닝하였을 경우 반죽량이 가장 무거운 것은?

① 스펀지케이크
② 소프트 롤 케이크
③ 파운드 케이크
④ 레이어 케이크

49 일반적으로 식품의 저온 살균온도로 가장 적합한 것은?

① 20~30℃
② 60~70℃
③ 100~110℃
④ 130~140℃

50 동물의 가죽이나 뼈 등에서 추출하며 안정제로 사용되는 것은?

① 한천
② 카라기난
③ 젤라틴
④ 펙틴

51 달걀의 흰자는 약 몇 ℃에서 응고되기 시작하는가?

① 53℃
② 45℃
③ 70℃
④ 63℃

52 제과용 믹서로 적합하지 않은 것은?

① 에어 믹서
② 버티컬 믹서
③ 연속식 믹서
④ 스파이럴 믹서

53 다음 중 반죽 팽창 형태가 나머지 셋과 다른 것은?

① 스펀지케이크
② 스위트 롤
③ 시폰 케이크
④ 엔젤푸드 케이크

54 비중컵의 무게 40g, 물을 담은 비중컵의 무게 240g, 반죽을 담은 비중컵의 무게 180g일 때 반죽의 비중은?

① 0.2
② 0.4
③ 0.6
④ 0.7

55 다음 중 글레이즈(Glaze) 사용 시 가장 적합한 온도는?

① 15℃
② 25℃
③ 35℃
④ 45℃

---

48 비용적이 클수록 가벼운 제품이 된다.
- 파운드 케이크 – 2.40 cm³/g
- 레이어 케이크 – 2.96 cm³/g
- 스펀지 케이크 – 5.08 cm³/g
※ 소프트 롤 케이크는 스펀지케이크의 한 종류이다.

49
- 저온장시간살균법 : 61~65℃, 30분간
- 고온단시간살균법 : 70~75℃, 15~30초간
- 초고온순간살균법 : 130~140℃, 0.5~5초간

50 젤라틴은 동물의 껍질이나 연골 속의 콜라겐을 가열하여 만들며, 젤리, 아이스크림, 푸딩 등의 응고제, 안정제, 유화제 등으로 널리 사용된다.

51 달걀의 흰자는 약 60℃에서 응고되기 시작하여 65~70℃가 되면 완전히 응고가 된다. 보기에서는 ④가 가장 근접하다.

52 용도별 믹서의 구분
- 제과용 믹서 : 수직(버티컬) 믹서, 에어 믹서, 연속식 믹서
- 제빵용 믹서 : 수평 믹서, 스파이럴 믹서

53 스펀지케이크, 시폰 케이크, 엔젤푸드 케이크는 달걀의 거품이 공기 방울을 형성하여 팽창하는 공기 팽창을 하며, 스위트 롤과 같은 롤류는 이스트 팽창을 하는 제품이다.

54 비중 = $\dfrac{(\text{반죽+컵}) \text{ 무게} - \text{컵의 무게}}{(\text{물+컵}) \text{ 무게} - \text{컵의 무게}}$

$= \dfrac{180-40}{240-40} = 0.7$

55 도넛 글레이즈의 사용온도는 43~50℃ 정도가 가장 적합하다.

56 빵 반죽용 믹서의 부대 기구가 아닌 것은?

① 훅   ② 스크래퍼
③ 비터   ④ 휘퍼

56 믹서는 반죽날개로 휘퍼, 비터, 훅이 있으며, 스크레퍼는 반죽을 분할하거나 한 곳으로 모으고, 반죽을 떼어낼 때 사용하는 도구이다.

57 반죽형 케이크의 가장 전통적인 방법으로 공기의 혼입이 최대로 큰 케이크를 제조하는 반죽 방법으로 알맞은 것은?

① 크림법   ② 연속식법
③ 일단계법   ④ 블렌딩법

57 크림법은 유지와 설탕을 먼저 믹싱하여 크림을 만들고 여기에 달걀을 넣어 부드러운 크림을 만든 후 밀가루와 베이킹파우더를 넣어 반죽하는 방법으로 부피를 크게 만드는데 적당한 방법이다.

58 케이크의 아이싱으로 생크림을 많이 사용하고 있다. 이러한 목적으로 사용할 수 있는 생크림의 지방함량은 얼마 이상인가?

① 20%   ② 35%
③ 10%   ④ 7%

58 케이크를 장식할 때 사용하는 생크림은 유지방 함량 35~45% 정도의 진한 것을 사용한다.

59 푸딩 제조공정에 관한 설명으로 틀린 것은?

① 푸딩 컵에 반죽을 부어 중탕으로 굽는다.
② 우유와 설탕을 섞어 설탕이 캐러멜화될 때까지 끓인다.
③ 다른 그릇에 달걀, 소금 및 나머지 설탕을 넣고 혼합한 후 섞는다.
④ 모든 재료를 섞어서 체에 거른다.

59 푸딩을 제조할 때 우유와 설탕은 끓기 직전인 80~90℃까지 데운다.

60 케이크 반죽의 pH가 적정 범위를 벗어난 경우 제품에 미치는 영향은?

① 반죽의 pH가 알칼리성일 경우 제품은 껍질색이 여리다.
② 반죽의 pH가 산성일 경우 부피가 크고, 껍질색이 진하다.
③ 반죽의 pH가 산성일 경우 조밀한 기공과 신맛이 난다.
④ 반죽의 pH가 알칼리성일 경우 향이 약하고, 기공이 거칠다.

60 반죽의 산도에 따른 제품특성

구분	산성	알칼리성
기공	기공이 작다	기공이 크다
조직	조밀하다	거칠다
껍질색	옅은 색	진한 색
향	연한 향	강한 향
맛	신맛	쓴맛(소다맛)
부피	작다	크다

【제과기능사 필기 | 상시대비 실전모의고사 제3회 | 정답】

01 ②	02 ②	03 ①	04 ③	05 ③	06 ②	07 ③	08 ④	09 ②	10 ①
11 ③	12 ②	13 ③	14 ④	15 ④	16 ④	17 ①	18 ④	19 ①	20 ②
21 ①	22 ①	23 ②	24 ③	25 ②	26 ①	27 ④	28 ②	29 ④	30 ②
31 ④	32 ②	33 ③	34 ④	35 ④	36 ③	37 ②	38 ③	39 ③	40 ②
41 ①	42 ①	43 ④	44 ②	45 ③	46 ①	47 ②	48 ③	49 ②	50 ④
51 ④	52 ④	53 ②	54 ④	55 ④	56 ②	57 ①	58 ②	59 ②	60 ③

제과기능사 필기 | 상시대비 실전모의고사 제4회

▶ 실력테스트를 위해 문제 옆 해설란을 가리고 문제를 풀어보세요 ▶ 정답은 369쪽에 있습니다.

01 제과, 제빵작업에 종사해도 무관한 질병은?

① 일반 감기
② 콜레라
③ 장티푸스
④ 세균성 이질

02 설탕을 포도당과 과당으로 분해하는 효소는?

① 찌마아제
② 인버타아제
③ 알파 아밀라아제
④ 말타아제

03 다음 중 우유 단백질이 아닌 것은?

① 락토글로불린(Lactoglobulin)
② 락토오스(Lactose)
③ 락토알부민(Lactoalbumin)
④ 카제인(Casein)

04 퍼프 페이스트리 제조에 사용되는 충전용 유지의 특성으로 옳은 것은?

① 높은 가소성
② 높은 흡습성
③ 낮은 크림성
④ 높은 점탄성

05 젤리 롤 케이크를 만드는 방법으로 적합하지 않은 것은?

① 무늬 반죽은 남은 반죽을 캐러멜색소와 섞어 만든다.
② 무늬를 그릴 때는 가능한 한 빨리 짜야 깨끗하게 그려지고 가라앉지 않는다.
③ 충전물을 샌드할 때는 충분히 식힌 후 샌드하여 준다.
④ 롤을 마는 방법은 종이를 사용하는 방법과 천을 사용하는 방법이 있다.

06 퍼프 페이스트리 반죽을 만드는 데 꼭 들어가지 않아도 되는 재료는?

① 설탕
② 소금
③ 쇼트닝
④ 찬물

---

01 콜레라, 장티푸스, 파라티푸스, 세균성 이질, 장출혈성대장균감염증, A형간염, 결핵(감염성만), 피부병 및 화농성 질환 등은 식품 영업에 종사하지 못한다.

02 설탕(자당)을 포도당과 과당으로 분해하는 효소는 인버타아제이며 수크라아제라고도 한다.

03 우유의 단백질에는 카제인, 락토알부민, 락토글로불린 및 여러 종류의 아미노산이 있다. 락토오스는 우유의 대표적인 탄수화물인 유당을 말한다.

04 퍼프 페이스트리에 사용하는 충전용 유지의 특성은 가소성이 높아야 한다는 것이다. 가소성이 높다는 것은 작업장의 고온에서도 모양을 유지하고, 저온에서는 너무 단단해지지 않는 것을 의미한다.

05 무늬를 그릴 때는 팬닝한 반죽에 가늘게 갈 지(之)자로 짠 후 나무젓가락 등으로 무늬를 그리며, 이때 밑의 종이가 찢어지지 않도록 주의하여야 한다.

참고) 롤케이크의 무늬 그리는 방법

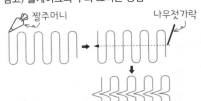

06 퍼프 페이스트리는 밀가루 반죽에 유지를 넣어 많은 결을 만드는 반죽형 과자로 밀가루(강력분), 유지(쇼트닝), 소금이 들어가며, 물은 냉수나 얼음물을 사용하여 반죽 온도를 조절한다.

07 도넛의 튀김 색이 고르지 않았을 때 그 원인이 아닌 것은?

① 반죽에 수분이 많았다.
② 튀김기름 온도가 달랐다.
③ 탄 찌꺼기가 도넛 표면에 달라붙었다.
④ 재료가 고루 섞이지 않았다.

07 튀김기름 온도가 다른 경우 너무 높으면 겉은 타고 속은 익지 않을 수 있으며, 너무 낮으면 제품이 퍼지고 기름 흡수가 많아져 좋지 않다. 튀김 색이 고르지 않은 원인과는 가장 거리가 있다.

08 파이 반죽을 휴지시키는 이유는?

① 밀가루의 수분흡수를 돕기 위해
② 촉촉하고 끈적거리는 반죽을 만들기 위해
③ 유지를 부드럽게 하기 위해
④ 제품의 분명한 결 형성을 방지하기 위해

08 **파이 반죽 휴지의 목적**
• 전 재료의 수화 기회를 준다.
• 밀가루의 수분흡수를 돕는다.
• 유지를 적정하게 굳혀 유지와 반죽의 굳은 정도를 같게 한다.
• 유지의 결 형성을 돕는다.
• 반점 형성을 방지한다.
• 반죽을 연화 및 이완시킨다.
• 끈적거림을 방지하여 작업성을 좋게 한다.

09 슈의 필수 재료가 아닌 것은?

① 물
② 중력분
③ 달걀
④ 설탕

09 슈는 밀가루(중력분), 달걀, 유지와 물을 기본재료로 만들며, 설탕이 들어가면 상부가 둥글게 되고 내부에 구멍 형성이 좋지 않게 된다.

10 퍼프 페이스트리 배합 비율에서 밀가루 : 유지 : 물의 적절한 비율은?

① 100 : 100 : 50
② 50 : 50 : 50
③ 100 : 50 : 100
④ 50 : 100 : 100

10 퍼프 페이스트리의 배합 비율은 밀가루(100) : 유지(100) : 물(50)의 비율이다.

11 영업자 및 종사자의 개인위생안전관리 내용에 적합하지 않은 것은?

① 종사자는 장신구를 착용하면 안 된다.
② 영업자는 위생교육을 반드시 이수해야 한다.
③ 종사자의 건강진단은 2년에 1회 이상 실시해야 한다.
④ 종사자는 청결한 위생복을 착용해야 한다.

11 식품 또는 식품첨가물을 채취, 제조, 가공, 조리, 저장, 운반 또는 판매하는 직접 종사자들은 1년 1회의 정기 건강진단을 받아야 한다.

12 단백질 식품이 미생물의 분해 작용에 의하여 형태, 색택, 경도, 맛 등의 본래의 성질을 잃고 악취를 발생하거나 유해물질을 생성하여 먹을 수 없게 되는 현상은?

① 변패
② 산패
③ 부패
④ 발효

12 • 변패(변질) : 식품의 성질이 변하여 원래의 특성을 잃고 바람직하지 못한 변화가 일어나는 현상의 총칭
• 부패 : 단백질이 미생물에 의해 변질되는 것
• 산패 : 지방이 산소와 산화작용에 의해 변질되는 것
• 발효 : 당질 식품이 미생물에 의해 분해되어 유용한 물질을 만드는 것

13 해당 과정에서 포도당 1분자는 몇 분자의 피루브산을 생성하는가?

① 4분자　　　　　　② 1분자
③ 8분자　　　　　　④ 2분자

14 밀가루의 아밀라제 활성 정도를 측정하는 그래프는?

① 믹소그래프　　　　② 패리노그래프
③ 익스텐소그래프　　④ 아밀로그래프

15 유지의 산패에 영향을 미치는 요인이 아닌 것은?

① 공기와 접촉이 많을수록 산패는 촉진된다.
② 파장이 긴 광선일수록 산패는 촉진된다.
③ 온도가 높을수록 산패는 촉진된다.
④ 유리지방산 함량이 높을수록 산패는 촉진된다.

16 다음 제품의 반죽 중에서 비중이 가장 낮은 것은?

① 레이어 케이크　　　② 파운드 케이크
③ 데블스 푸드 케이크　④ 스펀지 케이크

17 커스터드 크림의 재료에 속하지 않는 것은?

① 달걀　　　　　　　② 우유
③ 생크림　　　　　　④ 설탕

18 경구감염병에 관한 설명 중 틀린 것은?

① 미량의 균으로 감염이 가능하다.
② 식품은 증식 매체이다.
③ 감염환이 성립된다.
④ 잠복기가 길다.

19 폐디스토마의 제 1중간 숙주는?

① 쇠고기
② 배추
③ 다슬기
④ 붕어

---

13 해당 과정에서 포도당 1분자는 2분자의 피루브산을 생성하고, 피루브산은 TCA회로를 거쳐 완전 산화되어 이산화탄소와 물이 된다.

14 아밀로그래프는 밀가루 중의 α-아밀라제의 활성도를 측정하여 밀가루의 호화온도, 호화 정도, 점도의 변화 등을 알 수 있는 기기이다.

15 유지의 산패에 영향을 미치는 광선은 자외선이며, 자외선은 파장이 가장 짧은 광선이다.
　※ 파장의 길이 : 자외선 < 가시광선 < 적외선

16 반죽형 반죽으로 만드는 레이어 케이크나 파운드 케이크는 반죽 비중이 높으며, 거품형 반죽으로 만드는 스펀지 케이크는 비중이 낮다. 데블스 푸드 케이크는 레이어 케이크이다.

17 커스터드 크림은 달걀의 노른자와 설탕을 균일하게 섞고, 안정제로 옥수수 전분이나 박력분을 첨가한 후 데운 우유를 넣어 만든다.

18 경구감염병은 식품이 증식의 매체가 아니라 식품이 오염되어 감염을 유발하는 것이다.

19 기생충과 중간숙주

기생충	제1중간숙주	제2중간숙주
폐흡충 (폐디스토마)	다슬기	가재, 게
간흡충 (간디스토마)	왜우렁이	붕어, 잉어
요꼬가와흡충	다슬기	담수어, 은어, 잉어
광절열두조충 (긴촌충)	물벼룩	연어, 송어

20 달걀의 위생과 관련된 설명 중 틀린 것은?

① 달걀로 인한 식중독은 슈도모나스(Pshudomonas)가 주요 원인균이다.

② 달걀 표면에는 무수히 많은 구멍들이 존재하며 세균이 통과할 정도로 직경이 크다.

③ 달걀의 내부는 거의 무균이나 암탉의 감염에 의한 수직 오염이 보고된 바 있다.

④ 달걀은 닭의 배설물, 흙 등과 접촉함으로써 대장균, 곰팡이 등이 검출된다.

20 달걀, 어패류, 육류, 우유 및 유제품 등을 오염시켜 식중독을 일으키는 균은 살모넬라균이다.

21 일부 야채류의 어떤 물질이 칼슘의 흡수를 방해하는가?

① 옥살산(Oxalic Acid)   ② 초산(Acetic Acid)

③ 구연산(Citric Acid)   ④ 말산(Malic Acid)

21 시금치, 근대, 무청에 함유되어 있는 옥살산(수산)은 칼슘을 불용성 염으로 만들어 칼슘의 흡수를 방해한다.

22 소고기 뼈와 고기를 국물로 삶았을 때 섭취할 수 있는 영양소와 거리가 먼 것은?

① 무기질   ② 비타민 C

③ 칼슘   ④ 단백질

22 비타민 C는 수용성 비타민으로 열에 약해, 삶았을 때 대부분 파괴되며, 급원 식품으로는 과일, 채소 등이 있다.

23 제품의 생산원가를 계산하는 목적에 해당하지 않는 것은?

① 원·부재료 관리   ② 판매가격 결정

③ 설비, 보수   ④ 이익 계산

23 원가계산의 목적은 원·부재료 관리를 통한 생산원가의 관리, 이익의 산출 및 계산, 판매가격의 결정 등이다.

24 대량생산 공장에서 많이 사용하는 오븐으로 정형된 반죽이 들어가는 입구와 제품이 나오는 출구가 서로 다른 오븐은?

① 데크 오븐(Deck Oven)

② 터널 오븐(Tunnel Oven)

③ 컨벡션 오븐(Convection Oven)

④ 로터리 래크 오븐(Rotary Rack Oven)

24 터널 오븐은 정형된 반죽이 들어가는 입구와 제품이 나오는 출구가 서로 다른 오븐으로 대형 공장에서 많이 사용하는 오븐이다. 빵틀의 크기에 제한을 거의 받지 않고, 온도 조절이 쉬우나 넓은 면적이 필요하고 열 손실이 크다.

25 거품을 올린 흰자에 뜨거운 시럽을 첨가하면서 고속으로 믹싱하여 만드는 아이싱은?

① 로얄 아이싱   ② 초콜릿 아이싱

③ 마시멜로 아이싱   ④ 콤비네이션 아이싱

25 • 로얄 아이싱 : 흰자나 머랭 가루를 분당과 섞어 만든 순백색의 아이싱이다.
• 초콜릿 아이싱 : 초콜릿을 녹여 물과 분당을 섞은 것이다.
• 콤비네이션 아이싱 : 단순 아이싱과 크림 형태의 아이싱을 섞어서 만든 조합형 아이싱이다.

26 페이스트리 성형 자동 밀대(파이 롤러)에 대한 설명 중 맞는 것은?

① 기계를 사용하므로 밀어 펴기의 반죽과 유지와의 경도는 가급적 다른 것이 좋다.

② 기계에 반죽이 달라붙는 것을 막기 위해 덧가루를 많이 사용한다.

③ 기계를 사용하여 반죽과 유지는 따로따로 밀어서 편 뒤 감싸서 밀어 펴기를 한다.

④ 냉동휴지 후 밀어 펴면 유지가 굳어 갈라지므로 냉장휴지를 하는 것이 좋다.

27 다음 중 스펀지 발효 완료 시 pH로 옳은 것은?

① pH 4.8 　　　　② pH 6.2
③ pH 3.5 　　　　④ pH 5.3

28 스펀지 도우법으로 반죽을 만들 때 스펀지 발효에 대한 설명으로 틀린 것은?

① 발효실의 온도는 24~29℃(평균 27℃)이다.

② 상대습도는 75~80%이다.

③ 발효 시간은 1.5~2시간이다.

④ 스펀지 발효의 완료 상태는 반죽의 체적이 약간 줄어드는 현상이 생길 때이다.

29 다음 세균성 식중독 중 섭취 전에 가열하여도 예방하기가 가장 어려운 것은?

① 살모넬라 식중독

② 포도상구균 식중독

③ 클로스트리디움 보툴리눔 식중독

④ 장염 비브리오 식중독

30 모카 아이싱(Mocha Icing)의 특징을 결정하는 재료는?

① 커피 　　　　② 코코아
③ 초콜릿 　　　　④ 분당

31 세균성 식중독을 일으키는 원인균이 아닌 것은?

① 포도상구균 　　　　② 장염비브리오균
③ 디프테리아균 　　　　④ 살모넬라균

26 ① 밀어펴기 반죽과 유지의 경도는 같은 것이 좋다.
② 덧가루는 가급적 적게 사용하는 것이 좋다.
③ 손밀대를 사용하여 반죽과 유지를 따로 밀어서 편 뒤 반죽에 유지를 감싸서 넣고 기계로 밀어 펴기를 한다.

27 스펀지 발효 완료 시 반죽은 우윳빛을 띠며 pH 4.8 이 된다.

28 스펀지 도우법에서 스펀지 발효 시간은 3~5시간이다.

29 포도상구균이 생산하는 독소인 엔테로톡신은 열에 강하여 섭취 전에 가열하여도 예방이 어렵다.

30 모카 아이싱은 커피를 시럽으로 만들어 사용한다.

31 세균성 식중독을 일으키는 균은 포도상구균, 장염비브리오균, 살모넬라균, 클로스트리디움 보툴리눔균 등이 있다.

32 다음과 같은 조건일 때 반죽의 비중은?

- 컵 무게 50g
- 컵 포함 물 무게 100g
- 컵 포함 반죽 무게 90g

① 0.8

② 0.7

③ 1.0

④ 0.9

32 비중 $= \dfrac{(\text{반죽}+\text{컵}) \text{ 무게}-\text{컵의 무게}}{(\text{물}+\text{컵}) \text{ 무게}-\text{컵의 무게}}$

$= \dfrac{90-50}{100-50} = \dfrac{40}{50} = 0.8$

33 미생물에 의한 부패나 변질을 방지하고 화학적인 변화를 억제하며 보존성을 높이고 영양가 및 신선도를 유지하는 목적으로 첨가하는 것은?

① 산미료

② 조미료

③ 보존료

④ 감미료

33 보존료(방부제)의 사용 목적이다.

34 유전자재조합식품 등의 표시 중 표시의무자, 표시대상 및 표시 방법 등에 필요한 사항을 정하는 자는?

① 식품동업자조합

② 보건복지부장관

③ 식품의약품안전처장

④ 농림축산식품부장관

34 유전자재조합식품 등의 표시의무자, 표시대상 및 표시 방법 등에 필요한 사항은 식품의약품안전처장이 정한다.

35 성인의 1일 단백질 섭취량이 체중 1kg당 1.13g일 때 66kg의 성인이 섭취하는 단백질의 열량은?

① 264 kcal

② 671 kcal

③ 74.6 kcal

④ 298.3 kcal

35 단백질의 섭취량 : $66 \times 1.13 = 74.58$g
단백질은 1g당 4kcal의 열량을 낸다.
단백질의 열량 : $74.58 \times 4 = 298.3$kcal

36 식빵 제조용 밀가루(강력분)의 원료로 적합한 것은?

① 듀럼밀

② 연질 백색밀

③ 호밀

④ 경질 적색 겨울밀

36 제빵용으로 가장 적합한 밀가루는 경질 적색 춘맥이다.

※ 경질 적색 겨울밀은 면용으로 많이 사용되며 빵용으로는 소량 사용되나 보기 중에서는 가장 답에 가깝다.

※ 듀럼밀(마카로니, 스파게티), 연질 백색밀(박력분), 호밀(글루텐이 적어 밀가루와 섞어 사용)

37 데블스 푸드 케이크 제조 시 반죽의 비중을 측정하기 위해 필요한 무게가 아닌 것은?

① 코코아를 담은 비중컵의 무게

② 물을 담은 비중컵의 무게

③ 비중컵의 무게

④ 반죽을 담은 비중컵의 무게

37 반죽의 비중은 비중컵을 사용하여 측정한다.

비중 $= \dfrac{\text{반죽을 담은 비중컵의 무게} - \text{비중컵의 무게}}{\text{물을 담은 비중컵의 무게} - \text{비중컵의 무게}}$

38 초콜릿 케이크에서 우유 사용량 공식으로 맞는 것은?

① 설탕 − 30 + (코코아×1.5) − 전란
② 설탕 − 30 − (코코아×1.5) − 전란
③ 설탕 + 30 + (코코아×1.5) + 전란
④ 설탕 + 30 + (코코아×1.5) − 전란

38 코코아를 사용하는 데블스 푸드 케이크와 초콜릿 케이크의 우유 사용량 공식은 같다.
전체 액체량에서 달걀의 양을 빼면 우유의 사용량이다.
→ 설탕+30+(코코아×1.5) − 전란

39 퐁당 아이싱의 끈적거림 방지 방법으로 틀린 것은?

① 안정제를 사용한다.
② 케이크 제품이 냉각되기 전에 아이싱을 한다.
③ 40℃ 정도로 가온한 아이싱 크림을 사용한다.
④ 액체를 최소량으로 사용한다.

39 아이싱의 끈적거림을 방지하려면 아이싱을 하기 전에 케이크를 충분히 냉각시켜야 한다.

40 황색포도상구균이 내는 독소 물질은?

① 뉴로톡신　　② 솔라닌
③ 엔테로톡신　　④ 테트로도톡신

40 황색포도상구균이 내는 독소는 장독소인 엔테로톡신이다.
• 뉴로톡신 – 보툴리누스균
• 솔라닌 – 감자
• 테트로도톡신 – 복어

41 미나마타병은 어떤 중금속에 오염된 어패류의 섭취 시 발생되는가?

① 납　　② 카드뮴
③ 수은　　④ 아연

41 미나마타병은 수은에 오염된 어패류를 섭취하여 발생한다.

42 카카오 버터의 결정이 거칠어지고 설탕의 결정이 석출되어 초콜릿의 조직이 노화하는 현상은?

① 콘칭(Conching)　　② 페이스트(Paste)
③ 템퍼링(Tempering)　　④ 블룸(Bloom)

42 지방 블룸은 지방이 분리되었다가 다시 굳어지면서 얼룩이 생기는 현상이고, 설탕 블룸은 설탕이 수분을 흡수하여 녹았다가 재결정이 되면서 표면을 하얗게 만드는 현상이다.

43 케이크 제조에 사용되는 달걀의 역할이 아닌 것은?

① 글루텐 형성 작용　　② 결합제 역할
③ 팽창력 보유　　④ 팽창 작용

43 달걀은 단백질의 응고에 의한 결합제 역할, 공기 포집에 따른 팽창작용, 노른자에 함유된 레시틴의 유화작용 등을 한다.

44 다음 중 효소에 대한 설명으로 틀린 것은?

① 효소는 특정 기질에 선택적으로 작용하는 기질특이성이 있다.
② 효소 반응은 온도, pH, 기질 농도 등에 의하여 기능이 크게 영향을 받는다.
③ β-아밀라아제를 액화 효소, α-아밀라아제를 당화 효소라 한다.
④ 생체내의 화학반응을 촉진시키는 생체 촉매이다.

44 아밀라아제는 탄수화물을 가수분해하여 덱스트린, 맥아당으로 분해하는 효소로 α-아밀라아제를 액화 효소, β-아밀라아제를 당화 효소라 한다.

45 소독제로 가장 많이 사용되는 알코올의 농도는?

① 30% ② 50%
③ 70% ④ 100%

45 알코올은 70% 수용액이 침투력이 강하여 살균력이 가장 좋다.
※ 손과 피부, 기구 소독에 이용된다.

46 과당이나 포도당을 분해하여 CO_2 가스와 알코올을 만드는 효소는?

① 인버타아제 ② 프로테아제
③ 찌마아제 ④ 말타아제

46 찌마아제는 과당이나 포도당과 같은 단당류를 분해하여 이산화탄소와 알코올을 만든다.
• 인버타아제 : 설탕 → 포도당, 과당
• 프로테아제 : 단백질 → 펩티드, 아미노산
• 말타아제 : 맥아당 → 2분자의 포도당

47 초콜릿을 씌운 사탕이나 아이스크림을 만들 때 전화효소(Invertase)의 작용은?

① 설탕의 가수분해를 막아준다.
② 설탕을 다량 사용하지 않아도 단맛의 사탕을 제조할 수 있다.
③ 설탕을 가수분해시킴으로써 결정화되는 것을 막아준다.
④ 설탕을 가수분해시켜 결정이 되는 것을 촉진시킨다.

47 전화효소(인버타아제)는 설탕을 가수분해하여 포도당과 과당을 만들어 설탕이 결정화되는 것을 막아준다.

48 소독의 지표가 되는 소독제는?

① 석탄산 ② 크레졸
③ 과산화수소 ④ 포르말린

48 소독약의 살균력 측정 지표가 되는 소독제는 석탄산이다.

49 식중독으로 의심되는 증세를 보이는 자를 발견하면 집단급식소의 설치·운영자는 지체 없이 누구에게 이 사실을 보고하여야 하는가?

① 시장 · 군수 · 구청장
② 가축위생 연구소장
③ 보건복지부장관
④ 국립보건연구원장

49 식중독 환자나 식중독이 의심되는 증세를 보이는 자를 진단·검안·발견한 의사, 한의사, 집단급식소의 설치·운영자는 지체 없이 관할 시장·군수·구청장에게 보고하여야 한다.

50 밀·쌀·고구마 전분 중 아밀로펙틴의 함량은 어느 정도인가?

① 70~80% ② 20~30%
③ 50~60% ④ 100%

50 찹쌀, 찰옥수수는 아밀로펙틴 100%로 구성되어 있으며, 일반 곡물은 아밀로펙틴 70~80% 정도로 구성되어 있다.

51 커스터드 크림을 제조할 때 결합제의 역할을 하는 것은?

① 설탕 ② 소금
③ 달걀 ④ 밀가루

51 커스터드 크림은 달걀이 결합제(농후화제)의 역할을 한다.

52 시폰 케이크 제조 시 냉각 전에 팬에서 분리되는 결점이 나타났을 때의 원인과 거리가 먼 것은?

① 굽기 시간이 짧다.
② 밀가루 양이 많다.
③ 반죽에 수분이 많다.
④ 오븐 온도가 낮다.

52 밀가루의 양이 많으면 시폰 케이크의 구조력이 강화되어 틀에 잘 붙어 있다.

53 팬의 부피가 2,300 cm³이고, 비용적(cm³/g)이 3.8이라면 적당한 분할량은?

① 약 480g   ② 약 605g
③ 약 560g   ④ 약 644g

53 팬의 용적 = 부피(cm³)

$$\text{반죽의 적정 분할량} = \frac{\text{틀의 용적}}{\text{비용적}}$$

$$= \frac{2,300}{3.8} = 605.26g$$

54 과자 반죽의 믹싱 완료 정도를 파악할 때 사용되는 항목으로 적합하지 않은 것은?

① 반죽의 비중   ② 글루텐의 발전 정도
③ 반죽의 점도   ④ 반죽의 색

54 과자 반죽의 믹싱 정도는 반죽의 색, 기포 상태, 반죽의 비중, 반죽 용적의 증가, 반죽의 점도 등으로 파악한다.
글루텐의 발전 정도는 빵 반죽의 믹싱 완료점을 파악할 때 사용한다.

55 파운드 케이크 제조 시 이중 팬을 사용하는 목적이 아닌 것은?

① 제품 바닥의 두꺼운 껍질 형성을 방지하기 위하여
② 제품 옆면의 두꺼운 껍질 형성을 방지하기 위하여
③ 제품의 조직과 맛을 좋게 하기 위하여
④ 오븐에서의 열전도 효율을 높이기 위하여

55 주로 대량생산에 이용되는 이중 팬은 제품의 바닥과 옆면에 두꺼운 껍질 형성과 지나친 착색을 방지하고 조직과 맛을 좋게 해준다. 오븐에서의 열전도 효율은 떨어진다.

56 반죽형 케이크 제조 시 중심부가 솟는 경우는?

① 오븐 윗불이 약한 경우
② 유지 사용량이 감소한 경우
③ 굽기 시간이 증가한 경우
④ 달걀 사용량이 증가한 경우

56 반죽형 케이크의 중심부가 솟는 원인은 유지의 사용량이 적었을 경우, 오븐의 윗불이 너무 강한 경우, 달걀의 사용량이 적어 기포가 부족한 경우, 반죽이 너무 된 경우 등이다.

57 유지를 공기와의 접촉 하에 160~180℃로 가열할 때 일어나는 주반응은?

① Malonaldehyde 생성
② 자동산화
③ Free Radical 생성
④ 열산화

57 유지를 공기와의 접촉하에 160~180℃로 가열할 때 일어나는 주 현상은 열산화 또는 가열산화라고 하며, 가열산화는 유리지방산의 생성, 카르보닐 화합물 형성, 중합반응에 의한 아크롤레인과 같은 중합체가 생성되어 유지의 품질을 떨어뜨린다.

58 달걀의 성분으로 유화제로 이용되는 것은?

① 레시틴   ② 세팔린

③ 갈토리피드   ④ 스핑고미엘린

58 달걀의 노른자에 들어 있는 레시틴은 유화성이 좋아 천연유화제로 사용된다.

59 반죽형 케이크의 특징과 거리가 먼 것은?

① 달걀의 응고성을 이용한다.

② 많은 양의 유지를 사용한다.

③ 밀가루, 달걀, 우유가 구조형성을 한다.

④ 거품형 반죽에 비해 무겁다.

59 달걀의 응고성을 이용한 제품은 거품형 케이크이다.

60 다음 중 크림법에서 가장 먼저 배합하는 재료의 조합은?

① 밀가루와 설탕   ② 달걀과 설탕

③ 유지와 설탕   ④ 밀가루와 달걀

60 크림법은 유지와 설탕을 균일하게 혼합한 후 달걀을 넣으면서 부드러운 크림을 만들고, 여기에 체로 친 밀가루와 베이킹파우더를 섞어서 반죽하는 방법이다.

【제과기능사 필기 | 상시대비 실전모의고사 제4회 | 정답】

01 ①	02 ②	03 ②	04 ①	05 ②	06 ①	07 ②	08 ①	09 ④	10 ①
11 ③	12 ③	13 ④	14 ④	15 ②	16 ④	17 ③	18 ②	19 ③	20 ①
21 ①	22 ②	23 ③	24 ②	25 ③	26 ④	27 ①	28 ③	29 ①	30 ①
31 ③	32 ①	33 ③	34 ③	35 ④	36 ④	37 ①	38 ④	39 ②	40 ③
41 ③	42 ④	43 ①	44 ③	45 ③	46 ③	47 ③	48 ①	49 ①	50 ①
51 ③	52 ②	53 ②	54 ②	55 ④	56 ②	57 ④	58 ①	59 ①	60 ③

제과기능사 필기 | 상시대비 실전모의고사 제5회

▶실력테스트를 위해 문제 옆 해설란을 가리고 문제를 풀어보세요 ▶정답은 379쪽에 있습니다.

01 발효가 부패와 다른 점은?

① 미생물이 작용한다.
② 생산물을 식용으로 한다.
③ 단백질의 변화반응이다.
④ 성분의 변화가 일어난다.

02 다음 중 HACCP 적용의 7가지 원칙에 해당하지 않는 것은?

① HACCP 팀 구성
② 기록유지 및 문서관리
③ 위해요소분석
④ 한계기준설정

03 옥수수 단백질인 제인(zein)에 특히 부족한 아미노산은?

① 트립토판, 라이신
② 트레오닌, 류신
③ 트립토판, 메티오닌
④ 트레오닌, 페닐알라닌

04 다음 중 비중이 높은 제품의 특징이 아닌 것은?

① 기공이 조밀하다.
② 부피가 작다.
③ 껍질색이 진하다.
④ 제품이 단단하다.

05 거품형 케이크를 만들 때 녹인 버터는 언제 넣어야 하는가?

① 처음부터 다른 재료와 함께 넣는다.
② 밀가루와 섞어 넣는다.
③ 설탕과 섞어 넣는다.
④ 반죽의 최종단계에 넣는다.

---

01 • 발효 : 주로 탄수화물이 미생물에 의해 분해되어 유용한 물질로 변화 · 생성되는 현상을 말하며 식품의 향과 맛을 좋게 한다. 치즈, 젓갈, 된장 등의 장류 등은 단백질의 발효에 의한 식품이다.
   • 부패 : 단백질이 미생물에 의해 분해되어 인체에 유해한 물질로 변화되는 것을 말한다.

02 HACCP은 준비단계의 5절차와 적용단계의 7단계가 있으며 HACCP 팀 구성은 준비단계의 5절차 중에서 첫 번째이다.

03 옥수수 단백질인 제인은 필수아미노산인 라이신(리신)과 트립토판이 특히 부족하다.

04 반죽의 비중이 높은 제품은 공기의 혼입이 적어 조직이 조밀하고 부피가 작으며 조직이 무거운 특징을 가진다. 껍질색에는 영향을 주지 않는다.

05 거품형 케이크에 버터를 넣을 때는 중탕하여 50~70℃로 녹여 반죽의 최종단계에 넣어준다.

06 퍼프 페이스트리(Puff Pastry)의 팽창은 주로 무엇에 기인하는가?

① 공기 팽창

② 화학 팽창

③ 증기압 팽창

④ 이스트 팽창

06 퍼프 페이스트리는 유지에 함유된 수분이 수증기로 변하여 증기압으로 팽창하는 제품이다.

07 퐁당(Fondant)을 만들기 위하여 시럽을 끓일 때 시럽 온도로 가장 적당한 범위는?

① 114~118℃

② 72~78℃

③ 131~135℃

④ 82~85℃

07 아이싱 크림에 많이 사용되는 퐁당은 설탕 100에 대하여 물 30을 넣고 114~118℃로 끓인 후 식혀서 사용한다.

08 다음 중 같은 팬에 가장 적은 중량을 분할하여야 할 케이크는?

① 엔젤푸드 케이크

② 스펀지케이크

③ 파운드 케이크

④ 레이어 케이크

08 비용적이 가장 큰 스펀지케이크가 가장 많이 부풀기 때문에 가장 적은 양을 분할하여야 한다.

- 엔젤푸드 케이크 : 4.71 cm³/g
- 스펀지케이크 : 5.08 cm³/g
- 파운드 케이크 : 2.40 cm³/g
- 레이어 케이크 : 2.96 cm³/g

09 다음 중 버터크림 당액 제조 시 설탕에 대한 물 사용량으로 알맞은 것은?

① 25%

② 80%

③ 100%

④ 125%

09 버터크림의 당액 제조 시 설탕에 대한 물 사용량은 20~30% 정도이다.

10 생산공장시설의 효율적 배치에 대한 설명 중 적합하지 않은 것은?

① 작업용 바닥면적은 그 장소를 이용하는 사람들의 수에 따라 달라진다.

② 판매장소와 공장의 면적 배분(판매 3 : 공장 1)의 비율로 구성되는 것이 바람직하다.

③ 공장의 소요 면적은 주방 설비의 설치면적과 기술자의 작업을 위한 공간면적으로 이루어진다.

④ 공장의 모든 업무가 효과적으로 진행되기 위한 기본은 주방의 위치와 규모에 대한 설계이다.

10 판매장소와 공장의 면적 배분은 이용하는 사람, 생산 능력, 주방 설비 등을 고려하여 배분하는 것이 좋으며, 일반적으로 1:1 정도가 이상적이다.

11 다음 중 식품위생균 검사의 위생지표세균으로 부적합한 것은?

① 분변계 대장균

② 장구균

③ 장염 비브리오균

④ 대장균

11 위생지표세균에는 대장균, 분변계 대장균, 장구균 등이 있다.

12 도넛의 제품결함에 대한 설명으로 틀린 것은?

① 도넛을 피복한 설탕이나 포도당이 수분에 의해 녹아 시럽처럼 변하는 것을 발한현상이라 한다.
② 황화현상을 방지하기 위하여 첨가하는 스테아린은 유지의 융점을 높여 경화제 역할을 하기 때문이다.
③ 도넛을 피복한 글레이즈(glaze)가 갈라지는 것은 과도한 수분 증발 때문으로 검류를 약간 사용하면 효과가 있다.
④ 도넛을 피복한 설탕이 기름을 흡수하여 나타나는 황화현상을 방지하기 위하여 튀김기름에 스테아린을 약 10% 정도 혼합한다.

13 도넛 글레이즈의 사용온도로 가장 적합한 것은?

① 49℃
② 70%
③ 90%
④ 19℃

14 식빵에 당질 50%, 지방 5%, 단백질 9%, 수분 24%, 회분 2%가 들어있다면 식빵을 100g 섭취하였을 때 열량은?

① 281kcal
② 301kcal
③ 326kcal
④ 506kcal

15 우유를 섞어 만든 빵을 먹었을 때 흡수할 수 있는 주된 단당류는?

① 포도당, 갈락토스
② 자일리톨, 포도당
③ 과당, 포도당
④ 만노스, 과당

16 밀가루의 물성을 전문적으로 시험하는 기기로 이루어진 것은?

① 패리노그래프, 가스크로마토그래피, 익스텐소그래프
② 패리노그래프, 아밀로그래프, 파이브로미터
③ 패리노그래프, 아밀로그래프, 익스텐소그래프
④ 아밀로그래프, 익스텐소그래프, 펑츄어 테스터

17 다음 세균성 식중독균 중 내열성이 가장 강한 것은?

① 살모넬라균
② 포도상구균
③ 장염 비브리오균
④ 클로스트리디움 보툴리눔

12 황화현상을 방지하기 위하여 첨가하는 스테아린은 3~6%를 첨가한다.
※ 황화현상 : 도넛의 기름이 설탕을 녹여 끈적거리게 만드는 현상

13 도넛 글레이즈의 사용온도는 43~50℃ 정도가 가장 적합하다.

14 수분, 무기질(회분), 비타민은 열량을 내지 않는다.
식빵 100g 중 당질은 50g, 지방은 5g, 단백질은 9g이 들어 있으므로 (50+9)×4+(5×9) = 281kcal의 열량을 낸다.

15 우유에 들어있는 유당은 포도당과 갈락토스로 이루어진 이당류이다.

16 제과제빵에서 밀가루의 물리적 성질을 전문적으로 측정하는 시험 기계로는 패리노그래프, 익스텐소그래프, 아밀로그래프, 믹소그래프 등이 널리 이용된다.

17 살모넬라균과 장염비브리오균은 열에 약하고, 포도상구균은 비교적 열에 강한 편이나 80℃에서 30분 정도 가열하면 죽는다. 클로스트리디움 보툴리늄균이 생성하는 아포는 열에 강하여 120℃에서 20분 이상 가열하여야 한다. 단, 포도상구균이 생성하는 독소(엔테로톡신)는 열에 강하여 일반 가열조리법으로는 예방이 안 된다.

18 밀가루 1kg을 기준으로 비타민 C 10ppm을 첨가하는 양은?

① 1g
② 1kg
③ 0.01g
④ 0.1g

18 ppm은 g당 중량의 백만분율을 나타낸다.

$$1,000g \times \frac{10ppm}{1,000,000} = 0.01g$$

19 병원성 대장균 식중독의 원인균에 관한 설명으로 옳은 것은?

① 독소를 생산하는 것도 있다.
② 보통의 대장균과 똑같다.
③ 혐기성 또는 강한 혐기성이다.
④ 장내 상재 균총의 대표격이다.

19 • 대장균 중에 인간에게 병원성을 나타내는 것을 병원성 대장균이라 하며 독소를 생산하는 것도 있다.
• 병원성 대장균은 호기성 또는 통성혐기성이다.
• 장내 상재 균총은 동물의 장관에 형성되어 있는 정상 세균총을 말하며 대장균이 대표적이다.

20 미나마타(Minamata)병의 원인 물질은?

① 카드뮴(Cd)
② 구리(Cu)
③ 수은(Hg)
④ 납(Pb)

20 미타마타병 : 수은의 만성중독
• 수은중독으로 인한 신경학적 증상과 징후를 나타낸다.
• 손의 지각이상, 언어장애, 반사 신경 마비 등

21 과일 파이의 충전물용 농후화제로 사용하는 전분은 설탕을 함유한 시럽의 몇 %를 사용하는 것이 가장 적당한가?

① 12~14%
② 17~19%
③ 6~10%
④ 1~2%

21 과일 파이의 충전물용 농후화제로 사용하는 전분은 설탕을 함유한 시럽의 6~10%를 사용한다.

22 일반법 머랭 제조에 대한 설명으로 옳은 것은?

① 흰자 100에 대하여 설탕 200의 비율로 흰자와 설탕을 섞고 43℃로 중탕 후 거품을 돌려 제조한다.
② 흰자 100에 대하여 설탕 200의 비율로 흰자의 온도 24℃인 상태에서 거품을 돌리면서 설탕을 넣어 제조한다.
③ 흰자 100에 대하여 설탕 350의 비율로 거품을 돌리면서 120℃로 끓인 설탕 시럽을 천천히 넣어 제조한다.
④ 흰자 100에 대하여 설탕 340의 비율로 흰자의 온도 43℃로 중탕 후 설탕을 넣으면서 거품을 돌려 제조한다.

22 머랭의 제조에서 일반법은 냉제 머랭을 말하는 것으로 흰자(100) : 설탕(200)을 실온(24℃)에서 거품을 내면서 설탕을 서서히 넣으면서 튼튼한 거품을 만드는 방법이다.

23 다음 제품 중 비교적 높은 온도에서 굽는 제품은?

① 과일 케이크, 젤리 롤 케이크
② 데블스 푸드 케이크, 화이트 레이어 케이크
③ 버터 스펀지케이크, 시폰 케이크
④ 퍼프 페이스트리, 슈크림

23 퍼프 페이스트리와 슈크림은 기본재료에 설탕이 들어가지 않아 다른 제품에 비하여 높은 온도에서 굽는 제품이다.

24 용적 2,050cm³인 팬에 스펀지케이크 반죽을 400g으로 분할할 때 좋은 제품이 되었다면, 용적 2,870cm³인 팬에 적당한 분할무게는?

① 600g
② 560g
③ 440g
④ 480g

24 $2,050cm^3 : 400g = 2,870cm^3 : x$

$x = \dfrac{400 \times 2,870}{2,050} = 560g$

25 위생 동물의 일반적인 특성이 아닌 것은?

① 발육 기간이 길다.
② 식성 범위가 넓다.
③ 음식물과 농작물에 피해를 준다.
④ 병원미생물을 식품에 감염시키는 것도 있다.

25 위생 동물은 일반적으로 발육 기간이 짧고 번식이 왕성하다.

26 비중 컵의 물을 담은 무게가 300g이고 반죽을 담은 무게가 260g 일 때 비중은? (단, 비중 컵의 무게는 50g이다)

① 0.64
② 0.74
③ 0.84
④ 1.04

26 비중 = $\dfrac{(\text{반죽}+\text{컵}) \text{ 무게} - \text{컵의 무게}}{(\text{물}+\text{컵}) \text{ 무게} - \text{컵의 무게}}$

$= \dfrac{260 - 50}{300 - 50} = 0.84$

27 우유 중 산에 의해 응고되는 단백질은?

① 알부민
② 메소닌
③ 글리아딘
④ 카제인

27 우유 단백질의 80%를 차지하는 카제인은 산과 레닌에 의해 응고된다. 신선한 우유의 pH 6.6에서 pH 4.6으로 내려가면 칼슘과의 화합물 형태로 응고된다.

28 리놀렌산(Linolenic acid)의 급원 식품으로 가장 적합한 것은?

① 면실유
② 들기름
③ 해바라기씨유
④ 라드

28 리놀렌산은 필수지방산으로 들기름에 많이 들어있어 두뇌 성장과 시각 기능을 증진시킨다.

29 공장 조리기구의 설명으로 적당치 않은 것은?

① 기기나 기구는 부식되지 않으며 독성이 없어야 한다.
② 구리는 열전도가 뛰어나고 유독성이 없는 기구로 많이 사용한다.
③ 기기나 기구에서 발견될 수 있는 유독한 금속은 아연, 납, 황동 등이다.
④ 접촉을 통해서 식품을 생산하는 설비의 표면은 세척할 수 있어야 한다.

29 기기나 기구에서 발견될 수 있는 유독한 금속은 아연, 카드뮴, 구리, 안티몬 등이 있다.

30 인수공통감염병으로만 짝지어진 것은?

① 폴리오, 장티푸스
② 결핵, 유행성 간염
③ 탄저, 리스테리아증
④ 홍역, 브루셀라증

30 **인수공통감염병**
• 세균성 : 탄저, 결핵, 살모넬라증, 브루셀라증, 리스테리아증, 야토병, 렙토스피라증 등
• 바이러스성 : 광견병, 일본뇌염, 뉴캐슬병, 황열 등

31 스펀지케이크를 부풀리는 방법은?

① 달걀의 기포성에 의한 법

② 이스트에 의한 법

③ 화학팽창제에 의한 법

④ 수증기 팽창에 의한 법

31 스펀지케이크는 거품형 반죽의 대표적인 제품으로 달걀 단백질의 변성에 의한 기포성, 유화성, 응고성을 이용하여 반죽을 부풀린다.

32 화농성 질병이 있는 사람이 만든 제품을 먹고 식중독을 일으켰다면 가장 관계가 깊은 원인균은?

① 장염비브리오균   ② 살모넬라균

③ 보툴리누스균   ④ 황색포도상구균

32 포도상구균은 화농성 질환의 대표적인 식품균으로 특히 황색포도상구균이 사람에게 병원성을 나타낸다. 화농성 질병이 있는 사람은 식품 취급을 하지 않아야 한다.

33 수돗물 온도 25℃, 사용해야 할 물 온도 5℃, 물 사용량 4,000g일 때 필요한 얼음량은?

① 862g   ② 962g

③ 762g   ④ 662g

33 얼음 사용량 $= \dfrac{\text{물 사용량} \times (\text{수돗물 온도} - \text{사용수 온도})}{80 + \text{수돗물 온도}}$

$= \dfrac{4,000 \times (25 - 5)}{80 + 25} = 762g$

34 제과 재료에 대한 설명 중 틀린 것은?

① 설탕 – 단맛 및 껍질색을 진하게 하고, 독특한 향이 나며 수분 보유 능력이 있다.

② 밀가루 – 단백질과 전분에 의해 반죽이 구조를 형성한다.

③ 달걀 – 믹싱 중 공기 혼입에 영향을 주지 않으며, 내부 색상에도 크게 영향을 주지 않는다.

④ 유지 – 믹싱 중 공기를 포집하는 크림성과 쇼트닝성 기능을 가지고 있다.

34 달걀은 믹싱 중에 공기를 혼입하여 팽창하는 기능을 하며, 노른자의 카로티노이드계의 황색 색소는 속 색을 식욕이 나는 색상으로 만들어준다.

35 산양, 양, 돼지, 소에게 감염되면 유산을 일으키고 주 증상은 발열로 고열이 2~3주 주기적으로 일어나는 인수공통감염병은?

① 광우병   ② 공수병

③ 파상열   ④ 신증후군출혈열

35 브루셀라증은 병에 걸린 동물의 젖, 유제품이나 고기를 거쳐 경구 감염되며 산양, 양, 돼지, 소에 감염되면 유산을 일으키고, 사람이 감염되면 고열이 주기적으로 나타나 파상열이라고 한다.

36 빵 및 케이크류에 사용이 허가된 보존료는?

① 프로피온산   ② 탄산암모늄

③ 탄산수소나트륨   ④ 포름알데히드

36 보존료와 사용용도

데히드로초산	치즈, 버터, 마가린 등
소르빈산	식육 · 어육 연제품, 잼, 케찹, 팥앙금류 등
안식향산	간장, 청량음료, 알로에즙 등
프로피온산	빵, 과자 및 케이크류

37 도넛의 튀김 온도로 가장 적당한 것은?

① 140~156℃   ② 160~176℃

③ 180~196℃   ④ 220~236℃

37 도넛의 튀김 온도는 180~195℃가 적당하며 180℃ 이하에서는 도넛에 기름이 많이 흡수되고 제품이 퍼지며, 200℃ 이상의 고온에서는 껍질색이 진해지고 타기 시작해도 속이 익지 않는다.

38 다음 중 고율배합 제품의 굽기에 대한 설명으로 가장 적합한 것은?

① 낮은 온도에서 장시간 굽는다.

② 낮은 온도에서 단시간 굽는다.

③ 높은 온도에서 단시간 굽는다.

④ 높은 온도에서 장시간 굽는다.

38 고율배합은 굽기 온도가 낮아져 저온 장시간의 오버베이킹을 한다.

39 식품위생법에 의한 식품위생의 대상은?

① 식품 포장기구, 그릇, 조리 방법

② 식품, 첨가물, 기구, 용기, 포장

③ 식품, 첨가물, 영양제, 비타민제

④ 영양제, 조리 방법, 식품 포장재

39 식품위생은 식품, 식품첨가물, 기구 또는 용기 · 포장을 대상으로 하는 음식에 관한 위생을 말한다.

40 지용성 비타민과 관계있는 물질은?

① β-carotene   ② L-ascorbic acid

③ Niacin   ④ Thiamin

40 β-카로틴은 지용성 비타민인 비타민 A의 전구체이다.
② 비타민 C
③ 비타민 B_3
④ 비타민 B_1

41 제빵용 밀가루의 적정 손상 전분의 함량은?

① 1.5~3%   ② 4.5~8%

③ 11.5~14%   ④ 15.5~17%

41 제빵용 밀가루의 적정 손상 전분의 함량은 4.5~8% 정도이며, 손상된 전분은 흡수율을 높여주고, 발효하는 동안 적절한 가스 생산을 지원하여 발효성 탄수화물과 적정 수준의 덱스트린을 생성한다.

42 다음 보존료와 사용 식품이 잘못 연결된 것은?

① 소르빈산 – 식육가공품, 절임류, 과실주

② 안식향산 – 탄산음료, 간장

③ 파라옥시안식향산 부틸 – 과실주, 채소음료

④ 데히드로초산 – 된장, 고추장

42 데히드로초산은 치즈, 버터, 마가린 등에 사용되는 보존료이다.

43 반고체 유지 또는 지방의 각 온도에서 고체 성분 비율을 나타내는 것은?

① 용해성   ② 가소성

③ 결정구조   ④ 고체지지수

43 반고체 유지 또는 지방의 각 온도에서 고체성분비율을 그 온도에서의 고체지방지수(고체지지수)라고 하며, 유지는 고체지지수 15~20%일 때 가장 사용하기가 좋다.

44 밀가루의 단백질 함량이 증가하면 패리노그래프 흡수율은 증가하는 경향을 보인다. 밀가루의 등급이 낮을수록 패리노그래프에 나타나는 현상은?

① 흡수율은 감소하나 반죽 시간과 안정도는 변화가 없다.
② 흡수율은 증가하나 반죽 시간과 안정도는 변화가 없다.
③ 흡수율은 증가하나 반죽 시간과 안정도는 감소한다.
④ 흡수율은 감소하고 반죽 시간과 안정도는 감소한다.

44 밀가루의 등급이 낮을수록 질이 낮은 단백질의 함량이 많아 패리노그래프의 흡수율은 증가하지만, 반죽 시간과 안정도는 감소한다.

45 달걀흰자가 360g 필요하다고 할 때 전란 60g짜리 달걀은 몇 개 정도 필요한가? (단, 달걀 중 난백의 함유량은 60%)

① 13개
② 6개
③ 10개
④ 8개

45 · 60g짜리 달걀의 난백 무게 : 60g×0.6 = 36g
· 필요한 달걀의 개수 : 360g / 36g = 10개

46 재료 계량에 대한 설명으로 틀린 것은?

① 가루 재료는 서로 섞어 체질한다.
② 이스트, 소금, 설탕은 함께 계량한다.
③ 사용할 물은 반죽 온도에 맞도록 조절한다.
④ 저울을 사용하여 정확히 계량한다.

46 소금은 이스트의 발효력을 약화시키기 때문에 같이 계량하지 않는다.

47 500g의 완제품 식빵 200개를 제조하려 할 때, 발효 손실이 1%, 굽기 냉각손실이 12%, 총 배합율이 180%라면 밀가루의 무게는 약 얼마인가?

① 47kg
② 55kg
③ 64kg
④ 71kg

47 · 완제품의 무게 500g×200개=100,000g
· 발효 손실을 감안한 반죽량 = $\frac{100,000g}{1-0.01}$ =101,010g
· 굽기, 냉각손실을 감안한 반죽량 = $\frac{101,010g}{1-0.12}$ =114,784g
· 밀가루 무게(g) = $\frac{100\%×114,784g}{180\%}$ = 63,768.9g

48 다음 제품 중 건조 방지를 목적으로 나무틀을 사용하여 굽기를 하는 제품은?

① 퍼프 페이스트리
② 카스텔라
③ 밀푀유
④ 슈

48 카스텔라는 반죽의 건조 방지와 제품의 높이를 유지하기 위하여 나무틀을 사용한다.

49 소독력이 강한 양이온 계면활성제로서 종업원의 손을 소독할 때나 용기 및 기구의 소독제로 알맞은 것은?

① 석탄산
② 과산화수소
③ 역성비누
④ 크레졸

49 **역성비누**
· 양이온 계면활성제로 양성비누라고 한다.
· 살균력이 강하고 무색, 무취, 무미하고 자극성이 없어 손·피부소독, 식기·용기·기구 소독에 널리 사용된다.
· 유기물이 존재하면 살균 효과가 떨어지므로 보통 비누와 함께 사용할 경우 깨끗이 씻어낸 후 역성비누를 사용한다.

50 일시적 경수에 대한 설명으로 옳은 것은?

① 모든 염이 황산염의 형태로만 존재한다.
② 연수로 변화시킬 수 없다.
③ 탄산염에 기인한다.
④ 끓여도 제거되지 않는다.

50 일시적 경수는 끓이면 탄산칼슘 등이 탄산염으로 침전되어 연수로 변화되는 물이다.

51 당과 산에 의해서 젤을 형성하여 젤화제, 증점제, 안정제 등으로 사용되는 것은?

① 씨엠씨(C.M.C)   ② 젤라틴
③ 펙틴   ④ 한천

51 펙틴은 과실이나 채소류 등의 세포막이나 세포막 사이의 엷은 층에 존재하는 다당류로 당과 산이 존재하면 젤을 형성하는 성질이 있어 젤화제, 증점제, 안정제 등으로 사용된다.

52 다음 중 구성물질의 연결이 잘못된 것은?

① 아밀로오스 – 과당
② 단백질 – 아미노산
③ 지방 – 글리세린 + 지방산
④ 전분 – 포도당

52 아밀로오스는 전분을 구성하는 구성물질로서 포도당으로 구성되어 있다.

53 일반적으로 달걀의 부위별 구성비는?

① 껍질 10%, 노른자 30%, 흰자 60%
② 껍질 10%, 노른자 50%, 흰자 40%
③ 껍질 15%, 노른자 40%, 흰자 45%
④ 껍질 20%, 노른자 50%, 흰자 30%

53 달걀은 껍질 10%, 노른자 30%, 흰자 60%로 구성되어 있다.

54 우유 단백질 중 카제인의 함량은?

① 약 30%   ② 약 80%
③ 약 95%   ④ 약 50%

54 우유 단백질의 약 80%는 카제인이고, 나머지 20%의 대부분은 락토알부민과 락토글로불린이다.

55 달걀에 들어 있는 성분 중 빵의 노화를 지연시키는 천연유화제는?

① 레시틴   ② 알부민
③ 글리아딘   ④ 타이민

55 달걀노른자 속에 많이 함유되어 있는 레시틴은 지방 유화력이 강하여 천연유화제로 사용된다.

56 반죽의 비중과 관계가 가장 적은 것은?

① 제품의 부피   ② 제품의 기공
③ 제품의 조직   ④ 제품의 점도

56 반죽의 비중은 제품의 부피, 기공, 조직에 결정적인 영향을 준다.

57 생산관리 원가요소에 대한 설명 중 옳은 것은?

① 원가구성은 판매원가, 이익원가, 매출원가이다.
② 원가요소는 재료비, 영업비, 순이익이다.
③ 원가관리시스템은 구매, 생산, 이윤이다.
④ 원가관리는 새로운 이익을 창출한다.

57 원가관리를 통하여 원가를 절감함으로써 새로운 이익을 창출할 수 있다.

① 원가구성은 직접원가, 제조원가, 총원가로 구분된다.
② 원가요소는 재료비, 노무비, 경비로 구분된다.
③ 원가관리시스템은 구매, 생산, 판매 등의 원가가 발생하는 부분에서 원가 절감을 위한 관리체계를 의미한다.

58 주로 소매점에서 자주 사용하는 믹서로써 거품형 케이크 및 빵 반죽이 모두 가능한 믹서는?

① 수직 믹서(Vertical Mixer)
② 스파이럴 믹서(Spiral Mixer)
③ 수평 믹서(Horizontal Mixer)
④ 핀 믹서(Pin Mixer)

58 회전하는 축이 수직인 수직 믹서는 소규모 제과점에서 케이크의 반죽이나 소량의 빵 반죽을 만들 때 사용된다.

59 스펀지케이크를 만들 때 사용하는 밀가루에 관한 설명 중 가장 틀린 것은?

① 박력분을 주로 사용하지만 필요에 따라 중력분을 사용할 수도 있다.
② 글루텐 함량이 많으면 질긴 식감이 난다.
③ 글루텐이 형성되지 않도록 가볍게 섞어 준다.
④ 산화제를 사용하면 보다 부드러운 케이크를 만들 수 있다.

59 밀가루에 산화제를 사용하면 반죽의 구조를 강화시켜 질겨지므로 부드러운 케이크를 만들려면 환원제를 사용하여 반죽의 구조를 연화시켜야 한다.

60 다음 중 케이크의 아이싱에 주로 사용되는 것은?

① 마지팬
② 프랄린
③ 글레이즈
④ 휘핑크림

60 케이크의 아이싱에 주로 사용되는 것은 휘핑크림이다.

- 마지팬 : 설탕과 아몬드를 갈아 만든 페이스트로 꽃이나 동물 등의 조형물을 만들 때 사용된다.
- 프랄린 : 견과류에 설탕을 입혀 만든 것 충전물로 사용된다.
- 글레이즈 : 제품에 광택을 내거나 코팅을 하는 과정과 재료를 총칭한다.

【제과기능사 필기 | 상시대비 실전모의고사 제5회 | 정답】

01 ②	02 ①	03 ①	04 ③	05 ④	06 ③	07 ①	08 ②	09 ①	10 ②
11 ③	12 ④	13 ①	14 ①	15 ③	16 ③	17 ④	18 ③	19 ①	20 ③
21 ③	22 ②	23 ④	24 ②	25 ①	26 ③	27 ④	28 ②	29 ③	30 ③
31 ①	32 ④	33 ③	34 ④	35 ③	36 ④	37 ③	38 ①	39 ②	40 ①
41 ②	42 ④	43 ④	44 ③	45 ④	46 ②	47 ③	48 ②	49 ①	50 ③
51 ③	52 ①	53 ①	54 ②	55 ①	56 ④	57 ④	58 ①	59 ④	60 ④

제빵기능사 필기 | 상시대비 실전모의고사 제1회

해설

▶실력테스트를 위해 문제 옆 해설란을 가리고 문제를 풀어보세요 ▶정답은 389쪽에 있습니다.

01 밀가루 등으로 오인되어 식중독이 유발된 사례가 있으며 습진성 피부질환 등의 증상을 보이는 것은?

① 납
② 비소
③ 아연
④ 수은

01 비소는 회색의 부서지기 쉬운 준금속의 고체로 밀가루로 오인되어 비소중독을 일으킨 사례가 있다. 습진성 피부질환, 구토, 위통, 설사, 출혈, 혼수 등의 중독 증상을 나타낸다.

02 제품의 유통기한에 대한 설명으로 틀린 것은?

① 냉장 유통 제품은 냉장 온도까지 표시해야 한다.
② 소비자가 섭취할 수 있는 최대기간이다.
③ 식품위생법규에 따라 유통기한을 설정해야 한다.
④ 통조림 식품은 유통기한 또는 품질유지기한을 표시할 수 있다.

02 유통기한은 제품의 제조일로부터 소비자에게 판매가 허용되는 기한을 말한다.

03 쥐를 매개체로 감염되는 질병이 아닌 것은?

① 렙토스피라증
② 신증후군출혈열(유행성출혈열)
③ 쯔쯔가무시병
④ 돈단독증

03 돈단독증은 돼지 등 가축의 장기나 고기를 다룰 때 피부의 창상으로 균이 침입하거나 경구 감염되는 인수공통감염병이다.

04 차아염소산나트륨 100ppm은 몇 %인가?

① 0.1%
② 0.01%
③ 10%
④ 1%

04 ppm은 백만분의 일을 나타내고, 백분율의 만분의 일이다.
100/10,000 = 0.01%
※ %에 1만(10^4)을 곱하면 간단하게 ppm을 구할 수 있다.
• 0.1%$\times 10^4$ = 1,000 ppm
• 0.01%$\times 10^4$ = 100 ppm
• 10%$\times 10^4$ = 100,000 ppm
• 1%$\times 10^4$ = 10,000 ppm

05 젖산균에 대한 설명으로 틀린 것은?

① 사워도우에서 이스트와 함께 발효에 관여한다.
② 젖산균은 포도당을 발효하여 다량의 젖산을 생성한다.
③ 젖산균 중 비피도박테리아균은 포도당을 발효하여 젖산과 초산을 생성한다.
④ 젖산균은 기능성적인 측면에서 볼 때 프리바이오틱스(prebiotics)에 속한다.

05 젖산균(유산균)은 포도당 등을 분해하여 젖산을 생성하는 유익균이다. 사워도우는 이스트를 사용하지 않는 사워종법을 사용하여 발효시킨다.

06 굽기 단계 중 오븐 스프링의 설명 중 틀린 것은?

① 반죽 표면이 오븐 열에 의해 부풀어 오르면서 반죽 표면부터 부풀어 오른다.

② 반죽 속의 수분에 녹아있던 탄산가스가 열을 받아 팽창하여 부풀어 오른다.

③ 이스트 발효에 의해 형성된 기공이 오븐 열에 의해 팽창해 부풀어 오른다.

④ 반죽 온도가 75℃ 부근까지 효소의 작용이 활발해지고 휘발성 물질이 증가해 급속히 부풀어 오른다.

06 효소는 반죽 온도가 60℃로 오르기까지 활성이 증가하지만 60℃ 이상이 되면 서서히 감소하다가 불활성화된다.

07 다음과 같은 조건에서 스펀지 도우법(Sponge dough method)에서 사용할 물의 온도는?

- 원하는 반죽 온도 : 26℃
- 실내온도 : 26℃
- 밀가루 온도 : 21℃
- 마찰계수 : 20
- 스펀지 반죽 온도 : 28℃

① 19℃
② 9℃
③ –21℃
④ –16℃

07 스펀지 도우법에서 사용할 물 온도
= (희망 온도×4) − (실내온도+밀가루온도+마찰계수+스펀지 반죽온도)
= (26×4) − (26+21+20+28) = 104 − 95 = 9℃

08 박력분의 설명으로 옳은 것은?

① 경질소맥을 제분한다.
② 글루텐의 함량은 13~14% 이다.
③ 연질소맥을 제분한다.
④ 식빵이나 마카로니 만들 때 사용한다.

08 박력분은 연질소맥을 제분한 것으로 단백질 함량 7~9% 정도를 가지며, 주로 제과 및 튀김옷 등에 사용된다.

09 중간발효에 대한 설명으로 틀린 것은?

① 중간발효는 온도 27℃ 이내, 상대습도 75% 전후에서 실시한다.
② 반죽의 온도, 크기에 따라 시간이 달라진다.
③ 반죽의 유연성 회복으로 성형을 용이하게 한다.
④ 상대습도가 낮으면 덧가루 사용량이 증가한다.

09 상대습도가 낮으면 반죽의 표면이 건조해지므로 덧가루 사용량이 감소한다.

10 식품을 제조·가공·조리 또는 보존하는 과정에서 감미, 착색, 표백 또는 산화방지 등을 목적으로 식품에 사용되는 물질에 해당하는 용어는?

① 식품가공약품
② 식품보조제
③ 식품영양제
④ 식품첨가물

10 식품위생법상 식품첨가물에 대한 정의이다.

11 다음 중 인수공통감염병이 아닌 것은?

① 렙토스피라, Q열   ② 결핵, 탄저
③ 성홍열, 이질   ④ 돈단독, 야토병

11 성홍열과 이질은 인수공통감염병이 아니다.

12 스펀지 도우법(sponge dough method)에서 스펀지 반죽의 재료가 아닌 것은?

① 설탕   ② 밀가루
③ 이스트   ④ 물

12 스펀지 도우법에서 스펀지 반죽에는 밀가루, 물, 이스트, 이스트 푸드, 개량제를 사용하며, 경우에 따라 분유를 첨가하기도 한다.

13 반죽 굽기에 대한 설명으로 틀린 것은?

① 반죽 중의 전분은 호화되고 단백질은 변성되어 소화가 용이한 상태로 변한다.
② 굽기 중 빵의 내부 온도는 105℃ 이상으로 상승하여 구조를 형성한다.
③ 발효로 생성된 알코올, 각종 유기산, 이산화탄소에 의해 빵의 부피가 커진다.
④ 굽기 중 캐러멜 반응과 메일라드 반응으로 껍질색이 형성되고 맛과 향이 난다.

13 굽기 중 빵의 내부 온도는 100℃를 넘지 않는다.

14 다음 중 제빵용 효모에 함유되어 있지 않은 효소는?

① 말타아제   ② 프로테아제
③ 락타아제   ④ 인버타아제

14 이스트는 유당(락토오스)을 분해하는 효소(락타아제)가 없기 때문에 유당을 분해하지 못한다.
※ 제빵용 효모에는 말타아제, 인버타아제, 찌마아제, 프로테아제, 리파아제 등의 효소가 들어있다.

15 약 700g의 파운드 케이크 반죽을 굽는 오븐의 온도와 시간으로 적당한 것은?

① 170℃, 50분   ② 220℃, 50분
③ 170℃, 20분   ④ 220℃, 20분

15 제빵에서 오븐의 굽기 온도는 191~232℃이며, 1,000g의 빵을 굽는데 약 35분이 소요된다.

$$1,000 : 35 = 700 : x$$
$$x = \frac{35 \times 700}{1,000} = 24.5 \text{이므로,}$$

220℃에서 20분 정도 굽는 것이 적당하다.

16 식빵, 단과자빵 등에 사용되는 2차 발효실의 적정한 온도 범위는?

① 18~25℃   ② 32~43℃
③ 46~55℃   ④ 27~29℃

16 2차 발효실은 32~43℃, 상대습도 85~90%의 조건에서 30~60분 정도 발효시킨다.

17 옥수수 단백질(zein)에서 부족하기 쉬운 아미노산은?

① 라이신   ② 트립토판
③ 트레오닌   ④ 메티오닌

17 옥수수 단백질 제인(Zein)에는 필수아미노산인 트립토판과 라이신이 부족하며, 그중 트립토판이 더 부족하다.

18 식품의 처리, 가공, 저장 과정에서의 오염에 대한 설명으로 틀린 것은?

① 농산물의 재배, 축산물의 성장 과정 중에서 1차 오염이 있을 수 있다.

② 양질의 원료와 용수로 1차 오염을 방지할 수 있다.

③ 농수축산물의 수확, 채취, 어획, 도살 등의 처리 과정에서 2차 오염이 있을 수 있다.

④ 종업원의 철저한 위생관리만으로 2차 오염을 방지할 수 있다.

18 2차 오염은 살균한 식품이 다시 미생물에 의해 오염되는 것을 말하며 2차 오염을 방지하기 위해서는 종업원의 철저한 위생관리뿐만 아니라 작업장 전체의 청정화가 필요하다.

19 제빵법 중 냉동 반죽을 채택하는 이유가 아닌 것은?

① 냉동상태로 장시간 저장함으로 이스트 사용량을 감소시킬 수 있다.

② 단시간에 직접 구워 팔 수 있도록 할 수 있다. (베이크 오프)

③ 판매할 품목을 사전에 만들어 저장함으로써 제조, 판매계획 수립이 용이해진다.

④ 소비자 기호에 맞춰 다양한 제품 생산이 가능하다.

19 냉동반죽법은 반죽의 냉동 시 이스트가 많이 죽기 때문에 이스트의 사용량을 2배로 늘려야 한다.

20 감염병의 감염과정에서 ( ) 안에 가장 적합한 것은?

> 병원체 → 병원소 → 병원소에서 병원체 탈출 → ( ) → 숙주로의 침입 → 숙주의 감염

① 합성

② 전파

③ 분열

④ 성숙

20 병원체의 전파 방법에는 직접전파, 간접전파, 공기전파가 있다.

21 지질의 대사에 관여하고 뇌신경 등에 존재하며 유화제로 작용하는 것은?

① 에르고스테롤(ergosterol)

② 레시틴(lecithin)

③ 스쿠알렌(squalene)

④ 글리시닌(glycinin)

21 레시틴은 지질과 인이 결합한 대표적인 인지질로 뇌신경, 대두, 달걀노른자 등에 존재하며, 지질의 대사에 관여하고, 유화제의 역할을 한다.

22 미생물의 증식에 대한 설명으로 틀린 것은?

① 한 종류의 미생물이 많이 번식하면 다른 미생물의 번식이 억제될 수 있다.

② 수분함량이 낮은 저장 곡류에서도 미생물은 증식할 수 있다.

③ 냉장 온도에서는 유해 미생물이 전혀 증식할 수 없다.

④ 70℃에서도 생육이 가능한 미생물이 있다.

22 냉장 온도에서 증식하는 저온균이 있어 냉장 보관은 장기보관 대책이 안된다.

23 한 번에 많은 반죽을 혼합하며, 단백질 함량이 높은 밀가루에 적합한 믹서는?

① 수직형 믹서　　　　② 수평형 믹서
③ 스파이럴 믹서　　　④ 트위디 믹서

23 수평형 믹서는 주로 다량의 반죽을 만들 때 사용하며 단백질 함량이 높은 밀가루를 반죽할 때 적합하다.
※ 트위디 믹서는 양산용의 초고속 믹서이다.

24 HACCP의 7원칙에 해당하지 않는 것은?

① 위해요소분석
② 한계기준 설정
③ HACCP 팀 구성
④ 문서화 및 기록유지방법 설정

24 HACCP은 준비단계의 5절차와 적용단계의 7단계가 있으며 HACCP 팀 구성은 준비단계의 5절차 중에서 첫 번째이다.

25 둥글리기 공정에 대한 설명으로 틀린 것은?

① 둥글리기 과정 중 큰 기포는 제거되고 반죽 온도가 균일화된다.
② 덧가루, 분할기, 기름을 최대로 사용한다.
③ 손 분할, 기계 분할이 있다.
④ 분할기의 종류는 제품에 적합한 기종을 선택한다.

25 너무 많은 덧가루를 사용하면 빵 속에 줄무늬를 만들기 때문에 적정량을 사용해야 한다.

26 식빵 굽기 시 빵 내부의 최고온도에 대한 설명으로 옳은 것은?

① 100℃를 넘지 않는다.　　② 200℃ 정도가 된다.
③ 210℃가 넘는다.　　　　④ 150℃를 약간 넘는다.

26 식빵 굽기 시 빵의 내부는 100℃를 넘지 않는다.

27 식물성 안정제가 아닌 것은?

① 한천　　　　　　　② 젤라틴
③ 로커스트빈검　　　④ 펙틴

27 젤라틴은 동물의 껍질이나 연골에서 추출한 콜라겐으로 만드는 동물성 안정제이다.

28 제빵 반죽 시 스펀지 도우법에 대한 설명 중 틀린 것은?

① 제품의 노화가 빠르다.
② 직접반죽법에 비해 발효 내성이 증가된다.
③ 발효의 풍미가 향상된다.
④ 부피, 기공, 조직감 등의 측면에서 제품의 특성이 향상된다.

28 스펀지 도우법은 노화가 느리고, 발효 내구성이 좋으며, 속결이 부드럽고 부피가 크며, 맛과 발효향이 좋은 특징을 가진다.

29 손 소독용 알코올의 농도로 가장 적당한 것은?

① 50% 이상　　　　② 25% 이상
③ 70% 이상　　　　④ 10% 이상

29 알코올은 70% 수용액이 침투력이 강하여 살균력이 가장 좋다. 손과 피부, 기구 소독에 이용된다.

30 케이크 제조에 있어 달걀의 기능으로 가장 거리가 먼 것은?

① 팽창작용
② 결합작용
③ 유화작용
④ 착색작용

30 달걀은 케이크 제조에서 결합제, 유화제, 팽창제 등으로 사용된다. 달걀노른자의 카로티노이드 색소로 약간의 착색작용도 있으나 보기 중에서는 가장 거리가 멀다.

31 초콜릿에 대한 설명 중 틀린 것은?

① 다크 초콜릿은 코코아 함량이 30~80% 정도이다.
② 밀크 초콜릿은 다크 초콜릿에 우유를 첨가하여 만든다.
③ 커버추어 초콜릿은 초콜릿 리쿼 50%, 코코아버터 10% 및 설탕 40%로 구성되어 있다.
④ 화이트 초콜릿은 코코아 고형분을 제외한 코코아버터와 설탕, 분유, 레시틴, 바닐라를 첨가하여 만든다.

31 커버추어 초콜릿은 카카오 버터 함유량이 30% 이상인 초콜릿을 말한다.

32 다음 중 질 좋은 단백질을 많이 함유하고 있는 식품은?

① 쌀
② 고기류
③ 버섯류
④ 감자류

32 단백질의 급원 식품은 육류, 달걀, 우유 등이다.

33 반죽의 흡수율에 영향을 미치는 요인과 가장 관련이 작은 것은?

① 반죽의 온도
② 소금의 첨가 시기
③ 이스트의 사용량
④ 물의 경도

33 물의 경도, 반죽의 온도, 소금의 첨가 시기 등은 반죽의 흡수율에 영향을 미치는 요인이다. 이스트의 사용량은 흡수율과는 관계없다.

34 식빵 완제품 500kg을 만들려고 한다. 굽기 및 냉각손실이 12%이고, 기타 손실이 1%라면 발효된 반죽의 무게는?

① 545kg
② 604kg
③ 594kg
④ 574kg

34 분할반죽 무게 $= \dfrac{\text{완제품의 무게}}{1-(\text{굽기 및 냉각손실})}$

• 굽기 및 냉각손실을 감안한 반죽무게
$= \dfrac{500kg}{1-0.12} = 568kg$

• 기타 손실을 감안한 반죽무게
$= \dfrac{568kg}{1-0.01} = 574kg$

35 다음 중 효소의 특성이 아닌 것은?

① 고분자 물질로서 열이나 중금속에 의하여 변성, 응고한다.
② 생채 촉매로서 주요 구성성분은 당질이다.
③ 한 효소가 모든 기질과 모든 반응을 촉매할 수 없다.
④ 효소는 그 작용에 알맞은 최적 온도와 최적 pH를 갖는다.

35 효소는 생체내의 화학반응을 촉진시키는 생체 촉매로, 그 주성분은 단백질이다.

36 발효 손실에 관한 설명으로 틀린 것은?

① 고배합율일수록 발효 손실이 크다.
② 발효 시간이 길면 발효 손실이 크다.
③ 반죽 온도가 높으면 발효 손실이 크다.
④ 발효 습도가 낮으면 발효 손실이 크다.

36 설탕 사용량이 많은 고율배합일수록 이스트의 활성이 떨어지기 때문에 발효 손실이 작다.

37 건포도 식빵을 만들 때 건포도를 전처리하는 목적이 아닌 것은?

① 씹는 촉감을 개선한다.
② 건포도의 풍미를 되살린다.
③ 제품 내에서의 수분 이동을 억제한다.
④ 수분을 제거하여 건포도의 보존성을 높인다.

37 건포도의 전처리는 건조된 건포도에 수분을 흡수시켜 제품 내부의 수분이 건포도로 이동하는 것을 억제한다.

38 빵의 제법 가운데 액체발효법과 공정 단계상 가장 비슷한 제조법은?

① 비상반죽법   ② 노타임법
③ 직접반죽법   ④ 스펀지 도우법

38 액체발효법은 스펀지 도우법의 변형으로 스펀지 대신 액종을 만들어 사용하는 방법이다.

39 빵을 굽는 동안 오븐 조건에 영향을 주는 환경요인으로 거리가 먼 것은?

① 공기   ② 습도
③ 시간   ④ 온도

39 빵을 굽는 공정에 영향을 주는 환경요인은 온도, 습도, 굽기 시간이다.

40 가로 10cm, 세로 5cm, 높이 3cm의 사각팬에 몇 g의 반죽을 분할하여 넣어야 하는가? (단, 이 때 제품의 비용적은 3.6 cm³/g이다.)

① 66g   ② 42g
③ 35g   ④ 54g

40 반죽의 적정 분할량 = $\dfrac{\text{틀 부피}}{\text{비용적}}$ = $\dfrac{\text{가로}\times\text{세로}\times\text{높이}}{\text{비용적}}$

$= \dfrac{10\times5\times3}{3.6} = \dfrac{150}{3.6} ≒ 42g$

41 어떤 과자점에서 여름에 반죽 온도를 24℃로 하여 빵을 만들려고 한다. 사용수 온도는 10℃, 수돗물의 온도는 18℃, 사용수 양은 3kg, 얼음 사용량은 900g일 때 조치사항으로 옳은 것은?

① 믹서에 수돗물 2.1kg과 얼음 900g을 넣는다.
② 믹서에 얼음만 900g을 넣는다.
③ 믹서에 수돗물만 3kg을 넣는다.
④ 믹서에 수돗물 3kg과 얼음 900g을 넣는다.

41 사용할 물의 총량이 3kg이고, 얼음을 900g 사용하므로 3kg−0.9kg = 2.1kg의 물과 얼음 900g을 믹서에 넣는다.

42 개인위생 관리내용으로 옳은 것은?

① 시간 관리를 위해 시계를 착용할 수 있다.
② 재질이 좋은 1회용 장갑은 여러 번 사용할 수 있다.
③ 위생복 착용지침서에 따라 위생복을 착용할 수 있다.
④ 꼼꼼한 메모를 위해 필기구를 소지할 수 있다.

42 ①, ④ 작업 시 시계, 반지 등의 장신구 및 필기구 등을 착용하거나 소지하지 않는다.
② 1회용 장갑은 재사용하지 않는다.

43 빵 반죽을 성형기(moulder)에 통과시켰을 때 아령 모양으로 되었다면 성형기의 압력상태는?

① 압력이 강하다.　　　② 압력이 약하다.
③ 압력과는 관계없다.　④ 압력이 적당하다.

43 정형기의 압착판의 압력이 강하면 반죽이 아령 모양이 된다.

44 굽기 과정 중 일어나는 현상에 대한 설명 중 틀린 것은?

① 단백질 변성과 효소의 불활성화
② 캐러멜화와 갈변 반응의 억제
③ 오븐 팽창과 전분 호화 발생
④ 효소의 활성과 향의 발달

44 굽기 과정에서 표피가 150~160℃가 넘어가면 캐러멜화와 마이야르 반응의 갈변 반응이 일어나 빵의 색을 진하게 한다.
①, ④ 굽기 과정 중 효소는 60℃로 오르기까지 활발해지고, 60℃ 이상이 되면 서서히 감소하다가 불활성화된다.

45 제빵에서의 수분 분포에 관한 설명으로 틀린 것은?

① 발효를 거치는 동안 전분의 가수분해에 의해서 반죽 내 수분량이 변화한다.
② 물이 반죽에 균일하게 분산되는 시간은 보통 10분 정도이다.
③ 소금은 글루텐을 단단하게 하여 글루텐 흡수량을 감소시킨다.
④ 1차 발효와 2차 발효를 거치는 동안 생성된 수분은 대부분 전분에 의해 흡수된다.

45 발효실의 상대습도가 낮으면 수분이 증발하여 표피가 건조해질 수는 있으나, 적정한 습도에서는 발효 시 전분의 가수분해에 의해서 반죽 내 수분량이 증가하게 된다.

46 제빵용 이스트에 의해 발효되지 않고 잔여당으로 남아 껍질색에 영향을 주는 우유 중의 당은?

① 포도당　② 유당
③ 과당　　④ 설탕

46 이스트에는 유당의 분해효소인 락타아제가 없어 유당은 이스트에 의해 발효되지 않으며, 잔여당으로 남아 캐러멜 반응을 일으킨다.

47 독성이 강하여 사용 금지된 식품첨가물의 종류가 바르게 연결된 것은?

① 아우라민 - 감미료　② 승홍 - 보존료
③ 둘신 - 착색료　　　④ 붕산 - 표백제

47 승홍은 유해보존료이다.
• 아우라민 – 유해착색료
• 둘신 – 유해감미료
• 붕산 – 유해보존제

48 식빵의 냉각에 관한 설명으로 옳은 것은?

① 빵을 냉각하는 장소의 습도가 낮으면 껍질에 잔주름이 생긴다.
② 냉각실의 이상적인 상대습도는 45~50%이다.
③ 40℃ 이상의 온도에서 식빵을 절단하는 것이 바람직하다.
④ 통풍이 지나치면 제품의 옆면이 붕괴되는 키홀링 현상을 예방할 수 있다.

48 빵을 냉각하는 중에 습도가 낮으면 냉각손실이 커지고, 껍질에 잔주름이 생기거나 갈라지기 쉽다.
② 냉각실의 이상적인 습도는 75~85%
③ 적정 냉각온도 35~40℃
④ 통풍이 지나치면 수분이 증발하여 껍질이 갈라지기 쉽다.

49 주로 대류열을 이용하여 반죽에 열이 고르게 전달되며, 소규모의 작업장에서 사용할 수 있는 오븐은?

① 데크 오븐　　　　② 래크 오븐
③ 터널 오븐　　　　④ 컨벡션 오븐

50 제과제빵에서 설탕의 주요 기능이 아닌 것은?

① 수분 보유제로 노화를 지연시킨다.
② 껍질색을 좋게 한다.
③ 밀가루 단백질을 강하게 만든다.
④ 감미제의 역할을 한다.

51 식품위생법상 "식품"의 정의로 옳은 것은?

① 화학적 합성품을 제외한 모든 음식물
② 의약으로 섭취하는 것을 제외한 모든 음식물
③ 음식물과 식품첨가물
④ 모든 음식물

52 다음 중 감염형 세균성 식중독을 일으키는 것은?

① 살모넬라균　　　　② 고초균
③ 보툴리누스균　　　④ 포도상구균

53 우유에 대한 일반적인 설명으로 옳은 것은?

① 유방염유는 알코올 테스트 시 음성반응을 보인다.
② 신선한 우유의 pH는 3.0 정도이다.
③ 신선하지 못한 우유의 비중(15℃ 기준)은 평균 1.032 정도이다.
④ 우유의 산가 0.5 ～ 0.7%에서 단백질 카제인이 응고한다.

54 스펀지 도우법과 비교하여 스트레이트법이 갖는 장점이 아닌 것은?

① 공정시간이 감소한다.　② 생산비가 낮다.
③ 부피가 증가한다.　　　④ 발효 중 손실이 작다.

55 포도당을 합성할 수 있는 아미노산은?

① 알라닌　　　　② 메티오닌
③ 페닐알라닌　　④ 트립토판

49 컨벡션 오븐은 내부에 팬이 있어 열풍을 강제 순환시키는 대류식 오븐으로 오븐 내부의 온도 차가 적어 반죽에 열이 고르게 전달된다.

50 설탕은 밀가루 단백질을 연화시키는 작용이 있어 제품의 조직, 기공, 속결을 부드럽게 만든다.

51 식품위생법상 "식품"이란 모든 음식물(의약으로 섭취하는 것은 제외한다)을 말한다.

52 • 세균성 감염형 식중독을 일으키는 식중독균은 살모넬라, 장염비브리오, 병원성 대장균 등이 있다.
• 고초균은 바실러스속 세균이며 비병원성인 호기성 간균으로 자연계에 널리 존재한다.

53 우유의 카제인은 pH 4.6(산가 0.5～0.7%)에서 칼슘과의 화합물 형태로 응고한다.
① 우유의 알코올 테스트는 원유의 신선도를 검사하는 가장 일반적인 방법으로 유방염유는 양성반응을 보인다.
② 신선한 우유의 pH는 6.5～6.8 정도이다.
③ 신선한 우유의 비중은 1.030～1.032 정도이다.

54 스트레이트법은 제조공정이 단순하고 발효 시간이 짧아 공정시간이 감소하고 생산비도 낮으며, 발효 중 손실도 작다.

55 비필수아미노산인 알라닌은 알라닌 회로를 통하여 단백질로부터 포도당을 합성한다.
※ 아미노산 중 류신과 라이신을 제외한 대부분의 아미노산은 포도당을 합성할 수 있으나 가장 많이 사용되는 아미노산이 알라닌이다.

56 빵 반죽의 손 분할이나 기계 분할은 가능한 몇 분 이내로 완료하는 것이 좋은가?

① 45~50분　　　② 15~20분
③ 35~40분　　　④ 25~30분

56 식빵 반죽을 분할하는 과정에서도 발효가 계속 이루어지기 때문에 분할은 15~20분 이내에 완료하는 것이 가장 좋다.

57 식물성 자연독의 관계가 틀린 것은?

① 독버섯 : 무스카린(muscarine)
② 청매 : 리신(ricin)
③ 목화씨 : 고시폴(gossypol)
④ 감자 : 솔라닌(solanine)

57 청매에 들어있는 독성분은 아미그달린이다.

58 우유 식빵 완제품 500g짜리 5개를 만들 때 분할손실이 4%라면 분할 전 총 반죽 무게는 약 얼마인가?

① 2604g　　　② 2700g
③ 2518g　　　④ 2505g

58 • 완제품의 무게 500g×5개 = 2,500g

• 발효 손실을 감안한 반죽량 = $\dfrac{2,500g}{1-0.04}$ = 2,604g

59 유지의 가소성은 그 구성성분 중 주로 어떤 물질의 종류와 양에 의해 결정되는가?

① 트리글리세라이드　　　② 스테롤
③ 유리지방산　　　④ 토코페롤

59 유지는 지방산 3분자와 글리세린이 결합한 트리글리세라이드로 유지의 가소성은 이 트리글리세라이드의 종류와 양에 의해 결정된다.

60 발효 중 펀칭을 하는 목적에 대한 설명으로 틀린 것은?

① 반죽의 가장자리를 가운데로 뒤집어 모으는 과정이다.
② 스펀지 반죽 발효 시 펀칭은 발효 초기 단계에서 시행한다.
③ 필요 이상의 이산화탄소 제거 및 분산으로 발효를 촉진한다.
④ 반죽의 균일한 온도유지, 산소공급으로 산화 및 숙성을 돕는다.

60 2차 발효 시간의 2/3 정도 경과하였을 때, 반죽의 부피가 2~2.5배가 되었을 때 반죽에 압력을 주어 가스를 빼준다.

【제빵기능사 필기 | 상시대비 실전모의고사 제1회 | 정답】

01 ②	02 ②	03 ④	04 ②	05 ①	06 ④	07 ②	08 ③	09 ④	10 ④
11 ③	12 ①	13 ④	14 ③	15 ④	16 ②	17 ②	18 ④	19 ①	20 ②
21 ②	22 ③	23 ②	24 ④	25 ②	26 ①	27 ②	28 ①	29 ③	30 ④
31 ①	32 ②	33 ③	34 ④	35 ②	36 ①	37 ④	38 ③	39 ①	40 ②
41 ①	42 ③	43 ①	44 ②	45 ④	46 ②	47 ②	48 ①	49 ④	50 ③
51 ②	52 ①	53 ④	54 ②	55 ①	56 ②	57 ②	58 ①	59 ①	60 ②

제빵기능사 필기 | 상시대비 실전모의고사 제2회

▶ 실력테스트를 위해 문제 옆 해설란을 가리고 문제를 풀어보세요 ▶ 정답은 399쪽에 있습니다.

01 스펀지 도우법(Sponge dough Method)에서 가장 적합한 스펀지 반죽의 온도는?

① 34~38℃
② 22~26℃
③ 10~20℃
④ 42~46℃

01 스펀지의 반죽온도는 22~26℃(보통 24℃)가 가장 적합하다.

02 미생물의 증식에 대한 설명으로 틀린 것은?

① 70℃에서도 생육이 가능한 미생물이 있다.
② 냉장 온도에서는 유해 미생물이 전혀 증식할 수 없다.
③ 수분함량이 낮은 저장 곡류에서도 미생물은 증식할 수 있다.
④ 한 종류의 미생물이 많이 번식하면 다른 미생물의 번식이 억제될 수 있다.

02 냉장 온도에서 증식하는 저온균이 있어 냉장 보관은 장기보관 대책이 안된다.

03 빵 제품의 노화 지연 방법으로 옳은 것은?

① 냉장 보관
② 저배합, 고속 믹싱 빵 제조
③ -18℃ 냉동 보관
④ 수분 30~60% 유지

03 **노화 지연법**
① 저장온도를 -18℃ 이하 또는 21~35℃로 유지시킨다.
② 모노-디-글리세라이드 계통의 유화제를 사용한다.
③ 반죽에 α-아밀라아제를 첨가하거나 물의 사용량을 높여 반죽 중의 수분함량을 높인다.
④ 질 좋은 재료를 사용하고 제조공정을 정확하게 지킨다.
⑤ 당류를 첨가한다. (고율배합으로 한다.)
⑥ 방습 포장재료를 사용한다.

04 다음 중 식품접객업에 해당되지 않는 것은?

① 제과점영업
② 위탁급식영업
③ 식품냉동냉장업
④ 일반음식점영업

04 식품접객업에는 휴게음식점, 일반음식점, 단란주점, 유흥주점, 위탁 급식, 제과점영업이 있다.

05 화이트 레이어 케이크 제조 시 주석산 크림을 사용하는 목적과 거리가 먼 것은?

① 속 색을 하얗게 하기 위하여
② 흰자를 강하게 하기 위하여
③ 제품의 색깔을 진하게 하기 위하여
④ 껍질색을 밝게 하기 위하여

05 화이트 레이어 케이크는 주석산 크림을 0.5% 사용하며, 주석산 크림은 흰자의 구조를 강하게 하고 흰자의 알칼리성을 중화하여 껍질색을 밝게, 속 색을 하얗게 만들어준다.

06 다음 중 빵 반죽 발효 주체인 효모에 대한 설명으로 옳은 것은?

① 단당류보다는 2당류, 3당류를 잘 분해한다.

② 모세포가 분열하여 증식한다.

③ 주 생산물은 알코올과 이산화탄소(CO_2)이다.

④ 효모는 발효 시 산소가 있어야 한다.

07 믹서의 회전속도가 반죽의 발효 시간에 미치는 영향으로 옳은 것은?

① 고속으로 배합된 반죽이 저속으로 배합된 반죽보다 발효 시간이 짧아진다.

② 고속으로 배합된 반죽이 저속으로 배합된 반죽보다 발효 시간이 약간 길어진다.

③ 고속으로 배합된 반죽은 중간발효를 하지 않는다.

④ 고속으로 배합된 반죽이나 저속으로 배합된 반죽은 발효시간과는 무관하다.

08 분할 중량 170g 짜리 3덩이를 한 팬으로 하는 식빵 100개를 주문받았다. 발효 손실은 1.5%이고 전체 배합률이 180%일 때 밀가루 사용량은 얼마인가?

① 32kg

② 26kg

③ 29kg

④ 35kg

09 빵의 노화 방지에 유효한 첨가물은?

① 모노글리세라이드

② 이스트 푸드

③ 산성탄산나트륨

④ 탄산암모늄

10 중간발효에 대한 설명으로 틀린 것은?

① 글루텐 구조를 재정돈한다.

② 가스 발생으로 반죽의 유연성을 회복한다.

③ 오버 헤드 프루프(over head proof)라고 한다.

④ 탄력성과 신장성에는 나쁜 영향을 미친다.

11 일반적인 스펀지 도우법으로 식빵을 만들 때 도우(Dough)의 가장 적당한 온도는?

① 17℃ 정도

② 27℃ 정도

③ 37℃ 정도

④ 47℃ 정도

해설

06 이스트(효모)는 발효되는 동안에 주로 포도당을 분해하여 알코올과 이산화탄소를 생성한다.

① 단당류를 더 잘 분해하며, 유당은 효소가 없어 분해하지 못한다.

② 주로 출아법으로 증식한다.

④ 효모는 호기성으로 산소가 있으면 활성이 더 좋아지지만 산소가 없어도 활성이 멈추지는 않는다.

07 제빵 반죽 시 믹서의 회전속도는 '픽업 단계(저속) → 클린업 단계(중속) → 발전 단계(고속) → 최종 단계(중속)'으로 하며, 고속으로 배합된 반죽이 저속으로 배합된 반죽보다 발효시간이 짧아진다.

08 • 완제품의 무게 170g×3×100 = 51,000g

• 발효손실을 감안한 반죽량 = $\dfrac{51,000g}{1-0.015}$ = 51,777g

밀가루 무게(g) = $\dfrac{밀가루\ 비율(\%)×총반죽\ 무게(g)}{총배합률(\%)}$

$= \dfrac{100\%×51,777g}{180\%}$

$= 28,765g ≒ 29kg$

09 모노글리세라이드는 유화제(계면활성제)로 사용되는 것으로 빵의 노화를 지연시키는 기능이 있다.

10 중간발효는 반죽에 탄력성, 신장성과 유연성을 부여하여 성형을 쉽게 하기 위하여 필요한 공정이다.

11 도 반죽(본 반죽)의 반죽 온도는 27℃ 정도가 가장 적당하다.
※ 스펀지 반죽의 온도는 22~26℃이다.

12 식품의 냉장 보관에 대한 설명으로 틀린 것은?

① 세균의 증식을 억제할 수 있다.
② 미생물의 사멸이 가능하다.
③ 식품의 보존 기간을 연장할 수 있다.
④ 냉장고 용량의 70% 이하로 보관한다.

13 경구감염병의 예방법으로 부적합한 것은?

① 모든 식품을 일광 소독한다.
② 감염원이나 오염물을 소독한다.
③ 주위 환경을 청결히 한다.
④ 보균자의 식품 취급을 금한다.

14 작업자의 개인위생관리 준수사항으로 옳지 않은 것은?

① 위생복을 착용하고 작업장 외부에 나가지 않는다.
② 작업 중 껌을 씹지 않는다.
③ 앞치마를 이용하여 손을 닦는다.
④ 규정된 세면대에서 손을 씻는다.

15 탈지분유 1% 변화에 따른 반죽의 흡수율 차이로 적당한 것은?

① 1%   ② 3%
③ 별 영향이 없다.   ④ 2%

16 비상 스트레이트법으로 전환 시 필수요건이 아닌 것은?

① 이스트 사용량을 2배로 증가시킨다.
② 물 사용량을 1% 증가시킨다.
③ 반죽 시간을 20~30% 늘린다.
④ 설탕 사용량을 1% 증가시킨다.

17 영업자 및 종사자의 개인위생안전관리 내용에 적합하지 않는 것은?

① 종사자는 장신구를 착용하면 안 된다.
② 영업자는 위생교육을 반드시 이수해야 한다.
③ 종사자는 청결한 위생복을 착용해야 한다.
④ 종사자의 건강진단은 2년에 1회 이상 실시해야 한다.

12 식품을 냉장 보관한다고 해서 모든 미생물을 사멸시킬 수는 없다.

13 식품에 따라 자외선에 변질되는 식품도 있으므로 모든 식품을 일광 소독할 수는 없다.

14 앞치마에 손을 닦으면 앞치마를 매개로 식품이 오염될 수 있다.

15 탈지분유가 1% 증가하면 흡수율은 0.75~1% 증가하므로 물의 양을 1% 정도 늘려주어야 한다.

16 **비상 스트레이트법 전환 시 필수요건**
• 1차 발효시간 : 감소
• 반죽시간 : 20~30% 증가
• 이스트의 사용량 : 2배 증가
• 물 사용량 : 1% 증가
• 설탕의 사용량 : 1% 감소
• 반죽 희망 온도 : 30~31℃로 올림

17 식품 또는 식품첨가물을 채취, 제조, 가공, 조리, 저장, 운반 또는 판매하는 직접 종사자들은 1년 1회의 정기 건강진단을 받아야 한다.

18 스트레이트법에서 반죽 혼합시간(Mixing time)에 영향을 주는 요인과 거리가 먼 것은?

① 밀가루 종류　　② 물의 양
③ 유지의 양　　④ 이스트 양

18 이스트의 양은 발효 시간에 영향을 주는 요인이다.

19 물 100g에 설탕 50g을 녹이면 이 용액의 당도는?

① 약 33%　　② 약 23%
③ 약 50%　　④ 약 13%

19 당도 $= \dfrac{용질}{용매+용질} \times 100 = \dfrac{50}{100+50} \times 100$
$= 33.3\%$

20 반죽 혼합에 관한 설명 중 틀린 것은?

① 모든 재료를 골고루 수화시켜 하나의 반죽으로 만든다.
② 브레이크다운 단계는 반죽이 건조하고 부드러운 상태이다.
③ 반죽 형성 후기단계는 반죽이 얇고 균일한 필름막을 형성한다.
④ 반죽에 글루텐을 형성한다.

20 파괴 단계(브레이크 다운 단계)는 글루텐이 완전히 파괴되어 반죽이 탄력성과 신장성을 상실하여 빵을 만들기에 부적합해지는 단계이다.

21 오버 베이킹에 대한 설명 중 옳은 것은?

① 높은 온도에서 짧은 시간 동안 구운 것이다.
② 노화가 빨리 진행된다.
③ 수분함량이 많다.
④ 가라앉기 쉽다.

21 오버 베이킹을 하면 수분의 손실이 커서 노화가 빨리 진행된다.

22 식빵 반죽을 혼합할 때 반죽의 온도 조절에 가장 크게 영향을 미치는 원료는?

① 이스트　　② 물
③ 설탕　　④ 소금

22 반죽 온도에 가장 큰 영향을 주는 재료는 밀가루와 물이며, 이 중 온도 조절이 가장 손쉬운 물을 이용하여 반죽의 온도를 조절한다.

23 어떤 빵의 굽기 손실이 12% 일 때 완제품의 중량을 600g으로 만들려면 분할 무게는 약 몇 g 인가?

① 712g　　② 702g
③ 612g　　④ 682g

23 분할반죽 무게 $= \dfrac{완제품의 무게}{1-(굽기 및 냉각손실)}$
$= \dfrac{600g}{1-0.12} = 681.8g$

24 단당류 2~10개로 구성된 당으로, 장내 비피더스균의 증식을 활발하게 하는 당은?

① 고과당　　② 올리고당
③ 이성화당　　④ 물엿

24 올리고당은 단당류 2~10개로 구성된 당으로 장내의 비피더스균의 증식을 활발하게 하고 항충치성, 청량감, 저칼로리, 변색방지 등의 효과가 있어 널리 이용된다.

25 냉동빵에서 반죽 온도를 낮추는 가장 주된 이유는?

① 밀가루의 단백질 함량이 낮아서
② 이스트 사용량이 감소해서
③ 이스트 활동을 억제하기 위해서
④ 수분 사용량이 많아서

25 냉동 반죽법은 이스트의 활동을 억제하여 발효를 지연시키기 위하여 반죽 온도를 18~24℃로 맞춘다.

26 다음 중 굽기 단계에서 가장 마지막에 나타나는 현상으로 옳은 것은?

① 알코올의 증발 　　② 전분의 호화
③ 이스트의 사멸 　　④ 글루텐의 응고

26 굽기 단계에서 일어나는 주요 변화의 온도

용해 탄산가스의 방출 시작 온도	49℃
전분의 호화 시작 온도	54℃
이스트의 사멸 온도	60~63℃
글루텐의 열 응고 시작 온도	74℃
알코올의 증발 시작 온도	79℃
효소의 불활성 온도	60℃ 이상

27 세계보건기구(WHO)는 성인의 경우 하루 섭취 열량 중 트랜스지방의 섭취를 몇 % 이하로 권고하고 있는가?

① 1% 　　② 3%
③ 2% 　　④ 0.5%

27 트랜스지방을 과다 섭취하면 몸에 해로운 콜레스테롤인 저밀도지단백질(LDL)이 많아져서 심장병이나 혈관질환의 주요 원인이 되기 때문에 세계보건기구에서는 하루 1% 이하의 섭취를 권고하고 있다.

28 프랑스빵 제조 시 굽기를 실시할 때 스팀을 너무 많이 주입했을 때의 대표적인 현상은?

① 질긴 껍질
② 두꺼운 표피
③ 표피에 광택 부족
④ 밑면이 터짐

28 프랑스빵의 제조 시 스팀을 너무 많이 주입하면 껍질이 질겨진다. 두꺼운 표피, 표면의 광택 부족, 밑면의 터짐은 스팀의 양이 적을 때 나타나는 현상이다.

29 연속식 제빵법(Continuous Dough Mixing System)에는 여러 가지 장점이 있어 대량생산방법으로 사용되는 데 스트레이트법과 비교한 장점으로 볼 수 없는 사항은?

① 발효 손실의 감소 　　② 공장면적의 감소
③ 인력의 감소 　　④ 산화제 사용 감소

29 연속식 제빵법은 밀폐된 발효 시스템으로 인하여 산화제의 사용이 필수적이고, 산화제를 많이 사용하여 발효향이 감소한다.

30 둥글리기의 목적이 아닌 것은?

① 글루텐의 구조와 방향 정돈
② 수분 흡수력 증가
③ 반죽의 기공을 고르게 유지
④ 반죽 표면에 얇은 막 형성

30 둥글리기의 목적
① 글루텐의 구조와 방향을 정돈한다.
② 반죽의 기공을 고르게 한다.
③ 반죽 표면에 얇은 막을 형성하여 끈적거림을 제거한다.
④ 가스 포집을 돕고, 가스를 보유할 수 있는 적당한 구조를 만든다.
⑤ 분할된 반죽을 성형하기에 적당한 상태로 만든다.

31 달걀 껍질을 제외한 전란의 고형질 함량은 일반적으로 약 몇 %인가?

① 50%   ② 12%

③ 25%   ④ 7%

31 달걀의 고형분과 수분의 비교

부위명	전란	노른자	흰자
고형분	25%	50%	12%
수분	75%	50%	88%

32 어패류의 생식과 가장 관계 깊은 식중독 세균은?

① 장염 비브리오균   ② 바실러스균

③ 프로테우스균   ④ 살모넬라균

32 장염 비브리오균은 3~4%의 염분에서 생육이 가능한 호염성 세균으로 오염된 어패류의 생식이 식중독 발생의 주요 원인이다.

33 밀가루의 색상에 대한 설명 중 틀린 것은?

① 같은 조건일 경우 입자가 작을수록 밝은색이 된다.

② 밀가루는 카로티노이드계의 황색 색소가 환원되어 색상이 희게 된다.

③ 내배유 부위의 카로틴 색소는 공기 중의 산소에 의해 탈색된다.

④ 껍질 입자가 많을수록 어두운색이 된다.

33 밀가루의 카로티노이드계의 황색 색소는 공기 중의 산소에 의하여 산화되어 무색의 화합물이 되고, 따라서 밀가루의 색상은 흰색을 띤다.

34 세균성 식중독을 예방하는 방법과 가장 거리가 먼 것은?

① 먹기 전에 가열 처리할 것

② 가급적 조리 직후에 먹을 것

③ 설사 환자나 화농성 질환이 있는 사람은 식품을 취급하지 않도록 할 것

④ 실온에서 잘 보관하여 둘 것

34 냉장·냉동 보관하여 오염균의 발육·증식을 방지하여야 한다.

35 빵 반죽의 흡수율에 대한 설명이 틀린 것은?

① 반죽 온도가 높아지면 흡수율이 감소된다.

② 손상 전분이 적정량 이상이면 흡수율이 증가한다.

③ 설탕 사용량이 많아지면 흡수율이 감소된다.

④ 연수는 경수보다 흡수율이 증가한다.

35 연수는 경수보다 흡수율이 감소한다.

36 반죽을 팬에 넣기 전에 팬에서 제품이 잘 떨어지게 하기 위하여 이형유를 사용하는데 이와 관련된 설명으로 틀린 것은?

① 이형유는 발연점이 높은 것을 사용해야 한다.

② 이형유의 사용량이 많으면 튀김 현상이 나타난다.

③ 이형유의 사용량은 반죽 무게의 5% 정도이다.

④ 이형유는 고온이나 산패에 안정해야 한다.

36 이형유는 반죽 무게의 0.1~0.2%를 사용한다.

37 식품 및 축산물 안전관리인증기준을 재·개정하여 고시하는 자는?

① 식품의약품안전처장
② 시장, 군수 또는 구청장
③ 한국식품안전관리인증원장
④ 보건복지부장관

38 이스트를 2% 사용했을 때 최적 발효 시간이 120분이라면 발효 시간을 90분으로 단축하고자 할 때 이스트를 약 몇 % 사용해야 하는가?

① 1.5% ② 4.0%
③ 3.5% ④ 2.7%

38 변경할 이스트 양 $= \dfrac{\text{정상 이스트 양} \times \text{정상 발효시간}}{\text{변경할 발효시간}}$

$= \dfrac{2\% \times 120분}{90분} = 2.67\%$

39 다음 중 인수공통감염병으로 바이러스성 질병인 것은?

① 결핵(Tuberculosis) ② 광우병(BSE)
③ 사스(SARS) ④ 탄저병(Anthrax)

39 • 결핵, 탄저병 – 세균
• 광우병 – 프리온(변성 단백질)

40 템퍼링(tempering) 할 때 주의할 점이 아닌 것은?

① 균일하게 녹일 수 있도록 비슷한 크기로 자른다.
② 물에 수분이 없도록 한다.
③ 27℃로 초콜릿을 녹인다.
④ 공기가 들어가지 않도록 저어준다.

40 초콜릿의 처음 녹이는 작업은 40~50℃가 가장 적합하다.
※ 코코아 버터의 완전 용해 및 광택 유지, 우유 성분의 변성방지를 위하여 50℃를 넘지 않도록 한다.

41 제과 기기 및 도구 관리가 옳지 않은 것은?

① 스크레이퍼에 흠집이 있으면 교체한다.
② 붓은 용도별로 구분하여 사용한다.
③ 체는 물로 세척하여 건조시킨 후 사용한다.
④ 밀대의 이물질은 철수세미를 사용하여 제거한다.

41 밀대는 상처가 나지 않도록 부드러운 솔이나 헝겊을 이용하여 청소한다.

42 빵 제조공정 중 반죽 내 기포수(cells)가 가장 많이 증가하는 단계는?

① 1차발효(fermentation) ② 2차발효(proofing)
③ 혼합(mixing) ④ 성형(moulding)

42 성형(moulding)은 밀기-말기-봉하기의 단계를 말하며, 중간 발효된 반죽을 밀어서 큰 가스를 빼내고 반죽 내의 가스를 고르게 분산시켜 제품 내부의 기공을 균일하게 만든다.
이때 반죽 내의 기포수는 기하급수적으로 증가한다.

43 다음 제과 재료 중 계량 오차량이 같을 때 일반적으로 제품에 가장 큰 영향을 주는 것은?

① 밀가루 ② 달걀
③ 설탕 ④ 베이킹파우더

43 제과 및 제빵에서 밀가루는 가장 주가 되는 재료이며, 밀가루의 종류 및 양에 따라 다양한 제품을 만든다.

44 반고체 유지 또는 지방의 각 온도에서 고체 성분비율을 나타내는 것은?

① 고체지방지수(SFT)   ② 용해성(Solubility)

③ 가소성(Plasticity)   ④ 결정구조(Crystal structure)

45 차아염소산나트륨의 살균 효과가 가장 높은 pH는?

① 4.0   ② 9.0

③ 6.0   ④ 7.0

46 이스트에 관한 설명으로 틀린 것은?

① 생이스트 65~70%가 수분으로 되어있다.

② 알코올발효를 일으키는 빵효모이다.

③ 생이스트는 열에 의한 세포의 파괴가 일어나지 않는다.

④ 이산화탄소 가스를 발생시킨다.

47 일반적인 제과작업장의 시설 설명으로 잘못된 것은?

① 조명은 50Lux 이하가 좋다.

② 방충·방서용 금속망은 30메시(mesh)가 적당하다.

③ 벽면은 매끄럽고 청소하기 편리하여야 한다.

④ 창의 면적은 바닥면적을 기준으로 30% 정도가 좋다.

48 다음 중 굽기에 관한 내용으로 틀린 것은?

① 발효가 많이 된 반죽은 정상 발효된 반죽보다 높은 온도에서 굽는다.

② 고배합 및 중량이 많은 반죽은 낮은 온도에서 오랫동안 굽는다.

③ 저배합 및 중량이 적은 반죽은 낮은 온도에서 오랫동안 굽는다.

④ 발효가 적게 된 반죽은 정상 발효된 반죽보다 낮은 온도에서 굽는다.

49 데니시 페이스트리를 제조할 때 가장 적절한 2차 발효실의 온도 조건은?

① 발효를 시키지 않는다.

② 충전용으로 사용한 유지 융점보다 낮게 한다.

③ 충전용으로 사용한 유지 융점보다 높게 한다.

④ 일반적인 발효실 온도 그대로 한다.

---

44 반고체 유지 또는 지방의 각 온도에서 고체 성분비율을 그 온도에서의 고체지방지수(고체지지수)라고 하며, 유지는 고체지지수 15~20%일 때 가장 사용하기가 좋다.

45 차아염소산나트륨은 일명 락스라고 불리우며, 과일류, 채소류 등 식품의 살균에 사용된다(참깨에는 사용금지).

※ 100ppm 농도로 희석 후 pH 8~9에서 가장 살균력이 높다.

46 생이스트는 48℃에서 세포의 파괴가 일어나고 63℃ 정도에서 사멸한다.

47 조명은 작업 내용에 따라 다르지만 50Lux 이상이 좋다.

48 저배합 및 분할량이 적은 반죽은 높은 온도에서 짧게 굽는다.

고온 단시간 (언더 베이킹)	• 높은 온도에서 단시간 굽는 방법 • 저율배합, 발효과다, 분할량이 적을 때
저온 장시간 (오버 베이킹)	• 낮은 온도에서 장시간 굽는 방법 • 고율배합, 발효부족, 분할량이 많을 때

49 데니시 페이스트리의 2차 발효 시 충전용으로 사용한 유지 융점보다 낮게 해야 유지가 흘러나오지 않는다.

50 다음 중 냉동 반죽을 해동시키는 방법으로 적합하지 않은 것은?

① 냉장고(2~3℃)에서 15시간 정도 해동 후 실온에서 발효시킨다.
② 도우 컨디셔너나 리타더 사용 시 시간 조절이 가능하다.
③ 실온에서 30~60분간 자연 해동시킨다.
④ 고온 다습한 2차 발효실에 넣어 해동시킨다.

51 부패의 진행에 의해 수반되는 부패 산물이 아닌 것은?

① 암모니아　　　② 황화수소
③ 일산화탄소　　④ 메르캅탄

52 우유의 성분 중 제품의 껍질색을 개선시켜 주는 것은?

① 수분　　② 칼슘
③ 유당　　④ 유지방

53 교차오염을 예방하는 방법이 아닌 것은?

① 깨끗하고 위생적인 설비와 도구를 사용한다.
② 철저한 개인위생과 손 씻기를 한다.
③ 도마와 칼 사용 시 가공된 식품보다 원재료를 먼저 처리한다.
④ 원재료와 가공된 식품은 각각 다른 기구를 사용한다.

54 식품체에 함유된 단백질분해효소는?

① 레닌(rennin)　　② 브로멜린(bromelin)
③ 펩신(pepsin)　　④ 트립신(trypsin)

55 불포화 지방의 안정성을 높이는 물질은?

① 수소 첨가　　② 물 첨가
③ 산소 첨가　　④ 유화제 첨가

56 초콜릿을 템퍼링한 효과에 대한 설명 중 틀린 것은?

① 안정한 결정이 많고 결정형이 일정하다.
② 입안에서의 용해성이 나쁘다.
③ 광택이 좋고 내부 조직이 치밀하다.
④ 팻 블룸이 일어나지 않는다.

---

50 냉동 반죽의 해동을 2차 발효실과 같은 높은 온도에서 해동을 할 경우 반죽의 표면에서 물이 나오는 드립 현상이 발생하여 제품의 품질을 떨어뜨린다.

51 부패가 진행되어 생성되는 물질로는 아민류, 암모니아, 페놀, 황화수소, 메르캅탄 등이 있다.

52 우유 중 4.8% 정도 함유되어 있는 유당은 캐러멜화 등의 갈변반응으로 껍질색을 개선시켜주는 작용을 한다.

53 교차오염을 예방하기 위해서 원재료와 가공된 식품은 각각 다른 도마나 칼, 기구 등을 사용하는 것이 좋으며, 같은 기구를 사용할 경우에는 가공된 식품을 먼저 처리하고 원재료를 처리한다.

54 식품에 함유된 단백질 분해효소는 배-프로테아제, 파인애플-브로멜린, 파파야-파파인, 무화과-피신, 키위-액티니딘 등이 있다.

55 불포화지방산에 수소를 첨가하면 불포화도가 감소하여 융점이 높아지고 단단해지는 유지의 경화현상이 일어난다.

56 템퍼링을 하면 입안에서 녹는 구용성(용해성)이 좋아진다.

57 식품 중에 자연적으로 생성되는 천연 유독 성분에 대한 설명으로 틀린 것은?

① 아몬드, 살구씨, 복숭아씨 등에는 아미그달린이라는 천연의 유독 성분이 존재한다.

② 천연의 유독 성분들은 모두 열에 불안정하여 100℃로 가열하면 독성이 분해되므로 인체에 무해하다.

③ 천연 유독 성분 중에는 사람에게 발암성, 돌연변이, 기형유발성, 알레르기성, 영양장해 및 급성중독을 일으키는 것들이 있다.

④ 유독 성분의 생성량은 동·식물체가 생육하는 계절과 환경 등에 따라 영향을 받는다.

57 식품 중에 들어있는 천연 유독 성분은 보통 열에 강하여 끓여도 중독을 예방하기 어렵다.

58 사람에게 영향을 미치는 결핵균의 병원체를 보유하고 있는 동물은?

① 쥐 ② 소
③ 말 ④ 돼지

58 병원체를 보유한 소의 우유나 유제품을 불완전하게 살균하여 섭취할 경우 감염된다.

59 어린반죽(발효부족)으로 만든 빵 제품의 특징이 아닌 것은?

① 껍질의 색상이 진하다.
② 발효취가 강하다.
③ 세포벽이 두껍고 결이 거칠다.
④ 기공이 고르지 않고 내상의 색깔이 검다.

59 발효취가 강한 반죽은 발효가 너무 많이 된 지친 반죽이다.

60 물과 기름과 같이 서로 잘 혼합하지 않는 두 종류의 액체를 혼합·분산시켜 주는 식품첨가물은?

① 유화제 ② 증점제
③ 발색제 ④ 살균제

60 유화제 : 기름과 물처럼 식품에서 잘 혼합되지 않는 두 종류의 액체를 혼합하고 분산시키며, 분산된 입자가 다시 응집하지 않도록 안정화시킨다.

【제빵기능사 필기 | 상시대비 실전모의고사 제2회 | 정답】

01 ②	02 ②	03 ③	04 ③	05 ③	06 ③	07 ①	08 ③	09 ①	10 ④
11 ②	12 ②	13 ①	14 ④	15 ④	16 ④	17 ④	18 ④	19 ①	20 ②
21 ②	22 ②	23 ④	24 ②	25 ③	26 ①	27 ①	28 ①	29 ④	30 ②
31 ③	32 ③	33 ③	34 ④	35 ④	36 ③	37 ①	38 ④	39 ③	40 ③
41 ④	42 ④	43 ①	44 ①	45 ②	46 ③	47 ①	48 ③	49 ②	50 ④
51 ③	52 ③	53 ③	54 ②	55 ①	56 ②	57 ②	58 ②	59 ②	60 ①

제빵기능사 필기 | 상시대비 실전모의고사 제3회

해설

▶실력테스트를 위해 문제 옆 해설란을 가리고 문제를 풀어보세요 ▶정답은 409쪽에 있습니다.

01 제빵 생산 시 물 온도를 구할 때 필요한 인자와 가장 거리가 먼 것은?

① 쇼트닝 온도
② 실내온도
③ 마찰계수
④ 밀가루 온도

02 탈지분유를 빵에 넣으면 영양강화, 맛, 색을 좋게 한다. 이 밖에 영향을 주는 측면은 다음 중 어느 것인가?

① 이스트의 영양원이 된다.
② 항산화 효과를 낸다.
③ 호화를 빠르게 한다.
④ 발효 시 완충 역할을 한다.

03 제과제빵 공장의 입지 조건으로 고려할 사항과 가장 거리가 먼 것은?

① 폐수처리 시설
② 인원 수급 문제
③ 주변에 밀 경작 여부
④ 상수도 시설

04 집쥐와 들쥐가 옮기는 질병이 아닌 것은?

① 서교증
② 발진열
③ 돈단독
④ 페스트

05 건포도 식빵 제조 시 2차 발효에 대한 설명으로 틀린 것은?

① 최적의 품질을 위해 2차 발효를 짧게 한다.
② 식감이 가볍고 잘 끊어지는 제품을 만들 때는 2차 발효를 약간 길게 한다.
③ 밀가루의 단백질의 질이 좋은 것일수록 오븐 스프링이 크다.
④ 100% 중종법보다 70% 중종법이 오븐 스프링이 좋다.

---

01 쇼트닝 온도는 제과 반죽 시 마찰계수를 구할 때 필요한 인자이며, 제빵에서는 사용하지 않는다.

사용할 물 온도 = (희망반죽온도×3) − (실내온도+밀가루온도+마찰계수)

02 탈지분유는 발효하는 동안 생기는 유기산과 유단백질(카제인)이 작용하여 반죽의 pH를 조절하는 완충제 역할을 한다.

03 제과제빵 공장이 밀 경작지 주변에 있어야 할 이유는 특별하게 없다.

04 돈단독은 돼지 등 가축의 장기나 고기를 다룰 때 피부의 창상으로 균이 침입하거나 경구 감염된다.
※ 서교증은 쥐에 물렸을 때 세균에 의해 감염되어 발열, 발진 구토 등의 증세를 보이는 질병이다.

05 건포도 식빵은 건포도가 많이 들어가 오븐 스프링이 적게 되기 때문에 2차 발효 시간을 길게 가져가야 한다.

06 커스터드 크림에서 달걀은 주로 어떤 역할을 하는가?

① 쇼트닝 작용　　　　② 결합제
③ 팽창제　　　　　　④ 저장성

06 달걀의 단백질이 열에 의해 응고되어 유동성이 줄고 형태를 지탱할 구성체를 이루는 결합제(농후화제) 역할을 하며, 이를 이용한 대표적인 제품이 커스터드 크림이다.

07 믹서 내에서 일어나는 물리적 성질을 파동 곡선 기록기로 기록하여 밀가루의 흡수율, 믹싱 시간, 믹싱 내구성 등을 측정하는 기계는?

① 아밀로그래프
② 분광분석기
③ 익스텐소그래프
④ 패리노그래프

07 • 아밀로그래프 : α-아밀라아제의 활성도를 측정하여 밀가루의 호화 온도와 호화 정도를 측정하는 기기이다.
　• 분광 분석기 : 빛의 파장을 이용하여 색도를 측정·분석하는 기계이다.
　• 익스텐소그래프 : 반죽의 신장성과 신장에 대한 저항력을 측정한다.

08 스펀지 도우법에서 스펀지 밀가루 사용량을 증가시킬 때 나타나는 결과가 아닌 것은?

① 도우 제조 시 반죽 시간이 길어짐
② 완제품의 부피가 커짐
③ 도 발효 시간이 짧아짐
④ 반죽의 신장성이 좋아짐

08 **스펀지에 밀가루 사용량을 증가시킬 때 효과**
　• 스펀지의 발효 시간은 길어지고, 도우 반죽의 발효 시간인 플로어 타임은 짧아진다.
　• 도우 반죽(2차 반죽)의 반죽 시간은 짧아진다.
　• 반죽의 신장성이 좋아진다.
　• 완제품의 부피가 커지고, 기공막이 얇아지며, 조직이 부드러워 품질이 좋아지고 풍미가 강하게 된다.

09 냉동 반죽법의 재료 준비에 대한 사항 중 틀린 것은?

① 저장온도는 -5℃가 적합하다.
② 노화방지제를 소량 사용한다.
③ 반죽은 조금 되게 한다.
④ 크로와상 등의 제품에 이용된다.

09 냉동 반죽은 -40℃에서 급속 냉동하여 -18~-25℃에서 저장한다.

10 산화제와 환원제를 함께 사용하여 믹싱 시간과 발효 시간을 감소시키는 제빵법은?

① 스트레이트법　　　② 노타임법
③ 비상스펀지법　　　④ 비상스트레이트법

10 노타임법은 산화제와 환원제를 사용하여 믹싱 시간과 발효 시간을 감소시켜 전체 제조 공정시간을 단축시키는 방법이다.

11 식품 제조·가공 및 취급과정 중 교차오염이 발생하는 경우와 거리가 먼 것은?

① 반죽을 성형하고 씻지 않은 손으로 샌드위치 만들기
② 반죽에 생고구마 조각을 얹어 쿠키 굽기
③ 반죽을 자른 칼로 구운 식빵 자르기
④ 생새우를 다루던 도마로 샐러드용 채소 썰기

11 ②는 굽는 조리과정을 거치므로 교차 오염이 아니다.
※ 교차오염은 바로 섭취 가능한 식품과 소독 또는 세정되지 않은 물질을 함께 사용할 경우 미생물의 오염으로 발생한다.

12 카카오의 배유에 대한 설명으로 옳은 것은?

① 카카오 버터가 많이 함유되어 있다.

② 단백질과 무질소 추출물이 많다.

③ 배유를 카카오 빈이라 한다.

④ 좋은 초콜릿을 만들기 위해서는 한 종류의 배유로 혼합한다.

13 단백질의 가장 주요한 기능은?

① 체액의 압력조절　　② 체온 유지

③ 체조직 구성　　④ 유화작용

14 젤라틴의 응고력에 대한 설명으로 옳은 것은?

① 냉수에 비하여 온수에서 응고력이 좋다.

② 산성의 과즙에서 응고력이 낮다.

③ 연수에 비하여 경수에서 응고력이 낮다.

④ 설탕의 농도가 크면 응고력이 좋다.

15 완제품 중량이 400g인 빵 200개를 만들고자 한다. 발효 손실이 2%이고 굽기 및 냉각손실이 12%라고 할 때 밀가루 중량은? (단, 총 배합률은 180%이며, 소수점 이하는 반올림한다.)

① 51,536g　　② 54,725g

③ 61,320g　　④ 61,940g

16 빵 제품의 껍질색이 연한 원인 설명으로 거리가 먼 것은?

① 1차 발효 과다　　② 낮은 오븐 온도

③ 덧가루 사용 과다　　④ 고율배합

17 인수공통감염병 종류가 아닌 것은?

① 디프테리아　　② 렙토스피라증

③ 리스테리아증　　④ 탄저

18 효모 작용에 의해 이산화탄소 가스와 알코올을 만들기에 가장 적당한 1차 발효 시의 온도는?

① 10~13℃　　② 34~35℃

③ 27~28℃　　④ 40~42℃

---

12 카카오 원두를 카카오 빈이라 하고, 껍질 9~13%, 배아 0.6~1%, 배유 85~90%로 구성되어 있다.

※ 배유(카카오 니브스)를 가공하여 카카오 매스를 만들고, 여기에서 지방을 추출하여 굳힌 것이 카카오 버터이다.

13 단백질의 가장 주요한 기능은 체조직을 구성하고 새로운 조직의 합성과 보수를 하는 기능이다.

14 젤라틴에 산을 첨가하면 젤이 부드러워지고(응고력이 낮고), 알칼리를 첨가하면 젤이 단단해진다.

① 13℃ 이상에서는 응고되지 못한다.

③ 무기염류는 응고를 빠르게 하기 때문에 경수에서 응고력이 높다.

④ 설탕의 농도가 높으면 응고를 방해한다.

15 • 완제품의 무게 400g×200개 = 80,000g

• 발효 손실을 감안한 반죽량 = $\dfrac{80,000g}{1-0.02}$ = 81,632g

• 굽기 및 냉각손실을 감안한 반죽량

$= \dfrac{81,632g}{1-0.12}$ = 92,764g

밀가루의 무게(g) = $\dfrac{밀가루\ 비율(\%) \times 총반죽\ 무게(g)}{총배합률(\%)}$

$= \dfrac{100\% \times 92,764g}{180\%}$ ≒ 51,536g

16 고율배합은 설탕, 유지, 달걀 등의 비율이 높은 배합을 말하며, 이 중 설탕은 캐러멜화로 빵의 껍질색을 진하게 만든다.

17 디프테리아는 인수공통감염병은 아니며, 제1급 법정감염병이다.

18 **일반적인 1차 발효의 조건**
온도 27~28℃, 상대습도 75~85%

19 제조 시 살균 공정이 불충분한 통조림을 먹고 식중독이 일어났을 때 추정할 수 있는 원인균은?

① Clostridium botulinum
② Salmonella enteritidis
③ Vibrio parahaemolyticus
④ E. coli

19 클로스트리디움 보툴리눔균은 산소를 기피하는 편성 혐기성균으로, 불충분하게 살균된 통조림 등의 진공 포장 식품에서 식중독을 일으킨다.

20 식빵의 껍질색이 연하게 형성된 이유로 적절하지 않은 것은?

① 건조한 중간발효
② 과다한 1차 발효
③ 덧가루 과다 사용
④ 과다한 기름 사용

20 식빵의 껍질색이 연한 원인으로는 ①, ②, ③ 외에 당 사용량의 부족, 낮은 오븐 온도, 짧은 굽기 시간, 연수 사용, 2차 발효실에서 오븐에 넣기까지 장시간 방치하는 경우 등이 있다.

21 비용적이 2.5 cm³/g인 제품을 다음과 같은 원형 팬을 이용하여 만들고자 한다. 필요한 반죽의 무게는? (단, 소수점 첫째 자리에서 반올림하시오.)

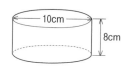

① 100g
② 251g
③ 628g
④ 1,570g

21 원통형 틀의 부피 = 단면적×높이
= (반지름^2×π)×높이
= 5^2×3.14×8 = 628cm³

반죽의 적정 분할량 = $\dfrac{\text{틀의 용적}}{\text{비용적}}$ = $\dfrac{628}{2.5}$ = 251.2g

22 장출혈성 대장균에 대한 설명으로 틀린 것은?

① 오염된 식품 이외에 동물 또는 감염된 사람과의 접촉 등을 통하여 전파될 수 있다.
② 오염된 지하수를 사용한 채소류, 과실류 등이 원인이 될 수 있다.
③ 내성이 강하여 신선 채소의 경우 세척·소독 및 데치기의 방법으로는 예방이 되지 않는다.
④ 소가 가장 중요한 병원소이며, 양, 염소, 돼지, 개, 닭 등 가금류의 대변이 원인이다.

22 장출혈성 대장균은 병원성 대장균으로 O157:H7이 대표적이며, 열에 약하여 65℃ 이상으로 가열하면 사멸한다.

23 경구 감염병의 연결이 틀린 것은?

① 세균에 의한 것 – 장티푸스
② 바이러스에 의한 것 – 유행성 간염
③ 원충류에 의한 것 – 아메바성 이질
④ 곰팡이에 의한 것 – 아플라톡신

23 아플라톡신은 곰팡이에 의한 식중독의 원인물질이다.

24 췌장에서 생성되는 지방 분해효소는?

① 아밀라아제   ② 트립신

③ 리파아제   ④ 펩신

25 다음 중 화학적 소화에 속하는 것은?

① 연동운동

② 소화효소의 작용

③ 분절, 진자운동

④ 저작, 연하작용

26 밀에 1.8%의 회분이 있을 때 이를 제분하여 1급 밀가루를 만들면 밀가루에는 얼마 정도의 회분이 남는가?

① 0.4~0.45%   ② 0.1~0.2%

③ 0.6~0.65%   ④ 0.8~0.9%

27 일반적으로 설탕의 캐러멜화에 필요한 온도로 가장 적합한 것은?

① 150~170℃   ② 100~120℃

③ 70~90℃   ④ 190℃

28 주로 소매점에서 자주 사용하는 믹서로써 거품형 케이크 및 빵 반죽이 모두 가능한 믹서는?

① 수직 믹서(Vertical Mixer)   ② 스파이럴 믹서(Spiral Mixer)

③ 수평 믹서(Horizontal Mixer)   ④ 핀 믹서(Pin Mixer)

29 연속식 제빵법을 사용하는 장점과 가장 거리가 먼 것은?

① 인력의 감소

② 발효 향의 증가

③ 공장면적과 믹서 등 설비의 감소

④ 발효 손실의 감소

30 pH 측정에 의하여 알 수 없는 것은?

① 반죽의 발효 정도

② 반죽의 선도

③ 반죽에 존재하는 총 산의 함량

④ 재료의 품질변화

24 췌장(이자)에서 췌액이 분비되며, 췌액에 들어있는 지방분해효소는 리파제(Lipase)이다.
- 펩신, 트립신 : 단백질 분해효소
- 아밀라아제 : 당질 분해효소

25 소화에는 기계적 소화와 화학적 소화가 있으며, 화학적 소화는 소화효소에 의해 음식물이 아주 작은 단위로 가수분해되는 과정이다.
※ 기계적 소화 : 저작 작용, 소화관 운동(분절운동, 연동운동)

26 1급 밀가루의 회분 함량은 밀의 1/4~1/5 정도로 감소한다. 껍질 부분에 회분이 많으므로 껍질을 분리한 정도를 알 수 있다.
1.8%/5 = 0.36%, 1.8%/4 = 0.45%

27 캐러멜화가 일어나는 온도(℃)
과당(110) < 포도당, 갈락토스(160) < 설탕(160~180) < 맥아당(180)

28 회전하는 축이 수직인 수직 믹서는 소규모 제과점에서 케이크의 반죽이나 소량의 빵 반죽을 만들 때 사용된다.

29 연속식 제빵법은 디벨로퍼에서 반죽을 발전시키는 동안 산소가 결핍되기 때문에 많은 산화제를 사용해야 되고, 산화제는 발효향을 감소시킨다.

30 pH 측정으로 반죽에 존재하는 총 산의 함량을 구할 수 없다.

31 반죽법에 대한 설명 중 틀린 것은?

① 스펀지법은 반죽을 2번에 나누어 믹싱하는 방법으로 중종법이라고 한다.

② 직접법은 스트레이트법이라고 하며, 전재료를 한 번에 넣고 반죽하는 방법이다.

③ 비상반죽법은 제조 시간을 단축할 목적으로 사용하는 반죽법이다.

④ 재반죽법은 직접법의 변형으로 스트레이트법 장점을 이용한 방법이다.

31 재반죽법은 직접법(스트레이트법)의 변형으로 스펀지법 장점을 이용한 방법이다.

32 빵 반죽의 발효에 필수적인 재료가 아닌 것은?

① 밀가루　　　　　　② 물
③ 분유　　　　　　　④ 이스트

32 발효에 필수적인 재료는 밀가루, 이스트, 물이며, 이때 일어나는 발효를 알코올발효라 한다.

33 프랑스빵의 2차 발효실 습도로 가장 적합한 것은?

① 65~70%　　　　　② 75~80%
③ 80~85%　　　　　④ 85~90%

33 프랑스빵과 같은 하스브레드는 표준 식빵의 상대습도인 85%보다 작은 75~80%가 적당하다.

34 제분된 밀가루에 첨가되어 제빵 품질을 증진시키기 위해 사용되는 식품첨가물은?

① 증점제　　　　　　② 팽창제
③ 밀가루 개량제　　　④ 유화제

34 밀가루 개량제는 밀가루의 표백과 숙성시간을 단축하고 제빵의 저해 물질(카로티노이드계 색소 및 단백질 분해효소 등)을 파괴하며, 장기간 저장 중의 품질 변화를 억제하기 위하여 사용되는 첨가물이다.

35 HACCP의 7원칙에 대한 내용이 아닌 것은?

① 검증 절차 및 방법으로 HACCP 관리계획의 적절성 평가만 실시하면 된다.

② 제조공정 상의 중요관리점을 결정해야 한다.

③ 중요관리점의 한계 기준을 설정해야 한다.

④ 개선조치 방법은 반드시 수립해야 한다.

35 HACCP 수행단계 7원칙
① 모든 잠재적 위해요소분석
② 중요관리점(CCP) 결정
③ 중요관리점의 한계 기준 설정
④ 중요관리점별 모니터링 체계 확립
⑤ 개선조치 방법 수립
⑥ 검증 절차 및 방법 수립
⑦ 문서화 및 기록유지방법 설정

36 빵의 팬닝(팬 넣기)에 있어 팬의 온도로 가장 적합한 것은?

① 0~5℃　　　　　　② 20~24℃
③ 30~35℃　　　　　④ 60℃ 이상

36 팬닝 시 팬의 온도는 32℃ 정도(30~35℃)가 적합하다.

37 소독의 지표가 되는 소독제는?

① 석탄산　　　　　　② 크레졸
③ 과산화수소　　　　④ 포르말린

37 소독약의 살균력 측정 지표가 되는 소독제는 석탄산이다.

38 빵의 포장과 냉각에 대한 설명 중 틀린 것은?

① 빵 내부의 적정 냉각온도는 20℃이다.
② 냉각 중 습도가 낮으면 껍질이 갈라지기 쉽다.
③ 포장 목적은 수분 증발 억제, 노화 방지이다.
④ 포장지는 저렴하고 위생적이어야 한다.

38 빵 포장 시 빵 내부의 적정 온도
35~40℃

39 산화방지제와 거리가 먼 것은?

① 몰식자산프로필
② 부틸히드록시아니솔
③ 비타민 A
④ 디부틸히드록시톨루엔

39 비타민 중에서 산화방지제(항산화제)로 사용하는 것은 비타민 C(아스코르빈산)와 비타민 E(토코페롤)이다.

40 필수아미노산이 아닌 것은?

① 이소류신, 히스티딘
② 메티오닌, 페닐알라닌
③ 트립토판, 발린
④ 트레오닌, 글루타민

40 **필수아미노산**
• 성인 : 이소류신, 류신, 라이신, 발린, 메티오닌, 트레오닌, 페닐알라닌, 트립토판
• 영유아 : 성인 필수아미노산 + 알기닌, 히스티딘

41 튀김용 기름이 발연점 이상이 되어 발생하는 물질로 눈을 자극하고 악취를 내는 것은?

① 모노글리세라이드
② 아크롤레인 및 저급지방산
③ 글리세린
④ 고급지방산

41 기름을 발연점 이상으로 가열하면 아크롤레인 및 저급지방산이 생성되어 눈을 쏘고 악취와 좋지 않은 맛을 낸다.

42 탈지분유 구성 중 50% 정도를 차지하는 것은?

① 수분 ② 지방
③ 유당 ④ 회분

42 **탈지분유의 구성(%)**
• 유당 : 50~52
• 단백질 : 35.6~38
• 회분 : 8.0~8.36
• 수분 : 2.7~3.6
• 지방 : 0.78~1.03

43 미생물 증식에 대한 설명으로 틀린 것은?

① 한 종류의 미생물이 많이 번식하면 다른 미생물의 번식이 억제될 수 있다.
② 냉장 온도에서는 유해 미생물이 전혀 증식할 수 없다.
③ 70℃에서도 생육이 가능한 미생물이 있다.
④ 수분함량이 낮은 저장 곡류에서도 미생물은 증식할 수 있다.

43 냉장 온도에서 증식하는 저온균이 있어 냉장 보관은 장기보관 대책이 안된다.

44 유화제를 사용하는 목적이 아닌 것은?

① 빵이나 케이크의 노화를 지연시킬 수 있다.
② 물과 기름이 잘 혼합되게 한다.
③ 빵이나 케이크를 부드럽게 한다.
④ 달콤한 맛이 나게 하는데 사용한다.

44 유화제의 사용 목적
• 물과 기름이 잘 혼합되게 함
• 반죽의 기계적 내성을 향상시켜 찢어짐을 방지
• 조직을 부드럽게 만듦
• 노화 지연
• 부피 증가

45 즉석판매제조·가공 대상 식품에 해당하지 않은 것은?

① 냉동식품 : 만두
② 커피 : 볶은 커피
③ 엿류 : 모든 품목
④ 과자류 : 과자, 캔디류

45 즉석판매제조·가공업소에서 소비자가 원하는 만큼 덜어서 판매할 수 없는 식품은 통·병조림 제품, 레토르트식품, 냉동식품, 어육 제품, 특수용도식품, 식초, 전분이다.

46 스트레이트법과 비교할 때 스펀지법의 특징이 아닌 것은?

① 저장성 증대
② 제품의 부피 증가
③ 공정시간 단축
④ 이스트 사용량 감소

46 스펀지법은 스펀지와 도로 나누어 믹싱을 하기 때문에 스트레이트법에 비하여 공정시간이 늘어난다.

47 다음 중 가루 재료(밀가루)를 체질하는 이유가 아닌 것은?

① 이물질 제거
② 공기 혼입
③ 마찰열 발생
④ 재료 분산

47 밀가루의 체질 목적과 마찰열 발생과는 관계가 없다.

48 성형에서 반죽의 중간발효 후 밀어펴기 하는 과정의 주된 효과는?

① 가스를 고르게 분산
② 단백질의 변성
③ 글루텐 구조의 재정돈
④ 부피의 증가

48 중간발효 후 밀어펴기를 통하여 큰 가스를 빼내고 반죽 내의 가스를 고르게 분산시켜 제품 내부의 기공을 균일하게 만든다.

49 물엿을 계량할 때 바람직하지 않은 방법은?

① 설탕 계량 후 그 위에 계량한다.
② 스테인리스 그릇 혹은 플라스틱 그릇을 사용하는 것이 좋다.
③ 살짝 데워서 계량하면 수월할 수 있다.
④ 일반 식품지를 잘 잘라서 그 위에 계량하는 것이 좋다.

49 일반 식품지 위에서 물엿을 개량하면 물엿이 달라붙어 재료의 손실이 커진다.

50 멸균의 설명으로 옳은 것은?

① 오염된 물질을 세척하는 것
② 미생물의 생육을 저지시키는 것
③ 모든 미생물을 완전히 사멸시키는 것
④ 물리적 방법으로 병원체를 감소시키는 것

50 멸균은 모든 미생물을 사멸시켜 완전 무균상태로 만드는 것이다.

51 대장균군이 식품위생학적으로 중요한 이유는?

① 식중독균을 일으키는 원인균이기 때문
② 분변 오염의 지표 세균이기 때문
③ 부패균이기 때문
④ 대장염을 일으키기 때문

51 대장균은 식품을 오염시키는 다른 균들의 오염 정도를 측정하는 지표로 사용한다.

52 베이킹파우더를 많이 사용한 제품의 결과가 아닌 것은?

① 세포벽이 열려서 속결이 거칠다.
② 속 색이 어둡고 건조가 빠르다.
③ 산성 물질이므로 밝은 기공을 만든다.
④ 오븐 팽창이 커서 찌그러들기 쉽다.

52 베이킹파우더의 사용량이 과다할 경우
• 밀도가 낮고 부피가 크다.
• 기공과 조직이 조밀하지 못하여 속결이 거칠다.
• 오븐 스프링이 커서 찌그러지거나 주저앉기 쉽다.
• 속 색이 어둡고, 같은 조건일 때 건조가 빠르다.

53 빵 반죽의 특성인 글루텐을 형성하는 밀가루의 단백질 중 탄력성과 가장 관계가 깊은 것은?

① 알부민(Albumin)
② 글로불린(Globulin)
③ 글리아딘(Gliadin)
④ 글루테닌(Glutenin)

53 글루텐 형성 단백질 중 탄력성을 부여하는 단백질은 글루테닌이다.

54 1차 발효 중에 펀치를 하는 이유는?

① 반죽의 온도를 높이기 위해
② 이스트를 활성화시키기 위해
③ 효소를 불활성화시키기 위해
④ 탄산가스 축적을 증가시키기 위해

54 펀치는 반죽의 가장자리 부분을 가운데로 뒤집어 모아 축적된 탄산가스를 빼주는 작업으로 새로운 산소를 공급하여 이스트를 활성화함으로써 발효 속도의 지연을 막고, 반죽 전체의 온도를 균일하게 만들기 위하여 한다.

55 굽기 후 빵을 썰어 포장하기에 가장 좋은 온도는?

① 17℃
② 27℃
③ 37℃
④ 47℃

55 빵을 썰거나 포장하기에 가장 좋은 온도는 빵 속의 온도가 35~40℃, 수분함량은 38%이다.

56 공장 설비 중 제품의 생산능력은 어떤 설비가 가장 중요한 기준이 되는가?

① 오븐
② 발효기
③ 믹서
④ 작업 테이블

56 오븐의 제품 생산능력보다 믹서와 발효실에서 만들어지는 반죽이 많으면 반죽이 지치게 되기 때문에 오븐을 제품 생산능력의 기준으로 삼는다.

57 오븐에서 빵이 갑자기 팽창하는 현상인 오븐 스프링이 발생하는 이유와 거리가 먼 것은?

① 가스압의 증가
② 알코올의 증발
③ 탄산가스의 증발
④ 단백질의 변성

57 오븐 스프링은 가스압과 수증기압의 증가, 알코올과 탄산가스의 증발로 인하여 일어난다. 단백질이 변성되기 시작하면 빵이 팽창을 멈추기 시작한다.

58 어린 반죽(발효 부족)으로 만든 빵 제품의 특징이 아닌 것은?

① 기공이 고르지 않고 내상의 색깔이 검다.

② 껍질의 색상이 진하다.

③ 세포벽이 두껍고 결이 거칠다.

④ 발효취가 진하다.

58 지친 반죽(발효 과다)에서 신 냄새 등의 발효취가 많이 난다.

59 제빵에서 중간발효의 목적이 아닌 것은?

① 반죽을 하나의 표피로 만든다.

② 분할공정으로 잃었던 가스의 일부를 다시 보완시킨다.

③ 반죽의 글루텐을 회복시킨다.

④ 정형 과정 중 찢어지거나 터지는 현상을 방지한다.

59 반죽을 하나의 표피로 만드는 공정은 믹싱 후나 둥글리기를 할 때이다.

60 데니시 페이스트리 반죽의 적정 온도는?

① 18~22℃　　　　② 26~31℃

③ 35~39℃　　　　④ 45~49℃

60 데니시 페이스트리는 냉장휴지의 공정을 거쳐야 하므로 일반 빵에 비해 반죽 온도를 좀 낮은 18~22℃가 적정하다.

【제빵기능사 필기 | 상시대비 실전모의고사 제3회 | 정답】

01 ①	02 ④	03 ③	04 ③	05 ①	06 ②	07 ④	08 ①	09 ①	10 ②
11 ②	12 ①	13 ③	14 ③	15 ①	16 ④	17 ①	18 ③	19 ①	20 ④
21 ②	22 ③	23 ④	24 ③	25 ②	26 ①	27 ①	28 ①	29 ②	30 ③
31 ④	32 ①	33 ②	34 ③	35 ①	36 ③	37 ①	38 ①	39 ③	40 ④
41 ②	42 ③	43 ②	44 ④	45 ①	46 ③	47 ③	48 ①	49 ④	50 ③
51 ②	52 ③	53 ④	54 ③	55 ③	56 ①	57 ④	58 ④	59 ①	60 ①

제빵기능사 필기 | 상시대비 실전모의고사 제4회

▶실력테스트를 위해 문제 옆 해설란을 가리고 문제를 풀어보세요 ▶정답은 419쪽에 있습니다.

01 식품 취급에서 교차오염을 예방하기 위한 행위 중 옳지 않은 것은?

① 칼, 도마를 식품별로 구분하여 사용한다.
② 고무장갑을 일관성 있게 하루에 하나씩 사용한다.
③ 조리 전의 육류와 채소류는 접촉되지 않도록 구분한다.
④ 위생복을 식품용과 청소용으로 구분하여 사용한다.

01 고무장갑에 오염물질이 묻으면 수시로 갈아줌으로써 교차 오염을 예방할 수 있다.

02 팬 오일의 조건이 아닌 것은?

① 발연점이 130℃ 정도 되는 기름을 사용한다.
② 면실유, 대두유 등의 기름이 이용된다.
③ 산패되기 쉬운 지방산이 적어야 한다.
④ 보통 반죽 무게의 0.1~0.2%를 사용한다.

02 팬 오일은 발연점이 210℃ 이상인 기름을 사용한다.

03 팬의 가로, 세로가 각각 10cm이고, 높이가 5cm일 때 비용적 4cc/g의 빵을 구우려 한다면 몇 g의 빵을 분할하여 팬닝하여야 하는가?

① 100g   ② 175g
③ 125g   ④ 155g

03 팬의 용적 = 가로×세로×높이
$$= 10 \times 10 \times 5 = 500 \text{ cm}^3$$

반죽의 적정 분할량 $= \dfrac{\text{틀의 용적}}{\text{비용적}}$

$$= \dfrac{500 \text{ cm}^3}{4 \text{ cc/g}} = 125g$$

$1\text{cc} = 1\text{cm}^3$

04 겨울철 굳어버린 버터크림의 농도를 조절하기 위한 첨가물은?

① 초콜릿   ② 캐러멜색소
③ 분당   ④ 식용유

04 겨울철에 버터크림이 굳어버리면 식용유를 첨가하여 농도를 조절함으로써 부드럽게 유지되도록 한다.

05 경구감염병의 예방대책 중 감염병에 대한 대책으로 바람직하지 않은 것은?

① 오염이 의심되는 물건은 어둡고 손이 닿지 않는 곳에 모아둔다.
② 환자가 발생하면 접촉자의 대변을 검사하고 보균자를 관리한다.
③ 일반 및 유흥음식점에서 일하는 사람들은 정기적인 건강진단이 필요하다.
④ 환자를 조기 발견하여 격리 치료한다.

05 오염이 의심되는 식품은 수거하여 검사기관에 보내야 한다.

06 제빵에서 설탕의 기능으로 틀린 것은?

① 이스트의 영양분이 됨 ② 껍질색을 나게 함
③ 향을 향상시킴 ④ 노화를 촉진시킴

07 다음 중 기구·용기·포장재에서 용출될 가능성이 가장 높은 유독 성분은?

① 아질산염
② 테트라에틸납
③ 폴리비닐화합물
④ 시안화합물

08 냉동 반죽법에서 1차 발효 시간이 길어질 경우 나타나는 현상은?

① 냉동 저장성이 짧아진다.
② 이스트의 손상이 작아진다.
③ 반죽 온도가 낮아진다.
④ 제품의 부피가 커진다.

09 비상 스트레이트 반죽법의 장점과 거리가 먼 것은?

① 저장성의 증가
② 주문에 신속 대처
③ 짧은 공정시간
④ 임금 절약

10 분할된 반죽을 둥그렇게 말아 하나의 피막을 형성하도록 하는 기계는?

① 믹서(mixer)
② 오버헤드 프루퍼(overhead proofer)
③ 정형기(moulder)
④ 라운더(rounder)

11 2차 발효에 관련된 설명으로 틀린 것은?

① 2차 발효실의 습도가 지나치게 높으면 껍질이 과도하게 터진다.
② 2차 발효실의 상대습도는 약 75~90%가 적당하다.
③ 원하는 크기와 글루텐의 숙성을 위한 과정이다.
④ 2차 발효는 온도, 습도, 시간의 세 가지 요소에 의하여 조절된다.

12 밀가루 온도 25℃, 실내온도 26℃, 수돗물 온도 17℃, 결과 온도 30℃, 희망 온도 27℃일 때 마찰계수는?

① 32　　　　　　　　② 22

③ 2　　　　　　　　④ 12

13 성형한 식빵 반죽을 팬에 넣을 때 이음매의 위치는 어느 쪽이 가장 좋은가?

① 위　　　　　　　　② 우측

③ 좌측　　　　　　　④ 아래

14 다음 중 노화의 속도에 영향을 미치는 요인으로 가장 거리가 먼 것은?

① 유화제　　　　　　② 수분함량

③ 펜토산　　　　　　④ 효소작용

15 제품의 유통기간 연장을 위해서 포장에 이용되는 불활성 가스는?

① 산소　　　　　　　② 질소

③ 수소　　　　　　　④ 염소

16 빵과 같은 곡류 식품의 변질에 관여하는 주 오염균은?

① 비브리오　　　　　② 곰팡이

③ 대장균　　　　　　④ 살모넬라균

17 분할을 할 때 반죽의 손상을 줄일 수 있는 방법이 아닌 것은?

① 스트레이트법보다 스펀지법으로 반죽한다.

② 단백질 함량이 많은 질 좋은 밀가루로 만든다.

③ 반죽 온도를 높인다.

④ 가수량이 최적인 상태의 반죽을 만든다.

18 식빵 600g짜리 10개를 제조할 때 발효 및 굽기, 냉각손실 등을 합하여 총 손실이 20%이고 배합률의 합계가 150%라면 밀가루의 사용량은?

① 8kg　　　　　　　② 6kg

③ 5kg　　　　　　　④ 3kg

해설

12 마찰계수 = (결과온도×3) − (실내온도+밀가루온도
　　　　　　　　　　　　　+수돗물온도)

= (30×3) − (26+25+17)

= 90−68 = 22

13 반죽을 봉합한 이음매가 바닥을 향하지 않으면 2차 발효와 굽기 시 이음매가 벌어진다.

14 노화의 속도는 수분함량, 유화제, 펜토산의 함량, 전분의 구조 등에 영향을 받는다.

15 **질소가스 치환 포장**
밀봉 포장 용기에서 공기를 흡인하여 탈기하고, 대신에 불활성 가스인 질소로 치환하여 물품의 변질 등을 방지하고, 유통기한의 연장을 목적으로 하는 포장 방법이다

16 곡류 식품을 변질시키는 주 오염균은 곰팡이이다.

17 분할 시 반죽의 온도가 높으면 글루텐이 연화되어 반죽의 손상이 커지고, 반죽의 온도가 낮으면 글루텐에 탄력성이 생겨 반죽의 손상이 적게 된다.

18 • 완제품의 무게 = 600g×10개 = 6,000g

• 손실을 감안한 반죽량 = $\dfrac{6,000g}{1-0.2}$ = 7,500g

• 밀가루 무게(g) = $\dfrac{밀가루\ 비율(\%)×총반죽\ 무게(g)}{총배합률(\%)}$

= $\dfrac{100\%×7,500g}{150\%}$

= 5,000g = 5kg

19 감자의 독성분이 가장 많이 들어있는 것은?

① 감자즙
② 노란 부분
③ 겉껍질
④ 싹 튼 부분

19 감자의 싹 튼 부분에는 솔라닌이 많이 들어있으며, 썩은 감자에서 나오는 독성분은 셉신이다.

20 다음 중 제과제빵에 안정제를 사용하는 목적과 거리가 먼 것은?

① 아이싱 제조 시 끈적거림을 방지한다.
② 젤리나 잼 제조에 사용한다.
③ 케이크나 빵에서 흡수율을 감소시킨다.
④ 크림 토핑물 제조 시 부드러움을 제공한다.

20 제과제빵에서 안정제는 제품의 수분흡수율을 증가시켜 노화와 건조를 지연시켜 준다.

21 식빵 제조 시 직접반죽법에서 비상반죽법으로 변경할 경우 조치사항이 아닌 것은?

① 설탕 1% 감소
② 믹싱 20~25% 증가
③ 수분흡수율 1% 감소
④ 이스트양 증가

21 **비상 스트레이트법으로 변경 시 필수조치사항**
① 1차 발효 시간을 줄인다.
② 믹싱 시간을 20~25% 늘린다.
③ 이스트의 사용량을 2배로 늘린다.
④ 반죽 희망 온도를 30~31℃로 높인다.
⑤ 물의 양을 1% 늘린다.
⑥ 설탕을 1% 줄인다.

22 다음 중 재료를 나누어 두 번 믹싱하고, 두 번 발효하는 반죽 방법은?

① 스트레이트법
② 스펀지법
③ 비상 스트레이트법
④ 액체발효법

22 스펀지법은 재료를 나누어 두 번 믹싱하고 두 번 발효하는 방법으로 첫 번째를 스펀지 반죽, 두 번째를 도우 반죽이라 한다.

23 제빵에서 사용하는 측정 단위에 대한 설명으로 옳은 것은?

① 무게를 측정하는 것을 계량이라고 한다.
② 제빵에서 사용되는 재료들은 무게보다는 부피 단위로 계량된다.
③ 온도는 열의 양을 측정하는 것이다.
④ 우리나라에서 사용하는 온도는 화씨이다.

23 ② 제과제빵에서 사용되는 재료는 부피보다 무게 단위로 계량한다.

③ 온도는 물체의 차고 뜨거운 정도를 수치로 나타낸 것이고, 열량을 나타내는 단위는 칼로리(cal)이다.
④ 우리나라에서 사용하는 온도는 섭씨(℃)이다.

24 식빵의 가장 일반적인 포장 적온은?

① 15℃
② 25℃
③ 35℃
④ 45℃

24 식빵의 가장 일반적인 포장 적온은 35~40℃이다.

25 소규모 제과점용으로 가장 많이 사용되며 반죽을 넣는 입구와 제품을 꺼내는 출구가 같은 오븐은?

① 컨벡션 오븐
② 터널 오븐
③ 릴 오븐
④ 데크 오븐

25 데크 오븐은 '일반 오븐'이라고도 하며, 주로 소규모 제과점에서 가장 많이 사용하는 오븐이다. 반죽을 넣는 입구와 출구가 같아 넣고 꺼내기가 편리하며, 굽는 과정을 육안으로 확인할 수 있으나 오븐 내부에 온도 차이가 있는 단점이 있다.

26 반죽 무게를 구하는 식은?

① 틀부피 ÷ 비용적
② 틀부피 + 비용적
③ 틀부피 × 비용적
④ 틀부피 − 비용적

26 반죽 무게는 틀 부피를 비용적으로 나누어 산출한다.

$$반죽\ 무게 = \frac{틀부피}{비용적}$$

27 제빵에서 믹싱의 주된 기능은?

① 혼합, 글루텐의 발전
② 거품 포집, 재료 분산
③ 혼합, 거품 포집
④ 재료 분산, 온도상승

27 보기의 모든 것이 제빵에서 믹싱의 목적이 될 수 있으나, 가장 주된 기능은 혼합과 글루텐의 발전이다.

28 호염성 세균으로서 어패류를 통화여 가장 많이 발생하는 식중독은?

① 살모넬라 식중독
② 장염비브리오 식중독
③ 병원성 대장균 식중독
④ 포도상구균 식중독

28 장염비브리오는 호염성 세균이다.

29 병원성 대장균 식중독의 가장 적합한 예방책은?

① 곡류의 수분을 10% 이하로 조정한다.
② 어류의 내장을 제거하고 충분히 세척한다.
③ 어패류는 민물로 깨끗이 씻는다.
④ 건강보균자나 환자의 분변 오염을 방지한다.

29 병원성 대장균 식중독의 가장 적합한 예방책은 환자나 보균자의 분변 오염을 방지하는 것이다.

30 다음 제품 제조 시 2차 발효실의 습도를 가장 낮게 유지하는 것은?

① 빵 도넛
② 햄버거빵
③ 풀먼식빵
④ 과자빵

30 **제품별 2차 발효실의 습도**
• 빵 도넛 : 75%
• 햄버거빵 : 85%
• 풀먼식빵 : 85%
• 과자빵 : 80~85%

31 성형하여 철판에 반죽을 놓을 때, 일반적으로 가장 적당한 철판의 온도는?

① 약 10℃
② 약 25℃
③ 약 32℃
④ 약 55℃

31 팬닝할 때 철판(팬)의 온도는 32℃ 정도가 가장 적당하다.
※ 온도가 낮으면 2차 발효가 느리고 팽창이 고르지 못하며, 온도가 높으면 빵이나 케이크가 주저앉을 수 있다.

32 일반적으로 2차 발효 시 완제품 용적의 몇 %까지 팽창시키는가?

① 30~40%
② 50~60%
③ 70~80%
④ 90~100%

32 2차 발효의 완료점은 완제품 용적의 70~80%까지 팽창하였을 때이다.

33 일반적으로 제빵용 이스트로 사용되는 것은?

① Saccharomyces cerevisiae
② Saccharomyces ellipsoideus
③ Aspergillus niger
④ Bacillus subtilis

34 코코아(Cocoa)에 대한 설명 중 옳은 것은?

① 카카오 니브스를 건조한 것이다.
② 초콜릿 리쿠어를 압착·건조한 것이다.
③ 코코아버터를 만들고 남은 박(Press Cake)을 분쇄한 것이다.
④ 비터 초콜릿을 건조, 분쇄한 것이다.

35 다음 중 바이러스가 원인인 병은?

① 파라티푸스　　② 콜레라
③ 간염　　④ 장티푸스

36 빵의 제조과정에서 빵 반죽을 분할기에서 분할할 때 달라붙지 않게 하는 첨가물은?

① 호료(Thickening Agent)
② 피막제(Coating Agent)
③ 용제(Solvents)
④ 이형제(Release Agent)

37 우리나라의 식품위생법에서 정하고 있는 내용이 아닌 것은?

① 건강기능식품의 검사
② 건강진단 및 위생교육
③ 조리사 및 영양사의 면허
④ 식중독에 관한 조사 보고

38 당뇨병인 사람을 위해 식빵을 제조할 때 적합한 조치사항이 아닌 것은?

① 해조류를 첨가하여 제조한다.
② 설탕 대신 대체 감미료를 사용한다.
③ 현미를 첨가한다.
④ 유지의 양을 늘린다.

33 지금까지 발견된 이스트의 종류는 약 350여 종이 있으며, 일반적으로 제빵용으로 사용되는 이스트의 학명은 사카로마이세스 세레비시에(Saccharomyces cerevisiae)이다.
② 와인 양조에 사용되는 일명 포도주 효모이다.
③ 검은 곰팡이로 강력한 효소를 지닌 유용한 균이다.
④ 고초균을 말한다.

34 코코아는 카카오 매스를 압착하여 카카오 버터(코코아버터)를 만들고 남은 카카오 박을 분쇄하여 200메시 정도의 고운 분말로 만든 것이다.

35 · 간염(바이러스)
· 장티푸스, 파라티푸스, 콜레라(세균)

36 빵 반죽을 분할기에서 분할할 때나 구울 때 달라붙지 않게 하고, 모양을 그대로 유지하기 위하여 사용되는 식품첨가물은 이형제이다. 유동파라핀 1종만 허용되어 있다.

37 건강기능식품의 검사에 대한 사항은 건강기능식품에 관한 법률에서 정하고 있다.

38 당뇨병은 인슐린의 분비가 잘되지 않거나 정상적인 대사가 이루어지지 않는 병으로, 적정한 혈당을 유지하기 위하여 당류와 지방의 섭취를 줄이는 것이 좋다.

39 다음 중 전분의 구조가 100% 아밀로펙틴으로 이루어진 것은 무엇인가?

① 콩　　　　　　　　② 찰옥수수
③ 보리　　　　　　　④ 멥쌀

40 제빵에서 쇼트닝의 기능과 가장 거리가 먼 것은?

① 비효소적 갈변　　　② 부피의 개선
③ 조직의 개선　　　　④ 저장성 증가

41 배합의 합계는 170%, 쇼트닝은 4%, 소맥분의 중량은 5kg이다. 이때 쇼트닝의 중량은?

① 800g　　　　　　　② 200g
③ 680g　　　　　　　④ 850g

42 재료 계량에 대한 설명으로 틀린 것은?

① 가루 재료는 서로 섞어 체질한다.
② 저울을 사용하여 정확히 계량한다.
③ 이스트, 소금, 설탕은 함께 계량한다.
④ 사용할 물은 반죽 온도에 맞도록 조절한다.

43 위해요소중점관리기준(HACCP)을 식품별로 정하여 고시하는 자는?

① 시장 또는 구청장　　② 환경부장관
③ 식품의약품안전처장　④ 보건복지부장관

44 칼국수 100g에 탄수화물이 40% 함유되어 있다면 칼국수 200g을 섭취하였을 때 탄수화물로부터 얻을 수 있는 열량은?

① 320kcal　　　　　　② 800kcal
③ 400kcal　　　　　　④ 720kcal

45 식품 제조공정 중에서 거품을 없애는 용도로 사용되는 첨가물은?

① 글리세린　　　　　② 프로필렌글리콜
③ 피페로닐부톡시드　④ 실리콘수지

해설

39 찹쌀과 찰옥수수의 전분은 아밀로펙틴만으로 구성되어 있으며, 일반 곡물은 아밀로오스 17~28%, 아밀로펙틴 72~83%로 구성되어 있다.

40 비효소적 갈변은 식품의 색상변화가 효소에 의하지 않는 것을 말하며, 마이야르 반응, 캐러멜화 반응, 비타민 C의 산화 반응 등이 있으며, 비효소적 갈변과 쇼트닝의 기능은 관계가 없다.

41 베이커스 퍼센트의 배합이므로, 밀가루의 총사용량 5,000g을 100%로 보고, 쇼트닝이 4%이므로 5,000g×0.04 = 200g이다.

42 소금은 이스트의 발효력을 약화시키기 때문에 같이 계량하지 않는다.

43 식품의약품안전처장은 위해요소중점관리기준을 식품별로 정하여 고시할 수 있다.

44 탄수화물은 4kcal/g의 열량을 내므로
200×0.4×4kcal = 320kcal

45 식품 제조공정 시 거품을 없애는 용도로 사용하는 첨가물은 소포제이며, 허용되어 있는 소포제는 규소수지(실리콘수지)의 1종뿐이다.

46 심한 운동으로 열량이 크게 필요할 때 지방은 여러 유리한 점을 가지고 있는데 그중 잘못된 것은?

① 위 내에 체재 시간이 길어 만복감을 준다.
② 단위 중량당 열량이 높다.
③ 비타민 B_{12}의 절약작용을 한다.
④ 총열량의 30% 이상을 지방으로 충당할 수 있다.

46 지방은 비타민 B_1(티아민)의 절약작용을 한다.

47 장티푸스 질환의 특성은?

① 급성 간염 질환
② 급성 전신성 열성 질환
③ 급성 이완성 마비 질환
④ 만성 간염 질환

47 장티푸스는 온몸에 열이 급속하게 나는 급성 전신성 열성 질환이다.

48 일반적으로 빵을 굽는데 필요한 표준 온도는?

① 180~230℃
② 100~150℃
③ 100℃ 이하
④ 250℃ 이상

48 일반적으로 빵을 구울 때 사용하는 오븐의 온도는 180~230℃이다.

49 다음 중 빵을 가장 빠르게 냉각시키는 방법은?

① 자연냉각법
② 진공냉각법
③ 공기조절법
④ 공기배출법

49 진공냉각법은 진공상태 또는 그에 가까운 상태로 압력을 낮추면 빵의 수분이 증발하는 잠열로 냉각시키는 방법으로 빵을 가장 빠르게 냉각한다.

50 파운드 케이크를 만들기 위해 사용되는 유지에서 가장 중요한 기능은?

① 쇼트닝가
② 유화성
③ 안정성
④ 가소성

50 파운드 케이크는 밀가루, 설탕, 달걀, 유지(버터)를 같은 비율로 넣고 만드는 제품으로 유지와 액체의 사용량이 많기 때문에 유화성이 중요하다.

51 물에 대한 설명 중 옳은 것은?

① 경도는 물의 염화나트륨(NaCl) 양에 따라 변한다.
② 일시적 경수는 화학적 처리에 의해서만 연수가 된다.
③ 연수 사용 시 이스트 푸드로 경도를 조절한다.
④ 경수 사용 시 발효 시간이 감소한다.

51 ① 경도는 물에 녹아있는 칼슘염과 마그네슘염의 양에 따라 달라진다.
② 일시적 경수는 가열하면 탄산염이 침전되어 연수가 된다.
④ 연수 사용 시 발효 시간이 짧아진다.

52 다음 중 글루텐을 형성하는 주된 성분은?

① 글로불린, 글루테닌
② 글루테닌, 글리아딘
③ 글리아딘, 알부민
④ 글로불린, 알부민

52 밀가루 단백질인 글리아딘(Gliadin)과 글루테닌(Glutenin)에 물을 넣고 반죽하면 점탄성을 가진 글루텐이 형성된다.

53 다음 중 식품 공장이나 단체급식소에서 기계·기구의 살균·소독제로 사용되지 않는 것은?

① 산 – 음이온 계면활성제
② 제4암모늄 화합물
③ 차아염소산나트륨
④ 포름알데히드

53 포름알데히드는 보존료 및 살균제로 사용되나 인체에 대한 독성이 강하여 식품 공장이나 기계·기구의 살균에 사용되지 않는다.

54 제과제빵에서 사용하는 팽창제에 대한 설명으로 틀린 것은?

① 이스트는 생물학적 팽창제로 이스트에 함유된 효모가 알코올 발효를 하면서 이산화탄소를 만들어낸다.
② 베이킹파우더는 소다의 단점인 쓴맛을 제거하기 위하여 산으로 중화시켜 놓은 것이다.
③ 암모니아는 냄새 때문에 과자 등을 만드는 데 사용하지 않는다.
④ 소다(Soda)의 사용량이 과다하면 쓴맛이 난다.

54 과자(쿠키)의 퍼짐성을 좋게 하기 위하여 베이킹파우더, 중조, 암모늄염 등의 화학팽창제를 사용한다.

55 표준 스펀지 도우법에서 스펀지 발효 시간은?

① 1시간~2시간 30분
② 3시간~4시간 30분
③ 5시간~6시간
④ 7시간~8시간

55 표준 스펀지 도우법의 스펀지 발효 시간은 3~5시간 정도이고, 표준 스트레이트법의 1차 발효 시간은 1~3시간이다.

56 다음 중 2차 발효의 상대습도가 가장 낮은 제품은?

① 옥수수빵
② 데니시 페이스트리
③ 우유 식빵
④ 팥소 빵

56 **제품별 2차 발효의 상대습도**
• 상대습도 85% : 햄버거빵, 식빵, 팥소 빵 등
• 상대습도 75~80% : 데니시 페이스트리, 하스브레드 등
• 상대습도 65~70% : 도넛류

57 케이크 반죽의 pH가 적정 범위를 벗어나 알칼리 쪽에 치우친 경우의 제품은?

① 부피가 작다.
② 향이 약하다.
③ 껍질색이 여리다.
④ 기공이 거칠다.

57 케이크 반죽이 적정 범위를 벗어나 알칼리성이면 글루텐을 용해시켜 부피팽창을 유도하기 때문에 기공이 크고 거칠며, 강한 향과 진한 색이 만들어지며, 부피가 커진다.

58 A 회사의 밀가루 입고기준은 수분이 14%이다. 20kg짜리 1,000포가 입고된 것의 수분을 측정하니 평균 15%였다. 이 밀가루를 얼마나 더 받아야 회사에서 손해를 보지 않는가?

① 236kg

② 307kg

③ 293kg

④ 187kg

58 $20{,}000\text{kg} : (1-0.15) = x : (1-0.14)$

$x = \dfrac{20{,}000\text{kg} \times (1-0.14)}{1-0.15}$

$= \dfrac{20{,}000\text{kg} \times 0.86}{0.85} \fallingdotseq 20235\text{kg}$

$\therefore 20{,}235\text{kg} - 20{,}000\text{kg} = 235\text{kg}$

59 밀가루에 대한 설명 중 옳은 것은?

① 일반적으로 빵용 밀가루의 단백질 함량은 10.5~13% 정도이다.

② 보통 케이크용 밀가루의 회분 함량이 빵용보다 높다.

③ 케이크용 밀가루의 단백질 함량은 4% 이하이어야 한다.

④ 밀가루의 회분 함량에 따라 강력분, 중력분, 박력분으로 나뉜다.

59 ② 일반적으로 케이크용 밀가루는 박력분을 사용하며, 회분 함량은 0.4% 이하로 빵용보다 낮다.

③ 박력분의 단백질 함량은 7~9% 정도이다.

④ 밀가루의 단백질 함량에 따라 강력분, 중력분, 박력분으로 나뉜다.

60 다음 중 정형(메이크업)공정을 올바르게 나타낸 것은?

① 1차발효 – 밀어펴기 – 말기 – 성형 – 2차발효

② 분할 – 둥글리기 – 중간발효 – 성형 – 팬에 넣기

③ 성형 – 팬에 넣기 – 2차발효 – 굽기 – 냉각

④ 팬에 넣기 – 2차 발효 – 굽기 – 냉각 – 포장

60 제과제빵에서 성형(make up)과 정형(moulding)을 따로 구분하지 않고 사용한다. 문제에서 정형이라고 하였으니 메이크업 공정이라고 표시하였으므로 성형공정을 묻는 문제이다.

성형 (Make-up)	분할부터 팬닝까지의 단계 (분할 → 둥글리기 → 중간발효 → 정형 → 팬닝)
정형 (Moulding)	밀기 → 말기 → 봉하기의 단계

【제빵기능사 필기 | 상시대비 실전모의고사 제4회 | 정답】

01 ②	02 ①	03 ③	04 ④	05 ①	06 ④	07 ③	08 ①	09 ①	10 ④
11 ①	12 ②	13 ④	14 ④	15 ②	16 ②	17 ④	18 ③	19 ④	20 ③
21 ③	22 ②	23 ①	24 ③	25 ④	26 ①	27 ①	28 ②	29 ④	30 ①
31 ③	32 ②	33 ①	34 ④	35 ③	36 ④	37 ①	38 ④	39 ②	40 ①
41 ②	42 ③	43 ③	44 ①	45 ④	46 ③	47 ②	48 ①	49 ②	50 ②
51 ③	52 ②	53 ④	54 ③	55 ②	56 ②	57 ④	58 ①	59 ①	60 ②

제빵기능사 필기 | 상시대비 실전모의고사 제5회

해설

▶실력테스트를 위해 문제 옆 해설란을 가리고 문제를 풀어보세요 ▶정답은 429쪽에 있습니다.

01 식품위생법규상 영업에 종사하지 못하는 질병의 종류에 해당하지 않는 것은?

① 피부병 또는 기타 화농성 질환
② 결핵(비감염성인 경우를 제외한다.)
③ 장출혈성대장균감염증
④ 홍역

02 융점이 낮은 유지를 융점이 높은 유지로 강화시키는 공정에 사용되는 것은?

① 질소　　② 수소
③ 탄소　　④ 산소

03 제빵 시 물의 기능과 가장 거리가 먼 것은?

① 글루텐 형성을 돕는다.
② 이스트 먹이 역할을 한다.
③ 반죽 온도를 조절한다.
④ 효소 활성화에 도움을 준다.

04 다음 재료 중 발효에 미치는 영향이 가장 적은 것은?

① 이스트 양　　② 온도
③ 소금　　④ 유지

05 빵 제품 냉각에 대한 설명으로 틀린 것은?

① 일반적인 제품에서 냉각 중에 수분 손실이 12% 정도가 된다.
② 냉각된 제품의 수분함량은 38%를 초과하지 않는다.
③ 냉각된 빵의 내부 온도는 32~35℃에 도달하였을 때 절단·포장한다.
④ 빵의 수분은 내부에서 외부로 이동하여 고른 수분 분포를 나타낸다.

01 영업에 종사하지 못하는 질병의 종류
• 콜레라, 장티푸스, 파라티푸스, 세균성 이질, 장출혈성대장균감염증, A형간염
• 결핵(비감염성인 경우는 제외)
• 피부병 및 화농성 질환
• 후천성면역결핍증(성병에 관한 건강진단을 받아야 하는 영업에 한함)

02 융점이 낮은 식물성 기름에 니켈을 촉매로 수소를 첨가하면 지방산의 포화도가 높아져 융점이 높아지고 단단해진다.

03 제빵 시 물은 글루텐의 형성을 돕고, 반죽의 온도, 농도, 점도를 조절하며, 이스트와 효소 활성화에 도움을 준다. 이스트의 먹이 역할을 하는 것은 설탕이다.

04 유지는 가스 보유력에 영향을 미치는 요인이다.

05 빵 제품을 냉각할 때 일반적으로 평균 2% 정도의 수분 손실이 일어난다. 빵의 적정 냉각온도와 수분함량은 35~40℃, 38% 정도이다.

06 분할기에 의한 식빵 분할은 최대 몇 분 이내에 완료하는 것이 가장 적합한가?

① 20분　　　　　　② 30분
③ 40분　　　　　　④ 50분

07 여름철에 빵의 부패 원인균의 곰팡이 및 세균을 방지하기 위한 방법으로 부적당한 것은?

① 작업자 및 기계, 기구를 청결히 하고 공장 내부의 공기를 순환시킨다.
② 이스트 첨가량을 늘리고 발효 온도를 약간 낮게 유지하면서 충분히 굽는다.
③ 보존료인 소르빈산을 반죽에 첨가한다.
④ 초산, 젖산 및 사워 등을 첨가하여 반죽은 pH를 낮게 유지한다.

07 소르빈산은 식육, 어육제품, 팥앙금 등에 사용하는 보존료로 빵에는 사용하지 않는다.

08 미생물이 자라는데 필요한 조건이 아닌 것은?

① 온도　　　　　　② 수분
③ 영양분　　　　　④ 햇빛

08 미생물의 생육에 필요한 조건은 영양소, 수분, 온도, 산소, 수소이온농도 등이 있으며, 이 중 영양소, 수분, 온도를 미생물 증식의 3대 조건이라 한다.

09 반죽 온도에 미치는 영향이 가장 적은 것은?

① 실내온도　　　　② 물 온도
③ 밀가루 온도　　　④ 훅(Hook) 온도

09 반죽 온도에 영향을 미치는 인자는 실내온도, 밀가루 온도, 물 온도이다. 훅은 반죽에 사용되는 믹서기의 부속 기구로 반죽 온도에 큰 영향을 주지 않는다.

10 성형과정을 거치는 동안에 반죽이 거친 취급을 받아 상처받은 상태이므로 이를 회복시키기 위해 글루텐 숙성과 팽창을 도모하는 과정은?

① 1차 발효　　　　② 중간발효
③ 펀치　　　　　　④ 2차 발효

10 2차 발효는 성형과정을 거치면서 상처받은 글루텐을 숙성과 팽창을 통하여 부드러움과 신장성을 회복시키는 과정이다.

11 대장균(Escherichia coli)에 대한 설명 중 잘못된 것은?

① 그람음성의 무포자 간균으로 유당을 발효시켜 산과 가스를 생성한다.
② 내열성이 강하며 독소를 생산한다.
③ 식품위생의 지표 미생물이다.
④ 병원성을 띠는 경우도 있다.

11 대장균은 식품이나 수질의 분변오염지표로 사용되는 그람음성의 무포자 간균으로 열에 약하여 60℃에서 20분 정도 가열하면 멸균된다. 병원성을 띠고 독소를 생산하는 대장균도 있다.

12 다음 중 빵의 노화가 가장 빨리 발생하는 온도는?

① −18℃   ② 0℃

③ 20℃   ④ 35℃

13 정형기(Moulder)의 작동 공정이 아닌 것은?

① 둥글리기   ② 밀어펴기

③ 말기   ④ 봉하기

14 완충작용으로 발효를 조절하는 기능을 가진 재료는?

① 설탕   ② 물

③ 맥아   ④ 분유

15 일반적인 케이크에 사용하는 밀가루의 적당한 단백질 함량은?

① 7~9%   ② 13% 이상

③ 4~6%   ④ 10~12%

16 결과 온도 30℃, 소맥분 온도 25℃, 실내온도 26℃, 수돗물 온도 18℃일 때, 마찰계수는 얼마인가?

① 21   ② 41

③ 31   ④ 11

17 다음 배합율은 소맥분 2kg을 100으로 한 배합이다. 이 배합의 총 중량은 얼마인가?

> 소맥분 100%, 쇼트닝 4%, 설탕 6%, 소금 2%, 이스트 2.5%, 이스트 푸드 0.2%, 물 62%

① 3.534kg   ② 3.570kg

③ 3.526kg   ④ 3.530kg

18 자당을 인버타아제제로 가수분해하여 10.52%의 전화당을 얻었다면 포도당과 과당의 비율은?

① 포도당 5.26%, 과당 5.26%

② 포도당 7.0%, 과당 3.52%

③ 포도당 3.52%, 과당 7.0%

④ 포도당 2.63%, 과당 7.89%

---

12 빵의 노화가 가장 촉진되는 온도는 0~10℃의 냉장 온도이다.

13 정형(Moulding) 공정은 가스빼기(밀기), 말기, 봉하기의 3단계 공정으로 이루어진다.

14 분유를 비롯한 유제품은 반죽의 pH변화에 대한 완충작용을 하여 발효를 조절한다.

15 일반적으로 케이크에 사용되는 밀가루는 박력분이며, 박력분의 단백질 함량은 7~9% 정도이다.

16 **마찰계수**
= (결과 온도×3) − (실내온도+밀가루 온도+수돗물 온도)
= (30×3) − (26+25+18) = 90−69 = 21

17 베이커스 퍼센트는 밀가루의 양을 100%로 보고 그 외의 재료들이 차지하는 비율을 %로 나타낸다.
밀가루 = 2kg, 쇼트닝 2kg×0.04 = 0.08kg, 설탕 6% = 0.12kg
소금 2% = 0.04kg, 이스트 2.5% = 0.05kg, 이스트 푸드 0.2% = 0.004kg, 물 62% = 1.24kg
2+0.08+0.12+0.04+0.05+0.004+1.24 = 3.534kg

18 전화당은 설탕을 가수분해하여 생긴 포도당과 과당의 등량 혼합물이다. (1:1)
10.52% / 2 = 5.26%

19 빵의 제조과정에서 빵틀의 형태를 유지하며 달라붙지 않게 하기 위하여 사용되는 식품첨가물은?

① 효모
② 변성전분
③ 실리콘수지(규소수지)
④ 유동파라핀

19 빵의 제조과정에서 빵 반죽을 분할기에서 분할할 때나 구울 때 달라붙지 않게 하고, 모양을 그대로 유지하기 위하여 사용되는 식품첨가물을 이형제라고 하며, 유동파라핀 1종만 허용되어 있다.

20 식품첨가물의 안전성 시험과 가장 거리가 먼 것은?

① 아급성 독성 시험법
② 만성 독성 시험법
③ 맹독성 시험법
④ 급성 독성 시험법

20 • 만성독성시험 : 소량의 시험물질을 장기간에 걸쳐 투여하여 독성을 밝히는 시험
• 급성독성시험 : 다량의 시험물질을 1회 투여하여 독성을 밝히는 시험
• 아급성독성시험 : 시험물질을 3개월 이상 연속적으로 투여하여, 그 독성을 밝히는 시험

21 유황을 함유한 아미노산으로 -S-S- 결합을 가진 것은?

① 시스틴
② 라이신
③ 글루탐산
④ 류신

21 유황을 함유한 아미노산은 시스테인과 시스틴 등이 있으며, -SH기를 가진 시스테인은 산화제에 의하여 쉽게 산화하여 S-S-결합을 가진 시스틴(Cystine)이 된다.

22 콜레스테롤에 관한 설명 중 잘못된 것은?

① 담즙의 성분이다.
② 비타민 D_3의 전구체가 된다.
③ 탄수화물 중 다당류에 속한다.
④ 다량 섭취 시 동맥경화의 원인물질이 된다.

22 콜레스테롤은 유도지질로 담즙이나 성호르몬의 생합성에 필요하고, 자외선을 받아 비타민 D_3를 생성하며, 다량 섭취 시 동맥경화를 일으킨다.

23 다크 초콜릿을 템퍼링(Tempering)할 때 맨 처음 녹이는 공정의 온도 범위로 가장 적합한 것은?

① 40~50℃
② 10~20℃
③ 20~30℃
④ 30~40℃

23 초콜릿의 처음 녹이는 작업은 40~50℃가 가장 적합하다.
※ 코코아 버터의 완전 용해 및 광택 유지, 우유 성분의 변성방지를 위하여 50℃를 넘지 않도록 한다.

24 장염비브리오 식중독을 일으키는 주요 원인식품은?

① 달걀
② 어패류
③ 채소류
④ 육류

24 장염비브리오 식중독은 어패류의 생식이 주요 원인이며, 달걀, 채소류, 육류는 살모넬라 식중독의 원인 식품이다.

25 발효에 대한 설명 중 틀린 것은?

① 1차 발효의 목적은 탄산가스, 알코올, 산의 생성이다.
② 2차 발효는 보통 35℃의 발효 온도와 85%의 상대습도에서 한다.
③ 설탕은 발효 과정에서 분해되고 남은 당은 제품의 단맛과 껍질색을 낸다.
④ 2차 발효 시간이 길어지는 원인은 1차 발효가 지나치고 반죽 온도가 높은 경우이다.

25 **2차 발효 시간이 길어지는 원인**
• 1차 발효의 불충분
• 어린 반죽
• 반죽 온도가 낮은 경우
• 플로어 타임이 짧았던 경우 등

26 다음 물질 중 "이타이이타이병"을 발생시키는 것은?

① 카드뮴(Cd)

② 구리(Cu)

③ 수은(Hg)

④ 납(Pb)

26 이타이이타이병
• 카드뮴의 중독으로 인하여 발생하는 병이다.
• 칼슘과 인의 대사 이상을 초래하여 골연화증을 유발한다.
• 신장의 재흡수 장애를 일으켜 칼슘 배설을 증가시킨다.

27 제빵에 있어서 발효의 주된 목적이 아닌 것은?

① 이산화탄소와 에틸알코올을 생성시키는 것이다.

② 이스트를 증식시키기 위한 것이다.

③ 분할 및 성형이 잘되도록 하기 위한 것이다.

④ 가스를 포집할 수 있는 상태로 글루텐을 연화시키는 것이다.

27 이스트의 활성을 통해 발효의 목적을 이룰 수 있으나 이스트의 증식이 목적은 아니다.

※ 발효의 목적
• 이산화탄소의 발생으로 반죽을 팽창시킨다.
• 알코올, 유기산 등을 생성하여 빵 고유의 향을 발달시킨다.
• 글루텐을 발전, 숙성시켜 가스 포집 능력과 보유능력을 증대시킨다.
• 글루텐을 연화시켜 분할 및 성형을 쉽게한다.

28 냉동 반죽을 2차 발효시키는 방법으로 가장 바람직한 것은?

① 냉동 반죽을 30~33℃, 상대습도 80%의 2차 발효실에 넣어 해동시킨 후 발효시킨다.

② 실온(25℃)에서 30~60분간 자연 해동시킨 후 38℃, 상대습도 85%의 2차 발효실에서 발효시킨다.

③ 냉동 반죽을 38~43℃, 상대습도 90%의 고온다습한 2차 발효실에 넣어 해동시킨 후 발효시킨다.

④ 냉장고에서 15~16시간 냉장 해동시킨 후 30~33℃, 상대습도 80%의 2차 발효실에서 발효시킨다.

28 냉동 반죽의 2차 발효는 5~10℃의 냉장고에서 15~16시간 완만하게 해동한 후 30~33℃, 상대습도 80%의 2차 발효실에서 발효시킨다.

29 500g짜리 완제품 식빵 500개를 주문받았다. 총 배합률은 190%이고, 발효 손실은 2%, 굽기 손실은 10%일 때 20kg짜리 밀가루는 몇 포대 필요한가?

① 6포대

② 7포대

③ 8포대

④ 9포대

29 • 완제품의 무게 500g×500개 = 250,000g
• 발효 손실을 감안한 반죽량
$$= \frac{250,000g}{1-0.02} = 255,102$$
• 굽기 손실을 감안한 반죽량
$$= \frac{255,102}{1-0.1} = 283,447$$

밀가루 무게(g) $= \frac{밀가루\ 비율(\%) \times 총\ 반죽무게(g)}{총배합률(\%)}$

$$= \frac{100\% \times 283,447g}{190\%} = 149,183g$$

준비해야 할 밀가루 포수 =149kg/20kg = 7.45포이므로 8포대를 준비해야 주문량을 맞출 수 있다.

30 식빵 반죽 표피에 수포가 생긴 이유로 적합한 것은?

① 1차 발효실 상대습도가 낮았다.

② 1차 발효실 상대습도가 높았다.

③ 2차 발효실 상대습도가 낮았다.

④ 2차 발효실 상대습도가 높았다.

30 2차 발효실의 상대습도가 높으면 반죽에 수분이 응축되어 반죽 표피에 수포를 형성한다.

31 액체발효법에서 액종 발효 시 완충제 역할을 하는 재료는?

① 탈지분유
② 설탕
③ 소금
④ 쇼트닝

32 빵의 혼합이 지나쳤을 경우 조치할 사항으로 잘못된 것은?

① 산화제를 사용한다.
② 신속하게 분할하고 성형한다.
③ 반죽 온도를 내린다.
④ 환원제를 사용한다.

33 직접반죽법의 1차 발효실 온도와 상대습도의 조건으로 바람직한 것은?

① 발효실 온도 38℃, 상대습도 75%
② 발효실 온도 27℃, 상대습도 75%
③ 발효실 온도 38℃, 상대습도 85%
④ 발효실 온도 20℃, 상대습도 75%

34 다음 중 파이 롤러를 사용하지 않는 제품은?

① 데니시 페이스트리
② 케이크 도넛
③ 퍼프 페이스트리
④ 롤 케이크

35 베이킹파우더를 대량 사용한 제품의 결과가 아닌 것은?

① 산성 물질이므로 붉은 기공을 만든다.
② 세포벽이 열려서 속결이 거칠다.
③ 속 색이 어둡고 건조가 빠르다.
④ 오븐 팽창이 커서 찌그러들기 쉽다.

36 미생물에 의해 주로 단백질이 변화되어 악취, 유해물질을 생성하는 현상은?

① 발효(Fermentation)
② 부패(Putrefaction)
③ 변패(Deterioration)
④ 산패(Rancidity)

37 반죽의 신장성과 신장 저항성을 측정하는 기계는?

① 레오메터 ② 익스텐소그래프
③ 아밀로그래프 ④ 패리노그래프

37 반죽의 신장성과 신장에 대한 저항성을 측정하는 기계는 익스텐소그래프이다.

38 식품첨가물의 규격과 사용기준을 정하는 자는?

① 식품의약품안전처장 ② 국립보건원장
③ 시·도 보건연구소장 ④ 시·군 보건소장

38 식품첨가물의 규격과 사용기준을 정하는 자는 식품의약품안전처장이다.

39 소독력이 강한 양이온 계면활성제로서 종업원의 손을 소독할 때나 용기 및 기구의 소독제로 알맞은 것은?

① 석탄산 ② 과산화수소
③ 역성비누 ④ 크레졸

39 **역성비누(양이온 계면활성제)**
• 살균력이 강하고 무색, 무취, 무미하고 자극성이 없어 손·피부소독, 식기·용기·기구 소독에 널리 사용된다.
• 유기물이 존재하면 살균 효과가 떨어지므로 보통 비누와 함께 사용할 경우 깨끗이 씻어낸 후 역성비누를 사용한다.

40 굽는 과정 중 일어나는 반응이 아닌 것은?

① 전분의 호화현상이 일어난다.
② 마이야르 반응이 일어난다.
③ 이스트의 활성은 계속 유지된다.
④ 이산화탄소와 알코올이 생성된다.

40 굽기 과정에서 이스트는 60℃ 정도까지는 활성을 하여 이산화탄소와 알코올을 생성하지만, 그 이상이 되면 사멸한다.

41 빵 포장 시 가장 적합한 빵의 중심온도와 수분함량은?

① 42℃, 45% ② 30℃, 30%
③ 48℃, 55% ④ 35℃, 38%

41 포장할 때 제품의 온도 35~40℃, 수분함량 38%일 때, 노화를 지연시킬 수 있고, 포장지에 수분이 응결되지 않아 가장 좋다.

42 정상적으로 제조된 식빵의 적정 수분함량은?

① 38% ② 50%
③ 27% ④ 30%

42 정상적으로 제조되어 포장하기에 가장 좋은 식빵의 수분함량은 38%이다.

43 제빵의 플로어 타임을 길게 주어야 할 경우는?

① 중력분을 사용할 때
② 반죽 혼합이 덜 되었을 때
③ 반죽 온도가 높을 때
④ 반죽 온도가 낮을 때

43 플로어 타임은 반죽 시 파괴된 글루텐층을 다시 재결합시키는 숙성공정이다. 반죽 온도가 낮으면 발효 속도가 떨어지기 때문에 플로어 타임을 길게 주어야 한다.

44 굽기 공정에 대한 설명 중 틀린 것은?

① 이스트는 사멸되기 전까지 부피팽창에 기여한다.
② 굽기 과정 중 당류의 캐러멜화가 일어난다.
③ 빵의 옆면에 슈레드가 형성되는 것이 억제된다.
④ 전분의 호화가 일어난다.

44 슈레드는 오븐 스프링에 의하여 빵의 옆면이 터지는 현상으로 굽기 공정 중 슈레드 현상이 일어나며 적당한 부피가 형성된다.

45 우리나라 식품위생법 등 식품위생 행정업무를 담당하고 있는 기관은?

① 환경부
② 고용노동부
③ 보건복지부
④ 식품의약품안전처

45 식품의약품안전처는 국무총리의 산하의 기관으로 식품위생 행정을 담당하는 중앙기구이다.

46 다음 중 인수공통감염병은?

① 장티푸스
② 콜레라
③ 탄저
④ 세균성 이질

46 탄저는 인수공통감염병이고, 장티푸스, 콜레라, 세균성 이질은 법정감염병이다.

47 다음 중 감미도가 가장 높은 당은?

① 유당(Lactose)
② 포도당(Glucose)
③ 설탕(Sucrose)
④ 과당(Fructose)

47 **감미도의 순서**
과당(175) > 전화당(135) > 설탕(100) > 포도당(75) > 맥아당(32~60) > 갈락토스(32) > 유당(16)

48 케이크 제조에 사용되는 달걀의 역할이 아닌 것은?

① 결합제 역할
② 잼 형성 작용
③ 유화력 보유
④ 팽창작용

48 달걀은 제과 · 제빵에서 결합제, 유화제, 팽창제 등으로 사용되며, 잼을 형성하지 않는다.

49 찐빵을 제조하기 위해 식용 소다(NaHCO₃)를 넣으면 누런색으로 변하는 이유는?

① 밀가루의 카로티노이드(Carotenoid)계가 활성이 되었기 때문이다.
② 비효소적 갈변이 일어났기 때문이다.
③ 효소적 갈변이 일어났기 때문이다.
④ 플라본 색소가 알칼리에 의해 변색했기 때문이다.

49 밀가루에는 카로틴, 크산토필, 플라본 색소 등이 있으며, 이 중 플라보노이드(플라본) 색소는 알칼리(소다)와 결합하면 황색이나 짙은 갈색으로 변한다.

50 다음 중 병원체가 바이러스(Virus)인 질병은?

① 유행성 간염
② 결핵
③ 발진티푸스
④ 말라리아

50 유행성 간염(바이러스), 결핵(세균), 발진티푸스(리케차), 말라리아(원충)

51 효소를 구성하는 주요 구성물질은?

① 탄수화물   ② 지질

③ 단백질   ④ 비타민

51 효소를 구성하는 주요 구성물질은 단백질이다.

52 젤라틴에 대한 설명으로 틀린 것은?

① 끓는 물에 용해되며, 냉각되면 단단한 겔(Gel) 상태가 된다.

② 순수한 젤라틴은 무취, 무미, 무색이다.

③ 해조류인 우뭇가사리에서 추출된다.

④ 설탕량이 많으면 겔 상태가 단단하고, 산성 용액 중에서 가열하면 겔 능력이 줄거나 없어진다.

52 해조류인 우뭇가사리에서 추출하여 건조시킨 안정제는 한천이다.

53 다음 중 밀가루의 전분 함량으로 가장 적합한 것은?

① 70%   ② 90%

③ 30%   ④ 50%

53 밀가루에는 밀가루 중량 70% 정도의 탄수화물이 있으며, 그중 대부분은 전분이다.

54 술에 대한 설명으로 틀린 것은?

① 양조주란 곡물이나 과실을 원료로 하여 효모로 발효시킨 것이다.

② 달걀 비린내, 생크림의 비린 맛 등을 완화시켜 풍미를 좋게 한다.

③ 혼성주란 증류주를 기본으로 하여 정제당을 넣고 과실 등의 추출물로 향미를 낸 것으로 대부분 알코올 농도가 낮다.

④ 증류주란 발효시킨 양조주를 증류한 것이다.

54 혼성주는 대부분 알코올의 농도가 높다.

55 이스트 양 계산에서 2%의 이스트로 4시간의 발효가 가장 좋은 결과를 얻었다고 가정할 때 발효 시간을 3시간으로 감소시키려면 필요한 이스트의 양은 약 얼마인가?

① 1.66%   ② 3.66%

③ 2.66%   ④ 4.66%

55 변경할 이스트 양 $= \dfrac{\text{정상 이스트 양} \times \text{정상 발효시간}}{\text{변경할 발효시간}}$

$= \dfrac{2\% \times 4hr}{3hr} = 2.66\%$

56 스트레이트법의 특징이 아닌 것은?

① 제조공정이 복잡하다.

② 노동력과 시간이 절감된다.

③ 발효 손실을 줄일 수 있다.

④ 제조장과 장비가 간단하다.

56 스트레이트법은 모든 재료를 믹서에 한꺼번에 넣고 믹싱을 하는 가장 단순한 방법이다.

57 스트레이트법으로 일반 식빵을 만들 때 사용하는 생이스트의 양으로 가장 적당한 것은?

① 2% ② 8%
③ 14% ④ 20%

57 •표준 스트레이트법의 생이스트의 양 : 2~3%
  •비상 스트레이트법의 생이스트의 양 : 4~5%

58 일반 스트레이트법으로 만들던 빵을 비상스트레이트법으로 만들 때 필수적으로 조치할 사항이 잘못된 것은?

① 이스트를 2배로 증가시킨다.
② 반죽 온도를 30℃로 올린다.
③ 설탕량을 1% 감소시킨다.
④ 반죽 시간을 20~25% 감소시킨다.

58 반죽의 신장성을 향상시켜 발효를 촉진하기 위하여 반죽 시간을 표준 스트레이트법에 비하여 20~25% 증가시킨다.

59 제빵 시 스펀지법에 대한 설명 중 틀린 것은?

① 체적, 기공, 조직감 등의 측면에서 제품의 특성이 향상된다.
② 작업 일정에 대한 발효 내성이 적다.
③ 발효의 풍미가 향상된다.
④ 제품의 저장성이 증가된다.

59 스펀지법은 스트레이트법에 비하여 발효 내성이 강하다.

60 감염형 식중독에 해당되지 않는 것은?

① 살모넬라균 식중독
② 포도상구균 식중독
③ 병원성대장균 식중독
④ 장염비브리오균 식중독

60 포도상구균은 장독소(엔테로톡신)을 생성하는 독소형 식중독이다.

에듀웨이 카페(자료실)에서
최신경향을 반영한 추가 모의고사(상세한 해설 포함)를 확인하세요!

스마트폰을 이용하여 아래 QR 코드를 확인하거나, 카페에 방문하여 '카페 메뉴 > 자료실 > 제과제빵조리기능사'에서 다운로드할 수 있습니다.

【제빵기능사 필기 | 상시대비 실전모의고사 제5회 | 정답】

01 ④	02 ②	03 ②	04 ④	05 ①	06 ①	07 ③	08 ④	09 ④	10 ④
11 ②	12 ①	13 ①	14 ④	15 ①	16 ①	17 ①	18 ④	19 ④	20 ③
21 ①	22 ③	23 ①	24 ④	25 ④	26 ①	27 ②	28 ④	29 ③	31 ④
31 ①	32 ④	33 ②	34 ④	35 ①	36 ④	37 ②	38 ④	39 ④	40 ③
41 ④	42 ①	43 ④	44 ④	45 ④	46 ③	47 ④	48 ②	49 ④	50 ①
51 ③	52 ②	53 ①	54 ③	55 ①	56 ①	57 ①	58 ④	59 ②	60 ②

|1장| 식품위생개론

01 우리나라의 식품위생법
① "식품"이란 모든 음식물(의약으로 섭취하는 것은 제외한다)을 말한다.
② "식품위생"이란 식품, 식품첨가물, 기구 또는 용기·포장을 대상으로 하는 음식에 관한 위생을 말한다.

02 식품위생의 목적
① 식품으로 인하여 생기는 위생상의 위해(危害)를 방지
② 식품영양의 질적 향상을 도모
③ 식품에 관한 올바른 정보를 제공
④ 국민보건의 증진에 이바지함

03 식품위생법규상 영업에 종사하지 못하는 질병
① 콜레라, 장티푸스, 파라티푸스, 세균성 이질, 장출혈성대장균감염증, A형간염
② 결핵(비감염성인 경우는 제외)
③ 피부병 및 화농성 질환
④ 후천성면역결핍증(성병에 관한 건강진단을 받아야 하는 영업에 한함)

04 교차오염
미생물에 오염된 식재료, 기구, 용수 등이 오염이 되지 않은 부분에 접촉하여 오염이 되는 것을 말한다.

05 미생물 생육에 필요한 조건
영양소, 수분, 온도, 산소, 수소이온농도(pH) 등
▶ 미생물 증식의 3대조건 : 영양소, 수분, 온도

06 위생지표 세균
식품이나 수질의 분변오염지표가 되는 세균
대장균, 분변계 대장균, 장구균 등이 있다.

07 변질의 종류
부패	단백질 식품이 미생물에 의해 변질되는 것
산패	지방질 식품이 산화되어 변질되는 것
발효	당질 식품이 미생물에 의해 분해되어 알코올과 유기산 등의 유용한 물질을 만드는 것

08 유지의 산패에 영향을 미치는 인자
① 온도가 높을수록, 수분 및 지방분해효소가 많을수록 산패촉진
② 금속이온(철, 구리 등), 광선 및 자외선은 산패촉진
③ 불포화도가 높을수록 산패가 활발하게 일어난다.
▶ 유지의 산패도 측정 도구
카르보닐가, 산가, 과산화물가, 아세틸가 등

09 세균성 감염형 식중독
원인균	특징
살모넬라	• 원인식품 : 어패류, 육류, 달걀, 우유 및 유제품 • 쥐나 곤충류에 의해 식품이 오염되어 발생
장염 비브리오	• 해수 세균으로 어패류를 생식할 경우 감염
병원성 대장균	• 대장균 중 병원성이 있는 대장균에 의해 발병 • O-157:H7이 대표적

10 세균성 독소형 식중독
원인균	특징
포도상구균	• 장독소인 엔테로톡신 생성 • 열에 강하여 일반 가열조리법으로 예방이 어려움 • 잠복기가 평균 3시간으로 가장 짧다. • 예방법 : 화농성 질환자의 식품 취급금지
클로스트리디움 보툴리늄균	• 신경독소인 뉴로톡신 생성 • 내열성 포자 생성 • 편성혐기성균으로 통조림, 소시지 등의 진공포장 식품에서 식중독을 일으킴 • 치사율이 매우 높은 식중독균
클로스트리디움 퍼프리젠스 (웰치균)	• 클로스트리디움속 편성혐기성균으로 장독소인 엔테로톡신을 생성 • 내열성 포자 생성

11 자연독 식중독
식품	독소	특징
동물성	테트로도톡신	• 복어(독의 양 : 난소> 간> 내장> 피부) • 치사율이 가장 높음
	삭시톡신	• 섭조개, 대합 등
	베네루핀	• 모시조개, 굴, 바지락 등
	테트라민	• 권패류(고동, 소라)
식물성	독버섯	아마니타톡신, 무스카린, 무스카리딘, 뉴린, 콜린, 팔린 등
	감자	• 솔라닌 : 감자의 싹과 녹색 부위 • 셉신 : 썩은 감자
	목화씨(면실유)	고시폴
	피마자	리신, 리시닌
	은행, 살구씨, 청매	아미그달린(청색증 유발)
	독미나리	시큐톡신
	독보리	테물린

12 곰팡이독(진균독, Mycotoxin)

종류	독소	원인식품
곰팡이독	아플라톡신(간장독)	쌀, 보리, 옥수수
황변미독	시트리닌(신장독)	쌀
맥각독	에르고타민, 에르고톡신	호밀, 보리

13 중금속에 의한 식중독

중금속	특징
납(Pb)	• 도료, 안료, 농약 등에 사용되는 납 화합물
수은(Hg)	• 유기수은에 중독된 어패류, 농약, 보존료 등으로 처리한 음식 등 • 미나마타병
카드뮴(Cd)	• 각종 식기, 기구, 용기에 도금되어있는 카드뮴 • 이타이이타이병
주석(Sn)	• 주석 도금한 통조림에서 주석이 용출되어 중독을 일으킴
비소(As)	• 밀가루 등으로 오인되어 식중독을 유발

※ 미나마타병 : 손의 지각이상, 언어 장애 등의 신경학적 증상과 징후(수은)

※ 이타이이타이병 : 칼슘과 인의 대사 이상을 초래하여 골연화증을 유발(카드뮴)

14 유해 식품첨가물

감미료	둘신, 사이클라메이트, 에틸렌글리콜, 메타니트로아닐린, 페릴라틴
보존제	붕산, 포름알데히드(포르말린), 불소화합물, 승홍
착색제	아우라민(노란색), 로다민 B(분홍색)
표백제	롱가릿, 형광표백제, 니트로겐 트리클로라이드
발색제	삼염화질소, 아질산칼륨

15 기타 식중독

알레르기성	• 원인물질 : 어육에 다량 함유된 히스티딘에 모르가니균이 침투하여 생성된 히스타민 • 꽁치, 고등어, 가다랑어 등
노로바이러스	• 바이러스에 의한 식중독으로 대부분 1~2일이면 치유 • 항생제로 치료되지 않으며 노로바이러스에 대한 항바이러스제는 없다.
메틸알코올 (메탄올)	• 시신경 염증을 일으켜 실명의 원인 • 주류의 대용으로 사용하여 중독사고를 일으킴
PCB	일본에서 발생한 미강유 사건의 원인물질

16 질병 발생의 3요소

감염원(병원체, 병원소), 감염경로(환경), 감수성 숙주

17 감염병의 발생 과정

① 감염원(병원체, 병원소) → ② 병원소에서 병원체의 탈출 → ③ 전파 → ④ 숙주에로의 침입 → 숙주의 감염

18 병원체에 따른 감염병의 분류

세균	장티푸스, 파라티푸스, 콜레라, 세균성 이질, 성홍열, 디프테리아 등
바이러스	급성회백수염(소아마비,폴리오), 유행성 간염, 전염성 설사증, 홍역 등
리케차	발진티푸스, 발진열 등
원충류	아메바성 이질, 말라리아 등

19 침입 경로에 따른 분류

호흡기계	결핵, 폐렴, 백일해, 홍역, 수두, 천연두 등
소화기계	세균성 이질, 콜레라, 장티푸스, 파라티푸스, 폴리오, 전염성 설사증 등

20 주요 경구 감염병

병원체	감염병	특징
세균	장티푸스	• 급성 전신성 열성 질환 • 잠복기 7~14일, 사망률 10~20% • 치료제와 예방백신이 있음
	파라티푸스	장티푸스와 비슷
	콜레라	• 잠복기가 가장 짧다. • 항구와 공항에서의 철저한 검역이 필요하다.
	세균성 이질	• 파리가 중요한 매개체이다.
바이러스	폴리오	• 소아(1~2세)에 잘 감염되며, 소아의 척추신경계를 손상시킨다. • 예방접종이 가장 유효하다..
	유행성 간염	• 잠복기가 가장 김
	전염성 설사증	• 면역성이 없어 예방접종이 필요없다.

21 경구 감염병과 세균성 식중독의 비교

구분	경구 감염병	세균성 식중독
균의 양	미량의 균으로도 감염	대량의 균과 독소가 필요
2차 감염	빈번	거의 없음
잠복 기간	비교적 김	비교적 짧음
음용수	관련성 높음	관련이 적음
독성	강함	약함
면역형성	비교적 잘 됨	면역성이 거의 없음

22 인수공통감염병

병원체	감염병	특징
세균	결핵	• 결핵균을 보유하고 있는 소의 우유나 유제품을 통하여 감염 • BCG 접종으로 예방
	탄저	• 급성 감염을 일으키는 병원체(생물학전에 이용) • 내열성 포자를 형성하기 때문에 가축의 병든 사체를 소각하여야 함
	브루셀라	• 주기적으로 열이 반복되어 파상열이라고도 함 • 동물에게 유산을, 사람에게는 열병을 일으킴
	기타	살모넬라증, 리스테리아증, 야토병, Q열, 돈단독, 렙토스피라증 등
바이러스		광견병, 일본뇌염, 뉴캐슬병, 황열 등

23 식품과 기생충

원인식품	기생충(중간숙주)
채소류	회충, 요충, 편충, 구충, 동양모양선충
수육	무구조충(소), 유구조충(돼지), 선모충(돼지, 개) 톡소플라스마(고양이, 개, 돼지)
어패류	간흡충(왜우렁이→붕어, 잉어 등 담수어) 폐흡충(다슬기→가재, 민물 게)

※ 요충 : 항문주위에 소양증, 집단감염
※ 구충 : 경구/경피 감염, 오염된 논에서 맨발로 작업 시 감염

24 위생 동물에 따른 매개 질병

위생 동물	매개 질병
모기	말라리아, 일본뇌염, 황열, 사상충증
파리	장티푸스, 파라티푸스, 콜레라, 이질
쥐	신증후군출혈열(유행성출혈열), 페스트, 렙토스피라증, 쯔쯔가무시병, 서교증
바퀴벌레	장티푸스
벼룩	발진열, 페스트
이	재귀열, 발진티푸스
진드기	유행성출혈열, 쯔쯔가무시병

25 식품첨가물의 정의

① 식품을 제조·가공·조리 또는 보존하는 과정에서 감미(甘味), 착색(着色), 표백(漂白) 또는 산화 방지 등을 목적으로 식품에 사용되는 물질을 말한다. 이 경우 기구(器具)·용기·포장을 살균·소독하는 데에 사용되어 간접적으로 식품으로 옮아갈 수 있는 물질을 포함한다.
② 식품첨가물의 규격과 사용기준은 식품의약품안전처장이 정한다.

26 식품첨가물의 구비조건

① 인체에 무해하고 체내에 축적되지 않을 것
② 미량으로 효과가 클 것
③ 독성이 없거나 극히 적을 것
④ 이화학적 변화에 안정할 것
⑤ 식품에 나쁜 변화를 주지 않을 것
⑥ 사용법이 간편하고 값이 저렴할 것

27 보존료

데히드로초산	치즈, 버터, 마가린 등
소르빈산	식육·어육 연제품, 잼, 케찹, 팥앙금류 등
안식향산	간장, 청량음료, 알로에즙 등
프로피온산	빵, 과자 및 케이크류

28 주요 식품첨가물

식품첨가물	특징
밀가루 개량제	• 밀가루의 표백과 숙성에 사용되는 첨가물 • 과산화벤조일, 과황산암모늄, 브롬산칼륨, 이산화염소, 염소 등
산화방지제	• 식품의 산화로 인한 품질저하를 방지 • 천연 항산화제 : 비타민 E(토코페롤), 비타민 C, 세사몰 등
계면활성제(유화제)	• 물과 기름처럼 서로 혼합이 잘 되지 않는 두 종류의 액체를 혼합 분산시켜주는 첨가물 • 글리세린지방산에스테르, 레시틴 등 • 레시틴 : 난황에 많이 들어있는 천연유화제
이형제	• 빵 반죽을 달라붙지 않게 하는 첨가물 • 유동파라핀 1종만 허용
소포제	• 거품생성을 방지하거나 감소시키는 첨가물 • 규소수지(실리콘수지) 1종만 허용
팽창제	• 빵이나 과자를 부풀리는 첨가제 • 탄산수소나트륨(중조), 염화암모늄, 효모 등

29 소독의 종류

멸균	모든 미생물의 영양세포 및 포자를 사멸시켜 무균상태로 만드는 것
살균	미생물의 영양세포를 사멸시키는 것
소독	병원미생물을 사멸 또는 병원력을 약화시키는 것
방부	미생물의 발육을 저지하여 부패나 발효를 방지하는 것

※ 살균 작용의 강도 : 멸균 > 살균 > 소독 > 방부

30 물리적 소독법

열처리법	건열멸균법, 자비소독, 고압증기멸균법, 우유 살균법, 화염멸균법 등
비가열처리법	자외선 살균법, 방사선 살균법

※ 고압증기멸균법 : 아포(포자) 형성균의 멸균에 가장 좋음

31 우유 살균법
① 저온장시간살균법(LTLT법) : 61~65℃에서 30분간 가열 살균
② 고온단시간살균법(HTST법) : 70~75℃에서 15~30초간 살균
③ 초고온순간살균법(UHT법) : 130~140℃에서 0.5~5초간 살균

32 화학적 소독법

분류	특징
석탄산	소독제의 살균력의 지표
역성비누 (양성비누)	• 살균력이 강하고 자극성이 없어 피부, 용기 및 기구의 소독제로 사용 • 보통 비누와 함께 사용할 경우 깨끗이 씻어낸 후 역성비누를 사용
에틸알코올	70%의 용액이 침투력이 강하여 살균력이 좋음
차아염소산 나트륨	100ppm(0.01%) 농도로 희석 후 pH 8~9에서 가장 살균력이 높음

33 식품의약품안전처(장)의 주요 업무
① 식품·식품첨가물·건강기능식품·의약품 등의 위해 예방 및 안전관리
② 식품·식품첨가물·기구 또는 용기·포장의 위생적 취급 및 규격 기준 설정
③ 판매나 영업을 목적으로 하는 식품의 조리에 사용하는 기구·용기의 기준과 규격의 설정
④ 식품에 사용되는 원료의 기준과 규격을 설정

34 HACCP 12절차

HACCP 12절차	준비단계 5절차	HACCP팀 구성
		제품 설명서 작성
		사용 용도 확인
		공정 흐름도 작성
		공정 흐름도 현장 확인
	수행단계 (HACCP 7원칙)	모든 잠재적 위해요소분석
		중요관리점(CCP) 결정
		중요관리점의 한계 기준 설정
		중요관리점별 모니터링 체계 확립
		개선조치 방법 수립
		검증 절차 및 방법 수립
		문서화 및 기록유지방법 설정

2장 | 재료과학 |

35 영양소의 역할에 따른 분류
① 구성영양소 : 몸의 조직을 구성(단백질, 칼슘, 인)
② 열량영양소 : 열량공급 : 1g당 탄수화물, 단백질(4kcal), 지방(9kcal)
③ 조절영양소 : 인체의 생리작용을 조절(무기질, 비타민)

36 탄수화물(단당류)

단당류	특징
포도당 (Glucose)	• 탄수화물의 최종분해 산물로, 몸의 가장 기본적인 에너지공급원 • 체내 당 대사의 중심물질로 혈액에 존재하는 포도당을 혈당이라 한다.
과당 (Fructose)	• 단당류 중 감미도가 가장 높다. ※ 포도당과 과당은 이성체 관계이다.
갈락토스 (Galactose)	• 포도당과 결합하여 유당을 구성 • 당지질인 cerebroside(세레브로시드)의 주요 구성성분 • 뇌신경을 구성하는 데 아주 중요한 영양소

37 탄수화물(이당류)

설탕 (Sucrose)	• 포도당+과당 • 환원성이 없는 비환원당 • 전분의 노화를 지연시키고, 농도가 높아지면 방부성을 가진다.
맥아당 (Maltose)	• 2분자의 포도당(포도당+포도당) • 발아 중인 곡류(엿기름) 속에 다량 함유
유당 (Lactose)	• 포도당+갈락토스 • 우유(젖)에 함유되어 있고, 칼슘과 단백질의 흡수를 돕는다. • 유용한 장내세균의 발육을 촉진하여 정장작용을 한다.

38 감미도의 순서
과당(170) > 전화당(135) > 설탕(100) > 포도당(74) > 맥아당(60) > 갈락토스(33) > 유당(16)

39 탄수화물(소당류 및 다당류)

올리고당류	• 3~10개의 단당류로 이루어진 소당류 • 장내 비피더스 증식인자, 소화가 어려워 에너지로 이용되지 않음 • 라피노스(삼당류), 스타키오스(사당류) 등
다당류	• 전분, 글리코겐, 섬유소, 이눌린(단순다당류) • 펙틴, 키틴 등(복합다당류)

40 지방(지질)의 기능

① 에너지 공급 : 1g당 9kcal의 열량을 내는 열량 영양소
② 지용성 비타민의 용매 : 지용성 비타민(A, D, E, K)의 흡수와 운반을 도움
③ 주요장기의 보호 및 체온 조절
④ 비타민 B_1의 절약작용
⑤ 세포막의 구성 및 특수한 생리작용에 관여
⑥ 맛과 향미의 제공 및 포만감 제공

41 지방의 분류

단순 지질		• 글리세린 1분자에 지방산 3분자가 에스테르 결합한 트리글리세라이드 • 동물성 유지, 식물성 유지, 글리세린, 지방산, 왁스 등
복합 지질	인지질	• 단순지질+인산(지방산, 콜린 등) • 레시틴, 세팔린, 스핑고미엘린 등
	당지질	• 단순지질+ 당 • 뇌, 신경조직에 존재(세레브로시드 등)
	지단백질	• 지질+단백질 • 수용성으로 혈액 내 지방을 운반
유도 지질	콜레스테롤 에르고스테롤	• 자외선에 의하여 비타민 D로 전환되는 프로비타민 D이다.

42 포화지방산과 불포화지방산

포화 지방산	• 이중결합이 없는 지방산으로 대부분 동물성 지방 • 대부분 상온에서 고체 상태(융점 높음) • 부티르산, 팔미트산, 라우르산, 스테아르산, 카프르산 등
불포화 지방산	• 이중결합이 있는 지방산으로 대부분 식물성 지방 • 대부분 상온에서 액체(융점 낮음) • 이중결합이 많을수록 불포화도가 높아짐 • 불포화도가 높을수록 산패되기 쉬움(항산화성이 없음) • 리놀레산, 리놀렌산, 아라키돈산, 올레산, 에루스산, DHA 등

43 필수지방산

① 체내에서 합성할 수 없거나 양이 부족하여 반드시 음식으로 섭취해야 하는 불포화지방산
② 필수지방산은 모두 불포화지방산이다. (단, 모든 불포화지방산이 필수지방산은 아니다.)
③ 리놀레산, 리놀렌산(식물성), 아라키돈산(동물성)

44 단백질의 기능

① 체조직 구성성분
② 효소·호르몬·항체 합성
③ 체액 평행 유지
④ 산·알칼리 균형 유지
⑤ 에너지원 : 1g당 4kcal의 에너지를 공급
⑥ 나이아신 합성 : 필수아미노산인 트립토판으로부터 나이아신(비타민 B_3)을 합성

45 필수아미노산

체내에서 합성되지 않아 반드시 음식으로 섭취해야 하는 아미노산

성인	류신, 이소류신, 라이신(리신), 발린, 메티오닌, 트레오닌, 페닐알라닌, 트립토판, 히스티딘(9종)
성장기 어린이	성인의 필수아미노산 + 아르기닌(10종)

46 제한 아미노산

필수아미노산의 표준 필요량에 비해서 상대적으로 부족한 필수아미노산

식품	제한 아미노산
쌀, 밀가루	라이신, 트레오닌
옥수수	라이신, 트립토판
두류, 채소류, 우유	메티오닌

▶ 불완전단백질에 부족한 필수아미노산을 첨가하여 완전단백질 식품을 만들 수 있다.
  ⑩ 밀가루 제품 + 라이신
  옥수수 제인(Zein) + 라이신, 트립토판

47 비타민(수용성)

비타민	특징
비타민 B_1 (티아민)	• 탄수화물 대사에서 조효소로 작용한다. • 결핍증 : 각기병, 식욕감퇴, 피로
비타민 B_2 (리보플라빈)	• 성장촉진작용 및 피부, 점막 보호 • 결핍증 : 구순구각염, 설염
비타민 B_3 (나이아신)	• 필수아미노산인 트립토판으로부터 체내에서 나이아신이 합성 • 결핍증 : 펠라그라
비타민 B_{12}	• 적혈구의 정상적인 발달을 도움 • 코발트(Co) 함유 • 결핍증 : 악성빈혈
비타민 C	• 밀가루의 품질개량제, 과채류의 갈변 방지제 등의 산화방지제로 사용 • 열, 알칼리, 금속, 광선에 불안정하여 쉽게 파괴 • 결핍증 : 괴혈병, 면역체계손상

48 비타민(지용성)

비타민	특징
비타민 A (레티놀)	• 눈의 망막세포를 구성, 피부상피조직 유지 • 카로틴은 비타민 A의 전구체이다. • 결핍증 : 야맹증, 안구건조증 등
비타민 D (칼시페롤)	• 자외선에 의해 체내에서 합성 • 칼슘과 인의 흡수를 도와 골격형성을 돕는다. • 결핍증 : 구루병, 골다공증 등
비타민 E (토코페롤)	• 천연 항산화제 및 생식기능의 유지 • 결핍증 : 불임, 근육위축증
비타민 K (필로퀴논)	• 혈액의 응고에 관여하여 지혈작용을 한다. • 결핍증 : 혈액 응고 지연

49 무기질
① 구성 영양소(칼슘, 인)이며, 조절 영양소이다.
② 산성 식품과 알칼리성 식품의 구분 기준

산성 식품	황, 인, 염소와 같은 산성 원소가 많이 포함
알칼리성 식품	나트륨(Na), 칼륨(K), 칼슘(Ca), 마그네슘(Mg) 과 같은 알칼리성 원소가 많이 포함

③ 호르몬과 비타민의 구성 요소이다.
- 갑상선 호르몬 – 요오드(I)
- 인슐린 호르몬 – 아연(Zn)
- 비타민 B_{12} – 코발트(Co)
- 비타민 B_1 – 황(S)
- 헤모글로빈 – 철(Fe)

50 주요 효소

구분	효소	작용
당질	아밀라아제	전분(녹말) → 맥아당
	수크라아제 인버타아제	설탕 → 포도당, 과당
	말타아제	맥아당 → 2분자의 포도당
	락타아제	유당 → 포도당, 갈락토스
	찌마아제	포도당, 과당, 갈락토스 → 알코올+이산화탄소
	기타	셀룰라아제, 이눌라아제 등
지질	리파아제	지방 → 지방산, 글리세롤
단백질	프로테아제	단백질(protein) → 아미노산, 펩타이드 혼합물
	레닌	우유의 카제인을 응고
	기타	펩신, 트립신, 키모트립신, 펩티다제 등

51 칼로리(열량)의 계산 – 열량 영양소(1g당)

탄수화물	4 kcal	단백질	4 kcal
지방	9 kcal	알코올	7 kcal

52 한국인의 영양섭취기준(한국영양협회, 2020)
총 열량 중 탄수화물 55~65%, 지방 15~30%, 단백질 7~20%

53 전분의 구성

구분	아밀로오스	아밀로펙틴
구성성분	포도당	
결합구조	직쇄상 구조 (α-1, 4 결합)	직쇄+측쇄(곁사슬) (α-1, 4와 α-1, 6 결합)
요오드반응	청색	보라색
호화, 노화	빠르다	느리다

▶ 찹쌀과 멥쌀의 전분 구성
- 멥쌀·일반 곡물 : 아밀로오스 약 20%, 아밀로펙틴 약 80%
- 찹쌀·찰옥수수 : 아밀로펙틴 100%

54 전분의 호화
물과 가열에 의하여 생 전분(β전분)이 익힌 전분(α전분)으로 변화

호화촉진	• 호화온도가 높을수록 • 전분의 입자가 클수록 • 수분 함량이 많을수록 • 아밀로오스 함량이 많을수록 • 유화제, 알칼리, 소금(적정량일 경우)
호화지연	• 빠른 호화조건의 반대 경우 • 아밀로펙틴 함량이 많을수록 • 설탕, 산, 과량의 소금

55 전분의 노화
익힌 전분(α전분)이 생 전분(β전분)으로 변화된다.

노화촉진	• 아밀로오스 함량이 많을수록 • 수분 함량 30~60%, 온도 0~5℃에서 가장 잘 일어난다. • 산성에서 노화 촉진
노화지연	• 아밀로펙틴의 함량이 많을수록 • -18℃ 이하, 60℃ 이상에서는 노화가 거의 정지 • 노화 억제 : 설탕, 유화제, 수분감소, 온도 조절

56 전분의 호정화
① 전분에 물을 가하지 않고 160~170℃ 이상의 고온으로 가열하면 호정(덱스트린)으로 변하는 과정
② 곡류를 볶을 때, 토스트를 만들 때, 쌀이나 옥수수 등을 튀긴 팽화식품에서 호정화가 일어남

57 전분의 당화
① 전분에 산 또는 효소를 작용시켜 포도당, 맥아당 및 각종 덱스트린으로 가수분해하는 과정
② 가수분해에 이용되는 효소에는 α-amylase(액화 효소)와 β-amylase(당화 효소)가 있다.

58 밀의 구조
① 배아(약 2~3%) : 싹이 트는 부분
② 배유(약 83%) : 밀가루가 되는 부분
③ 껍질(약 14%) : 제분 과정에서 제거

59 단백질 함량에 따른 밀가루 분류

종류	단백질 함량	성질 및 용도
강력분 (경질춘맥)	11~13%	탄력성, 점성, 수분 흡착력이 강하다. 식빵, 마카로니, 스파게티 등
중력분	9~11%	중간 정도의 특성을 가진 다목적용 칼국수면, 만두피 등
박력분 (연질동맥)	7~9%	탄력성, 점성, 수분 흡착력이 약하다. 튀김옷, 케이크, 과자류 등

▶ 단백질 함량 : 경질 > 연질, 춘맥 > 동맥

60 밀가루의 성분 및 특성

① 탄수화물은 밀 중량의 70%를 차지하며, 그 대부분은 전분이다.
② 밀가루 단백질의 대부분은 글루텐으로 약 75%를 차지한다.
③ 글루텐 형성 단백질 : 글리아딘, 글루테닌
④ 건조 글루텐은 자기 중량의 3배 정도의 물을 흡수한다.
   ※ 건조 글루텐% = 젖은 글루텐% / 3
⑤ 건전한 전분이 손상 전분으로 대체되면 흡수율이 약 2배로 올라간다.
⑥ 제빵용 밀가루의 적정 손상 전분량은 4.5~8% 정도이다.
⑦ 밀가루의 등급은 회분의 함량을 기준으로 정한다.
   (회분 함량이 적을수록 높은 등급)
⑧ 밀가루 단백질이 1% 증가할 때 흡수율은 1~2% 증가

61 밀가루의 표백과 숙성

① 제분 직후의 미성숙 밀가루가 어둡고 노란색을 띄는 것은 크산토필(Xanthophyll)이 원인이다.
② 알칼리(중조)와 결합하면 황색으로 변하는 색소는 플라본(플라보노이드 색소)이다.
③ 숙성 : –SH 결합을 산화시켜 –S–S– 결합으로 바꾸어주는 것
   → 반죽의 장력 증가, 부피 증대, 기공과 조직 및 속 색이 개선되어 반죽의 기계적 적성 및 제빵적성을 좋게 한다.
④ 반죽 개량제

산화제	글루텐을 강하게 만들어 주어 반죽의 구조 강화 및 제품의 부피 증가
환원제	반죽의 구조를 연화시켜 반죽 시간 단축
효소	아밀라아제(전분 분해), 프로테아제(단백질 분해) 등
기타	소금, 산화제, 탈지분유 등은 글루텐에 탄성을 부여하여 반죽을 강화시킴

62 제과 · 제빵에서 감미제의 기능

① 단맛을 부여하고, 감미제의 종류에 따라 독특한 향미 부여
② 수분의 보습제로 제품 노화 지연 및 신선도 지속
③ 캐러멜화 및 마이야르 반응으로 껍질색을 진하게 함
④ 글루텐을 연화시켜 제품의 속결과 기공을 부드럽게 함
⑤ 제과 반죽에서 윤활작용을 하여 흐름성과 퍼짐성을 조절
⑥ 제빵에서 이스트의 먹이(영양원)

63 주요 감미제

설탕	감미도의 기준
전화당	• 설탕을 가수분해하여 생성된 과당과 포도당의 등량 (1:1) 혼합물 • 수분 보유력이 높아 보습이 필요한 제품에 사용 • 갈색화 반응이 빠르므로 껍질색의 형성이 빠름 • 제품에 신선한 향을 부여한다. • 10~15%의 전화당 사용 시 제과의 설탕 결정 석출이 방지된다.
포도당	• 이스트에 의해 제일 먼저 발효에 사용 • 설탕보다 낮은 pH와 온도에서 캐러멜화가 일어남 • 결정이 되는 속도가 느리고, 냉각 효과가 크다.

당밀	럼주는 당밀을 발효시켜 만든 술이다.
유당	감미도(16)와 용해도가 낮고, 이스트에 분해되지 않는다.
아스파탐	아미노산으로 이루어진 고감미 저칼로리 감미제
이성화당	포도당과 과당이 혼합된 시럽 상태의 감미제

▶ 주요 감미제의 감미도
과당(170) > 전화당(135) > 설탕(100) > 포도당(74) > 맥아당(60) > 갈락토스(33) > 유당(16)

64 감미제에 대하여 알아두어야 할 점

① 용액의 농도(당도)를 구하는 식

$$액당의 당도(\%) = \frac{용질}{용매+용질} \times 100$$

② 감미제의 상호 대체

$$대체 감미제의 양 = \frac{원래 감미제의 양 \times 원래 감미제의 감미도}{대체 감미제의 감미도}$$

③ 캐러멜화가 일어나는 온도(℃)
과당(110) < 포도당, 갈락토스(160) < 설탕(160~180) < 맥아당(180)

65 유지의 기능

쇼트닝성	연화기능, 윤활기능, 팽창기능
가소성	• 유지가 상온에서 고체 모양을 유지하는 성질 • 유지가 층상구조를 이루는 파이, 크로와상, 데니시·퍼프 페이스트리 등에 중요한 성질
크림성	• 유지가 크림이 되면 부드럽고 부피가 커짐 • 파운드·레이어 케이크에서 중요한 성질
유화성	서로 녹지 않는 두 가지 액체가 어느 한쪽에 작은 입자 상태로 분산되어있는 상태를 말한다. • 수중유적형 : 우유, 마요네즈, 아이스크림, 생크림 등 • 유중수적형 : 버터, 마가린
안정성	• 유지의 산패와 산화를 억제하는 성질 • 항산화제를 사용하거나 수소를 첨가하여 경화시킴
식감과 저장성	• 독특한 식감과 향을 제공 • 유지가 많은 제품은 노화가 느리고, 부드러움이 오래 남아 저장성이 좋다.

66 가공유지(유지의 경화)

① 불포화지방산의 이중결합에 니켈을 촉매로 수소를 첨가하여 실온에서 고체로 만든 경화유(硬化油) 예 쇼트닝, 마가린 등
② 유지가 경화되면 지방산의 포화도가 높아지므로 융점이 높아지고 단단해진다.
③ 유지를 경화시키기 위해 수소를 첨가하는 과정에서 트랜스 지방이 생성된다.
④ 반고체 유지 또는 지방의 각 온도에서 고체성분비율을 그 온도에서의 고체지방지수(SFI)라고 한다.

67 튀김기름의 조건

① 발연점이 높아야 한다.
② 산패에 대한 안정성이 있어야 한다.
③ 수분이 없어야 한다.
④ 자극적인 냄새가 나지 않아야 한다.
⑤ 거품이 일어나지 않고 점성의 변화가 적어야 한다.
⑥ 산가, 과산화물가, 카르보닐가가 낮아야 한다.

68 튀김기름의 4대 적

열, 수분, 산소, 이물질

69 유지의 산패를 촉진시키는 요인

① 온도가 높을수록, 불포화도가 높을수록
② 수분, 지방분해효소가 많을수록
③ 산소, 자외선, 금속류

70 산패의 방지

① 공기 중의 산소를 차단하고 어두운 장소에서 불투명한 용기에 보관한다.
② 서늘한 곳에서 보관한다.
③ 일단 사용한 기름은 식힌 후 이물질을 걸러내고 보관하며, 단시일 내에 사용한다.
④ 산패 억제 물질(항산화 물질) : 토코페롤(비타민 E), 참기름(세사몰), 면실유(고시폴), 콩기름(레시틴) 등

71 유지의 발연점이 낮아지는 요인

① 가열 시간 및 사용 횟수가 늘어날수록
② 유리지방산의 함량 및 이물질이 많을수록
③ 노출된 유지의 표면적이 넓을수록

72 우유 및 유제품의 기능

① 글루텐 강화 : 반죽의 믹싱 내구력 향상(우유 단백질)
② 껍질색 개선 : 유당의 캐러멜화 반응
③ pH 변화에 대한 완충 작용 : 발효 중 빵 반죽의 pH 변화에 대한 완충 역할
④ 노화 지연 : 보수력을 가지고 있어 노화를 지연
⑤ 영양강화 : 밀가루에 부족한 라이신(필수아미노산)과 칼슘을 보충
⑥ 착향작용 : 이스트에 의해 생성된 향을 착향시킴

73 우유의 특징

① 신선한 우유의 pH : pH 6.5~6.8
② 신선한 우유의 비중 : 1.030~1.032
③ 우유의 구성 : 수분 88%, 고형질 12%
④ 우유 단백질의 구성

카제인	• 우유 단백질의 80% 정도 • 산과 레닌에 의해서 응고 • 우유가 산성이 되면 카제인은 칼슘과 화합물의 형태로 응고된다.
락토알부민 락토글로불린	• 우유단백질의 20% 정도 • 열에 쉽게 응고

74 달걀

① 달걀의 구성비 : 껍질(10%) : 노른자(30%) : 흰자(60%)
② 달걀(전란)의 고형분 : 고형분(25%), 수분(75%)
③ 신선한 달걀은 껍질이 거칠고 광택이 없으며, 흔들었을 때 소리가 나지 않고, 소금물(6~10%)에 넣었을 때 가라앉는다.
④ 달걀의 기능

결합제	달걀의 점성과 단백질의 응고성을 이용 예 크로켓(빵가루 무침), 한식의 전, 만두소 등
농후화제	달걀의 열응고성을 이용하여 형태를 구성 예 커스터드 크림, 푸딩 등
유화제	노른자의 레시틴은 천연유화제로 사용 예 마요네즈 등
팽창제	흰자의 단백질이 공기를 포집하여 팽창작용을 함 예 스펀지케이크, 엔젤푸드 케이크 등
기타	• 수분 및 영양공급 • 제품의 속 색을 낸다. (난황의 카로티노이드)

75 이스트

① 이스트는 주로 출아법으로 증식하는 단세포 생물이다.
② 제빵용 효모의 학명은 사카로마이세스 세레비시에 (Saccharomyces cerevisiae)이다.
③ 반죽이 발효되는 동안 포도당을 분해하여 탄산가스(이산화탄소)와 알코올 생성한다.
④ 이스트의 세포는 48℃에서 파괴가 시작되고, 63℃ 정도에서 사멸한다.
⑤ 이스트 발육의 최적 온도 28~32℃, 최적 pH 4.5~4.8이다.
⑥ 이당류, 삼당류보다는 단당류를 더 잘 분해한다.
⑦ 유당분해효소(락타아제)가 없어 유당을 분해하지 못한다.
⑧ 소금과 이스트는 직접 닿지 않도록 한다. (함께 계량하지 않음)
⑨ 이스트는 냉장 보관(-1℃ ~ 5℃)하는 것이 현실적이다.

76 이스트 푸드

① 반죽을 효모의 활성이 가장 좋은 pH 4~6으로 조절
② 이스트의 먹이인 질소 등의 영양을 공급하여 발효를 조절
③ 물의 경도를 조절하여 제빵성을 향상시킨다.
④ 반죽의 물리적 성질을 조절한다.
⑤ 이스트 푸드의 구성

칼슘염	물 조절제로 물의 경도를 조절
인산염	반죽의 pH를 효모의 발육에 알맞게 조절
암모늄염	이스트에 질소 등의 영양을 공급
전분	이스트 푸드의 충전제로 사용

77 이스트의 3대 기능

팽창 기능, 향의 형성과 개발, 반죽 발전(숙성)

78 화학 팽창제

팽창제	특징
베이킹파우더	• 탄산수소나트륨(중조)+산염+부형제 • 중조를 베이킹파우더로 대체 시 중조의 3배를 사용
베이킹소다	• 탄산수소나트륨 또는 중조라고 하며 베이킹파우더의 주원료 • 과다사용 시 색상이 어둡고, 비누맛이나 소다맛이 난다.
암모늄염	• 쿠키 등의 제품이 잘 퍼지도록 한다. • 탄산암모늄, 탄산수소암모늄 등
이스파타	• 암모늄계 팽창제로 제품의 색을 희게하며, 속효성이 좋아 찜이나 찜 만쥬에 사용

79 물의 경도에 따른 분류

연수 (60ppm 이하)	• 단물이라고 하며 빗물, 증류수 등 • 반죽에 사용하면 글루텐을 약화시켜 반죽이 연하고 끈적거림 • 가스 보유력이 떨어져 굽기 시 오븐 스프링이 나쁨 • 발효 속도가 빠름
경수 (180ppm 이상)	• 센물이라고도 하며, 광천수, 온천수, 바닷물 등 • 반죽에 사용하면 글루텐을 경화시켜 반죽이 질겨지고 탄력성이 강해짐 • 발효 시간이 오래 걸림
아경수 (120~180ppm)	• 중성이나 약산성의 아경수가 제빵용 물로 가장 적합함

80 물의 pH에 따른 제빵 특성

알칼리성	• 정상적인 발효가 어려움(이스트와 효모의 적정 pH 4~5로 내려가는 것을 방해) • 반죽의 탄력성이 떨어지고, 부피가 작아짐 • 조치 : 맥아와 유산 첨가 및 산성 이스트 푸드의 양을 늘림
산성	• 발효가 촉진된다. • 산성도가 너무 강하면 반죽의 글루텐을 용해시켜 반죽의 점탄성이 저하됨

※ 제빵용 물은 pH 5.2~5.6 정도의 약산성의 아경수가 가장 적합하다.

81 경수와 연수 사용 시 조치사항

경수	• 반죽이 되어지므로 가수량을 늘림 • 발효 시간이 길어지므로 이스트의 사용량을 늘림 • 맥아를 첨가하여, 효소공급을 늘림으로 발효를 촉진 • 이스트 푸드, 소금, 무기질의 사용량을 줄임
연수	• 반죽이 질어지므로 가수량을 2% 정도 감소 • 가스 보유력이 떨어지므로 발효 시간을 짧게 함 • 이스트 푸드와 소금의 양을 늘림

82 초콜릿

① 초콜릿(카카오 매스)의 구성성분
 → 코코아 5/8(62.5%), 카카오 버터 3/8(37.5%)
② 템퍼링
 • 초콜릿을 최초로 녹이는 공정 온도 : 40~50℃
 • 중탕으로 템퍼링할 때 물의 온도 : 60℃
 • 용해된 초콜릿 온도 : 40~45℃

83 초콜릿의 템퍼링 효과

① 광택이 좋고 내부 조직이 조밀하다.
② 팻 블룸(Fat Bloom)이 일어나지 않는다.
③ 안정한 결정이 많고 결정형이 일정하다.
④ 입안에서의 용해성(구용성)이 좋아진다.

84 초콜릿의 블룸 현상

지방 블룸	• 초콜릿을 높은 온도에 보관하거나 직사광선에 노출된 경우 지방이 분리되었다가 다시 굳어지면서 얼룩이 생기는 현상 • 초콜릿 제조 시 온도 조절(템퍼링)이 부적합할 때 생기는 현상
설탕 블룸	• 초콜릿을 습도가 높은 곳에서 보관할 때 초콜릿 중의 설탕이 공기 중의 수분을 흡수하여 녹았다가 재결정이 되어 표면에 하얗게 피는 현상

85 소금의 역할

① 감미를 조절하는 역할과 다른 재료들의 향미를 살려준다.
② 캐러멜화의 온도를 낮추어 껍질색 형성을 빠르게 한다.
③ 삼투현상에 의한 탈수작용은 발효를 지연시키고, 각종 유해균 등의 번식을 억제한다.
④ 글루텐을 강화시켜 반죽의 물성을 단단하고 탄력있게 만들기 때문에 반죽 시간은 길어진다.
⑤ 반죽의 물 흡수율을 감소시키고, 빵의 내부를 누렇게 만든다.

86 향신료의 종류 및 특징

계피 (시나몬)	열대성 상록수의 나무껍질로 만들며, 자극적이고 독특한 향을 낸다.
넛메그	인도네시아 원산의 육두구과의 상록활엽교목의 열매(종자)를 말린 것
메이스	넛메그의 종자를 싸고 있는 빨간 껍질을 말린 것
생강	열대성 다년초의 다육질 뿌리로, 매운맛과 특유의 방향을 가지고 있는 향신료이다.

정향 (클로브)	열대성 정향나무의 꽃봉오리를 말린 것으로 그 모양이 못과 비슷하다.
올스파이스	복숭아과의 올스파이스 나무의 열매에서 얻어지며, 계피와 넛메그의 혼합향을 낸다.
오레가노	꿀풀과의 오레가노 잎을 건조시켜 만들며 박하와 비슷한 향을 낸다.

87 주류

① 럼주는 당밀을 원료로 만든다.
② 혼성주는 증류주를 기본으로 과실 등의 추출물로 향미를 낸 것으로 대부분 알코올 농도가 높다.
- 오렌지 혼성주 : 그랑 마르니에, 쿠앵트로, 큐라소
- 체리 혼성주 : 마라스키노
- 커피 혼성주 : 칼루아

88 계면활성제(유화제)의 종류

레시틴	옥수수유, 대두유, 난황 등에서 얻어지는 인지질
모노-디 글리세리드	• 제과에서 가장 널리 사용되는 유화제 • 모노 글리세리드 50%, 디-글리세리드 30~40%의 혼합물
기타	아실 락테이트, SSL 등

89 안정제의 종류

한천	• 우뭇가사리에서 추출하여 건조시킨 안정제 • 양갱의 제조, 응고제, 미생물 배양의 배지 등으로 사용 • 물에 대하여 1~1.5% 정도 사용
젤라틴	• 동물의 껍질이나 연골 속에 있는 콜라겐에서 추출하는 동물성 단백질 • 주로 젤리, 아이스크림, 마시멜로우, 푸딩 등의 응고제, 안정제, 유화제 등으로 사용 • 물에 대하여 1% 정도 사용
펙틴	• 펙틴 1~1.5%, 당 50% 이상, pH 2.8~3.4의 조건에서 젤리나 잼을 만듦

90 제빵적성 시험기계

패리노그래프	밀가루의 흡수율, 믹싱 시간, 믹싱 내구성 및 점탄성 등의 글루텐 질을 측정
아밀로그래프	밀가루의 호화 온도, 호화정도, 점도의 변화를 측정한다.
익스텐소그래프	반죽의 신장성과 신장에 대한 저항성을 측정
믹소그래프	밀가루 단백질의 함량과 흡수와의 관계, 믹싱 시간, 믹싱 내구성을 알 수 있다.

| 3장 | 생산관리 및 제과제빵 기구 |

91 기업활동의 구성 요소(7M)

1차 관리(생산관리 3대 요소)	2차 관리
Man(사람, 질과 양) Material(재료, 품질) Money(자금, 원가)	Method(방법) Minute(시간, 공정) Machine(기계, 시설) Market(시장)

92 원가계산의 구조

	직접원가	제조원가	총원가	판매가격
직접비	직접경비 직접노무비 직접재료비	직접원가	제조원가	총원가
간접비		제조간접비		
			판매비 일반관리비	
				이익

① 기초원가 = 직접재료비+직접노무비
② 직접원가 = 직접재료비+직접노무비+직접경비
③ 제조원가 = 직접원가+제조간접비
④ 총원가　= 제조원가+일반관리비+판매비
⑤ 판매가격 = 총원가+이익

93 믹서

① 믹서의 용량은 반죽통 용량의 50~60%가 적당
② 본체와 부속기구(믹서 볼, 휘퍼, 비터, 훅)으로 구성
③ 믹서의 종류
- 수직 믹서 : 소규모 제과점에서 많이 사용
- 수평 믹서 : 다량의 빵 반죽을 만들 때 사용
- 스파이럴 믹서 : 나선형 믹서라고도 하며, 주로 제빵용으로 사용
- 연속식 믹서 : 한쪽에서는 재료를 연속적으로 공급, 다른 쪽에서는 반죽이 인출되는 믹서

94 오븐

① 공장 설비 중 제품의 생산능력을 나타내는 기준이다.
② 오븐의 생산능력은 오븐 내 매입 철판 수로 계산한다.
③ 오븐의 종류
- 데크 오븐 : 입·출구가 같음 / 소규모 제과점에 많이 사용
- 터널 오븐 : 입·출구가 다름 / 대량 생산에 적합 / 빵틀의 크기에 제한이 없고 온도조절이 쉽다.
- 컨벡션 오븐 : 팬으로 열풍을 강제 순환시키는 방식 / 굽기의 편차가 작다.

95 파이 롤러

① 반죽을 일정한 두께로 밀어 펼 때 사용하는 기계
② 스위트 롤, 데니시 페이스트리, 퍼프 페이스트리, 크로와상, 케이크 도넛, 빵 도넛 등의 제조에 사용
③ 휴지와 성형할 때 냉장·냉동 처리해야 하므로 냉장고나 냉동고 옆에 위치
④ 밀어 펴는 반죽과 유지의 경도는 가급적 같은 것이 좋다.
⑤ 덧가루는 너무 많이 사용하지 않는다.
⑥ 냉동휴지 후 밀어펴면 유기가 굳어 갈라지므로 냉장 휴지하는 것이 좋다.

96 제빵 전용 기기

분할기	1차 발효가 끝난 반죽을 정해진 용량의 반죽 크기로 분할
라운더	분할된 반죽을 둥그렇게 말아 하나의 피막을 형성
정형기	중간 발효를 마친 반죽을 밀어펴서 가스를 빼고 다시 말아서 원하는 모양으로 만듦
발효기	온도와 습도를 조절하여 발효가 원활하게 이루어질 수 있도록 함
도우 컨디셔너	냉장, 냉동, 해동, 2차 발효를 프로그래밍에 의해 자동적으로 조절(시간 조절 가능)

4장 | 제과이론

97 팽창 형태에 따른 분류

팽창제	특징 및 제품
화학적 팽창	화학적 팽창제(베이킹파우더 등)를 이용하여 제품을 팽창 예 레이어 케이크, 반죽형 케이크, 과일 케이크, 케이크 도넛 등
이스트 팽창	이스트의 발효에 의하여 생성되는 이산화탄소가 팽창을 주도 예 식빵류, 과자빵류, 빵 도넛 등 대부분의 빵류
공기 팽창	믹싱 중 포집된 공기 방울이 굽기 공정 중 열 팽창하여 부피를 이루는 제품 예 스펀지케이크, 시폰 케이크, 파이, 데니시 페이스트리 등
복합형 팽창	두 가지 이상의 기본 팽창 형태를 복합적으로 이용하는 방법 예 냉동 생지(이스트와 베이킹파우더), 데니시 페이스트리(이스트와 유지) 등

98 반죽형 반죽의 특징

① 밀가루, 달걀, 우유, 설탕을 구성 재료로 하여 상당량의 유지를 함유시킨 반죽
② 일반적으로 달걀보다 밀가루를 더 많이 사용하는 반죽으로 비중이 높다.
③ 유지 사용량이 많아 제품이 부드러우나, 구조가 약해지기 쉬워 달걀을 많이 사용한다.
④ 대부분 화학 팽창제를 사용
⑤ 레이어 케이크, 파운드 케이크, 과일 케이크, 마들렌 등

99 반죽형 반죽의 종류

1단계법	• 모든 재료를 한꺼번에 넣고 반죽하는 방법(유화제와 베이킹파우더 필요) • 노동력과 시간을 절약할 수 있어 대량 생산에 적합
크림법	• 유지, 설탕, 달걀로 부드러운 크림을 만들고, 여기에 밀가루와 베이킹파우더를 채로 쳐서 넣고 고르게 혼합하는 방법 • 부피를 크게 하는데 적당하며, 스크래핑을 자주 해줘야 한다.
블렌딩법	• 먼저 밀가루와 유지를 넣고 믹싱하여 밀가루가 유지에 의해 피복되도록 한 후 나머지 재료를 투입하는 방법으로 유연감을 우선으로 하는 제품에 사용 • 21℃ 정도의 품온을 갖는 유지를 사용
설탕/물 반죽법	• 설탕과 물을 섞어 액당을 만든 후 건조·액체 재료를 넣어 혼합한 다음 달걀을 넣어 반죽한다. • 설탕과 물의 비율은 2 : 1이다. (액당의 당도 66.7%)

100 거품형 반죽의 특징
① 달걀 단백질의 공기 포집성(기포성), 유화성, 응고성을 이용하여 반죽을 부풀린다.
② 밀가루보다 달걀을 많이 사용하여 반죽의 비중이 작고 식감이 가볍다.
③ 유지는 사용하지 않거나 적게 사용한다.
④ 스펀지케이크, 롤 케이크, 카스텔라, 엔젤푸드 케이크 등

101 스펀지 반죽의 종류

공립법	흰자와 노른자를 함께 섞어 거품을 내는 방법 ※ 더운 믹싱법 : 달걀과 설탕을 중탕하여 37~43℃까지 데운 후 거품을 내는 방법
별립법	달걀을 흰자와 노른자로 분리하여 각각에 설탕을 넣고 거품을 형성한 후 다른 재료와 섞는 방법(과자가 부드러움)
단단계법	모든 재료를 동시에 넣고 거품을 내는 방법으로 기포제 또는 기포 유화제를 사용한다.

102 시폰형 반죽의 특징
① 별립법처럼 흰자와 노른자를 나누어 사용한다.
② 흰자와 설탕을 섞어 거품형의 머랭을 만들고, 노른자는 다른 재료와 혼합하여 반죽형 반죽을 만든 후 두 가지 반죽을 혼합하여 제품을 만든다.
③ 거품형의 기공과 조직에 가까우면서 반죽형의 부드러움을 가진다.
④ 시폰 케이크 등

103 시폰 케이크 제조 시 냉각 전에 팬에서 분리되는 원인
① 굽기 시간이 짧은 경우
② 반죽에 수분이 많은 경우
③ 오븐 온도가 낮은 경우
④ 밀가루 양이 적은 경우

104 제과백분율(Baker's %) 배합량 계산
① 각 재료의 무게(g) = 밀가루의 무게(g) × 각 재료의 비율(%)

② 밀가루 무게(g) = $\dfrac{\text{밀가루 비율(\%)} \times \text{총반죽 무게(g)}}{\text{총배합률(\%)}}$

③ 총반죽 무게(g) = $\dfrac{\text{총배합률(\%)} \times \text{밀가루 무게(g)}}{\text{밀가루 비율(\%)}}$

105 고율배합과 저율배합의 비교(반죽형 반죽)

구분	고율배합	저율배합
설탕과 밀가루 양	설탕 ≥ 밀가루	설탕 ≤ 밀가루
수분과 설탕의 양	수분 > 설탕	수분 = 설탕
달걀과 유지의 양	달걀 ≥ 유지	달걀 ≥ 유지
공기 혼합 정도	많음	적음
화학 팽창제 사용량	적음	많음
비중	작다(가볍다)	높다(무겁다)
고온 단시간	저온 장시간	고온 단시간

106 재료의 계량
① 작성한 배합표에 따라 재료를 정확하고 청결하게 계량하여 준비한다.
② 가루나 덩어리 재료는 저울을 이용하여 무게를 측정하고, 액체 재료는 부피 측정기구를 이용하여 부피를 측정한다.
③ 물엿이나 꿀처럼 점성이 높은 식품은 분할된 컵으로 계량한다.

107 반죽 온도가 제과에 미치는 영향

반죽 온도	영향
높을 때	• 공기 혼입이 많아져 부피는 커진다. • 기공이 열리고 큰 공기 구멍이 생겨 조직이 거칠어지고 노화가 빨라진다.
낮을 때	• 공기 혼입이 적어 부피가 작아진다. • 기공이 조밀하고 식감이 나빠진다. • 거품 형성 및 증기압을 발달시키는 시간이 길어진다.

108 제과의 반죽 온도
① 마찰계수 = (결과온도×6) − (실내온도+밀가루온도+설탕온도+쇼트닝온도+달걀온도+수돗물온도)
② 사용할 물 온도 = (희망반죽온도×6) − (실내온도+밀가루온도+설탕온도+쇼트닝온도+달걀온도+마찰계수)

109 제품별 적정 반죽온도

제품명	적정 반죽온도
옐로/화이트 레이어 케이크	22~24℃
파운드 케이크	20~24℃
거품형 케이크(스펀지 케이크)	22~25℃
파이/퍼프 페이스트리	18~20℃
슈	40℃ 정도

110 반죽의 비중

비중 = $\dfrac{\text{같은 부피의 반죽 무게}}{\text{같은 부피의 물 무게}}$ = $\dfrac{\text{반죽 무게 − 컵 무게}}{\text{물 무게 − 컵 무게}}$

111 제품별 적정 비중

제품	적정 비중	비고
파운드 케이크	0.80~0.90	반죽형 케이크
레이어 케이크	0.75~0.85	
버터 스펀지케이크	0.50~0.60	거품형 케이크
시폰/롤 케이크	0.45~0.50	

112 반죽의 pH가 제품에 미치는 영향

구분	산성	알칼리성
기공	작다	크다
조직	조밀하다	거칠다
껍질 색	옅은 색	진한 색
향	연한 향	강한 향
맛	신맛	쓴맛(소다맛)
부피	작다	크다

① 산도가 높은 제품 : 엔젤푸드 케이크, 과일 케이크
② 알칼리도가 높은 제품 : 데블스 푸드 케이크, 초콜릿 케이크

113 비용적

① 반죽 1g당 굽는 데 필요한 팬의 부피를 말한다. (단위 cm³/g)
② 비용적이 클수록 가장 많이 부풀어 올라 가벼운 제품이 된다.
③ 제품별 비용적

제품	비용적	팬닝비
파운드 케이크	2.40 cm³/g	70%
레이어 케이크	2.96 cm³/g	70%
엔젤 푸드 케이크	4.71 cm³/g	60~70%
스펀지 케이크	5.08 cm³/g	50~60%

114 오버 베이킹과 언더 베이킹

오버 베이킹	• 낮은 온도에서 장시간 굽는 방법 • 고율배합, 다량의 반죽일 때 사용 • 윗면이 평평하고, 제품이 부드럽다. • 수분의 손실이 커서 노화가 빨리 진행된다.
언더 베이킹	• 높은 온도에서 단시간 굽는 방법 • 저율배합, 소량의 반죽일 때 사용 • 윗면이 볼록 튀어나오고 갈라진다. • 중심 부분이 익지 않으면 주저앉기 쉽다. • 수분이 빠지지 않아 껍질이 쭈글쭈글하다. • 속이 거칠어지기 쉽다.

115 튀김기름

① 튀김기름의 적정온도 : 180~195℃
② 튀김기에 붓는 기름의 적당한 평균 깊이 : 12~15cm 정도
③ 튀김기름의 4대 적 : 온도(열), 수분, 공기(산소), 이물질
④ 튀김기름의 온도에 따른 변화

온도가 낮으면	반죽이 부풀어 껍질이 거칠고, 기름이 많이 흡수되며, 익는 시간이 오래 걸림
온도가 높으면	껍질색이 진해지고, 겉은 타고 속은 익지 않으며, 기름의 흡유량은 줄어든다.

116 충전 및 장식

아이싱	단순 아이싱, 크림 아이싱, 조합형 아이싱
글레이즈	도넛 글레이즈 사용온도 : 43~50℃
크림	버터크림, 휘핑크림, 생크림, 커스터드 크림 등
머랭	냉제 머랭, 온제 머랭, 스위스 머랭, 이탈리안 머랭

① 모카 아이싱은 커피를 시럽으로 만들어 사용한다.
② 마시멜로 아이싱은 거품을 올린 흰자에 뜨거운 시럽을 첨가하면서 고속으로 믹싱하여 만든다.
③ 버터크림 당액 제조 시 온도는 114~118℃이며, 설탕에 대한 물 사용량은 20~30%이다.
④ 겨울철 버터크림이 굳으면 식용유를 첨가하여 농도를 조절한다.
⑤ 케이크를 장식할 때 유지방 함량 35~45% 정도의 진한 생크림을 쓴다.
⑥ 커스터드 크림은 달걀이 결합제(농후화제)의 역할을 한다.
⑦ 가나슈 크림은 끓인 생크림에 초콜릿을 더한 크림이다.

117 머랭

① 달걀흰자에 설탕을 넣고 거품을 내어 만든 것
② 주석산 크림을 넣어주면 흰자의 거품을 강하게 해주고, 색상을 희게 만들어 주며, 머랭의 pH를 낮춰준다.
③ 머랭의 최적 pH : 5.5~6.0
④ 머랭의 종류

냉제 머랭	• 흰자 100에 대하여 설탕 200의 비율 • 실온에서 흰자의 거품을 내다가 설탕을 서서히 넣으면서 튼튼한 거품을 만드는 방법 • 거품의 안정을 위하여 소금 0.5%와 주석산 0.5%를 넣기도 한다.
온제 머랭	• 흰자 100에 대하여 설탕 200의 비율 • 흰자와 설탕을 섞어 43℃로 가온한 후 휘핑하여 거품을 형성 • 거품을 안정시키기 위하여 레몬즙을 첨가
스위스 머랭	• 흰자 100에 대하여 설탕 180의 비율 • 흰자 1/3과 설탕 2/3를 섞어 43℃로 가온하여 휘핑하면서 레몬즙을 첨가하고, 남은 흰자와 설탕으로는 냉제 머랭을 만들어 이 두 가지를 혼합
이탈리안 머랭	• 흰자로 거품을 올리면서 뜨거운 시럽을 실같이 흘려 넣으면서 필요한 정도의 거품을 만드는 방법 • 시럽은 물에 설탕을 넣고 114~118℃로 끓여서 만든다.

118 퐁당(Fondant)

① 설탕 100에 대하여 물 30을 넣고 114~118℃로 끓여서 시럽을 만든 후 38~48℃로 냉각시켜서 교반하여 하얗게 만든다.
② 설탕의 재결정화를 막기 위하여 물엿, 전화당, 주석산 등을 첨가한다.

119 포장
① 일반적인 빵·과자 제품의 냉각온도 35~40℃, 습도 38%
② 용기·포장재가 무해하고 위생적으로 식품을 보관할 수 있어야
하며, 방습성이 있고 통기성이 없어야 한다.
③ 폴리에틸렌(P.E), 오리엔티드 폴리프로필렌(O.P.P), 폴리프로필
렌(P.P), 폴리스틸렌 등

120 파운드 케이크
① 파운드 케이크의 기본 배합 비율(%)
밀가루(100) : 설탕(100) : 달걀(100) : 유지(100)
② 파운드 케이크 팬닝 시 이중팬을 사용하는 이유
 – 두꺼운 껍질 형성 및 지나친 착색 방지
 – 제품의 조직과 맛을 좋게 한다.
③ 파운드 케이크의 비용적 2.4cm³/g, 팬닝비 70%
④ 파운드 케이크의 응용 제품

마블 케이크	코코아를 첨가한 반죽으로 마블 무늬를 만든 케이크
과일 파운드 케이크	과일을 첨가한 케이크로 과일은 충분한 배수를 하여 사용하여야 한다.
모카 파운드 케이크	커피를 넣어 만든 케이크

121 레이어 케이크
① 반죽 온도 : 24~26℃
② 굽기 : 180℃ 정도에서 25~35분간
③ 팬닝비 : 55~60%
④ 반죽의 비중 : 0.80~0.85
⑤ 제품별 특징과 배합률

구분	옐로 레이어	화이트 레이어	데블스 푸드	초콜릿
사용량 결정	설탕, 쇼트닝		설탕, 쇼트닝, 코코아	설탕, 쇼트닝, 초콜릿
달걀	전란 = 쇼트닝×1.1	흰자 = 전란×1.3 = 쇼트닝×1.43	전란 = 쇼트닝×1.1	
우유	설탕+25-전란	설탕+30-흰자	설탕+30+(코코아×1.5)-전란	
분유	우유×10%			
물	우유×90%			

122 스펀지 케이크
① 배합률(%) : 박력분(100), 설탕(166), 달걀(166), 소금(2)
② 밀가루는 저회분, 저단백질의 특급 박력분을 사용
③ 설탕은 거품을 안정시키고, 제품의 저장 기간을 늘려준다.
④ 달걀은 결합제 기능을 하여 제품의 구조를 형성한다.
⑤ 변형 스펀지케이크에 넣는 유지(버터)는 50~70℃로 중탕으로
녹여 믹싱의 최종단계에 넣는다.
⑥ 철판이나 원형팬에 비중에 따라 용적의 50~60%를 담고 윗면
을 평평히 고른다.
⑦ 스펀지 케이크의 비용적 5.08cm³/g, 팬닝비 50~60%
⑧ 카스텔라는 굽기 시 반죽의 건조방지와 제품의 높이를 만들기 위
하여 나무틀을 사용하며, 굽기 온도는 180~190℃가 적합하다.

123 롤 케이크
① 젤리 롤, 소프트 롤, 초콜릿 롤 케이크 등 말기(Roll)를 하는 제품
② 스펀지케이크의 배합을 기본으로 하여 만드는 제품
③ 스펀지케이크의 배합보다 수분함량이 많아야 제품을 말 때 표
피가 터지지 않기 때문에 달걀의 사용량이 많다.
④ 달걀의 사용량이 많을수록 공기를 더 많이 포집하여 제품이 가
벼워진다. 따라서 롤 케이크가 스펀지케이크보다 가볍다.

124 롤 케이크 말기 시 표면의 터짐 방지
① 설탕의 일부를 물엿이나 시럽으로 대치한다.
② 배합에 덱스트린을 사용하여 점착성을 증가시키면 터짐이 방
지된다.
③ 팽창이 과도하게 발생할 경우 팽창제 사용을 감소하거나 믹싱
상태를 조절한다.
④ 노른자의 비율이 높은 경우 부서지기 쉬우므로 노른자를 줄이
고 전란을 증가시킨다.
⑤ 굽기 중 너무 건조되면 말기를 할 때 부서지기 때문에 오버 베이
킹(낮은 온도에서 오래 굽는 것)을 하지 않는다.
⑥ 오븐의 밑불이 너무 강하지 않도록 하여 굽는다.
⑦ 반죽의 비중이 너무 높지 않도록 믹싱한다.
⑧ 반죽 온도가 낮으면 굽는 시간이 길어지므로 온도가 너무 낮
지 않도록 한다.

125 엔젤푸드 케이크
① 전란을 사용하지 않고 달걀흰자만 사용한다.
② 케이크류에서 반죽 비중이 제일 낮은 제품이다.
③ 배합률은 베이커스 퍼센트 외에 백분율(true %)을 사용하기도
한다.
④ 팬에 사용하는 이형제로 물을 사용한다.

126 퍼프 페이스트리
① 밀가루 반죽에 유지를 넣어 많은 결을 낸 유지층 반죽 과자의 대
표적인 제품으로 바삭하고 고소한 맛을 낸다.
② 이스트를 사용하지 않고 유지에 함유된 수분의 증기압으로 팽
창한다.
③ 유지를 지탱하고 여러차례의 밀기아 접기를 해야하기 때문에
강력분을 사용한다.
④ 충전용 유지는 가소성의 범위가 넓은 파이용이 적당하다.
⑤ 충전용 유지가 많을수록 결이 분명해지고 부피가 커진다.
⑥ 제조공정 : 반죽 믹싱 → 접기 → 휴지 → 밀어펴기 → 정형 →
굽기
⑦ 휴지의 목적
 • 밀가루가 완전히 수화(水化)하여 글루텐을 안정시킨다.
 • 반죽과 유지의 "되기"를 같게 하여 층을 분명하게 한다.
 • 반죽을 연화시켜 밀어펴기를 쉽게 해준다.
 • 반죽의 절단 시 수축을 방지해준다.
 • 접기와 밀어펴기로 손상된 글루텐을 재정돈시킨다.

127 애플 파이

① 파이 반죽 휴지의 목적
- 전 재료의 수화 기회를 준다.
- 밀가루의 수분 흡수를 돕는다.
- 유지를 적정하게 굳혀 유지와 반죽의 굳은 정도를 같게 한다.
- 유지의 결 형성을 돕는다.
- 반점 형성을 방지한다.
- 반죽을 연화 및 이완시킨다.
- 끈적거림을 방지하여 작업성을 좋게 한다.

② 충전물의 온도가 높으면 충전물이 끓어 넘치기 때문에 20℃ 이하로 충분히 냉각하여야 한다.

③ 전분은 과일 파이의 충전물용 농후화제로 사용되며, 설탕을 함유한 시럽의 6~10%를 사용한다.

128 슈

① 밀가루, 달걀, 유지와 물을 기본재료로 만들며, 기본재료에 설탕이 들어가지 않는다.

② 슈를 굽기 전 침지 또는 분무하는 이유
- 슈 껍질을 얇게 한다.
- 슈의 팽창을 크게 한다.
- 기형을 방지하여 균일한 모양을 얻을 수 있다.

③ 슈는 굽기 중 팽창이 매우 크므로 성형하여 팬닝할 때 반죽의 간격을 가장 충분히 유지하여야 한다.

129 쿠키

① 쿠키는 퍼짐성이 좋아야 하며, 설탕이 쿠키의 퍼짐성에 중요한 역할을 한다.

② 쿠키의 퍼짐성

쿠키의 퍼짐이 큰 이유	쿠키의 퍼짐이 작은 이유
묽은 반죽	된 반죽
유지가 많았다.	유지가 적었다.
과다한 팽창제 사용	믹싱 과다로 글루텐이 많다.
알칼리성 반죽	산성 반죽
설탕을 많이 사용	설탕을 적게 사용
설탕 입자가 크다.	설탕 입자가 작다.
굽기 온도가 낮았다.	굽기 온도가 높았다.

③ 쿠키의 퍼짐을 좋게 하기 위한 조치
- 팽창제(중조, 베이킹파우더, 암모늄염 등)를 사용한다.
- 입자가 굵은 설탕(입상형 설탕)을 많이 사용한다.
- 알칼리성 재료의 사용량을 늘려 알칼리성 반죽으로 만든다.
- 오븐 온도를 낮게 한다.

130 케이크 도넛

① 도넛의 적당한 튀김 온도는 180~195℃이다.
② 튀김용 기름은 발연점이 높은 면실유가 적당하다.
③ 튀김 기름의 평균 깊이는 12~15cm 정도가 좋다.
④ 도넛 설탕 아이싱은 점착력이 큰 40℃ 전후에서 뿌린다.
⑤ 발한 현상의 대책
- 도넛에 묻히는 설탕의 양을 증가시킨다.
- 튀김시간을 증가시킨다.
- 냉각 중 환기를 더 많이 시키면서 충분히 냉각한다.
- 점착력이 좋은 튀김 기름을 사용한다.
- 도넛의 수분함량을 21~25%로 한다.

⑥ 과도한 흡유의 원인
- 반죽에 수분이 너무 많다. (묽은 반죽)
- 설탕의 사용량이 너무 많다. (고율배합 제품이다.)
- 팽창제의 사용량이 너무 많다.
- 믹싱이 부족하여 글루텐 형성이 부족하다. (어린 반죽)
- 튀김 온도가 낮아 튀김 시간이 길었다.
- 반죽 온도가 부적절하다.

131 냉과

① 젤리 형성의 3요소 : 펙틴, 당분, 유기산
② 젤리는 안정제로 한천과 젤라틴을 사용하며, 두 가지를 한꺼번에 사용하는 경우도 있다.
③ 푸딩은 달걀의 열변성에 의한 농후화 작용을 이용하여 만드는 제품으로 달걀로 경도의 조절을 한다.

▶ 푸딩을 만들 때 배합비
- 설탕 : 달걀 = 1 : 2
- 우유 : 소금 = 100 : 1

④ 푸딩은 거의 팽창을 하지 않아 팬닝비는 95%이다.

132 밤과자

① 밤과자는 반죽을 한 덩어리로 만들어 면포로 싼 후 20분간 냉장 휴지시킨 후 분할한다.
② 밤과자를 성형한 후 물을 뿌려주는 이유
- 덧가루의 제거
- 껍질 색의 균일화
- 껍질의 터짐 방지

133 마지팬

구분	아몬드 : 설탕
마지팬	1 : 1
로 마지팬	1 : 0.5

134 제과 제품평가의 특성

외부평가	부피, 껍질 색, 형태의 균형, 껍질의 특성
내부평가	기공, 속 색, 향, 맛, 조직

135 베이커스 퍼센트

밀가루의 양을 100%로 보고, 그 외의 재료들이 차지하는 비율을 %로 나타낸 것

> • 각 재료의 무게(g) = 밀가루의 무게(g) × 각 재료의 비율(%)
>
> • 밀가루 무게(g) = $\dfrac{밀가루\ 비율(\%) \times 총반죽\ 무게(g)}{총배합률(\%)}$
>
> • 총반죽 무게(g) = $\dfrac{총배합률(\%) \times 밀가루\ 무게(g)}{밀가루\ 비율(\%)}$

136 믹싱의 6단계

픽업 단계	• 반죽은 끈기가 없고 끈적거리는 상태이다. • 데니시 페이스트리
클린업 단계	• 글루텐이 형성되기 시작하는 단계 • 유지는 클린업 단계에 첨가한다. • 후염법 : 소금을 클린업 단계 직후에 투입하여 믹싱 시간을 단축한다. • 스펀지/도법의 스펀지 반죽
발전 단계	• 글루텐이 가장 많이 생성되어 탄력성이 강한 단계 • 글루텐이 강하여 믹서기에 부하가 가장 많이 걸림 • 프랑스빵 등의 하스브레드
최종 단계	• 탄력성과 신장성이 가장 좋으며 반죽이 부드럽고 윤이 나는 최적의 상태 • 건포도, 옥수수, 야채 등의 첨가물을 넣는 식빵은 최종단계 후에 넣는다. • 대부분의 빵
렛다운 단계	• 최종 단계를 넘어선 과반죽의 상태(글루텐 파괴 시작) • 잉글리시 머핀, 햄버거빵 등
파괴 단계	글루텐이 완전히 파괴되어 제빵에 부적합한 단계

137 반죽의 믹싱 속도

> 픽업 단계(저속) → 클린업 단계(중속) → 발전 단계(고속) →
> 최종단계(중속)

① 재료의 균일한 분산과 혼합을 할 때는 저속 믹싱
② 반죽에 신장성, 탄력성, 점탄성 등을 부여할 때 고속 믹싱
③ 고속으로 배합된 반죽이 저속으로 배합된 반죽보다 발효 시간이 약간 짧아진다.

138 반죽의 상태

언더 믹싱 (반죽 부족)	• 반죽이 최적의 믹싱 상태에 미치지 못한 반죽 (어린 반죽) • 작업성이 떨어지고, 빵의 부피가 작으며 속결이 좋지 않음

오버 믹싱 (반죽 과다)	• 반죽이 최적의 믹싱 상태를 지나쳐 오래 반죽한 것(지친 반죽) • 반죽이 끈적이고 저항력이 없으며 작업성이 떨어짐 • 구웠을 때 부피가 작고 속결이 두꺼운 제품이 됨

139 반죽의 흡수율

① 밀가루 : 단백질 1% 증가 → 흡수율 1.5% 증가
② 반죽 온도 : 반죽 온도가 ±5℃ 증감 → 흡수율은 ∓3% 감증
③ 탈지분유 : 분유 1% 증가 → 흡수율 0.75~1% 증가
④ 설탕 : 설탕 5% 증가 → 흡수율 1% 감소
⑤ 손상 전분 : 손상 전분 1% 증가 → 흡수율은 2% 정도 증가
⑥ 물 : 연수(흡수량 감소), 경수(흡수량 증가)

140 스트레이트법에서의 반죽온도 계산법

> • 마찰계수 = (결과 반죽 온도×3) − (실내 온도+밀가루 온도+수돗물 온도)
>
> • 사용할 물 온도 = (희망 반죽 온도×3) − (실내온도+밀가루온도+마찰계수)
>
> • 얼음 사용량 = $\dfrac{물\ 사용량 \times (수돗물\ 온도 - 사용수\ 온도)}{80 + 수돗물\ 온도}$

141 스펀지/도법에서의 물온도 계산

> • 마찰계수 = (결과온도×4) − (실내 온도+밀가루 온도+수돗물 온도+스펀지 반죽 온도)
>
> • 사용할 물 온도 = (희망 온도×4) − (실내온도+밀가루 온도+마찰계수+스펀지 반죽 온도)
>
> • 얼음 사용량 : 스트레이트법과 동일

142 1차 발효

① 제조 공정상 가장 많은 시간을 단축할 수 있는 공정
② 1차 발효실의 적정온도 27℃, 상대 습도 75~80%
③ 펀치의 효과 : 산소를 공급하여 이스트의 활동을 돕고, 산화와 숙성을 촉진시키며, 반죽 온도를 균일하게 해준다.
④ 발효 손실

구분	발효 손실	
	크다	작다
반죽 온도	높을수록	낮을수록
발효 시간	길수록	짧을수록
소금, 설탕	적을수록	많을수록
발효실 온도	높을수록	낮을수록
발효실 습도	낮을수록	높을수록

143 분할

① 분할은 15~20분 이내로 완료하는 것이 가장 좋다.
② 기계식 분할은 부피를 기준으로 분할을 한다.
③ 굽기 및 냉각손실을 감안한 분할 반죽무게

$$분할반죽무게 = \frac{완제품의\ 무게}{1 - 굽기\ 및\ 냉각손실}$$

144 둥글리기의 목적

① 분할한 반죽의 글루텐 구조와 방향을 재정돈
② 가스를 균일하게 분산시켜 반죽의 기공을 고르게 유지
③ 분할 시 자른 면의 점착성을 감소시키고 표피를 형성하여 끈적거림을 제거하고, 탄력을 유지
④ 중간 발효에서 생성되는 가스를 보유할 수 있는 적당한 구조 형성
⑤ 분할된 반죽을 성형하기에 적당한 상태로 만듦
⑥ 분할과 둥글리기는 연속적으로 신속하게 진행하여 종료한다.

145 중간 발효

① 분할하여 둥글리기를 한 반죽을 성형 전에 휴지를 시키는 단계
② 온도 27~29℃, 상대습도 75% 전후의 조건에서 10~20분간 발효
③ 벤치 타임(Bench time) 또는 오버헤드 프루프(Over head proof)라고도 한다.
④ 대규모 공장에서는 오버헤드 프루퍼를 사용한다.

146 정형

① 정형순서 : 가스빼기(밀기) → 말기 → 봉하기
② 정형기 압착판의 압력이 강하면 반죽의 모양이 아령 모양이 된다.

147 팬닝

① 팬의 온도는 약 32℃ 정도가 적당
② 팬기름은 발연점이 높아야 하며, 산패에 대한 안정성이 높아야 하며, 무색·무미·무취 이어야 한다.
③ 팬기름은 반죽 무게의 0.1~0.2% 정도를 사용한다.
④ 식빵 반죽을 팬닝할 때 반죽을 봉합한 이음매가 팬의 바닥에 놓이도록 놓는다.
⑤ 반죽의 적정 분할량 = $\dfrac{틀의\ 용적(부피)}{비용적}$
  • 산형 식빵의 비용적 : 3.2~3.5 cm³/g(일반적으로 3.36 cm³/g)
  • 풀먼형 식빵의 비용적 : 3.4~4.0 cm³/g

148 2차 발효

① 성형과정을 거치는 동안 상처받은 글루텐의 숙성과 팽창을 도모하여 반죽을 회복시킨다.
② 2차 발효실의 온도
  • 1차 발효 온도보다 높게 하고, 반죽 온도와 같거나 더 높아야 한다.
  • 일반적으로 발효 온도 32~43℃, 상대 습도 75~90%
③ 2차 발효의 완료점
  • 완제품의 70~80%까지 팽창하였을 때
  • 성형된 반죽의 3~4배의 부피가 되었을 때
  • 손가락으로 가볍게 눌렀을 때 원상태로 돌아오는 때

149 굽기

① 일반적인 오븐의 사용온도 180~220℃
② 식빵 굽기 시 빵의 내부온도 : 100℃를 넘지 않음
③ 된 반죽은 낮은 온도로 굽는다. (정상 반죽과 굽는 시간이 같다면)

언더 베이킹 (고온 단시간)	• 높은 온도에서 단시간 굽는 방법 • 저율배합, 발효 과다, 분할량이 적을 때 • 수분이 빠지지 않아 껍질이 쭈글쭈글하다. • 중심 부분이 익지 않으면 주저앉기 쉽다. • 속이 거칠어지기 쉽다. • 윗면이 볼록 튀어나오고 갈라진다.
오버 베이킹 (저온 장시간)	• 낮은 온도에서 장시간 굽는 방법 • 고율배합, 발효 부족, 분할량이 많을 때 • 수분의 손실이 커서 노화가 빨리 진행된다. • 윗면이 평평하고 제품이 부드럽다.

④ 캐러멜화 반응온도 : 150~200℃
⑤ 마이야르 반응은 단당류가 이당류보다 빠르며, 같은 단당류일 경우 감미도가 높은 당이 빠르다. (과당 > 포도당 > 설탕)
⑥ 굽기 손실은 바게트 등의 하스브레드가 가장 크다.
⑦ 굽기에서 일어나는 주요 변화의 온도
  • 용해 탄산가스의 방출 시작 온도 : 49℃
  • 전분의 호화 시작 온도   : 54℃
  • 이스트의 사멸 온도   : 60~63℃
  • 글루텐의 열 응고 시작 온도 : 74℃
  • 알코올의 증발 시작 온도   : 79℃
  • 효소의 불활성 온도   : 60℃ 이상

150 냉각과 포장

① 냉각 및 포장에 적합한 냉각온도 35~40℃, 수분 함량 38%
② 냉각손실은 평균 2%의 냉각손실(수분 손실)이 일어난다.
③ 포장온도에 따른 변화

포장온도	변화
높은 온도	• 포장지에 수분이 과다하게 되어 곰팡이가 발생하기 쉽다. • 수분 함량이 높아 썰기가 어렵다. • 빵의 모양이 찌그러지기 쉽다.
낮은 온도	• 빵의 껍질이 건조해져서 노화가 빨리 진행되어 빵이 딱딱해진다.

151 빵의 노화

① 빵의 α-전분이 퇴화하여 β-전분이 된다.
② 냉장 온도(0~10℃)에서 노화가 가장 빠르게 일어난다.
③ -18℃ 이하, 43℃ 이상에서는 노화가 잘 일어나지 않는다.
④ 빵의 노화는 수분과 당의 함량이 적을수록 빨라진다.
⑤ 유화제(모노-디-글리세리드), 친수성 콜로이드, 펜토산 등은 노화를 지연시킨다.

152 스트레이트법(직접반죽법)

① 배합에 사용되는 모든 재료를 믹서에 한꺼번에 넣고 믹싱을 하는 방법
② 일반 식빵 제조 시 사용하는 생이스트의 양 : 2~3%
  (비상스트레이트법 4~5%)
③ 적정 반죽 온도 : 26~27℃
④ 스트레이트법의 장·단점

장점	• 제조 공정이 단순하고, 제조장과 장비가 간단하다. • 노동력과 시간이 절감된다. • 발효 시간이 짧아 발효 손실을 줄일 수 있다.
단점	• 기계 내성, 발효 내구성이 약하다. • 잘못된 공정을 수정하기 어렵다. • 노화가 빠르다.

153 비상스트레이트법으로 전환하는 필수 조치

① 1차 발효 시간을 줄임 : 공정시간을 줄이기 위함
② 믹싱 시간을 20~25% 늘림
③ 이스트 사용량을 2배로 늘림
④ 물의 양 1% 늘림
⑤ 설탕 1% 줄임
⑥ 반죽 희망 온도를 30~31℃로 높임
※ 비상 반죽법에서 가장 많은 시간을 단축할 수 있는 공정은 1차 발효이다.

154 스펀지 도우법

① 대규모 공장에서 사용되는 제법
② 스펀지 반죽은 밀가루, 물, 이스트, 이스트 푸드, 개량제 등이 사용되며 설탕과 소금은 사용되지 않는다.
③ • 적당한 스펀지 반죽 온도 : 22~26℃(보통 24℃)
  • 도우 반죽의 온도 : 27℃
④ 스펀지 반죽의 발효 시 반죽 내부온도는 4~6℃ 상승한다.
⑤ 스펀지 도우법의 장·단점(스트레이트법과 비교)

장점	• 공정이 융통성이 있어 잘못된 공정을 조절할 수 있다. • 내상막이 얇고, 가스 보유력이 커서 부피가 크다. • 제품의 속결, 조직, 촉감이 부드럽고 맛과 향이 좋다. • 발효 내구성이 강하다. • 노화가 지연되어 제품의 저장성이 좋다. • 발효 시간이 길어 이스트의 사용량을 20% 정도 줄일 수 있다.
단점	• 발효 시간이 길어 발효 손실이 크다. • 제조 시설, 장소, 노동력이 증가한다.

155 액체발효법

① 스펀지법의 변형으로 스펀지 대신 액종을 만들어 사용
② 분유 등을 완충제로 사용하여 발효가 거칠게 일어나는 것을 안정시킴

156 연속식 제빵법

장점	• 설비가 감소되어 공장면적이 감소된다. • 자동화된 설비로 노동력을 줄일 수 있다. • 발효 손실이 적다.
단점	• 초기 설비 투자 비용이 크다. • 산화제를 많이 사용하여 발효 향이 감소한다.

157 노타임 반죽법

① 산화제와 환원제를 사용하여 믹싱과 발효 시간을 감소시키는 방법

산화제	단백질의 S-H기를 S-S기로 변화시켜 단백질의 구조를 강하게 함
환원제	단백질의 S-S기를 절단하여 글루텐을 약하게 만들기 때문에 믹싱 시간을 25% 단축

② 스트레이트법을 노타임 반죽법으로 변경 시 조치사항
  • 물 사용량을 2% 줄인다.
  • 설탕 사용량을 1% 줄인다.
  • 이스트 사용량을 0.5~1% 늘린다.
  • 브롬산칼륨을 산화제로 30~50ppm 사용한다.
  • L-시스테인을 환원제로 10~70ppm 사용한다.
  • 반죽 온도를 30~32℃로 한다.

158 냉동반죽법

① 반죽법으로는 노타임법을 주로 사용한다.
② 단백질 함량이 높고 질이 좋은 밀가루를 사용한다.
③ 물의 사용량은 줄이고 이스트의 양은 2배 늘린다.
④ 유화제, 노화 방지제를 사용하며, 일반 제품보다 산화제를 많이 사용한다.
⑤ 단과자 빵과 같은 고율배합 제품에 더 적합한 방법이다.
⑥ -40℃에서 급속 냉동하여 -18~-25℃에서 저장한다.
⑦ 노동력, 설비, 작업공간의 절약, 제조 시간 단축, 작업 효율의 극대화 및 저장 기간이 긴 장점을 가진다.

159 건포도 식빵에서 건포도 전처리의 목적

① 제품 내에서 건포도 쪽으로 수분이 이동하여 빵의 내부가 건조되는 것을 막아준다.
② 건포도의 풍미를 되살린다.
③ 씹는 촉감을 개선한다.
④ 건포도가 반죽과 잘 결합이 이루어지도록 한다.

160 제빵의 평가기준

외부평가	부피, 껍질색, 형태의 균형, 굽기 상태, 껍질 특성, 터짐성(브레이크&슈레드)
내부평가	기공, 조직, 속 색상, 맛과 향

GIBOONPA
Craftsman Confectionary·Breads Making

수험교육의 최정상의 길 – 에듀웨이 EDUWAY

(주)에듀웨이는 자격시험 전문출판사입니다.
에듀웨이는 독자 여러분의 자격시험 취득을 위한 교재 발간을 위해 노력하고 있습니다.

기분파
제과제빵기능사 필기

2025년 05월 01일 5판 3쇄 인쇄
2025년 05월 10일 5판 3쇄 발행

지은이　|　에듀웨이 R&D 연구소(조리부문)
펴낸이　|　송우혁

펴낸곳　|　(주)에듀웨이
주　소　|　경기도 부천시 소향로13번길 28-14, 8층 808호(상동, 맘모스타워)
대표전화　|　032) 329-8703
팩　스　|　032) 329-8704
등　록　|　제387-2013-000026호
홈페이지 |　www.eduway.net

기획.진행 | 에듀웨이 R&D 연구소
북디자인 | 디자인동감
교정교열 | 김미순
인　쇄　|　미래피앤피

Copyright©에듀웨이 R&D 연구소. 2024. Printed in Seoul, Korea

ISBN 979-11-94328-09-4 (13590)

이 도서의 국립중앙도서관 출판시도서목록(CIP)은 서지정보유통지원시스템 홈페이지
(http://seoji.nl.go.kr)와 국가자료공동목록시스템(http://www.nl.go.kr/kolisnet)에서 이
용하실 수 있습니다.

GIBOONPA

Craftsman Confectionary·Breads Making